Philipp Joha

Prüfungshonorare und Prüferwahl großer, nicht börsennotierter Unternehmen

Philipp Joha

Prüfungshonorare und Prüferwahl großer, nicht börsennotierter Unternehmen

Würzburg University Press

Dissertation, Julius-Maximilians-Universität Würzburg
Wirtschaftswissenschaftliche Fakultät, 2017
Gutachter: Prof. Dr. Hansrudi Lenz, Prof. Dr. Andrea Szczesny

Impressum

Julius-Maximilians-Universität Würzburg
Würzburg University Press
Universitätsbibliothek Würzburg
Am Hubland
D-97074 Würzburg
www.wup.uni-wuerzburg.de

Print on Demand

Coverdesign: Daniel Farò

ISBN: 978-3-95826-056-6 (print)
ISBN: 978-3-95826-057-3 (online)
URN: urn:nbn:de:bvb:20-opus-146508

Vorwort

In der vorliegenden Dissertation sollen zwei Forschungsfragen beantwortet werden:

1. Welche Faktoren beeinflussen die Abschlussprüfungshonorare großer, nicht börsennotierter Unternehmen und was können wir hieraus über die Nachfrage nach und das Angebot von unterschiedlichen Prüfungsqualitäten lernen?
2. Welche Determinanten beeinflussen aus Sicht der großen, nicht börsennotierten Unternehmen beziehungsweise ihrer zur Prüferwahl befugten Organe als Nachfrager unterschiedlicher Prüfungsqualitäten die Wahl einer bestimmten Wirtschaftsprüfungsgesellschaft?

Die Antworten auf diese Forschungsfragen sind für die betriebswirtschaftliche Prüfungslehre von hohem Interesse, weil wir über die Funktionen von Abschlussprüfungen bei nicht börsennotierten Unternehmen – im Vergleich zu gut untersuchten kapitalmarktorientierten Unternehmen – noch wenig wissen.

Bemerkenswert und mit theoretischen Vorstellungen übereinstimmend sind die nachgewiesenen Honorarprämien zwischen 26 % und 41 % für alle Big4-Gesellschaften sowie für die sog. Second Tier-Gesellschaften (16,8 %) im Vergleich zu den übrigen Prüfungsgesellschaften. Die Ergebnisse sprechen für eine abgestufte Prüfungsqualität und Produktdifferenzierung auf dem Abschlussprüfungsmarkt.

In Bezug auf die Wahl des Abschlussprüfers zeigen die Resultate der verschiedenen logistischen Regressionsmodelle, dass die Wahl einer Big4-Gesellschaft im Vergleich zu kleineren Prüferpraxen gut durch einige der vermuteten Bestimmungsfaktoren (Agency-Kosten, Größe und Komplexität, Beratungsbedarf) erklärt werden kann; dies gilt nicht in Bezug auf die Wahlentscheidung zwischen einer mittleren und einer kleinen Prüferpraxis. Die vermuteten Agency-, Größen- und Komplexitätsvariablen sind hier nicht signifikant. Das ist ein interessanter Befund, der zu weiteren Forschungsarbeiten einlädt.

Ich wünsche der vorliegenden Dissertation von Philipp Joha eine gute Aufnahme in Wissenschaft und Praxis.

Hansrudi Lenz

Danksagung

Eine Arbeit, die mehrere hundert Seiten umfasst, ist – auch wenn sie von einem Einzelnen verfasst wurde – letztlich doch das Werk Vieler, die zu ihrem Gelingen beigetragen haben. An dieser Stelle will ich daher denjenigen danken, ohne die diese Arbeit nicht möglich gewesen wäre.

Mein erster Dank geht an meinen Doktorvater, Herrn Prof. Dr. Lenz, der mir den Weg zur Promotion überhaupt erst eröffnete und der mir während dieser Zeit als erfahrener und angenehmer Berater zur Seite stand. Danken will ich auch Frau Prof. Dr. Szczesny für die Übernahme der Rolle der Zweitgutachterin.

Ein großer Dank geht an meine ehemaligen Kollegen, die Herrn Johannes Günther, Jacob Leidner, Sven Hörner, Ulf Völker, Florian Schuberth und Manuel Steiner sowie an unsere Sekretärin, Frau Kunz. Ein sehr herzliches Dankeschön verdient auch Herr Dr. Curt Cheauré.

Ganz besonderen Dank schulde ich meinen Eltern, die seit meiner Geburt für mich da waren, mir diese Ausbildung ermöglichten und meine Entscheidungen immer unterstützten, ebenso wie meinen Brüdern, die sich immer wieder als Diskussionspartner angeboten haben.

Schlussendlich geht mein Dank an meine Frau und meine beiden Söhne, Damian und Nathanael. Sie haben mir nicht nur im Rahmen der Promotion immer wieder aufs Neue Unterstützung, Kraft und Motivation geschenkt. Euch ist diese Arbeit gewidmet.

Würzburg, im April 2017 Philipp Joha

Inhaltsverzeichnis

Abkürzungsverzeichnis

a. F.	alte Fassung
aBL	Honorar für Andere Bestätigungsleistungen
Adj. R^2	Adjustiertes R^2
AG	Aktiengesellschaft
AktG	Aktiengesetz
APL	Abschlussprüfungsleistungen
APAK	Abschlussprüferaufsichtskommission
APAReG	Abschlussprüferaufsichtsreformgesetz
APAS	Abschlussprüferaufsichtsstelle
AReG	Abschlussprüfungsreformgesetz
Art.	Artikel
Az.	Aktenzeichen
BaFin	Bundesanstalt für Finanzdienstleistungsaufsicht
BDO	BDO Wirtschaftsprüfungsgesellschaft
BGB	Bürgerliches Gesetzbuch
BGH	Bundesgerichtshof
BilMoG	Bilanzrechtsmodernisierungsgesetz
BilKoG	Bilanzkontrollgesetz
BilReG	Bilanzrechtsreformgesetz
BilRuG	Bilanzrichtlinie-Umsetzungsgesetz
BMJ	Bundesministerium der Justiz
BörsG	Börsengesetz
BReg	Bundesregierung
BS WP/vBP	Berufssatzung Wirtschaftsprüfer/vereidigte Buchprüfer
BT	Bundestag
DAX	Deutscher Aktienindex
DCGK	Deutscher Corporate Governance Kodex
Deloitte	Deloitte Touche Tohmatsu
DPR	Deutsche Prüfstelle für Rechnungslegung
EA	Einzelabschluss
eG	eingetragene Genossenschaft
EGHGB	Einführungsgesetz zum Handelsgesetzbuch
ER	Entdeckungsrisiko
EU	Europäische Union
EU-Kommission	Europäische Kommission
EWR	Europäischer Wirtschaftsraum
ERC	Earnings Response Coefficient
EY	EY (vormals: Ernst & Young)

FAZ	Frankfurter Allgemeine Zeitung
FE	Fixed Effects
GenG	Genossenschaftsgesetz
GH	Gesamthonorar
Gj.	Geschäftsjahr
GmbH	Gesellschaft mit beschränkter Haftung
GmbHG	GmbH-Gesetz
GuV	Gewinn- und Verlustrechnung
h.M.	herrschende Meinung
HFA	Hauptfachausschuss
HGB	Handelsgesetzbuch
H-T IV	Hausman-Taylor Instrumental Variable
HV	Hauptversammlung
IDW	Institut der Wirtschaftsprüfer in Deutschland e.V.
IFAC	International Federation of Accountants
IfM	Institut für Mittelstandsforschung Bonn
IFRS	International Financial Reporting Standards
IPO	Initial Public Offering
IR	Inhärentes Risiko
ISA	International Standards on Auditing
IV	Instrumental Variable
KA	Konzernabschluss
KGaA	Kommanditgesellschaft auf Aktien
KMU	Kleine und mittlere Unternehmen
KonTraG	Gesetz zur Kontrolle und Transparenz im Unternehmensbereich
KPMG	KPMG (Klynveld, Peat, Marwick, Goerdeler)
KR	Kontrollrisiko
Max	Maximum
max.	maximal
MC	Mandantenspezifische Charakteristiken
MDAX	Mid-Cap-DAX
Min	Minimum
Mio.	Millionen
Mrd.	Milliarden
MW	Mittelwert
N/A	nicht anwendbar
n. F.	neue Fassung

NOK	Norwegische Kronen
OLS	Ordinary Least Squares
PH	Honorar für Abschlussprüfungsleistungen
PIE	Public Interest Entities
PQ	Prüfungsqualität
PR	Prüfungsrisiko
Prob	Probability
PublG	Publizitätsgesetz
PwC	PricewaterhouseCoopers
p-Wert	Irrtumswahrscheinlichkeit
RE	Random Effects
RoA	Return on Assets
RoE	Return on Equity
RQ	Rechnungslegungsqualität
RS	Rechnungslegungssystem
sbA	sonstige betriebliche Aufwendungen
SDAX	Small-Cap-DAX
SEC	Securities and Exchange Commission
Sec.	Section
sL	Honorar für sonstige Leistungen
SOX	Sarbanes-Oxley Act
Sp.	Spalte
StBerG	Steuerberatungsgesetz
StBL	Honorar für Steuerberatungsleistungen
Std.Abw.	Standardabweichung
US	United States
vBP	vereidigte Buchprüfer
VIF	Variance Inflation Factor
vs.	versus
WiPrPrüfV	Wirtschaftsprüferprüfungsverordnung
WP	Wirtschaftsprüfer
WpHG	Wertpapierhandelsgesetz
WPK	Wirtschaftsprüferkammer
WPO	Wirtschaftsprüferordnung
2SLS	2 Stage Least Squares

Symbolverzeichnis

a_1	Arbeitseinsatz des Managers
a_2	Arbeitseinsatz des Prüfers
ARL	Indikatorvariable belegt mit 1, wenn der Zeitraum zwischen Abschlussstichtag und Bestätigungsvermerk (ARL) mehr als 365 Tage beträgt; ansonsten 0
BIG-4	Indikatorvariable belegt mit 1, wenn das Unternehmen von einer BIG4-Prüfungsgesellschaft geprüft wurde; ansonsten 0
CHANGE	Indikatorvariable belegt mit 1, wenn im Geschäftsjahr t ein Prüferwechsel stattgefunden hat; ansonsten 0
Chi^2	Chi^2-Verteilung
CR(m)	Konzentrationsrate der größten Merkmalsträger
D_24	Kodierung für Branche "Herstellung von chemischen Erzeugnissen" gemäß NACE-CODE
D_29	Kodierung für Branche "Maschinenbau" gemäß NACE-CODE
E()	Erwartungswert von
exp	Exponentialfunktion
F	F-Statistik
f ()	Funktion von
FAM	Indikatorvariable belegt mit 1, wenn eine Familie über mehr als die Hälfte der Kapitalanteile des Unternehmens verfügt; ansonsten 0
FAMSHARE	Kapitalanteil von Familien
fixe Effekte	Kontrolle für fixe Branchen- und Jahreseffekte
FOREIGN	Indikatorvariable belegt mit 1, wenn an dem geprüften Unternehmen ein ausländischer Gesellschafter beteiligt ist; ansonsten 0
G	Kodierung für Branche "Handel; Instandhaltung und Reparatur von Kraftfahrzeugen und Gebrauchsgütern" gemäß NACE-CODE
H_t	Prüfungshonorar in Periode t
i	Diskontierungszinssatz
INV	Anteil der Vorräte an der Bilanzsumme

KONZERN	Indikatorvariable belegt mit 1, wenn es sich um einen Konzernabschluss handelt; ansonsten 0
LEV	Verhältnis von Fremdkapital und Bilanzsumme
LN_AUF	Natürlicher Logarithmus des Prüfungshonorars
LN_EMP	Natürlicher Logarithmus der Anzahl der Mitarbeiter
LN_SUBS	Natürlicher Logarithmus der Anzahl der vollkonsolidierten Tochterunternehmen
m	Zufallsvariable (Bsp. Bilanzgewinn)
m	Anzahl der größten Merkmalsträger
$\hat{m}$	Berichtsverhalten des Managers
MANSHARE	Kapitalanteil der Manager, die gleichzeitig auch (Teil-) Eigentümer des Unternehmens sind
$MANSHARE^2$	Quadrierter Kapitalanteil der Manager, die gleichzeitig auch (Teil-) Eigentümer des Unternehmens sind
MIDTIER	Indikatorvariable belegt mit 1, wenn das Unternehmen von einer mittelgroßen Prüfungsgesellschaft geprüft wurde; ansonsten 0
n	Anzahl Beobachtungen
NAF	Summe der Nichtprüfungshonorare aus dem jeweiligen Mandat
$\hat{NAF}$	Geschätzte Werte der Nichtprüfungshonorare, unbeeinflusst von den Prüfungshonoraren
NAS	Indikatorvariable belegt mit 1, wenn das Unternehmen in der aktuellen Periode Nichtprüfungshonorare > 0 ausweist; ansonsten 0
NAS_{t-1}	Indikatorvariable belegt mit 1, wenn das Unternehmen in der Vorperiode Nichtprüfungshonorare > 0 ausweist; ansonsten 0
OWNFAM	Indikatorvariable belegt mit 1, wenn eine Familie über mehr als die Hälfte der Kapitalanteile des Unternehmens verfügt und ein Familienmitglied in der Führungsebene des Unternehmens vertreten ist; ansonsten 0
P_t	Reguläre Kosten einer Prüfung in Periode t
PW	Prüferwechselkosten
P_α	Zusatzkosten bei Erstprüfung
R^2	Bestimmtheitsmaß
RECV	Anteil der Forderungen aus Lieferungen und Leistungen an der Bilanzsumme

RENT	Verhältnis von Jahresüberschuss und Bilanzsumme
s_i	Anteil des Merkmalträgers i
SIZE	Natürlicher Logarithmus der Bilanzsumme
$u_{i,t}$	Idiosynkratischer Fehlerterm
w	Unbeeinflussbarer Umweltzustand
$w_{1,i}$	Zeitkonstante, exogene Regressoren
$w_{2,i}$	Zeitkonstante, endogene Regressoren
x	Finanzielles Ergebnis
x	Summe aller Merkmalsausprägungen
$x_{1,i,t}$	Zeitvarianter, exogener Regressor i
$x_{2,i,t}$	Zeitvarianter, endogener Regressor i
x_i	Ausprägung des Merkmalträgers i
$x_{i,t}$	Ausprägung der unabhängigen Variable x_i im Zeitpunkt t
y	Zufallsvariable
$\hat{y}$	Berichtsverhalten des Prüfers
$y_{i,t}$	Ausprägung der abhängigen Variable y_i im Zeitpunkt t
z	Von Eigner, Manager und Prüfer beobachtbare Information
Z	Z-Statistik
α_i	Zeitkonstanter, individualspezifischer Fehlerterm
β_i	Regressionskoeffizient der Variablen i
$\beta_{1,i}$	Regressionskoeffizient des zeitvarianten, exogenen Regressors i
$\beta_{2,i}$	Regressionskoeffizient des zeitvarianten, endogenen Regressors i
Δ	Veränderung
$\gamma_{1,i}$	Regressionskoeffizient des zeitinvarianten, exogenen Regressors i
$\gamma_{2,i}$	Regressionskoeffizient des zeitinvarianten, endogenen Regressors i
ε	Beliebig kleine Zahl (Quasirentenmodell); Fehlerterm (Regressionsmodelle)
χ^2	Chi^2-Test
%	Prozent
Σ	Summe
∞	Unendlich

Abbildungsverzeichnis

Tabellenverzeichnis

1 Einführung

1.1 Motivation und Zielsetzung

Die vorliegende Arbeit widmet sich der Untersuchung der Rolle der Institution „Abschlussprüfung" bei nicht börsennotierten, großen Unternehmen und versucht in diesem Zusammenhang insbesondere folgende Forschungsfragen zu beantworten:

1. Welche Faktoren beeinflussen die Höhe der Prüfungshonorare der untersuchten, nicht börsennotierten Unternehmen und welche Aussagen lassen sich daraus über die Nachfrage und das Angebot von Prüfungsqualität bei diesen Unternehmen ableiten?
2. Welche Determinanten beeinflussen aus Sicht der untersuchten, nicht börsennotierten Unternehmen bzw. ihrer zur Prüferwahl befugten Organe als Nachfrager von Prüfungsqualität die Wahl einer bestimmten Prüfungsgesellschaft?

In den meisten Volkswirtschaften stellen nicht börsennotierte Unternehmen die überwiegende Mehrheit aller Unternehmen und zeichnen für einen Großteil der wirtschaftlichen Leistungskraft eines Landes verantwortlich.[1] Im Gegensatz zu börsennotierten Unternehmen, die in der Regel immer als große Kapitalgesellschaften gelten[2], differenziert sich die Gruppe der nicht börsennotierten Unternehmen in unterschiedliche Unternehmensgrößen – vom Kleinstunternehmen mit nur wenigen Mitarbeitern bis hin zum international tätigen Großunternehmen. Diese Unternehmen werden oftmals mit Begrifflichkeiten wie kleine und mittlere Unternehmen (KMU) oder Mittelstand bezeichnet, ohne dass eine trennscharfe, allgemeingültige Definition dieser Begriffe existiert.[3] Weitgehend gemein sind diesen Unternehmen jedoch in der Regel ein kleiner Kreis der Eigentümerpersonen und eine oftmals vorherrschende Identität von Eigentum und Kontrolle.[4] Dies sind zentrale Ab-

---

1 Vgl. *Vander Bauwhede, Willekens*, Evidence on (the lack of) audit-quality differentiation, 2004, S. 503; *Chaney, Jeter, Shivakumar*, Self-selection of auditors, 2004, S. 52; *Claessens, Tzioumis*, Ownership and financing structures, 2006, S. 266; *Minnis*, The value of financial statement verification in debt financing, 2011, S. 465; *Wymenga, Spanikova, Barker, Konings, Canton*, EU SMEs in 2012, 2012, S. 9; *Söllner*, Die wirtschaftliche Bedeutung kleiner und mittlerer Unternehmen in Deutschland, 2014, S. 40.

2 Vgl. § 267 Abs. 3 S. 2 HGB.

3 Vgl. *Söllner*, Die wirtschaftliche Bedeutung kleiner und mittlerer Unternehmen in Deutschland, 2014, S. 41. Das Statistische Bundesamt versteht unter KMU Kleinstunternehmen sowie kleine und mittlere Unternehmen bis zu 249 Beschäftigten und unter 50 Mio. € Jahresumsatz. Das Institut für Mittelstandsforschung Bonn (IfM) zieht die Grenze bei weniger als 50 Mio. € Jahresumsatz und 500 Beschäftigten. Diese Definitionen unterscheiden sich von den handelsrechtlichen Größenklassen des § 267 HGB, der die obere Grenze für mittelgroße Kapitalgesellschaften bereits bei 250 Beschäftigten, Umsatzerlösen in Höhe von 38,5 Mio. € sowie einer Bilanzsumme von 19,25 Mio. € zieht. Die beiden letztgenannten Schwellenwerte werden ab 2016 im Rahmen des Bilanzrichtlinie-Umsetzungsgesetzes (BilRuG) auf 40 Mio. € Umsatzerlöse und 20 Mio. Bilanzsumme angehoben. CLAESSENS/TZIOUMIS (2006) betrachten mittelständische Unternehmen als große, nicht börsennotierte Unternehmen, vgl. *Claessens, Tzioumis*, Ownership and financing structures, 2006, S. 266.

4 Vgl. IfM, Mittelständische Unternehmen, abrufbar unter: http://www.ifm-bonn.org/mittelstandsdefinition/faq-fragen-zum-mittelstand/#accordion=0&tab=0, Informationsabruf: 01.12.2015; *Marten, Quick, Ruhnke*, Wirtschaftsprüfung, 2015, S. 671.

grenzungsmerkmale zu der Gruppe der börsennotierten Unternehmen, die üblicherweise durch einen umfangreicheren Anteilseignerkreis und eine Trennung von Eigentum und Kontrolle gekennzeichnet sind.[5]

Die nationale und internationale Prüfungsforschung hat bisher relativ wenig unternommen um der Frage nachzugehen, welche Rolle die Institution „Abschlussprüfung“ bei nicht börsennotierten Unternehmen spielt.[6]

So halten FRANCIS/KHURANA/MARTIN/PEREIRA (2011) fest: „*Despite the importance of smaller entities to the economy and capital markets, surprisingly little is know about these firms with respect to their accounting and auditing choices or the economic consequence of these choices.*“[7]

Die bisherige Sichtweise der Forschung innerhalb des Themenfeldes Abschlussprüfung wird hauptsächlich durch die umfangreiche Prüfungsforschung im Bereich der börsennotierten Unternehmen geprägt, wohingegen Theorie und Empirie in Bezug auf die Rolle der Abschlussprüfung bei nicht börsennotierten Unternehmen nur sehr gering ausfallen.

Eine Ursache für den im Vergleich zu börsennotierten Unternehmen geringen, bisherigen Befund dürfte die eingeschränkte Verfügbarkeit von Daten in Bezug auf Abschlussprüfungen nicht börsennotierter Unternehmen sein. Während börsennotierte Unternehmen in Deutschland und den meisten anderen Staaten generell zur Abschlussprüfung und Offenlegung ihrer Finanzberichterstattung verpflichtet sind, ist in Deutschland ein Großteil der nicht börsennotierten Unternehmen gesetzlich nicht zur Abschlussprüfung verpflichtet und unterliegt nur einer eingeschränkten Pflicht zur Offenlegung. Zu diesen Unternehmen zählen vor allem Einzelunternehmen und Personenhandelsgesellschaften, für die in Deutschland aufgrund ihrer Haftungsausweitung auf den privaten Bereich der Gesellschafter bis auf wenige Ausnahmen keine Vorgaben zur pflichtmäßigen Prüfung und Publizität existieren, sowie kleine und Kleinstkapitalgesellschaften, bei denen der Gesetzgeber aus Wirtschaftlichkeitsgründen auf eine Prüfungs- und weitgehende Offenlegungspflicht verzichtet. Diese Unternehmen werden durch die Institution „Abschlussprüfung“ nur insofern berührt, als dass sie sich freiwillig einer Prüfung unterziehen können. Da diese Unternehmen in der Regel ihre Finanzberichte jedoch nicht veröffentlichen, ist eine empirische Untersuchung in diesem Bereich kaum durchführbar.[8]

Eine Pflicht zur Abschlussprüfung betrifft in Deutschland vor allem mittelgroße und große Kapitalgesellschaften. Eine Bestimmung der Gesamtzahl aller prüfungspflichtigen Unternehmen gestaltet sich jedoch schwierig, so dass diese Zahl nur geschätzt werden

---

5 Vgl. *Lennox*, Management ownership and audit firm size, 2005, S. 208.

6 Vgl. *Lenz*, Chancen für den Mittelstand, 2015, S. 25.

7 *Francis, Khurana, Martin, Pereira*, Demand for assurance services by private entities, 2011, S. 489. Die Autoren verwenden den Begriff "*smaller entities*" in diesem Zusammenhang synonym zu nicht börsennotierten Unternehmen, da sie davon ausgehen, dass nicht börsennotierte Unternehmen oftmals kleiner ausfallen und andere Eigentümerstrukturen aufweisen als börsennotierte Gesellschaften.

8 Vgl. *Dedman, Kausar, Lennox*, The demand for audit in private firms, 2014, S. 2.

kann.[9] Laut Statistischem Bundesamt existierten im Jahr 2012 in Deutschland 656.975 Kapitalgesellschaften, von denen ca. 44.000 mehr als 50 sozialversicherungspflichtig Beschäftigte aufweisen und daher im Bereich der mittelgroßen bis großen Unternehmen anzusiedeln sind.[10] Darin enthalten sind 825 kapitalmarktorientierte Kapitalgesellschaften, die gemäß § 319a Abs. 1 i. V. m. § 264d HGB als Unternehmen öffentlichen Interesses (*Public Interest Entities* PIE) gesehen werden und deren Kreis sich im Zuge der Neufassung des PIE-Begriffs auf ca. 1.600 Unternehmen erhöhen würde.[11] Der Umfang der prüfungspflichtigen Mandate für nicht kapitalmarktorientierte Unternehmen bzw. der Non-PIE-Mandate dürfte sich damit bei einer groben Schätzung in einer Bandbreite zwischen ca. 34.000 bis 50.000 bewegen, wenn man zusätzlich haftungsbeschränkte Personenhandelsgesellschaften und nach Publizitätsgesetz zur Abschlussprüfung verpflichtete Personenhandelsgesellschaften einbezieht.[12]

Die Bedeutung der Abschlussprüfung im Bereich der börsennotierten Unternehmen ist weitgehend unumstritten. So wird Abschlussprüfung in diesem Segment als öffentliches Gut betrachtet, da jeder die geprüften Finanzinformationen nutzen kann, ohne sich direkt an den Kosten beteiligen zu müssen oder die Verfügbarkeit für andere Nutzer einzuschränken.[13] Die ökonomische Begründung der Institution „Abschlussprüfung" erfolgt über die diesen Unternehmen regelmäßig inhärente starke Trennung zwischen Eigentum und Kontrolle, so dass die geprüften Finanzinformationen bei diesen Unternehmen einen wesentlichen Beitrag zur Abmilderung von Informationsasymmetrien liefern.

Im Bereich der nicht börsennotierten Unternehmen ist die Rolle der Institution „Abschlussprüfung" weit weniger offensichtlich. Im Vergleich zu börsennotierten Unternehmen sind diese Unternehmen durch andere Eigentümerstrukturen geprägt und finanzieren sich aus unterschiedlichen Quellen. Zudem dürften unterschiedliche Charakteristika des Prüfungsmarkts in diesem Segment und eine im Vergleich zu Unternehmen öffentlichen Interesses weniger strenge Regulierung in Bezug auf Abschlussprüfung Auswirkungen auf die Rolle der Abschlussprüfung zeigen. Eine einfache und direkte Übertragung der Erkenntnisse aus der Prüfungsforschung bei börsennotierten Unternehmen auf den Bereich nicht börsennotierter Unternehmen greift daher zu kurz.[14] Die vorliegende Arbeit unternimmt daher eine Untersuchung der Rolle von Abschlussprüfung speziell bei nicht börsennotierten Unternehmen.

---

9 So auch *Marten*, Wechsel des Abschlussprüfers, 1993, S. 193 f. Der Autor führt aus, dass „*eine exakte Erfassung der Zahl und Struktur aller prüfungspflichtigen Unternehmen nicht möglich ist*", *Marten*, Wechsel des Abschlussprüfers, 1993, S. 195.

10 Vgl. Statistisches Bundesamt, Unternehmen nach zusammengefassten Rechtsformen, abrufbar unter: https://www.destatis.de/DE/ZahlenFakten/GesamtwirtschaftUmwelt/UnternehmenHandwerk/Unternehmensregister/Tabellen/UnternehmenRechtsformenWZ2008.html, Informationsabruf: 09.12.2014.

11 Vgl. *Berger, Pasch*, Die kapitalmarktorientierten Unternehmen in Deutschland, 2013, S. 384; WPK, EU-Reform der Abschlussprüfung, abrufbar unter: http://www.wpk.de/neu-auf-wpkde/eu-reform-der-abschlusspruefung/, Informationsabruf: 22.06.2015.

12 Die Datenbank Dafne gibt im Durchschnitt über mehrere Jahre Abschlussprüferinformationen für ca. 34.000 nicht börsennotierte Unternehmen aus.

13 Vgl. *Dedman, Kausar, Lennox*, The demand for audit in private firms, 2014, S. 1.

14 Vgl. *Palmrose*, Audit fees and auditor size, 1986, S. 100; *Chaney, Jeter, Shivakumar,* Self-selection of auditors, 2004, S. 52.

Einzuordnen ist die vorliegende Arbeit in den Bereich der empirischen *Audit Quality* Forschung unter Verwendung inputbezogener Maßgrößen für Prüfungsqualität.[15] Der Fokus liegt auf einer Untersuchung großer, nicht börsennotierter Unternehmen, die im Zuge des Bilanzrechtsmodernisierungsgesetzes (BilMoG) ab 2009 zur Offenlegung der an ihren Abschlussprüfer gezahlten Prüfungs- und Nichtprüfungshonorare verpflichtet sind.[16] Dies ermöglicht eine Beantwortung der ersten Forschungsfrage, welche Faktoren die Höhe der Prüfungshonorare dieser Unternehmen beeinflussen. Da Prüfungshonorare vertragliche Beziehungen zwischen Prüfer und Mandant abbilden, können sie Rückschlüsse auf angebots- und nachfrageorientierte Faktoren bezüglich der Rolle von Abschlussprüfung erlauben.[17] So lässt sich in diesem Zusammenhang untersuchen, ob Abschlussprüfer bei der Prüfung nicht börsennotierter Unternehmen einem risikoorientierten Prüfungsansatz, wie ihn Prüfungsstandards vorschreiben, folgen und welche Rolle Agency-Konflikte bei der Nachfrage nach Prüfungsqualität dieser Unternehmen spielen. Weiterhin ermöglicht die Untersuchung der Prüfungshonorare Rückschlüsse auf prüfungsmarktspezifische Charakteristiken in diesem Segment. Zudem wird untersucht, welche Auswirkung die Erbringung von Nichtprüfungsleistungen auf das Prüfungshonorar hat. Der Prüfungshonoraranalyse geht eine qualitative und quantitative Untersuchung der berichteten Prüfungs- und Beratungshonorare voraus, die sich auch kritisch mit der Vorschrift der Honorarpublizität auseinandersetzt.

Im Rahmen der zweiten Forschungsfrage werden vor allem Nachfragefaktoren der untersuchten, nicht börsennotierten Unternehmen nach Prüfungsqualität in den Vordergrund gestellt. Die Argumentation folgt dabei dem Gedanken, dass unterschiedliche Anforderungen der Nachfrager nach Prüfungsleistungen zu einem unterschiedlichen Bedarf an Prüfungsqualität führen. Das Angebot unterschiedlicher Prüfungsqualitätsniveaus wird dabei über verschiedene Typen von Prüfungsgesellschaften abgebildet, wobei angenommen wird, dass größere Prüfungsgesellschaften ein höheres Prüfungsqualitätsniveau bieten als kleinere Abschlussprüfer. Es erscheint wahrscheinlich, dass sich im Segment der nicht börsennotierten Unternehmen sowohl die Anforderungen der Nachfrager nach Prüfungsleistungen als auch die Qualität der Anbieter differenzierter gestaltet als im Bereich der börsennotierten Unternehmen. Aus diesem Grund wird nicht, wie in den meisten Prüferwahluntersuchungen üblich, eine dichotome Trennung in BIG-4 und Non-BIG-4 Prüfungsgesellschaften vorgenommen, sondern eine Prüfungsqualitätsdifferenzierung über die Gruppierung in BIG-4 Gesellschaften, mittelgroße Prüfungsgesellschaften und kleinere Prüfungsgesellschaften und Abschlussprüfer durchgeführt.

---

15 Vgl. *DeFond, Zhang,* A review of archival auditing research, 2014, S. 285 f.

16 Die Pflicht zur Honorarpublizität betrifft vor allem große Kapitalgesellschaften i. S. d. § 267 Abs. 3 HGB.

17 Vgl. *DeFond, Zhang,* A review of archival auditing research, 2014, S. 289.

1.2 Gang der Untersuchung

Im zweiten Kapitel dieser Arbeit erfolgt zunächst die ökonomische Begründung der Institutionen „Rechnungslegung" und „Abschlussprüfung" anhand der Prinzipal-Agent-Theorie. Weiterhin wird eine Abgrenzung des Begriffs Prüfungsqualität, der in der allgemeinen Prüfungsforschung von zentraler Bedeutung ist, vorgenommen. Zudem wird anhand bisheriger empirischer Befunde der deutschen Prüfungsforschung, die sich vorwiegend mit börsennotierten Unternehmen befasst, eine Charakteristik des deutschen Prüfungsmarktes erstellt.

Das dritte Kapitel zeigt auf theoretischer Ebene auf, inwiefern sich Nachfrager nach und Anbieter von Prüfungsleistungen im Segment der nicht börsennotierten Unternehmen vom Bereich der börsennotierten Mandate unterscheiden und welche Auswirkungen diese Unterschiede auf die Rolle der Abschlussprüfung bei diesen Unternehmen haben könnten. Außerdem erfolgt eine Vorstellung bisheriger empirischer Arbeiten, die sich mit den Prüfungshonoraren und/oder der Prüferwahl nicht börsennotierter Unternehmen beschäftigen.

Im vierten Kapitel werden regulatorische Vorgaben zur Sicherung der Prüfungsqualität dargestellt. Ein Fokus liegt dabei auf der Beschreibung der Vorschriften zur Honorarpublizität, die im Zuge des BilMoG auf nicht kapitalmarktorientierte Unternehmen ausgeweitet wurde, und die damit eine *„deutliche(n) Aufwertung (...) sowie eine(r) Ausweitung der damit verbundenen Schutzfunktion"*[18] erfährt. Die Darstellung der gesetzlichen Vorgaben dient vor allem als theoretische Grundlage und Vorbereitung auf Kapitel 5.

Das fünfte Kapitel widmet sich einer Untersuchung der Angaben zu Prüfungs- und Nichtprüfungshonoraren der untersuchten nicht börsennotierten Unternehmen. Die Pflicht zur Honorarpublizität wird dazu zunächst in einen modelltheoretischen Kontext eingebettet. Im Folgenden wird dann eine qualitative Analyse der Honorarangaben durchgeführt, um eine Beurteilung der Berichtsqualität vornehmen zu können. Im Rahmen einer deskriptiven Untersuchung der Honorare für Prüfungs- und Beratungsleistungen wird den Fragen nachgegangen, wie sich die Honorare im Zeitverlauf entwickeln und welche Rolle Nichtprüfungsleistungen des Prüfers bei den untersuchten nicht börsennotierten Unternehmen spielen. Schließlich wird überprüft, ob die berichteten Honorare für Beratungsleistungen bei den untersuchten nicht börsennotierten Unternehmen als kritisch angesehene Anteilswerte überschreiten und ob daraus eine Beeinträchtigung der Unabhängigkeit des Abschlussprüfers abgeleitet werden kann. In diesem Zusammenhang wird auch die Sinnhaftigkeit der gesetzlichen Vorschrift zur Honorarpublizität für nicht börsennotierte Unternehmen diskutiert.

Das sechste Kapitel befasst sich mit der Untersuchung der Determinanten der Prüfungshonorare der untersuchten nicht börsennotierten Unternehmen. Dazu werden zunächst die zu testenden Prüfungshonorarhypothesen auf Basis theoretischer Überlegungen und empi-

---

[18] *Petersen, Zwirner*, Angabepflicht der Honoraraufwendungen, 2008, S. 280.

rischer Befunde abgeleitet. Im Vordergrund stehen die Fragen, welche angebots- und nachfrageorientierte Faktoren und welche prüferspezifischen Eigenschaften die Höhe der Prüfungshonorare beeinflussen sowie welche Auswirkung die Erbringung von Nichtprüfungsleistungen auf das Prüfungshonorar hat. Die Analyse der Zusammenhänge erfolgt mittels linearer Regressionsanalysen. Möglichen statistischen Problematiken wird durch die Verwendung unterschiedlicher statistischer Schätzverfahren Rechnung getragen.

Im siebten Kapitel erfolgt die Prüferwahluntersuchung, in der der Frage nachgegangen wird, welche Faktoren die Wahl eines bestimmten Prüfungsqualitätsniveaus, abgebildet über die Bestellung einer bestimmten Prüfungsgesellschaft, bestimmen. Zu diesem Zweck werden die Prüferwahlhypothesen begründet. Die Untersuchung erfolgt anhand logistischer Regressionsmodelle. Auch hier werden verschiedene statistische Schätzverfahren angewendet, um auf Robustheit der Ergebnisse zu testen und potentiellen statistischen Problematiken zu begegnen.

Das achte Kapitel enthält abschließend eine Zusammenfassung der zentralen Erkenntnisse der vorliegenden Arbeit. Zugleich wird auf einige Beschränkungen dieser Arbeit hingewiesen und ein Ausblick auf weitere Möglichkeiten der Prüfungsforschung im Bereich der nicht börsennotierten Unternehmen gegeben.

2 Begriffsdefinitionen

Dieses Kapitel dient zunächst einem generellen Überblick über die Thematik „Abschlussprüfung“ im Rahmen einer Betrachtung einiger für den weiteren Gang dieser Arbeit zentraler theoretischer Grundlagen sowie der Klärung wesentlicher Begrifflichkeiten. Dazu wird zunächst der ökonomische Bedarf nach der Institution „Abschlussprüfung“ als Resultat Agency-bedingter Konfliktpotentiale begründet. Des Weiteren wird der Frage nachgegangen, worin die Qualität des Gutes Abschlussprüfung besteht. In diesem Zusammenhang wird der im Rahmen einer Definition des Begriffs Prüfungsqualität grundlegende modelltheoretische Ansatz von DEANGELO (1981)[19] dargestellt. Zudem wird als weitere Sichtweise auf den Begriff Prüfungsqualität die Definition von DEFOND/ZHANG (2014) präsentiert.[20]

Weiterhin wird in diesem Teil der Arbeit eine Übersicht über die bisherige jüngere deutsche Prüfungshonorar- und Prüferwahlforschung, die sich überwiegend mit kapitalmarktorientierten Unternehmen befasst, gegeben und anhand dieser Erkenntnisse eine Charakteristik des deutschen Prüfungsmarktes (vor allem für börsennotierte Unternehmen) skizziert, um einen Vergleich mit den später folgenden Erkenntnissen dieser Arbeit zu ermöglichen.

2.1 Die Prinzipal-Agent-Theorie als ökonomische Begründung für Abschlussprüfung

Die ökonomische Begründung für eine Abschlussprüfung wird üblicherweise in den weiteren theoretischen Bezugsrahmen der Neuen Institutionenökonomik eingeordnet.[21] Eine weitgefasste Definition versteht unter dem Begriff Institution *„eine Regel oder ein Regelsystem, einen Vertrag oder ein Vertragssystem (jeweils inklusive ihrer Durchsetzungsmechanismen), durch den oder die das Verhalten von Individuen kanalisiert wird.“*[22] Darunter fallen unter anderem sowohl Gesetze und Normen als auch Staaten, Unternehmen und Verbände.[23] Enthält die Institution eine personelle Komponente, spricht man auch von Organisation.[24]

Im Gegensatz zum Konzept der Neoklassik unterstellt die Neue Institutionenökonomik[25], dass Handlungen nicht das Resultat von aggregierten Entscheidungseinheiten (z. B. Unternehmen, Haushalte) darstellen, sondern aus den Entscheidungen der diese Einheiten

---

[19] Vgl. *DeAngelo*, Low balling, 1981, S. 113-127; *DeAngelo*, Auditor size, 1981, S. 183-199.

[20] Vgl. *DeFond, Zhang*, A review of archival auditing research, 2014, S. 275-326.

[21] Vgl. *Ruhnke*, Empirische Forschung im Prüfungswesen, 1997, S. 311; *Fischkin*, Determinanten der Prüferwahl, 2011, S. 35; *Umlauf*, Prüfungs- und Beratungshonorare von Konzernabschlussprüfern, 2013, S. 10.

[22] *Erlei, Leschke, Sauerland*, Neue Institutionenökonomik, 1999, S. 23; Vgl. ähnlich auch *Schotter*, The evolution of rules, 1986, S. 177.

[23] Vgl. *Umlauf*, Prüfungs- und Beratungshonorare von Konzernabschlussprüfern, 2013, S. 10.

[24] Vgl. *Erlei, Leschke, Sauerland*, Neue Institutionenökonomik, 1999, S. 25.

[25] Zur Geschichte der Neuen Institutionenökonomik und zum Verhältnis zum neoklassischen Ansatz vgl. *Erlei, Leschke, Sauerland*, Neue Institutionenökonomik, 1999, S. 27-51.

bildenden Individuen folgen (Prinzip des methodologischen Individualismus).[26] Diese Individuen treffen ihre Entscheidungen unter Berücksichtigung ihrer persönlichen nutzenmaximierenden Interessen (Individualprinzip) und nehmen dabei auch eine Schädigung anderer in Kauf, wenn diese der eigenen Nutzenmaximierung dient (opportunistisches Verhalten).[27] Gleichzeitig liegt eine asymmetrische Verteilung von Informationen in dem Sinne vor, dass nicht alle beteiligten Individuen über den gleichen Informationsstand bezüglich eines bestimmten Sachverhaltes verfügen.[28] Die einzelnen Individuen wägen gemäß ihres Informationsstandes zwar ihre Handlungsalternativen nach einer Kosten-/Nutzenüberlegung ab, um sich für die relativ vorteilhafte Möglichkeit zu entscheiden (Rationalitätsprinzip).[29] Allerdings führen die Informationsasymmetrie und eine zusätzliche kognitive Beschränkung der Informationsverarbeitung dazu, dass sie nur zu eingeschränkt rationalen Entscheidungen fähig sind.[30] Eine eingeschränkte Rationalität der Akteure wird schließlich in einer Verfehlung des Optimalzustandes, der sich bei vollkommenen rationalen Akteuren ergeben hätte, resultieren. In diesem Zusammenhang sollen Institutionen dazu beitragen, durch eine Reduktion von Informationsasymmetrien die Handlungsentscheidungen der Akteure zu verbessern, um eine Annäherung an das optimale Ergebnis zu erreichen.[31]

Die Neue Institutionenökonomik lässt sich unterteilen in die Forschungsrichtungen der Verfügungsrechtetheorie, die Transaktionskostentheorie sowie die Prinzipal-Agent-Theorie. Während die beiden erstgenannten Ansätze in Bezug auf Rechnungslegung und Abschlussprüfung nur eine untergeordnete Rolle spielen, wird zumeist die Prinzipal-Agent-Theorie als Erklärungsansatz dieser Institutionen verwandt.[32]

2.1.1 Grundzüge der Prinzipal-Agent-Theorie

Die Prinzipal-Agent-Theorie befasst sich mit der optimalen Vertragsgestaltung zwischen Individuen, die in diesem Zusammenhang als Prinzipal und Agent bezeichnet werden. In der Regel erfolgt eine Unterscheidung in die normative und die positive Prinzipal-Agent-Theorie.[33] Die normative Richtung beschäftigt sich mit der formalen Herleitung optimaler Vertragsausgestaltungen, indem entsprechende Anreizfaktoren und Risikoverteilungen zwischen den Vertragsparteien einbezogen werden.[34] Die positive Theorie ist dagegen em-

---

26 Vgl. *Erlei, Leschke, Sauerland*, Neue Institutionenökonomik, 1999, S. 53; *Umlauf*, Prüfungs- und Beratungshonorare von Konzernabschlussprüfern, 2013, S. 10 f.

27 Vgl. *Erlei, Leschke, Sauerland*, Neue Institutionenökonomik, 1999, S. 52.

28 Vgl. *Umlauf*, Prüfungs- und Beratungshonorare von Konzernabschlussprüfern, 2013, S. 11.

29 Vgl. *Erlei, Leschke, Sauerland*, Neue Institutionenökonomik, 1999, S. 52.

30 Vgl. *Richter, Bindseil*, Neue Institutionenökonomik, 1995, S. 132.

31 Vgl. *Picot, Dietl, Franck*, Organisation, 2008, S. 33; *Fischkin*, Determinanten der Prüferwahl, 2011, S. 36; *Umlauf*, Prüfungs- und Beratungshonorare von Konzernabschlussprüfern, 2013, S. 11.

32 Aus diesem Grund wird auf eine Darstellung der Verfügungs- und Transaktionskostentheorie verzichtet. Zur Rolle der Verfügungsrechte- und Transaktionskostentheorie in Bezug auf Rechnungslegung und Abschlussprüfung vgl. *Fischkin*, Determinanten der Prüferwahl, 2011, S. 36-38 und *Umlauf*, Prüfungs- und Beratungshonorare von Konzernabschlussprüfern, 2013, S. 12 f.

33 Vgl. *Jensen*, Organization theory and methodology, 1983, S. 334.

34 Vgl. *Ewert, Stefani*, Wirtschaftsprüfung, 2001, S. 150 f.; *Umlauf*, Prüfungs- und Beratungshonorare von Konzernabschlussprüfern, 2013, S. 14.

pirisch orientiert.[35]Aufgrund des empirischen Charakters der vorliegenden Arbeit ist diese daher vor allem vor dem Hintergrund der positiven Prinzipal-Agent-Theorie zu sehen.

Eine Prinzipal-Agent-Beziehung wird durch folgende Charakteristika bezeichnet[36]:

- Existenz einer Vertragsbeziehung zwischen Prinzipal und Agent;
- Existenz asymmetrischer Informationen zwischen Prinzipal und Agent zugunsten eines Informationsvorsprungs des Agenten;
- Unterschiedliche Nutzenfunktionen von Prinzipal und Agent;
- Existenz externer Effekte in dem Sinne, dass sich Entscheidungen des Agenten neben seinem Nutzen auch auf den Nutzen des Prinzipals auswirken.

In diesem Rahmen lassen sich sowohl eigenfinanzierungs- als auch fremdfinanzierungsbedingte Konflikte zwischen Prinzipal und Agent unterscheiden.[37]

2.1.1.1 Eigenfinanzierungsbedingte Agency-Thematik

In Bezug auf eigenfinanzierungsbedingte Thematiken wird das Konzept der Prinzipal-Agent-Theorie auf die Trennung von Eigentum und Leitung, die in der betriebswirtschaftlichen Praxis ein gängiges Konzept darstellt, übertragen.[38] In diesem Zusammenhang wird üblicherweise der Eigentümer einer Unternehmung als Prinzipal auftreten, welcher einen Dritten mit der Leitung der Unternehmung beauftragt.[39] Diese mit der Leitung des Unternehmens beauftragte Person nimmt die Rolle des Agenten ein.

Der Prinzipal wird dem Agenten einen Vertrag anbieten, über dessen Annahme oder Ablehnung der Agent entscheiden kann, ohne die Möglichkeit mit dem Prinzipal über die Vertragsgestaltung verhandeln zu können. Entspricht der Nutzen des Agenten aus dem Vertrag mindestens dem einer Beschäftigungsalternative, wird der Agent den Vertrag akzeptieren.[40]

Da innerhalb der Prinzipal-Agent-Theorie sowohl der Prinzipal als auch der Agent als Eigennutzenmaximierer charakterisiert sind, ist davon auszugehen, dass *„If both parties to the relationship are utility maximizers, there is good reason to believe that the agent will not always act in the best interests of the principal*"[41]. Die Präferenz des Prinzipals liegt in einer Maximierung des Unternehmenswertes, während der als opportunistisch unterstellte Agent bestrebt sein wird, seinen Entscheidungsspielraum auf Kosten des Prinzipals ausnutzen, um damit sein eigenes Nutzenmaximum zu realisieren.[42] Stimmen die Ziele von Agent und

35 Vgl. *Jensen, Smith*, Stockholder, Manager and Creditor Interests, 1985, S. 96; *Fischkin*, Determinanten der Prüferwahl, 2011, S. 39.

36 Vgl. *Marten, Quick, Ruhnke*, Wirtschaftsprüfung, 2011, S. 36.

37 Vgl. *Lenz*, Wahl des handelsrechtlichen Abschlussprüfers, 1993, S. 3 f.

38 Vgl. *Jensen, Meckling*, Theory of the Firm, 1976, S. 309.

39 Vgl. die Definition von Jensen/Meckling (1976): *„We define an agency relationship as a contract under which one or more persons (the principal(s)) engage another person (the agent) to perform some service on their behalf which involves delegating some decision making authority to the agent."* Jensen, Meckling, Theory of the firm, 1976, S. 308.

40 Zum Begriff „Vertrag" vgl. *Alparslan*, Prinzipal-Agent-Theorie, 2005, S. 13 ff.

41 *Jensen, Meckling*, Theory of the firm, 1976, S. 308.

42 Vgl. *Lenz*, Wahl des handelsrechtlichen Abschlussprüfers, 1993, S. 114.

Prinzipal nicht überein, führt der einhergehende Interessenkonflikt zu einer Verfehlung des aus Sicht des Prinzipals höchstmöglichen Nutzenniveaus.[43]

Möglich werden die opportunistischen Handlungen des Agenten aufgrund von Informationsasymmetrien, die sich innerhalb der Prinzipal-Agent-Theorie in drei Formen unterteilen lassen:

1. *Hidden Characteristics*
   Der Agent kennt bereits vor Vertragsabschluss (ex ante) seine Qualifikation und Fähigkeiten hinsichtlich der betrachteten Aufgabe. Der Prinzipal kann zwar nach Vertragsabschluss die Aktionen des Agenten beobachten, ist ex ante aber über das Leistungsvermögen des Agenten nicht informiert.[44] Für den Prinzipal ergibt sich damit bereits bei Vertragsabschluss das Problem, nicht auf einen potentiellen Agenten mit schlechten Eigenschaften, der vorgibt ein Kandidat mit guten Eigenschaften zu sein, hereinzufallen, während ein guter Kandidat den angebotenen mittelmäßigen Vertrag ablehnt (Adverse Selektion).[45]

2. *Hidden Action*
   Der Prinzipal kann zwar die Leistungsfähigkeit des Agenten ex ante abschätzen, ist nach Vertragsabschluss (ex post) aber nicht in der Lage, die Aktionen des Agenten zu beobachten, da bspw. die Kontrollkosten zu hoch wären.[46] Nutzt der Agent seinen Informationsvorsprung gegenüber dem Prinzipal opportunistisch aus, spricht man von *Moral Hazard*.[47]

3. *Hidden Information*
   In diesem Fall ist der Prinzipal zwar über Leistungsvermögen und Aktionen des Agenten informiert, er kann aber nicht beurteilen, ob dessen Erfolge aufgrund seiner Handlungen oder anderweitiger externer Einflüsse (sog. exogene Störgröße oder Zufallsvariable) resultieren. Der Prinzipal weiß also nicht, *„ob sich der Agent in seinem Interesse eingesetzt hat“*[48]. Auch hier kann *Moral Hazard* auftreten.

Als Schädigungsmaßnahmen werden im Rahmen eigenfinanzierungsbedingter Agency-Konflikte üblicherweise die folgenden Möglichkeiten genannt.[49] Dabei wird ausgegangen von einem Manager, der nicht (mehr) zu 100 % am Eigentum des von ihm geführten Unternehmens beteiligt ist.[50]

---

43 Vgl. *Alparslan*, Prinzipal-Agent-Theorie, 2005, S. 17.
44 Vgl. *Jost*, Prinzipal-Agenten-Theorie, 2001, S. 26.
45 Vgl. *Alparslan*, Prinzipal-Agent-Theorie, 2005, S. 26.
46 Vgl. *Jost*, Prinzipal-Agenten-Theorie, 2001, S. 25.
47 Vgl. *Alparslan*, Prinzipal-Agent-Theorie, 2005, S. 27.
48 *Alparslan*, Prinzipal-Agent-Theorie, 2005, S. 23.
49 Vgl. *Lenz*, Wahl des handelsrechtlichen Abschlussprüfers, 1993, S. 121.
50 Vgl. *Jensen, Meckling*, Theory of the firm, 1976, S. 312.

Konsum nichtpekuniärer Vorteile

Ein Gesellschafter-Geschäftsführer erzielt neben den pekuniären Vorteilen, die er aus seinem Anteil am Residuum der Unternehmung erhält, weitere Vorteile, die nicht zwangsläufig finanzieller, sondern insbesondere nichtpekuniärer Natur sind. Unter diesen sind beispielsweise repräsentative Büroausstattungen, die Nutzung von Dienstwagen und Assistenzen oder auch persönliche Beziehungen zu verstehen.[51] Diese Vorteile kann auch ein Gesellschafter-Geschäftsführer, der als Allein-Eigentümer auftritt, erzielen. Dieser erzielt sein Nutzenmaximum aus der Kombination von pekuniären und nichtpekuniären Vorteilen, *„when the marginal utility derived from an additional dollar of expenditure (measured net of any productive effects) is equal for each non-pecuniary item and equal to the marginal utility derived from an additional dollar of after-tax purchasing power (wealth)"*[52]. Treten nun weitere Eigenkapitalgeber auf, die zwar am Eigentum, also auch an den Residualerträgen der Unternehmung, beteiligt sind, nicht aber an der Geschäftsführung, kommt der geschäftsführende Gesellschafter weiterhin in den vollen Genuss der nichtpekuniären Vorteile, muss aber nur noch einen Teil der aus diesem Genuss entstehenden Kosten tragen.[53] Ein besonderer Konflikt liegt in der möglichen Entscheidung des Geschäftsführers, sein Arbeitsleid zu reduzieren, indem er unternehmerische Arbeitsaktivitäten einschränkt und durch Freizeit oder Muße ersetzt.[54]

Aneignung nicht vertraglich zustehender pekuniärer Vorteile

Neben dem Konsum nichtpekuniärer Vorteile kann der geschäftsführende Gesellschafter durch die Aneignung pekuniärer Vorteile, die vertraglich nicht vereinbart oder auch nicht zulässig sind, beispielsweise im Rahmen von Unterschlagungen, dem Abschluss begünstigender Verträge mit ihm nahe stehenden Personen, Kick-back-Vereinbarungen oder der Vereinbarung überhöhter Dienstleistungshonorare, die nicht an der Geschäftsführung beteiligten Gesellschafter schädigen.[55] Auch in diesem Fall kostet ihn jede Geldeinheit, die er dem Unternehmen entzieht, nur den seinem Anteil entsprechenden Teil dieser Geldeinheit, während sich der Marktwert der Unternehmung tatsächlich um genau diese eine Geldeinheit verringert.[56]

Mit steigender Beteiligungsquote der außenstehenden Gesellschafter und analog sinkender Beteiligungsquote des geschäftsführenden Gesellschafters verschärfen sich diese Konflikte.

Verkauft ein Gesellschafter-Geschäftsführer seinen gesamten Anteil an der Unternehmung und verbleibt als reiner Manager, der selbst nicht mehr am Unternehmen beteiligt ist, wird er die (als naiv unterstellten) außenstehenden Gesellschafter vollkommen ausnutzen, indem er durch den Konsum nonpekuniärer Vorteile bei angenommenem positiven

---

51 Vgl. *Jensen, Meckling,* Theory of the firm, 1976, S. 312.
52 *Jensen, Meckling,* Theory of the firm, 1976, S. 312.
53 Vgl. *Jensen, Meckling,* Theory of the firm, 1976, S. 312.
54 Vgl. *Jensen, Meckling,* Theory of the firm, 1976, S. 313.
55 Vgl. *Lenz,* Wahl des handelsrechtlichen Abschlussprüfers, 1993, S. 121.
56 Vgl. *Lenz,* Wahl des handelsrechtlichen Abschlussprüfers, 1993, S. 122.

Grenznutzen den Marktwert der Unternehmung vollständig aufzehrt.[57] Wird der Manager nur als Angestellter für das Unternehmen tätig, können weitere Problematiken auftreten.

Managementbedingtes Überinvestitionsproblem

Ist – wie vielfach üblich – ein Teil der Entlohnung des angestellten Managers an eine periodische Erfolgsgröße, in der Regel den Periodenüberschuss, geknüpft, wird unterstellt, dass der Manager jegliches Investitionsprojekt realisiert, das eine positive Rendite erzielt und damit zu einer Erhöhung der Erfolgsgröße führt.[58] Zudem lassen sich so unerwünschte Ausschüttungen an die Eigner vermeiden und die im Unternehmen verbleibenden Mittel erhöhen die Macht des Managers.[59] Die investierten Mittel stehen damit den Eignern nicht mehr zur Verfügung, die diese außerhalb des Unternehmens eventuell höher verzinslich hätten anlegen können.

Managementbedingtes Unterinvestitionsproblem

Die Aufteilung von Eigentum und Leitung bietet den Eigenkapitalgebern die Möglichkeit, ihre Anteile auf mehrere Unternehmen zu verteilen und dadurch ihr Risiko zu streuen – im Extremfall einer vollständigen Diversifikation sogar bis zu einer gänzlichen Eliminierung des unsystematischen Risikos[60]. Dem seine Arbeitskraft in das Unternehmen einbringenden Geschäftsführer steht diese Option nicht offen. Vielmehr drohen ihm bei einer finanziellen Schieflage des Unternehmens Arbeitsplatzverlust und Einkommenseinbußen. Es wird daher unterstellt, dass Manager und Eigner unterschiedliche Risikopräferenzen hinsichtlich der Investitionspolitik aufweisen.[61] Gemäß diesen Annahmen wird der risikoaverse Manager im Gegensatz zum als risikoneutral unterstellten Eigner dazu tendieren, risikoärmere Projekte mit geringeren Renditen gegenüber risikoreicheren Projekten mit höheren Renditemöglichkeiten zu bevorzugen.[62]

2.1.1.2 Fremdfinanzierungsbedingte Agency-Konflikte

Agency-Problematiken können nicht nur zwischen Eignern und Managern entstehen, sondern bei haftungsbeschränkten Unternehmungen auch zwischen externen Kapitalgebern (Prinzipal) und Eigentümern (Agent).[63] Folgende Anreizproblematiken können bei einer (teilweisen) Fremdkapitalfinanzierung des Unternehmens in einer Verfehlung des maximal möglichen Unternehmenswertes und einer Schädigung der Gläubiger resultieren.

---

57 Vgl. *Lenz,* Wahl des handelsrechtlichen Abschlussprüfers, 1993, S. 129.

58 Vgl. *Lenz,* Wahl des handelsrechtlichen Abschlussprüfers, 1993, S. 122.

59 Vgl. *Jensen,* Agency Costs, 1986, S. 323.

60 Vgl. *Lenz,* Wahl des handelsrechtlichen Abschlussprüfers, 1993, S. 114.

61 Vgl. *Jensen, Meckling,* Theory of the firm, 1976, S. 349, S. 352 f.; *Shavell,* Risk sharing, 1979, S. 66; *Fama,* Agency problems, 1980, S. 219 f.

62 Vgl. *Pfaff,* Gewinnverwendungsregelungen, 1989, S. 166.

63 Ausführliche Darstellungen zu fremdfinanzierungsbedingten Agency-Konflikten finden sich bei *Watts, Zimmerman,* Positive accounting theory, 1986, S. 186-191; *Ewert,* Rechnungslegung, Gläubigerschutz und Agency-Probleme, 1986, S. 12-20; *Lenz,* Wahl des handelsrechtlichen Abschlussprüfers, 1993, S. 7-15.

Anreiz zur liquidationsfinanzierten Ausschüttung

In Abwesenheit von Ausschüttungsrestriktionen können die Eigner versucht sein, Vermögensgegenstände der Unternehmung zu veräußern und den erzielten Liquidationserlös an sich auszuschütten, bevor die Rückzahlungsansprüche der Gläubiger in Kraft treten. Im Extremfall führt dies zu einer vollkommenen Liquidierung aller Vermögensgegenstände *„leaving the debtholders with the "shell" of the company.“*[64]

Anreiz zu fremdfinanzierten Ausschüttungen

Bei einem bereits bestehenden Bestand an „ursprünglichem“ Fremdkapital führt die Aufnahme und Ausschüttung weiterer Kredite, die mit der gleichen oder höheren Rückzahlungspriorität wie das ursprüngliche Fremdkapital versehen sind, an die Eigner zu einer Verwässerung der Ansprüche der Altgläubiger, da eine Reichtumsumverteilung zugunsten der Eigner und zulasten der Altgläubiger erfolgt.[65] Auch im Falle einer Nachrangigkeit des neuen Kapitals kann der Wert des ursprünglichen Fremdkapitals beschädigt werden, wenn neu aufgenommenes Kapital an die Eigner ausgeschüttet wird. Die Ausschüttung erhöht die Wahrscheinlichkeit einer Insolvenz, die wiederum mit zusätzlichen Gebühren bspw. für den Insolvenzverwalter oder Gerichte den Unternehmenswert belastet.[66]

Risikoanreize

Im Rahmen der Fremdkapitalaufnahme entsteht eine ungleiche Teilung der Kosten und Erlöse aus Investitionsprojekten zwischen Eignern und Fremdkapitalgebern. Mit steigendem Verschuldungsgrad tragen die Gläubiger einen Großteil der potentiellen Verluste, während im Falle eines Gewinnes hauptsächlich die Eigner (nach Rückzahlung des Fremdkapitals) profitieren. Dies kann zur Aufnahme risikoreicher Investitionsprojekte führen, die den maximal möglichen Unternehmenswert verfehlen.[67] Gleichzeitig kann die Teilungsregel dazu führen, dass Investitionen mit positivem Kapitalwert nicht durchgeführt werden, wenn die Zahlungsüberschüsse hauptsächlich den Gläubigern zufallen (Unterinvestition), oder auch Projekte mit negativem Kapitalwert verfolgt werden, wenn Verluste geteilt werden, Gewinne aber vor allem den Eignern zu Gute kommen (Überinvestition).

2.1.1.3 Agency Kosten

Sowohl im Rahmen eigen- als auch fremdfinanzierungsbedingter Agency-Konflikte entstehen Kosten, die von JENSEN/MECKLING (1976) als Agency-Kosten bezeichnet werden. Diese Kosten bestehen in beiden Fällen aus dem Wohlfahrtsverlust, der aus der Differenz zwischen dem maximal möglichen Unternehmenswert (*First-Best*-Lösung) und dem tatsächlich realisierten Unternehmenswert, der sich in Folge der wertschmälernden Aktionen der

---

64 *Watts, Zimmerman*, Positive accounting theory, 1986, S. 190.

65 Vgl. *Watts, Zimmerman*, Positive accounting theory, 1986, S. 190; *Lenz*, Wahl des handelsrechtlichen Abschlussprüfers, 1993, S. 9.

66 Vgl. *Watts, Zimmerman*, Positive accounting theory, 1986, S. 190.

67 Vgl. *Lenz*, Wahl des handelsrechtlichen Abschlussprüfers, 1993, S. 10 f.

Agenten ergibt (*Second-Best*-Lösung), resultiert (*Residual Loss*).[68] Im Zuge fremdfinanzierungsbedingter Agency-Konflikte treten außerdem Kosten einer möglichen Insolvenz hinzu.[69] Rational handelnde Eigen- bzw. Fremdkapitalgeber werden die potentiellen Schädigungsmöglichkeiten des jeweiligen Agenten antizipieren und versuchen, sich durch entsprechende Maßnahmen dagegen zu schützen. Diese Schutzmaßnahmen werden als vertragliche Kontrollsysteme implementiert, durch deren Einrichtung Kosten entstehen (*Monitoring Costs*).[70] Diese *Monitoring* Kosten werden ebenfalls zu den Agency-Kosten gezählt.

Entscheidend ist nun die Frage, wer diese Kosten tragen muss. JENSEN/MECKLING (1976) führen an, dass innerhalb ihres Modells „*the owner will bear the entire wealth effects of these expected costs so long as the equity market anticipates these effects. Prospective minority shareholders will realize that the owner-manager's interests will diverge somewhat from theirs; hence the price which they will pay for shares will reflect the monitoring costs and the effect of the divergence between the manager's interest and theirs*"[71]. Auch im Rahmen fremdfinanzierungsbedingter Konflikte betonen WATTS/ZIMMERMAN (1986), dass diese Kosten zu Lasten des Agenten gehen.[72] Die Überwälzung der Kosten auf den Agenten sollte diesen veranlassen, selbst Aktivitäten zur Reduktion von Informationsasymmetrien bezüglich Qualitäts- und Verhaltensmerkmalen zu unternehmen.[73] Diese Maßnahmen werden als *Bonding* bezeichnet und können sich in *Signaling*- und *Reporting*-Aktivitäten ausgestalten, die wiederum Kosten (*Bonding Costs*) verursachen.[74] Die gesamten Agency-Kosten bestimmen sich also aus der Summe des *Residual Loss* sowie den *Monitoring* und *Bonding* Kosten.[75]

2.1.2 Rechnungslegung und Abschlussprüfung als Instrumente zur Reduktion von Agency-Kosten

JENSEN/MECKLING (1976) führen an mehreren Stellen an, dass Rechnungslegung und Abschlussprüfung als *Bonding*- und *Monitoring*-Aktivitäten prinzipiell in Frage kommen, um Agency-Kosten zu verringern.[76] WATTS/ZIMMERMAN (1986) argumentieren, dass Werte aus der Rechnungslegung regelmäßig als Bestandteil der Verträge zwischen den beiden Ver-

[68] Vgl. *Jensen, Meckling*, Theory of the firm, 1976, S. 308 und S. 342.

[69] So müssen Unternehmen, die eine höhere Insolvenzwahrscheinlichkeit aufweisen, z. B. höhere Löhne zahlen, um Mitarbeiter für ein höheres Arbeitslosigkeitsrisiko zu entschädigen, vgl. *Jensen, Meckling*, Theory of the firm, 1976, S. 340.

[70] Zu den *Monitoring* Kosten im Rahmen eigenfinanzierungsbedingter Agency-Konflikte zählen zum Beispiel die Entwicklung von Entlohnungssystemen, die anhand variabler Vergütungsbestandteile den Manager zur Unterlassung opportunistischer Handlungen anreizen sollen, vgl. *Lenz*, Wahl des handelsrechtlichen Abschlussprüfers, 1993, S. 114. Im Rahmen fremdfinanzierungsbedingter Konflikte wird die Kreditvergabe häufig an Kreditvertragsklauseln geknüpft, vgl. *Watts, Zimmerman*, Positive accounting theory, 1986, S. 186.

[71] *Jensen, Meckling*, Theory of the firm, 1976, S. 312.

[72] Vgl. *Watts, Zimmerman*, Positive accounting theory, 1986, S. 191.

[73] Vgl. *Watts, Zimmerman*, Positive accounting theory, 1986, S. 191.

[74] Vgl. *Fischkin*, Determinanten der Prüferwahl, 2011, S. 43. JENSEN/MECKLING (1976) notieren zu *Bonding*-Aktivitäten: „*We call these expenditures "bonding costs," and they would take such forms as contractual guarantees to have the financial accounts audited by a public account, explicit bonding against malfeasance on the part of the manager, and contractual limitations on the manager's decision-making power (...).*" *Jensen, Meckling*, Theory of the firm, 1976, S. 325.

[75] Vgl. *Jensen, Meckling*, Theory of the firm, 1976, S. 308.

[76] Vgl. *Jensen, Meckling*, Theory of the firm, 1976, S. 306 und S. 308.

tragsparteien verwendet werden, um entsprechende Anreiz- und Überwachungssysteme[77] zu unterstützen.[78] Die Abschlussprüfung erfülle dann die Rolle eines *Monitoring*-Instruments, da der Prüfer die Einhaltung dieser Vertragsbestandteile überwache.[79]

Die tatsächliche Funktionsfähigkeit des handelsrechtlichen Jahresabschlusses, der vor allem für nicht kapitalmarktorientierte, deutsche Unternehmen von Bedeutung ist, und der Institution „Abschlussprüfung" als geeignete Instrumente zur Reduktion sowohl fremd- als auch eigenfinanzierungsbedingter Agency-Konflikte wird ausführlich von LENZ (1993) diskutiert. Da der Jahresabschluss keine Positionen enthält, aus denen der Prinzipal ein schädigendes Verhalten des Agenten direkt ablesen könnte, ist eine unmittelbare Eignung als Kontrollinstrument zunächst anzuzweifeln. Gleichwohl lässt sich bei einer aufmerksamen Interpretation der Zweck des Jahresabschlusses als Rechenschaftslegungsinstrument erkennen. Bei fremdfinanzierungsbedingten Konflikten dienen die direkte Ausschüttungsbegrenzung im Rahmen der Vorschriften des Handelsgesetzbuches (HGB)[80], des Aktiengesetzes (AktG)[81] und des GmbH-Gesetzes (GmbHG)[82] sowie die Verwendung von Finanzierungsrelationen als indirekte Ausschüttungssperre der Erhaltung eines Mindesthaftungskapitals gegenüber Gläubigern.[83] Schädigungsmöglichkeiten im Rahmen eigenfinanzierungsbedingter Konflikte lassen sich bereits bei Einblick in die ordnungsmäßige Buchführung, in der entsprechende Konsumausgaben des Managers verbucht werden müssen, erkennen.[84] Weiterhin müsste sich ein opportunistisches Verhalten in beiden Fällen in der Vermögens-, Finanz- und Ertragslage des Unternehmens widerspiegeln, deren Übereinstimmung mit den tatsächlichen Verhältnissen vom Abschlussprüfer gem. § 264 Abs. 2 HGB zu beurteilen ist.[85] Trotz der ursprünglichen Charakterisierung der Abschlussprüfung als Ordnungsmäßigkeitsprüfung[86] trifft den Prüfer eine „Redepflicht" gem. § 321 Abs. 2 HGB, d. h. er muss über schwerwiegende Verstöße des Managements berichten. Die Abschlussprüfung wird somit zu einer mittelbaren Geschäftsführungsprüfung.[87] Rechnungslegung und Abschlussprüfung stellen damit einen „notwendigen Zwischenschritt" dar, da sie die Basis für objektivierte Informationen, auf die weitere Anreiz- und Überwachungssysteme aufbauen können, zur Verfügung stellen.[88]

Der folgende Abschnitt widmet sich nun der Betrachtung des Begriffs Prüfungsqualität. Damit die Adressaten den Abschlussinformationen einen Wert beimessen können, ist es

77 Dazu zählen z. B. Managervergütungssysteme oder Kreditvertragsklauseln, die auf Größen der Rechnungslegung beruhen, vgl. *Watts, Zimmerman*, Positive accounting theory, 1986, S. 196.

78 Vgl. *Watts, Zimmerman*, Positive accounting theory, 1986, S. 198.

79 Vgl. *Watts, Zimmerman*, Positive accounting theory, 1986, S. 196.

80 Vgl. §§ 172 Abs. 4, 268 Abs. 8 HGB.

81 Vgl. §§ 58, 150 AktG.

82 Vgl. § 29 GmbHG.

83 Vgl. *Lenz*, Wahl des handelsrechtlichen Abschlussprüfers, 1993, S. 53.

84 Vgl. *Lenz*, Wahl des handelsrechtlichen Abschlussprüfers, 1993, S. 171.

85 Vgl. *Lenz*, Wahl des handelsrechtlichen Abschlussprüfers, 1993, S. 171.

86 Vgl. *Leffson*, Wirtschaftsprüfung, 1988, S. 327.

87 Vgl. *Lenz*, Wahl des handelsrechtlichen Abschlussprüfers, 1993, S. 176.

88 Vgl. *Lenz*, Wahl des handelsrechtlichen Abschlussprüfers, 1993, S. 178; Für ein ähnliches Fazit vgl. *Umlauf*, Prüfungs- und Beratungshonorare von Konzernabschlussprüfern, 2013, S. 20-26.

notwendig, dass sie dem Prüfungsurteil des Abschlussprüfers vertrauen. Dies bedeutet, dass die Institution „Abschlussprüfung" eine gewisse Qualität aufweisen muss.[89]

2.2 Prüfungsqualität

Dem Begriff der Prüfungsqualität kommt im Rahmen der Thematik Abschlussprüfung eine zentrale Bedeutung zu. So unternehmen Regulierungsbehörden Anstrengungen zur Verbesserung der Prüfungsqualität und die Prüfungsforschung untersucht in verschiedenen Fragestellungen, welche Faktoren die Qualität einer Abschlussprüfung beeinflussen. Gleichzeitig ist bisher nicht abschließend geklärt, was unter dem Begriff Prüfungsqualität zu verstehen ist. So halten KNECHEL/SHEFCHIK (2014) fest: „*Despite decades of research, a consenus as to what constitutes audit quality has not been reached.*"[90]

Gleichwohl wird sowohl in der Literatur[91] als auch von Seiten des Gesetzgebers und des Berufsstandes der Wirtschaftsprüfer[92] die Qualität einer Abschlussprüfungsleistung durch zwei wesentliche Faktoren determiniert. Zum einen muss der Prüfer über die entsprechende fachliche Kompetenz verfügen, die ihm ein fundiertes Urteil über die Ordnungsmäßigkeit des Abschlusses erlaubt (Urteilsfähigkeit). Zur Gewährleistung der Prüferkompetenz zählen die fachliche Qualifikation des Prüfers, die weitgehend durch Berufsexamina, Fortbildung, Qualitätssicherung und die berufliche Erfahrung bestimmt wird, sowie die Ausrichtung der Prüfungstätigkeit an anerkannten Prüfungsnormen und -standards, um eine sachgerechte Bildung des Prüfungsurteils zu ermöglichen.[93]

Auf der anderen Seite wird die Qualität der Prüfungsleistung beeinflusst durch die Bereitschaft des Prüfers über während der Prüfung aufgedeckte Fehler oder Verstöße zu berichten (Urteilsfreiheit). Um ein unabhängiges Urteil abgeben zu können, muss der Prüfer daher frei sein von jeglichen Einflüssen, die seine Objektivität einschränken könnten.[94] In diesem Zusammenhang wird unterschieden in die innere Unabhängigkeit (*Independence in Fact/Mind*) und äußere Unabhängigkeit (*Independence in Appearance*) des Prüfers.[95]

Der *Code of Ethics* der *International Federation of Accountants* (IFAC) definiert die innere Unabhängigkeit des Prüfers als dessen innere Einstellung zu seiner Prüfungstätigkeit: „*First, independence requires independence in mind, defined as a state of mind that (1) is unaffected by influences that might compromise professional judgment, and that (2) allows an individual to act with integrity and to exercise objectivity and professional skepticism.*"[96] Der Prüfer muss neben den fachlichen Kompetenzen auch eine gewissenhafte und kritische

89 Vgl. *Umlauf*, Prüfungs- und Beratungshonorare von Konzernabschlussprüfern, 2013, S. 27.

90 *Knechel, Shefchik*, Audit quality, 2014, S. 130.

91 Vgl. *DeAngelo*, Auditor size, 1981, S. 186; *Leffson*, Wirtschaftsprüfung, 1988, S. 61. *Knechel, Shefchik*, Audit quality, 2014, S. 130; *DeFond, Zhang*, A review of archival auditing research, 2014, S. 296.

92 Vgl. zur Gewährleistung der Kompetenz des Abschlussprüfers § 319 Abs. 1 HGB i.V.m. §§ 7-9 Wirtschaftsprüferordnung (WPO) und §§ 4a-5 Berufssatzung Wirtschaftsprüfer/vereidigte Buchprüfer (BS WP/vBP). Zur Sicherung der Unabhängigkeit vgl. §§ 319 Abs. 2-5, 319a, 319b HGB sowie § 43 WPO und § 2 BS WP/vBP.

93 Vgl. *Leffson*, Wirtschaftsprüfung, 1988, S. 66.

94 Vgl. *Leffson*, Wirtschaftsprüfung, 1988, S. 67.

95 Vgl. *Pott, Mock, Watrin*, Auditor independence in fact vs. appearance, 2009, S. 212; EU, Richtlinie 2014/56/EU, L 158/197, Erwägungsgründe 6-8 und L 158/206, Art. 22.

96 IFAC, Code of ethics, 2015, Section (Sec.) 290.6.

Grundhaltung an den Tag legen.[97] Zudem fordert § 43 Abs. 1 S. 2 der Wirtschaftsprüferordnung (WPO) eine unparteiische Berichterstattung über seine Prüfungsergebnisse. Sieht sich der Prüfer als befangen gegenüber dem Mandaten an, muss er von sich aus eine Auftragsdurchführung ablehnen.[98]

Die *Independence in Mind* spiegelt daher den Grad der tatsächlichen Unabhängigkeitauffassung des Prüfers wider, die allerdings von den Abschlussadressaten kaum einschätzbar ist.

Angesichts der durch die Abschlussadressaten unbeobachtbaren *Independence in Mind* wird das Vertrauen der Abschlussadressaten hinsichtlich der Qualität der Prüfungsleistung wesentlich von der von ihnen wahrgenommenen Unabhängigkeit des Prüfers getragen. Der äußeren Unabhängigkeit des Abschlussprüfers kommt damit eine entscheidende Bedeutung zu. Die *Independence in Appearance* besteht daher in der Vermeidung aller Sachverhalte, die eine Beeinträchtigung der Unabhängigkeit vermuten lassen.[99] Liegen Tatsachen vor, welche die äußere Unabhängigkeit des Abschlussprüfers gefährden könnten, bedeutet das nicht, dass dadurch die grundsätzliche Vertrauenswürdigkeit des Prüfers in Zweifel gezogen wird. Entscheidend ist, dass einem Dritten durch Vorliegen dieser Sachverhalte vermittelt werden könnte, dass für den Prüfer eine Besorgnis der Befangenheit entsteht, die kein vertrauenswürdiges Urteil in Rahmen dieses Mandats erwarten lässt.[100]

Beide Formen der Prüferunabhängigkeit können durch verschiedene Faktoren beeinträchtigt werden, die sich im Wesentlichen durch die folgenden Oberbegriffe zusammenfassen lassen.[101]

Self Interest Threat

Ist der Prüfer finanziell am Mandantenunternehmen beteiligt oder stark abhängig von dem Honorar aus dem Mandat, ist die Unabhängigkeit aufgrund eigener Interessen des Prüfers an dem zu prüfenden Unternehmen bedroht. Mögliche Reduktionsmaßnahmen für dieses Problem wären der Ausschluss als Prüfer bei eigenen Anteilen am Mandanten, die Einschränkung von erfolgsabhängigen Honoraren oder die Begrenzung der Anteile einzelner Honorare am Gesamthonorar.[102]

Self Review Threat

Viele Prüfer bieten neben Prüfungsleistungen auch Beratungsleistungen (Nichtprüfungsleistungen) an. Die Unabhängigkeit eines Prüfers, der für einen Mandanten beratend tätig war und gleichzeitig dessen Abschlüsse beurteilt, erscheint bedroht, da er Sachverhalte prüft, an deren Zustandekommen er maßgeblich beteiligt war. Gleichzeitig steigt mit dem

---

97 Vgl. IDW, PS 200, Rn. 17; § 43 WPO.

98 Vgl. § 49 WPO.

99 Vgl. IFAC, Code of Ethics, 2015, Sec. 290.6.

100 Vgl. *Leffson*, Wirtschaftsprüfung, 1988, S. 68.

101 Vgl. IFAC, Code of Ethics, 2015, Sec. 100.12(a)-(e); Bundestag, BT-Drucksache 15/3419, 24.06.2004, S. 38; § 21 Abs. 2 S. 2 BS WP/vBP.

102 Vgl. *Zimmermann*, Abschlussprüfer und Bilanzpolitik, 2008, S. 17.

Angebot von lukrativen Beratungsleistungen auch das finanzielle Eigeninteresse des Prüfers.[103]

Familiarity/Intimidation Threat

Bei einer längerfristigen Mandatsbeziehung kann die Unabhängigkeit durch eine zu starke persönliche Bindung des Prüfers an den Mandanten beeinträchtigt werden. Persönliche Verflechtungen (z. B. Übernahme von Aufsichtsratsmandat durch Prüfer) oder familiäre Beziehungen mit dem Mandanten können ebenso der Unabhängigkeit abträglich sein. Im Zuge seiner inneren Unabhängigkeit muss sich hier der Prüfer selbst die Frage beantworten, ob er noch über die erforderliche Einstellung verfügt.

Advocacy Threat

Vertritt der Prüfer Interessen des Mandanten beispielsweise in steuerlichen oder gerichtlichen Angelegenheiten, besteht eine Bedrohung der Unparteilichkeit des Prüfers.[104]

Für die Adressaten eines Abschlusses stellt die Qualität der erbrachten Prüfungsleistung regelmäßig ein Vertrauensgut dar.[105] Die *tatsächliche Prüfungsqualität*, d. h. der faktische Erfüllungsgrad der beiden Anforderungsmaßstäbe Urteilsfähigkeit und Urteilsfreiheit, kann aufgrund prohibitiver Kontrollkosten weder ex ante noch ex post von den Abschlussadressaten beurteilt werden. Da die Prüferkompetenz über Berufsexamina und verpflichtende Fortbildungsmaßnahmen gewährleistet werden soll, steigt und fällt der Wert der Abschlussprüfung aus Sicht der Adressaten vor allem mit dem Vertrauen, das sie in die Unabhängigkeit des Prüfers setzen. Die *wahrgenommene Prüfungsqualität* unterliegt somit einer subjektiven Komponente.[106]

Eine weitgehend identische Definition des Begriffs Prüfungsqualität bietet DeAngelo (1981)[107], die in diesem Zusammenhang von „*the market-assessed joint probability that a given auditor will both (a) discover a breach in the client's accounting system, and (b) report the breach*"[108] spricht. DeAngelo (1981) geht in ihrem modelltheoretischen Ansatz davon aus, dass Prüfungsqualität in einer subjektiven Einschätzung des Adressatenkreises über Kompetenz und Unabhängigkeit des Prüfers besteht. Der Ansatz von DeAngelo (1981) wird im Folgenden kurz aufgegriffen, bevor eine Darstellung der Sichtweise auf Prüfungsqualität von DeFond/Zhang (2014) erfolgt.

2.2.1 Modelltheoretischer Ansatz von DeAngelo (1981)

Anfang der 1980er Jahre sahen US-amerikanische Aufsichtsbehörden eine Bedrohung der Prüferunabhängigkeit in der gängigen Praxis der Prüfungsgesellschaften, das Honorar einer

103 Vgl. *Velte*, Unabhängigkeit des Abschlussprüfers, 2011, S. 290.
104 Vgl. *Quick, Sattler*, Beratungsleistungen, 2011, S. 314.
105 Vgl. *Velte*, Unabhängigkeit des Abschlussprüfers, 2011, S. 289.
106 Vgl. *Umlauf*, Prüfungs- und Beratungshonorare von Konzernabschlussprüfern, 2013, S. 31.
107 Vgl. *DeAngelo*, Auditor size, 1981, S. 183-199.
108 *DeAngelo*, Auditor size, 1981, S. 186.

Erstprüfung unter deren Kosten anzusetzen. Diese Handhabung wird als *Low Balling* bezeichnet. Die ausstehenden Prüfungshonorare führten zu einer Beeinträchtigung der Unabhängigkeit, so die Aufsichtsbehörden. DEANGELO (1981) widerspricht dem, indem sie behauptet, nicht *Low Balling* an sich beeinträchtige die Unabhängigkeit, sondern vielmehr für den Prüfer entstehende mandantenspezifische Quasi-Renten führen zu einer Unabhängigkeitsbedrohung und bedingen erst den *Low Balling* Effekt.[109] In einem Wettbewerbsmarkt resultieren Quasi-Renten aus der Existenz von zusätzlichen Kosten des Prüfers bei einer Erstprüfung und dem Klienten entstehende Transaktionskosten bei einem Prüferwechsel, die dazu führen, dass der amtierende Prüfer nach der Erstprüfungsperiode Kostenvorteile gegenüber seinen Konkurrenten aufweist, die ihm in den Folgeperioden eine Honorarsetzung über seinen Kosten ermöglicht. Bei Antizipation dieser künftigen (Quasi-) Renten wird der Prüfer den Barwert dieser Renten bei der Preisgestaltung für die Erstprüfung berücksichtigen, was letztlich ein *Low Balling* bedingt.[110]

Die Beziehung zwischen Mandant und amtierendem Prüfer gestaltet sich als bilaterales Monopol. Jede der beiden Parteien kann glaubhaft damit drohen, der Gegenseite Kosten aufzubürden, indem man das Vertragsverhältnis beendet. Bei einer Aufkündigung hätte der Mandant die Kosten eines Prüferwechsels zu tragen, während dem Prüfer der Strom der Quasi-Renten verloren ginge. Insbesondere zweites lässt sich als eine Gefährdung der Unabhängigkeit des Prüfers interpretieren. Ein Prüfer, der aus einem Mandat keinerlei Quasi-Renten bezieht, wäre gegenüber einer Aufkündigung vollkommen indifferent. Er hätte keinen Anreiz, Verstöße seines Mandanten zu verschweigen. Ein Prüfer, der aus einem Mandat Quasi-Renten erhält, besitzt dagegen ein zukünftiges finanzielles Interesse an diesem Mandat. Um eine Aufkündigung durch den Mandanten zu vermeiden, könnte in diesem Fall ein Prüfer bereit sein, bei der Beurteilung der Ordnungsmäßigkeit des Abschlusses Zugeständnisse im Sinne einer positiven Berichterstattung an den Mandanten zu machen.[111]

Da die tatsächliche Prüfungsqualität von den Abschlussadressaten nicht beobachtet werden kann, versuchen diese Surrogate zu verwenden, um die Unabhängigkeit des Prüfers indizieren zu können. Ein mögliches Surrogat bilde die Prüfergröße gemessen an der Zahl der betreuten Mandate, so DEANGELO (1981). Um auf dem Markt für Prüfungsleistungen bestehen zu können, müssen Prüfer versuchen, das Vertrauen der Nachfrager in ihre Leistungen zu stärken. Dem Aufbau von Prüferreputation kommt damit entscheidende Bedeutung zu. Wird bekannt, dass ein Prüfer Verstöße der Geschäftsführung toleriert und damit den Anforderungen seiner Auftraggeber nicht gerecht wird, droht ihm ein erheblicher Reputationsverlust. Dieser Reputationsverlust wirkt sich bei größeren Prüfern stärker aus, da ihnen der Verlust der Quasi-Renten aus mehreren Mandaten droht. In diesem Sinne wirken die zukünftigen Quasi-Renten der anderen Mandate als Pfand gegen ein Fehlverhalten des Prüfers. Zudem nimmt mit einer zunehmenden Zahl von Mandaten der Anteil der Quasi-Rente des einzelnen Mandats an dem gesamten Wert der Quasi-Renten aller Mandate ab. Der Verlust eines Mandates dürfte sich daher bei einem größeren Prüfer nicht so stark aus-

---

[109] Vgl. *DeAngelo*, Low balling, 1981, S. 113.

[110] Vgl. *DeAngelo*, Low balling, 1981, S. 115.

[111] Vgl. *DeAngelo*, Low balling, 1981, S. 116 f.

wirken wie bei einem Prüfer, bei dem das Mandat einen Großteil seiner Einnahmen ausmacht.[112]

Im Laufe der Zeit wurde Kritik am Modell von DEANGELO (1981) geäußert. So wurde unter anderem das Außerachtlassen von gleichzeitigen Beratungsleistungen des Prüfers kritisiert.[113] Zudem gehe DEANGELO (1981) von einer exogen vorgegebenen Prüfungsqualität aus. Eine Qualitätsdifferenzierung der Prüfer findet nicht statt, so dass auch keine Preisunterschiede der Prüfer berücksichtigt werden.[114] Das Auftreten und die Intensität von *Low Balling* sei als Resultat einer willkürlichen Spezifikation von Verhandlungsmacht zwischen Prüfer und Mandant zu sehen, so DYE (1991).[115] STEFANI (2002) kritisiert neben dem Außerachtlassen von weiteren Aspekten wie Haftung, Reputation und dem Wert der Jahresabschlussinformation für die Adressaten sowie einer fehlenden spieltheoretischen Betrachtung der Prüfer-Mandant-Beziehung, dass es ungewiss sei, wie die einzelnen Wirkungen aus den Quasi-Renten (Erhöhung finanzielles Interesse vs. Pfandwirkung) sich letztlich auf die Prüferunabhängigkeit auswirken. Eine mögliche Unabhängigkeitsbeeinträchtigung komme nur in Frage, wenn die Führungsorgane des Unternehmens die Wahl des Prüfers beeinflussen können.[116] BAUER (2004) stellt dies in Frage, da der Prüfer zumindest bei deutschen Kapitalgesellschaften in der Regel nicht von der Geschäftsführung, sondern von den Aufsichtsorganen berufen werde.[117]

Aufbauend auf einigen dieser Kritikpunkte wurde im Laufe der Zeit das Grundmodell von DEANGELO (1981) erweitert und weiterentwickelt[118], unter deren Berücksichtigung WAGENHOFER/EWERT (2015) anmerken, dass man *„gar nicht mehr sicher sein kann, ob und in welchem Umfang von Quasirenten Anreize zur Beeinträchtigung der Unabhängigkeit ausgehen.“*[119]

2.2.2 Definition nach DEFOND/ZHANG (2014)

DEFOND/ZHANG (2014) unternehmen eine Rückschau auf die bisherige empirische Prüfungsforschung und stellen sich der Frage, worin Prüfungsqualität aus ökonomischer Sicht besteht. Dabei halten die Autoren fest, dass die Qualität des ökonomischen Gutes Abschlussprüfung beeinflusst wird durch Nachfrage- und Angebotsanreize. Die Mandantennachfrage nach hoher Prüfungsqualität wird u. a. bestimmt durch Agency-Konflikte und regulatorische Anforderungen. Der Bedarf an Prüfungsqualität wird auch beeinflusst durch die Fähigkeit der Unternehmen, ihren anreizgetriebenen Bedarf nach Prüfungsqualität zu erfüllen. Von Seiten der Anbieter wird Prüfungsqualität im Wesentlichen determiniert

---

112 Vgl. *DeAngelo*, Auditor size, 1981, S. 184.

113 Vgl. *Beck, Frecka, Solomon*, A model of the market for MAS and audit services, 1988, S. 50-64; *Ostrowski, Söder*, Unabhängigkeit, 1999, S. 554-564; *Bauer*, Unabhängigkeit des Abschlussprüfers, 2004, S. 140-142.

114 Vgl. *Ballwieser*, Unabhängigkeit des Wirtschaftsprüfers, 2001, S. 106.

115 Vgl. *Dye*, Auditor replacement, 1991, S. 349.

116 Vgl. *Stefani*, Abschlussprüfung, 2002, S. 145 f.

117 Vgl. *Bauer*, Unabhängigkeit des Abschlussprüfers, 2004, S. 143.

118 Vgl. dazu die Übersichten in *Ewert*, Wirtschaftsprüfung und ökonomische Theorie, 1999, S. 41-61; *Ewert*, Unabhängigkeit und Unbefangenheit, 2002, Sp. 2393-2394; *Simons*, Low balling and learning effects, 2011, S. 161; *Wagenhofer, Ewert*, Externe Unternehmensrechnung, 2015, S. 533-545.

119 *Wagenhofer, Ewert*, Externe Unternehmensrechnung, 2015, S. 532.

durch deren Kompetenz und Anreize zur Unabhängigkeit. Des Weiteren können beide Seiten durch regulatorische Eingriffe beeinflusst werden.[120]

Die Autoren argumentieren, dass die Aufgabe einer hochqualitativen Abschlussprüfung über die von DEANGELO (1981) formulierte Rolle des Prüfers, Bilanzierungsfehler zu entdecken und zu berichten, hinausgehe. Stattdessen erfordern Prüfungsstandards, Bestätigungsvermerk sowie die (US-amerikanische) Rechtsprechung eine Beurteilung der Qualität der Rechnungslegung des geprüften Unternehmens.[121] DEFOND/ZHANG (2014) sehen Prüfungsqualität daher als Teilbestandteil von Rechnungslegungsqualität[122] und definieren die Qualität einer Prüfungsleistung als „*greater assurance that the financial statements faithfully reflect the firm's underlying economics, conditioned on its financial reporting system and innate characteristics.*“[123]

Die Rechnungslegungsqualität (RQ) lässt sich als Funktion darstellen, die durch die Prüfungsqualität (PQ), das Rechnungslegungssystem (RS) des Mandanten, zu dem u. a. das interne Kontrollsystem gehört, sowie mandantenspezifische Charakteristiken (MC) beeinflusst wird:

$$RQ = f(PQ, RS, MC) \qquad \text{(Gleichung 2.1)}$$

Gleichzeitig gilt, dass ein Mehr an Prüfungsqualität zu einer höheren Rechnungslegungsqualität führt, d. h.

$$\frac{\partial RQ}{\partial PQ} > 0. \qquad \text{(Gleichung 2.2)}$$

Die Qualität der Rechnungslegung *vor* der Prüfung wird zum einen determiniert durch die mandantenspezifischen Charakteristiken, welche die wirtschaftliche Lage des Unternehmens festlegen. Die Abbildung der wirtschaftlichen Lage in den Rechnungslegungsinformationen geschieht dann mittels des Rechnungslegungssystems. Beide Faktoren wirken sich auf den Zusammenhang zwischen Prüfungs- und Rechnungslegungsqualität aus, in-

---

120 Vgl. *DeFond, Zhang*, A review of archival auditing research, 2014, S. 280.

121 Die Autoren nehmen u.a. Bezug auf Statement on Auditing Standards (SAS) 90, wonach der Prüfer nicht nur die Annehmbarkeit der angewandten Bilanzierungsprinzipien, sondern auch deren Qualität beurteilen soll. Eine ähnliche Formulierung findet sich in IDW PS 200, Rn. 8, wonach der Prüfer die Verlässlichkeit der in Jahresabschluss und Lagebericht enthaltenen Informationen bestätigen und damit deren Glaubwürdigkeit befördern soll. Der Zusatz, die Verlässlichkeit der Rechnungslegungsinformationen schließe auch deren Ordnungsmäßigkeit ein, lässt vermuten, dass die Bestätigung der Ordnungsmäßigkeit nur eine Teilkomponente der Prüfungsaufgabe ist. Weiterhin muss der Prüfer im Rahmen des Bestätigungsvermerks gem. IDW PS 400, Rn. 8, beurteilen, ob durch die Rechnungslegung die wirtschaftliche Lage des Unternehmens zutreffend abgebildet wird.

122 Der Begriff „Rechnungslegungsqualität“ ist dahingehend zu verstehen, dass eine höhere Rechnungslegungsqualität einem spezifischen Entscheidungsträger in einer spezifischen Entscheidungssituation ein Mehr an relevanten Informationen über die Eigenschaften der finanziellen Leistungskraft eines Unternehmens zur Verfügung stellt, vgl. *Dechow, Ge, Schrand*, Understanding earnings quality, 2010, S. 344.

123 *DeFond, Zhang*, A review of archival auditing research, 2014, S. 281.

dem sie den erreichbaren Grad an Rechnungslegungsqualität einschränken. Dies wird anhand zweier Beispiele verdeutlicht.[124]

Im ersten Fall wird von zwei Unternehmen ausgegangen, die unterschiedliche individuelle Charakteristiken aufweisen. Unternehmen A weise z. B. einen hohen Anteil schwer zu bewertender immaterieller Vermögensgegenstände auf (MC_{Schwer}), während Unternehmen B überwiegend über einfach zu bewertende materielle Vermögensgegenstände verfüge (MC_{Leicht}). Bei identischen Rechnungslegungssystemen gestaltet sich die Abbildung der wirtschaftlichen Gegebenheiten in der Rechnungslegung bei A schwieriger als bei B. Bei Unternehmen A kann daher trotz einer hohen Prüfungsqualität nur ein geringerer Grad an Rechnungslegungsqualität erreicht werden als bei Unternehmen B, da die mandantenspezifische Charakteristiken das tatsächlich erreichbare Ausmaß an Rechnungslegungsqualität begrenzen.

$$(RQ|MC_{Leicht}\ PQ_{Hoch}) > (RQ \mid MC_{Schwer}\ PQ_{Hoch}) \qquad \text{(Gleichung 2.3)}$$

Im zweiten Fall werden zwei Unternehmen betrachtet, die über identische individuelle Charakteristiken verfügen, sich jedoch bezüglich ihres Rechnungslegungssystems unterscheiden. Unternehmen C verfügt über ein hoch entwickeltes internes Kontrollsystem (RS_{Hoch}), so dass die vom Rechnungslegungssystem generierten Informationen keiner Anpassung durch den Prüfer bedürfen. Die Rechnungslegungsinformationen von Unternehmen D benötigen einen hohen Korrekturbedarf durch den Prüfer ($RS_{Niedrig}$).

Bei Unternehmen C resultiert eine Steigerung der Rechnungslegungsqualität allein aufgrund einer höheren Verlässlichkeit der Rechnungslegungsinformationen, die einer hohen Prüfungsqualität folgt. Die Rechnungslegungsqualität von Unternehmen D dagegen profitiert von der höheren Verlässlichkeit und den durch den Prüfer vorgenommenen Anpassungen der Rechnungslegungsinformationen. Eine hohe Prüfungsqualität bewirkt also bei Unternehmen mit schlechteren Rechnungslegungssystemen einen stärkeren Effekt auf die Rechnungslegungsqualität als bei Unternehmen mit hochqualitativen Rechnungslegungssystemen.

$$\frac{\partial RQ}{\partial PQ}|RS_{Hoch} < \frac{\partial RQ}{\partial PQ}|RS_{Niedrig} \qquad \text{(Gleichung 2.4)}$$

DeFond/Zhang (2014) führen weiter an, dass sowohl Unternehmen als auch Prüfer in Erwartung der Eigenschaften der jeweils anderen Seite agieren. So wählen Manager die Qualität des Rechnungslegungssystems in Erwartung der vom Prüfer erbrachten Prüfungsqualität, so dass die Qualität der ungeprüften Rechnungslegung endogen zur Qualität der Abschlussprüfung ist. Der Prüfer dagegen berücksichtigt die mandantenspezifischen Charakteristiken und die Qualität des Rechnungslegungssystems im Rahmen bei der Auswahl seiner Kunden und der Prüfungsplanung. Abgesehen von der erwarteten Prüfungsqualität kann schließlich die tatsächliche Prüfungsqualität von unvorhergesehenen Ereignissen ex post beeinträchtigt werden.[125]

---

124 Vgl. *DeFond, Zhang*, A review of archival auditing research, 2014, S. 281-283.

125 Vgl. *DeFond, Zhang*, A review of archival auditing research, 2014, S. 283.

2.3 Prüfungsqualität in Deutschland

Die Qualität einer Abschlussprüfungsleistung lässt sich nur schwer messen. Die Prüfungsforschung verwendet daher Näherungsgrößen, mit denen eine Messbarkeit approximiert werden soll und die Aussagen über die Prüfungsqualität ermöglichen sollen.

DeFond/Zhang (2014) entwickeln einen Rahmen, in dem sie die in der empirischen Prüfungsforschung üblicherweise verwendeten, unterschiedlichen Maßgrößen für Prüfungsqualität anhand ihrer Abbildungseigenschaften sowie ihrer Vor- und Nachteile darstellen.[126] Tabelle 1 zeigt den von den Autoren entwickelten Bezugsrahmen.

DeFond/Zhang (2014) trennen zwischen output- und inputbasierten Größen zur Messung von Prüfungsqualität.[127] Outputbezogene Maßgrößen werden vor allem für die Angebotsperspektive verwendet, da sie einen Messversuch für die tatsächlich erbrachte Prüfungsqualität unternehmen.[128] Die Autoren ordnen wesentliche Falschaussagen, die Kommunikation des Prüfers, die Qualität der Finanzberichterstattung sowie wahrnehmungsbasierte Maßgrößen in diese Kategorie ein. Diese Größen können mehr oder weniger direkt vom Prüfer beeinflusst werden (Direktheit) und weisen einen unterschiedlichen Grad in der Schwere eines möglichen Prüferfehlverhaltens auf.[129] Die outputbasierten Größen versuchen überwiegend die tatsächliche Prüfungsqualität zu messen, die jedoch durch die mandantenspezifischen Charakteristiken und die Qualität des Rechnungslegungssystems vordeterminiert ist. Im Rahmen wahrnehmungsbezogener Abbildungsgrößen erfolgt eine Messung der durch bestimmte Abschlussadressaten (Investoren, Fremdkapitalgeber) wahrgenommenen Prüfungsqualität. Alle Abbildungsgrößen sind entweder auf eine diskrete oder kontinuierliche Messung von Prüfungsqualität ausgelegt, wobei der Grad des Konsens der Literatur über die verwendeten Abbildungsgrößen und mögliche Messfehler im Rahmen der einzelnen Größen unterschiedlich ausfallen können. So sind insbesondere Methoden zur Messung von Bilanzpolitik in der Literatur umstritten, während bspw. weitgehend Einigkeit in Bezug auf Fehlerveröffentlichungen der *Enforcement*-Organe als Maß für eine schlechte Prüfungsqualität besteht. Die einzelnen Maßgrößen für Prüfungsqualität weisen individuelle Stärken und Schwächen auf, die vor allem aus den verwendeten Messmethoden resultieren.

126 Vgl. *DeFond, Zhang*, A review of archival auditing research, 2014, S. 285 f.

127 Für eine ähnliche Untergliederung in Input- und Outputfaktoren vgl. *Knechel, Shefchik*, Audit quality, 2014, S. 130-141.

128 Vgl. *DeFond, Zhang*, A review of archival auditing research, 2014, S. 283 f.

129 Beispielsweise ist eine Fehlerveröffentlichung im Rahmen des *Enforcement* dem Prüfer schwerer anzulasten als ein erhöhter Anteil an diskretionären Periodenabgrenzungen, da er bei ersterem einen wesentlichen Fehler übersehen hat, wohingegen zweites nicht auf einen Verstoß gegen Rechnungslegungsvorschriften schließen lässt, vgl. *DeFond, Zhang*, A review of archival auditing research, 2014, S. 284 und S. 287.

Tabelle 1: Maßgrößen für Prüfungsqualität

Maßgröße	Verwendete Abbildungsgrößen	Direktheit	Schwere des Prüferfehlverhaltens	Maß für tatsächliche oder wahrgenommene PQ	Diskretes oder kontinuierliches Maß	Konsens über Maßgröße	Messfehler	Stärken	Schwächen
Outputbezogene Maßgrößen									
Wesentliche Falschaussagen	Berichtigungen, Fehlerveröffentlichung im Rahmen des *Enforcements*	Eher direkt	Eher schwer	Tatsächliche	Diskret	Hoch	Niedrig	Hohe Aussagekraft über schlechte PQ	Keine Erfassung subtiler Qualitätsvariation; Kein Schluss auf hohe PQ bei Fehlen von Falschaussagen möglich; Selten anzutreffen
Prüferkommunikation	Going-Concern-Opinion	Eher direkt	Eher schwer	Tatsächliche	Diskret	Hoch	Mittel	Erfassung der Prüferunabhängigkeit; Hohe Aussagekraft über schlechte PQ	Keine Erfassung subtiler Qualitätsvariation; Nur bei Unternehmen in Schwierigkeiten anwendbar
Qualität der Finanzberichterstattung	Abbildungsgrößen für Bilanzpolitik, z. B. diskretionäre Periodenabgrenzungen	Weniger direkt	Weniger schwer	Tatsächliche	Überwiegend kontinuierlich	Niedrig	Hoch	Eng verknüpft mit Kontinuität der PQ; Hinweis auf legale Bilanzpolitik; Möglicher Hinweis auf wesentliche, unentdeckte Falschaussagen; Erfassung der Qualitätsunterschiede für eine Vielzahl von Unternehmen	Sehr fehleranfällig; Begrenzter Konsens über die Anwendbarkeit der Abbildungsgrößen

Wahrnehmung	Marktreaktionen, Kapitalkosten, Veränderung des Marktanteils, Überprüfung durch *Enforcement*	Abhängig von Abbildungsgröße	Kann abgeleitet werden	Wahrgenommene	Überwiegend kontinuierlich	Abhängig von Abbildungsgröße	Kann hoch sein (z. B. Kapitalkosten)	Erfassung der PQ-Wahrnehmung durch unterschiedliche Akteure; Erfassung subtiler Qualitätsvariation; Messbar für eine Vielzahl von Unternehmen; Eigenkapitalmaße spiegeln Vorteile und Kosten von PQ wider	Begrenzter Konsens über die Anwendbarkeit einzelner Abbildungsgrößen (z.B. Kapitalkosten); Kapitalkosten sind sehr indirektes Maß für PQ
Inputbezogene Maßgrößen									
Prüfercharakteristiken	BIG N, Branchenspezialisierung	N/A	N/A	Tatsächliche	Diskret	Hoch	Kann hoch sein (z. B. Branchenspezialisierung)	Annahme, dass Abbildungsgrößen Anreize und Kompetenz für hohe PQ erfassen; Weitgehende Unterstützung dieser Annahme durch bisherige Forschung	Keine Erfassung subtiler Qualitätsvariation; Uneinigkeit bezgl. Messung von Branchenspezialisierung
Faktoren der Prüfer-Mandat Beziehung	Prüfungshonorare, Veränderung der Honorare	N/A	N/A	Tatsächliche	Kontinuierlich	Hoch	Mittel	Erfassung der Qualitätsunterschiede für eine Vielzahl von Unternehmen möglich; Existenz hoch entwickelter Honorarmodelle	Anderweitige Erklärungen möglich

Die vorliegende Arbeit untersucht insbesondere die Prüfungshonorare und die Prüferwahl nichtkapitalmarktorientierter Unternehmen. Da sie beobachtbare Inputfaktoren im Rahmen des Prüfungsprozesses abbilden, sind diese Maßgrößen bei den inputbezogenen Größen anzusiedeln, die bestimmte Charakteristika des Prüfers und Faktoren der vertraglichen Beziehung zwischen Prüfer und Mandant widerspiegeln. Inputbezogene Größen werden vor allem im Rahmen der Forschung, die sich mit der Nachfrage nach Prüfungsqualität beschäftigt, untersucht.[130] Diese Maßgrößen unterliegen nicht dem direkten Einfluss des Prüfers, so dass kein Grad der Direktheit und der Schwere des Prüferfehlverhaltens feststellbar sind.[131] DEFOND/ZHANG (2014) führen in ihrer Übersichtstabelle zwar die tatsächliche Prüfungsqualität als Messobjekt bei inputbezogenen Größen an[132], halten jedoch fest, dass diese Maßgrößen *„do not vary on the dimensions on (...) actual-versus-perceived quality“*[133], so dass beide Messobjekte von Bedeutung sein dürften. Die Höhe der Prüfungshonorare bspw. wird einerseits durch den Prüfungsaufwand, der tatsächliche Prüfungsqualität abbildet, beeinflusst, anderseits wirken sich aber auch weitere Faktoren, z. B. Preisprämien für große Prüfungsgesellschaften auf die Honorarhöhe aus.[134] Die Bereitschaft der Klienten zur Zahlung höherer Honorare dürfte zumindest zu einem gewissen Grad von ihrer Wahrnehmung der Prüfungsqualität dieser Gesellschaften abhängen. Prüferwahluntersuchungen gehen in der Regel von der Annahme aus, dass große oder dominante Prüfungsgesellschaften als Anbieter höherer Prüfungsqualität wahrgenommen werden.[135] Da Inputfaktoren jedoch nicht direkt in Outputergebnissen des Prüfungsprozesses resultieren, bezeichnen die Autoren diese inputbezogenen Größen als *„relatively noisy audit quality measures.“*[136] So könnten im Rahmen der Untersuchung von Prüfungshonoraren andere Erklärungsansätze für hohe Prüfungshonorare als eine hohe Prüfungsqualität zum Tragen kommen. Zudem resultieren Prüfungshonorare aus Nachfrage- und Angebotsfaktoren und müssen daher mit Vorsicht interpretiert werden.[137] Auch eine Kongruenz von Prüfergröße und Prüfungsqualität ist nicht unumstritten.[138]

Im Folgenden werden die wesentlichen Erkenntnisse der Arbeiten, die sich mit der Untersuchung von Prüfungshonoraren und Prüferwahl im Rahmen deutscher Unternehmen befassen, vorgestellt und in den Bezugsrahmen von DEFOND/ZHANG (2014) eingeordnet. Die bisherigen Forschungsbeiträge können als Vergleichsmaßstäbe für die späteren Erkenntnisse dieser Arbeit herangezogen werden, konzentrieren sich allerdings überwiegend auf börsennotierte Unternehmen. Eine direkte Vergleichbarkeit oder gar Übertragung der

---

130 Vgl. *DeFond, Zhang,* A review of archival auditing research, 2014, S. 284.

131 Vgl. *DeFond, Zhang,* A review of archival auditing research, 2014, S. 289.

132 Vgl. *DeFond, Zhang,* A review of archival auditing research, 2014, S. 283 f.

133 *DeFond, Zhang,* A review of archival auditing research, 2014, S. 289.

134 Vgl. dazu ausführlich Kapitel 6.

135 Vgl. *Fischkin,* Determinanten der Prüferwahl, 2011, S. 223 und folgenden Abschnitt 2.3.1 sowie Kapitel 7.

136 *DeFond, Zhang,* A review of archival auditing research, 2014, S. 289.

137 Vgl. *DeFond, Zhang,* A review of archival auditing research, 2014, S. 289; Siehe dazu ausführlich folgenden Abschnitt 2.3.2 und Kapitel 6.

138 Vgl. *Bar-Yosef, Livnat,* Auditor Selection, 1984, S. 301. Siehe dazu ausführlich Kapitel 7 und 8.

Ergebnisse auf den Bereich nicht kapitalmarktorientierter Unternehmen ist daher nur eingeschränkt möglich.[139]

2.3.1 Deutsche Prüferwahlstudien

Empirische Studien, die sich mit der Wahl eines Abschlussprüfers oder dem Wechsel zu einer anderen Prüfungsgesellschaft befassen, sind im Rahmen des Konzepts von DEFOND/ZHANG (2014) innerhalb der inputbezogenen Forschungsarbeiten anzusiedeln, da sie auf bestimmten Prüfercharakteristika aufbauen. Die zentrale Annahme, die hinter dieser Vorgehensweise steht, ist die Überlegung, dass bestimmte Prüfungsgesellschaften eine höhere Prüfungsqualität aufweisen als andere Abschlussprüfer. Dies wird damit begründet, dass einige Gesellschaften über eine höhere fachliche Kompetenz zur Aufdeckung von Fehlern verfügen und stärkere Anreize haben, über Fehler zu berichten.[140] So geht DEANGELO (1981) davon aus, dass die von einem Prüfer in anderen Mandaten erzielbaren Quasi-Renten als Pfand gegen eine Einschränkung der Unabhängigkeit des Prüfers wirken. Ein großer Prüfer, der viele Mandate innehat, riskiert bei einer Aufdeckung niedriger Prüfungsqualität den Verlust des Barwertes aller Quasirenten. Die Größe eines Prüfers könne daher von Nachfragern als Surrogat für die Prüfungsqualität herangezogen werden.[141] Als große Prüfungsgesellschaften, die eine überdurchschnittliche Prüfungsqualität bieten, werden in diesem Zusammenhang regelmäßig die BIG-N Prüfungsgesellschaften[142] angesehen.[143] Weiterhin wird angenommen, dass Prüfungsgesellschaften, die über spezifische Branchenkenntnisse verfügen, eine qualitativ hochwertige Prüfungsleistung erbringen können, da sie ein besseres Wissen über das Umfeld des Mandanten besitzen.[144] Beide Annahmen werden durch zahlreiche empirische Belege unterstützt[145], wobei sich insbesondere die Annahme einer höheren tatsächlichen und wahrgenommenen Prüfungsqualität der BIG-N Gesellschaften in outputbezogenen als auch inputbezogenen Maßgrößen widerspiegelt. Die Messung der

---

139 Vgl. dazu ausführlich Kapitel 3.

140 Vgl. *Knechel, Shefchik*, Audit quality, 2014, S. 133 f.; *DeFond, Zhang*, A review of archival auditing research, 2014, S. 289.

141 Vgl. *DeAngelo*, Auditor size, 1981, S. 185.

142 Die Zahl der großen Prüfungsgesellschaften hat sich im Lauf der vergangenen 30 Jahre im Zuge von Zusammenbrüchen und Zusammenschlüssen von Gesellschaften von acht auf aktuell vier große Prüfungsgesellschaften reduziert. Der Begriff BIG-N Prüfungsgesellschaft bezeichnet eine in dem jeweiligen Zeitraum zu den großen Prüfungsgesellschaften gehörende Wirtschaftsprüfungsgesellschaft. Zu den derzeitig als BIG-4 Prüfungsgesellschaf-ten angesehenen Abschlussprüfern gehören die folgenden vier Wirtschaftsprüfungsgesellschaften: EY (vormals: Ernst & Young) (EY), PricewaterhouseCoopers (PwC), KPMG (KPMG) sowie Deloitte Touche Tohmatsu (Deloitte).

143 Vgl. *Hay, Knechel, Wong*, Meta-analysis, 2006, S. 167.

144 Vgl. *Langli, Svanström*, Audits of private companies, 2014, S. 150.

145 Für eine höhere Prüfungsqualität der BIG-N Gesellschaften sprechen u.a. die Ergebnisse von *Kim, Chung, Firth*, Auditor conservatism, asymmetric monitoring, and earnings management, 2003, S. 323-359; *Pittman, Fortin*, Auditor choice and the cost of debt capital, 2004, S. 113-136; *Clathworthy, Makepiece, Peel*, Selection bias and the Big Four premium, 2009, S. 139-166; *Lennox, Pittman*, Big Five audits and accounting fraud, 2010, S. 209-247; *Chan, Wu*, Aggregate quasi rents and auditor independence, 2011, S. 175-213.
Für eine höhere Prüfungsqualität branchenspezialisierter Prüfer vgl. u.a. *Dutillieux, Willekens*, The effect of auditor industry specialization, 2009, S. 129-146; *Reichelt, Wang*, National and office-specific measures of auditor industry expertise, 2010, S. 647-686.

Branchenspezialisierung eines Abschlussprüfers gestaltet sich allerdings mitunter schwierig, so dass hier die Wahrscheinlichkeit von Messfehlern als hoch anzusehen ist.[146] Ein weiterer Nachteil dieser Maßgrößen besteht darin, dass sie keine subtilen Variationen von Prüfungsqualität erfassen.[147] Einige Studien differenzieren daher nochmals in unterschiedliche Prüfergrößen (z. B. BIG-N, Second-Tier-Gesellschaften, kleine Prüfer).[148]

Der empirische Befund zur Prüferwahl bei deutschen Unternehmen ist begrenzt und bezieht sich fast ausschließlich auf kapitalmarktorientierte Unternehmen. LENZ (1993) stellt fest, dass die Unternehmensgröße den Haupteinflussfaktor auf die Wahl einer großen Prüfungsgesellschaft bildet. Große Prüfer werden von hochverschuldeten Unternehmen gemieden. Dies könnte darauf zurückzuführen sein, dass diese Unternehmen keine hohe Prüfungsqualität anstreben, um keine Einschränkungen des Bestätigungsvermerks zu erhalten (*Opinion Shopping*).[149] Alternativ könnten diese Mandate bewusst aufgrund von Sorgen um die eigene Reputation von großen Prüfern gemieden werden, so dass hier eine Selbst-Selektion stattfinden würde.[150] Für den Einfluss von Eigentümerstrukturen zur Abbildung eigenfinanzierungsbedingter Agency-Konflikte findet LENZ (1993) keine Unterstützung. Lediglich für Familiengesellschaften ergibt sich ein schwacher negativer Zusammenhang zur Bestellung einer großen Prüfungsgesellschaft, was möglicherweise induziert, dass eine konzentrierte Kontrolle des Unternehmens in der Hand eines Eigentümers eine hohe Prüfungsqualität obsolet macht.[151]

Im Gegensatz zu LENZ (1993) erkennen ASHBAUGH/WARFIELD (2003), dass – neben einem höheren Anteil von Streubesitzaktionären und ausländischen Lieferanten – eine zunehmende Unternehmensverschuldung die Wahl einer dominanten Prüfungsgesellschaft befördert, obwohl die Autoren ursprünglich vermuten, dass die hohe Bedeutung der Fremdkapitalfinanzierung im Vergleich zur Finanzierung mit Eigenkapital in Deutschland, eine externe Abschlussprüfung als *Monitoring*-Instrument überflüssig mache.[152] Die Autoren sehen dies als Beleg für die Bedeutung der Institution „Abschlussprüfung" als *Corporate Governance* Instrument im deutschen Markt.[153]

Im Zuge einer Untersuchung der Prüferwahl bei Börsengängen stellen LENZ/OSTROWSKI (2005) fest, dass die Wahl einer großen Prüfungsgesellschaft vor allem als Versicherung der Emittenten und Emissionsbanken gegenüber Haftungs- und Reputationsrisiken (*Insurance Signalling*) erfolgt und weniger als Signal über eine hohe Berichtsqualität (*Infor-*

146 Vgl. *DeFond, Zhang,* A review of archival auditing research, 2014, S. 289. Zudem werden spezialisierte Prüfer oftmals mit den BIG-N Gesellschaften gleichgesetzt, vgl. *DeFond, Zhang,* A review of archival auditing research, 2014, S. 301.

147 Vgl. *DeFond, Zhang,* A review of archival auditing research, 2014, S. 289.

148 Vgl. *Knechel, Niemi, Sundgren,* Determinants of auditor choice, 2008, S. 65-88; *Loy,* An audit is an audit, 2013, S. 325-353.

149 Vgl. *Lenz,* Wahl des handelsrechtlichen Abschlussprüfers, 1993, S. 475.

150 Vgl. *DeFond, Zhang,* A review of archival auditing research, 2014, S. 289.

151 Vgl. *Lenz,* Wahl des handelsrechtlichen Abschlussprüfers, 1993, S. 475 f.

152 Vgl. *Ashbaugh, Warfield,* Audits as a corporate governance mechanism, 2003, S. 1 f. Die Autoren sehen KPMG und Coopers & Lybrand aufgrund ihres hohen Marktanteils als dominante Prüfungsgesellschaften im deutschen Markt, vgl. *Ashbaugh, Warfield,* Audits as a corporate governance mechanism, 2003, S. 7.

153 Vgl. *Ashbaugh, Warfield,* Audits as a corporate governance mechanism, 2003, S. 19.

mation Signalling) gegenüber potentiellen Investoren dient.[154] Die Autoren notieren weiterhin, dass die Rolle von *Second-Tier* Prüfungsgesellschaften in Bezug auf Prüfungsqualität bei den untersuchten Börsengängen widersprüchlich ist.[155]

FISCHKIN (2011) untersucht den Einfluss verschiedener Eigentümerstrukturen bei börsennotierten Unternehmen auf die Wahl einer dominanten Prüfungsgesellschaft.[156] Im Einklang mit der Prinzipal-Agent-Theorie sinkt die Nachfrage nach hoher Prüfungsqualität mit zunehmenden Kontrollmöglichkeiten von Eigentümergruppen (Paketaktionäre, Familien, Banken).[157] Eine zunehmende Beteiligung staatlicher Organe am Unternehmen erhöht die Wahrscheinlichkeit der Bestellung einer großen Prüfungsgesellschaft und diene als Signal über die Werthaltigkeit des Unternehmens.[158]

GASSEN/SKAIFE (2009) zeigen, dass große Prüfungsgesellschaften vor allem von größeren und komplexeren Unternehmen bevorzugt werden, wohingegen eine steigende Unternehmensverschuldung einen abnehmenden Bedarf an der Wahl eines dominanten Prüfers mit sich bringt.[159] Die Autoren begründen dies mit einer Substitution von Prüfungsqualität durch eine zunehmende Überwachung von Seiten der Fremdkapitalgeber.[160] Überdies bestätigen GASSEN/SKAIFE (2009), dass sich die Wahrscheinlichkeit zur Bestellung einer dominanten Prüfungsgesellschaft nach Einführung einer Regulierungsneuerung (KonTraG) erhöht.[161] Dieses Ergebnis bestätigt FISCHKIN (2011) im Rahmen einer Prüferwechselanalyse, die zeigt, dass die Nachfrage nach einer hohen Prüfungsqualität bei regulatorischen Neuerungen (BilReG und BilKoG) steigt.[162]

Die Ergebnisse unterstützen die Sichtweise von DEFOND/ZHANG (2014), wonach der Bedarf der Nachfrager nach hoher Prüfungsqualität vor allem bestimmt wird durch Agency-Konflikte und regulatorische Anforderungen. Im Folgenden werden nun deutsche Studien, die Prüfungshonorare untersuchen, vorgestellt.

---

154 Vgl. *Lenz, Ostrowski*, Auditor choice by IPO firms in Germany, 2005, S. 315.

155 Vgl. *Lenz, Ostrowski*, Auditor choice by IPO firms in Germany, 2005, S. 312.

156 Unterschieden wird in BIG-5 (KPMG, EY, PwC, Deloitte, BDO), BIG-4 (KPMG, EY, Deloitte, PwC) und BIG-2 (PwC, KPMG) Prüfungsgesellschaften, vgl. *Fischkin*, Determinanten der Prüferwahl, 2011, S. 173 f.

157 Vgl. *Fischkin*, Determinanten der Prüferwahl, 2011, S. 211 f.
Den nicht signifikanten Zusammenhang zwischen Unternehmensverschuldung und der Wahrscheinlichkeit der Bestellung einer großen Prüfungsgesellschaft erklärt der Autor mit einem steigenden Kontrolleinfluss von Banken, die kleinere, kostengünstigere Prüfungsgesellschaften bevorzugen könnten, vgl. *Fischkin*, Determinanten der Prüferwahl, 2011, S. 210.

158 Vgl. *Fischkin*, Determinanten der Prüferwahl, 2011, S. 212.

159 Vgl. *Gassen, Skaife*, Audit Reforms, 2009, S. 888. Der Zusammenhang zwischen Unternehmensverschuldung und Prüferwahl ergibt sich allerdings nur in einem Teil des Untersuchungszeitraums auf statistisch signifikantem Niveau.

160 Vgl. *Gassen, Skaife*, Audit Reforms, 2009, S. 887.

161 Vgl. *Gassen, Skaife*, Audit Reforms, 2009, S. 888.

162 Vgl. *Fischkin*, Determinanten der Prüferwahl, 2011, S. 258. Weitere signifikante Ursachen für einen Prüferwechsel sind der Wechsel des Managements (positiver Zusammenhang), die Einschränkung des Bestätigungsvermerks (negativer Zusammenhang), Unternehmensverschuldung (negativer Zusammenhang), Mandatskomplexität (positiver Zusammenhang) sowie das bisherige Innehaben des Mandats durch eine dominante Prüfungsgesellschaft (negativer Zusammenhang). Die Höhe der Prüfungshonorare spielt keine signifikante Rolle bei einem Prüferwechsel, vgl. *Fischkin*, Determinanten der Prüferwahl, 2011, S. 257 f.

2.3.2 Deutsche Prüfungshonorarstudien

Prüfungshonorarstudien lassen sich ebenfalls in den Kontext inputbezogener Maßgrößen für Prüfungsqualität einordnen, da sie Eigenschaften der vertraglichen Beziehungen zwischen Prüfer und Mandant abbilden. Diese Vertragscharakteristiken können Rückschlüsse auf Prüfungsqualitätseigenschaften erlauben.[163] So können bspw. Preisprämien für bestimmte Prüfungsgesellschaften, in der Regel die BIG-N, als Hinweise auf eine höhere Prüfungsqualität interpretiert werden.[164] Allerdings sind die Ergebnisse jeweils mit Vorsicht zu interpretieren, da auch alternative Erklärungsansätze möglich sind. Preisprämien für dominante Prüfungsgesellschaften können auch durch eine Kartellpreissetzung der marktbeherrschenden Gesellschaften begründet sein.[165] Weiterhin müssen höhere Prüfungshonorare nicht zwangsläufig durch einen höheren prüferischen Aufwand, der als Indikator für eine höhere Prüfungsqualität gilt, bedingt sein, sondern können durch eine Risikoprämie getrieben sein, die der Prüfer einpreist, um sich gegen mögliche Haftungsrisiken abzusichern.[166]

Vorteile in der Untersuchung von Prüfungshonoraren liegen darin, dass Unterschiede in der Prüfungsqualität für eine Vielzahl von Unternehmen erfassbar sind, insbesondere da mittlerweile eine weitgehende Pflicht zur Veröffentlichung der Prüfungshonorare gilt. Zudem existieren bereits weit entwickelte Honorarmodelle, die einen hohen Erklärungsgehalt aufweisen.[167]

Wie auch bei der Prüferwahl ist der deutsche Befund zu Prüfungshonoraren noch beschränkt und erstreckt sich beinahe ausschließlich auf kapitalmarktorientierte Unternehmen.

Fast alle Studien, die kapitalmarktorientierte Unternehmen untersuchen, stellen eine Honorarprämie für BIG-N Prüfungsgesellschaften fest.[168] Bei einer separaten Betrachtung der einzelnen großen Prüfungsgesellschaften ergeben sich teilweise unterschiedliche Ergebnisse. Die Ergebnisse unterscheiden sich zudem je nach angewandten statistischen Methoden und betrachteten Segmenten. Während einige Studien Preisprämien für KPMG, EY und Deloitte[169] bzw. KPMG, PwC und EY[170] erkennen, stellt WILD (2010) nach Anwendung eines *Fixed Effects* Modells nur mehr eine Honorarprämie für PwC fest.[171] KÖHLER/RATZINGER-SAKEL (2012) berichten bei Anwendung einer *Fixed Effects* Schätzung über Honorar-

---

163 Vgl. *DeFond, Zhang*, A review of archival auditing research, 2014, S. 289.

164 Vgl. *Simunic*, The pricing of audit services, 1980, S. 171.

165 Vgl. *Lenz*, Empirische Forschung in der Prüfung, 2002, Sp. 630.

166 Vgl. *DeFond, Zhang*, A review of archival auditing research, 2014, S. 290.

167 Vgl. *DeFond, Zhang*, A review of archival auditing research, 2014, S. 290.

168 Vgl. *Simon*, The Market for Audit Services in Germany, 2005, S. 12; *Zimmermann*, Abschlussprüfer und Bilanzpolitik, 2008, S. 172; *Bigus, Zimmermann*, Quasirentenmodell, 2009, S. 1295; *Köhler, Marten, Ratzinger, Wagner*, Prüfungshonorare, 2010, S. 19 f.; *Wild*, Fee cutting, 2010, S. 523; *Fleischer, Göttsche*, Size effects and audit pricing, 2012, S. 160-165; *Voeller, Bremert, Zein*, Interdependencies between auditing and corporate governance, 2013, S. 213; *Krauß, Pronobis, Zülch*, Abnormal audit fees and audit quality, 2014, S. 68.

169 Vgl. *Köhler, Ratzinger-Sakel*, Audit market characteristics, 2012, S. 301.

170 Vgl. *Umlauf*, Prüfungs- und Beratungshonorare von Konzernabschlussprüfern, 2013, S. 343.

171 Vgl. *Wild*, Fee cutting, 2010, S. 523. Sowohl bei WILD (2010) als auch bei KÖHLER/RATZINGER-SAKEL (2012) ergeben sich in gepoolten Kleinst-Quadrate Schätzungen für alle BIG-4 Gesellschaften Prämien, vgl. *Wild*, Fee cutting, 2010, S. 523; *Köhler, Ratzinger-Sakel*, Audit market characteristics, 2012, S. 295.

abschläge bei allen großen Prüfungsgesellschaften im Segment großer Mandate, die sie als Strategie der Prüfer zur Gewinnung neuer Marktanteile in diesem Segment interpretieren. Im Segment kleinerer, kapitalmarktorientierter Mandate erzielen Deloitte, EY und KPMG dagegen Honorarzuschläge.[172]

Die Honorarprämien deuten auf eine stärkere Verhandlungsmacht dieser Prüfungsgesellschaften hin, die Interpretation von Honorarprämien als Indiz für Prüfungsqualität setzt jedoch einige Annahmen voraus.[173] Ob die im Segment der börsennotierten Mandate beobachteten höheren Honorare für große Prüfungsgesellschaften letztlich aus einer höheren Prüfungsqualität oder einer marktbeherrschenden Stellung dieser Gesellschaften resultieren, kann nicht einfach gesagt werden, zumal die Dominanz der BIG-4 Gesellschaften im Segment börsennotierter Unternehmen sehr hoch ist.[174] DOBLER (2014) analysiert die Prüfungshonorare sowohl börsennotierter als auch nicht börsennotierter Familienunternehmen und kann in keinem der beiden Segmente eine Preisprämie für BIG-4 Gesellschaften beobachten.[175] Dies kann als Hinweis gewertet werden, dass Preisstrukturen im Prüfungsmarkt für nicht börsennotierte Unternehmen möglicherweise anders ausfallen.

Die Ausführungen von DEANGELO (1981) zeigen, dass die Unabhängigkeit des Abschlussprüfers durch die Existenz von Quasi-Renten beeinträchtigt werden kann. Quasi-Renten führen dann zu einem *Low Balling* Effekt. Einige Studien untersuchen daher anhand von Prüfungshonoraren, ob Hinweise für ein *Low Balling* vorliegen. Aufgrund der Nichtverfügbarkeit von Informationen über die tatsächlichen Prüfungskosten wird in der Regel geprüft, ob die Prüfungshonorare in der Periode eines Prüferwechsels niedriger ausfallen als in den Folgeperioden (*Fee Cutting*) und somit ein mögliches *Low Balling* induzieren.[176] Allerdings muss ein *Fee Cutting* Effekt nicht zwangsläufig auf ein *Low Balling* zurückzuführen sein.[177] Einige Arbeiten betrachten daher noch die weitere Entwicklung des Prüfungshonorars in den Folgeperioden nach einer Erstprüfung und führen aus, dass ein *Low Balling* durch steigende Prüfungshonorare im Zeitverlauf konterkariert werde.[178] Trotz der Einschränkung des Rückschlusses von einem *Fee Cutting* Effekt auf ein *Low Balling* Verhalten, bietet dieser Indizien über den Wettbewerb um Prüfungsmandate.[179] Die Ergebnisse von KÖHLER/MARTEN/ RATZINGER/WAGNER (2010), WILD (2010), KÖHLER/RATZINGER-SAKEL (2012) und UMLAUF (2013) legen nahe, dass vor allem unter den großen Prüfungsgesellschaften ein Preiswettbewerb um Prüfungsmandate stattfindet, was zu einer weiteren Kon-

172 Vgl. *Köhler, Ratzinger-Sakel*, Audit market characteristics, 2012, S. 301.

173 Vgl. *Lenz*, Empirische Forschung in der Prüfung, 2002, Sp. 630.

174 Vgl. *Velte, Stiglbauer*, Audit market concentration, 2012, S. 150 f.

175 Vgl. *Dobler*, Auditor-provided non-audit services, 2014, S. 443 f.

176 Vgl. *Francis*, The effect of audit firm size on audit prices, 1984, S. 138; *Wild*, Fee cutting, 2010, S. 514.

177 Vgl. *Francis*, The effect of audit firm size on audit prices, 1984, S. 138.

178 Vgl. *Köhler, Marten, Ratzinger, Wagner*, Prüfungshonorare, 2010, S. 20-22. Mit einem teilweise anderen Fazit vgl. *Bigus, Zimmermann*, Quasirentenmodell, 2009, S. 1294 f. Diese Arbeiten werden von MERKL (2011) kritisiert, da das Modell von DeAngelo (1981) keine im Zeitverlauf steigenden Prüfungshonorare impliziere, vgl. *Merkl*, Anmerkungen, 2011, S. 1007-1009. LEE/GU (1998) zeigen jedoch, dass im Zeitablauf steigende Prüfungshonorare bei einer Berufung des Prüfers durch die Unternehmenseigner vorteilhaft sein können und sich dann Quasi-Renten und Low Balling sogar unabhängigkeitsfördernd auswirken können, vgl. *Lee, Gu*, Low balling, 1998, S. 550 f.

179 Vgl. *Umlauf*, Prüfungs- und Beratungshonorare von Konzernabschlussprüfern, 2013, S. 175.

zentration des Prüfermarktes führen dürfte.[180] UMLAUF (2013) stellt zudem fest, dass die prozentuale Höhe des Honorarabschlags im Zeitverlauf abnimmt und begründet dies mit der Pflicht zur Honorarveröffentlichung. Extreme Honorarrückgänge bei Prüferwechseln könnten die vom Abschlussleser wahrgenommene Prüfungsqualität beeinträchtigen.[181]

Im Rahmen der gleichzeitigen Erbringung von Beratungsleistungen durch den Abschlussprüfer wird regelmäßig vor allem von Regulatoren befürchtet, dass dies die Prüfungsqualität im Rahmen einer eingeschränkten Unabhängigkeit des Prüfers beeinträchtigen könnte.[182] Gleichzeitig wird in der Literatur und von Seiten des Berufsstandes vermutet, dass bei gleichzeitiger Prüfungs- und Beratungstätigkeit Wissenstransfers (*Knowledge Spillovers*) zwischen den beiden Leistungskategorien auftreten, die zu Kostenreduktion und Effizienzsteigerung des Prüfers führen können.[183] KÖHLER/RATZINGER-SAKEL (2012) können bei börsennotierten deutschen Unternehmen keinen signifikanten Zusammenhang zwischen Prüfungs- und Beratungshonoraren erkennen und folgern daraus, dass keine Bedrohung der Prüferunabhängigkeit vorliegt.[184] Zu dem gleichen Ergebnis für börsennotierte Unternehmen kommt DOBLER (2014). Er stellt weiterhin einen höheren Anteil von Beratungshonoraren und einen signifikant positiven Einfluss von Beratungshonoraren auf das Prüfungshonorar bei nicht börsennotierten Unternehmen fest. Die Thematik möglicher Vorteile in Bezug auf Wissenstransfers aus Prüfungs- und Beratungstätigkeit und Nachteile in Bezug auf eine Unabhängigkeitsbeeinträchtigung scheint daher vor allem weniger stark regulierte nicht börsennotierte Unternehmen zu betreffen.[185]

DEFOND/ZHANG (2014) argumentieren, dass der Bedarf an Prüfungsqualität auch beeinflusst wird durch die Kompetenz der Unternehmen, ihren anreizgetriebenen Bedarf nach Prüfungsqualität zu erfüllen.[186] Die Mehrheit internationaler, empirischer Studien belegt, dass Unternehmen mit einer ausgeprägten *Corporate Governance* Struktur einen erhöhten Bedarf an Prüfungsqualität aufweisen.[187] Für den deutschen Markt wird dies durch VOELLER/BREMERT/ZEIN (2013) bestätigt, die feststellen, dass die Existenz eines Prüfungsausschusses und die Größe des Aufsichtsrats höhere Prüfungshonorare nach sich ziehen. Die Repräsentanz eines Bankenvertreters im Aufsichtsrat führt jedoch nicht zu einem höheren Bedarf an Prüfungsqualität.[188] Zudem bedingt im Einklang mit der Prinzipal-Agent-Theorie ein höherer Anteil variabler Managementvergütung einen steigenden Bedarf an Prüfungsqualität, um mögliche Anreize zur Bilanzpolitik zu überwachen.[189]

---

180 Vgl. *Wild*, Fee cutting, 2010, S. 526; *Umlauf*, Prüfungs- und Beratungshonorare von Konzernabschlussprüfern, 2013, S. 231.

181 Vgl. *Umlauf*, Prüfungs- und Beratungshonorare von Konzernabschlussprüfern, 2013, S. 232.

182 Vgl. *Velte*, Unabhängigkeit des Abschlussprüfers, 2011, S. 290.

183 Vgl. *Simunic*, Auditing, consulting, and auditor independence, 1984, S. 679-702; *Knechel, Sharma, Sharma*, Non-audit services and knowledge spillovers, 2012, S. 61; *Sharma*, Non-audit services and auditor independence, 2014, S. 81 f.

184 Vgl. *Köhler, Ratzinger-Sakel*, Audit market characteristics, 2012, S. 294.

185 Vgl. *Dobler*, Auditor-provided non audit-services, 2014, S. 446.

186 Vgl. *DeFond, Zhang*, A review of archival auditing research, 2014, S. 290.

187 Vgl. *DeFond, Zhang*, A review of archival auditing research, 2014, S. 295.

188 Vgl. *Voeller, Bremert, Zein*, Interdependencies between auditing and corporate governance, 2013, S. 214.

189 Vgl. *Voeller, Bremert, Zein*, Interdependencies between auditing and corporate governance, 2013, S. 222.

2.3.3 Sonstige empirische Evidenz

Neben den beschriebenen empirischen Belegen zu inputbezogenen Maßgrößen der Prüfungsqualität existieren für den deutschen Markt auch Forschungsarbeiten zu outputbezogenen Größen. Auf diese soll im Folgenden nur kurz eingegangen werden. Der Fokus liegt dabei auf Arbeiten, die in Zusammenhang mit der Untersuchung von Prüferhonoraren oder dem deutschen Prüfungsmarktsegment für nicht kapitalmarktorientierte Unternehmen stehen. Die zu beschreibenden Studien beziehen sich überwiegend auf die Qualität der Rechnungslegung als Maßgröße für (tatsächliche) Prüfungsqualität und untersuchen in diesem Rahmen verschiedene Abbildungsgrößen der Bilanzpolitik. Der hinter dieser Vorgehensweise stehende Gedanke ist die Überlegung, dass die Rechnungslegungsinformationen letztlich ein gemeinsames Produkt von Management und Prüfer darstellen.[190] Eine hohe Prüfungsqualität dient in diesem Sinne als eine Beschränkung von bilanzpolitischen Maßnahmen des Managements. Der Nachteil dieser Arbeiten liegt vor allem in der umstrittenen Messung von Bilanzpolitik, die hohen Messfehlern unterliegen kann.[191]

QUICK/SATTLER (2011) untersuchen den Einfluss von Honoraren, die der Prüfer für Nichtprüfungsleistungen erhält, auf die diskretionären Periodenabgrenzungen des Mandanten.[192] Dabei wird vermutet, dass ein Prüfer, der einen hohen Teil des Mandatshonorars aus dem Angebot von Nichtprüfungsleistungen erzielt, ein größeres Maß an Bilanzpolitik toleriert und somit eine niedrigere Prüfungsqualität aufgrund einer eingeschränkten Unabhängigkeit liefert, um die Beratungshonorare nicht zu gefährden. Die Autoren finden für die Honorarkategorie der sonstigen (Beratungs-)Leistungen einen signifikanten Zusammenhang zum Ausmaß von Bilanzpolitik und vermuten daher eine Unabhängigkeitsbeeinträchtigung durch die Erbringung derartiger Leistungen des Prüfers.[193] Auch UMLAUF (2013) erkennt einen signifikant negativen Zusammenhang zwischen dieser Leistungskategorie und der Höhe des *Earnings Response Coefficient* (ERC), der die Rechnungslegungsqualität anhand von Kapitalmarktreaktionen messen soll, und führt dies auf eine potentielle Beeinträchtigung der wahrgenommenen Prüfungsqualität zurück.[194] Für die restlichen Nichtprüfungsleistungen können beide Autoren keine Zusammenhänge nachweisen.

Eine Untersuchung des Einflusses unterschiedlich großer Prüfungsgesellschaften auf die Prüfungsqualität bei nicht kapitalmarktorientierten Unternehmen bietet LOY (2013), der mehrere Abbildungsgrößen für Bilanzpolitik (Diskretionäre Periodenabgrenzungen, Gewinnglättung, Conservatism) verwendet. LOY (2013) stellt fest, dass BIG-4 Prüfer bilanzpolitische Maßnahmen stärker einschränken als Prüfungsgesellschaften mittlerer Größe, die

190 Vgl. *Dye*, Auditor replacement, 1991, S. 351; *DeFond, Zhang*, A review of archival auditing research, 2014, S. 287.

191 *DeFond, Zhang*, A review of archival auditing research, 2014, S. 288.

192 Vgl. *Quick, Sattler*, Beratungsleistungen, 2011, S. 310-343; vgl. auch *Sattler*, Abschlussprüfung und Beratung, 2011, auf dessen Dissertation die Arbeit von QUICK/SATTLER (2011) aufbaut.

193 Vgl. *Quick, Sattler*, Beratungsleistungen, 2011, S. 335 f. Die Behauptung, dass die Erbringung sonstiger (Beratungs-)Leistungen eine Unabhängigkeitsbeeinträchtigung nach sich ziehe, wird von LENZ (2012) kritisiert, da dies abhängig von dem verwendeten Modell zur Schätzung der Periodenabgrenzungen sei, vgl. *Lenz*, Wissenschaftsethische Anmerkung, 2012, S. 267; *Sattler*, Abschlussprüfung und Beratung, 2011, S. 435.

194 Vgl. *Umlauf*, Prüfungs- und Beratungshonorare von Konzernabschlussprüfern, 2013, S. 330.

wiederum stärker begrenzen als kleine Prüfer.[195] Dies bietet im Gegensatz zu einer rein dichotomen Trennung zwischen BIG-4 und Non-BIG-4 Prüfungsgesellschaften Beleg für eine kontinuierlichere Differenzierung von Prüfungsqualität unter den Prüfungsgesellschaften.

KRAUSS/PRONOBIS/ZÜLCH (2014) analysieren die Auswirkung abnormal hoher bzw. niedriger Prüfungshonorare auf die Prüfungsqualität, da hohe Prüfungshonorare die Unabhängigkeit des Prüfers im Hinblick auf stärkere finanzielle Interessen einschränken könnten, wohingegen niedrige Honorare den Prüfer zu einem geringerem Prüfungsumfang veranlassen könnten.[196] Die Autoren zeigen, dass abnormal niedrige Honorare nicht zu einer Einschränkung der Prüfungsqualität führen, finden aber Belege, dass abnormal hohe Prüfungshonorare zu einer Beeinträchtigung der Prüfungsqualität führen.[197] Eine Honorarprämie könne daher eine Beeinträchtigung der Prüfungsqualität aufgrund eines starken finanziellen Eigeninteresses des Prüfers induzieren.[198] Der letztgenannte Zusammenhang lässt sich allerdings nicht in den letzten beiden Beobachtungsjahren, in denen das deutsche *Enforcement*-System an Stärke gewonnen hat, bekräftigen.[199]

2.4 Kapitelzusammenfassung

Im ersten Kapitel wurde zunächst der Bedarf nach Abschlussprüfung ökonomisch begründet sowie der in der Prüfungsforschung zentrale Begriff der Prüfungsqualität näher bestimmt. Die Erkenntnisse dieses Kapitels lassen sich wie folgt zusammenfassen:

- Die Institutionen „Rechnungslegung“ und „Abschlussprüfung“ lassen sich grundsätzlich im Rahmen der Neuen Institutionenökonomik als Instrumente zur Einschränkung von bei Prinzipal-Agent-Beziehungen auftretenden Konfliktpotentialen, die sowohl bei eigenfinanzierungs- als auch bei fremdfinanzierungsbedingten Konstellationen auftreten können, begründen. Der von einem Abschlussprüfer geprüfte handelsrechtliche Jahresabschluss, auf den vor allem die Finanzberichterstattung nicht börsennotierter Unternehmen aufbaut, liefert mit seinen Informationen die Grundlage für weitere Anreiz- und Kontrollmaßnahmen und ergibt sich somit als „notwendiger Zwischenschritt“[200] zur Reduktion von Agency-Konflikten.

- Obwohl keine allgemeingültige Definition existiert, konstituiert sich die Qualität einer Abschlussprüfungsleistung im Wesentlichen aus der wahrgenommenen Ur-

---

195 Vgl. *Loy*, An audit is an audit, 2013, S. 341-349.

196 Vgl. *Krauß, Pronobis, Zülch*, Abnormal audit fees and audit quality, 2014, S. 46.

197 Vgl. *Krauß, Pronobis, Zülch*, Abnormal audit fees and audit quality, 2014, S. 68-77. Im Gegensatz dazu stellt UMLAUF (2013) fest, dass unerwartet hohe Prüfungshonorare zu einem steigenden ERC führen und interpretiert hohe Prüfungshonorare als Qualitätssignal für Investoren, vgl. *Umlauf*, Prüfungs- und Beratungshonorare von Konzernabschlussprüfern, 2013, S. 330 f.

198 Vgl. *Krauß, Pronobis, Zülch*, Abnormal audit fees and audit quality, 2014, S. 48. Gleichwohl interpretieren die Autoren eine in ihrem Prüfungshonorarmodell beobachtete Honorarprämie für BIG-5-Gesellschaften als Hinweis auf eine höhere Prüfungsqualität gegenüber anderen Prüfern, vgl. *Krauß, Pronobis, Zülch*, Abnormal audit fees and audit quality, 2014, S. 67 f.

199 Vgl. *Krauß, Pronobis, Zülch*, Abnormal audit fees and audit quality, 2014, S. 77.

200 Vgl. *Lenz*, Wahl des handelsrechtlichen Abschlussprüfers, 1993, S. 178.

teilsfähigkeit und Urteilsfreiheit des Abschlussprüfers. Die auch als Prüferunabhängigkeit bezeichnete Urteilsfreiheit des Prüfers besteht in dessem Anreiz, über aufgedeckte Fehler in der Rechnungslegung zu berichten und kann durch verschiedene Sachverhalte bedroht werden. Prüfungsqualität ist weiterhin als eine Determinante der Rechnungslegungsqualität zu betrachten in dem Sinne, dass Abschlussprüfung zur Verifizierung der Aussagen der Rechnungslegung dient. Das Qualitätsniveau einer Abschlussprüfungsleistung wird sowohl vom Nachfragebedarf als auch von Angebotsanreizen sowie regulatorischen Eingriffen beeinflusst. Unternehmen mit schlechter Finanzberichterstattungsqualität können stärker von einer hohen Prüfungsqualität profitieren als Unternehmen mit hochqualitativen Rechnungslegungssystemen.[201]

- Die Qualität einer Prüfungsleistung lässt sich nicht direkt beobachten. Aus diesem Grund werden in der Prüfungsforschung verschiedene Maßgrößen zur Abbildung von Prüfungsqualität verwendet, die sich auf unterschiedliche Aspekte von Prüfungsqualität (tatsächliche oder wahrgenommene Qualität) beziehen und die verschiedene Stärken und Schwächen aufweisen. Die Untersuchung von Prüfungshonoraren und Prüferwahl ist im Bereich der inputbezogenen Maßgrößen anzusiedeln.

- Für den deutschen Prüfungsmarkt existiert ein bisher noch beschränkter Befund an Prüfungshonorar- und Prüferwahlstudien, der sich nahezu ausschließlich auf börsennotierte Unternehmen bezieht. Die Ergebnisse dieser Arbeiten legen im Einklang mit internationaler Forschung nahe, dass der Bedarf an Prüfungsqualität durch Größe, Komplexität und Risikofaktoren des Mandats sowie durch das Ausmaß von Agency-Konflikten getrieben wird. Weiterhin sind große Prüfungsgesellschaften in der Lage höhere Prüfungshonorare als kleinere und mittlere Prüfungsgesellschaften zu erzielen. Die Ergebnisse zur Auswirkung von Beratungsleistungen, die durch den Prüfer erbracht werden, sind gemischter Natur.
  Der Forschungsbefund im Feld der nicht börsennotierten Unternehmen ist in Deutschland noch sehr begrenzt bzw. kaum existent. Die bisher vorliegenden Arbeiten induzieren jedoch, dass die Erkenntnisse aus dem börsennotierten Segment nicht ohne weiteres auf den Prüfungsmarkt für nicht börsennotierte Unternehmen übertragen werden können.

Das folgende Kapitel befasst sich nun genauer mit der Rolle von Abschlussprüfung bei nicht börsennotierten Unternehmen. Dazu wird auf spezifische Charakteristiken dieser Unternehmen im Vergleich zu börsennotierten Unternehmen eingegangen und daraus folgende, mögliche Konsequenzen auf den Bedarf dieser Unternehmen nach Abschlussprüfung bzw. Prüfungsqualität diskutiert. Weiterhin wird betrachtet, welche Unterschiede der Prüfungsmarkt für nicht börsennotierte Mandate im Vergleich zu dem Markt für Ab-

201 Vgl. *DeFond, Zhang*, A review of archival auditing research, 2014, S. 283.

schlussprüfungsleistungen bei börsennotierten Mandaten aufweist und wie sich diese auf den Anreiz für Prüfungsgesellschaften zur Erbringung von Prüfungsqualität auswirken.

Außerdem erfolgt eine Vorstellung bisheriger empirischer Arbeiten aus dem Bereich der Untersuchung von Prüferwahl und Prüfungshonoraren nicht börsennotierter Unternehmen.

3 Die Rolle der Abschlussprüfung bei nicht börsennotierten Unternehmen

Die englischsprachige Literatur verwendet zur Unterscheidung zwischen börsennotierten und nicht börsennotierten Unternehmen üblicherweise die Begriffe *Public* und *Private Companies.*[202] In diesem Sinne sind unter *Public Companies* Unternehmen zu verstehen, deren Aktien oder Anleihen in organisierten Märkten gehandelt werden oder die Aktien oder Anleihen an Investoren in öffentlichen Märkten verkaufen. *Private Companies* sind dann alle Unternehmen, die diese Eigenschaft nicht aufweisen. Die Abgrenzung zwischen den beiden Unternehmensformen erfolgt im Wesentlichen also anhand der Tatsache, ob ein Unternehmen an einer Börse notiert ist oder nicht, wobei sich die Definition einer *Public Company* in verschiedenen Staaten unterscheiden kann.[203]

Das deutsche Rechtssystem gibt in diesem Zusammenhang mehrere Definitionen. Die zentralen Begrifflichkeiten „Börsennotierung" und „Kapitalmarktorientierung" werden in § 3 Abs. 2 AktG und § 264d HGB definiert. § 3 Abs. 2 AktG versteht unter börsennotierten Unternehmen alle *„Gesellschaften, deren Aktien zu einem Markt zugelassen sind, der von staatlich anerkannten Stellen geregelt und überwacht wird, regelmäßig stattfindet und für das Publikum mittelbar oder unmittelbar zugänglich ist"*[204]. Damit werden alle für einen durch staatlich anerkannte Stellen geregelten und überwachten Markt zugelassene Aktiengesellschaften sowie Gesellschaften mit Sitz in Deutschland, die eine Aktiennotierung an vergleichbaren Börsen im Ausland aufweisen, umfasst. Nicht von dieser Definition erfasst werden im Freiverkehr gem. § 48 Börsengesetz (BörsG) gehandelte Gesellschaften, es sei denn deren Aktien haben eine Zulassung für einen Markt im Sinne von § 3 Abs. 2 AktG, werden aber in einem unregulierten Markt gehandelt.[205]

Eine weiter gefasste Definition ergibt sich in § 264d HGB, der den Begriff der „Kapitalmarktorientierung" enthält. *„Eine Kapitalgesellschaft ist kapitalmarktorientiert, wenn sie einen organisierten Markt im Sinn des § 2 Abs. 5 des Wertpapierhandelsgesetzes durch von ihr ausgegebene Wertpapiere im Sinn des § 2 Abs. 1 Satz 1 des Wertpapierhandelsgesetzes in Anspruch nimmt oder die Zulassung solcher Wertpapiere zum Handel an einem organisierten Markt beantragt hat."*[206] Diese Definition erfasst sämtliche Kapitalgesellschaften und Mischgesellschaften gem. § 264a HGB, deren Wertpapiere zum Handel auf einem organisierten Markt zugelassen sind. Ein organisierter Markt wird charakterisiert durch ein *„im Inland, in einem anderen Mitgliedstaat der EU oder einem anderen Vertragsstaat des EWR (Norwegen, Liechtenstein, Island) betriebenes oder verwaltetes, durch staatliche Stellen ge-*

---

202 Vgl. *Nobes*, On researching into the use of IFRS by private entities in europe, 2010, S. 214; *Langli, Svanström*, Audits of private companies, 2014, S. 156. Alternativ werden auch die Begriffe *Listed Companies* für börsennotierte Unternehmen oder *Non-Listed Companies* für nicht börsennotierte Unternehmen verwendet.

203 Vgl. *Langli, Svanström*, Audits of private companies, 2014, S. 156. Nobes (2011) führt an, dass sich der englische Begriff *Public Company* auch als haftungsbeschränkte Unternehmensrechtsform, die nicht zwangsläufig börsennotiert sein muss, auslegen lässt. In diesem Zusammenhang erscheint der Begriff *Listed Companies* zur Abgrenzung geeigneter. Vgl. *Nobes*, On researching into the use of IFRS by private entities in europe, 2010, S. 214.

204 § 3 Abs. 2 AktG.

205 Vgl. *Lange*, Börsennotierung, 2014, § 3 AktG, Rn. 3; *Solveen*, Börsennotierung, 2014, § 3 AktG, Rn. 6.

206 § 264d HGB.

nehmigtes, geregeltes und überwachtes multilaterales System, das die Interessen einer Vielzahl von Personen am Kauf und Verkauf von dort zum Handel zugelassenen Finanzinstrumenten innerhalb des Systems und nach festgelegten Bestimmungen in einer Weise zusammenbringt oder das Zusammenbringen fördert, die zu einem Vertrag über den Kauf dieser Finanzinstrumente führt"[207]. Nicht erfasst werden Kapitalgesellschaften, die ihre Wertpapiere im Freiverkehr handeln lassen, sowie Personengesellschaften, Einzelkaufleute oder eingetragene Genossenschaften (eG), auch wenn diese Schuldverschreibungen an einem organisierten Kapitalmarkt ausgeben. Bei letzteren verweisen jedoch Regelungen im Publizitätsgesetz (PublG) bzw. Genossenschaftsgesetz (GenG) auf § 264d HGB.[208]

Unterschiede zum aktienrechtlichen Begriff „Börsennotierung" ergeben sich in der Mehrzahl der angesprochenen Unternehmensrechtsformen sowie in der umfassenderen Begrifflichkeit „Wertpapiere".[209] Weiterhin bestehen Unterschiede in Bezug auf den Ort der Börse, da sich § 264d HGB auf organisierte Märkte in der EU bzw. im Europäischen Wirtschaftsraum (EWR) beschränkt.[210]

Im Umkehrschluss werden in dieser Arbeit alle Unternehmen, die keine Börsennotierung oder Kapitalmarktorientierung aufweisen, als nicht börsennotierte bzw. nicht kapitalmarktorientierte Unternehmen verstanden, ausgenommen Unternehmen, die aufgrund ihrer Bedeutung für die Gesellschaft eine herausragende Sonderrolle einnehmen (z. B. Banken und Versicherungen, Non-Profit Organisationen, öffentliche Versorgungsbetriebe).[211] Trotz einzelner inhaltlicher Abweichungen werden die Begriffe „nicht börsennotierte" bzw. „nicht kapitalmarktorientierte Unternehmen" in dieser Arbeit weitgehend synonym verwendet, zumal auch im Gesetz die Begriffe „börsennotierte" und „kapitalmarktorientierte Gesellschaften" in verwandter Form genutzt werden.[212]

Trotz des geringen empirischen Befundes im Bereich nicht börsennotierter Unternehmen sprechen Indizien dafür, dass der Institution „Abschlussprüfung" bei nicht börsennotierten Unternehmen zumindest teilweise eine andere Rolle zukommt als bei börsennotierten Unternehmen.[213] DeFond/Zhang (2014) argumentieren, dass der Bedarf nach Abschlussprüfung bzw. Prüfungsqualität bestimmt wird durch anreizbedingte Faktoren der Nachfragerseite sowie durch Anreize der Prüfer zur Erbringung einer hochqualitativen Prüfungsleistung.[214] Im Vergleich zu börsennotierten Firmen können nicht börsennotierte Unternehmen unterschiedliche Charakteristika aufweisen, die ihre Nachfrage nach Prüfungsleistungen beeinflussen dürfte. Außerdem existieren auf Seite der Anbieter von Prüfungsleistungen in diesem Segment andersartige Umfeld- und Anreizfaktoren, die Einfluss auf die Prüfungsqualität nehmen dürften.

207 § 2 Abs. 5 Wertpapierhandelsgesetz (WpHG).

208 Vgl. *Förschle, Hoffmann*, Kapitalmarktorientierte Kapitalgesellschaft, 2014, § 264d HGB, Rn. 1-2.

209 Zur Definition von Wertpapieren vgl. § 2 Abs. 1 S. 1 WpHG.

210 Für einige Beispiele vgl. *Förschle, Hoffmann*, Kapitalmarktorientierte Kapitalgesellschaft, 2014, § 264d HGB, Rn. 6.

211 Vgl. auch *Langli, Svanström*, Audits of private companies, 2014, S. 156.

212 Vgl. *Doralt, Diregger*, Börsennotierung, 2008, § 3 AktG, Rn. 37; *Förschle, Hoffmann*, Kapitalmarktorientierte Kapitalgesellschaft, 2014, § 264d HGB, Rn. 5.

213 Vgl. *Palmrose*, Audit fees and auditor size, 1986, S. 100; *Chaney, Jeter, Shivakumar*, Self-selection of auditors, 2004, S. 52.

214 Vgl. *DeFond, Zhang*, A review of archival auditing research, 2014, S. 280.

Strittig ist a priori, ob diese Unterschiede im Vergleich zum Prüfungsmarkt börsennotierter Mandate zu einer Erhöhung oder Reduktion der Bedeutung der Abschlussprüfung bzw. Prüfungsqualität im Kontext nicht kapitalmarktorientierter Unternehmen führen.[215]

Im Folgenden werden zunächst im Vergleich zu börsennotierten Mandaten unterschiedliche Charakteristiken der Nachfrager- und der Anbieterseite im Segment nicht kapitalmarktorientierter Unternehmen diskutiert. Im Anschluss erfolgt ein Literaturüberblick über den bisher noch begrenzten empirischen internationalen und nationalen empirischen Befund in Bezug auf die Untersuchung von Prüferhonorare und Prüferwahl bei diesen Unternehmen.

3.1 Unterschiedliche Charakteristika der Nachfrager nach Prüfungsleistungen

WALLACE (1980) führt die Nachfrage nach Abschlussprüfungsleistungen auf drei wesentliche Bedarfsfaktoren (*Demand*) zurück[216]:

1. *Agency-Demand*
   JENSEN/MECKLING (1976) betonen die *Monitoring*- und *Bonding*-Rolle von Abschlussprüfung zur Reduktion von Agency-Kosten, die aus dem opportunistischen Verhalten des Agenten resultieren.[217] Der aus dem Auftreten von Agency-Konflikten resultierende Bedarf an Abschlussprüfung (*Agency-Demand*) ergibt sich daher in Abhängigkeit des Ausmaßes von Agency-Konflikten bei dem jeweiligen Unternehmen und führt zu einer heterogenen Nachfrage nach Abschlussprüfung im Sinne verschiedenartiger Prüfungsqualitätsniveaus.[218]

2. *Information-Demand*
   Der aus einem Informationsbedürfnis stammende Bedarf an Abschlussprüfung (*Information-Demand*) ist eng verknüpft mit dem *Agency-Demand*, da beide Bedürfnisse letztendlich aus dem Auftreten von Informationsasymmetrien entspringen.[219] Im Rahmen des *Information-Demand* wird der Bedarf nach Prüfungsqualität darauf zurückgeführt, dass Abschlussprüfung zu einer Verbesserung und Glaubwürdigkeitserhöhung der vom Unternehmen bereitgestellten externen Finanzberichterstattung beiträgt und somit deren Informationswert erhöht.[220] Gleichzeitig wird eine Reduktion von Agency-Konflikten aufgrund der *Monitoring*-Funktion von Abschlussprüfung bewirkt.[221]

---

215 Vgl. *Hope, Langli*, Auditor independence, 2010, S. 577. Eine (seltene) ausführliche Darstellung von Unterschieden im Rahmen der Prüfung börsennotierter und nicht börsennotierter Unternehmen bieten LANGLI/SVANSTRÖM (2014), vgl. *Langli, Svanström*, Audits of private companies, 2014, S. 148-158.

216 Vgl. *Wallace*, The economic role of the audit, 1980; *Wallace*, A look back and a look forward, 2004, S.271 ff.

217 Vgl. *Jensen, Meckling*, Theory of the firm, 1976, S. 306 und S. 308.

218 Vgl. *Beattie, Fearnley*, The importance of audit firm characteristics, 1995, S. 228; *DeAngelo*, Auditor size, 1981, S. 185 f.; *DeAngelo*, Low balling, 1981, S. 114 ff.

219 Vgl. *Beattie, Fearnley*, The importance of audit firm characteristics, 1995, S. 228.

220 Vgl. *Cano Rodriguez, Sánchez Alegria*, The value of audit quality in public and private companies, 2012, S. 687.

221 Vgl. *Beattie, Fearnley*, The importance of audit firm characteristics, 1995, S. 228.

3. *Insurance-Demand*
Der Bedarf an Abschlussprüfung kann sich ebenso als Versicherungsbedürfnis (*Insurance-Demand*) des Managements gegenüber Haftungsansprüchen Dritter, die aufgrund von Bilanzierungsfehlern entstandener Verluste auftreten, ergeben.[222] Haftungsansprüche gegenüber dem Prüfer sollen zu einer Reduktion eigener Verluste dienen. In diesem Zusammenhang lässt sich die Wahl großer Prüfungsgesellschaften damit begründen, dass diese in der Regel zur Zahlung höherer Haftungssummen verpflichtet sind (sog. *Deep-Pockets*-Theorie).[223] Dem *Insurance-Demand* dürfte im Bereich der nicht börsennotierten Unternehmen nur eine untergeordnete Bedeutung zukommen, da Haftungsrisiken in diesem Segment wesentlich geringer ausfallen als im Segment börsennotierter Unternehmen.[224]

Im Folgenden werden mehrere Charakteristika von nicht börsennotierten Unternehmen, die sich zu börsennotierten Unternehmen unterscheiden dürften, und deren potentielle Auswirkungen auf die Nachfrage nach Abschlussprüfung vor dem Hintergrund eines *Agency-Demand* und/oder *Information-Demand* bei diesen Unternehmen diskutiert.

3.1.1 Agency-Konflikte

Obwohl JENSEN/MECKLING (1976) in ihrer Analyse nicht nach Listing-Status eines Unternehmens unterscheiden, wird die Prinzipal-Agent-Theorie vorwiegend im Kontext börsennotierter Unternehmen betrachtet, da diese Unternehmen in der Regel durch einen hohen Streubesitz gekennzeichnet sind und somit einer ausgeprägten Trennung zwischen Eigentum und Kontrolle unterliegen.[225] Nicht kapitalmarktorientierte Unternehmen weisen dagegen üblicherweise höhere Eigentümerkonzentrationen und höhere Eigentumsanteile von Managern auf.[226] Größere externe und interne Kapitalgeber besitzen Zugang zu Unternehmensinformationen und nehmen aktiver an der Unternehmensleitung teil.[227] Typisch für nicht börsennotierte Unternehmen ist oftmals der starke Einfluss von (Unternehmer-)Familien, die neben dem Besitz der Mehrheit der Kapitalanteile und Stimmrechte häufig auch Entscheidungspositionen in der Unternehmensleitung besetzen und somit eine aktive Unternehmenskontrolle ausüben.[228] Agency-Konflikte fallen in diesen Unternehmen möglich-

[222] Vgl. *Willenborg*, Empirical analysis of the economic demand for auditing, 1999, S. 227; *Cano Rodriguez, Sánchez Alegria*, The value of audit quality in public and private companies, 2012, S. 689.

[223] Vgl. *Lennox*, Are large auditors more accurate than small auditors, 1999, S. 217.

[224] Vgl. *Chaney, Jeter, Shivakumar*, Self-selection of auditors, 2004, S. 52; *Cano Rodriguez, Sánchez Alegria*, The value of audit quality in public and private companies, 2012, S. 684; *Langli, Svanström*, Audits of private companies, 2014, S. 153.

[225] Vgl. *Jensen, Meckling*, Theory of the firm, 1976, S. 46 f.

[226] Vgl. *Lennox*, Management ownership and audit firm size, 2005, S. 208.

[227] Vgl. *Van Tendeloo, Vanstraelen*, Earnings management and audit quality in Europe, 2008, S. 449.

[228] Vgl. *Shanker, Astrachan*, Myths and realities: family businesses' contribution to the US economy, 1996, S. 110; Stiftung Familienunternehmen, Die volkswirtschaftliche Bedeutung der Familienunternehmen, 2011, S. 14-19. CLAESSENS/TZIOUMIS (2006) stellen fest, dass Unternehmerfamilien auch bei börsennotierten, europäischen Unternehmen oftmals eine wichtige Rolle spielen, vgl. *Claessens, Tzioumis*, Ownership and financing structures, 2006, S. 266 f. Gleichwohl dürfte der Einfluss der Familien in diesen Unternehmen geringer sein, da sie über geringere Anteilsquoten als Unternehmerfamilien in nicht börsennotierten Unternehmen verfü-

erweise geringer aus, da die Trennung von Eigentum und Kontrolle weniger ausgeprägt ist als in börsennotierten Unternehmen. Zudem könnten in diesen Unternehmensstrukturen andere Erklärungsansätze als die Annahmen der Prinzipal-Agent-Theorie möglicherweise geeigneter erscheinen. So hat sich aufbauend auf psychologischer und soziologischer Forschung in den letzten Jahren neben der Agency-Theorie eine Erklärungsrichtung entwickelt, die als *Stewardship*[229]-Theorie bezeichnet wird.[230]

„Stewardship theory defines situations in which managers are not motivated by individual goals, but rather are stewards whose motives are aligned with the objectives of their principals.“[231]

Dieser Theorie liegt ein anderes Menschenbild zugrunde als der Agency-Theorie: Der loyale Steward verhält sich im Gegensatz zu dem opportunistisch agierenden Agenten des Agency-Modells ganz im Sinne seines Prinzipals, da für ihn gilt: *„proorganizational collectivistic behaviors have higher utility than individualistic, self-serving behaviors“*[232]. Eine langfristig ausgelegte und vertrauensbasierte Beziehung zwischen Eigentümer und Manager, wie sie in Familienunternehmen wahrscheinlich erscheint, kann diese Arbeitsauffassung des Managers befördern und eine hohe Identifikation mit dem Unternehmen hervorrufen.[233]

Diese Faktoren sprechen für einen geringeren Prüfungsbedarf nicht börsennotierter Unternehmen, da Informationsasymmetrien und Agency-Konflikte in diesen Konstellationen geringer ausfallen sollten.[234]

Auf der anderen Seite kann durch den starken Einfluss einzelner Anteilseigner bzw. einer geschlossen auftretenden Eigentümerfamilie eine andere Art von Agency-Konflikt entstehen, der zwischen dem kontrollierenden Eigentümer und den Minderheitsgesellschaftern auftritt.[235] So führen SCHULZE/LUBATKIN/DINO/BUCHHOLTZ (2001) an, dass in Familienunternehmen altruistische Tendenzen der Eltern dazu führen könnten, dass sich Nachkommen oder Verwandte als *Freerider* verhalten, die Unternehmensressourcen zu persönlicher Verschwendung ausnutzen.[236] Gleichzeitig scheinen die Vorteile, die eine ursprünglich rein eigentümergeführte Unternehmung bietet, mit zunehmender Aufspaltung im Rahmen der Erbfolge und Übertragung auf nachfolgende Generationen zu verblassen.[237] ANG/COLE/LIN (2000) belegen, dass die Agency-Kosten in nicht börsennotierten Unternehmen steigen, wenn vom Ausgangsfall eines Alleineigentümer-Managers abgewichen wird

---

gen und ihnen andere Eigentümergruppen (institutionelle Investoren, Streubesitzaktionäre, Staat) gegenüberstehen. Viele Familienunternehmen lehnen eine Börsennotierung deswegen ab, weil sie keine neuen Teilhaber wünschen, vgl. *Kaserer, Fey, Kuhn*, Kapitalmarktorientierung und Finanzierung mittelständischer Unternehmen, 2011, S. 48. Grund dafür dürfte u. a. die Furcht vor einem Verlust an Einfluss sein.

229 Der Begriff "*Steward*" leitet sich aus dem normannisch geprägten Feudalsystem des mittelalterlichen Englands ab, in dem der Steward als Haushofmeister die Güter seines adeligen Herrn verwaltete.

230 Vgl. *Donaldson, Davis*, Stewardship theory, 1991, S.51.

231 *Davis, Schoorman, Donaldson*, Stewardship theory of management, 1997, S.21.

232 *Davis, Schoorman, Donaldson*, Stewardship theory of management, 1997, S.24.

233 Vgl. *Davis, Schoorman, Donaldson*, Stewardship theory of management, 1997, S. 37.

234 Vgl. *Van Tendeloo, Vanstraelen*, Earnings management and audit quality in Europe, 2008, S. 449. *Cano Rodriguez, Sánchez Alegria*, The value of audit quality in public and private companies, 2012, S. 686.

235 Vgl. *La Porta, Lopez-de-Silanes, Shleifer*, Corporate ownership around the world, 1999, S. 474.

236 Vgl. *Schulze, Lubatkin, Dino, Buchholtz*, Agency relationships in family firms, 2001, S. 103.

237 Vgl. *Sharma, Chrisman, Chua*, Strategic management of the family business, 1997, S. 6.

und nicht an der Geschäftsleitung beteiligte Gesellschafter auftreten oder das Unternehmen von einem nicht am Eigentum beteiligten Manager geleitet wird.[238]

In diesem Zusammenhang kann Abschlussprüfung und Prüfungsqualität als wirksame *Monitoring*- und *Bonding*-Maßnahmen eine wichtige Bedeutung zukommen, da diese im Rahmen eines Informationsbedarfs nicht kontrollierender Gesellschafter oder Stakeholder ein Signal über eine glaubwürdige Rechnungslegung bewirken können und Informationsasymmetrien zwischen den beteiligten Parteien abbauen können.[239]

Im Rahmen von Entlohnungs- und Kreditverträgen werden als Grundlage für die Leistungsbewertung des Managements i. d. R. Erfolgskennzahlen herangezogen, um Agency-Konflikte zu mindern und Informationasymmetrien zu reduzieren. Da für nicht börsennotierte Unternehmen kaum marktbasierte Erfolgsmaßgrößen existieren, dürfte auf Finanzberichten beruhenden Kennzahlen besondere Bedeutung zukommen.[240] Da nicht börsennotierte Unternehmen zudem oftmals geringere Mittel für interne Kontrollsysteme bereitstellen können, argumentieren LENNOX (2005) und CANO RODRIGUEZ/SÁNCHEZ ALEGRIA (2012), dass die Bedeutung der Abschlussprüfung als *Monitoring*- und *Bonding*-Instrument im Rahmen nicht börsennotierter Unternehmen daher im Vergleich zu börsennotierten Unternehmen wesentlich höher ausfallen könnte.[241]

3.1.2 Finanzierung

Unternehmen, die den Kapitalmarkt nicht in Anspruch nehmen, sind im Rahmen ihrer Finanzierung vorwiegend auf Eigenkapitalfinanzierung durch Gesellschafter oder auf eine externe Kapitalaufnahme angewiesen. Da die Ressourcen der Gesellschafter begrenzt sein dürften, dürfte bei diesen Unternehmen der Fremdfinanzierung eine starke Bedeutung zukommen.[242] Agency-Konflikte könnten daher vermehrt zwischen Banken und Eigentümern und/oder zwischen Managern und Banken existieren.[243]

WATTS/ZIMMERMAN (1986) betonen, dass die Abschlussprüfung als *Monitoring*-Instrument im Rahmen dieser Agency-Konflikte eine wichtige Rolle spielt, da Verstöße gegen Kreditvertragsklauseln üblicherweise vom Prüfer zu melden sind.[244] Empirische Befunde im Bereich nicht börsennotierter Unternehmen belegen, dass sich Kreditaufnahme und Finanzierungsbedingungen verbessern, wenn Unternehmen sich freiwillig Abschlussprüfungen unterziehen oder eine große Prüfungsgesellschaft bestellen.[245] CANO RODRIGUEZ/SANCHEZ

[238] Vgl. *Ang, Cole, Lin*, Agency costs and ownership structure, 2000, S. 104.

[239] Vgl. *Beattie, Fearnley*, The importance of audit firm characteristics, 1995, S. 228.

[240] Vgl. *Chaney, Jeter, Shivakumar*, Self-selection of auditors, 2004, S. 52.

[241] Vgl. *Lennox*, Management ownership and audit firm size, 2005, S. 208; *Cano Rodriguez, Sánchez Alegria*, The value of audit quality in public and private companies, 2012, S. 688.

[242] Vgl. *Langli, Svanström*, Audits of private companies, 2014, S. 153; Für eine ausführliche Darstellung von Finanzierungsquellen kleiner, nicht börsennotierter Unternehmen vgl. *Berger, Udell*, The economics of small business finance, 1998, S. 613-673.

[243] Vgl. *Vander Bauwhede, Willekens*, Evidence on (the lack of) audit-quality differentiation, 2004, S. 508 f.; *Collis, Jarvis, Skeratt*, The demand for audit, 2004, S. 89.

[244] Vgl. *Watts, Zimmerman*, Positive accounting theory, 1986, S. 196.

[245] Vgl. *Blackwell, Noland, Winters*, The value of auditor assurance, 1998, S. 57-70; *Allee, Yohn*, The demand for financial statements, 2009, S. 3; *Hope, Thomas, Vyas*, Financial credibility, ownership, and financing constraints in private firms, 2011, S. 935-957; *Lennox, Pittman*, Voluntary audits vs. mandatory audits, 2011, S. 1655-1678; *Karjalainen*, Audit quality and cost of debt capital for private firms, 2011, S. 88-108.

ALEGRIA (2012) zeigen für spanische, börsennotierte und nicht börsennotierte Unternehmen, dass eine Prüfung durch eine große Prüfungsgesellschaft nur bei nicht börsennotierten Unternehmen zu einer Kapitalkostenreduktion führt und erklären dies mit einer ex ante schlechteren Rechnungslegungsqualität nicht börsennotierter Unternehmen, die stärkere Informationsasymmetrien zwischen Managern und Fremdkapitalgebern zur Folge hat. Nicht börsennotierte Unternehmen können daher im Vergleich zu börsennotierten Unternehmen verstärkt von einer hohen Prüfungsqualität profitieren, da diese bei nicht börsennotierten Unternehmen zu einer wesentlichen Verbesserung der Rechnungslegungsqualität beiträgt.[246] ESPLIN/JAMAL/SUNDER (2014) führen im Rahmen einer Feldstudie zur Rolle der Abschlussprüfung bei US-amerikanischen, nicht börsennotierten Unternehmen an, dass *Private Equity* Investoren und potentielle Unternehmenskäufer auf eine hochqualitative Abschlussprüfung setzen.[247]

DE FRANCO/GAVIOUS/JIN/RICHARDSON (2011) merken an, „*because many buyers will not consider purchasing a company with poor-quality accounting systems and financial statements, the number of potential buyers is correlated with the hiring of a Big 4 auditor.*“[248] Die Autoren zeigen, dass die Eigentümer bei einem Verkauf eines nicht börsennotierten Unternehmens einen wesentlich niedrigeren Unternehmenswert in Kauf nehmen müssen, wenn der Unternehmensabschluss nicht von einer großen Prüfungsgesellschaft geprüft wurde.[249] Dies spricht für einen höheren *Information-Demand* nicht börsennotierter Unternehmen.

3.1.3 Qualität des Rechnungslegungssystems

DEFOND/ZHANG (2014) führen aus, dass die Qualität des Rechnungslegungssystems des Mandanten einen wichtigen Einflussfaktor in Bezug auf den Zusammenhang zwischen Prüfungsqualität und Finanzberichterstattungsqualität darstellt, da der Prüfer bei einer niedrigen Qualität der ungeprüften Rechnungslegung verstärkt Anpassungen durchsetzen muss, um ein hinreichend sicheres Prüfungsurteil abgeben zu können.[250]

BALL/SHIVAKUMAR (2005) sowie HOPE/THOMAS/VYAS (2013) weisen für britische bzw. US-amerikanische, nicht börsennotierte Unternehmen eine geringere Finanzberichterstattungsqualität im Vergleich zu börsennotierten Unternehmen nach.[251]

BURGSTAHLER/HAIL/LEUTZ (2006) zeigen, dass nicht börsennotierte Unternehmen intensiver Bilanzpolitik betreiben, vor allem in Ländern mit schwachen Rechts- und *Enforcement*-Systemen und in Staaten, in denen eine hohe Maßgeblichkeit zwischen Finanzberichterstattung und Steuerermittlung besteht.[252] Alle Autoren führen diese Ergebnisse auf

246 Vgl. *Cano Rodriguez, Sánchez Alegria*, The value of audit quality in public and private companies, 2012, S. 684. So auch DEFOND/ZHANG (2014), die den Nutzen einer hohen Prüfungsqualität vor allem für Unternehmen mit geringer Rechnungslegungsqualität sehen, vgl. *DeFond,Zhang*, A review of archival auditing research, 2014, S. 283.

247 Vgl. *Esplin, Jamal, Sunder*, Auditing and private capital formation, 2014, S. 13.

248 *De Franco, Gavious, Jin, Richardson*, Do private company targets that hire Big 4 auditors receive higher proceeds, 2011, S. 258.

249 Vgl. *De Franco, Gavious, Jin, Richardson*, Do private company targets that hire Big 4 auditors receive higher proceeds, 2011, S. 257 f.

250 Vgl. *DeFond, Zhang*, A review of archival auditing research, 2014, S. 282.

251 Vgl. *Ball, Shivakumar*, Earnings quality in UK private firms, 2005, S. 126; *Hope, Thomas, Vyas*, Financial reporting quality of U.S. private and public firms, 2013, S. 1378.

252 Vgl. *Burgstahler, Hail, Leutz*, The importance of reporting incentives, 2006, S. 985.

einen geringeren Bedarf dieser Unternehmen nach einer hochqualitativen Finanzberichterstattung zurück, da Eigenkapital- und Fremdkapitalgeber über direktere Informationszugänge verfügen.[253] BURGSTAHLER/HAIL/LEUTZ (2006) führen an, dass bei einem geringeren Informationsbedürfnis von Kapitalgebern der Fokus der Finanzberichterstattung der Unternehmen von anderen Faktoren wie z. B. Steuerminimierung beeinflusst werden könnte.[254] DEFOND/ZHANG (2014) zeigen, dass bei Unternehmen mit geringer Qualität des Rechnungslegungssystems eine hohe Prüfungsqualität eine stärkere Verbesserung der Rechnungslegungsqualität bewirkt.[255] Abschlussprüfung bzw. Prüfungsqualität könnte daher vorwiegend für Unternehmensexterne, die über keine weiteren Informationskanäle verfügen, als Signal über eine ordnungsmäßige Rechnungslegung dienen und deren Informationsbedürfnis befriedigen.[256] VAN TENDELOO/VANSTRAELEN (2008) argumentieren, dass die Wahl eines hochqualitativen Prüfers Berichtsqualität signalisiert und damit das Risiko steuerlicher Betriebsprüfungen senken könnte. Zudem könne dadurch das Vertrauen von Lieferanten, Kunden und Angestellten, die als externe Stakeholder angesichts der niedrigeren Rechnungslegungsqualität nicht börsennotierter Unternehmen einem höheren Informationsrisiko unterliegen, in die Unternehmensberichterstattung gestärkt werden.[257]

In Abwesenheit qualifizierter Rechnungslegungsabteilungen und alternativer, interner Kontrollmechanismen könnte dem Abschlussprüfer zudem eine wichtige Rolle als Ersatz für diese Mängel zukommen.[258] ABDEL-KHALIK (1993) führt aus: „*Importing external monitoring systems is particulary important for smaller companies, whose scale of operations does not facilitate making large investments in internal control systems.*“[259]

3.1.4 Nachfrage nach Beratungsleistungen des Prüfers

BEATTIE/FEARNLEY (1995) identifizieren das Angebot von Beratungsleistungen des Prüfers als einen der vier ausschlaggebendsten Gründe für die Wahl eines Abschlussprüfers.[260] Die Nachfrage nach Beratungsleistungen dürfte sich somit auch auf die Nachfrage nach Abschlussprüfung auswirken.[261] DEDMAN/KAUSAR/LENNOX (2014) stellen fest, dass Unternehmen nach Wegfall der Prüfungspflicht freiwillig eine Abschlussprüfung beibehalten lassen, wenn sie bisher Beratungsleistungen in Anspruch genommen haben.[262] SEOW (2001) führt an, dass kleine Unternehmen, wenn sie stark abhängig sind von Beratungsleistungen des

---

253 Vgl. *Ball, Shivakumar*, Earnings quality in UK private firms, 2005, S. 126; *Burgstahler, Hail, Leutz*, The importance of reporting incentives, 2006, S. 987; *Hope, Thomas, Vyas*, Financial reporting quality of U.S. private and public firms, 2013, S. 1715.

254 Vgl. *Burgstahler, Hail, Leutz*, The importance of reporting incentives, 2006, S. 987.

255 Vgl. *DeFond, Zhang*, A review of archival auditing research, 2014, S. 283.

256 Vgl. *Langli, Svanström*, Audits of private companies, 2014, S. 152.

257 Vgl. *Van Tendeloo, Vanstraelen*, Earnings management and audit quality in Europe, 2008, S. 450; *Cano Rodriguez, Sánchez Alegria*, The value of audit quality in public and private companies, 2012, S. 688.

258 So bestätigen CHEN/FENG/LI (2014) für US-amerikanische (börsennotierte) Unternehmen, dass von Familienmitgliedern geführte Unternehmen häufiger Schwächen bei internen Kontrollen aufweisen, vgl. *Chen, Fen, Li*, Family firm and internal control weakness, 2014, S. 29 f.

259 *Abdel-Khalik*, Why do private companies demand auditing, 1993, S. 38.

260 Vgl. *Beattie, Fearnley*, The importance of audit firm characteristics, 1995, S. 238.

261 Vgl. *Wallace*, A look back and a look forward, 2004, S.274.

262 Vgl. *Dedman, Kausar, Lennox*, The demand for audit in private firms, 2014, S. 15-18.

Prüfers, Prüfungsaufträge an diesen vergeben könnten, um eine gute Beziehung zwischen beiden Parteien zu erhalten.[263]

Die Betreuung des Abschlussprüfers mit Beratungsaufträgen bietet darüber hinaus einige Vorteile: Zum einen wird der Abschlussprüfer aufgrund seiner fachlichen Ausbildung und Expertise als fähiger Berater wahrgenommen. Zum anderen wird unterstellt, dass zwischen gleichzeitigen Prüfungs- und Beratungstätigkeiten Synergieeffekte aufgrund von Wissenstransfers auftreten.[264] Diese sollten dazu führen, dass Beratungsleistungen vom Abschlussprüfer günstiger zu beziehen sind als von anderen Beratungsunternehmen. Außerdem entfallen die Kosten, die bei der Suche nach einem anderen Berater anfallen.[265]

Im Rahmen des gleichzeitigen Angebots von Beratungsleistungen durch den Abschlussprüfer wird generell die Gefahr einer Selbstprüfung bzw. eine Bedrohung der Unabhängigkeit des Abschlussprüfers diskutiert.[266] Der Gesetzgeber unternimmt in diesem Zusammenhang Maßnahmen, um möglichen Beeinträchtigungen der Prüfungsqualität entgegen zu wirken. So sind bestimmte Beratungsleistungen bei gleichzeitiger Abschlussprüfung grundsätzlich verboten. Außerdem sind die Honorare für Prüfungs- und Beratungsleistungen offenzulegen, um mögliche Missverhältnisse zwischen diesen Kategorien erkennen zu können.[267]

Für nicht börsennotierte Unternehmen fallen im Vergleich zu börsennotierten Unternehmen die expliziten Verbote von Beratungsleistungen (insbesondere Steuerberatungsleistungen) bei gleichzeitiger Abschlussprüfung geringer aus. Zudem stehen diese Unternehmen weniger im Fokus der Öffentlichkeit, so dass dem Einhalten eines ausgewogenen Verhältnisses von Prüfungs- und Nichtprüfungsleistungen ein schwächeres Gewicht zugemessen werden könnte. Nicht börsennotierte Unternehmen sind daher geringeren Hinderungsgründen ausgesetzt, Beratungsleistungen des Abschlussprüfers in Anspruch zu nehmen. Gleichzeitig kann die Qualität von Prüfungs- und Beratungsleistungen von gegenseitigen Synergien im Rahmen eines Wissenstransfers profitieren.[268] Empirische Ergebnisse im Bereich kapitalmarktorientierter Unternehmen belegen teilweise keine signifikanten Einflüsse von Beratungsleistungen auf die Prüfungshonorare, was nicht auf Wissenstransfereffekte schließen lässt.[269] Dies könnte u.a. darin begründet sein, dass börsennotierte Unternehmen häufig von größeren Prüfungsgesellschaften geprüft werden, die eine strenge Unterteilung in Prüfungs- und Beratungsabteilungen, zwischen denen wenig Austausch herrscht, vornehmen.[270] Zudem könnten die von diesen Unternehmen nachgefragten Beratungsleistungen nur in geringem Zusammenhang mit Erkenntnissen aus der Prüfungstätigkeit stehen, so dass Wissenstransfers nur eine geringe Wirkung entfalten. Nicht börsennotierte Unternehmen werden häufiger von kleineren Prüfungsgesellschaften betreut, die ty-

263 Vgl. *Seow*, The demand for the UK small company audit, 2001, S. 65.

264 Vgl. *Simunic*, Auditing, consulting, and auditor independence, 1984, S. 679-702.

265 Vgl. *Svanström, Sundgren*, The demand for non-audit services and auditor-client relationships, 2012, S. 55.

266 Für eine ausführliche Darstellung der Vor- und Nachteile einer gleichzeitigen Durchführung von Prüfungs- und Beratungsleistungen vgl. *Umlauf*, Prüfungs- und Beratungshonorare von Konzernabschlussprüfern, 2013, S. 47-62.

267 Vgl. dazu ausführlich Kapitel 4.

268 Vgl. *Simunic*, Auditing, consulting, and auditor independence, 1984, S. 679-702.

269 Vgl. *Whisenant, Sankaraguruswamy, Raghunandan*, Evidence on the joint determination of audit and non-audit fees, 2003, S. 721-744; *Köhler, Ratzinger-Sakel*, Audit market characteristics, 2012, S. 301; *Umlauf*, Prüfungs- und Beratungshonorare von Konzernabschlussprüfern, 2013, S. 241 f.

270 Vgl. *Umlauf*, Prüfungs- und Beratungshonorare von Konzernabschlussprüfern, 2013, S. 242.

pischerweise über einen geringeren Personalstamm verfügen. Dies könnte die Durchlässigkeit von Wissen zwischen den Prüfungs- und Beratungsteams, die zum Teil sogar personenidentisch sind, befördern und so gegenseitige Synergieeffekte begünstigen.[271] Weiterhin unterhalten kleinere, nicht börsennotierte Unternehmen oftmals nur schwach besetzte Rechnungslegungsabteilungen, die über wenig Spezialwissen verfügen.[272] Dies dürfte das Hinzuziehen von externen Spezialisten als Berater befördern.[273] So sehen Führungskräfte nicht börsennotierter Unternehmen den Prüfer „*as bringing professionalism and sophistication to the business*“[274] und wünschen sich den Prüfer als „*accounting expert, to be available 24/7*“[275]. SVANSTRÖM/SUNDGREN (2012) zeigen, dass schwedische, nicht börsennotierte Unternehmen oftmals den Abschlussprüfer mit Beratungsleistungen beauftragen. Der Fokus der Beratungsleistungen liegt dabei auf prüfungsnahen Themengebieten, was wiederum das Auftreten von Wissenstransfers begünstigen sollte.[276]

3.2 Unterschiedliche Charakteristika der Anbieter von Prüfungsleistungen

Wesentliche Unterschiede, welche die Rolle der Abschlussprüfung bei nicht börsennotierten Mandaten im Vergleich zu börsennotierten Unternehmen beeinflussen, treten nicht nur auf Seiten der Nachfrager nach Prüfungsleistungen auf. Vielmehr dürfte auch die Seite der Anbieter von Prüfungsleistungen in diesem Marktsegment durch andere Charakteristika geprägt sein. Differenzen zu börsennotierten Mandaten bestehen dabei vor allem in einem unterschiedlichen Marktumfeld für nicht börsennotierte Unternehmen sowie veränderten Anreizen zur Erbringung von Prüfungsqualität, die vor allem aufgrund weniger strenger regulatorischer Anforderungen in diesem Marktsegment resultieren dürften.

3.2.1 Prüfungsmarkt für nicht börsennotierte Mandate

Der Prüfungsmarkt für börsennotierte Mandate unterlag in den vergangenen Jahren zunehmend einem Konzentrationsprozess auf die großen vier Prüfungsgesellschaften KPMG, PwC, EY und Deloitte. Empirische Ergebnisse belegen sowohl auf internationaler als auch auf nationaler Ebene eine sehr hohe Dominanz dieser Prüfungsgesellschaften.[277] Jüngere, deutsche Studien zu dieser Thematik haben Konzentrationsraten von über 90 % ermittelt.[278] Als Folge dieser hohen Konzentration wird „*monopolistic pricing, a decline in the quality of*

[271] Vgl. *Langli, Svanström*, Audits of private companies, 2014, S. 149.

[272] Vgl. *Svanström, Sundgren*, The demand for non-audit services and auditor-client relationships, 2012, S. 56.

[273] Vgl. *Abdel-Khalik*, The jointness of audit fees and demand for MAS, 1990, S. 298; *Svanström, Sundgren*, The demand for non-audit services and auditor-client relationships, 2012, S. 56.

[274] *Esplin, Jamal, Sunder*, Auditing and private capital formation, 2014, S. 17.

[275] *Esplin, Jamal, Sunder*, Auditing and private capital formation, 2014, S. 24; Vgl. *Langli, Svanström*, Audits of private companies, 2014, S. 149.

[276] Vgl. *Svanström, Sundgren*, The demand for non-audit services and auditor-client relationships, 2012, S. 63.

[277] Für einen Überblick über die Prüferkonzentration bei börsennotierten Mandaten auf internationaler und nationaler Ebene vgl. *Velte, Stiglbauer*, Audit market concentration, 2012, S. 146-161.

[278] Vgl. *Köhler, Marten, Ratzinger, Wagner*, Prüfungshonorare, 2010, S. 9-15; *Fischkin*, Determinanten der Prüferwahl, 2011, S. 168-196.

audits and of the services provided by audit firms, a decrease in the stability of capital markets and in investor confidence, and the impact of another large public accounting firm failure"[279] in diesem Marktsegment befürchtet.

Vergleichbare Arbeiten zur Prüferkonzentration im Bereich nicht börsennotierter Unternehmen sind aufgrund der Vielzahl dieser Unternehmen und des erschwerten Zugangs zu Daten kaum anzutreffen. Die Dominanz der großen Prüfungsgesellschaften dürfte im Segment der nicht börsennotierten Unternehmen jedoch geringer ausgeprägt sein. So besteht für diese Unternehmen kein Druck von Seiten des Kapitalmarkts zur Bestellung von renommierten Prüfungsgesellschaften. Aufgrund der im Vergleich zu börsennotierten Unternehmen tendenziell geringeren Größe nicht börsennotierter Unternehmen, weniger Aufstellungs- und Offenlegungspflichten im Rahmen der Finanzberichterstattung[280] sowie der überwiegenden Bilanzierung gemäß einfacher zu prüfender handelsrechtlicher Vorschriften[281], dürfte der Prüfungsumfang bei diesen Mandaten in der Regel geringer ausfallen, so dass auch mittelgroße und kleinere Prüfungsgesellschaften zur effizienten Betreuung dieser Mandate in der Lage sind. Die Wirtschaftsprüferkammer (WPK) berichtet in der Marktstrukturanalyse des Jahres 2013, dass im Segment der kapitalmarktorientierten Mandate (sog. § 319a-Mandate) lediglich 84 WP-Praxen tätig waren (in 2012 noch 99).[282] In ihrem Tätigkeitsbericht für das Jahr 2013 führt die WPK an, dass von insgesamt 13.105 Praxen von Wirtschaftsprüfern (WP)/vereidigten Buchprüfern (vBP) 3.801 Praxen zur Durchführung gesetzlicher Abschlussprüfungen befugt waren.[283] Das bedeutet, dass nur 2,2 % der Abschlussprüfer auch im börsennotierten Marktsegment tätig sind, während die restlichen 97,8 % der Prüfer vorwiegend im Segment der nicht börsennotierten Mandate prüfen. Angesichts der Mehrzahl der in diesem Segment tätigen Prüfer dürfte ebenso die Bandbreite der Größe der Prüfungsgesellschaften wesentlich umfangreicher ausfallen als im Bereich der börsennotierten Mandate. LENZ (2014) unterscheidet innerhalb des Berufsstandes der WP vier Kategorien: a) BIG-4 Gesellschaften, b) international ausgerichtete, große Second-Tier Gesellschaften, c) national ausgerichtete größere und mittlere Praxen sowie d) kleine Praxen und Einzelpraxen.[284] Die Marktstrukturanalyse der WPK zeigt, dass die überwiegende Mehrheit der Prüfungsgesellschaften aus kleinen Praxen mit weniger als zehn Wirtschaftsprüfern besteht.[285] Nutzt man – wie von DEANGELO (1981) vorgeschlagen – die Größe einer Prüfungsgesellschaft als Indikator für Prüfungsqualität, dürften bereits diese Verhältnisse auf ein deutlich heterogeneres Angebot an Prüfungsqualität im Segment der

---

279 *Caban-Garcia, Cammack,* Audit firm concentration and competition, 2009, S. 2.

280 Kapitalmarktorientierte Kapitalgesellschaften gelten bspw. stets als große Kapitalgesellschaften und können daher keine größenabhängigen Erleichterungen in Bezug auf Abschluss- und Lageberichterstattung in Anspruch nehmen (§ 267 Abs. 3 HGB i.V.m. § 264d HGB; § 264 Abs. 1 HGB). Zudem muss der Vorstand eines börsennotierten Unternehmens gem. § 91 Abs. 2 AktG ein Überwachungssystem einrichten, das vom Abschlussprüfer auf Wirksamkeit zu beurteilen ist (§ 317 Abs. 4 HGB).

281 Konzernabschlüsse kapitalmarktorientierter Unternehmen müssen gem. § 315a Abs. 2 HGB nach den *International Financial Reporting Standards* (IFRS) aufgestellt werden. KÜTING (2012) zeigt, dass die Abschlussprüfung von IFRS Abschlüssen wesentlich komplexer ist als die Prüfung von HGB Abschlüssen, vgl. *Küting,* Zum Schwierigkeitsgrad einer HGB- und IFRS-Abschlussprüfung, 2012, S. 1521-1528.

282 Vgl. WPK, Marktstrukturanalyse 2013, S. 8; *Lenz,* Spaltung des Berufsstands der Wirtschaftsprüfer in Deutschland, 2014, S. 313 f.

283 Vgl. WPK, Tätigkeitsbericht 2013, S. 5.

284 Vgl. *Lenz,* Spaltung des Berufsstandes der Wirtschaftsprüfer, 2014, S. 316.

285 Vgl. WPK, Marktstrukturanalyse 2013, S. 2.

nicht börsennotierten Unternehmen hinweisen.[286] Empirisch lässt sich eine Qualitätsdifferenzierung in diesem Marktsegment ebenfalls belegen, wobei häufig eine Trennung zwischen BIG-N und Non-BIG-N Gesellschaften erfolgt.[287] So wird berichtet, dass BIG-N Prüfungsgesellschaften mehr Prüfungsstunden aufwenden[288], die Wahl einer großen Prüfungsgesellschaft zu einer einfacheren Kreditaufnahme und niedrigeren Fremdkapitalkosten[289] führt, große Prüfungsgesellschaften das Ausmaß von Bilanzpolitik stärker einschränken[290] sowie höhere Prüfungshonorare[291] als andere Prüfer verlangen können. In Bezug auf eine tiefere Qualitätsunterscheidung des Berufsstandes berichtet LOY (2013) für den deutschen Prüfungsmarkt nicht börsennotierter Unternehmen, dass BIG-4 Gesellschaften eine höhere Prüfungsqualität als mittelgroße Prüfungsgesellschaften bieten. Letztere übertreffen wiederum kleine Gesellschaften.[292] Auch NIEMI (2004) findet bei kleinen, finnischen Prüfungsgesellschaften Belege für eine Qualitätsdifferenzierung innerhalb dieser Gruppe.[293] Dies deutet auf eine mannigfaltigere Qualitätsdifferenzierung als die üblicherweise im kapitalmarktorientierten Segment vorgenommene dichotome Unterscheidung in BIG-4 und Non-BIG-4 Prüfer hin.

Aufgrund fehlender Konzentrationsstudien im Bereich der nicht börsennotierten Unternehmen muss zur Beantwortung der Frage, welche Marktmacht große Prüfungsgesellschaften in diesem Segment besitzen, letztendlich vor allem auf eine Betrachtung der Mandatsverteilungen abgestellt werden. So betreuen die BIG-4 in einem großen Sample norwegischer Unternehmen 18,1 % der Mandate[294], während bspw. CHANEY/JETER/SHIVAKUMAR (2004) für ein Sample britischer Unternehmen einen Mandatsanteil von ca. 50 % berichten.[295] In Bezug auf den deutschen Prüfungsmarkt berichtet LOY (2013) für ein großes

286 Vgl. *DeAngelo*, Auditor size, 1981, S. 184; *Lenz*, Spaltung des Berufsstandes der Wirtschaftsprüfer, 2014, S. 323. DEANGELO (1981) misst die Größe einer Prüfungsgesellschaft zwar an der Anzahl der betreuten Mandate, diese Zahl dürfte jedoch mit der Anzahl der tätigen WP in einer Praxis korrelieren.

287 Die Prüfungsforschung im Bereich der börsennotierten Unternehmen bietet bereits seit geraumer Zeit zahlreiche empirische Belege für eine höhere Prüfungsqualität großer Abschlussprüfungsgesellschaften, vgl. *Francis*, What do we know about audit quality, 2004, S.345; *DeFond, Erkens, Zhang*, Do client characteristics really drive Big N quality differentiation, 2014, S. 9.

288 Vgl. *Niemi*, Auditor size and audit pricing, 2004, S. 552.

289 Vgl. *Hope, Thomas, Vyas*, Financial credibility, ownership, and financing constraints in private firms, 2011, S. 935-957; *Karjalainen*, Audit quality and cost of debt capital for private firms, 2011, S. 88-108; *Cano Rodriguez, Sánchez Alegria*, The value of audit quality in public and private companies, 2012, S. 683-706.

290 Vgl. *Van Tendeloo, Vanstraelen*, Earnings management and audit quality in Europe, 2008, S. 447-469; *Gaeremynck, van der Meulen, Willekens*, Audit-firm portfolio characteristics and client financial reporting quality, 2008, S. 243-270; *Ajona, Dallo, Sanchez Allegria*, Discretionary accruals and auditor behaviour in code-law contexts, 2008, S. 641-666; *Cano Rodriguez*, Big auditors, private firms and accounting conservatism, 2010, S. 131-159.

291 Vgl. *Brinn, Peel, Roberts*, Audit fee determinants, 1994, S. 112; *Clathworthy, Makepiece, Peel*, Selection bias and the Big Four premium, 2009, S. 162 f.; *Willekens, Achmadi*, Pricing and supplier concentration in the private client segment of the audit market, 2003, S. 450; *Hope, Thomas, Langli*, Agency conflicts and auditing in private firms, 2012, S. 512; *Sundgren, Svanström*, Audit office size, audit quality and audit pricing, 2013, S. 49 f.

292 Vgl. *Loy*, An audit is an audit, 2013, S. 350.

293 Vgl. *Niemi*, Auditor size and audit pricing, 2004, S. 542.

294 Vgl. *Hope, Langli, Thomas*, Agency conflicts and auditing in private firms, 2012, S. 510.

295 Vgl. *Chaney, Jeter, Shivakumar*, Self-selection of auditors, 2004, S. 59.
CLATHWORTHY/MAKEPEACE/PEEL (2009) bzw. LENNOX/ PITTMAN (2011) berichten nur über einen BIG-4 Anteil von 8,3 % bzw. 6 % für britische Unternehmen, vgl. *Clathworthy, Makepeace, Peel*, Selection bias and the Big Four premium, 2009, S. 149; *Lennox, Pittman*, Voluntary audits vs. mandatory audits, 2011, S. 1666.

Sample nicht börsennotierter Unternehmen über einen Mandatsanteil der BIG-4 in Höhe von 40,8 %.[296] DOBLER (2014) untersucht deutsche Familienunternehmen, die zum größten Teil nicht börsennotiert sind, und stellt einen BIG-4 Anteil von 49,5 % fest.[297] Diese im Vergleich zur börsennotierten Mandaten ausgeglicheren Mandatsverteilungen deuten eine geringere Marktbeherrschung der großen Prüfungsgesellschaften im nicht börsennotierten Segment an, die die Verhandlungsmacht dieser Prüfungsgesellschaften in diesem Prüfungsmarktsegment einschränken dürfte und möglicherweise zu unterschiedlichen Preisstrukturen für diese Mandate führt. So stellt DOBLER (2014) im Gegensatz zur Masse des empirischen Befundes bei börsennotierten Unternehmen keine Honorarprämie für große Prüfungsgesellschaften bei nicht börsennotierten Familienunternehmen fest.[298]

3.2.2 Anreize zur Erbringung von Prüfungsqualität

Es ist zu erwarten, dass ein im Vergleich zu börsennotierten Unternehmen unterschiedliches Umfeld des Prüfungsmarktes für nicht börsennotierte Mandate nicht ohne Auswirkungen auf die Qualität der in diesem Segment angebotenen Prüfungsleistungen bleibt. Die höhere Anzahl an kleinen und mittleren Prüfern in diesem Marktsegment, die weitergehende Zulassung von Nichtprüfungsleistungen sowie der geringere Fokus der Öffentlichkeit dürften die Anreize des Prüfers zur Erbringung von Prüfungsqualität beeinflussen.[299] Von Seiten der Anbieter von Prüfungsleistungen wird Prüfungsqualität vor allem a) von der Kompetenz des Prüfers zur Aufdeckung von Fehlern sowie b) seiner Bereitschaft, über entdeckte Fehler zu berichten, determiniert.[300]

a) *Kompetenz des Prüfers*
   Wie in den meisten Staaten wird in Deutschland der Zugang zu dem Beruf des Wirtschaftsprüfers über ein Berufsexamen reguliert. Die Zulassung zur Prüfung setzt ein Hochschulstudium sowie eine mindestens dreijährige praktische Tätigkeit als Prüfungsassistent voraus.[301] Im Rahmen der Prüfung werden Kenntnisse des Prüfungswesens, der Unternehmensbewertung, des Berufsrechts, der angewandten Betriebs- und Volkswirtschaftslehre sowie des Wirtschafts- und Steuerrechts von den Bewerbern verlangt.[302] Insofern kann zunächst von einer weitgehend homogenen Ausbildungsbasis der einzelnen Prüfer ausgegangen werden. Im Rahmen der Berufsausübung soll die Kompetenz des Prüfers und seiner Mitarbeiter über den Austausch mit Kollegen, gegenseitige Reviews zu abgeschlossenen und laufenden Prüfungen[303] sowie die regelmäßige Teilnahme an Fortbildungen[304] gewährleistet werden. In diesem Zusammenhang ist zu vermuten, dass kleinere Prüfungs-

---

296 Vgl. *Loy*, An audit is an audit, 2013, S. 330.
297 Vgl. *Dobler*, Auditor-provided non-audit services, 2014, S. 438.
298 Vgl. *Dobler*, Auditor-provided non-audit services, 2014, S. 443 f.
299 Vgl. *Seow*, The demand for the UK small company audit, 2001, S.63.
300 Vgl. *DeAngelo*, Auditor size, 1981, S. 186; *DeFond, Zhang*, A review of archival auditing research, 2014, S. 280.
301 Vgl. §§ 8,9 WPO. Für Ausnahmen vgl. § 8 Abs. 2 WPO.
302 Vgl. § 4 Wirtschaftsprüferprüfungsverordnung (WiPrPrüfV).
303 Vgl. *Langli, Svanström*, Audits of private companies, 2014, S. 150.
304 Vgl. § 4a Berufssatzung für Wirtschaftsprüfer/vereidigte Buchprüfer.

gesellschaften mit kleinem Personalstamm in geringerem Umfang als große Prüfungsgesellschaften zu diesen qualitätssichernden Maßnahmen in der Lage sind.[305] MARTEN/QUICK/RUHNKE (2015) führen an, dass kleine und mittelgroße Prüfer, die häufig in diesem Segment tätig sind, oftmals über zu wenig Personal für interne Reviews verfügen.[306] SUNDGREN/SVANSTRÖM (2013) belegen für schwedische, nicht börsennotierte Unternehmen, dass Prüfer in großen Prüfungsgesellschaften signifikant seltener disziplinaren Sanktionen (Verwarnungen, Ausschlüsse aus dem Berufsstand) unterliegen. Zudem erhöht sich innerhalb der Gruppe der kleinen und mittleren Prüfer die Wahrscheinlichkeit von Sanktionen mit sinkender Kanzleigröße.[307]

Die Fähigkeit des Prüfers zur Aufdeckung von Fehlern wird weiterhin beeinflusst von seinen branchen- und mandantenspezifischen Kenntnissen.[308] Insbesondere bei nicht börsennotierten Unternehmen, die tendenziell eine geringere Berichtsqualität aufweisen, ist ein intensives Auseinandersetzen des Prüfers mit möglichen Kontrollschwächen nötig, um eine hohe Prüfungsqualität zu gewährleisten.[309] In diesem Zusammenhang kann sich das Erbringen von Nichtprüfungsleistungen positiv auswirken, da der Prüfer von Erfahrungen, die er im Rahmen der Beratungsleistungen erlangt, bei der Prüfung profitieren kann.[310] In einer Experimentstudie zeigen JOE/VANDERVELDE (2007), dass die Prüfungsqualität durch die gleichzeitige Erbringung von Nichtprüfungsleistungen profitiert, wenn beide Leistungen durch die gleichen Personen erbracht werden.[311] Kleinere Prüfer, bei denen keine strikte Trennung zwischen Prüfungs- und Beratungsteams besteht, könnten daher leichter in der Lage sein, Wissenstransfers aus beiden Leistungen zu generieren. SVANSTRÖM (2013) weist für schwedische, nicht börsennotierte Unternehmen nach, dass das Erbringen von Nichtprüfungsleistungen zu einer Reduktion diskretionärer Periodenabgrenzungen führt. Zugleich wird die Beratung von der Unternehmensleitung als Verbesserung der Prüfungsqualität wahrgenommen.[312] DOBLER (2014) findet einen signifikanten, positiven Zusammenhang zwischen Prüfungs- und Nichtprüfungshonoraren vor allem im Segment nicht börsennotierter, deutscher Familienunternehmen und interpretiert dies als Hinweis auf gegenseitigen Wissenstransfer zwischen Prüfung und Beratung im Segment nicht börsennotierter Unternehmen.[313]

[305] Vgl. *Sundgren, Svanström*, Audit office size, audit quality and audit pricing, 2013, S. 37.

[306] Vgl. *Marten, Quick, Ruhnke*, Wirtschaftsprüfung, 2015, S. 679.

[307] Vgl. *Sundgren, Svanström*, Audit office size, audit quality and audit pricing, 2013, S. 51.

[308] Vgl. *Langli, Svanström*, Audits of private companies, 2014, S. 150.

[309] Vgl. *Francis*, What do we know about audit quality, 2004, S. 360.

[310] Vgl. *Dobler*, Auditor-provided non audit-services, 2014, S. 430.

[311] Vgl. *Joe, Vandervelde*, Do auditor-provided nonaudit Services improve audit effectiveness, 2007, S. 484.

[312] Vgl. *Svanström*, Non-audit services and audit quality, 2013, S. 337-336. Allerdings merkt der Autor an, dass in einem zweistufigen Regressionsmodell der Zusammenhang nur schwach ausgeprägt ist, vgl. *Svanström*, Non-audit services and audit quality, 2013, S. 360.

[313] Vgl. *Dobler*, Auditor-provided non audit-services, 2014, S. 446. Die Interpretation eines positiven Koeffizienten als Hinweis auf Wissenstransfer ist allerdings umstritten, zur Diskussion vgl. *Umlauf*, Prüfungs- und Beratungshonorare von Konzernabschlussprüfern, 2013, S. 179-191 und Kapitel 6.

b) Prüferunabhängigkeit

Neben der Kompetenz des Prüfers bildet die Prüferunabhängigkeit die zweite Säule der Prüfungsqualität. In diesem Kontext wird angenommen, dass die Wahrscheinlichkeit, dass der Prüfer in seinem Prüfungsurteil über entdeckte Fehler berichtet, im Wesentlichen von seiner finanziellen und persönlichen Verbindung mit dem Mandantenunternehmen beeinflusst wird.

Im Zusammenhang mit einer möglichen Unabhängigkeitsbeeinträchtigung wird regelmäßig die Erbringung von Nichtprüfungsleistungen durch den Prüfer diskutiert. Ungeachtet möglicher positiver Effekte aufgrund von Wissenstransfers zwischen beiden Leistungsarten wird befürchtet, dass die Durchführung von Beratungsleistungen, die in der Regel vom Management des Unternehmens vergeben werden, eine zu starke Interessensangleichung und Vertrautheit des Prüfers mit der Unternehmensführung bedingt sowie zu einer Selbstprüfung von Sachverhalten, an deren Erstellung der Prüfer zumindest teilweise beteiligt ist, führt. Weiterhin könnte der Prüfer versucht sein, seine Unabhängigkeit aufzugeben, um weiterhin lukrative Beratungsaufträge von der Geschäftsführung des Mandanten zu erhalten.[314] Das Umfeld in Bezug auf Prüfung und Beratung von nicht börsennotierten Unternehmen gestaltet sich teilweise unterschiedlich im Vergleich zu börsennotierten Unternehmen. So sind bei nicht börsennotierten Unternehmen Nichtprüfungsleistungen in geringerem Umfang vom Gesetzgeber ausgeschlossen.[315] SEOW (2001) argumentiert, dass Prüfer bei kleinen Unternehmen häufig auch Buchführungsarbeiten erbringen, was die Gefahr einer Selbstprüfung erhöht, und Nichtprüfungsleistungen unter dem Deckmantel von Prüfungshonoraren vergütet werden.[316] Außerdem ist bei der Abschlussprüfung kleinerer Unternehmen oftmals der Manager die einzige Informationsquelle des Prüfers, so dass Informationen stark von dessen Sichtweise geprägt sind und der Informationsaustausch sehr von der persönlichen Beziehung des Prüfers zum Manager beeinflusst wird.[317] Weiterhin existieren im Segment der nicht börsennotierten Unternehmen geringere Haftungs- und Reputationsrisiken für den Abschlussprüfer, da Prüfungsfehler aufgrund seltener *Enforcement*-Kontrollen mit geringerer Wahrscheinlichkeit aufgedeckt werden und Haftungsfolgen bei Aufdeckung nur gering ins Gewicht fallen.[318]

Der Prüfer könnte daher gewillt sein, seine Berichtsbereitschaft stärker einzuschränken, um Prüfungs- und Beratungsmandate beizubehalten. LANGLI/SVANSTRÖM (2014) argumentieren jedoch, dass Abschlussprüfer in diesem Segment oftmals eine Vielzahl von kleinen Mandaten betreuen, so dass der Verlust eines Mandanten den Prüfer finanziell weniger schwer trifft und ihn nicht abhängig macht

314 Vgl. *Umlauf*, Prüfungs- und Beratungshonorare von Konzernabschlussprüfern, 2013, S. 57-59.

315 Vgl. Kapitel 4.

316 Vgl. *Seow*, The demand for the UK small company audit, 2001, S. 63; *Woolf*, Audit profitability, 1994, S. 109 f.

317 Vgl. *Woolf*, Auditing standards, 1994, S. 84 f.; *Seow*, The demand for the UK small company audit, 2001, S. 64; *Cano Rodriguez, Sánchez Alegria*, The value of audit quality in public and private companies, 2012, S. 687.

318 Vgl. *Chaney, Jeter, Shivakumar*, Self-selection of auditors, 2004, S. 52; *Cano Rodriguez, Sánchez Alegria*, The value of audit quality in public and private companies, 2012, S. 688.

von einzelnen Mandaten.[319] Allerdings könnten Prüfer auch verstärkt abhängig sein von einzelnen, größeren Mandaten, wenn diese den Hauptteil ihrer Erlöse generieren.

HOPE/LANGLI (2010) untersuchen anhand eines Samples norwegischer, nicht börsennotierter Unternehmen Auswirkungen von Prüfungs- und Beratungshonoraren auf die Wahrscheinlichkeit der Ausstellung eines eingeschränkten oder mit Hinweis versehenen Bestätigungsvermerks als Prüfungsqualitätsmaß. Die Autoren können nicht feststellen, dass hohe oder abnormale Honorare des Prüfers zu einer Einschränkung der Unabhängigkeit führen.[320]

3.3 Empirische Ergebnisse zu Prüfungshonoraren und Prüferwahl bei nicht börsennotierten Unternehmen

Der folgende Abschnitt bietet nun eine Übersicht über bisherige Arbeiten, welche die Rolle von Abschlussprüfung und Prüfungsqualität bei nicht börsennotierten Unternehmen anhand der auch in dieser Arbeit verwendeten Maßgrößen Prüfungshonorare und Prüferwahl untersuchen.

3.3.1 Prüfungshonorarstudien

Im Folgenden werden empirische Arbeiten vorgestellt, die Prüfungshonorare im Rahmen nicht börsennotierter Unternehmen untersuchen.

ABDEL-KHALIK (1993)

Der Autor widmet sich der Frage, warum sich nicht börsennotierte Unternehmen in Abwesenheit rechtlicher Prüfungspflichten und regulatorischer Anforderungen einer freiwilligen Prüfung oder einem Review unterziehen. ABDEL-KHALIK (1993) geht von Unternehmen aus, deren Manager auch die Eigentümer sind, d. h. Agency-Konflikte aufgrund der Trennung zwischen Eigentümern und Unternehmensführung sollten in diesem Szenario nicht auftreten.[321] Das Unternehmen kann entweder keine externe Prüfung nachfragen oder zwischen einem Review und einer Prüfung wählen. Die Prüfung beinhaltet das höchstmögliche Maß an Prüfungssicherheit und kostet daher mehr als ein Review, das nur eine geringere Sicherheit bietet. Als Abbildungsmaß für den prüferischen Aufwand verwendet der Autor die Prüfungshonorare.[322] ABDEL-KHALIK (1993) argumentiert, dass die freiwillige Durchführung einer Prüfung aus dem Verlust der Eigentümermanager an interner Kontrolle resultiert, der mit einer zunehmenden Hierarchiestruktur einhergeht und auch von internen Kontrollsystemen nicht gestoppt werden kann. Externe Prüfer werden daher in Abwesenheit rechtlicher oder regulatorischer Vorgaben hinzugezogen, um dem Kontrollverlust ent-

---

319 Vgl. *Langli, Svanström*, Audits of private companies, 2014, S. 151.

320 Vgl. *Hope, Langli*, Auditor independence, 2010, S. 575. Das Setting norwegischer Unternehmen ist insofern mit dem deutschen Markt vergleichbar, da beide Staaten dem Prüfer nur ein geringes Haftungsrisiko aufbürden, vgl. *Piot*, Auditor reputation and model of governance, 2005, S. 22.

321 Vgl. *Abdel-Khalik*, Why Do Private Companies Demand Auditing, 1993, S. 32.

322 Vgl. *Abdel-Khalik*, Why Do Private Companies Demand Auditing, 1993, S. 33 f.

gegenzuwirken.[323] Der Autor bestätigt diese Vermutung mittels eines linearen Regressionsmodells, in dem der Einfluss der Hierarchielevel, approximiert über die logarithmierte Anzahl der Mitarbeiter, und eines „*Wealth at Risk*"[324]-Maßes, welches das durch den möglichen Kontrollverlust bedrohte Wertpotential darstellt, auf die Prüfungshonorare untersucht werden.[325] Die Ergebnisse zeigen sich auch in einem Modell stabil, welches die Anwesenheit von Kreditgebern, die als pseudo-regulatorische Instanzen fungieren und eine Prüfung verlangen können, berücksichtigt. ABDEL-KHALIK (1993) schließt daraus, dass die Kombination aus den externen Prüfungsanforderungen der Kreditgeber und dem internen Kontrollverlust den erwarteten Wert des *Wealth at Risk* steigern und somit den Betrag, den die Eigentümer zur Erlangung von Prüfungssicherheit zu zahlen bereit sind.[326]

BRINN/PEEL/ROBERTS (1994)

Die Autoren untersuchen Prüfungshonorare, die von britischen, nicht börsennotierten Unternehmen berichtet werden. Die Untersuchung erstreckt sich auf 154 Unternehmen, deren Geschäftsjahr im Jahr 1988 endet. Im Fokus der Analyse steht die Frage, ob sich die Prüfungshonorare für unabhängige Einzelunternehmen, die nicht in Konzernstrukturen eingebunden sind, von den Honoraren von Tochterunternehmen unterscheiden, da die Autoren aufgrund steigender Skalenerträge bei der Prüfung von Mutter- und Tochterunternehmen und geringerer Risiken bei in Konzernverbünde eingebundenen Unternehmen einen Honorarabschlag bei Tochterunternehmen vermuten.[327]

Die untersuchten Unternehmen weisen im Schnitt ca. 9,6 Mio. Britische Pfund an Bilanzsumme auf und berichten im Mittel ein Prüfungshonorar von ca. 18.600 Britischen Pfund.[328] Die Autoren verwenden ein Regressionsmodell, das Variablen zu Unternehmensgröße, Komplexität, Risiko, Profitabilität, Prüfergröße, Prüfungszeitpunkt, Mandantensitz und Unternehmensstatus (unabhängig oder Tochterunternehmen) enthält.

Als Ergebnis beobachten die Autoren, dass die Prüfungshonorare signifikant mit der Größe und Komplexität des Mandanten steigen. Angesichts der nicht signifikanten Risikovariablen schließen BRINN/PEEL/ROBERTS (1994), „*that auditor risk exposure is a less important factor in determining the audit fees of unquoted, relative to quoted, companies*"[329]. Zudem können die Autoren keinen Honorarabschlag bei Tochterunternehmen feststellen. Eine Honorarprämie für große Prüfungsgesellschaften (BIG-8) finden die Autoren nur im Sample der unabhängigen Unternehmen und vermuten, dass Tochterunternehmen als Teil größerer Unternehmenszusammenschlüsse Honorarzuschläge größerer Prüfer vermeiden können.[330] Zudem seien Unternehmensverbünde oftmals von ähnlichen Kontrollstrukturen geprägt, was zu steigenden Skalenerträgen bei der Prüfung von Tochterunternehmen führen könnte.[331]

---

323 Vgl. *Abdel-Khalik*, Why Do Private Companies Demand Auditing, 1993, S. 37 f.
324 Vgl. *Abdel-Khalik*, Why Do Private Companies Demand Auditing, 1993, S. 39.
325 Vgl. *Abdel-Khalik*, Why Do Private Companies Demand Auditing, 1993, S. 39 f. und S. 43 f.
326 Vgl. *Abdel-Khalik*, Why Do Private Companies Demand Auditing, 1993, S. 47.
327 Vgl. *Brinn, Peel, Roberts*, Audit fee determinants, 1994, S. 103.
328 Vgl. *Brinn, Peel, Roberts*, Audit fee determinants, 1994, S. 109.
329 *Brinn, Peel, Roberts*, Audit fee determinants, 1994, S. 118.
330 Vgl. *Brinn, Peel, Roberts*, Audit fee determinants, 1994, S. 117.
331 Vgl. *Brinn, Peel, Roberts*, Audit fee determinants, 1994, S. 120.

Willekens/Achmadi (2003)

Die Autoren untersuchen die Prüfungshonorare belgischer, nicht börsennotierter Unternehmen für die Jahre 1987 und 1997, um festzustellen, ob eine während dieses Zeitraums gestiegene Marktkonzentration zu Auswirkungen auf den Preiswettbewerb geführt hat.[332] Die Autoren berichten einen signifikant positiven Zusammenhang zwischen dem Marktanteil einer Prüfungsgesellschaft (alternativ der Prüfung durch eine BIG-N Gesellschaft) und der Höhe der Prüfungshonorare. Für die Prüferwechselvariable finden sie im Jahr 1987 einen positiven, signifikanten Koeffizienten, der im Jahr 1997 geringer und nur noch schwach signifikant ausfällt. Weiterhin beobachten die Autoren eine rückläufige Stärke des Koeffizienten des Marktanteils.

Beide Ergebnisse interpretieren Willekens/Achmadi (2003) als Indiz für einen Preiswettbewerb.[333] Insgesamt ist die Beobachtungszahl mit in der Summe 119 Beobachtungen (1987: 48; 1997: 71) jedoch gering.

Chaney/Jeter/Shivakumar (2004) & Clathworthy/Makepeace/Peel (2009)

Im Rahmen eines großen Samples mit durchschnittlich 15.484 Beobachtungen pro Jahr über den Zeitraum von 1994 bis 1998 untersuchen die Autoren die Prüfungshonorare britischer, nichtkapitalmarktorientierter Unternehmen und fokussieren sich insbesondere auf die Existenz von Honorarprämien im Segment nicht kapitalmarktorientierter Unternehmen. Chaney/Jeter/Shivakumar (2004) argumentieren, dass sich die Angebots- und Nachfragefunktionen für Abschlussprüfungsleistungen bei nicht börsennotierten Unternehmen im Vergleich zu börsennotierten Firmen unterscheiden könnten, da in diesem Setting das Risiko für den Abschlussprüfer geringer ausfallen dürfte. Zudem bestehe in diesem Segment kein externer Druck zur Bestellung eines „*Brand-Name*“[334] Prüfers. Gleichzeitig führen die Autoren auch Argumente an, die für die Existenz einer Honorarprämie für große Prüfer sprechen. So steige aufgrund der Absenz marktbasierter Unternehmenswerteinschätzungen der Wert der Finanzberichterstattung in Bezug auf leistungsorientierte Vergütungssysteme. Zudem könnten Unternehmen daran interessiert sein, im Hinblick auf zukünftige Börsengänge oder Unternehmensverkäufe bzw. –übernahmen eine gute Beziehung zu einer großen Prüfungsgesellschaft aufzubauen, und so zur Zahlung höherer Honorare bereit sein.[335]

Die untersuchten Unternehmen weisen im Mittel ca. 17.700 Britische Pfund Prüfungshonorare aus und verfügen über eine durchschnittliche Bilanzsumme von ca. 24,2 Mio. Britische Pfund. Die Autoren führen an, dass es im Rahmen der Prüferwahl möglich sein könnte, dass sich Unternehmen aufgrund unternehmensspezifischer Charakteristiken, privater Informationen und anderer unbeobachtbarer Faktoren selbst in BIG-N- und Non-

---

332 Vgl. *Willekens, Achmadi*, Pricing and supplier concentration in the private client segment of the audit market, 2003, S. 432. Zu Ergänzungen vgl. *Peecher*, Discussion of “Pricing and Supplier Concentration in the Private Client Segment of the Audit Market: Market Power or Competition?”, 2003, S. 457-460.

333 Vgl. *Willekens, Achmadi*, Pricing and supplier concentration in the private client segment of the audit market, 2003, S. 450 f.

334 *Chaney, Jeter, Shivakumar*, Self-selection of auditors, 2004, S. 52.

335 Vgl. *Chaney, Jeter, Shivakumar*, Self-selection of auditors, 2004, S. 52.

BIG-N Mandate zuordnen (*Self-Selection*).[336] Um mögliche *Self-Selection* Problematiken zu vermeiden, schlagen CHANEY/JETER/SHIVAKUMAR (2004) ein zweistufiges Regressionsverfahren im Rahmen eines Ansatzes nach HECKMAN (1978)[337] und LEE (1979)[338] vor.

Die Autoren schätzen zunächst ein *Ordinary Least Squares* (*OLS*) Modell, in dem sie signifikante Einflüsse der Mandantengröße, gemessen an der logarithmierten Bilanzsumme, sowie verschiedener Risiko- und Profitabilitätsvariablen auf das Prüfungshonorar beobachten. Zudem ist in diesem Modell eine Honorarprämie für BIG-5 Prüfer erkennbar.[339]

Auf Basis eines Prüferwahlmodells als erster Stufe schätzen die Autoren weiterhin ein Prüferhonorarmodell jeweils für BIG-5 und Non-BIG-5 Mandate.[340] Aufgrund einer potentiellen *Self-Selection* Verzerrung vergleichen die Autoren die tatsächlich gezahlten Prüfungshonorare mit einem (fiktiven) Honorar, das der Mandant zahlen müsste, wenn er sich von dem jeweils alternativen Prüfertyp (BIG-5 oder Non-BIG-5) hätte prüfen lassen.[341]

Aus den negativen Ergebnissen schließen die Autoren, dass ein BIG-5-Mandant bei (fiktiver) Wahl einer Non-BIG-5-Gesellschaft höhere Prüfungshonorare zahlen müsste.[342] CHANEY/JETER/SHIVAKUMAR (2004) folgern daraus, dass im Segment nicht kapitalmarktorientierter Unternehmen keine Honorarprämien existieren, sondern Unternehmen ihren Prüfer nach kostenminimierenden Aspekten wählen.[343]

CLATHWORTHY/MAKEPEACE/PEEL (2009) nehmen Bezug auf die Arbeit von CHANEY/JETER/SHIVAKUMAR (2004) und zeigen anhand eines Datensatzes von 36.674 Beobachtungen britischer, nicht börsennotierter Unternehmen für das Jahr 2003, dass der zweistufige Heckman-Ansatz stark anfällig für Modellspezifikationen und Kollinearität ist.[344] Die Behauptung, dass Unternehmen den billigsten Prüfer wählen, kann durch die Autoren nicht bestätigt werden.[345] Stattdessen beobachten CLATHWORTHY/MAKEPEACE/PEEL (2009) in einem Sample britischer und in Größen-, Risiko- und Komplexitätsaspekten weitgehend homogener, nicht börsennotierter Unternehmen eine Honorarprämie für BIG-N-Prüfer in Höhe von ca. 30 %, die in Einklang mit den Ergebnissen bisheriger Honorarstudien, die *OLS* Modelle verwenden, steht.[346]

CAMERAN (2005)

CAMERAN (2005) untersucht neben börsennotierten, italienischen Mandaten auch die Prüfungshonorare von nicht börsennotierten Unternehmen (167 Beobachtungen; Mittelwert der Bilanzsumme ca. 10,5 Mio. €), die sich freiwillig einer Abschlussprüfung unterziehen. Die Autorin findet eine Honorarprämie für die Prüfungsgesellschaft KPMG in Höhe von ca. 21,4 %, obwohl diese Prüfungsgesellschaft zu dieser Zeit (1995-1999) nicht der Markt-

336 Vgl. *Chaney, Jeter, Shivakumar*, Self-selection of auditors, 2004, S. 53.
337 Vgl. *Heckman*, Dummy endogenous variables in a simultaneous equations system, 1978, S. 931-959.
338 Vgl. *Lee*, Identification and estimation in binary choice models, 1979, S. 977-996.
339 Vgl. *Chaney, Jeter, Shivakumar*, Self-selection of auditors, 2004, S. 64.
340 Vgl. *Chaney, Jeter, Shivakumar*, Self-selection of auditors, 2004, S. 56 und S. 65.
341 Vgl. *Chaney, Jeter, Shivakumar*, Self-selection of auditors, 2004, S. 67.
342 Vgl. *Chaney, Jeter, Shivakumar*, Self-selection of auditors, 2004, S. 68.
343 Vgl. *Chaney, Jeter, Shivakumar*, Self-selection of auditors, 2004, S. 70.
344 Vgl. *Clathworthy, Makepiece, Peel*, Selection bias and the Big Four premium, 2009, S. 162.
345 Vgl. *Clathworthy, Makepiece, Peel*, Selection bias and the Big Four premium, 2009, S. 162.
346 Vgl. *Clathworthy, Makepiece, Peel*, Selection bias and the Big Four premium, 2009, S. 162 f.

führer in Italien war. CAMERAN (2005) schließt auf eine bessere Reputation dieser Gesellschaft gegenüber den anderen Prüfern.[347]

HOPE/LANGLI (2010)

Anhand eines Samples norwegischer, nicht börsennotierter Unternehmen, die sich in finanziellen Schwierigkeiten befinden, untersuchen die Autoren, ob Abschlussprüfer, die abnormal hohe Honorare (Gesamthonorar, Prüfungs- bzw. Beratungshonorar) beziehen, in einem Setting, das dem Prüfer nur geringe Haftungs- und Reputationsrisiken aufbürdet, ihre Unabhängigkeit einschränken, indem sie in geringerem Ausmaß *Going-Concern* Vermerke ausstellen.[348] Dazu schätzen die Autoren ein Honorarmodell und stellen fest, dass die Honorare dieser Unternehmen im Wesentlichen durch Größe- und Komplexität sowie Risiko- und Kapitalstrukturvariablen beeinflusst werden. BIG-4 Gesellschaften erzielen eine Prüfungshonorarprämie in Höhe von ca. 10 % und können auch höhere Beratungshonorare verlangen.[349] Die Autoren erkennen in verschiedenen Spezifikationen, dass weder hohe Prüfungs- noch hohe Beratungshonorare einen Einfluss auf die Wahrscheinlichkeit der Ausstellung eines *Going-Concern* Vermerks aufweisen. Trotz der für den Prüfer mit geringem Risiko behafteten Umgebung – *„giving independence impairment its best chance of success“*[350] – zeigt sich daher keine Einschränkung der Prüfungsqualität.

HOPE/LANGLI/THOMAS (2012)

Die Autoren untersuchen ein Sample von 185.109 Beobachtungen norwegischer, nicht kapitalmarktorientierter Unternehmen über die Jahre 2000 bis 2002 und 2006 bis 2007. Die untersuchten Unternehmen weisen im Schnitt ca. 13,8 Mio. Norwegische Kronen (NOK) Bilanzsumme aus und berichten im Mittel über Prüfungshonorare in Höhe von ca. 21.500 NOK. Ca. 18,1 % der Mandate werden von BIG-4 Gesellschaften geprüft.[351]

Den Autoren steht ein exklusiver Datensatz der norwegischen Regierung zur Verfügung, der weitreichende Informationen zu Eigentumsstrukturen und familiären Verflechtungen innerhalb der untersuchten Unternehmen enthält. HOPE/LANGLI/THOMAS (2012) bieten daher eine detaillierte Untersuchung, wie Agency-Konflikte aus der Perspektive der Anbieter von Prüfungsleistungen das Prüfungshonorar als Maß für Prüfungsaufwand (Prüferhonoraranalyse) beeinflusst. Gleichzeitig analysieren sie aus der Sicht der Nachfrager den Bedarf an hochqualitativer Prüfung angesichts potentieller Agency-Problematiken (Prüferwahlanalyse).[352] Die Autoren stellen heraus, dass die Untersuchung von Agency-Konflikten im Rahmen nicht kapitalmarktorientierter Unternehmen Vorteile bietet, da hier im Vergleich zu börsennotierten Gesellschaften eine größere Variation an Eigentümerkonzentration und familiären Beziehungen besteht.[353] Unter der Annahme, dass starke Agency-Kon-

[347] Vgl. *Cameran*, Audit fees and the large auditor premium in the Italian market, 2005, S. 141-143.

[348] Vgl. *Hope, Langli*, Auditor independence, 2010, S. 574 f. Norwegen bietet insofern ein dem deutschen Prüfumfeld im Bereich nicht börsennotierter Unternehmen ähnliches Setting, in dem eine Prüfungspflicht für Kapitalgesellschaften herrscht und für Prüfer ein geringes Rechtsrisiko besteht.

[349] Vgl. *Hope, Langli*, Auditor independence, 2010, S. 588 f.

[350] *Hope, Langli*, Auditor independence, 2010, S. 599.

[351] Vgl. *Hope, Langli, Thomas*, Agency conflicts and auditing in private firms, 2012, S. 510.

[352] Die Prüferwahlergebnisse von HOPE/LANGLI/THOMAS (2012) werden in Abschnitt 3.3.2 vorgestellt.

[353] Vgl. *Hope, Langli, Thomas*, Agency conflicts and auditing in private firms, 2012, S. 510.

flikte den Abschlussprüfer zu einem höheren Prüfungsaufwand veranlassen, formulieren die Autoren in Bezug auf die Prüfungshonorare folgende Hypothesen[354]:

1. *Mit zunehmender Eigentümerkonzentration sinken die Prüfungshonorare.*
2. *Mit zunehmendem Beteiligungsanteil des zweitgrößten Anteilseigners nehmen die Prüfungshonorare ab.*
3. *Mit zunehmender Eigentumsbeteiligung des Vorstands, sinken die Prüfungshonorare.*
4. *Bestehen familiäre Beziehungen zwischen dem größten Eigner und dem Vorstand, hat das Auswirkungen auf die Prüfungshonorare.*
5. *Mit zunehmendem Anteil der Aufsichtsratsmitglieder, die der größten Eigentümerfamilie angehören, sinken die Prüfungshonorare.*
6. *Mit zunehmenden Anteil der Aufsichtsratsmitglieder, die aus der Familie des Vorstands stammen, verändern sich die Prüfungshonorare.*

Zudem verwenden die Autoren ein umfangreiches Set von 24 Kontrollvariablen. Als Modell nutzen die Autoren ein gepooltes *OLS* Modell mit clusterrobusten Standardfehlern.

Im Rahmen der Agency-Hypothesen erkennen HOPE/LANGLI/THOMAS (2012) für alle Variablen signifikante Zusammenhänge zu den Prüfungshonoraren. In Bezug auf die gerichteten Hypothesen 1, 2, 3 und 5 werden die Erwartungen bestätigt. Die Autoren werten dies als Indiz dafür, dass sich bei einem Sinken vertikaler Agency-Konflikte zwischen Eigentümern und Managern sowie bei einer Reduktion horizontaler Konflikte zwischen kontrollierenden und Minderheitseigentümern das Prüfungshonorar bzw. der Prüfungsaufwand geringer ausfällt. Für die ungerichteten Hypothesen 4 und 6 finden sich positive Koeffizienten, was auf steigende Honorare bzw. Prüfungsaufwand schließen lässt, wenn zwischen dem Vorstand familiäre Verflechtungen zu dem größten Eigentümer bestehen oder zwischen Vorstand und dem Aufsichtsrat familiäre Beziehungen vorliegen. HOPE/LANGLI/THOMAS (2012) folgern daraus, dass Eigentümer oder Aufsichtsratsmitglieder aus der Familie des Vorstands weniger zur unabhängigen Überwachung des Managements geeignet sind, was ein kollusives Verhalten des Vorstands oder der kontrollierenden Eigentümer begünstigen könnte.[355]

Weiterhin stellen die Autoren für fast alle Kontrollvariablen signifikante Zusammenhänge zu den Prüfungshonoraren fest. So werden u.a. für die Unternehmensgröße (Umsatzerlöse und Mitarbeiterzahl), die Mandantenkomplexität (u.a. logarithmierte Anzahl der Tochterunternehmen) und –verschuldung sowie für Risikovariablen (u.a. Forderungen und Vorräte/Umsatzsatzerlöse) positive Einflüsse auf die Prüfungshonorare beobachtet. Für die Mandantenprofitabilität (u.a. Return on Assets, Verlust) deuten die Ergebnisse auf eine Zu-/Abnahme des Prüfungshonorars bei sinkender/steigender Rentabilität hin. Zudem beobachten HOPE/LANGLI/THOMAS (2012) für BIG-4-Prüfer eine Honorarprämie in Höhe von ca. 13 %.[356]

[354] Vgl. *Hope, Langli, Thomas*, Agency conflicts and auditing in private firms, 2012, S. 503-506.
[355] Vgl. *Hope, Langli, Thomas*, Agency conflicts and auditing in private firms, 2012, S. 508-514.
[356] Vgl. *Hope, Langli, Thomas*, Agency conflicts and auditing in private firms, 2012, S. 512 f.

Sundgren/Svanström (2013)

Die Autoren analysieren ein Sample schwedischer, nicht börsennotierter Unternehmen (952 Beobachtungen), die im Median 4,18 Mio. Schwedische Kronen als Bilanzsumme aufweisen. BIG-4 Prüfer betreuen ca. 35 % der Mandate.

Sundgren/Svanström (2013) vermuten insbesondere, dass kleinere Kanzleien bzw. kleine Prüfungsgesellschaften eine niedrigere Prüfungsqualität bieten als große Kanzleien bzw. Prüfungsgesellschaften (BIG-6) und sich dies in einem reduzierten Prüfungsumfang bzw. niedrigeren Honoraren widerspiegeln sollte.[357] Die Autoren stellen einen signifikant positiven Einfluss der Kanzleigröße der Prüfungsgesellschaft vor allem bei Non-BIG-4 Prüfern fest und interpretieren dies als Hinweis auf eine mit zunehmender Kanzleigröße steigende Prüfungsqualität, da in großen Büros bessere Möglichkeiten zur Fort- und Weiterbildung sowie zum Austausch zwischen Kollegen bestehen. Zwischen der Honorarhöhe von BIG-4 und (großen) Non-BIG-4 Prüfern stellen die Autoren nur einen schwach signifikanten Unterschied fest, allerdings fallen die Honorare kleiner Non-BIG-6 Prüfer hochsignifikant geringer aus als die von BIG-4 Gesellschaften.[358] Weiterhin finden die Autoren, dass die Honorare durch Größen- (Umsatzerlöse und Arbeitnehmeranzahl) und Risikovariablen (Return on Assets) beeinflusst werden. Die Autoren schließen, dass nicht börsennotierte Unternehmen bereit sind, für eine hohe Prüfungsqualität zu zahlen, wohingegen vor allem kleine Prüfer „*trade off price for quality in order to meet the demand for low-quality audits.*“[359]

Dobler (2014)

Dobler (2014) bietet eine Untersuchung der Prüfungshonorare deutscher Familienunternehmen vor allem in Hinblick auf die gleichzeitige Erbringung von Nichtprüfungsleistungen. Das untersuchte Sample für das Jahr 2009 besteht aus 368 großen Familienunternehmen und setzt sich zu ca. 82 % (301 Beobachtungen) aus nicht börsennotierten Firmen zusammen.[360] Die Unternehmensgröße liegt im Mittel bei ca. 390 Mio. € Bilanzsumme und die (Median-)Honorare für Prüfungsleistungen bzw. Nichtprüfungsleistungen bewegen sich bei 205.000 € bzw. 84.500 €. BIG-4 Prüfer betreuen ca. 49,5 % der Mandate.[361]

Dobler (2014) untersucht anhand eines zweistufigen Regressionsmodells den Einfluss von Beratungshonoraren auf das Prüfungshonorar.[362] Der Autor findet nur im Segment der nicht börsennotierten Unternehmen einen signifikant positiven Einfluss auf das Prüfungshonorar und interpretiert dies als Indiz für Wissenstransfer und ökonomische Vorteile zwischen der gleichzeitigen Erbringung von Prüfungs- und Beratungsleistungen, die aufgrund

357 Die Autoren untersuchen zunächst, ob kleinere Prüfungsgesellschaften häufiger disziplinarrechtlichen Sanktionen unterliegen und interpretieren diese Ergebnisse als niedrigere Prüfungsqualität dieser Gesellschaften, vgl. *Sundgren, Svanström*, Audit office size, audit quality and audit pricing, 2013, S. 43-48.

358 Vgl. *Sundgren, Svanström*, Audit office size, audit quality and audit pricing, 2013, S. 49 f.

359 *Sundgren, Svanström*, Audit office size, audit quality and audit pricing, 2013, S. 52.

360 Vgl. *Dobler*, Auditor-provided non audit-services, 2014, S. 429.

361 Vgl. *Dobler*, Auditor-provided non audit-services, 2014, S. 438.

362 Dobler (2014) bietet überdies eine Analyse der Verhältnisse von Prüfungs- und Beratungshonoraren. Die Ergebnisse hierzu werden in Kapitel 5 vorgestellt.

geringerer Einschränkungen nur bei nicht börsennotierten Unternehmen anzutreffen sind.[363]

3.3.2 Prüferwahlstudien

Dieser Abschnitt stellt einige internationale empirische Arbeiten vor, die sich mit der Prüferwahl nicht kapitalmarktorientierter Unternehmen befassen. Auf diesem Gebiet existieren zum einen Studien, welche die freiwillige Prüfung von Unternehmen, die rechtlich nicht zur Durchführung einer Abschlussprüfung verpflichtet sind, untersuchen. Zum anderen finden sich Arbeiten, bei denen für die untersuchten Unternehmen ähnlich wie in Deutschland eine Prüfungspflicht besteht, so dass hier eine Trennung zwischen der Wahl einer überdurchschnittlichen Prüfungsqualität, die in der Regel über die Bestellung einer großen Prüfungsgesellschaft abgebildet wird, oder der Berufung eines kleineren Prüfers vorgenommen wird.

LENNOX (2005)

In Anlehnung an MORCK/SHLEIFER/VISHNY (1988) argumentiert LENNOX (2005), dass unterschiedliche Grade der Beteiligung des Managements am Eigentum des Unternehmens in zwei verschiedenen Ausprägungen von Agency-Konflikten resultieren.[364] In diesem Zusammenhang ergeben sich zwei Effekte: ein „*Divergence-of-interests*“[365]-Effekt führt zu einem Anstieg der Agency-Konflikte, wenn sich die Eigentumsbeteiligung des Managements reduziert. Im Umkehrschluss reduzieren sich bei Anstieg der Managementbeteiligung die Agency-Kosten, da sich die Interessen von Eigentümer und Managern angleichen (*Alignment*). Dies entspricht einem negativen „*Divergence-of-interests*“-Effekt.[366]

Demgegenüber führt ein „*Entrenchment*“[367]-Effekt zu einer Erhöhung der Agency-Konflikte, wenn die Eigentumsbeteiligung von Managern steigt. Dies resultiert daraus, dass eine Ausdehnung der Einflussmöglichkeiten zu einer Stärkung der beruflichen Position der Manager führt. Da die zunehmende Beteiligung des Managements (noch) nicht zu einer ausreichenden Angleichung von Manager- und Eigentümerinteressen führt, überwiegt der Anreiz zu opportunistischem Verhalten.[368]

LENNOX (2005) vermutet daher einen nicht linearen Zusammenhang zwischen der Eigentumsbeteiligung des Managements und der Nachfrage nach einer hochqualitativen Abschlussprüfung durch eine große Prüfungsgesellschaft. Ein Zuwachs im Bereich niedriger und hoher Anteilsquoten führe demnach zu einer Interessenangleichung und einem negativen Interessendivergenz-Effekt, was aufgrund sich reduzierender Agency-Konflikte in einem geringeren Bedarf an externer Prüfung resultieren sollte. Im Bereich mittlerer Anteilsquoten kann der Angleichung der Interessen ein Auseinanderklaffen der Interessen entgegenlaufen. Im Falle eines überwiegenden *Entrenchments* erhöhen sich die Agency-Kosten und damit die Wahrscheinlichkeit der Bestellung einer großen Prüfungsgesellschaft.[369]

---

[363] Vgl. *Dobler*, Auditor-provided non audit-services, 2014, S. 446.
[364] Vgl. *Morck, Shleifer, Vishny*, Management ownership and market valuation, 1988, S. 293 ff.
[365] *Lennox*, Management ownership and audit firm size, 2005, S. 209.
[366] Vgl. *Lennox*, Management ownership and audit firm size, 2005, S. 211.
[367] *Lennox*, Management ownership and audit firm size, 2005, S. 209.
[368] Vgl. *Lennox*, Management ownership and audit firm size, 2005, S. 209.
[369] Vgl. *Lennox*, Management ownership and audit firm size, 2005, S. 211.

Der Autor testet die Hypothesen im Rahmen einer Untersuchung der Prüferwahl im Jahr 2000 von 540 zur Abschlussprüfung verpflichteten, britischen Unternehmen, die nicht kapitalmarktorientiert sind.[370] Diese Unternehmen weisen eine stärkere Variation der Eigentumsbeteiligungen von Managern auf als börsennotierte Unternehmen und erlauben so einen besseren Test der vermuteten Effekte. Zudem dürfte der Wert durch externe Abschlussprüfung beglaubigter Finanzinformationen in diesen Unternehmen höher ausfallen.[371]

LENNOX (2005) erkennt sowohl für verschiedene fixe Beteiligungsgrenzen als auch für einen kurvenförmigen Verlauf einen nicht linearen Zusammenhang zwischen der Eigentumsbeteiligung des Managements und der Wahrscheinlichkeit der Bestellung einer BIG-5 Prüfungsgesellschaft.[372] Im Rahmen des kurvenförmigen Verlaufs ergibt sich ein signifikant positives Koeffizientenvorzeichen im Bereich mittlerer Anteilsquoten, was auf einen dem Interessen-*Alignment* gegenläufigen *Entrenchment*-Effekt schließen lässt.[373] Zudem wird die Nachfrage nach Prüfung durch eine große Prüfungsgesellschaft hauptsächlich durch die Unternehmensgröße getrieben. Ein vermuteter nicht linearer Zusammenhang zwischen der Mandantengröße und der Wahrscheinlichkeit der Bestellung einer BIG-5 Gesellschaft wird nicht bestätigt.[374] LENNOX (2005) schließt, dass der externen Abschlussprüfung eine bedeutende Rolle im Rahmen des *Monitoring* in nicht kapitalmarktorientierten Unternehmen zukommt.[375]

KNECHEL/NIEMI/SUNDGREN (2008)

Die Autoren analysieren die Prüferwahl von 2.333 überwiegend kleinen und mittelgroßen finnischen Unternehmen im Zeitraum 1996 bis 1999. In Finnland unterliegen fast alle kommerziellen Unternehmen einer Prüfungspflicht. Der finnische Prüfungsmarkt ist ähnlich dem deutschen gekennzeichnet durch ein geringes Rechtsrisiko für Abschlussprüfer. Zudem teilen die Autoren die Prüfungsgesellschaften in vier unterschiedliche Typen ein, deren Wahl je nach Größe des Unternehmens möglich ist.[376] So können bspw. kleine Unternehmen auch von nicht zertifizierten Prüfern geprüft werden. Die Prüfungsgesellschaften werden unterschieden in internationale *First Tier* Gesellschaften (BIG-6-Gesellschaften), nationale *First Tier* und örtliche *Second Tier* Gesellschaften sowie nicht zertifizierte Prüfer.[377] Die Autoren unterstellen, dass die einzelnen Prüfertypen aufgrund unterschiedlicher Ausbildungs- und Zulassungsvoraussetzungen jeweils ein unterschiedliches Maß an Prüfungsqualität offerieren.[378]

KNECHEL/NIEMI/SUNDGREN (2008) stellen heraus, dass der Wert einer Abschlussprüfung für nicht kapitalmarktorientierte Unternehmen in verschiedenen Gesichtspunkten be-

370 Vgl. *Lennox*, Management ownership and audit firm size, 2005, S. 216.

371 Vgl. *Lennox*, Management ownership and audit firm size, 2005, S. 208.

372 Vgl. *Lennox*, Management ownership and audit firm size, 2005, S. 221 f.

373 Vgl. *Lennox*, Management ownership and audit firm size, 2005, S. 209.

374 Vgl. *Lennox*, Management ownership and audit firm size, 2005, S. 221 f.

375 Vgl. *Lennox*, Management ownership and audit firm size, 2005, S. 225.

376 Internationale BIG-6 Gesellschaften werden mit dem höchsten Maß, nicht zertifizierte Prüfer mit dem geringsten Maß an Prüfungsqualität assoziiert, vgl. *Knechel, Niemi, Sundgren*, Determinants of auditor choice, 2008, S. 67.

377 Vgl. *Knechel, Niemi, Sundgren*, Determinants of auditor choice, 2008, S. 68. Für eine ähnliche Klassifikation deutscher Prüfungsgesellschaften vgl. *Lenz*, Spaltung des Berufsstands der Wirtschaftsprüfer in Deutschland, 2014, S. 313-317.

378 Vgl. *Knechel, Niemi, Sundgren*, Determinants of auditor choice, 2008, S. 70.

stehen kann. So könne eine Prüfung die Effektivität und Effizienz interner Prozesse verbessern, die Einhaltung von Gesetzen und Regulatorien stärken und interne Informationsasymmetrien reduzieren. Die Autoren vermuten daher einen positiven Einfluss der Mandantenkomplexität auf die Nachfrage nach qualitativ höherwertiger Prüfung.[379]

Gleichzeitig sendet eine Prüfung Signale über die Glaubwürdigkeit finanzieller Informationen. Dies dürfte für Unternehmen mit Finanzierungsbedarf von entscheidender Bedeutung sein, so dass ein positiver Zusammenhang der Nachfrage nach externer Finanzierung auf die Prüferwahl angenommen wird. Zudem wird ein erhöhter Bedarf an hochqualitativer Prüfung mit steigender Unternehmensverschuldung und dem Grad unbesicherter Verbindlichkeiten angenommen, da diese das Kreditorenrisiko erhöhen. Außerdem steigen bei zunehmender externer Eigenkapitalfinanzierung mögliche Agency-Konflikte zwischen Eigentümern und Unternehmensleitung, so dass auch hier ein positiver Einfluss auf die Wahl einer höheren Prüfungsqualität vermutet wird.[380] Weiterhin argumentieren die Autoren, dass Unternehmen an einer geringen Prüfungsqualität interessiert sein können, um im Rahmen einer konservativen Berichterstattung Wettbewerbsvorteile gegenüber Mitbewerbern nicht preisgeben zu müssen.[381]

Die Autoren untersuchen in drei logistischen Regressionsmodellen die Wahl (1) kleiner Unternehmen zwischen zertifizierten und nicht zertifizierten Prüfern, (2) mittelgroßer Firmen zwischen nationalen *First* und *Second Tier* Prüfern, sowie (3) großer Unternehmen zwischen internationalen BIG-6-Gesellschaften und nationalen *First Tier* Gesellschaften. Kleine bzw. mittelgroße Unternehmen weisen im Median eine Bilanzsumme von 130.000 € bzw. 1,7 Mio. € auf, große Firmen verfügen im Median über ca. 29 Mio. € Bilanzsumme.[382]

KNECHEL/NIEMI/SUNDGREN (2008) kommen zu folgenden Ergebnissen: im Bereich kleiner Unternehmen wird die Wahl zwischen einem zertifizierten und einem nicht zertifizierten Prüfer vor allem durch die Unternehmensgröße und -komplexität getrieben. Bei Unternehmen, die zwischen nationalen *First* und *Second Tier* Prüfungsgesellschaften wählen können, wird die Nachfrage nach höherwertiger Prüfung neben der Größe durch die Einbettung in einen Unternehmensverbund sowie durch den Grad der Unternehmensverschuldung positiv beeinflusst. Die Autoren folgern, dass die Bedeutung finanzieller Informationen für Fremdkapitalgeber mit steigender Unternehmensgröße und -verschuldung steigt, da in diesen Fällen weniger Eigenkapital als Sicherheit zur Verfügung steht. Ähnliche Ergebnisse ergeben sich bei den Unternehmen, die aufgrund ihrer Größe zur Bestellung einer nationalen *First Tier* Gesellschaft oder eines BIG-6-Prüfers verpflichtet sind. Zudem werden börsennotierte Unternehmen mit signifikant höherer Wahrscheinlichkeit durch einen BIG-6-Prüfer geprüft. Dies führen die Autoren auf anspruchsvollere Berichterstattungspflichten für börsennotierte Gesellschaften sowie regulatorische Anforderungen und Erwartungen von Regulierungsbehörden und Kapitalmarkt zurück.[383]

---

379 Vgl. *Knechel, Niemi, Sundgren*, Determinants of auditor choice, 2008, S. 70.

380 Vgl. *Knechel, Niemi, Sundgren*, Determinants of auditor choice, 2008, S. 71.

381 Vgl. *Knechel, Niemi, Sundgren*, Determinants of auditor choice, 2008, S. 72.

382 Vgl. *Knechel, Niemi, Sundgren*, Determinants of auditor choice, 2008, S. 74-77. Innerhalb der großen Unternehmen sind ca. 76 % der Firmen börsennotiert.

383 Vgl. *Knechel, Niemi, Sundgren*, Determinants of auditor choice, 2008, S. 82.

NISKANEN/KARJALAINEN/NISKANEN (2010)

Die Autoren untersuchen die Prüferwahl 476 finnischer, nicht börsennotierter Unternehmen. Das Sample besteht aus insgesamt 1.781 Beobachtungen über die Jahre 2000 bis 2006 und enthält kleine Unternehmen.[384] NISKANEN/KARJALAINEN/NISKANEN (2010) analysieren im Besonderen, welchen Einfluss die Unternehmenskontrolle durch Familien auf die Prüferwahl ausübt. Aufgrund der möglichen Ambiguität von Agency-Konflikten in Familienunternehmen wird eine ungerichtete Hypothese formuliert, nach der die Beteiligung von Familien am Unternehmenseigentum mit der Nachfrage nach Prüfungsqualität assoziiert ist.[385] Der Einfluss von Familienunternehmen wird über eine Indikatorvariable abgebildet, die den Wert 1 annimmt, wenn eine Familie mehr als 50 % des Unternehmenseigentums hält oder Familienmitglieder im Vorstand sitzen, sowie eine Variable, die den Eigentumsanteil der Familie misst.[386] Ähnlich wie KNECHEL/NIEMI/SUNDGREN (2008) unterscheiden die Autoren bei der Prüferwahl in die Bestellung einer BIG-4-Gesellschaft, die Beauftragung einer zertifizierten Prüfungsgesellschaft (nationale *First* und *Second Tier* Gesellschaften) und die Wahl eines nicht zertifizierten Prüfers.

Die Autoren schätzen ihr Regressionsmodell auf Basis multinomialer, logistischer Regressionen mit auf Firmenebene geclusterten Standardfehlern.[387] Die Ergebnisse induzieren eine sinkende Wahrscheinlichkeit der Bestellung einer BIG-4 Gesellschaft bei Vorliegen eines Familienunternehmens oder steigender Eigentumsbeteiligung von Familien.[388] NISKANEN/KARJALAINEN/NISKANEN (2010) schließen daraus, dass hochqualitative Abschlussprüfung als Instrument zur Reduktion von Agency-Kosten, die aufgrund von Informationsasymmetrien entstehen, eingesetzt wird.[389] In Bezug auf die Wahl zwischen zertifizierten und nicht zertifizierten Prüfern können die Autoren keinen Einfluss der Familienvariablen feststellen.[390] In Bezug auf die Kontrollvariablen können die Autoren positive Einflüsse der Unternehmensgröße, der Exportaktivität des Mandanten und finanzieller Schwierigkeiten auf die Wahl einer BIG 4 Gesellschaft feststellen.[391] Letzteres unterstreicht die Signalwirkung einer BIG-4 Prüfung. Die Wahl eines zertifizierten Non-BIG-4 Prüfers wird vor allem durch Größe, Alter des Unternehmens sowie rechtliche Anforderungen und Zugehörigkeit zu einem Unternehmensverbund bestimmt.[392] In Bezug auf die Unternehmensverschuldung können die Autoren lediglich in einem Subsample, das nur Familienunternehmen enthält, signifikante und positive Zusammenhänge zur Bestellung eines nicht zertifizierten Prüfers und zur Wahl einer BIG-4 Gesellschaft feststellen. NISKANEN/ KARJALAINEN/NISKANEN (2010) führen dies darauf zurück, dass Familienunternehmen Kredite von Familien-

[384] Vgl. *Niskanen, Karjalainen, Niskanen*, The role of auditing, 2010, S. 233.

[385] Vgl. *Niskanen, Karjalainen, Niskanen*, The role of auditing, 2010, S. 233.

[386] Vgl. *Niskanen, Karjalainen, Niskanen*, The role of auditing, 2010, S. 234.

[387] Die Autoren führen an, dass aufgrund der Paneldaten Strukturen möglicherweise ein *Conditional Fixed Effects* Modell in Betracht käme, um auf zeitkonstante Firmeneffekte zu kontrollieren. Laut Angabe der Autoren führt ein HAUSMAN-Test jedoch nicht zur Ablehnung der Nullhypothese, so dass die Autoren die Ergebnisse des gepoolten *Logit*-Modells angeben, vgl. *Niskanen, Karjalainen, Niskanen*, The role of auditing, 2010, S. 239.

[388] Vgl. *Niskanen, Karjalainen, Niskanen*, The role of auditing, 2010, S. 236-240.

[389] Vgl. *Niskanen, Karjalainen, Niskanen*, The role of auditing, 2010, S. 242 f.

[390] Vgl. *Niskanen, Karjalainen, Niskanen*, The role of auditing, 2010, S. 236-240.

[391] Vgl. *Niskanen, Karjalainen, Niskanen*, The role of auditing, 2010, S. 243.

[392] Vgl. *Niskanen, Karjalainen, Niskanen*, The role of auditing, 2010, S. 243.

mitgliedern erhalten können, die in diesem Zusammenhang möglicherweise keine höhere Prüfungsqualität fordern, wohingegen die Kreditvergabe durch Banken mit der Anforderung einer hochqualitativen Abschlussprüfung verbunden sein könnte.[393]

LENNOX/PITTMAN (2011)

LENNOX/PITTMAN (2011) untersuchen ein Sample von 5.139 kleinen nicht börsennotierten, britischen Unternehmen (Bilanzsumme zwischen 1.4 Mio. Britischen Pfund und 2.8 Mio. Britischen Pfund), die nach einer Periode einer allgemeinen Prüfungspflicht nicht mehr gesetzlich zur Beibehaltung der Prüfung verpflichtet sind.[394] Die Autoren stellen im Hauptteil der Arbeit fest, dass eine Aufgabe der Prüfung zu einer Verschlechterung des Kreditratings führt, während eine Beibehaltung eine Verbesserung des Ratings bewirkt.[395] Dies interpretieren die Autoren als Indiz für die Signalwirkung einer Abschlussprüfung und deren Informationsgehalt über die Glaubwürdigkeit von Finanzberichten.[396] Die Ursache, warum Unternehmen trotz einer Verschlechterung ihrer Kreditbedingungen auf eine Prüfung verzichten, liege wohl darin begründet, dass die Finanzierungsvorteile die Kosten einer Prüfung bei diesen Unternehmen nicht aufwiegen, vermuten LENNOX/PITTMAN (2011) und zeigen, dass diese Unternehmen schon in der Pflichtprüfungsperiode versuchten, ihre Kosten für die Abschlussprüfung niedrig zu halten, indem sie seltener große Prüfungsgesellschaften bestellten und geringere Prüfungshonorare zahlten.[397] In einem Pflichtprüfungsregime komme daher der individuelle Bedarf an Prüfung über die Wahl eines bestimmten Prüfertypes zum Ausdruck.[398] Eine Prüfungspflicht beurteilen die Autoren zwar grundsätzlich positiv, da diese Informationsverbesserungen für externe Stakeholder bringe. Bei nicht börsennotierten Unternehmen ergeben sich die Vorteile allerdings wahrscheinlich in gemäßigter Form, da Unternehmen, die keine Prüfung wünschen, „*privately contract for low levels of audit assurance when audits are legally required.*“[399]

HOPE/LANGLI/THOMAS (2012)

In ihrer Arbeit bieten die Autoren nicht nur die bereits erläuterte Prüfungshonoraranalyse, sondern analysieren aus Sicht der Nachfrager nach Prüfungsleistungen mögliche Determinanten des Bedarfs nach hochqualitativer Abschlussprüfung. Analog zu den Prüfungshonorarhypothesen vermuten HOPE/LANGLI/THOMAS (2012), dass mit steigender Eigentü-

[393] Vgl. *Niskanen, Karjalainen, Niskanen*, The role of auditing, 2010, S. 241 f.

[394] Vgl. *Lennox, Pittman*, Voluntary versus mandatory audits, 2011, S. 1662 f. Aufgrund einer Gesetzesänderung können bisher zur Prüfung verpflichtete, nicht börsennotierte britische Unternehmen, die mindestens zwei der Kriterien Umsatzerlöse kleiner als 5,6 Mio. Britische Pfund, Bilanzsumme unter 2,8 Mio. Britische Pfund oder Mitarbeiter weniger als 50 unterschreiten, ab Januar 2004 freiwillig auf eine Abschlussprüfung verzichten, vgl. *Dedman, Kausar, Lennox*, The demand for audit in private firms, 2014, S. 4.

[395] Vgl. *Lennox, Pittman*, Voluntary versus mandatory audits, 2011, S. 1668-1670.

[396] Vgl. *Lennox, Pittman*, Voluntary versus mandatory audits, 2011, S. 1675.

[397] Vgl. *Lennox, Pittman*, Voluntary versus mandatory audits, 2011, S. 1670 f. und S. 1672 f. Weiterhin wird die Wahrscheinlichkeit einer BIG-4 Bestellung und die Prüfungshonorarhöhe beeinflusst durch die Unternehmensgröße und den Zinsaufwandsanteil am Unternehmensergebnis. Eine zunehmende Unternehmensverschuldung erhöht die Wahrscheinlichkeit einer BIG-4 Wahl, jedoch nicht die Prüfungshonorare. BIG-4 Gesellschaften erzielen eine Honorarprämie in Höhe von ca. 22 %.

[398] Vgl. *Lennox, Pittman*, Voluntary versus mandatory audits, 2011, S. 1670.

[399] *Lennox, Pittman*, Voluntary versus mandatory audits, 2011, S. 1675.

merkonzentration der beiden größten Anteilseigner und des Vorstandes der Bedarf an überdurchschnittlicher Prüfungsqualität aufgrund sinkender Agency-Kosten abnimmt. Zudem erwarten die Autoren, dass familiäre Beziehungen zwischen dem Vorstand und dem größten Gesellschafter sowie ein steigender Anteil der Aufsichtsratsmitglieder, die aus der Familie des Vorstandes stammen, Auswirkungen auf die Wahrscheinlichkeit der Bestellung einer BIG-4 Gesellschaft haben. Steigt der Anteil der Aufsichtsratsmitglieder, die aus der größten Eigentümerfamilie kommen, vermuten die Autoren eine sinkende Wahrscheinlichkeit der Wahl einer großen Prüfungsgesellschaft.[400]

Zur Überprüfung der Hypothesen im Rahmen des Samples norwegischer, nicht börsennotierter Unternehmen verwenden die Autoren gepoolte *Logit*-Modelle mit auf Firmenebene geclusterten Standardfehlern. HOPE/LANGLI/THOMAS (2012) finden signifikant negative Zusammenhänge zwischen den Eigentümerkonzentrationen des größten und zweitgrößten Gesellschafters und der Wahrscheinlichkeit einer BIG-4-Bestellung. Zudem reduziert ein zunehmender Anteil von Familienmitgliedern der größten Eigentümerfamilie im Aufsichtsrat die Wahrscheinlichkeit der Wahl einer großen Prüfungsgesellschaft. Für einen steigenden Eigentumsanteil des Vorstandes erkennen die Autoren nur in Sensitivitätstests einen signifikanten, negativen Einfluss. Zudem halten HOPE/LANGLI/THOMAS (2012) fest, dass ein Test auf Nichtlinearität der Vorstandsbeteiligung auf einen nicht linearen Zusammenhang hindeutet. Im Rahmen von Beziehungen zwischen dem Vorstand oder Aufsichtsrat und der Familie des Vorstandes ergeben sich keine signifikanten Einflüsse auf die Wahrscheinlichkeit der Wahl eines BIG-4 Prüfers. Die Autoren erklären die Insignifikanz dieser Variablen mit einem Auseinanderklaffen von Kosten und Nutzen einer überdurchschnittlichen Prüfungsqualität. So könnte der Vorstand einerseits angesichts aufgrund zu starker familiärer Verflechtungen steigender Agency-Kosten von der Signalwirkung einer BIG-4 Prüfung profitieren. Andererseits stehen diesem Vorteil die höheren Prüfungskosten bei der Bestellung eines BIG-4 Prüfers gegenüber. Außerdem könnte eine hochqualitative Abschlussprüfung die Möglichkeiten des Vorstandes zur persönlichen Nutzenziehung einschränken.

Weiterhin erkennen die Autoren u.a. für die Unternehmensgröße und den Anteil ausländischer Tochterunternehmen signifikant positive Einflüsse auf die Wahrscheinlichkeit der Bestellung einer BIG-4 Gesellschaft. Die steigende Wahrscheinlichkeit der Bestellung einer großen Prüfungsgesellschaft bei Vorliegen eines negativen Unternehmensergebnisses und sinkender Profitabilität lässt sich als Signal gefährdeter Unternehmen über die Abwesenheit von Risiken interpretieren. Zudem beobachten die Autoren einen signifikant negativen Einfluss der Unternehmensverschuldung auf die Wahrscheinlichkeit der Wahl eines großen Prüfers, bieten allerdings keine Interpretation dafür.

HOPE/LANGLI/THOMAS (2012) schließen aus der Untersuchung der Prüferwahldeterminanten, dass nicht börsennotierte Unternehmen angesichts von Agency-Konflikten eine höhere Prüfungsqualität nachfragen.

DEDMAN/KAUSAR/LENNOX (2014)

Die Autoren untersuchen die Nachfrage nach Prüfungsleistungen von nicht börsennotierten britischen Unternehmen, die ab 2004 nicht mehr gesetzlich zur Abschlussprüfung ver-

[400] Vgl. *Hope, Langli, Thomas*, Agency conflicts and auditing in private firms, 2012, S. 503-506.

pflichtet sind. Während Abschlussprüfungen börsennotierter Unternehmen ein Wert als öffentliches Gut zukommt und die Abwesenheit gesetzlicher Prüfungspflichten daher zu einer Unterversorgung und einem Wohlfahrtsverlust führen könnte, ist die Notwendigkeit gesetzlicher Prüfungspflichten für nicht kapitalmarktorientierte Unternehmen umstritten.[401] Insbesondere für sehr kleine Unternehmen fallen die Kosten einer Prüfung im Vergleich zu deren Nutzen überproportional ins Gewicht.[402]

DEDMAN/KAUSAR/LENNOX (2014) vermuten, dass Agency-Konflikte induzierende Faktoren, wie die Unternehmensgröße und Komplexität, der Grad der Verschuldung sowie die Eigentumsstreuung und Größe des Vorstands, Unternehmen dazu veranlassen, freiwillig eine Abschlussprüfung beizubehalten.[403] Für Risikomaße, zu denen die Autoren die Unternehmensprofitabilität, risikoreiche Bilanzpositionen und das Alter der Unternehmung zählen, erwarten die Autoren keine Veränderung der Wahrscheinlichkeit der Nachfrage nach freiwilliger Prüfung, da erhöhte Risiken zu steigenden Prüfungsgebühren führen dürften, was eine freiwillige Prüfung weniger wahrscheinlich erscheinen lässt.[404] Weiterhin nehmen die Autoren an, dass sich Unternehmen, die in der nächsten Periode Kapital aufnehmen wollen, freiwillig einer Prüfung unterziehen, um günstigere Kapitalkosten aushandeln zu können.[405] Außerdem erwarten DEDMAN/KAUSAR/LENNOX (2014), dass Unternehmen, die in dem Zeitraum der allgemeinen Prüfungspflicht Nichtprüfungsleistungen in Anspruch genommen haben, mit höherer Wahrscheinlichkeit eine freiwillige Prüfung beibehalten. Die Autoren begründen dies mit Wissenstransfers, die bei Prüfung und Beratung entstehen und den Wert der Abschlussprüfung für kleine, nicht börsennotierte Unternehmen steigern, zumal eine mögliche Beeinträchtigung der wahrgenommen Prüferunabhängigkeit durch gleichzeitige Prüfung und Beratung für diese Unternehmensgruppe eine wesentlich geringere Bedeutung hat als für börsennotierte Unternehmen.[406] Unternehmen, die bisher eine überdurchschnittliche Prüfungsqualität im Rahmen einer Prüfung durch eine BIG-4-Gesellschaft in Anspruch genommen haben, dürften mit einer höheren Wahrscheinlichkeit auch in Zukunft eine Prüfung in Anspruch nehmen.[407]

Ihre Hypothesen untersuchen DEDMAN/KAUSAR/LENNOX (2014) anhand eines Samples von 6.247 Unternehmen für den Zeitraum von 2004 bis 2006 (15.013 Beobachtungen). Die Autoren beobachten einen stetigen Rückgang des Anteils der Unternehmen, die sich freiwillig einer Prüfung unterziehen.[408] In der multivariaten Analyse wird das Modell anhand von *Probit* Regressionen im Rahmen eines gepoolten Samples und für jedes einzelne Jahr geschätzt.

DEDMAN/KAUSAR/LENNOX (2014) erkennen eine steigende Wahrscheinlichkeit freiwilliger Prüfung bei zunehmender Unternehmensgröße und Komplexität, breiterer Eigentümerstreuung sowie größerer Vorstandsorgane und schließen daraus, dass Agency-Kosten

401 Vgl. *Lennox, Pittman*, Voluntary Audits versus Mandatory Audits, 2011, S. 1655 f.; *Dedman, Kausar, Lennox*, The demand for audit in private firms, 2014, S. 1 f.

402 Vgl. *Keasey, Watson, Wynarczyk*, The small company audit qualification, 1988, S. 323 ff.; *Dedman, Kausar, Lennox*, The demand for audit in private firms, 2014, S. 4.

403 Vgl. *Dedman, Kausar, Lennox*, The demand for audit in private firms, 2014, S. 7.

404 Vgl. *Dedman, Kausar, Lennox*, The demand for audit in private firms, 2014, S. 7 f.

405 Vgl. *Dedman, Kausar, Lennox*, The demand for audit in private firms, 2014, S. 8.

406 Vgl. *Dedman, Kausar, Lennox*, The demand for audit in private firms, 2014, S. 9.

407 Vgl. *Dedman, Kausar, Lennox*, The demand for audit in private firms, 2014, S. 9 f.

408 Vgl. *Dedman, Kausar, Lennox*, The demand for audit in private firms, 2014, S. 12 f.

den Bedarf an (freiwilliger) Prüfung erhöhen.[409] Für die Unternehmensverschuldung ergibt sich überwiegend kein signifikanter Zusammenhang. Dies führen die Autoren darauf zurück, dass sich die Unternehmen verstärkt aus privaten Quellen, die persönlich zugeschnittene Informationen erfordern, finanzieren oder die Gesellschafter persönliche Sicherheiten für Geschäftskredite bieten. Zudem fragen risikoreichere Unternehmen und Firmen, die in Zukunft Kapital aufnehmen wollen, häufiger eine freiwillige Prüfung nach. Weiterhin behalten Unternehmen, die bisher Nichtprüfungsleistungen ihres Abschlussprüfers in Anspruch genommen haben, und Firmen, die bisher eine höhere Prüfungsqualität im Rahmen einer BIG-4-Prüfung nachgefragt haben, mit höherer Wahrscheinlichkeit eine freiwillige Prüfung bei. Die signifikant negativen Koeffizienten der Jahresdummies interpretieren die Autoren als Indiz für eine nachlassende Nachfrage nach freiwilliger Prüfung über die Zeit.[410]

3.4 Kapitelzusammenfassung

Das vorliegende Kapitel beschäftigte sich mit der Frage, welche Rolle die Institution „Abschlussprüfung" bei nicht börsennotierten Unternehmen spielt bzw. welchen Stellenwert Prüfungsqualität bei diesen Unternehmen haben könnte. Die wesentlichen Erkenntnisse aus diesem Kapitel werden im Folgenden zusammengefasst:

- Die Abgrenzung zwischen börsennotierten und nicht börsennotierten Unternehmen erfolgt in der Regel über das Kriterium, ob ein Unternehmen an einer Börse notiert ist oder nicht. Im deutschen Rechtssystem exisitieren die Begriffe „Börsennotierung" und „Kapitalmarktorientierung", die teilweise inhaltliche Differenzen aufweisen. Beide Begriffe implizieren jedoch eine Notierung des Unternehmens an einem regulierten Markt, so dass im Umkehrschluss im Rahmen dieser Arbeit unter nicht börsennotierten Unternehmen Gesellschaften verstanden werden, die keine Börsennotierung oder Kapitalmarktorientierung aufweisen. Die Bezeichnung als nicht börsennotierte oder nicht kapitalmarktorientierte Unternehmen erfolgt weitgehend synonym.

- Im Vergleich zu börsennotierten Unternehmen, für die bereits ein umfangreicher empirischer Befund verfügbar ist, ist der Forschungsbeitrag im Feld der nicht börsennotierten Unternehmen sowohl international als auch national beschränkt, obwohl diese Unternehmen in den meisten Volkswirtschaften die überwiegende Mehrheit der Unternehmen darstellen und einen wichtigen Beitrag zur Wirtschaftskraft leisten.

- Der Bedarf an Abschlussprüfung lässt sich auf einen *Agency-* und *Information-Demand* sowie einen *Insurance-Demand* zurückführen. Während ein Bedarf nach Abschlussprüfung als Ausfluss eines Versicherungsbedürfnisses im tendenziell haftungsrisikoarmen Segment der nicht börsennotierten Mandate un-

409 Vgl. *Dedman, Kausar, Lennox*, The demand for audit in private firms, 2014, S. 15-18.
410 Vgl. *Dedman, Kausar, Lennox*, The demand for audit in private firms, 2014, S. 18.

wahrscheinlich erscheint, ist die Nachfrage aufgrund eines *Agency-* und *Information-Demand* ex ante schwer zu beurteilen, da diese Unternehmen andere Eigentümer- und Finanzierungsstrukturen aufweisen, bei denen das Außmaß an Informationsasymmetrien und Agency-Konflikten weit weniger offensichtlich ist als bei börsennotierten Unternehmen.
Auf dem Prüfungsmarkt nicht börsennotierter Unternehmen ist im Vergleich zum Marktsegment börsennotierter Mandate eine Mehrzahl an Prüfungsgesellschaften tätig. Die breitere Bandbreite an Abschlussprüfern dürfte eine heterogenere Angebotspalette an Prüfungsqualität mit sich bringen. Zudem bestehen im Vergleich zum börsennotierten Segment verschiedenartige Anreizfaktoren zur Erbringung von Prüfungsqualität.
Eine direkte Übertragung der Erkenntnisse aus der Prüfungsforschung im Bereich der börsennotierten Unternehmen auf den Prüfungsmarkt der nicht börsennotierten Mandate greift daher zu kurz. So existieren in Bezug auf einige Sachverhalte gemischte Befunde (z. B. die Existenz von Honorarprämien von großen Prüfungsgesellschaften, die Auswirkung von Risikofaktoren auf Prüfungsqualität) oder nur ein sehr geringer bzw. nicht vorhandener Befund (z. B. die Bedeutung von Beratungsleistungen des Abschlussprüfers, Qualitätsdifferenzierung innerhalb der Gruppe der Abschlussprüfer).

- Der bisherige, vorwiegend internationale Befund an Prüfungshonorar- und Prüferwahlstudien im Bereich der nicht börsennotierten Unternehmen legt nahe, dass Abschlussprüfung bzw. Prüfungsqualität bei diesen Unternehmen eine wichtige Rolle spielt. Vor allem Agency-Konflikte wirken sich auf die Wahl einer Prüfungsgesellschaft und das Prüfungshonorar aus.

Das folgende, vierte Kapitel befasst sich nun zunächst mit der Frage, was der deutsche Gesetzgeber unternimmt, um die Prüfungsqualität zu sichern und in welchem Regulierungsumfeld sich nicht börsennotierte Unternehmen befinden. Diese Darstellung der handelsrechtlichen Normen dient schließlich der Vorbereitung auf die später folgenden Analysen, insbesondere im Hinblick auf die Analyse der Prüfungs- und Nichtprüfungshonorare im fünften Kapitel.

4 Handelsrechtliche Normen zur Sicherung der Prüfungsqualität

Der Gesetzgeber unternimmt Anstrengungen zur Sicherung der Qualität von Abschlussprüfungen. Die Regulierungshäufigkeit und -dichte hat dabei in den vergangenen Jahren stark zugenommen. Grund dafür waren aufsehenerregende Bilanzskandale wie der Enron-Fall in den USA, welche erhebliche Zweifel an der Qualität der Abschlussprüfungsleistungen aufkommen ließen.[411] Im Rahmen des Enron-Skandals, der schließlich zum Fall einer großen Prüfungsgesellschaft führte, titelte die Frankfurter Allgemeine Zeitung (FAZ) am 18.01.2002: „Das Wirtschaftsprüfer-Testat ist fast bedeutungslos“[412]. Folge dieses Skandals war eine wesentlich strengere Regulierung der Abschlussprüfung in den USA durch den Sarbanes-Oxley Act (SOX). Weiterhin hat die Finanz- und Wirtschaftskrise der Jahre 2008-2010 das Vertrauen in die Institution „Abschlussprüfung“ erschüttert. Erklärtes Ziel der europäischen Regulierungsbehörde ist daher die Erhöhung der Prüfungsqualität vor allem im Zuge einer Sicherung der Unabhängigkeit des Abschlussprüfers.[413]

Der deutsche Gesetzgeber hat in den handelsrechtlichen Vorschriften bereits einen großen Teil der von der Europäischen Kommission (EU-Kommission) geforderten Vorgaben zur Sicherung der Prüferunabhängigkeit implementiert.[414]

Im Folgenden werden diese Vorgaben, die zur Sicherung der Unabhängigkeit des Abschlussprüfers beitragen sollen, dargestellt. Diese beginnen bereits bei der Wahl des Abschlussprüfers. Die §§ 319, 319a, 319b HGB listen mögliche Ausschlussgründe auf, die aufgrund einer möglichen Unabhängigkeitsbeeinträchtigung eine Erteilung bzw. Annahme des Prüfungsauftrages verhindern. An dieser Stelle wird zudem auf weitere aktuelle Bestrebungen der Europäischen Kommission zur Qualitätssicherung der Abschlussprüfung eingegangen. Schließlich soll nach Auffassung des Gesetzgebers die Angabe der Honorare für Prüfungs- und Nichtprüfungsleistungen ein Indiz für mögliche Unabhängigkeitsbeeinträchtigungen bieten. Weitere Maßnahmen zur Sicherung der Prüfungsqualität sind in der Kontrolle durch *Enforcement*-Institutionen sowie der Haftung des Abschlussprüfers zu sehen.

4.1 Wahl des Abschlussprüfers

Gemäß § 316 Abs. 1 HGB sind der Jahresabschluss und der Lagebericht von allen Kapitalgesellschaften, die nicht kleine i.S.d. § 267 Abs. 1 HGB sind, von einem Abschlussprüfer zu prüfen. Ebenso prüfungspflichtig sind Konzernabschlüsse und -lageberichte von Kapitalgesellschaften. Für haftungsbeschränkte Personengesellschaften im Sinne des § 264a HGB gilt analoges. Neben diesen Vorschriften können andere gesetzliche Regelungen eine Prü-

411 In Deutschland erregte der Bilanzskandal um das Unternehmen ComRoad erhebliches Aufsehen.

412 FAZ, 18.01.2002, abrufbar unter: http://www.faz.net/aktuell/wirtschaft/enron-skandal-das-wirtschaftspruefer-testat-ist-fast-bedeutungslos-151819.html, Informationsabruf: 27.01.2015.

413 Vgl. *Barnier*, Statement, 17.12.2013, abrufbar unter: http://europa.eu/rapid/press-release_MEMO-13-1171_de.htm?locale=de, Informationsabruf: 27.01.2015.

414 Vgl. Bundestag, BT-Drucksache 16/10067, 30.07.2008, S. 40.

fungspflicht – zumeist mit Verweis auf die handelsrechtlichen Normen – begründen.[415] So sind auch reine Personengesellschaften oder Einzelkaufleute, die in § 3 Abs. 1 PublG genannt werden, gemäß § 5 PublG zur Aufstellung und gemäß § 6 Abs. 1 S. 1 PublG zur Prüfung eines Jahresabschlusses verpflichtet, wenn sie für drei Bilanzstichtage wenigstens zwei der drei in § 1 Abs. 1 PublG genannten Größenmerkmale überschreiten. Für Konzerne i. S. d. § 11 Abs. 1 PublG gelten identische Größenmerkmale, bei denen ein Überschreiten von mindestens zwei Merkmalen an drei aufeinanderfolgenden Stichtagen gemäß §§ 13 und 14 PublG zur Aufstellungs- und Prüfungspflicht von Konzernabschluss und –lagebericht führt (vgl. Tabelle 2).

Tabelle 2: Größenmerkmale nach PublG

Überschreiten von mindestens zwei Merkmalen an drei aufeinanderfolgenden Bilanzstichtagen:		
(Konzern-) Bilanzsumme	(Konzern-)Umsatzerlöse	(Konzern-) Mitarbeiteranzahl im Durchschnitt
65 Mio. €	130 Mio. €	5.000

Abschlussprüfer müssen in der Regel gemäß § 319 Abs. 1 HGB Wirtschaftsprüfer oder Wirtschaftsprüfungsgesellschaften sein. Bei mittelgroßen Gesellschaften mit beschränkter Haftung (GmbH) sind auch vereidigte Buchprüfer bzw. Buchprüfungsgesellschaften zulässig.[416]

§ 318 HGB regelt die Bestellung des Abschlussprüfers. Der jährlich zu erfolgende Bestellungsprozess umfasst die Wahl des Prüfers sowie die Auftragserteilung durch die entsprechenden Organe und die Auftragsannahme durch den Abschlussprüfer.[417] Die Prüferbestellung gestaltet sich je nach Rechtsform unterschiedlich.

Prüferbestellung bei der Aktiengesellschaft

Der Abschlussprüfer einer Aktiengesellschaft (AG) ist mit einfacher Mehrheit zwingend von der Hauptversammlung (HV) zu wählen. Eine Beschränkung des Wahlrechts oder eine Übertragung auf andere Organe ist weder durch HV-Beschlüsse noch durch Satzungsbestimmungen zulässig.[418] Der Prozess der Prüferbestellung beginnt mit einem Vorschlag eines Prüfers durch den Aufsichtsrat.[419] Dieser schränkt jedoch die Wahlfreiheit der den Prüfer wählenden HV nicht ein.[420] Im Zuge der Einführung des Gesetzes zur Kontrolle und Transparenz im Unternehmensbereich (KonTraG) wurde die Auftragserteilungskompetenz vom Vorstand auf den Aufsichtsrat verlagert, um mögliche unabhängigkeitsbeeinträchtigende Faktoren bei der Aushandlung der Vertragskonditionen auszuschließen. Die Auftragserteilung erfolgt gemäß § 111 Abs. 2 S. 3 AktG.[421]

---

415 Vgl. *Schmidt, Küster*, Pflicht zur Prüfung, 2014, § 316 HGB, Rn. 4 und 17.

416 Vgl. § 319 Abs. 1 S. 2 HGB.

417 Vgl. *Ebke*, Bestellung und Abberufung des Abschlussprüfers, 2013, § 318 HGB, Rn. 1.

418 Vgl. *Schmidt, Heinz*, Bestellung und Abberufung des Abschlussprüfers, 2014, § 318 HGB, Rn. 4.

419 Vgl. § 124 Abs. 3 S. 1 AktG.

420 Vgl. *Ebke*, Bestellung und Abberufung des Abschlussprüfers, 2013, § 318 HGB, Rn. 4.

421 Vgl. *Theisen*, Zusammenarbeit von Wirtschaftsprüfer und Aufsichtsrat, 1994, S. 818 f.; *Fischkin*, Determinanten der Prüferwahl, 2011, S. 24.

Bei der Kommanditgesellschaft auf Aktien (KGaA) erfolgt die Prüferwahl ebenfalls zwingend durch die Hauptversammlung. Aufgrund von Unabhängigkeitsüberlegungen sind persönlich haftende Gesellschafter von der Wahl des Abschlussprüfers ausgeschlossen. § 285 Abs. 1 S. 2 Nr. 6 AktG spricht dem persönlich haftenden Gesellschafter ein Stimmrecht bei der Prüferwahl ab.

Prüferbestellung bei der GmbH

Auch bei der GmbH wird der Abschlussprüfer gemäß §§ 46 Nr. 6, 48 Abs. 1 GmbHG grundsätzlich durch die Gesellschafter gewählt, allerdings kann bei GmbH und bei haftungsbeschränkten Personengesellschaften der Gesellschaftsvertrag anderes bestimmen.[422] Im Gegensatz zur AG kann das Prüferwahlrecht also als dispositives Recht auch auf andere Unternehmensorgane übertragen werden.[423] So wäre eine typische Gestaltungsmöglichkeit der Ausschluss von geschäftsführenden Mehrheitsgesellschaftern per Gesellschaftsvertrag, damit alleine die Minderheitsgesellschafter den Prüfer wählen. Denkbar ist allerdings auch eine Übertragung der Prüferwahlkompetenz auf die Geschäftsführung, zumal Gesellschafter-Geschäftsführer nicht vom Stimmrecht ausgeschlossen sind und sowohl § 318 HGB als auch die Bestimmungen des GmbHG keine Vorschriften enthalten, welche die Gestaltung des Gesellschaftsvertrages diesbezüglich einschränken. Diese Alternative ist hinsichtlich der Unabhängigkeit des Prüfers kritisch zu beurteilen, da dieser aufgrund seines Interesses an der Fortsetzung des Mandates zu Zugeständnissen an die auftragsvergebende Geschäftsführung bereit sein könnte. Gleichwohl sieht der Gesetzgeber allein in der Bestimmung des Abschlussprüfers durch die Geschäftsführung keine Beeinträchtigung der Unabhängigkeit gegeben.[424]

Prüferbestellung bei Personenhandelsgesellschaften

Bei Personenhandelsgesellschaften, für die § 6 PublG eine verpflichtende Abschlussprüfung vorsieht, wählen gem. § 6 Abs. 3 PublG die Gesellschafter den Abschlussprüfer, es sei denn Satzung oder Gesellschaftsvertrag bestimmen anderes. Um die Gestaltungsfreiheit der Unternehmen nicht einzuschränken, äußert sich das Gesetz nicht dazu, ob für den Beschluss eine einfache Mehrheit ausreicht.[425] Eine Mitwirkung aller Gesellschafter bei der Wahl erscheint jedoch geboten, um zu verhindern, dass der Abschlussprüfer allein von den geschäftsführenden Gesellschaftern, die die zu prüfenden Informationen bereitstellen, gewählt wird. So bedarf bei einer Kommanditgesellschaft die Prüferwahl auch der Zustimmung der Kommanditisten.[426] Aus Unabhängigkeitsgesichtspunkten wäre grundsätzlich eine Einschränkung der Prüferwahlkompetenz kontrollierender Gesellschafter (Mehrheitsgesellschafter) z. B. durch Einstimmigkeitsvereinbarungen im Gesellschaftsvertrag begrüßenswert. Bei der Abschlussprüfung großer Personenhandelsgesellschaften spielt die Prüfung, ob nicht Privatvermögen oder private Vorgänge im Abschluss ausgewiesen werden,

---

[422] Vgl. § 318 Abs. 1 S. 2 HGB.

[423] Vgl. *Ebke*, Bestellung und Abberufung des Abschlussprüfers, 2013, § 318 HGB, Rn. 6.

[424] Vgl. *Baetge, Thiele*, Bestellung und Abberufung des Abschlussprüfers, 2010, § 318, Rn. 31.

[425] Vgl. BGH, Az. II ZR 88/79, 24.03.1980.

[426] Vgl. *Schäfer*, Prüfung durch die Abschlussprüfer, 2012, § 6 PublG, Rn. 8.

eine wichtige Rolle.[427] Einzelunternehmer bestellen gem. § 6 Abs. 3 S. 2 PublG selbst ihren Abschlussprüfer.

Prüferbestellung des Konzernabschlussprüfers

Das Verfahren zur Wahl des Konzernabschlussprüfers entspricht dem Prozedere bei der Wahl des Jahresabschlussprüfers des Mutterunternehmens. Sollte keine gesonderte Wahl eines Konzernabschlussprüfers erfolgen, gilt der Prüfer des Jahresabschlusses des Mutterunternehmens als Konzernabschlussprüfer.[428]

Als letzter Schritt der Prüferbestellung gilt die Annahme des Prüfungsauftrages durch den Abschlussprüfer. Bereits bei der Wahl des Prüfers ist jedoch vom Aufsichtsrat zu prüfen, ob mögliche Hindernisse der Bestellung des Abschlussprüfers entgegenstehen.[429] Ebenso ist der Abschlussprüfer verpflichtet, die Auftragsannahme abzulehnen, wenn die Besorgnis einer Befangenheit entsteht.[430] Die handelsrechtlichen Ursachen, die zu einem Ausschluss des Abschlussprüfers vom Prüfungsauftrag führen, sind in den §§ 319, 319a, 319b HGB aufgelistet.

4.2 Ausschlussgründe gemäß §§ 319 ff. HGB

Die §§ 319, 319a und 319b HGB ergaben sich als Reaktion des deutschen Gesetzgebers auf die Anforderungen der 8. EU-Richtlinie, die in Art. 22 von den Mitgliedstaaten fordert, die Unabhängigkeit des Abschlussprüfers sicherzustellen, indem bei Vorliegen geschäftlicher, finanzieller oder personeller Verflechtungen des Prüfers mit dem zu prüfenden Unternehmen eine Prüfungsauftragsannahme untersagt wird.[431] Die entsprechenden Vorschriften des HGB traten im Rahmen des Bilanzrechtsreformgesetzes (BilReG) am 10.12.2004 erstmals in Kraft.[432]

Die Vorschriften der §§ 319 ff. HGB konkretisieren bestimmte Ausschlusstatbestände, die vor dem Hintergrund der im ersten Kapitel dieser Arbeit erläuterten Bedrohungen der Unabhängigkeit zu sehen sind. Die von der IFAC definierten Unabhängigkeitsbedrohungen *Self Interest Threat*, *Self Review Threat*, *Advocacy Threat* und *Familiarity/Intimidation Threat* entsprechen im Wesentlichen den von der 8. EU-Richtlinie formulierten Bedrohungen.[433]

Entscheidend für das Inkrafttreten der Ausschlussgründe ist die in § 319 Abs. 2 HGB formulierte Besorgnis der Befangenheit. Es kommt nicht darauf an, ob der Abschlussprüfer

427 Vgl. *Schäfer*, Prüfung durch die Abschlussprüfer, 2012, § 6 PublG, Rn. 7.

428 Vgl. *Schmidt, Heinz*, Bestellung und Abberufung des Abschlussprüfers, 2014, § 318 HGB, Rn. 10.

429 Vgl. *Ebke*, Vorkommentierung Auswahl der Abschlussprüfer und Ausschlussgründe, 2013, Vor § 319 HGB, Rn. 5.

430 Vgl. § 49 WPO; *Ebke*, Vorkommentierung Auswahl der Abschlussprüfer und Ausschlussgründe, 2013, Vor § 319 HGB, Rn. 6.

431 Vgl. EU, Richtlinie 2006/43/EG, 09.06.2006, Art. 22.

432 Vgl. *Hülsmann*, Stärkung der Abschlussprüfung, 2005, S. 167.

433 Vgl. *Schmidt*, Vorkommentierung Auswahl der Abschlussprüfer und Ausschlussgründe, 2014, Vor § 319 HGB, Rn. 7.

durch die genannten Beziehungen zu dem zu prüfenden Unternehmen tatsächlich in seiner Unabhängigkeit beeinträchtigt ist. Vielmehr gilt bereits bei Vorliegen der in §§ 319 Abs. 3 und 4, 319a und 319b HGB genannten Tatbestände die unwiderlegbare Vermutung, dass ein rationaler und verständiger Dritter unter diesen Gegebenheiten eine Bedrohung der Prüferunabhängigkeit wahrnehmen könnte.[434]

Als konkrete Ausschlusstatbestände führt § 319 HGB auf:

- *Finanzielles Eigeninteresse des Prüfers § 319 Abs. 3 Nr. 1 HGB*
  Besitzt der Prüfer Anteile oder andere wesentliche finanzielle Interessen an der zu prüfenden Kapitalgesellschaft oder an einem mit dieser verbundenen Unternehmen, so ist eine Auftragsannahme ausgeschlossen (*Self Interest Threat*). Dabei spielt die Höhe der Beteiligung keine Rolle.[435]

- *Funktionenverflechtung § 319 Abs. 3 Nr. 2 HGB*
  Ist der Prüfer gesetzlicher Vertreter, Aufsichtsratsmitglied oder Arbeitnehmer des zu prüfenden Unternehmens oder eines dieser Kapitalgesellschaft verbundenen Unternehmens, darf der Prüfer den Auftrag nicht annehmen (*Advocacy Threat, Self Review Threat, Familiarity/Intimidation Threat*).

- *Ausübung prüfungsfremder Tätigkeiten § 319 Abs. 3 Nr. 3 HGB*
  Erbringt der Prüfer bei dem oder für das zu prüfende Unternehmen Dienstleistungen, die über den Rahmen seiner Prüfungsdurchführung hinausgehen, erscheint seine Unabhängigkeit bedroht, da sich seine Prüfung auf Sachverhalte erstrecken könnte, an deren Gestaltung er beteiligt war (*Self Review Threat*). Ein komplettes Verbot prüfungsfremder Leistungen durch den Abschlussprüfer besteht nach aktueller HGB-Rechtslage jedoch nicht. Vielmehr ist eine gleichzeitige Beratungstätigkeit des Prüfers insoweit zulässig, sofern sie nicht über das Aufzeigen von Gestaltungsalternativen hinausgeht. Das Treffen unternehmerischer Entscheidungen dagegen stellt eine Funktionsüberschreitung des Prüfers dar und führt damit zu einem Prüfungsverbot.[436]
  Ein Selbstprüfungsverbot bzw. ein Annahmeverbot für das Mandat wird insbesondere ausgesprochen, wenn der Prüfer an der Buchführung und/oder der Aufstellung des Jahresabschlusses mitgewirkt hat.[437] Hinweise zu bilanzpolitischen Alternativen oder zum Aufbau von Risikomanagement- oder internen Kontrollsystemen sind unbedenklich. Ein Verbot tritt ein, wenn der Prüfer die Buchführung selbst durchführt oder Entscheidungen über abschlussgestaltende Maßnahmen den Verantwortungsbereich des Mandanten verlassen und auf den Prüfer übergehen.[438] Ebenso führt eine Mitwirkung an der internen

---

434 Vgl. *Schmidt*, Vorkommentierung Auswahl der Abschlussprüfer und Ausschlussgründe, 2014, Vor § 319 HGB, Rn. 3 und 4.

435 Vgl. *Schmidt*, Auswahl der Abschlussprüfer und Ausschlussgründe, 2014, § 319 HGB, Rn. 34 und 35.

436 Vgl. dazu das sog. Allweiler-Urteil (BGH, Az. II ZR 317/95, 21.04.1997); *Schmidt*, Auswahl der Abschlussprüfer und Ausschlussgründe, 2014, § 319 HGB, Rn. 47; § 319a Abs. 1 Nr. 2 HGB.

437 Vgl. § 319 Abs. 3 Nr. 3 Buchstabe a HGB.

438 Vgl. *Schmidt*, Auswahl der Abschlussprüfer und Ausschlussgründe, 2014, § 319 HGB, Rn. 49 und 50.

Revision des Mandanten zu einem Ausschlussgrund, wenn der Prüfer in verantwortlicher Position an dieser teilhatte.[439] Eine Durchführung von Unternehmensleitungs- oder Finanzdienstleistungen kann zusätzlich zu einer Selbstprüfungsgefahr finanzielle Interessen des Prüfers verursachen, die zu einer Besorgnis der Befangenheit beitragen.[440] Auch die Erbringung eigenständiger versicherungsmathematischer Leistungen oder Bewertungsleistungen führt zu einem Ausschluss, sofern sich diese wesentlich auf den zu prüfenden Jahresabschluss auswirken.[441] Die Abgrenzung wesentlicher Auswirkungen auf den Abschluss bzw. eine über das Aufzeigen von Gestaltungsalternativen hinausgehende Beratungstätigkeit gestaltet sich nicht einfach und erlaubt einen gewissen Gestaltungsspielraum. Der Bundesgerichtshof (BGH) führt aus, dass *„Einfluss oder Auswirkungen der Beratung nicht mit verbotener Mitwirkung gleichzusetzen sind.“*[442] Beispielsweise ist dem Prüfer zwar eine direkte Berechnung der handelsrechtlichen Steuerrückstellungen untersagt, eine Beratung hinsichtlich der steuerlichen Anerkennung dieser Rückstellungen, mit der der Prüfer letztlich nicht unerheblichen Gestaltungseinfluss auf die Rückstellungen ausüben kann, ist jedoch nicht unzulässig.[443]

- *Befangene Personen § 319 Abs. 3 Nr. 4 HGB*
  Der Prüfer muss darauf achten, dass er in seinem Prüfungsteam keine Personen einsetzt, auf die im Rahmen des jeweiligen Mandats die Ausschlussgründe des § 319 Abs. 3 Nr. 1-3 HGB zutreffen (*Advocacy Threat, Self Review Threat, Familiarity/Intimidation Threat*). Dies impliziert für den einzelnen Mitarbeiter eine Vergewisserungspflicht, ob er die Unabhängigkeitsanforderungen hinsichtlich des Mandats erfüllt, und im Fall einer Verletzung einer der Anforderungen eine Mitteilungspflicht gegenüber dem verantwortlichen Prüfer.[444]

- *Umsatzabhängigkeit § 319 Abs. 3 Nr. 5 HGB*
  Bezog der Prüfer innerhalb der letzten fünf Jahre einen Großteil seiner gesamten Einnahmen aus seiner beruflichen Tätigkeit (Prüfung und Beratung) aus einem spezifischen Mandat einer Kapitalgesellschaft und ist davon auch für das kommende Geschäftsjahr auszugehen, lässt sich eine Unabhängigkeitsbedrohung aufgrund eines erheblichen wirtschaftlichen Interesses des Prüfers am Erhalt des Mandats vermuten (*Self Interest Threat, Self Review Threat*). Der Gesetzgeber hat aus diesem Grund eine Umsatzgrenze eingeführt (30 % bzw. 15 % bei Unternehmen öffentlichen Interesses), die eine zu starke Abhängigkeit des Prüfers von einzelnen Mandaten verhindern soll.[445]

---

439 Vgl. § 319 Abs. 3. Nr. 3 Buchstabe b HGB.

440 Vgl. § 319 Abs. 3 Nr. 3 Buchstabe c HGB; *Schmidt*, Auswahl der Abschlussprüfer und Ausschlussgründe, 2014, § 319 HGB, Rn. 60.

441 Vgl. § 319 Abs. 3 Nr. 3 Buchstabe d HGB.

442 BGH, Az. II ZR 317/95, 21.04.1997.

443 Vgl. *Schmidt*, Auswahl der Abschlussprüfer und Ausschlussgründe, 2014, § 319 HGB, Rn. 52.

444 Vgl. *Schmidt*, Auswahl der Abschlussprüfer und Ausschlussgründe, 2014, § 319 HGB, Rn. 68.

445 Vgl. §§ 319 Abs. 3 Nr. 5, 319a Abs. 1 Nr. 1 HGB.

Die Ausschlussvorschriften des § 319 Abs. 3 Nr. 1-3 HGB treten auch dann in Kraft, wenn ein Lebens- oder Ehepartner die dort genannten Tatbestände erfüllt.[446] § 319 Abs. 4 und Abs. 5 HGB übertragen die Ausschlussvorschriften auf Wirtschafts- und Buchprüfungsgesellschaften und Konzernabschlussprüfer. Da § 319 HGB für alle prüfungspflichtigen Unternehmen gilt, sind die dort genannten Ausschlussvorschriften vorwiegend auch für den Kreis der nicht kapitalmarktorientierten Unternehmen, die nicht von öffentlichem Interesse sind, maßgebend.

Für Unternehmen öffentlichen Interesses[447] gelten zusätzlich zu den Vorschriften des § 319 HGB die verschärften Ausschlusstatbestände des § 319a HGB. So gilt neben einer gesenkten Umsatzgrenze von 15 %[448] eine Pflicht zur internen Rotation[449] des verantwortlichen Prüfungspartners. Dieser ist von einer Prüfung ausgeschlossen, wenn er in sieben oder mehr Fällen für die Abschlussprüfung bei einem bestimmten Mandanten Verantwortung getragen hat.[450] Ebenso führt eine über die Prüfungstätigkeit hinausgehende Rechts- oder Steuerberatungstätigkeit, die unmittelbare und wesentliche Auswirkungen auf die Darstellung der Vermögens-, Finanz- und Ertragslage hat, zu einem Ausschluss des Prüfers. Wie bei § 319 Abs. 3 Nr. 3 HGB ergibt sich durch eine solche Beratungstätigkeit keine Besorgnis der Befangenheit, wenn die Beratung nicht über das Aufzeigen von Gestaltungsalternativen hinausgeht.[451] Unter Vorbehalt einer Überprüfung im jeweiligen Einzelfall sind u.a. die Erstellung von Steuererklärungen, Vertretung des Mandanten bei Betriebsprüfungen oder Vertretung in außergerichtlichen und gerichtlichen Rechtsbehelfsverfahren zulässige Rechts- oder Steuerberatungstätigkeiten des Prüfers, die nicht zu einem Ausschluss führen müssen.[452]

Hat der Prüfer an der Entwicklung, Einrichtung und Einführung von Rechnungslegungsinformationssystemen (z. B. Buchführungssystem, internes Rechnungswesen, rechnungslegungsbezogenes internes Kontrollsystem) in nicht nur untergeordneter Bedeutung

---

446 Vgl. § 319 Abs. 3 HGB.

447 *„Unternehmen von öffentlichem Interesse' sind*

a) Unternehmen, die unter das Recht eines Mitgliedstaats fallen und deren übertragbare Wertpapiere zum Handel auf einem geregelten Markt eines Mitgliedstaats im Sinne von Artikel 4 Absatz 1 Nummer 14 der Richtlinie 2004/39/EG zugelassen sind;

b) Kreditinstitute im Sinne des Artikels 3 Absatz 1 Nummer 1 der Richtlinie 2013/36/EU des Europäischen Parlaments und des Rates — mit Ausnahme der in Artikel 2 jener Richtlinie genannten Kreditinstitute;

c) Versicherungsunternehmen im Sinne des Artikels 2 Absatz 1 der Richtlinie 91/674/EWG oder

d) Unternehmen, die von den Mitgliedstaaten als Unternehmen von öffentlichem Interesse bestimmt werden, beispielsweise Unternehmen, die aufgrund der Art ihrer Tätigkeit, ihrer Größe oder der Zahl ihrer Mitarbeiter von erheblicher öffentlicher Bedeutung sind."

EU, Richtlinie 2014/56/EU, Art. 1 Nr. 2 f), L 158/202-203, 27.05.2014. § 319a HGB versteht darunter insbesondere kapitalmarktorientierte Unternehmen im Sinne des § 264d HGB. Zusätzlich zählen nunmehr zum Kreis der Unternehmen von öffentlichem Interesse auch nicht kapitalmarktorientierte Banken und Versicherungen, vgl. *Naumann, Herkendell*, Regulierung der Abschlussprüfung, 2014, S. 177; BMJ, Referentenentwurf AReG, 2015, S. 31.

448 Vgl. § 319a Abs. 1 Nr. 1 HGB.

449 Vgl. § 319a Abs. 1 Nr. 4 HGB.

450 Vgl. § 319a Abs. 1 Nr. 4 HGB.

451 Vgl. § 319a Abs. 1 Nr. 2 HGB.

452 Vgl. *Schmidt*, Auswahl der Abschlussprüfer und Ausschlussgründe, 2014, § 319a HGB, Rn. 16.

mitgewirkt, ist er von der Prüfung ausgeschlossen.[453] Die Ausschlussvorschriften des § 319a Abs. 1 HGB sind gemäß § 319a Abs. 1 S. 3, 4 und Abs. 2 HGB auch auf Sozietäten, Wirtschaftsprüfungsgesellschaften und Konzernabschlussprüfer zu übertragen.

Wirken Personen bei ihrer Berufsausübung zur Verfolgung gemeinsamer wirtschaftlicher Interessen für eine gewisse Dauer zusammen, so spricht § 319b Abs. 1 S. 3 HGB von einem Netzwerk. Abschlussprüfernetzwerken kommt in der Praxis eine wichtige Rolle zu, da eine Vielzahl vor allem mittelständischer Prüfungspraxen in internationalen Netzwerkstrukturen eingebunden ist.[454] § 319b HGB soll verhindern, dass die Vorschriften der §§ 319, 319a HGB durch Auslagerung unzulässiger Tätigkeiten des Prüfers auf Netzwerkmitglieder umgangen werden.[455] Ist der Prüfer innerhalb eines solchen Netzwerkes tätig, kann er daher von der Prüfung ausgeschlossen werden, wenn ein Mitglied des Netzwerkes einen Tatbestand des § 319 Abs. 2,3 S. 1 Nr. 1, 2 oder Nr. 4, Abs. 3 S. 2 oder Abs. 4 HGB erfüllt. Ein Erfüllen dieser Tatbestände führt nicht zwangsläufig zu einem Ausschluss, wenn der Nachweis erbracht werden kann, dass das betroffene Netzwerkmitglied keinen Einfluss auf das Prüfungsergebnis nehmen kann (widerlegbare Vermutung).[456] Wird von einem Netzwerkmitglied einer der Tatbestände der §§ 319 Abs. 3 S. 1 Nr. 3, 319a Abs. 1 S. 1 Nr. 2 oder 3 HGB erfüllt, gilt die unwiderlegbare Vermutung der Befangenheit.[457]

Nimmt der Prüfer einen Auftrag an, obwohl er eigentlich aufgrund der Erfüllung eines Ausschlusstatbestandes der §§ 319, 319a und 319b HGB von der Prüfungsdurchführung ausgeschlossen ist, wird der schuldrechtliche Prüfungsauftrag gemäß § 134 Bürgerliches Gesetzbuch (BGB) nichtig und der vertragliche Vergütungsanspruch des Prüfers entfällt. Zudem können im Fall einer ordnungswidrigen Erteilung eines Bestätigungsvermerks Bußgelder und berufsgerichtliche Ahndungsverfahren drohen.[458]

4.3 Jüngste europäische Entwicklungen zur Abschlussprüfung

An dieser Stelle dürfen die jüngsten Bestrebungen auf europäischer Ebene, angesichts der massiven internationalen Finanz- und Wirtschaftskrise der letzten Jahre die Qualität der Institution „Abschlussprüfung" steigern zu wollen, nicht unerwähnt bleiben. Die ursprünglichen Vorschläge der EU-Kommission waren von solch fundamentaler Natur, dass sie eine langwierige Debatte nach sich zogen. Zu beachten ist, dass die Vorgaben der EU-Verordnung nur für Abschlussprüfungen bei Unternehmen von öffentlichem Interesse gelten sollen. Das Institut der Wirtschaftsprüfer in Deutschland e.V. (IDW) warnte jedoch bereits in seiner Stellungnahme vom 30.11.2011 zu den Vorschlägen der EU davor, dass *„höhere Anforderungen für einen eingegrenzten Prüfungsbereich in kürzester Zeit zur Norm für alle Prü-*

[453] Vgl. § 319a Abs. 1 Nr. 3 HGB.
[454] Vgl. *Lenz*, § 319b HGB, 2010, S. 119. Ausführlich zur Bedeutung von Netzwerken und § 319b HGB vgl. *Lenz*, § 319b HGB, 2010, S. 117-131.
[455] Vgl. *Lenz*, § 319b HGB, 2010, S. 118.
[456] Vgl. § 319b Abs. 1 S. 1 HGB; *Schmidt*, Auswahl der Abschlussprüfer und Ausschlussgründe, 2014, § 319b HGB, Rn. 1.
[457] Vgl. § 319b Abs. 1 S. 2 HGB.
[458] Vgl. *Schmidt*, Auswahl der Abschlussprüfer und Ausschlussgründe, 2014, § 319 HGB, Rn. 93-96.

fungen werden“ [459] und sieht eine Ausstrahlgefahr insbesondere der Regelungen zur Rotation und dem Verbot bestimmter Beratungsleistungen auch auf Unternehmen nicht öffentlichen Interesses gegeben. NAUMANN/HERKENDELL (2014) schätzen das Risiko einer Abfärbung zumindest einiger Regelungen auch auf das Segment der nicht kapitalmarktorientierten Non-PIE-Mandate ebenfalls als hoch ein.[460] Auch nach der endgültigen Fassung der Richtlinie und Verordnung fürchtet der deutsche Berufsstand der Wirtschaftsprüfer weiterhin eine „unreflektierte Übertragung“[461] dieser ursprünglich für PIE vorgesehenen Regelungen auch auf das Non-PIE-Segment entweder *„verpflichtend durch den Gesetzgeber oder faktisch durch Kreditinstitute sowie durch die Aufsichtsorgane bzw. Gesellschafter“*[462].

Im Folgenden sollen daher in kurzer Zusammenfassung der Verlauf vom Auslöser der Debatte, dem Grünbuch der Europäischen Kommission „Weiteres Vorgehen im Bereich der Abschlussprüfung: Lehren aus der Krise“[463] vom 13.10.2010, über die Vorschläge der EU-Kommission, den aktuellen Stand der Richtlinie und der Verordnung bis hin zur beschlossenen bzw. geplanten nationalen Umsetzung im Rahmen des Abschlussprüferaufsichtsreformgesetzes (APAReG) und des Abschlussprüfungsreformgesetzes (AReG) skizziert werden. Der Fokus liegt dabei auf einer Darstellung der aktuellen Vorschriften zur Höhe von Prüfungshonoraren und zur Erbringung von Nichtprüfungsleistungen.

4.3.1 Historie

Als Folge der im Jahr 2007 beginnenden weltweiten Finanz- und Wirtschaftskrise, die einen ihrer Höhepunkte in dem Zusammenbruch der US-amerikanischen Bank Lehman Brothers hatte und auch einige europäische Geldhäuser ins Wanken brachte, sah sich die Europäische Kommission gezwungen, den derzeitigen Rechtsrahmen der Abschlussprüfung zu überdenken. Vor dem Hintergrund der Ziele *„Steigerung der Qualität der Abschlussprüfung, Reduktion der Erwartungslücke sowie einer Dekonzentration des Abschlussprüfermarktes“*[464] wurde im Oktober 2010 ein Grünbuch zur Abschlussprüfung (Weiteres Vorgehen im Bereich der Abschlussprüfung: Lehren aus der Krise) veröffentlicht, dessen Konsultationen im November 2011 in zwei Regelwerksvorschlägen der Kommission ihren Ausfluss fanden: die EU-Kommission schlug eine Änderung der bisherigen Abschlussprüferrichtlinie (Vorschlag für eine Richtlinie des Europäischen Parlaments und des Rates zur Änderung der Richtlinie 2006/43/EG über Abschlussprüfungen von Jahresabschlüssen und konsolidierten Abschlüssen) sowie eine strengere Regulierung der Abschlussprüfung bei Unternehmen öffentlichen Interesses (Vorschlag für eine Verordnung des Europäischen Parlaments und des Rates über spezifische Anforderungen an die Abschlussprüfung bei Unternehmen von öffentlichem Interesse) vor. Im Rahmen dieser Initiativen wurde unter anderem für Unternehmen von öffentlichem Interesse eine externe Pflichtrotation der Prüfungsgesellschaft, ein weitgehendes Verbot der gleichzeitigen Erbringung von Nichtprüfungsleistungen, verpflichtende Joint-Audits und die Schaffung einer zentralen Aufsichtsbehörde diskutiert. Ein

459 IDW, Stellungnahme zu den Vorschlägen der EU-Kommission, 27.01.2012, S. 3.
460 Vgl. *Naumann, Herkendell*, Regulierung der Abschlussprüfung, 2014, S. 178.
461 IDW, Positionspapier zur Begrenzung der Ausstrahlung, 2015, S. 6.
462 IDW, Positionspapier zur Begrenzung der Ausstrahlung, 2015, S. 7.
463 EU, Grünbuch,13.10.2010.
464 Vgl. dazu kritisch: *Ruhnke*, Reformvorschläge zur Abschlussprüfung, 2012, S. 749.

Großteil der Vorschläge löste bei Prüfungsgesellschaften, Vertretern berufsständischer Organisationen und in der wissenschaftlichen Literatur teilweise heftige Kritik aus.[465]

Im Oktober 2013 begannen zwischen EU-Kommission, EU-Parlament und Ministerrat die sogenannten Trilog-Verhandlungen. Als deren Endergebnis wurden die ursprünglichen Vorschläge teilweise abgeschwächt oder erheblich verändert.[466]

Im Anschluss an die Debatte wurde am 27. Mai 2014 im Amtsblatt der EU die Richtlinie 2014/56/EU des Europäischen Parlaments und des Rates vom 16. April 2014 zur Änderung der Richtlinie 2006/43/EG über Abschlussprüfungen von Jahresabschlüssen und konsolidierten Abschlüssen[467] sowie die Verordnung (EU) Nr. 537/2014 des Europäischen Parlaments und des Rates vom 16. April 2014 über spezifische Anforderungen an die Abschlussprüfung bei Unternehmen von öffentlichem Interesse und zur Aufhebung des Beschlusses 2005/909/EG der Kommission[468] veröffentlicht. Am 20. Tag nach ihrer Veröffentlichung treten die Vorschriften in Kraft. Die Mitgliedstaaten, an die sich die Richtlinie richtet, müssen bis zum 17. Juni 2016 die erforderlichen Vorschriften zur Umsetzung erlassen und veröffentlichen; auch die Anwendung soll ab diesem Datum erfolgen.[469] Die Verordnung gilt unmittelbar ab dem 17. Juni 2016. Gleichwohl enthält die Verordnung eine Reihe von Optionen, die die Mitgliedstaaten in Anspruch nehmen können. Bei Inanspruchnahme sind weitere nationale Rechtsakte erforderlich.[470] Die Umsetzung der aufsichts- und berufsrechtlichen Regelungen der Richtlinie 2014/56/EU sowie die Ausführung der entsprechenden Vorgaben der Verordnung (EU) Nr. 537/2014 wurde am 03.12.2015 durch den Bundestag mit Verabschiedung des Abschlussprüferaufsichtsreformgesetzes (APAReG) beschlossen. Am 16.12.2015 hat die Bundesregierung (BReg) einen Gesetzesentwurf zur Umsetzung der prüfungsbezogenen Regelungen der Richtlinie 2014/56/EU sowie zur Ausführung der entsprechenden Vorgaben der Verordnung (EU) Nr. 537/2014 im Rahmen des Abschlussprüfungsreformgesetzes (AReG) präsentiert.[471] Um der Gefahr einer Ausstrahlwirkung der Vorgaben auf Abschlussprüfungen bei nicht kapitalmarktorientierten Non-PIE vorzubeugen, hat das IDW ein Positionspapier herausgegeben.[472] Darin wird diskutiert, ob die Übertragung bestimmter Regelungen auf dieses Segment zweckmäßig ist.[473] Im Folgenden werden die Vorgaben der EU-Verordnung zur Regulierung der Prüfungshonorare und der Erbringung von Nichtprüfungsleistungen sowie deren geplante Umsetzung im AReG kurz dargestellt und anschließend die Position des IDW zu einer möglichen Abfärbung dieser Vorschriften auf nicht kapitalmarktorientierte Unternehmen präsentiert.

---

465 Vgl. WPK, Stellungnahme der Wirtschaftsprüferkammer, 27.01.2012; IDW, Stellungnahme zu den Vorschlägen der EU-Kommission, 27.01.2012; *Naumann*, Konsequenzen der Reform der Abschlussprüfung für den Wirtschaftsprüferberuf, 2012, S. 29.

466 Für eine Übersicht vgl. *Naumann, Herkendell*, Regulierung der Abschlussprüfung, 2014, S. 178.

467 EU, Richtlinie 2014/56/EU, 27.05.2014.

468 EU, Verordnung Nr. 537/2014, 27.05.2014.

469 Vgl. EU, Richtlinie 2014/56/EU, Art. 2 Abs. 1, 27.05.2014; *Lenz*, Abschlussprüferaufsichtsstelle, 2015, S. 213.

470 Vgl. WPK, http://www.wpk.de/neu-auf-wpkde/eu-reform-der-abschlusspruefung/, Stand: 13.08.2014.

471 Vgl. BReg, Gesetzentwurf AReG, 2015.

472 Vgl. dazu IDW, Positionspapier zur Begrenzung der Ausstrahlung, 2015.

473 Vgl. IDW, Positionspapier zur Begrenzung der Ausstrahlung, 2015, S. 6.

4.3.2 Aktuelle Vorschriften für Prüfungshonorare und Erbringung von Nichtprüfungsleistungen

Als Begründung einer Regulierung von Abschlussprüferhonoraren führt der Verordnungstext folgendes aus: „*Die Höhe der von einem geprüften Unternehmen gezahlten Prüfungshonorare und deren Zusammensetzung kann die Unabhängigkeit eines Abschlussprüfers oder einer Prüfungsgesellschaft gefährden. Aus diesem Grund ist es wichtig sicherzustellen, dass Prüfungshonorare in keiner Weise ergebnisabhängig sind und dass für den Fall, dass die von einem Mandanten einschließlich seiner Tochterunternehmen gezahlten Prüfungshonorare sehr hoch sind, ein spezielles Verfahren zur Gewährleistung der Prüfungsqualität eingerichtet wird, an dem der Prüfungsausschuss beteiligt wird.*“[474]

Im Zuge dessen verordnet Art. 4, dass die Gesamthonorare für zulässige Nichtprüfungsleistungen eines Abschlussprüfers, der diese Leistungen für einen Zeitraum von drei oder mehr aufeinanderfolgenden Geschäftsjahren für ein von ihm geprüftes Unternehmen, dessen Muttergesellschaft oder Tochterunternehmen erbracht hat, auf maximal 70 % der durchschnittlich innerhalb der letzten drei aufeinanderfolgenden Geschäftsjahre für Abschlussprüfungsleistungen in Bezug auf das geprüfte Unternehmen, dessen Muttergesellschaft, Tochterunternehmen und Konzernabschlüsse gezahlten Honorare zu begrenzen sind (sog. 70 %-Cap).[475] Bezüglich der Frage, was unter Honoraren für Abschlussprüfungsleistungen zu verstehen ist, verweist das IDW auf die Anhangangabe des § 285 Nr. 17 HGB und den Entwurf zur Neufassung der IDW Stellungnahme zu den Honorarangaben.[476] Da der Stellungnahmenentwurf nunmehr eine Ausweitung der als für Abschlussprüfungsleistungen bezogenen deklarierten Honorare vorsieht, liegt die Vermutung nahe, dass der Berufsstand versucht, auf diesem Wege eine Erhöhung der Bemessungsgrundlage für die 70 %-Cap zu erreichen.[477] Zusätzlich wird eine Umgehung der Cap-Vorschrift erleichtert, indem die Erbringung von Nichtprüfungsleistungen auf Netzwerk- oder Tochterunternehmen des Prüfers verlagert werden kann, deren Honorare in der Berechnung nicht berücksichtigt werden müssen. Aufgrund des fehlenden Verweises auf Netzwerkmitglieder des Abschlussprüfers in Art. 4 Abs. 2 der Verordnung ist anzunehmen, dass bei der Berechnung der Nichtprüfungshonorare keine an dem Prüfer verbundene Unternehmen gezahlte Honorare einzubeziehen sind.[478]

Artikel 4 Abs. 2 Unterabs. 3 der Verordnung sieht ein Mitgliedstaatenwahlrecht vor: zuständige Behörden der einzelnen Mitgliedstaaten können eine Ausnahmegenehmigung für Abschlussprüfer oder Prüfungsgesellschaften in Bezug auf die 70 %-Cap für maximal zwei Geschäftsjahre erteilen. Der Gesetzentwurf der BReG des AReG folgt dem in § 319a Abs. 1a HGB-E eingeschränkt, indem eine Ausnahmegenehmigung auf Antrag für ein Geschäftsjahr erteilt werden kann, aber nur in Höhe von max. 140 % des Prüfungshonorars.[479]

474 EU, Verordnung Nr. 537/2014, L 158/79 Erwägungsgrund 7, 27.05.2014.
475 EU, Verordnung Nr. 537/2014, L 158/85, Art. 4 Abs. 2, 27.05.2014.
476 Vgl. IDW, Positionspapier zu Inhalten und Zweifelsfragen, 2015, S. 39 f.
477 Vgl. IDW ERS HFA 36 n. F. Siehe auch Abschnitt 4.4.
478 Vgl. IDW, Positionspapier zu Inhalten und Zweifelsfragen, 2015, S. 42.
479 Vgl. BReg, Gesetzentwurf AReG, 2015, Art. 1 Nr. 4 b).

Übersteigen die Gesamthonorare aus einem PIE-Mandat in einem Drei-Jahres-Zeitraum 15 % der gesamten Einnahmen des Abschlussprüfers, der Prüfungsgesellschaft oder ggf. des Konzernabschlussprüfers, wenn die Abschlussprüfung in jedem der drei Geschäftsjahre von ihm/ihr durchgeführt wurde, so gilt eine Informationspflicht des Prüfers gegenüber dem Prüfungsausschuss der PIE. Artikel 4 Abs. 3 der Verordnung formuliert *„die von einem Unternehmen von öffentlichem Interesse insgesamt gezahlten Honorare"* ohne Verweis auf Mutterunternehmen oder durch die PIE beherrschte Unternehmen, so dass wohl davon auszugehen ist, dass unter dem Gesamthonorar aus dem PIE-Mandat nur das von diesem einem Unternehmen gezahlte Honorar für Prüfungs- und Beratungsleistungen gemeint ist. Nicht genau bestimmt wird durch die Verordnung, was unter den gesamten Einnahmen des Abschlussprüfers zu verstehen ist. Als gesamte Einnahmen des Prüfers dürften die Einnahmen gelten, die er aus allen Mandaten im Rahmen seiner Tätigkeiten i. S. der §§ 2, 129 WPO vereinnahmt.[480] Artikel 4 Abs. 3 der Verordnung enthält keinen Verweis auf Netzwerkmitglieder des Abschlussprüfers, so dass deren Honorare offenbar nicht bei der Ermittlung des Gesamthonorars einfließen sollen. Auch IDW RS HFA 36 hält fest, dass bei der Ermittlung des Gesamthonorars des Abschlussprüfers an Netzwerkmitglieder oder verbundene Unternehmen gezahlte Honorare nicht berücksichtigt werden müssen.[481] Als Rechtsfolge bei Überschreiten des Schwellenwertes hat der Prüfungsausschuss gemeinsam mit dem Prüfer über mögliche Bedrohungen für dessen Unabhängigkeit und entsprechende Gegenmaßnahmen zu beraten sowie bezüglich einer Qualitätskontrolle durch einen anderen Abschlussprüfer vor Erteilung des Bestätigungsvermerks zu entscheiden.[482] Bei einem weiteren Überschreiten der 15 %-Schwelle darf der Prüfungsausschuss eine Fortsetzung des Mandats unter Berücksichtigung objektiver Gründe für maximal zwei weitere Jahre genehmigen.[483]

Der Gesetzentwurf zum AReG sieht in diesem Zusammenhang eine Aufgabe des bisherigen § 319a Abs. 1 Nr. 1 HGB vor. Ein Überschreiten der bisherigen Schwellenwerte führt nicht mehr zu einem Ausschluss des Prüfers, sondern zu den eben beschriebenen Rechtsfolgen. § 319 Abs. 3 Nr. 5 HGB, wonach ein Überschreiten der 30-prozentigen Umsatzschwelle innerhalb der letzten fünf Jahre einen Prüferausschluss – auch bei Non-PIE-Prüfungen – nach sich zieht, bleibt davon unberührt.[484]

Art. 5 der aktuellen Verordnungstexte befasst sich mit Nichtprüfungsleistungen, die der Abschlussprüfer und seine Netzwerkmitglieder innerhalb des Zeitraums zwischen Beginn der Prüfung und der Abgabe des Bestätigungsvermerks weder direkt noch indirekt für das von ihm zu prüfende Unternehmen von öffentlichem Interesse, dessen Mutterunternehmen oder die von ihm beherrschten Unternehmen erbringen dürfen (verbotene Nichtprüfungsleistungen, sog. *Black List*). Das IDW merkt an, dass unter Auslegung des Art. 2 Nr. 9 und 10 der Bilanzrichtlinie 2013/34/EU zu dem Kreis der Mutterunternehmen des betroffe-

---

480 Vgl. *Schmidt*, Auswahl der Abschlussprüfer und Ausschlussgründe, 2014, § 319 HGB, Rn. 70; IDW, Positionspapier zu Inhalten und Zweifelsfragen, 2015, S. 48.

481 Vgl. IDW RS HFA 36, Rz. 7. So auch IDW ERS HFA 36 n. F., Rz. 6,7.

482 EU, Verordnung Nr. 537/2014, L 158/86, Art. 4 Abs. 3, 27.05.2014.

483 Den Mitgliedsstaaten ist es unbenommen, strengere Anforderungen in Bezug auf die Prüfungshonorare bei PIE anzuwenden, vgl. EU, Verordnung Nr. 537/2014, L 158/86, Art. 4 Abs. 4, 27.05.2014.

484 Vgl. BReg, Gesetzentwurf AReG, 2015, Begründung zu Nummer 4.

nen PIE auch Mutterunternehmen zu zählen sind, die in aufsteigender Linie das Mutterunternehmen des PIE kontrollieren (mittelbare Mutterunternehmen). Analog gelten alle Tochterunternehmen des PIE, die in der EU/EWR ansässig sind, in absteigender Linie zu den vom PIE beherrschten Unternehmen. Unerheblich für die Frage, welche Unternehmen von der *Black List* betroffen sind, ist die Tatsache, ob es sich bei den in Frage stehenden Unternehmen ebenfalls um PIE oder Non-PIE handelt, so dass auch nicht kapitalmarktorientierten Non-PIE die Inanspruchnahme von verbotenen Nichtprüfungsleistungen untersagt ist, wenn diese Unternehmen Mutter- oder Tochterunternehmen des PIE sind.[485]

Zu den verbotenen Nichtprüfungsleistungen zählen[486]:

a) Steuerberatungsleistungen in Bezug auf die Erstellung von Steuererklärungen, Lohnsteuer, Zöllen, Berechnung direkter, indirekter Steuern und latenter Steuern sowie steuerliche Beratung generell. Zudem ist die Ermittlung von staatlichen Beihilfen und steuerlichen Anreizen sowie die Unterstützung von Steuerprüfungen durch die Steuerbehörden untersagt, sofern diese Dienste des Abschlussprüfers nicht gesetzlich vorgeschrieben sind.
b) Führungs- oder Entscheidungsbeteiligung an dem geprüften Unternehmen;
c) Buchhaltung und Erstellung von Rechnungslegungsunterlagen sowie Abschlüssen;
d) Lohn- und Gehaltsabrechnungen;
e) Entwurf und Implementierung interner Kontroll- und Risikomanagementsysteme, sofern diese zur Erstellung und/oder Kontrolle von finanziellen Informationen oder Finanzinformationstechnologiesystemen dienen;
f) Bewertungsleistungen, insbesondere in Bezug auf versicherungsmathematische Leistungen und Unterstützung in Rechtsstreitigkeiten;
g) Juristische Beratung, Verhandlungsführung und Vermittlungstätigkeiten zur Beilegung von Rechtsstreitigkeiten[487];
h) Leistungen in Zusammenhang mit der internen Revision des Mandanten;
i) Leistungen in Bezug auf Finanzierung, Kapitalstruktur und –ausstattung und Anlagestrategie des Mandanten, abgesehen von entsprechenden Bestätigungsleistungen im Rahmen von Abschlüssen, sowie die Erstellung von Comfort Letters[488];
j) Werbe-, Handels- oder Zeichnungsaktivitäten in Bezug auf Aktien des Mandanten;
k) Personalrecruiting oder Bewerbercheck für Leitungspositionen des Mandantenunternehmens, Personaldienstleistungen im Rahmen von Organisationsstrukturaufbau und Kostenkontrolle.[489]

---

485 Vgl. IDW, Positionspapier zu Inhalten und Zweifelsfragen, 2015, S. 31. Leistungen an Schwestergesellschaften oder Unternehmen, die nicht PIE-Mutter oder -Tochter sind, sind zulässig, vgl. IDW, Positionspapier zu Inhalten und Zweifelsfragen, 2015, S. 32.

486 EU, Verordnung Nr. 537/2014, L 158/86, Art. 5 Abs. 1, 27.05.2014.

487 Zur Diskussion vgl. IDW, Positionspapier zu Inhalten und Zweifelsfragen, 2015, S. 34-36.

488 Zur Diskussion vgl. IDW, Positionspapier zu Inhalten und Zweifelsfragen, 2015, S. 36 f.

489 Zur Diskussion vgl. IDW, Positionspapier zu Inhalten und Zweifelsfragen, 2015, S. 37 f.

Die unter Buchstabe a) und f) genannten Steuerberatungs- und Bewertungsleistungen können von den Mitgliedstaaten als zulässig deklariert werden, wenn diese Leistungen separat oder in Summe keine direkten oder nur unwesentliche Konsequenzen auf die geprüften Abschlüsse ausüben und diese Auswirkungen in einem Bericht[490] an den Prüfungsausschuss umfassend dokumentiert und erläutert werden. Zudem muss der Abschlussprüfer oder die Prüfungsgesellschaft die Unabhängigkeitsanfordernisse der Abschlussprüferrichtlinie 2006/43/EG erfüllen.[491]

Eine Erbringung anderer als die genannten verbotenen Nichtprüfungsleistungen ist zulässig, sofern der Prüfungsausschuss des geprüften Unternehmens dies billigt. Dazu hat er die Unabhängigkeitsgefährdungen des Abschlussprüfers und die angewendeten Schutzmaßnahmen gem. Art. 22b der Richtlinie 2006/43/EG gebührend zu beurteilen.[492] Die Mitgliedstaaten können weitere Nichtprüfungsleistungen als verboten klassifizieren bzw. die Anfordernisse an die Erbringung zulässiger Nichtprüfungsleistungen erhöhen.[493]

Erbringt ein Netzwerkmitglied des Abschlussprüfers einer PIE Nichtprüfungsleistungen i. S. d. Buchstaben a) bis k) für ein Tochterunternehmen der PIE mit Sitz im Drittland, muss dieser eine potentielle Bedrohung seiner Unabhängigkeit beurteilen und gegebenenfalls Gegenmaßnahmen einleiten. Eine Fortsetzung des PIE-Mandats ist nur zulässig, wenn der Abschlussprüfer begründen kann, dass das Mandat des Netzwerkmitglieds weder seine fachliche Einschätzung noch den Bestätigungsvermerk negativ beeinflusst. Dabei gelten die in den Buchstaben b), c) und e) genannten Leistungen stets als unabhängigkeitsgefährdend und nicht durch Schutzmaßnahmen reduzierbar. Die unter den restlichen Buchstaben genannten Nichtprüfungsleistungen induzieren ebenfalls eine Bedrohung der Unabhängigkeit, die jedoch durch (notwendige) Schutzmaßnahmen verringert werden kann.[494]

Während die in Art. 5 Buchstaben b) bis j) aufgelisteten verbotenen Prüfungsleistungen weitgehend mit den bereits existierenden handelsrechtlichen Ausschlussgründen übereinstimmen[495], kommt dem in Art. 5 Nr. 1 a) der neuen EU-Verordnung formulierten Verbot von Steuerberatungsleistungen eine neue Bedeutung zu. In § 319a Abs. 1 Nr. 2 HGB wird zwar bereits eine Prüfungsdurchführung ausgeschlossen, wenn der Abschlussprüfer *„in dem zu prüfenden Geschäftsjahr über die Prüfungstätigkeit hinaus Rechts- oder Steuerberatungsleistungen erbracht hat, die über das Aufzeigen von Gestaltungsalternativen hinausgehen und die sich auf die Darstellung der Vermögens-, Finanz- und Ertragslage in dem zu prüfenden Jahresabschluss unmittelbar und nicht nur unwesentlich auswirken“*[496]. Dies betrifft v. a. steuerliche Beratungstätigkeiten außerhalb der Abschlussprüfung, in denen der Prüfer aktiv an der Gestaltung steuerlicher Sachverhalte mitwirkt.[497] Gleichwohl ist nach Ansicht des Gesetzgebers eine (steuerliche) Beratungstätigkeit weitestgehend auch bei PIE

---

490 EU, Verordnung Nr. 537/2014, L 158/91, Art. 11, 27.05.2014.

491 EU, Verordnung Nr. 537/2014, L 158/87, Art. 5 Abs. 3, 27.05.2014.

492 EU, Verordnung Nr. 537/2014, L 158/87, Art. 5 Abs. 3, 27.05.2014.

493 EU, Verordnung Nr. 537/2014, L 158/86-87, Art. 5 Abs. 2 und Abs. 4, 27.05.2014.

494 EU, Verordnung Nr. 537/2014, L 158/88, Art. 5 Abs. 5, 27.05.2014.

495 Vgl. dazu §§ 319 Abs. 3 Nr. 3 a) – d) und 319a Abs. 1 Nr. 3 HGB. Ein explizites Verbot für Personaldienstleistungen existiert handelsrechtlich bisher nicht.

496 § 319a Abs. 1 Nr. 2 HGB.

497 Vgl. *Schmidt*, Auswahl der Abschlussprüfer und Ausschlussgründe, 2014, § 319a HGB Rn. 11-15.

weiterhin möglich.[498] Als in der Regel zulässige Leistungen im Rahmen des § 319a Abs.1 Nr. 2 HGB gelten demnach u. a. die Erstellung von Steuererklärungen, steuerrechtliche Beratung in Bezug auf geplante Maßnahmen des Mandanten, Umsatzsteuer-Beratung, steuerliche Due-Diligence sowie Vertretung des Mandanten bei Betriebsprüfungen.[499] Der Wortlaut des Art. 5 Nr. 1 a) der neuen EU-Verordnung enthält dagegen ein umfassendes Verbot steuerlicher Beratungsaktivitäten, u.a. insbesondere die Erstellung von Steuererklärungen sowie die generelle Erbringung von Steuerberatungsleistungen. Der Gesetzentwurf der Bundesregierung zum AReG sieht jedoch eine Ausübung des Mitgliedstaatenwahlrechts des Art. 5 Nr. 3 der Verordnung vor, so dass die Erbringung steuerlicher Nichtprüfungsleistungen weiterhin zulässig ist, soweit die Leistungen keine unmittelbare oder nur unwesentliche Auswirkungen auf die geprüften Abschlüsse haben.[500] Im Vergleich zur bisherigen Rechtslage in Deutschland sind damit lediglich Steuerberatungen in Bezug auf Zölle und Lohnsteuern nunmehr unzulässig.[501] Weiterhin sieht der Gesetzentwurf in § 319a Abs. 1 Nr. 2 HGB-E eine Unzulässigkeit bei „wesentlichen Auswirkungen" der Steuerberatungsleistungen vor. Diese liegen *„insbesondere dann vor, wenn die Erbringung der Steuerberatungsleistungen im zu prüfenden Geschäftsjahr den für steuerliche Zwecke zu ermittelnden Gewinn im Inland erheblich gekürzt hat oder ein erheblicher Teil des Gewinns ins Ausland verlagert worden ist, ohne dass eine über die steuerliche Vorteilserlangung hinausgehende wirtschaftliche Notwendigkeit für das Unternehmen besteht*"[502]. Die Erläuterung ist unter Berücksichtigung des Erwägungsgrundes 9 der EU-Verordnung zu sehen, wonach vor allem Beratungstätigkeiten im Rahmen einer aggressiven Steuerplanung keine unwesentlichen Auswirkungen zeigen können, und soll einer Beratungstätigkeit des Prüfers zur Steuerverkürzung oder der Gewinnverlagerung ins Ausland entgegenstehen.[503]

Trotz der Möglichkeit zur Inanspruchnahme der Mitgliedstaatenwahlrechte verschärfen die Trilog-Lösungen grundsätzlich die Erbringung von Nichtprüfungsleistungen durch den Abschlussprüfer vor allem im Segment der PIE-Mandate.[504] Insbesondere der Berufsstand befürchtet jedoch, dass diese Vorgaben auch auf Non-PIE übertragen werden könnten – entweder durch den Gesetzgeber oder durch Eigenkapital- und Fremdkapitalgeber sowie Aufsichtsorgane, welche die Einhaltung verschärfter Anforderungen auch bei der Prüfung nicht kapitalmarktorientierter Unternehmen erwarten.[505] De facto betroffen von einer Einschränkung des Beratungsleistungsspektrums im Rahmen der *Black List* sind nicht kapitalmarktorientierte Non-PIE, wenn sie Mutter- oder Tochterunternehmen eines PIE sind.[506]

---

498 Vgl. Bundestag, Drucksache 16/10067, 30.07.2008, S. 90.

499 Vgl. *Schmidt*, Auswahl der Abschlussprüfer und Ausschlussgründe, 2014, § 319a HGB Rn. 16.

500 Vgl. BReg, Gesetzentwurf AReG, 2015, Art. 1 Nr. 4 a) cc). Das Wahlrecht wird auch für Bewertungsleistungen ausgeübt. Zusätzlich zu der Voraussetzung einer nur indirekten und unwesentlichen Auswirkung müssen die Auswirkungen in einem Bericht an den Prüfungsausschuss dargelegt werden und die Prüfer müssen Unabhängigkeitsgrundsätze wahren, vgl. EU, Verordnung Nr. 537/2014, L 158/88, Art. 5 Abs. 3 b) und c), 27.05.2014.

501 Vgl. IDW, Positionspapier zu Inhalten und Zweifelsfragen, 2015, S. 34.

502 § 319a Abs. 1 Nr. 2 HGB-E.

503 Vgl. BReg, Gesetzentwurf AReG, 2015, Begründung zu Art. 1 Nr. 4.

504 Vgl. *Naumann, Herkendell*, Regulierung der Abschlussprüfung, 2014, S. 178.

505 Vgl. IDW, Positionspapier zur Begrenzung der Ausstrahlung, 2015, S. 6 f.

506 Vgl. IDW, Positionspapier zu Inhalten und Zweifelsfragen, 2015, S. 31.

Ein weitgehendes Verbot von Nichtprüfungsleistungen bei Non-PIE lehnt das IDW unter Verweis auf das Allweiler-Urteil sowie das bereits im Gesetz implementierte Selbstprüfungsverbot ab und fordert Entscheidungsfreiheit der entsprechenden Organe dieser Unternehmen über die Inanspruchnahme von Beratungsleistungen, soweit diese die Prüferunabhängigkeit nicht gefährden. Betont wird in diesem Zusammenhang erneut das vom Berufstand bereits häufiger erklärte Synergiepotential von Prüfung und Beratung aufgrund von Wissenstransfers. Das IDW argumentiert, dass nicht kapitalmarktorientierte Unternehmen vom Prüfer vor allem ein kombiniertes Angebot von Prüfung und Steuerberatung wünschen, da sie aufgrund ihrer Größe selbst keine entsprechenden Fachabteilungen unterhalten.[507] In diesem Zusammenhang warnt das IDW vor steigenden Kosten und Komplexitätssteigerungen für Unternehmen und Abschlussprüfer. Mit der gleichen Begründung wird auch die Übertragung der Regelungen zur Rotation des Prüfers sowie einer stärkeren Einbeziehung des Prüfungsausschusses, der in nicht kapitalmarktorientierten Unternehmen oftmals gar nicht existiert, bei der Prüferbestellung abgelehnt.[508] Letztlich bleibt abzuwarten, inwieweit die eigentlich für PIE vorgesehenen Vorschriften der Verordnung eine Ausstrahlwirkung auf die Abschlussprüfung bei nicht kapitalmarktorientierten Non-PIE entfalten, zumal sich die Informations- und Aufsichtsbedürfnisse der Kapitalgeber bei diesen Unternehmen von denen bei PIE unterscheiden dürften.[509]

Nach den Ausführungen zu den §§ 319, 319a und 319b HGB sowie einem Überblick über die jüngsten Bestrebungen auf europäischer Ebene zur Prüfungsqualitätsverbesserung sollen im Folgenden nun die Vorschriften zur Honorarveröffentlichung für Einzelabschlüsse (§ 285 Nr. 17 HGB) und Konzernabschlüsse (§ 314 Abs. 1 Nr. 9 HGB) dargelegt werden. Dazu wird zunächst kurz auf die Rechtslage vor dem BilMoG eingegangen und im Anschluss die aktuelle Rechtslage erläutert.

4.4 Honorarveröffentlichungspflicht

Im Zuge des BilReG hat der Gesetzgeber eine Pflicht implementiert, die Honorare, die der Abschlussprüfer im Rahmen seiner Tätigkeit sowohl für Prüfungs- als auch für Nichtprüfungsleistungen von dem jeweiligen Mandanten erhalten hat, im Abschluss des Mandantenunternehmen zu veröffentlichen. Der Gesetzgeber folgte mit der Offenlegungsverpflichtung der Empfehlung der Kommission 2002/590 zur Unabhängigkeit des Abschlussprüfers in der EU vom 16.05.2002, die eine Veröffentlichung der Honorare für die (gesetzlich vorgeschriebene) Abschlussprüfungsleistungen sowie drei weitere Hauptleistungskategorien (sonstige Zusicherungsleistungen, Steuerberaterleistungen und sonstige Nichtprüfungsleistungen) vorschlug.[510] Diese Informationen sollen nach Meinung der Kommission dazu die-

---

507 Vgl. IDW, Positionspapier zur Begrenzung der Ausstrahlung, 2015, S. 11 f.

508 Vgl. IDW, Positionspapier zur Begrenzung der Ausstrahlung, 2015, S. 12-14.

509 Vgl. dazu auch Kapitel 3 und 5.

510 Vgl. EU, Empfehlung 2002/590, L 191/41, 19.07.2002. Zuvor hatte die US-amerikanische Börsenaufsicht (*Securities and Exchange Commission* SEC) eine Pflicht zur Veröffentlichung von Prüfungs- und Beratungshonoraren bei amerikanischen börsennotierten Unternehmen eingeführt, vgl. *Lenz*, Unabhängigkeit des Abschlussprüfers und Non-Audit Services, 2001, S. 303.

nen, *„einen sachkundigen und informierten Dritten in die Lage [zu] versetzen, sich ein Bild über das Ausmaß eines etwaigen Missverhältnisses zwischen Prüfungs- und sonstigen Honoraren zu machen“*.[511] Die Intention der Pflicht zur Honorarpublizität ist, die weiteren Vorgaben zur Sicherung der Prüferunabhängigkeit zu ergänzen, indem sie dem Abschlussleser eine Transparenz hinsichtlich des Ausmaßes der erbrachten Nichtprüfungsleistungen, deren Erbringung der Gesetzgeber in den §§ 319, 319a HGB nicht verboten hat, verschaffen soll.[512]

Offenlegung vor BilMoG

Mit der Erweiterung des § 285 HGB alte Fassung (a. F.) verpflichtete das BilReG erstmals kapitalmarktorientierte Unternehmen in Deutschland, für die nach dem 31.12.2004 beginnenden Geschäftsjahre die Honorare für ihre Abschlussprüfer, unterteilt in vier Kategorien, offenzulegen, um damit dem Bilanzleser Informationen über die Höhe der Abschlussprüfervergütung und etwaige zusätzliche Vergütungsbestandteile zukommen zu lassen.[513] Die vier Aufteilungskategorien umfassten dabei a) Abschlussprüfung, b) sonstige Bestätigungs- und Bewertungsleistungen, c) Steuerberatungsleistungen und d) sonstige Leistungen. Der anzugebende Betrag bezog sich dabei auf die im Geschäftsjahr als Aufwand erfassten Honorare für die jeweiligen Leistungskategorien.[514]

Offenlegung nach BilMoG

Mit Inkrafttreten des BilMoG am 29.05.2009 wurde die bisherige Offenlegungspflicht für Unternehmen, die einen organisierten Markt im Sinne des § 2 Abs. 5 WpHG in Anspruch nehmen, auch auf nicht kapitalmarktorientierte Kapitalgesellschaften ausgedehnt. Diese Neufassung ergibt sich aus Artikel 43 Abs. 1 Nr. 15 der Bilanzrichtlinie bzw. Artikel 34 Nr.16 der Konzernbilanzrichtlinie jeweils in der Fassung der Abschlussprüferrichtlinie.[515] Zu beachten ist, dass die Angaben gemäß Art. 66 Abs. 2 S. 1 Einführungsgesetz zum Handelsgesetzbuch (EGHGB) bereits im Anhang des Jahresabschlusses für das Geschäftsjahr, das nach dem 31.12.2008 beginnt, zu machen sind.[516]

Im Rahmen einer Erleichterungsvorschrift sind kleine Kapitalgesellschaften, die nicht zur Aufstellung eines Anhangs und zur Abschlussprüfung verpflichtet sind, von der Angabepflicht ausgeschlossen.[517] Der Gesetzgeber nutzt weiterhin die Möglichkeit auch mittelgroßen Kapitalgesellschaften Erleichterungen in Bezug auf ihre Anhangsangabeverpflichtungen einzuräumen.[518] So können mittelgroße Kapitalgesellschaften auf die Angabe der Abschlussprüferhonorare verzichten. Allerdings müssen in diesem Fall die betroffenen Gesellschaften die Informationen auf schriftliche Anforderung der Wirtschaftsprüferkammer

---

[511] EU, Empfehlung 2002/590, L 191/41, 19.07.2002.

[512] Vgl. *Umlauf*, Prüfungs- und Beratungshonorare von Konzernabschlussprüfern, 2013, S. 87; *Zimmermann*, Abschlussprüfer und Bilanzpolitik, 2008, S. 33; *Grottel*, Sonstige Pflichtangaben, 2014, § 285, Rn. 290.

[513] Vgl. IDW, BilReG, 2005, S. 53.

[514] Vgl. § 285 Nr. 17 HGB.

[515] Vgl. *Küting, Pfitzer, Weber*, Bilanzrecht, 2009, S. 537.

[516] Vgl. *Ellrot*, Sonstige Pflichtangaben, 2010, § 285, Rn. 290.

[517] Vgl. § 288 Abs. 1 HGB n. F.

[518] Vgl. Bundestag, Drucksache 16/10067, 30.07.2008, S. 164.

zuleiten.[519] Die Pflicht zur Angabe der Honorare im Anhang des Jahresabschlusses ergibt sich daher vorwiegend für große Kapitalgesellschaften i. S. v. § 267 Abs. 3 HGB, alle kapitalmarktorientierten Kapitalgesellschaften, die aufgrund § 267 Abs. 3 HGB i. V. m. § 264d HGB stets als große Kapitalgesellschaften gelten, für unter das PublG fallende Unternehmen gem. § 3 Abs. 1 PublG i. V. m. § 5 Abs. 2 PublG sowie für Kredit- und Finanzdienstleistungsinstitute im Zuge von § 340a Abs. 1 HGB und Versicherungsunternehmen gem. § 341a Abs. 1 HGB. Auch bei freiwilliger Offenlegung eines nach *International Financial Reporting Standards* (IFRS) erstellten Einzelabschlusses sind die Angaben vorzunehmen (§ 325 Abs. 2a HGB).[520] Die Pflicht zur Honorarveröffentlichung im Rahmen der Erstellung eines Konzernabschlusses ergibt sich nach § 314 Abs. 1 Nr. 9 HGB und besteht auch, wenn das Unternehmen gem. § 315a Abs. 1 HGB zur Aufstellung eines IFRS-Konzernabschluss verpflichtet ist.[521] Gleichzeitig gilt für den Einzelabschluss eine Befreiungsklausel, da gem. § 285 Nr. 17 HGB auf eine Angabe der Honorare im Einzelabschluss verzichtet werden kann, wenn diese in einem das Unternehmen einbeziehenden Konzernabschluss enthalten sind.[522] Wird von dieser sog. Konzernklausel[523] Gebrauch gemacht, wird ein Hinweis darauf in dem jeweiligen Einzelabschluss empfohlen.[524]

Während § 285 Nr. 17 HGB a. F. auf das *„im Geschäftsjahr als Aufwand erfasste Honorar“* für die jeweiligen Leistungskategorien abstellte, folgt der Gesetzgeber nun dem Wortlaut des Artikels 43 Abs. 1 Nr. 15 Unterabsatz 1 der Bilanzrichtlinie in der Fassung der Abschlussprüferrichtlinie und erklärt *„das vom Abschlussprüfer berechnete Gesamthonorar für im Geschäftsjahr erbrachte Leistungen“*[525] als angabepflichtig. Angesichts des Wortlautes des BilReG bestand das Problem, dass eine Leistungszeitgleichheit der Honorarangabe nicht gegeben war.[526] Mit der Änderung wird nunmehr auf die zeitliche Zurechenbarkeit des Honorars zu dem Geschäftsjahr, in dem oder für das die Leistung erbracht wird oder noch zu erbringen ist, verwiesen. Es kommt daher nicht auf das *„bis zum Abschlussstichtag in Rechnung gestellte Honorar, sondern das aus der Perspektive des Bilanzierenden auf das Geschäftsjahr entfallende Honorar“*[527] an. Leistungen des Abschlussprüfers, die für das jeweilige Geschäftsjahr erbracht wurden, aber noch nicht abgerechnet worden sind, werden durch die Berücksichtigung der im Jahresabschluss im Rahmen einer Rückstellung angesetzten Schuld einbezogen.[528] Bei einer Über- oder Unterdotierung der Rückstellung ist der jewei-

519 Vgl. § 288 Abs. 2 S. 3 HGB.

520 Vgl. *Grottel*, Sonstige Pflichtangaben, 2014, § 285, Rn. 290.

521 Vgl. *Umlauf*, Prüfungs- und Beratungshonorare von Konzernabschlussprüfern, 2013, S. 102. Die Pflicht zur Veröffentlichung besteht auch bei Erstellung eines Konzernabschlusses von Unternehmen i.S. v. § 3 Abs. 1 PublG i.V.m. § 13 Abs. 2 S. 1 PublG, von Kredit- und Finanzdienstleistungsinstituten gem. § 340j Abs. 2 S. 1 HGB und Versicherungsunternehmen gem. 341j Abs. 1 S. 1 HGB unabhängig von deren Rechtsform.

522 Dies gilt nicht für Teilkonzernabschlüsse, die gem. § 314 Abs. 1 Nr. 9 HGB zur Angabe verpflichtet sind, vgl. *Wollmert, Oser, Graupe*, Anhangangaben zu den Abschlussprüferhonoraren, 2010, S. 125; IDW, RS HFA 36, Rn. 23.

523 Vgl. *Wollmert, Oser, Graupe*, Anhangangaben zu den Abschlussprüferhonoraren, 2010, S. 124 f.

524 Vgl. IDW, RS HFA 36, Rn. 17.

525 Bundestag, Drucksache 16/10067, 30.07.2008, S. 153.

526 Vgl. Bundestag, Drucksache 16/10067, 30.07.2008, S. 153.

527 IDW, RS HFA 36, Rn. 8.

528 Vgl. Bundestag, Drucksache 16/10067, 30.07.2008, S. 153.

lige Differenzwert in den Betrag für das aktuelle Geschäftsjahr aufzunehmen, bei wesentlichen Beträgen jedoch durch einen Davon-Vermerk zu kennzeichnen.[529]

IDW RS HFA 36

Da der Gesetzgeber neben der Aufteilung des Gesamthonorars des Prüfers in vier Kategorien keine weiteren Konkretisierungen vornimmt, hat am 11.03.2010 der Hauptfachausschuss (HFA) des IDW die IDW Stellungnahme zur Rechnungslegung: Anhangangaben nach §§ 285 Nr. 17, 314 Abs. 1 Nr. 9 HGB über das Abschlussprüferhonorar (IDW RS HFA 36) verabschiedet. IDW RS HFA 36 ersetzt damit den bisherigen IDW Rechnungslegungshinweis: Anhangangaben nach § 285 Satz 1 Nr. 17 HGB bzw. § 314 Abs. 1 Nr. 9 HGB über das Abschlussprüferhonorar (IDW RH HFA 1.006).[530] Am 11.09.2015 hat der HFA des IDW einen Entwurf zur Neufassung der IDW Stellungnahme zur Rechnungslegung: Anhangangaben nach §§ 285 Nr. 17, 314 Abs. 1 Nr. 9 HGB über das Abschlussprüferhonorar (IDW ERS HFA 36 n. F.) verabschiedet, dessen endgültige Verabschiedung noch aussteht.

4.4.1 Erläuterung der Honorarkategorien

Gemäß § 285 Nr. 17 HGB bzw. § 314 Abs. 1 Nr. 9 HGB ist das Gesamthonorar des Abschlussprüfers aufzuschlüsseln in das Honorar für a) die Abschlussprüfungsleistungen, b) andere Bestätigungsleistungen, c) Steuerberatungsleistungen und d) sonstige Leistungen. Die Angabe einer Gesamtsumme genügt nicht.[531] Diese Aufgliederung entspricht weitgehend der bisherigen Fassung durch das BilReG. Lediglich Buchstabe b) wurde in Einklang mit den Vorgaben der Abschlussprüferrichtlinie in andere Bestätigungsleistungen umbenannt.[532]

Das angabepflichtige Gesamthonorar entspricht der gesamten Vergütung des Abschlussprüfers, die ihm für die Leistungen für die berichtende Gesellschaft zusteht.[533]

Als Abschlussprüfer gilt die gemäß § 318 HGB i. V. m. § 319 Abs. 1 S. 1, 2 HGB bestellte und der Definition der VO 1/2006 entsprechende Wirtschaftsprüferpraxis.[534] Im Falle einer Bestellung mehrerer Abschlussprüfer, die eine gemeinsame oder eine voneinander unabhängige Prüfung durchführen, sind alle Honorare anzugeben, die die gesetzlichen Abschlussprüfer für die Leistungen der vier Kategorien des § 285 Nr. 17 HGB erhalten.[535] Es erscheint zielgerecht, dass die Angaben getrennt für jeden der beteiligten Prüfer zu machen sind, da diese eigenverantwortlich tätig sind und so dem Sinn und Zweck der Vorschrift, zur Darstellung der Unabhängigkeit des Abschlussprüfers beizutragen, entsprochen wird.[536] Fällt der bisher gewählte und bestellte Abschlussprüfer aus sonstigen Gründen (beispielsweise durch Tod, Erlöschen, Rücknahme oder Widerruf der Bestellung als Wirtschaftsprüfer) weg und wird durch einen neuen Prüfer ersetzt, gelten die Angabepflichten für die Ver-

[529] Vgl. IDW, RS HFA 36, Rn. 9.
[530] Vgl. IDW, RS HFA 36, Rn. 4.
[531] Vgl. IDW, RS HFA 36, Rn. 11.
[532] Vgl. Bundestag, Drucksache 16/10067, 30.07.2008, S. 153.
[533] Vgl. *Grottel*, Sonstige Pflichtangaben, 2014, § 285, Rn. 291.
[534] Vgl. IDW, RS HFA 36, Rn. 5; WPK, VO 1/2006, Nr. 2,27.03.2006.
[535] Vgl. *Grottel*, Sonstige Pflichtangaben, 2014, § 285 HGB, Rn. 295.
[536] Vgl. IDW, RS HFA 36, Tz. 16; Vgl. *Grottel*, Sonstige Pflichtangaben, 2014, § 285 HGB, Rn. 295.

gütungen des neuen Prüfers.[537] Vergütungen für Nichtprüfungsleistungen, die nicht direkt durch den Abschlussprüfer, sondern durch ihm verbundene Unternehmen, ihm nahe stehende Unternehmen und Personen oder durch Netzwerkmitglieder i. S. v. § 319b HGB erbracht werden, sind nicht anzugeben.[538] Trotz Kritik an dieser Außerachtlassung wird eine Berücksichtigung dieser Honorare auch in IDW ERS HFA 36 n. F. Rn. 7 weiterhin lediglich empfohlen, da der Wortlaut der Begründung des BilMoG keine Pflichtangabe vorsieht.[539]

Gemäß der Angabepflicht gehört zu dem Gesamthonorar nicht nur die Vergütung für die gesetzliche Abschlussprüfung gemäß § 316 HGB, sondern auch die dem Abschlussprüfer für Leistungen gemäß § 285 Nr. 17 b) – d) gewährten Honorare. Unter dem Begriff Honorar ist *„die Gesamtvergütung des Abschlussprüfers für seine Tätigkeit – seine im Geschäftsjahr erbrachten Leistungen – einschließlich des berechneten Auslagenersatzes (Tage- und Übernachtungsgelder, Fahrt- und Nebenkosten, Berichts- und Schreibkosten etc.), nicht jedoch die Umsatzsteuer“*[540] zu verstehen. Die Art des Vertrages, auf dem die Leistungen basieren, und das Wesen des Honorars (Pauschalhonorar, Wert- oder Zeitgebühr) sind nicht von Belang. Ebenso wenig erheblich ist die Abrechnungsart. Das Gesamthonorar schließt Vergütungen für einmalige Leistungen und auch für wiederkehrende Leistungen ein.[541] Schadenersatzansprüche gegenüber dem Abschlussprüfer dürfen das anzugebende Honorar nicht schmälern.[542]

Das Gesamthonorar gliedert sich in die Vergütungen für die im Folgenden beschriebenen vier Leistungskategorien. Eine weitere Aufgliederung der Beträge innerhalb der Kategorien ist nicht vorgeschrieben.[543] IDW ERS HFA 36 n. F. nennt erstmals in einer Anlage Beispiele für Leistungen, die unter die einzelnen Kategorien fallen.

a) Abschlussprüfungsleistungen

Das Honorar für Leistungen im Rahmen der Abschlussprüfung umfasst sämtliche Aufwendungen, die im Rahmen gesetzlich obliegender Prüfungspflichten anfallen. Dazu gehören unter anderem:

- die Vergütung für die Prüfung von Jahresabschluss und Lagebericht durch den Abschlussprüfer gemäß § 316 Abs. 1 HGB,
- gegebenenfalls die Vergütung für die Nachtragsprüfung gemäß § 316 Abs. 3 HGB,
- die Vergütung für die Prüfung des Risikofrüherkennungssystems nach § 317 Abs. 4 HGB,
- die Vergütung für die Prüfung des Abhängigkeitsberichtes nach § 313 AktG.[544]

---

537 Vgl. *Grottel*, Sonstige Pflichtangaben, 2014, § 285 HGB, Rn. 295.

538 Vgl. IDW, RS HFA 36, Rn. 6, 7; *Grottel*, Sonstige Pflichtangaben, 2014, § 285 HGB, Rn. 296.

539 Zur Kritik vgl. *Lenz, Möller, Höhn*, Offenlegung der Honorare für Abschlussprüferleistungen, 2006, S. 1790. Siehe auch Kapitel 5.

540 Bundestag, Drucksache 16/10067, 30.07.2008, S. 153.

541 Vgl. *Grottel*, Sonstige Pflichtangaben, 2014, § 285 HGB, Rn. 291.

542 Vgl. Bundestag, Drucksache 16/10067, 30.07.2008, S. 153.

543 Vgl. *Grottel*, Sonstige Pflichtangaben, 2014, § 285 HGB, Rn. 291.

544 Vgl. umfangreich *Grottel*, Sonstige Pflichtangaben, 2014, § 285 HGB, Rn. 301; *Petersen, Zwirner*, Angabepflicht der Honoraraufwendungen, *2008*, S. 282.

Zudem zählen zu dieser Gruppe auch die Aufwendungen für Prüfung eines Konzernpackages sowie die Kosten, die im Zusammenhang mit freiwillig erstellten IFRS-Einzelabschlüssen gemäß § 325 Abs. 2a und 2b HGB stehen.[545]

Durch IDW ERS HFA 36 n. F. soll der Kreis der Leistungen, die in der Honorarkategorie für Abschlussprüfungsleistungen anzugeben sind, erweitert werden. So führt die neu eingefügte Rn. 12a aus, dass eine Leistung bei unmittelbarer Veranlassung durch die Prüfung oder Nutzung im Rahmen der Prüfung als Abschlussprüfungsleistung gilt. Unmittelbare Veranlassung liegt vor bei Prüfungspflicht gem. §§ 317 ff. HGB oder aufgrund einschlägiger IDW Prüfungsstandards, bei gesetzlicher Ausdehnung des Prüfungsauftrages bspw. bei Prüfungen gem. § 53 Haushaltsgrundsätzegesetz (HGrG) oder § 317 Abs. 4 HGB sowie im Rahmen von *Enforcement*-Verfahren erbrachten Leistungen. Eine Nutzung im Rahmen der Prüfung ist gegeben bei direktem inhaltlichem Bezug der Leistung zur Abschlussprüfung sowie bei der Erlangung von Prüfungsnachweisen bspw. bei Reviews von Zwischenabschlüssen, Prüfungen interner Kontrollen bei Dienstleistungsunternehmen, Prüfungen IT-basierter Systeme mit Rechnungslegungsbezug sowie forensische Untersuchungen festgestellter Verstöße mit Bezug zur Rechnungslegung.[546] Diese Leistungen müssen nicht zwingend im Prüfungsauftrag vereinbart sein, sondern können auch in separaten Aufträgen erteilt werden.[547]

b) Andere Bestätigungsleistungen

Diese Kategorie wurde vor der Bilanzrechtsreform 2009 noch mit der Überschrift „Honorar für sonstige Bestätigungs- oder Bewertungsleistungen“ benannt. Im Zuge des BilMoG wurden im Einklang mit den entsprechenden EU-Richtlinien die Bewertungsleistungen aus dieser Kategorie gestrichen und die Kategorie mit „Honorar für andere Bestätigungsleistungen“ überschrieben. Als Begründung neben den EU-Vorgaben führte der Gesetzgeber zunächst an, dass der Abschlussprüfer ohnehin kaum noch Bewertungsleistungen erbringen dürfe. Infolge der Kritik des IDW, diese Formulierung sei irreführend, da der Abschlussprüfer nicht generell, sondern nur in bestimmten Fällen von der Durchführung von Bewertungsleistungen ausgeschlossen sei, wurde diese Passage aus der Gesetzesbegründung gestrichen.[548]

Die Umbenennung der Kategorie hat inhaltlich zur Folge, dass nun nach § 319 Abs. 3 Nr. 3 HGB zulässige Bewertungsleistungen des Abschlussprüfers, die ehemals in Kategorie 2 ausgewiesen wurden, in die vierte Honorarkategorie für „sonstige Leistungen“ umklassifiziert werden.

Die jetzige Kategorie enthält somit andere berufstypische Prüfungsleistungen im Sinne von § 2 Abs. 1 WPO, die außerhalb der Abschlussprüfung liegen, und für die der Abschluss-

545 Vgl. IDW, RS HFA 36, Rn. 12; *Lenz, Möller, Höhn*, Offenlegung der Honorare für Abschlussprüferleistungen, 2006, S. 1787 f.

546 Für weitere Beispiele vgl. IDW, ERS HFA 36, Anlage.

547 Vgl. IDW, ERS HFA 36, Rn. 12a.

548 Vgl. IDW, Stellungnahme Referentenentwurf, S. 16; *Petersen, Zwirner*, Angabepflicht der Honoraraufwendungen, 2008, S. 290.

prüfer gemäß § 48 Abs. 1 WPO sein Berufssiegel anwenden muss oder darf. Diese Prüfungen sind nicht verpflichtend vom bestellten Abschlussprüfer zu erbringen und sind somit aus Sicht des Abschlussprüfers als Zusatzleistungen der ersten Nichtprüfungshonorarkategorie zuzuordnen.[549] Dazu gehören beispielsweise die Gründungs-, Verschmelzungs- und Spaltungsprüfung.[550] Die prüferische Durchsicht von Zwischenabschlüssen, die laut GROTTEL (2014) aufgrund fehlender gesetzlicher Prüfungspflicht bisher den anderen Bestätigungsleistungen zuzurechnen ist[551], soll nunmehr zukünftig gem. IDW ERS HFA 36 n. F. als Abschlussprüfungsleistung gelten.[552] Als weitere Beispiele für andere Bestätigungsleistungen nennt die Anlage des IDW ERS HFA 36 Prüfungen nach dem Erneuerbare-Energien-Gesetz, Kraft-Wärme-Kopplungsgesetz oder Prüfungen von Pro-Forma-Finanzinformationen.

c) Steuerberatungsleistungen

In die Kategorie der Steuerberatungsleistungen fallen die nach § 319a Abs. 1 Nr. 2 HGB zulässigen steuerlichen Beratungsleistungen, die der Prüfer bei gleichzeitiger Abschlussprüfung erbringen darf. Unter Berücksichtigung dieser Vorschrift sind dies die Leistungen im Zusammenhang mit § 1 Steuerberatungsgesetz (StBerG).[553] Mögliche steuerliche Beratungsleistungen des Prüfers sind z. B. Beratung im Zusammenhang mit der Steuererklärungsabgabe, Beratung in Steuergestaltungsfragen, Aufzeigen von Gestaltungsalternativen und -initiativen oder Verweise auf die geltende Steuerrechtslage bei bestimmten Situationen.[554]

d) Sonstige Leistungen

Die Honorarkategorie „sonstige Leistungen“ dient als Auffangbecken für alle nach §§ 319 und 319a zulässigen Nichtprüfungsleistungen, die nicht in den Kategorien „andere Bestätigungsleistungen“ und „Steuerberatungsleistungen“ erfasst werden. Nach Umbenennung der Kategorien im Zuge des BilMoG sind in dieser Kategorie Bewertungsleistungen des Prüfers, sofern sie mit § 319 Abs. 3 Nr. 3 Buchstabe d HGB kompatibel sind, anzugeben. Zudem fallen in diese Kategorie u.a. Honorare für Schulungsmaßnahmen, prüfungsnahe Beratung oder treuhänderische Tätigkeiten, *Corporate Governance* Beratungen bspw. in Bezug auf *Compliance*, Risikomanagement und interne Revision oder sonstige Beratung in wirtschaftlichen Angelegenheiten.[555]

---

[549] Vgl. *Bischof*, Anhangangaben zu den Honoraren für Leistungen des Abschlussprüfers, 2006, S. 711. Zu teilweise gegenteiliger Auffassung vgl. *Pfitzer, Oser, Orth*, BilReG, 2004, S. 2595.

[550] Vgl. in umfassender Darstellung *Grottel*, Sonstige Pflichtangaben, 2014, § 285 HGB, Rn. 302.

[551] Vgl. *Grottel*, Sonstige Pflichtangaben, 2014, § 285 HGB, Rn. 302. Für gegenteilige Auffassung vgl. *Pfitzer, Oser, Orth*, BilReG, 2004, S. 2595.

[552] Vgl. IDW, ERS HFA 36, Anlage.

[553] Vgl. *Petersen, Zwirner*, Angabepflicht der Honoraraufwendungen, 2008, S. 283.

[554] Vgl. *Grottel*, Sonstige Pflichtangaben, 2014, § 285 HGB, Rn. 303. So auch die Beispiele in IDW, ERS HFA 36, Anlage.

[555] Vgl. *Grottel*, Sonstige Pflichtangaben, 2014, § 285 HGB, Rn. 304; *Petersen, Zwirner*, Angabepflicht der Honoraraufwendungen, 2008, S. 283; IDW, ERS HFA 36, Anlage.

4.4.2 Besonderheiten im Konzernanhang

§ 314 Abs. 1 Nr. 9 HGB bestimmt die Pflicht zur Honorarangabe im Konzernabschluss. Angabepflichtig ist das Gesamthonorar, welches der Prüfer des Konzernabschlusses erhält, aufgeschlüsselt in die Honorarkategorien, die auch § 285 Nr. 17 HGB nennt. Die Ausführungen zu den Inhalten der einzelnen Honorarkategorien gelten daher für die Angabepflichten im Konzernanhang analog.

Zu dem Gesamthonorar des Konzernabschlussprüfers zählen nach aktueller Fassung des IDW RS HFA 36 die Honorare, welche er für Leistungen an das Mutterunternehmen, vollkonsolidierte Tochterunternehmen oder an quotal konsolidierte Gemeinschaftsunternehmen bezogen hat. Im letzten Fall wird eine Berücksichtigung des Honorars gemäß der Beteiligungsquote empfohlen.[556] Eine Zusammenfassung der Honorare ist für die Darstellung ausreichend.[557] IDW ERS HFA 36 n. F. sieht nunmehr einen Einbezug der Honorare für erbrachte Leistungen an assoziierte Unternehmen vor. Außerdem sollen Honorare aus Leistungen an anteilig einbezogene Gemeinschafts- oder assoziierte Unternehmen nur in Höhe der Beteiligungsquote erfolgen.[558]

Nehmen die von einem anderen Prüfer als dem Konzernabschlussprüfer geprüften Gesellschaften die Verweismöglichkeit gem. § 285 Nr. 17 letzter Satzteil HGB in Anspruch, ist im Konzernabschluss eine Angabe der Honorare, die diese Prüfer bezogen haben, in gesonderter Form oder in Form eines Davon-Vermerks nötig.[559]

Im Rahmen der Honorarangabe in Konzernabschlüssen wurde bereits im Zuge der erstmaligen Honorarveröffentlichungsvorschriften des BilReG kritisiert, dass sich die Berichtspflicht lediglich auf das vom Konzernabschlussprüfer berechnete Gesamthonorar bezieht.[560] An dieser Regelung hat sich auch im Zuge des BilMoG nichts geändert. Werden konsolidierte Unternehmen nicht vom Konzernabschlussprüfer geprüft, sondern von dessen (internationalen) Netzwerk- oder Verbundmitgliedern, so ist eine Angabe über deren Honorare im Konzernabschluss nicht erforderlich.[561] Durch das Außerachtlassen dieser Honorare können sich Verzerrungen im Honorarausweis ergeben, die eine Vergleichbarkeit der Abschlüsse beeinträchtigt. So kann eine Verlagerung von Beratungsleistungen auf Netzwerkmitglieder den Anteil von Beratungshonoraren am Gesamthonorar verändern und damit die Wahrnehmung einer Unabhängigkeitsbeeinträchtigung beeinflussen. Mögliche Folgen seien an zwei Szenarien kurz aufgezeigt:

---

[556] Eine Einbeziehung zu 100 % ist dennoch zulässig. Beteiligungen an assoziierten Unternehmen sind nicht einzubeziehen. Dies gilt auch für nicht konsolidierte Tochter- und Gemeinschaftsunternehmen, vgl. IDW, RS HFA 36, Rn. 21-22.

[557] Vgl. IDW, RS HFA 36, Rn. 19.

[558] Vgl. IDW, ERS HFA 36, Rn. 19.

[559] Vgl. IDW, RS HFA 36, Rn. 20.

[560] Vgl. *Lenz, Möller, Höhn*, Offenlegung der Honorare für Abschlussprüferleistungen, 2006, S. 1788; *Köhler, Marten, Ratzinger, Wagner*, Prüfungshonorare, 2010, S. 7-9; *Wollmert, Oser, Graupe*, Anhangangaben zu den Abschlussprüferhonoraren, 2010, S. 125 f; *Kirsch, Ewelt-Knauer, Gallasch*, Stärkung der wahrgenommenen Unabhängigkeit, 2013, S. 652.

[561] Vgl. IDW, RS HFA 36, Rn. 7.

Szenario 1

Der Konsolidierungskreis[562] eines Konzerns umfasse zehn Unternehmen (Mutterunternehmen und 9 vollkonsolidierte Tochterunternehmen), deren Einzelabschlüsse alle vom Konzernabschlussprüfer A geprüft werden. Alle Unternehmen haben ihren Sitz in Deutschland. Die Prüfungshonorare betragen 80.000 € für den Konzernabschluss und 20.000 € je Einzelabschluss. Prüfer A erbringt für die Tochterunternehmen zudem sonstige Leistungen i. H. v. 100.000 €.

Die Honorarveröffentlichung im Konzernabschluss gestaltet sich gem. § 314 Abs. 1 Nr. 9 HGB wie folgt:

Tabelle 3: Besonderheiten im Konzernanhang - Szenario 1

Gesamthonorar	Honorar für Abschluss-prüfungs-leistungen	Honorar für andere Bestätiungs-leistungen	Honorar für Steuerberatungs-leistungen	Honorar für sonstige Leistungen
380.000 €	280.000 €	-	-	100.000 €

Das Gesamthonorar umfasst die Honorare für die Konzernabschlussprüfung, die Prüfungen der zehn Einzelabschlüsse sowie das Honorar für die sonstigen (Nichtprüfungs-) Leistungen. Der Anteil des Beratungshonorars am Gesamthonorar beträgt ca. 26,3 % und überschreitet einen von Investoren mitunter als kritisch wahrgenommenen Wert von 25 %.[563]

Szenario 2

Im Gegensatz zu Szenario 1 befinden sich die Sitze der Tochterunternehmen nicht in Deutschland, sondern im Ausland. Der Sitz des Mutterunternehmens liege weiterhin in Deutschland. Prüfer A prüft den Konzernabschluss und den Einzelabschluss des Mutterunternehmens. Die Einzelabschlüsse der Tochterunternehmen werden von Prüfer A-XY geprüft, der zum internationalen Netzwerk von Prüfer A gehört. Prüfer A-XY erbringt sonstige Leistungen für die ausländischen Tochterunternehmen i. H. v. 100.000 €. Alle anderen Angaben entsprechen denen des ersten Szenarios.

562 Bei der Ermittlung des Konsolidierungskreises sind die für den jeweiligen Konzernabschluss maßgeblichen Rechnungslegungsstandards maßgebend. So gelten bei einem HGB Konzernabschluss die Honorarangaben für den Konsolidierungskreis gem. § 290 HGB i. V. m. §§ 294, 296 HGB bzw. §§ 310 ff. HGB, während sie bei einem IFRS-Abschluss den Konsolidierungskreis gem. IFRS 10, IFRS 11 bzw. IAS 28 betreffen. Teilkonzerne sind isoliert zu betrachten. Vgl. IDW, RS HFA 36, Rn. 22, 23; IDW, ERS HFA 36, Rn. 22, 23.

563 Vgl. *Quick, Warming-Rasmussen*, Auditor independence and the provision of non-audit services, 2009, S. 142. Die Autoren ermitteln einen kritischen Anteilswert von 25 %, ab befragte Investoren von einer Unabhängigkeitsbeeinträchtigung des Prüfers ausgehen. Siehe dazu ausführlich Kapitel 5.

Die gem. § 314 Abs. 1 Nr. 9 HGB im Konzernabschluss zu veröffentlichenden Honorare ergeben sich damit folgendermaßen:

Tabelle 4: Besonderheiten im Konzernanhang - Szenario 2

Gesamthonorar	Honorar für Abschluss-prüfungs-leistungen	Honorar für andere Bestätigungs-leistungen	Honorar für Steuerberatungs-leistungen	Honorar für sonstige Leistungen
100.000 €	100.000 €	-	-	-

Angabepflichtig sind nun nur noch die Honorare für die Konzernabschlussprüfung und die Prüfung des Einzelabschlusses des Mutterunternehmens. Die an das Netzwerkmitglied gezahlten Prüfungs- und Nichtprüfungshonorare tauchen in der Darstellung nicht mehr auf, so dass das Gesamthonorar dem Honorar für Abschlussprüfungsleistungen zu 100 % entspricht. Eine mögliche Unabhängigkeitsbeeinträchtigung durch einen hohen Anteil von Beratungshonoraren lässt sich anhand dieser Angaben nicht mehr ablesen.

Eine einheitliche Darstellung ließe sich erreichen, indem in § 285 Nr. 17 HGB und § 314 Abs. 1 Nr. 9 HGB auf den (Konzern-)Abschlussprüfer und dessen Netzwerkmitglieder abgestellt werden würde.[564] KÖHLER/RATZINGER-SAKEL (2012) erkennen zwar, dass die Existenz ausländischer Tochterunternehmen keine Auswirkungen auf das Prüfungshonorar des Konzernabschlusses zeigt, und schließen daraus, dass keine Beeinträchtigung der internationalen Vergleichbarkeit der Honorarangaben aufgrund der unklaren Gesetzesregelung vorliege.[565] Die Hypothesenbegründung, dass sich eine Honorarverzerrung bei Konzernen mit ausländischen Töchtern ergeben sollte[566], ist allerdings nur teilweise überzeugend, da Netzwerkmitglieder des Prüfers insbesondere Nichtprüfungsleistungen auch für inländische Konzernunternehmen erbringen könnten, deren Honorare nicht angabepflichtig wären.

4.5 Enforcement und Prüferhaftung

Zur Sicherung von Prüfungsqualität sollen schließlich ein *Enforcement*- und Qualitätskontrollsystem beitragen, welche die Einhaltung von gesetzlichen Normen und berufsständischen Regelungen überwachen. Eine Sanktionierung bei Verstößen erfolgt im Rahmen von Haftungsnormen, denen der Abschlussprüfer unterliegt.

Deutsches *Enforcement*-System

Unter *Enforcement* ist die Durchsetzung und Überwachung der Einhaltung von Normen mittels dazu berechtigter Institutionen zu verstehen. Im Bereich der Rechnungslegung wurde in Deutschland, neben der bereits bestehenden Institution Abschlussprüfung als ein Bestandteil des *Accounting-Enforcements*, ab 2004 im Rahmen des Bilanzkontrollgesetzes (BilKoG) als weitere Säule ein externes, zweistufiges *Enforcement*-System aufgebaut, um die

[564] Vgl. *Lenz, Möller, Höhn*, Offenlegung der Honorare für Abschlussprüferleistungen, 2006, S. 1788.
[565] Vgl. *Köhler, Ratzinger-Sakel*, Audit market characteristics, 2012, S. 302.
[566] Vgl. *Köhler, Ratzinger-Sakel*, Audit market characteristics, 2012, S. 286.

Qualität der Rechnungslegung zu verbessern.[567] Dieses System besteht auf der ersten Stufe aus der Tätigkeit der Deutschen Prüfstelle für Rechnungslegung (DPR). Die privatrechlich organisierte DPR prüft anlassbezogen und stichprobenmäßig die Normenkonformität von Abschlüssen kapitalmarktorientierter Unternehmen unter freiwilliger Mitwirkung dieser Unternehmen.[568] Da die DPR keine Gewalt besitzt, die Mitwirkung des zu prüfenden Unternehmens zu erzwingen oder Bilanzierungsfehler zu veröffentlichen, tritt in diesen Fällen auf der zweiten Ebene des Systems die Bundesanstalt für Finanzdienstleistungsaufsicht (BaFin) als staatliche Institution auf. Aufgedeckte Rechnungslegungsfehler werden schließlich auf Veranlassung der BaFin im elektronischen Bundesanzeiger veröffentlicht. Sowohl das geprüfte Unternehmen als auch der das Mandat betreuende Abschlussprüfer unterliegen damit zumindest einer negativen Publizität.[569] Mit dem Fokus der Prüfungstätigkeit auf ausschließlich kapitalmarktorientierte Unternehmen greift dieses zweistufige *Enforcement*-System jedoch nicht in die Sphäre der nicht kapitalmarktorientierten Unternehmen ein.

Neben dem *Enforcement* zur Rechnungslegung existieren Institutionen zur Überwachung berufsständischer Regelungen, die eine Qualitätskontrolle im Bereich der Abschlussprüfung gewährleisten sollen. Im Rahmen des APAReG wird das bisher dafür zuständige, ehrenamtliche Gremium der Abschlussprüferaufsichtskommission (APAK) mit Wirkung zum 17.06.2016 aufgelöst und durch die staatliche Behörde der neu zu gründenden Abschlussprüferaufsichtsstelle (APAS) ersetzt.[570] Als berufsstandsunabhängige Kontrollinstanz trägt die APAS vor allem die Funktion eines Qualitätskontrollprüfers bei Abschlussprüfern, die PIE prüfen.[571] Die Qualitätsaufsicht über Abschlussprüfer bei nicht kapitalmarktorientierten Non-PIE-Mandaten soll mittels der Delegation dieser Aufgabe an die WPK weiterhin der *„Selbstverwaltung der Wirtschaftsprüfer“*[572] überlassen werden.[573] Während die APAS sowohl stichprobenhaft und anlassbezogen kontrollieren soll, wird die WPK nur bei konkretem Verdacht auf Verstöße tätig, so dass auch hier eine Fokussierung auf kapitalmarktorientierte Mandate erfolgt. Als mögliche Sanktionsmaßnahmen bei Verstößen ist geplant, Angaben über Charakter und Art des Verstoßes zu veröffentlichen sowie den Namen der betroffenen Wirtschaftsprüfungsgesellschaft bekannt zu geben. Eine Nennung personenbezogener Daten bzw. die Angabe der Namen natürlicher Personen darf nicht erfolgen. Damit ist diese Sanktion letztendlich nur bei Prüfungsgesellschaften, nicht aber bei Einzelprüfern, die vor allem im Segment nicht börsennotierter Mandate vertreten sind, anwendbar.[574] LENZ (2015) kritisiert zudem, dass angesichts der geplanten Vorschriften Angaben über Verstöße erst Jahre später erfolgen.[575]

567 Vgl. *Strohmenger*, Germany's two-tiered enforcement system, 2014, S. 274.

568 Vgl. *Marten, Quick, Ruhnke*, Wirtschaftsprüfung, 2015, S. 25.

569 Vgl. *Strohmenger*, Germany's two-tiered enforcement system, 2014, S. 275.

570 Vgl. *Kelm, Schneiß, Schmitz-Herkendell*, Abschlussprüferaufsichtsreformgesetz, 2016, S. 61.

571 Vgl. *Lenz*, Abschlussprüferaufsichtsstelle, 2015, S. 216.

572 BReg, Gesetzentwurf APAReG, 2015, S. 116.

573 Vgl. *Lenz*, Abschlussprüferaufsichtsstelle, 2015, S. 216. LENZ (2015) betont jedoch, dass aufgrund des Zweitprüfungs- und Letztentscheidungsrecht der APAS die Selbstverwaltung des Berufsstandes faktisch stark begrenzt wird, vgl. *Lenz*, Abschlussprüferaufsichtsstelle, 2015, S. 218.
KELM/SCHNEIß/SCHMITZ-HERKENDELL (2016) dagegen sehen weiterhin genügend Platz für die Selbstverwaltung der Prüfer, vgl. *Kelm, Schneiß, Schmitz-Herkendell*, Abschlussprüferaufsichtsreformgesetz, 2016, S. 62.

574 Vgl. *Lenz*, Abschlussprüferaufsichtsstelle, 2015, S. 218.

575 Vgl. *Lenz*, Abschlussprüferaufsichtsstelle, 2015, S. 218.

Haftung des Abschlussprüfers

Bei Normverstößen des Abschlussprüfers greifen unterschiedliche Haftungs- und Ahndungsvorschriften. Diese lassen sich unterteilen in a) die zivilrechtliche Haftung des Prüfers, b) die berufsrechtliche Ahndung, c) die Inanspruchnahme aus strafrechtlichen Vorschriften sowie d) ordnungsrechtlichen Folgen.[576] Die zivilrechtliche Haftung des Prüfers kann sich gegenüber dem Auftraggeber (Auftraggeberhaftung) gem. § 323 HGB sowie gegenüber Dritten (Dritthaftung) vorwiegend nach §§ 823, 826 BGB ergeben. Während einer Dritthaftung aufgrund strenger Anwendungstatbestände regelmäßig nur geringe Bedeutung zukommen dürfte[577], beschränkt § 323 Abs. 2 HGB im Rahmen der Auftraggeberhaftung insbesondere bei nicht börsennotierten Mandaten bei fahrlässiger Pflichtverletzung die Prüferhaftung auf eine Mio. €.[578] Die berufsrechtliche Ahndung erfolgt im Rahmen der Disziplinaraufsicht, die – wie obenstehend beschrieben – in Zukunft von der APAS mit Delegation der Überwachung im Bereich der Non-PIE-Mandate auf die WPK ausgeführt wird, und der Berufsgerichtsbarkeit.[579] Berufsgerichtliche Maßnahmen reichen von Geldbußen über zeitweise Berufsverbote bis hin zum Ausschluss aus dem Beruf. Letztere Maßnahme setzt allerdings ein erhebliches Fehlverhalten des Prüfers voraus und wird daher sehr selten angewandt. Auch der Aussprechung von Berufsverboten kommt eher eine Präventivfunktion zu. Geldbußen sind bis auf 500.000 € unter Berücksichtigung der wirtschaftlichen Lage sowie des Ausmaßes der Pflichtverletzung des Prüfers begrenzt.[580] Strafrechtlich kann der Prüfer bei einer Verletzung der Berichtspflicht (§ 332 HGB), vor allem durch unwahre Berichterstattung, das Verschweigen wesentlicher Umstände im Prüfungsbericht und die Ausstellung eines falschen Bestätigungsvermerks, sowie bei einem Verstoß gegen die Pflicht zur Geheimhaltung gem. § 333 HGB in Anspruch genommen werden. Hier drohen dem Prüfer Geldstrafen oder Freiheitsstrafen bis zu fünf Jahren (bei Handlung gegen Entgelt oder in Schädigungsabsicht), allerdings setzen die Normen eine vorsätzliche und vollendete Handlung des Prüfers voraus.[581] Ordnungsrechtliche Konsequenzen treten gem. § 334 Abs. 2 HGB ein, wenn der Prüfer bspw. einen Bestätigungsvermerk für einen prüfungspflichtigen Abschluss erteilt, obwohl er aufgrund der Ausschlussvorschriften der §§ 319, 319a und 319b HGB von der Prüfung dieses Abschlusses ausgenommen ist. Den damit verbundenen Geldbußen kommt weniger ein Straf- als vielmehr ein Mahncharakter zu.[582]

---

576 Vgl. ausführlich *Marten, Quick, Ruhnke*, Wirtschaftsprüfung, 2015, S. 205-226.

577 Vgl. *Marten, Quick, Ruhnke*, Wirtschaftsprüfung, 2015, S. 210. Gleiches gilt für eine mögliche Dritthaftung aus vertraglichen oder vertragsähnlichen Anspruchsgrundlagen, die insbesondere bei gesetzlichen Pflichtprüfungen nur unter Vorliegen besonderer Voraussetzungen in Frage kommt, vgl. *Marten, Quick, Ruhnke*, Wirtschaftsprüfung, 2015, S. 210-212.

578 Bei der Prüfung von Aktiengesellschaften, deren Aktien zum Handel am regulierten Markt zugelassen sind, beschränkt § 323 Abs. 2 S. 2 HGB die Prüferhaftung auf vier Mio. €.

579 Vgl. *Marten, Quick, Ruhnke*, Wirtschaftsprüfung, 2015, S. 213-219.

580 Vgl. *Marten, Quick, Ruhnke*, Wirtschaftsprüfung, 2015, S. 220.

581 Vgl. *Marten, Quick, Ruhnke*, Wirtschaftsprüfung, 2015, S. 222-224.

582 Vgl. *Marten, Quick, Ruhnke*, Wirtschaftsprüfung, 2015, S. 225.

Während Abschlussprüfer im deutschen Rechtsraum im internationalen Vergleich generell einem geringerem Haftungsrisiko (*Litigation Risk*) unterliegen[583], zeigen die Ausführungen, dass die Wahrscheinlichkeit einer Haftungsbeanspruchung des Abschlussprüfers bei der Prüfung nicht kapitalmarktorientierter Non-PIE noch geringer ausfällt. Dies ist darauf zurückzuführen, dass sich das deutsche *Enforcement*-System im Bereich der Rechnungslegung und der Berufsaufsicht auf das Prüfungsmarktsegment der PIE-Mandate fokussiert mit der wahrscheinlichen Folge, dass Verstöße des Prüfers bei anderen Unternehmen seltener aufgedeckt werden. Bei aufgedeckten Verstößen greift dann eine im Vergleich zu börsennotierten Mandaten verstärkte Haftungsbegrenzung, die den finanziellen Schaden des Prüfers beschränkt.

4.6 Kapitelzusammenfassung

In diesem Kapitel wurden die handelsrechtlichen Vorgaben, die der Gesetzgeber mit dem Ziel einer Sicherstellung der Prüfungsqualität implementiert hat, dargestellt.

Die zentralen Erkenntnisse des Kapitels lassen sich wie folgt darstellen:

- Die handelsrechtlichen Vorschriften zur Sicherung der Prüfungsqualität beginnen bereits bei der Wahl und Bestellung des Abschlussprüfers, der grundsätzlich auf Eigentümerbeschluss zu bestimmen ist. Ausnahmen können sich bei Gesellschaften mit beschränkter Haftung und Personenhandelsgesellschaften, bei denen die Prüferwahlkompetenz auch auf die Geschäftsführung übertragen werden kann, ergeben.

- Der Gesetzgeber verbietet eine Annahme des Prüfungsauftrags, wenn die Unabhängigkeit des Abschlussprüfers aus der Sichtweise eines außenstehenden Dritten nicht gewährleistet erscheint. So führen persönliche und finanzielle Verflechtungen des Prüfers mit dem Mandanten zu einem Ausschluss von einer möglichen Prüfungstätigkeit. Weiterhin wird die Erbringung bestimmter Beratungsleistungen durch den Abschlussprüfer untersagt, da diese eine Gefahr der Selbstprüfung nach sich ziehen könnten. Die EU-Kommission hat diese Vorschriften vor allem für Unternehmen von öffentlichem Interesse in jüngster Vergangenheit tendenziell verschärft. Eine mögliche Ausstrahlwirkung dieser Vorgaben auf den Bereich der nicht kapitalmarktorientierten Non-PIE bleibt abzuwarten, das Risiko einer Abfärbung auf die Abschlussprüfung auch in diesem Segment wird jedoch von einigen Autoren als hoch eingeschätzt.[584]

[583] Vgl. *Baker, Mikol, Quick*, Regulation of the statutory auditor in the European Union, 2001, S. 778 f.; *Piot*, Auditor reputation and model of governance, 2005, S. 27; *Weber, Willenborg, Zhang*, Does auditor reputation matter, 2008, S. 942; *Ratzinger-Sakel*, Auditor fees and auditor independence, 2013, S. 130.

[584] Vgl. *Naumann, Herkendell*, Regulierung der Abschlussprüfung, 2014, S. 178.

- Ein generelles Verbot jeglicher Beratungsleistungen durch den Prüfer wurde bisher nicht ausgesprochen. Um einer möglichen Unabhängigkeitsbeeinträchtigung aufgrund eines starken finanziellen Eigeninteresses des Prüfers entgegenzuwirken, hat der Gesetzgeber eine Pflicht zur Veröffentlichung von Prüfungs- und Beratungshonoraren eingeführt und diese im Zuge des BilMoG auch auf nicht kapitalmarktorientierte Unternehmen ausgeweitet. Damit kommt dieser Norm eine Aufwertung zu.[585]

- Die Einhaltung der Rechnungslegungs- und Prüfungsvorschriften soll durch ein zweistufiges *Enforcement*-System und aufsichtsrechtliche Institutionen durchgesetzt werden und der Prüfer bei Verstößen mit Sanktionen belegt werden. Angesichts des Fokus der Kontrollinstanzen auf kapitalmarktorientierte Prüfungsmandate und einer zusätzlichen Haftungsbegrenzung bei der Prüfung nicht börsennotierter Unternehmen operiert der Abschlussprüfer in diesem Tätigkeitsfeld mit einem geringen Haftungsrisiko.

Aufbauend auf diesen Erkenntnissen widmet sich das folgende Kapitel nun einer qualitativen Untersuchung der von nicht börsennotierten Unternehmen veröffentlichten Honorare sowie einer Analyse des Verhältnisses von Prüfungs- und Beratungshonoraren als Indikator für eine mögliche Unabhängigkeitsbedrohung.

[585] Vgl. *Petersen, Zwirner*, Angabepflicht der Honoraraufwendungen, 2008, S. 280.

5 Qualitative und deskriptive Analyse der publizierten Prüfungs- und Nichtprüfungshonorare

Das vorangegangene Kapitel hat die rechtlichen Bestimmungen zur Honorarpublizität in Deutschland aufgezeigt. Dieses Kapitel untersucht nun die Honorarangaben deutscher, nicht kapitalmarktorientierter Unternehmen. Im Vordergrund der Untersuchung stehen vor allem drei Fragen:

1. Wie ist die Qualität der vorgenommenen Angaben in den Abschlüssen der Unternehmen zu beurteilen?
2. Welche Rolle spielt die Erbringung von Nichtprüfungsleistungen durch den Abschlussprüfer bei den betrachteten nicht kapitalmarktorientierten Unternehmen?
3. Welchen Anteil nehmen Honorare für Prüfungs- bzw. Nichtprüfungsleistungen am Gesamthonorar der Prüfer ein und lassen sich daraus mögliche Beeinträchtigungen der Prüferunabhängigkeit ableiten?

LENZ/MÖLLER/HÖHN (2006) konstatieren für deutsche börsennotierte Unternehmen eine heterogene Berichterstattungspraxis, die aufgrund nicht vorhandener oder wenig ausreichender zusätzlicher Angaben eine Vergleichbarkeit der Interpretation und eine Bildung von Kennzahlen beeinträchtigt.[586] Auch PETERSEN/ZWIRNER (2008) stellen eine *„intransparente Berichterstattungspraxis"*[587] börsennotierter Unternehmen fest. Eine einheitliche und transparente Berichterstattung ist notwendig, um den Zweck der Honoraroffenlegung als Instrument zur Beurteilung der Prüferunabhängigkeit erfüllen zu können, und sollte sowohl von Mandant und Prüfer befördert werden.[588] Die Beurteilung der Qualität der Honorarangaben erfolgt im Rahmen einer formalen Analyse.

Bereits in Kapitel 3 wurde ausgeführt, dass der Abschlussprüfer als externer Berater bei nicht kapitalmarktorientierten Unternehmen aufgrund weniger strenger gesetzlicher Ausschlussvorschriften in Frage kommt. Im Rahmen einer Untersuchung der Anzahl der Angaben über Nichtprüfungsleistungen wird der Frage nachgegangen, welche Rolle der Prüfer bei nicht kapitalmarktorientierten Unternehmen spielt.

Im Zuge einer Untersuchung der veröffentlichen Honorarwerte in den einzelnen Leistungskategorien wird schließlich analysiert, welche Anteile die Honorare am Gesamthonorar der Prüfer einnehmen. Letztendlich ist die Veröffentlichung der Honorare des Prüfers für Prüfungs- und Beratungsleistungen zu dem Zweck motiviert, dem Abschlussleser eine mögliche Beeinträchtigung der Unabhängigkeit des Prüfers aufgrund eines Missverhältnisses von Prüfungs- und Beratungshonoraren anzuzeigen.[589] Der letzte Schritt der Untersuchung beschäftigt sich daher mit der Frage, ob der Honoraranteil für Nichtprüfungsleistungen möglicherweise als kritisch wahrgenommene Schwellenwerte übersteigt. Am Ende des

---

586 Vgl. *Lenz, Möller, Höhn*, Offenlegung der Honorare für Abschlussprüferleistungen, 2006, S. 1793.

587 *Petersen, Zwirner*, Angabepflicht der Honoraraufwendungen, 2008, S. 280.

588 Vgl. *Petersen, Zwirner*, Angabepflicht der Honoraraufwendungen, 2008, S. 290.

589 Vgl. EU, Empfehlung 2002/590, L 191/41, 19.07.2002.

Kapitels wird schließlich kritisch betrachtet, ob sich aus den veröffentlichten Honoraren eine Unabhängigkeitsbetrachtung ableiten lässt.

Begründen lässt sich eine Pflicht zur Offenlegung der Prüferhonorare aus modelltheoretischen Ansätzen. Im Folgenden soll kurz auf den Ansatz von ANTLE (1984) eingegangen werden.

5.1 Modelltheoretischer Ansatz von ANTLE (1984)

Im Rahmen von Prinzipal-Agent-Beziehungen kommt dem Abschlussprüfer ursprünglich die Funktion eines *„Public Watchdog"*[590] zu, der den Prinzipal vor opportunistischem Verhalten des Agenten schützen soll.[591] Das Modell von ANTLE (1984) basiert auf der Überlegung, dass auch dem Abschlussprüfer gegenüber seinem Auftraggeber, dem Eigentümer bzw. Prinzipal, die Rolle eines Agenten zukommt. Somit besteht die Möglichkeit, dass der Prüfer seiner eigentlich zugedachten Funktion nicht mehr gerecht wird.

In ANTLES (1984) Modell wählt der Manager einen Arbeitseinsatz a_1, welcher das dem Eigentümer zustehende finanzielle Ergebnis x beeinflusst. Dieses Ergebnis hängt weiterhin von einem nicht beeinflussbaren Umweltzustand w ab. Abhängig von Arbeitseinsatz des Managers und dem eintretenden Umweltzustand ergibt sich eine Zufallsvariable m, die bspw. den sich unter Berücksichtigung von vorgegebenen Bilanzierungsnormen ergebenden Bilanzgewinn darstellt und nur vom Manager beobachtet werden kann.[592]

Auch der bestellte Prüfer entscheidet sich für einen Arbeitseinsatz a_2 (*Investigative Act*), aus dem eine nur vom Prüfer beobachtbare Zufallsvariable y resultiert, die als Information des Prüfers über die Korrektheit von m interpretiert werden kann und mit der der Prüfer auf den Arbeitseinsatz des Managers schließen kann.

Schließlich ergibt sich ex post eine Information z, die für alle drei Parteien (Eigner, Manager, Prüfer) beobachtbar ist und bspw. eine Erfolgskennzahl für die Branche, in der das betreffende Unternehmen tätig ist, darstellt.[593]

ANTLE (1984) siedelt nun die Verhaltensstrategien der einzelnen Parteien in einem spieltheoretischen Szenario mit folgendem zeitlichem Ablauf an (Abbildung 1).

Der Eigentümer beginnt, indem er dem Manager und Prüfer ein Vergütungsschema anbietet. Aufgabe dieses Anreizschemas ist es, Manager und Prüfer zu einem Verhalten im Sinne des Eigners zu motivieren. Im zweiten Schritt entscheiden Manager und Prüfer über die Annahme des angebotenen Vergütungsschemas und wählen, falls sie dem Angebot zustimmen, gleichzeitig ihren Arbeitseinsatz und ihr Berichtsverhalten, $\hat{m}$ bzw. $\hat{y}$. Da die später eintretenden Informationen m bzw. y nur von Manager bzw. Prüfer beobachtbar sind, können diese entscheiden, wie sie über m bzw. y berichten. Der Manager kann wahrheitsgetreu über m berichten ($\hat{m} = m$) oder aber einen anderen Zustand vermelden ($\hat{m} \neq m$).

590 *Shapiro*, Who pays the auditor calls the tune, 2005, S. 1030.
591 Vgl. *Velte*, Unabhängigkeit des Abschlussprüfers, 2011, S. 289 f.
592 Vgl. *Antle*, Auditor independence, 1984, S. 4.
593 Vgl. *Antle*, Auditor independence, 1984, S. 4.

Abbildung 1: Zeitlicher Ablauf des Modells nach ANTLE (1984)[594]

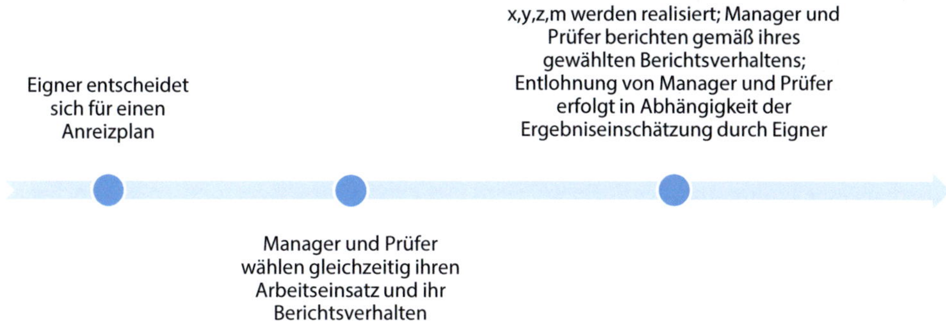

Der Prüfer kann aufrichtig über sein festgestelltes Prüfungsergebnis berichten ($\hat{y} = y$) oder seine tatsächlichen Informationen verschleiern ($\hat{y} \neq y$). Im dritten Schritt werden dann die tatsächlichen Informationen x, y, z und m realisiert und Manager und Prüfer berichten gemäß ihres gewählten Berichtsverhaltens an den Eigner. Dieser entlohnt Manager und Prüfer gemäß der berichteten Werte $\hat{y}, \hat{m}$ und der eingetretenen, allseits beobachtbaren Ex-post-Information z. Diese letztlich erfolgsabhängige Entlohnung ist zumindest für den Abschlussprüfer in der Realität fragwürdig, da eine erfolgsabhängige Entlohnung des Prüfers nicht erfolgen darf.[595]

In dem Szenario wird unterstellt, dass sich alle Akteure nutzenmaximierend verhalten und ein hoher Arbeitseinsatz von Manager und Prüfer als negativ empfunden wird.[596]

Ausgehend von dem vom Eigner vorgegebenen Anreizplan findet im zweiten und dritten Schritt ein Unterspiel zwischen Manager und Prüfer statt, in dem beide Parteien die Möglichkeit haben, verschiedene Nash-Gleichgewichte (Beste Antworten), die unterschiedliche Nutzenniveaus für die beiden repräsentieren, zu spielen.[597]

ANTLE (1984) unterscheidet an dieser Stelle zwischen drei Ausprägungen von Prüferunabhängigkeit: Ein *streng unabhängiger* Prüfer wird immer das Nash-Gleichgewicht spielen, das im besten Sinne des Eigners liegt. Allerdings könnte das zu einer Verfehlung des maximalen Nutzens des Prüfers führen. ANTLE (1984) führt daher einen wahrscheinlicheren Prüfertyp ein: Ein *unabhängiger* Prüfer wird immer die für ihn dominante Strategie in dem durch den Anreizplan des Eigners vorgegebenen Spiel spielen, ohne auf die Auswirkungen auf den Manager Rücksicht zu nehmen. Ein *nicht mehr unabhängiger* Prüfer liegt dann vor, wenn der Prüfer bereit ist, Seitenzahlungen durch den Manager zu akzeptieren. Da die Entlohnung des Managers und des Prüfers von den berichteten Zuständen abhängt, könnten beide ein Interesse daran haben, ihr Berichtsverhalten abzustimmen, um einen möglichst hohen Nutzen (resultierend aus hoher Vergütung und geringem Arbeitseinsatz) zu erzielen. Der Manager könnte in diesem Fall bereit sein, dem Prüfer Seitenzahlungen zukommen zu

594 Vgl. *Antle*, Auditor independence, 1984, S. 5.
595 Vgl. EU, Verordnung Nr. 537/2014, L 158/79 Erwägungsgrund 7, 27.05.2014.
596 Vgl. *Antle*, Auditor independence, 1984, S. 4 f.
597 Vgl. *Antle*, Auditor independence, 1984, S. 6 ff.

lassen, um ein für ihn günstiges Berichtsverhalten des Prüfers zu bewirken. In diesem Sinne stellt die Prüferunabhängigkeit nach ANTLE (1984) „*the independent auditor's refusal to engage in side-payments schemes with the manager*“[598] dar.

Nimmt der Eigner (naiverweise) einen streng unabhängigen Prüfer an, ergibt sich ein Nash-Gleichgewicht, in dem weder der Manager noch der Prüfer einen hohen Arbeitseinsatz an den Tag legen. Vielmehr ist es für die beiden nutzenmaximierend, das gleiche, hohe Ergebnis an den Eigner zu berichten.[599] Geht der Eigner von einem unabhängigen Prüfer aus, hängt die Entlohnung des Prüfers[600] nicht mehr von $\hat{m}$ und $\hat{y}$ ab, sondern nur noch von z ab.[601]

Den größten Nutzenverlust erleidet der Eigner, wenn sich der Prüfer nicht unabhängig verhält. Ein rationaler Eigner wird die Kooperationsbereitschaft von Manager und Prüfer allerdings antizipieren und im Fall einer absehbaren Kooperation darauf verzichten, den betreffenden Prüfer zu engagieren. Die Folgen einer Unabhängigkeitsbeeinträchtigung des Prüfers für den Eigner hängen damit von dessen Möglichkeiten ab, einen reduzierten Arbeitseinsatz und ein nicht wahrheitsgemäßes Berichtsverhalten des Prüfers und des Managers aufzudecken. Lassen sich mögliche Kooperationen von Management und Prüfer durch den Eigner beobachten und drohen dem Prüfer damit bei einer Aufdeckung längerfristige Reputationsverluste, bestehen für ihn Anreize sich zumindest unabhängig zu verhalten, auch wenn er durch eine Kooperation kurzfristige Kollusionsgewinne erzielen könnte.[602] Da ANTLE (1984) davon ausgeht, dass Seitenzahlungen unter dem Deckmantel von vom Management vergebenen Beratungsaufträgen versteckt werden können, spricht dies für eine Veröffentlichung von Beratungshonoraren. Auch im Rahmen der Quasi-Renten Theorie lässt sich eine Honorarveröffentlichung zur Steigerung der Unabhängigkeit begründen. So argumentiert DYE (1991), dass bei einer Beobachtbarkeit der Quasi-Renten[603], die der Prüfer erzielt, das Vertrauen der Abschlussadressaten in den geprüften Abschluss sinkt und es daher für den Mandanten sinnlos ist, dem Prüfer Quasi-Renten zu zahlen.[604] Eine Offenlegung der Prüfungshonorare dürfe demnach zu einer Eliminierung von Quasi-Renten und *Low Balling* führen und sich damit positiv auf die Unabhängigkeit des Prüfers auswirken.[605]

Die Prüfungsforschung untersucht in diesem Zusammenhang, ob die Erbringung von Beratungsleistungen bzw. ein hoher Anteil von Beratungshonoraren am Gesamthonorar auch von Abschlussadressaten als Indikator für eine Unabhängigkeitsbeeinträchtigung wahrgenommen wird. Zum Einsatz kommen dabei vorwiegend Befragungen, Experimentalstudien sowie Arbeiten, die den Einfluss von Honorarangaben auf Kapitalmarktreaktio-

---

598 *Antle*, Auditor independence, 1984, S. 10.

599 Vgl. *Antle*, Auditor independence, 1984, S. 13 f.

600 Die Entlohnung des Managers ist weiterhin abhängig von dem von ihm berichteten Ergebnis $\hat{m}$, dem Prüfungsbericht $\hat{y}$ und der allseits beobachtbaren Variablen z.

601 Vgl. *Antle*, Auditor independence, 1984, S. 14 f.

602 Vgl. *Antle*, Auditor independence, 1984, S. 15 f.

603 Das setzt eine gewisse Urteilsfähigkeit seitens der Abschlussadressaten voraus, die in der Lage sein müssen, die veröffentlichten Prüfungshonorare hinsichtlich der Existenz von Quasi-Renten entsprechend zu interpretieren.

604 Vgl. *Dye*, Auditor replacement, 1991, S. 349. DYE (1991) geht im Gegensatz zu DEANGELO (1981) in seinem Modell davon aus, dass der Mandant bei einer Unbeobachtbarkeit der Honorare dem Prüfer freiwillig Quasi-Renten zahlt, um diesen zu einer günstigen Berichterstattung zu bewegen.

605 Vgl. *Marten, Quick, Ruhnke*, Wirtschaftsprüfung, 2011, S. 156.

nen untersuchen.[606] Die Arbeiten stammen dabei hauptsächlich aus dem angelsächsischen Raum und belegen überwiegend einen negativen Einfluss auf die *wahrgenommene* Prüfungsqualität.[607] Belege für den europäischen bzw. deutschen Markt bieten u.a. QUICK/WARMING-RASMUSSEN (2005), die in einer Befragung zeigen, dass dänische Anteilseigner und Wirtschaftsjournalisten die Erbringung von Beratungsleistungen als unabhängigkeitsbeeinträchtigend wahrnehmen.[608] Auch deutsche Investoren geben an, dass sie das gleichzeitige Durchführen von Beratungsleistungen als problematisch auffassen, selbst wenn es sich um vom Gesetzgeber explizit zugelassene Dienstleistungen handelt.[609] UMLAUF (2013) stellt für deutsche börsennotierte Unternehmen fest, dass ein höherer Anteil von Beratungshonoraren in der prüfungsfremden Kategorie der Sonstigen Leistungen zu einer geringeren Wertrelevanz des Periodenergebnisses führt, was ebenfalls auf eine beeinträchtigte Wahrnehmung der Unabhängigkeit hindeutet.[610]

Gleichzeitig greift hier die Kritik an der Eignung der Honorarveröffentlichung (v. a. in der derzeitigen Form) für den ihr zugedachten Zweck als Maß für die Unabhängigkeit des Prüfers an. Im Hinblick auf eine hohe *tatsächliche* Prüfungsqualität kommt letztendlich weniger einer Unabhängigkeitswahrnehmung sondern vielmehr der tatsächlichen Unabhängigkeit entscheidende Bedeutung zu. Der empirische Befund findet jedoch keine eindeutigen Belege dafür, dass ein zunehmender Nichtprüfungshonoraranteil die (tatsächliche) Unabhängigkeit des Prüfers negativ beeinflusst.[611] DEFOND/RAGHUNANDAN/SUBRAMANYAM (2002) und CHUNG/KALLAPUR (2003) stellen keine Zusammenhänge zwischen dem Anteil von Nichtprüfungshonoraren und einer Ausstellung von *Going-Concern* Vermerken bzw. dem Ausmaß von Bilanzpolitik fest.[612] FRANKEL/JOHNSON/NELSON (2002) erzielen gemischte Befunde in Bezug auf das Ausmaß von Bilanzpolitik, deren wirtschaftliche Auswirkungen teilweise gering sind.[613] RATZINGER-SAKEL (2013) zeigt keinen signifikanten Einfluss hoher Beratungshonorare auf die Wahrscheinlichkeit der Ausstellung von *Going-Concern* Vermerken bei deutschen Unternehmen.[614] HOPE/LANGLI (2010) können dies insbesondere auch für nicht börsennotierte Unternehmen bestätigen.[615]

---

606 Vgl. für eine Übersicht *Pott, Mock, Watrin*, Auditor independence in fact vs. appearance, 2009, S. 226-234. Insbesondere zu Studien über die Kapitalmarktrelevanz von Honorarangaben vgl. *Umlauf*, Prüfungs- und Beratungshonorare von Konzernabschlussprüfern, 2013, S. 251-265.

607 Vgl. *Quick, Warming-Rasmussen*, The impact of MAS on perceived auditor independence, 2005, S. 137.

608 Vgl. *Quick, Warming-Rasmussen*, The impact of MAS on perceived auditor independence, 2005, S. 148. Die Autoren betonen, dass das dänische Setting dem deutschen nicht unähnlich ist, vgl. *Quick, Warming-Rasmussen*, Auditor independence and the provision of non-audit services, 2009, S. 144.

609 Vgl. *Quick, Warming-Rasmussen*, Auditor independence and the provision of non-audit services, 2009, S. 151.

610 Gleichzeitig kann allerdings kein Einfluss im Rahmen einer Ereignisstudie festgestellt werden, vgl. *Umlauf*, Prüfungs- und Beratungshonorare von Konzernabschlussprüfern, 2013, S. 319.

611 Vgl. *Sharma*, Non-audit services and auditor independence, 2014, S. 85.

612 Vgl. *DeFond, Raghunandan, Subramanyam*, Do non-audit service fees impair auditor independence, 2002, S. 1250; *Chung, Kallapur*, Client importance, 2003, S. 933.

613 Vgl. *Frankel, Johnson, Nelson*, The relation between auditors' fees for nonaudit services and earnings management, 2002, S. 71.

614 Vgl. *Ratzinger-Sakel*, Auditor fees and auditor independence, 2013, S. 130.

615 Vgl. *Hope, Langli*, Auditor independence, 2010, S. 574; Für eine Übersicht über weitere Befunde siehe *Sharma*, Non-audit services and auditor independence, 2014, S. 67-88.

PFITZER/ORTH/HETTICH (2004) merken daher an, dass durch Angabe der Honorare dem Abschlussleser eine potentielle Befangenheit vermittelt werde, die möglicherweise gar nicht besteht. Im Gegenzug fehle es an einer Möglichkeit, dieser Befangenheitsvermutung entgegenzuwirken.[616] Dies lässt sich durchaus mit Ergebnissen aus der Forschung unterstützen. So suggerieren die Ergebnisse von Experimentalstudien, dass selbst bei einer tatsächlichen Unabhängigkeit des Prüfers Angaben zu Beratungsleistungen und –honoraren dazu führen, dass Abschlussleser den Prüfer als weniger unabhängig wahrnehmen.[617] Aus ähnlichen Gründen kritisiert NIEHUS (2002) eine Honorarveröffentlichung als *„Fehlschluss“*[618], da mit der Aufstellung eines Pauschalverdachts einer Befangenheit bei Erbringung von Beratungsleistungen das Berufsethos des Wirtschaftsprüfers untergraben werde. Zudem bringen bestimmte Mandate dem Prüfer Reputationsgewinne sowie interne Wissenszuwächse und eine Festigung der branchenspezifischen Position, so dass Gebührenerwägungen hinten anstehen.[619]

Kritisiert wird weiterhin, dass das Verhältnis der von einem bestimmten Unternehmen bezogenen Prüfungs- und Beratungshonoraren kaum als Indikator für eine Unabhängigkeitsbeeinträchtigung geeignet ist.[620] Ein besserer Maßstab wäre der Anteil des Gesamthonorars aus einem Mandat an der Summe der gesamten Erlöse einer Prüfungsgesellschaft. Diese Daten sind aber vor allem bei kleineren und mittleren Prüfungsgesellschaften nicht öffentlich verfügbar.[621] Probleme bei der Honorarveröffentlichung in Konzernabschlüssen bereitet die Abgrenzung, für wen bzw. von wem die Leistungen erbracht wurden.[622] Durch eine mögliche Verlagerung von Beratungsleistungen auf Netzwerkmitglieder des Prüfers[623] ist eine Unabhängigkeitsbeurteilung nur noch eingeschränkt möglich, so dass der ursprüngliche Zweck der Vorschrift verfehlt werde.[624] Zu diesem Schluss kommt auch UMLAUF (2013), der außerdem anmerkt, dass kein quantifizierbarer Grenzwert für einen Beratungshonoraranteil existiert, ab dem eine mögliche Befangenheit für den Abschlussleser ablesbar ist.[625] KIRSCH/EWELT-KNAUER/GALLASCH (2013) bemängeln im Zusammenhang mit der Honorarangabe im Konzernabschluss, dass aufgrund des unscharf definierten Honorarempfängerkreises sowie des ungenauen Leistungsumfangs eine transparente Unabhängigkeitswahrnehmung durch die Abschlussadressaten nur schwer möglich sei.[626]

Die Ausdehnung der Honorarveröffentlichungspflicht auf nicht kapitalmarktorientierte Unternehmen wird am Ende dieses Kapitels kritisch beleuchtet.

---

616 Vgl. *Pfitzer, Orth, Hettich*, Stärkung der Unabhängigkeit des Abschlussprüfers, 2004, S. 328.

617 Vgl. *Dopuch, King, Schwartz*, Independence in appearance and in fact, 2003, S. 96-107; *Davis, Hollie*, The impact of nonaudit service fee levels, 2008, S. 37-41; *Flaming*, Audit quality components, 2008, S. 182.

618 *Niehus*, Das Honorar und der Abschlussprüfer, 2002, S. 622.

619 Vgl. *Niehus*, Das Honorar und der Abschlussprüfer, 2002, S. 623.

620 Vgl. *Niehus*, Das Honorar und der Abschlussprüfer, 2002, S. 624; *Lenz, Möller, Höhn*, Offenlegung der Honorare für Abschlussprüferleistungen, 2006, S. 1790 f.

621 Vgl. *Lenz, Möller, Höhn*, Offenlegung der Honorare für Abschlussprüferleistungen, 2006, S. 1791.

622 Vgl. *Lenz, Möller, Höhn*, Offenlegung der Honorare für Abschlussprüferleistungen, 2006, S. 1790.

623 Vgl. die Beispiele in Kapitel 4.

624 Vgl. *Lenz, Möller, Höhn*, Offenlegung der Honorare für Abschlussprüferleistungen, 2006, S. 1789.

625 Vgl. *Umlauf*, Prüfungs- und Beratungshonorare von Konzernabschlussprüfern, 2013, S. 97 f.

626 Vgl. *Kirsch, Ewelt-Knauer, Gallasch*, Stärkung der wahrgenommenen Unabhängigkeit, 2013, S. 666.

5.2 Bisherige Studien

Im Folgenden werden nun kurz die Ergebnisse von Arbeiten, die eine ähnliche Analyse – überwiegend für börsennotierte, deutsche Unternehmen – vornehmen, vorgestellt.

LENZ/MÖLLER/HÖHN (2006)

Die Autoren untersuchen Unternehmen des Prime Standard der deutschen Börse für das Geschäftsjahr 2005, dem Jahr, in dem eine Offenlegung der Honorare bei kapitalmarktorientierten Gesellschaften erstmalig vorzunehmen war. Neben einer stark schwankenden Berichtsqualität der Angaben stellen sie fest, dass ein nicht geringer Teil der Unternehmen überhaupt keine Nichtprüfungsleistungen des Abschlussprüfers in Anspruch nimmt. Die Autoren führen dies auf die strengeren Regelungen in Bezug auf die Erbringung von Beratungsleistungen der §§ 319, 319a HGB (a. F.) zurück.[627] Der durchschnittliche Anteil des Prüfungshonorars am kumulierten Gesamthonorar beträgt ca. 66,2 %, gefolgt von den sonstigen Leistungen mit ca. 14 % und den prüfungsnahen Bestätigungsleistungen mit ca. 12,2 % Honorare für Steuerberatungsleistungen haben nur einen Anteil von ca. 7,5 %.[628] Die Autoren beurteilen daher die Bedeutung der Honorare für Nichtprüfungsleistungen als moderat. Auch die Anteile einzelner Mandate mit den höchsten Gesamthonorarsummen am Gesamtumsatz der jeweils betreuenden BIG-5 Prüfungsgesellschaft zeigen keine allzu hohe finanzielle Abhängigkeit, da die Werte jeweils unter drei Prozent liegen.[629]

PETERSEN/ZWIRNER (2008)

PETERSEN/ZWIRNER (2008) bieten für das Jahr 2006 eine Untersuchung deutscher Unternehmen, die im DAX, MDAX, SDAX und TecDAX notiert sind. Im Gegensatz zu LENZ/MÖLLER/HÖHN (2006) stellen die Autoren fest, dass ca. 97 % der Unternehmen Beratungsleistungen vom Prüfer empfangen. Aus diesem Grund beurteilen die Autoren eine Trennung von Prüfung und Beratung für nicht praxistauglich und aufgrund der Fachkenntnisse des Prüfers auch nicht für sinngemäß.[630] Im Durchschnitt betragen die Honorare für Prüfungsleistungen ca. 69 %, wobei vor allem im DAX-30 ein Wert von 71 % erreicht wird.[631] Im Vergleich zur Untersuchung von LENZ/MÖLLER/HÖHN (2006) hat sich der Prüfungshonoraranteil also leicht erhöht. Dennoch finden sich Mandate, bei denen das Prüfungshonorar weniger als 25 % des Gesamthonorars ausmacht. Die Vermutung, dass BIG-5 Mandate im Vergleich zu von kleineren Prüfern betreuten Mandaten einen höheren Anteil an Prüfungshonoraren ausweisen, wird nicht bestätigt.[632] Schließlich konstatieren die Autoren im

---

627 Vgl. *Lenz, Möller, Höhn*, Offenlegung der Honorare für Abschlussprüferleistungen, 2006, S. 1793.

628 Vgl. *Lenz, Möller, Höhn*, Offenlegung der Honorare für Abschlussprüferleistungen, 2006, S. 1792. ZIMMERMANN (2008) stellt für das Jahr 2005 eine Honorarverteilung von 58 % auf Prüfungshonorare und 42 % auf Nichtprüfungshonorare fest, vgl. *Zimmermann*, Abschlussprüfer und Bilanzpolitik, 2008, S. 118 f.

629 Vgl. *Lenz, Möller, Höhn*, Offenlegung der Honorare für Abschlussprüferleistungen, 2006, S. 1793.

630 Vgl. *Petersen, Zwirner*, Angabepflicht der Honoraraufwendungen, 2008, S. 285.

631 Vgl. *Petersen, Zwirner*, Angabepflicht der Honoraraufwendungen, 2008, S. 287.

632 Vgl. *Petersen, Zwirner*, Angabepflicht der Honoraraufwendungen, 2008, S. 287.

Einklang mit LENZ/MÖLLER/HÖHN (2006) eine heterogene Qualität der Honorarangaben, welche die Interpretation teilweise erschwert.[633]

ZÜLCH/KRAUSS/PRONOBIS (2010)

Die Autoren analysieren die Entwicklung der Prüferhonorare von in DAX, MDAX, SDAX und TecDAX notierten Unternehmen für die Jahre 2004 bis 2008.[634] Die Darstellung der Zusammensetzung des Gesamthonorars auf Basis kumulierter Honorare in den einzelnen Jahren zeigt keinen eindeutigen Trend im Zeitverlauf. Der Anteil des Prüfungshonorars schwankt zwischen 52 % im Jahr 2005 und 60,6 % im Jahr 2007.[635] Den zweitgrößten Honorarbestandteil nehmen die prüfungsnahen Bestätigungsleistungen mit ca. 25 % bis 30 % ein. Steuerberatungsleistungen spielen mit teilweise weniger als fünf Prozent nur eine untergeordnete Rolle und auch sonstige Leistungen nehmen nur ca. 10 % des Gesamthonorars ein. Die Autoren betrachten das Verhältnis zwischen Beratungshonoraren und Prüfungshonoraren und werten als Indikator für eine mögliche Befangenheit des Prüfers einen Wert größer als eins, d. h. wenn die Beratungshonorare mehr als 50 % des Gesamthonorars betragen. Ungefähr ein Viertel der Unternehmen weist einen Wert größer oder gleich eins auf, wobei dieser Anteilswert über die Jahre weitgehend konstant ist. Die Autoren weisen allerdings darauf hin, dass daraus nicht zwangsläufig auf eine Unabhängigkeitsbeeinträchtigung geschlossen werden kann.[636] Weiterhin erkennen die Autoren im Zeitverlauf sinkende, größenbereinigte Honorare für Abschlussprüfungsleistungen, was auf einen erhöhten Preisdruck bei Prüfungsmandaten schließen lässt.[637]

Markstrukturanalysen der WPK (2007-2014)

Die WPK veröffentlicht - erstmals mit dem Jahr 2007 beginnend - im Rahmen ihrer jährlichen Marktstrukturanalyse auch eine Untersuchung der Abschlussprüferhonorare bei § 319a-Mandaten. Während in den Anfangsjahren zwischen BIG-4 und Non-BIG-4 Gesellschaften getrennt wurde, erfolgt nunmehr eine Differenzierung in BIG-4 Gesellschaften, diesen in der Größe nachfolgenden Next-10 Netzwerke und sonstige WP-Praxen. Die Analysen berichten einen über die Jahre relativ konstant bleibenden Anteil des Prüfungshonorars am Gesamthonorar, der sich bei insgesamt ca. 60 % bewegt. Ein Vergleich der unterschiedlichen Prüfergrößen zeigt, dass der Anteil der Nichtprüfungshonorare mit ca. 35 % bei den BIG-4 Prüfungsgesellschaften höher liegt als bei den restlichen Prüfern (ca. 23 %). Innerhalb der Nichtprüfungsleistungen entfallen die Honorare vor allem auf prüfungsnahe,

---

633 Vgl. *Petersen, Zwirner*, Angabepflicht der Honoraraufwendungen, 2008, S. 288 f.

634 Vgl. *Zülch, Krauß, Pronobis*, Die Entwicklung von Abschlussprüferhonoraren, 2010, S. 399. Im Jahr 2004 galt noch keine gesetzliche Verpflichtung zur Honoraroffenlegung, einige Unternehmen nahmen jedoch eine freiwillige Angabe vor. Die Ergebnisse für dieses Jahr sind aber aufgrund der geringen Beobachtungszahl von geringer Repräsentativität.

635 Im Jahr 2008 geht der Anteil wieder auf 54 % zurück, vgl. *Zülch, Krauß, Pronobis*, Die Entwicklung von Abschlussprüferhonoraren, 2010, S. 401. KÖHLER/MARTEN/RATZINGER/WAGNER (2010) berichten, dass bei kapitalmarktorientierten deutschen Unternehmen der Honoraranteil für Beratungshonorare in den Jahren 2005 bis 2007 von ca. 41 % auf nur noch ca. 29 % zurückgeht, vgl. *Köhler, Marten, Ratzinger, Wagner*, Prüfungshonorare, 2010, S. 13.

636 Vgl. *Zülch, Krauß, Pronobis*, Die Entwicklung von Abschlussprüferhonoraren, 2010, S. 402.

637 Vgl. *Zülch, Krauß, Pronobis*, Die Entwicklung von Abschlussprüferhonoraren, 2010, S. 401 f.

andere Bestätigungsleistungen, gefolgt von der Kategorie der sonstigen Leistungen. Steuerberatungsleistungen spielen bei den § 319a-Mandaten nur eine untergeordnete Rolle.[638] Ab den Jahren 2011/2012 lässt sich zudem beobachten, dass das durchschnittliche Honorar für Prüfungsleistungen je durchgeführte Prüfung tendenziell sinkt.[639]

Kirsch/Ewelt-Knauer/Gallasch (2013)

Die Autoren untersuchen die Konzernanhangsangaben von DAX-30 Unternehmen der Jahre 2005 bis 2010 insbesondere in Bezug auf die Problematik des unscharf definierten Kreises der Honorarempfänger und des ungenauen Umfangs der zu berichtenden Leistungen. Kirsch/Ewelt-Knauer/Gallasch (2013) stellen fest, dass nur in ca. 20 % der Beobachtungen die inländische Prüfungsgesellschaft samt ihrer verbundenen Unternehmen als Honorarempfänger in den Anhangsangaben genannt wird. In ca. 10 % der Fälle lässt sich anhand der Anhangsangabe kein konkreter Honorarempfänger klar feststellen.[640] Schwächen lassen sich vor allem beim berichteten Honorarumfang beobachten, das heißt der Frage, ob Honorare für die Prüfung des Konzern- und Einzelabschlusses des Mutterunternehmens und zuzüglich für die Prüfung von Einzelabschlüssen inländischer oder ausländischer Tochterunternehmen geleistet wurden. So ist in einem nicht unwesentlichen Anteil der Fälle kein eindeutiger Honorarumfang erkennbar.[641] Dies führe, kritisieren die Autoren, zu stark divergierenden Honorarwerten und verfehle damit das Ziel, dem Abschlussleser eine Transparenz für die Abschlussprüferhonorare zu vermitteln und ihm eine Unabhängigkeitsbeurteilung zu erlauben.[642]

Dobler (2014)

Die Arbeit von Dobler (2014) ist insbesondere im Hinblick darauf, dass er neben Prüferhonorare börsennotierter Unternehmen auch die Honorare nicht börsennotierter Firmen untersucht, für die vorliegende Analyse interessant. Der Autor vergleicht die Anteile von Beratungshonoraren am Gesamthonorar bei börsennotierten und nicht börsennotierten, deutschen Familienunternehmen für das Jahr 2009 und vermutet, dass der Anteil bei nicht börsennotierten Unternehmen höher ausfällt, da diese weniger strengen Regulierungsvorschriften unterliegen und ein hoher Beratungshonoraranteil in diesem Umfeld eher toleriert werde. Als kritischen Wert in Bezug eine mögliche Unabhängigkeitsbeeinträchtigung betrachtet er einen Anteil von 25 %.[643] Der Anteil des Prüfungshonorars am Gesamthonorar beträgt bei beiden Unternehmenstypen ca. 72 %, der Beratungshonoraranteil demnach ca. 28 %.[644] Im Gegensatz zu den bisherigen Studien über börsennotierte Unternehmen zeigen die Ergebnisse, dass Steuerberatungsleistungen vor allem bei nicht börsennotierten Unter-

---

638 Vgl. WPK, Marktstrukturanalyse 2014, S. 10.

639 Vgl. WPK, Marktstrukturanalyse 2013, S. 11; WPK, Marktstrukturanalyse 2011, 2012, S. 22.

640 Vgl. *Kirsch, Ewelt-Knauer, Gallasch*, Stärkung der wahrgenommenen Unabhängigkeit, 2013, S. 658 f.

641 Vgl. *Kirsch, Ewelt-Knauer, Gallasch*, Stärkung der wahrgenommenen Unabhängigkeit, 2013, S. 659 ff.

642 Vgl. *Kirsch, Ewelt-Knauer, Gallasch*, Stärkung der wahrgenommenen Unabhängigkeit, 2013, S. 664 f.

643 Vgl. *Dobler*, Auditor-provided non audit-services, 2014, S. 433 f mit Verweis auf *Quick, Warming-Rasmussen*, Auditor independence and the provision of non-audit services, 2009.

644 In einer Teilstichprobe von Unternehmen, die alle tatsächlich Beratungsleistungen in Anspruch nehmen, liegt der Prüfungshonoraranteil bei beiden Unternehmenstypen bei ca. 67 %.

nehmen den Großteil der Honorare für Nichtprüfungsleistungen einnehmen.[645] Dies dürfte durch das Verbot des § 319a Abs. 1 Nr. 2 HGB bei börsennotierten Unternehmen bedingt sein. Weiterhin stellt DOBLER (2014) fest, dass der kritische Anteilswert von 25 % vor allem von nicht börsennotierten Unternehmen überschritten wird, und folgert daraus, dass die Problematik einer potentiellen Beeinträchtigung der wahrgenommenen Unabhängigkeit vor allem nicht börsennotierte Unternehmen betrifft, während börsennotierte Firmen weniger Beratungsleistungen ihres Prüfers nachfragen, um diese Thematik zu vermeiden.[646]

Die nun folgende Analyse der Honorarangaben nicht kapitalmarktorientierter Unternehmen gliedert sich zunächst in eine qualitative Untersuchung, um der Frage nach der Qualität der Angaben nachzugehen. Der zweite Teil widmet sich dann einer quantitativen Analyse, um Aussagen über das Ausmaß der Inanspruchnahme und der Relation von Prüfungs- und Beratungshonoraren treffen zu können.

5.3 Aufbau der Untersuchung

Die Grundlage der Untersuchung bildet eine Stichprobe nach handelsrechtlichen Grundsätzen erstellter Einzelabschlüsse und Konzernabschlüsse für die Geschäftsjahre 2009 bis 2012 von Unternehmen, die zu ihrem Bilanzstichtag des Geschäftsjahres 2009 gemäß der Kriterien des § 267 Abs. 2 und 3 HGB als große Unternehmen gelten und keine Kapitalmarktorientierung oder Börsennotierung im Sinne des § 264d HGB bzw. § 3 Abs. 2 AktG aufweisen.[647]

5.3.1 Auswahl der Unternehmen

Um eine Vorabauswahl großer (nicht kapitalmarktorientierter) Unternehmen zu erhalten, wurde mit Hilfe der Hoppenstedt Datenbank Großunternehmen 2011, Auskunfts-CD Ausgabe 2/2011, eine Auswahlliste generiert. Dazu wurden in der Suchmaske der Auskunfts-CD die Werte für die Größenkriterien[648] *Umsatzerlöse* > 38.500.000 € (Zeile 10) und *Beschäftigte* > 250 (Zeile 11) sowie die Branchenkennziffer (Zeile 7) eingegeben. Die Branchenzuordnung folgt der Hoppenstedt Branchen-Nomenklatur, der die Ausgabe 2003 der „Klassifikation der Wirtschaftszweige“ (NACE-CODE) des Statistischen Bundesamtes in Wiesbaden zugrunde liegt. Demzufolge ergeben sich die in der Suche verwendeten Branchenkennziffern: für die Branche *Maschinenbau* wurde die Nomenklatur *D_29*, für die Branche *Herstellung von chemischen Erzeugnissen*[649] die Nomenklatur *D_24* und für die

---

645 Vgl. *Dobler,* Auditor-provided non audit-services, 2014, S. 439.

646 Vgl. *Dobler,* Auditor-provided non audit-services, 2014, S. 440.

647 Im Folgenden wird teilweise auch von Einzel- und Konzernunternehmen gesprochen. Hierbei ist zu beachten, dass ein Unternehmen mit einem Einzelabschluss (Einzelunternehmen) nicht zwangsläufig als unabhängiges Unternehmen zu verstehen ist, da es auch in eine Konzernstruktur eingebunden sein kann. Eine direkte Kontrolle, ob ein Unternehmen unabhängig ist oder nicht, erfolgt nicht. Unternehmen, deren Einzelabschluss untersucht wird, sind nicht gleichzeitig in der Auswahl der Unternehmen mit Konzernabschluss vertreten und umgekehrt.

648 Das Größenkriterium Bilanzsumme ist in der Suchmaske nicht verfügbar.

649 Im Folgenden wird diese Branche als Branche *Chemie* bezeichnet.

Branche *Handel; Instandhaltung und Reparatur von Kraftfahrzeugen und Gebrauchsgütern*[650] die Nomenklatur *G* verwendet. Bei dieser Klassifizierung ist zu beachten, dass ein Unternehmen auch in mehreren (Neben-)Branchen tätig sein kann. So kann beispielsweise ein Unternehmen, das in der Branche *Maschinenbau* gelistet ist, aufgrund einer Vertriebstätigkeit auch in der nach dem Branchenkriterium *Handel* erstellten Liste enthalten sein. Etwaige Mehrfachnennungen wurden bei der abschließenden Unternehmensauswahl berücksichtigt und eliminiert.

Anhand dieser Suchkriterien wurde für jede Branche eine Trefferliste von Unternehmen, die Umsatzerlöse größer als 38,5 Mio. € und mehr als 250 Beschäftigte aufweisen sowie gemäß der Hoppenstedt Branchen-Klassifizierung innerhalb der entsprechenden Branchen tätig sind, erzeugt. Die Trefferlisten sind alphabetisch nach dem Sitz des Unternehmens geordnet.

Tabelle 5: Trefferliste Hoppenstedt Datenbank und Stichprobe

	Maschinenbau	Chemie	Handel
Trefferliste Hoppenstedt	1.134 Unternehmen	458 Unternehmen	3.806 Unternehmer
		Σ 5.398	
Stichproben-umfang	50 Einzelabschlüsse (EA) 50 Konzernabschlüsse (KA)	50 EA 50 KA	50 EA 50 KA
Anteil Stichprobe zu Trefferliste	8,81 %	21,83 %	2,62 %
		5,55 %	

Wie Tabelle 5 zeigt, enthalten die Trefferlisten für die Branche *Maschinenbau* 1.134 Unternehmen, für die Branche *Chemie* 458 Unternehmen und für die Branche *Handel* 3.806 Unternehmen, insgesamt also 5.398 Unternehmen. Zu beachten ist, dass anhand der Trefferlisten nicht erkennbar ist, ob ein Unternehmen eine Kapitalmarktorientierung aufweist oder nicht. Zudem fanden sich Hinweise, dass es sich nicht bei allen in den Trefferlisten aufgeführten Unternehmen tatsächlich um große Unternehmen im Sinne des § 267 Abs. 2 und 3 HGB handelt. Insofern können die Anzahlen der in den Trefferlisten geführten Unternehmen nicht bzw. nur näherungsweise als Grundgesamtheit für große nicht kapitalmarktorientierte Unternehmen angesehen werden. Zudem ist nicht gewiss, ob die Hoppenstedt Datenbank wirklich alle großen Unternehmen erfasst. Eine Bestimmung der tatsächlichen Anzahl großer nicht kapitalmarktorientierter Unternehmen ist, wie in Kapitel 1 angeklungen, nur schwer praktikabel.[651]

[650] Im Folgenden wird diese Branche als Branche *Handel* bezeichnet.

[651] Das statistische Bundesamt nennt im Unternehmensregister eine Zahl von 13.112 Unternehmen (davon 8.281 Kapitalgesellschaften), die mehr als 250 sozialversicherungspflichtig Beschäftigte aufweisen. Weitere Größenkriterien (Bilanzsumme, Umsatzerlöse) werden nicht genannt, vgl. Statistisches Bundesamt, Unternehmen nach zusammengefassten Rechtsformen, abrufbar unter: https://www.destatis.de/DE/ZahlenFakten/GesamtwirtschaftUmwelt/UnternehmenHandwerk/Unternehmensregister/Tabellen/UnternehmenRechtsformenWZ2008.html, Informationsabruf: 10.12.2015.

Aus jeder der drei Branchen wurden für das Geschäftsjahr 2009 jeweils 50 Einzelabschlüsse (EA) und 50 Konzernabschlüsse (KA) ausgewählt.[652] Entsprechend der Trefferlisten innerhalb der Branchen ergibt sich damit folgende prozentuale Verteilung: aus der Branche Maschinenbau wurden 8,81 % der Unternehmen untersucht, in der Branche Chemie 21,83 % und in der Branche Handel 2,62 %. Der gesamte prozentuale Anteil der untersuchten Abschlüsse an der Anzahl der Unternehmen laut Trefferliste beträgt 5,55 %.

Im Anschluss wurde für die gelisteten Unternehmen überprüft, ob für das Geschäftsjahr 2009 ein handelsrechtlicher Einzel- oder Konzernabschluss im elektronischen Bundesanzeiger vorliegt und dementsprechend der jeweiligen Auswahlliste zugeordnet. Zudem wurden an dieser Stelle im verfügbaren Abschluss nochmals die Größenkriterien des § 267 HGB für das Geschäftsjahr 2009 kontrolliert. Die Auswahl der gelisteten Unternehmen erfolgte entweder in ungeordneter Reihenfolge, in alphabetischer (nach dem Sitz des Unternehmens) oder in umgekehrter alphabetischer Reihenfolge. Eine Häufung mehrerer Unternehmen aus einem Ort wurde vermieden. Hier wird deutlich, dass die Auswahl keiner strengen Zufallsziehung folgt, da letztere angesichts der Nennung auch von kapitalmarktorientierten Unternehmen oder von nicht großen Unternehmen in den Trefferlisten sowie fehlender Honorarangaben in einigen Abschlüssen mit einem erheblichen Zeitaufwand verbunden wäre. Auf eine Einschränkung der Übertragbarkeit der Ergebnisse auf eine Grundgesamtheit muss daher bereits an dieser Stelle hingewiesen werden. Ebenso muss auf eine Beschränkung der Repräsentativität der Stichprobe hingewiesen werden, da die Unternehmen aus nur drei Branchen stammen. Die Ergebnisse sind folglich mit Vorsicht zu interpretieren.[653]

Einzelabschlüsse, die im Geschäftsjahr 2009 gemäß § 285 Nr. 17 HGB keine Angabe der Abschlussprüferhonorare aufweisen, da diese in einem das entsprechende Unternehmen einbeziehenden Konzernabschluss enthalten sind, wurden nicht in die ursprüngliche Auswahl der Einzelabschlüsse aufgenommen. Bei der Durchsicht der Abschlüsse auf das Vorhandensein von Honorarangaben fiel auf, dass der Empfehlung des IDW RS HFA 36, Rn. 17, bei Unterlassen der Angaben auf die Aufnahme dieser in einen Konzernabschluss hinzuweisen, nur vereinzelt gefolgt wird. Oftmals fanden sich in den Einzelabschlüssen keinerlei Angaben oder Verweise zu den Abschlussprüferhonoraren.

Bei den Konzernabschlüssen ist anzunehmen, dass aufgrund einer nicht vorhandenen Befreiungsklausel alle die erforderlichen Angaben offenlegen. Allerdings treten auch hier Fälle auf, in denen keine Honorarangaben aus den Abschlüssen ersichtlich sind.

Tabelle 6 zeigt die für die folgende qualitative[654] und quantitative Analyse der Honorarangaben verwertbaren Abschlüsse.

Für das Geschäftsjahr 2009 wurden sowohl 150 Einzelabschlüsse als auch 150 Konzernabschlüsse aus den Branchen Metallbau, Chemie und Handel (jeweils 50 Unternehmen) ausgewählt.

---

652 Eine Liste der Unternehmen findet sich in Anhang A.1.

653 Dies gilt auch für die Analysen in Kapitel 6 und 7. Zu den Limitationen dieser Arbeit siehe Kapitel 8.

654 In die qualitative Analyse werden nur die Abschlüsse der Geschäftsjahre 2009 und 2010 einbezogen.

Tabelle 6: Übersicht verwertbarer Abschlüsse

	Einzelabschlüsse				**Konzernabschlüsse**			
Geschäftsjahr	2009	2010	2011	2012	2009	2010	2011	2012
Ursprüngliche Auswahl	**150**	**150**	**150**	**150**	**150**	**150**	**150**	**150**
Keine Aufschlüsselung des Gesamthonorars	6		1				1	1
Keine Angabe der Honorare		7	17	19	8	3	1	2
Keine Abschlüsse verfügbar		17	12	34		17	18	45
Rumpfgeschäftsjahr, keine Prüfungspflicht, kein Bestätigungsvermerk vorhanden	1	4	2	2			1	
Verwertbare Abschlüsse	**143**	**122**	**118**	**95**	**142**	**130**	**129**	**102**
Summe		**478**				**503**		

In sechs Einzelabschlüssen[655] des Geschäftsjahres 2009 wurde außer der Angabe der Gesamthonorarsumme keine weitere Aufschlüsselung der Honorare vorgenommen. Zudem enthielt ein Abschluss keinen Bestätigungsvermerk, so dass der Abschlussprüfer nicht ersichtlich war. Damit reduziert sich die Zahl der für das Geschäftsjahr 2009 verwertbaren Abschlüsse auf 143.

Im Bereich der Konzernabschlüsse des Geschäftsjahres 2009 finden sich in acht Abschlüssen[656] keine Angaben über das Abschlussprüferhonorar. Eine Erklärung für das Fehlen der Angaben ist nicht ersichtlich, zumal es sich bei allen betroffenen Unternehmen um deutsche Kapitalgesellschaften handelt, die gemäß § 314 Nr. 9 HGB der Angabepflicht unterliegen. In zwei dieser Fälle[657] führte das Fehlen der Honorarangaben zu einem eingeschränkten Bestätigungsvermerk. Für das Geschäftsjahr 2009 liegen damit 142 verwertbare Konzernabschlüsse vor.

Die für die folgenden Jahre zugrundeliegenden Unternehmen sind sowohl bei den Einzel- als auch Konzernabschlüssen jeweils mit der Auswahl aus 2009 identisch. In den Folgejahren ergeben sich weitere Reduktionen der verwertbaren Abschlüsse aufgrund keiner Aufschlüsselung des Gesamthonorars, fehlender Honorarangaben oder nicht verfügbarer Abschlüsse. Zudem wurden Unternehmen, die Rumpfgeschäftsjahre ausweisen oder für die

[655] Harro Höfliger Verpackungsmaschinen GmbH, Allmersbach im Tal; Ortlinghaus-Werke GmbH, Wermelskirchen; Noell Mobile Systems GmbH, Würzburg; Wilkinson Sword GmbH, Solingen; Breyer GmbH Maschinenfabrik, Singen; Müller Präzision GmbH, Cham.

[656] MAHA Maschinenbau Haldenwang GmbH & Co. KG, Haldenwang; Busch-Holding GmbH, Maulburg; Johannes Reifenhäuser Holding GmbH & Co. KG, Troisdorf; Fairway GmbH, Aachen; WERIT-Kunststoffwerke W. Schneider GmbH & Co. KG, Altenkirchen; Faurecia Emissions Control Technologies Germany GmbH, Augsburg; ADIB Agrar-, Dienstleistungs-, Industrie- und Baugesellschaft mbH, Bad Langensalza; Motor-Nützel Gesellschaft mit beschränkter Haftung, Bayreuth.

[657] MAHA Maschinenbau Haldenwang GmbH & Co. KG, Haldenwang und Busch-Holding GmbH, Maulburg.

keine Prüfungspflicht mehr gilt[658], eliminiert. In einigen Fällen war aus den veröffentlichten Abschlüssen kein Bestätigungsvermerk ersichtlich, so dass der Abschlussprüfer nicht bestimmt werden konnte. Auch diese Beobachtungen wurden nicht aufgenommen. Insgesamt verbleiben 478 Einzelabschlüsse und 503 Konzernabschlüsse, die in der folgenden qualitativen und quantitativen Analyse in diesem Kapitel ausgewertet werden.

Die Überprüfung, ob ein Unternehmen kapitalmarktorientiert im Sinne des § 264d HGB ist oder nicht, wurde mit Hilfe des Online-Dienstes der Deutschen Börse (www.deutsche-boerse.com) vorgenommen. Ergab die Suche nach dem Unternehmen auf der Online-Plattform keine Treffer, wurde angenommen, dass das Unternehmen keinen organisierten Markt in Anspruch nimmt. Stichprobenweise wurde auch auf den Internetauftritten der Unternehmen nach Hinweisen (z. B. Investor-Relations Seiten) auf eine Kapitalmarktorientierung oder Börsennotierung Ausschau gehalten.

5.3.2 Kurzbeschreibung der untersuchten Unternehmen

Um eine Vorstellung der tatsächlichen Verhältnisse der ausgewählten Unternehmen zu erhalten, wird an dieser Stelle eine kurze deskriptive Beschreibung der Unternehmen gegeben.

Tabelle 7 zeigt deskriptive Größenmerkmale der Unternehmen, deren Einzelabschlüsse in die Untersuchung eingehen. Da zu Beginn der Datenerhebung keine Datenbank verfügbar war, wurden die Daten für die Jahre 2009 und 2010 manuell aus den im elektronischen Bundesanzeiger veröffentlichten Abschlüssen entnommen. Für die Jahre 2011 und 2012 wurden die Daten über die Datenbank „Dafne" erhoben. Um dem Problem eines möglichen Datenbruchs vorzubeugen, wurde nachträglich stichprobenweise kontrolliert, ob die manuell erhobenen Daten aus den Abschlüssen 2009 und 2010 mit den für diese Jahre in der Datenbank ausgegebenen Werten übereinstimmen. Dabei konnten keine wesentlichen Abweichungen festgestellt werden.

Die Werte werden für das über die Jahre 2009 bis 2012 gepoolte Beobachtungssample der Einzelabschlüsse ermittelt. Im Median werden Umsatzerlöse in Höhe von 99 Mio. € ($\text{Mittelwert}_{\text{Umsatzerlöse}}$ = 198 Mio. €), eine Bilanzsumme im Wert von 61,9 Mio. € ($\text{Mittelwert}_{\text{Bilanzsumme}}$ = 127 Mio. €) und eine Anzahl von 398 Mitarbeitern ($\text{Mittelwert}_{\text{Arbeitnehmer}}$ = 571) ausgewiesen. Die Spannen zwischen den Minimal- und Maximalwerten weisen auf deutliche Unterschiede in der Unternehmensgröße hin.

Tabelle 7: Deskriptive Größenmerkmale der Einzelabschlüsse

	Einzelabschlüsse (n = 478)						
	Mittelwert	Std.Abw.	25%	Median	75%	Min	Max
Umsatzerlöse In Mio. €	198	289	63,2	99	209	6,4	2.640
Bilanzsumme In Mio. €	127	179	39,4	61,9	130	13,8	1.580
Arbeitnehmer	571	594	307	398	571	0	4.965

658 Einige Unternehmen verlieren im Laufe der Zeit ihre Eigenschaft als große Kapitalgesellschaften und werden zu kleinen Kapitalgesellschaften, die keiner gesetzlichen Prüfungspflicht mehr unterliegen.

Der Konzernabschluss bilanziert im Median Umsatzerlöse in Höhe von 210 Mio. € (Mittelwert$_{Umsatzerlöse}$ = 472 Mio. €), eine Bilanzsumme von 138 Mio. € (Mittelwert$_{Bilanzsumme}$ = 313 Mio. €) und 903 Arbeitnehmer (Mittelwert$_{Arbeitnehmer}$ = 1.925). Auch hier sind anhand der Min-/Max-Werte deutliche Größenunterschiede zu beobachten (vgl. Tabelle 8).

Tabelle 8: Deskriptive Größenmerkmale der Konzernabschlüsse

	Konzernabschlüsse (n = 503)						
	Mittelwert	Std.Abw.	25%	Median	75%	Min	Max
Umsatzerlöse In Mio. €	472	1.040	113	210	443	31,1	11.900
Bilanzsumme In Mio. €	313	628	75,1	138	314	18,5	7.320
Arbeitnehmer	1.925	4.329	571	903	1.682	255	58.348

Tabelle 9 zeigt eine Übersicht über die Rechtsformen der in die Stichprobe eingehenden Unternehmen. Die Pflicht zur Angabe der Abschlussprüferhonorare bezieht sich hauptsächlich auf Kapitalgesellschaften und die einschlägigen Personenhandelsgesellschaften des § 264a HGB, die den gesetzlichen Prüfungspflichten der §§ 316 ff. HGB unterliegen. Dementsprechend finden sich in der Auswahl überwiegend diese Gesellschaftsformen, wobei die Gesellschaft mit beschränkter Haftung die überwiegende Rolle einnimmt, gefolgt von der GmbH & Co. KG. Danach folgen die Rechtsformen der Aktiengesellschaft und der Kommanditgesellschaft auf Aktien.

Bei den Konzernunternehmen gehen zudem zwei AG & Co. KG in die Stichprobe ein. Außerdem werden drei Personengesellschaften in Form einer Kommanditgesellschaft sowie eine nicht gemeinnützige Stiftungsgesellschaft, die gem. § 11 PublG i. V. m. §§ 13 und 14 PublG zur Aufstellung und Prüfung eines Konzernabschlusses einschließlich Lagebericht verpflichtet sind, einbezogen.

Tabelle 9: Übersicht über Rechtsformen der Unternehmen

	Einzelabschlüsse	Konzernabschlüsse
GmbH	119	73
AG	4	21
GmbH & Co. KG	26	49
KGaA	1	1
AG & Co. KG	-	2
KG	-	3
Stiftung	-	1
Summe	**150**	**150**

5.4 Formale Analyse der Honorarangaben

Die formale Analyse der Honorarangaben befasst sich mit der Frage, wie die Qualität der vorgenommenen Angaben in den Abschlüssen der Unternehmen zu beurteilen ist.

Eine transparente und einheitliche Darstellung der Angaben erleichtert dem Abschlussleser die Interpretation der einzelnen Honorare und die Bildung von Kennzahlen zur individuellen Einschätzung der Unabhängigkeit des Prüfers.[659] Die Berichtsqualität lässt zudem Rückschlüsse auf die Einschätzung der Bedeutung der Angabe von Seiten der Abschlussersteller zu. Die vorliegenden Abschlüsse werden daher hinsichtlich des Ausweisortes, der Darstellungsform und der Formulierung der Honorarangaben sowie dem Vorhandensein von Vorjahreszahlen untersucht.[660] Da die Angaben zu den Prüferhonoraren für alle Jahre manuell erhoben werden mussten, erstreckt sich die formale Analyse nur auf die Abschlüsse der Jahre 2009 und 2010. Die Beobachtungen im Rahmen der Einzelabschlüsse belaufen sich daher auf 265 Angaben (2009: 143; 2010: 122), bei den Konzernabschlüssen werden 272 Honorarangaben (2009: 142; 2010: 130) untersucht. Für die Jahre 2011 und 2012 wurden aus den Honorarangaben nur die Honorarwerte für die quantitative Untersuchung entnommen.

5.4.1 Ausweisort

Gemäß § 285 HGB sind die erforderlichen Angaben zu den Honoraren des Abschlussprüfers im Anhang anzugeben. Alle Unternehmen weisen die Angaben dort aus, jedoch an unterschiedlichen Stellen.

Im Gros der Abschlüsse finden sich die Honorarangaben im Anhang ohne weitere Untergliederung unter dem Abschnitt *Sonstige (oder Ergänzende) Angaben.*[661] Ein Teil der Unternehmen[662] führt die Angaben in einem eigenen Gliederungspunkt *Honorar des Abschlussprüfers* auf.

In einigen Fällen werden die Angaben im Anhang unter dem Posten *Erläuterungen zur Gewinn- und Verlustrechnung* (GuV) und dort unter den *sonstigen betrieblichen Aufwendungen* (sbA) aufgeführt.[663] In diesen Fällen werden die Honorarangaben oftmals nur im Nebensatz erwähnt und erfüllen teilweise nicht die formalen und inhaltlichen Anforderungen des § 285 Nr. 17 HGB bzw. des § 314 Nr. 9 HGB. Als Negativbeispiel lässt sich die Angabe im Konzernabschluss 2009 der Vetter Holding GmbH, Siegen, anführen:

> „Die sonstigen betrieblichen Aufwendungen beinhalten im Wesentlichen Aufwendungen für Ausgangsfrachten und Verpackung (T€ 1.857), Leasingkosten (T€

---

[659] Vgl. *Lenz, Möller, Höhn*, Offenlegung der Honorare für Abschlussprüferleistungen, 2006, S. 1794; *Petersen, Zwirner*, Angabepflicht der Honoraraufwendungen, 2008, S. 289.

[660] Für eine ähnliche Vorgehensweise vgl. *Petersen, Zwirner*, Angabepflicht der Honoraraufwendungen, 2008, S. 288 f.

[661] Bei den Einzelabschlüssen 79 % bzw. 80 % im Jahr 2009 bzw. 2010. Bei den Konzernabschlüssen 84 % bzw. 87 % im Jahr 2009 bzw. 2010.

[662] In den Einzelabschlüssen 9 % bzw. 7 % der Unternehmen in den Jahren 2009 bzw. 2010. In den Konzernabschlüssen 7 % bzw. 5 % der Unternehmen in den Jahren 2009 bzw. 2010.

[663] In den Einzelabschlüssen in 11 % bzw. 13 % der Fälle im Jahr 2009 bzw. 2010. In den Konzernabschlüssen in 6 % bzw. 4 % der Fälle im Jahr 2009 bzw. 2010.

> 1.599), EDV-, Kommunikations- und Postkosten (T€ 440), Reisekosten (T€ 290), Versicherungen (T€ 190) sowie Beratungskosten (T€ 179). Letztere enthalten Kosten für die Jahresabschlussprüfungen von T€ 38."[664]

In dem gezeigten Beispiel geht nicht hervor, inwiefern die angegebenen *„Kosten für die Jahresabschlussprüfungen"* als Honorar dem Prüfer des Konzernabschlusses zugerechnet werden können oder ob es sich dabei um die addierten Prüfungshonorare für (mehrere) Prüfungsgesellschaften, die zwar Tochterunternehmen, aber nicht den Konzernabschluss prüfen, handelt. Zudem wird weder klar, ob die restlichen Beratungskosten (i.H.v. 141.000 €) dem Abschlussprüfer zuzuordnen sind, noch wird eine angemessene Gliederung in die einzelnen Honorarkategorien vorgenommen.

In den vorliegenden Konzernabschlüssen werden in Einzelfällen[665] die Angaben auch unter dem Punkt *Erläuterungen zur Bilanz* angegeben.

Zudem wird in einem Abschluss[666] das Abschlussprüferhonorar unter dem Posten *Aufsichtsrat* (im Gj. 2009) beziehungsweise *Organe der Gesellschaft* (im Gj. 2010) aufgeschlüsselt. Eine solche Zuordnung erscheint unter der Sichtweise des Abschlussprüfers als Erfüllungsgehilfen des Aufsichtsrates durchaus sinnvoll.

Im Sinne einer klaren und übersichtlichen Aufstellung des Jahresabschlusses gem. § 243 Abs. 2 HGB ist eine deutlich gekennzeichnete und anschauliche Darstellung der Honorarangaben wünschenswert. Daher empfiehlt sich der Ausweis der Angaben mit einem eigenen Gliederungspunkt wie beispielsweise *„Honorar des Abschlussprüfers"*, zumindest aber die Angabe innerhalb eines sinnvollen Gliederungspunktes.

5.4.2 Darstellungsform

Aufgrund der notwendigen Aufgliederung des Gesamthonorars des Abschlussprüfers in die vier Einzelkategorien empfiehlt sich für die Angabe eine Darstellung in einer übersichtlichen Tabellenform.[667] Im Rahmen der Untersuchung der Abschlüsse wurde bereits eine tabellenartige Darstellung mit einem kurzen einführenden oder erläuternden Text ähnlich folgendem Beispiel als Darstellung in Tabellenform klassifiziert.

> „Für das Geschäftsjahr 2009 wurde durch den Abschlussprüfer ein Gesamthonorar von TEUR 1.564 berechnet, welches sich wie folgt aufteilt:
> 2009
> TEUR
> Abschlussprüferleistungen 719
> Andere Bestätigungsleistungen 214
> Steuerberatungsleistungen 135
> Sonstige Leistungen 496
> Summe 1.564"[668]

664 Konzernabschluss 2009 der Vetter Holding GmbH, Siegen.
665 In 2 % der Fälle in den Jahren 2009 und 2010.
666 Konzernabschluss 2009 der Putzmeister Holding GmbH, Aichtal.
667 Vgl. *Petersen, Zwirner*, Angabepflicht der Honoraraufwendungen, 2008, S. 289.
668 Konzernabschluss 2009 der Grohe Holding GmbH, Hemer.

Dennoch wird von dieser Darstellungsmöglichkeit nur in ca. 25 % der Einzelabschlüsse Gebrauch gemacht. 75 % der Einzelabschlüsse enthalten die Angaben in Textform.[669] Dabei enthält ein Großteil der in Textform dargestellten Angaben darüber hinaus keine weiteren Informationen, die nicht auch eine tabellenartige Darstellung liefern könnte.

> „Die durch die Prüfungsgesellschaft für das Geschäftsjahr 2009 berechneten Honorare betragen TEUR 80. Davon entfallen auf Abschlussprüferleistungen TEUR 67, Andere Bestätigungsleistungen TEUR 3 sowie Steuerberatungsleistungen TEUR 10."[670]

Bei den Konzernabschlüssen wird immerhin in 50 % der Fälle die Tabellenform verwendet bzw. in 50 % der Fälle die Textform. Im Geschäftsjahr 2010 stellen 51 % der Abschlüsse die Honorarangaben in Tabellenform und 49 % der Abschlüsse in Textform dar.

5.4.3 Vorjahreszahlen

Obwohl eine Pflicht zur Angabe der Vorjahreszahlen nicht besteht[671], wäre eine Information über die Höhe und Aufteilung der an den Abschlussprüfer im Vorjahr gezahlten Honorare als Vergleichsmaßstab im Sinne des ursprüngliches Zwecks der Vorschrift des § 285 Nr. 17 HGB, nämlich der transparenten Gestaltung der Beziehung des Abschlussprüfers zu dem geprüften Unternehmen und der Aufdeckung möglicher Unabhängigkeitsbedrohungen, sinnvoll und empfehlenswert. ZIMMERMANN (2006) weist anhand mehrerer Beispiele auf Gestaltungsspielräume bei der Veröffentlichung von Prüferhonoraren hin. So lässt sich insbesondere die Höhe der Nichtprüfungshonorare durch freie Vertragsgestaltbarkeit und damit einer zeitlichen Steuerbarkeit des Honorarausweises so gestalten, dass das Verhältnis von Prüfungs- und Nichtprüfungshonoraren bei dem Abschlussleser keine Zweifel an der Unbefangenheit weckt.[672] Diesem Manipulationspotential ließe sich mit einer Angabe der Vorjahreshonorare entgegenwirken.[673] PETERSEN/ZWIRNER (2008) berichten, dass viele börsennotierte Unternehmen freiwillig Vorjahreswerte angeben.[674]

Bei den untersuchten nicht kapitalmarktorientierten Unternehmen werden in den wenigsten Abschlüssen Angaben zu Vorjahreshonoraren gemacht. So enthalten im Jahr 2009 bzw. 2010 nur vier bzw. zwei Prozent der Honorarangaben in Einzelabschlüssen Vorjahreswerte. Auch bei den Konzernabschlüssen finden sich im Geschäftsjahr 2009 nur in zwei Prozent der Fälle Vorjahresangaben. Im Geschäftsjahr 2010 ist bei den Konzernabschlüssen zwar ein deutlicher Trend zur vermehrten Angabe der Vorjahreszahlen erkennbar, was mit darin begründet sein dürfte, dass für 2009 erstmals die Honorare angegeben wurden und auf diese Vorjahreswerte zurückgegriffen wird. So enthalten nun 14 % der Angaben in den Konzernabschlüssen Vorjahreswerte. Der Anteil ist allerdings weiterhin auf einem sehr

---

669 Diese Prozentwerte beziehen sich auf das Gj. 2009. Für das Jahr 2010 lässt sich bei den Einzelabschlüssen ein leichter Anstieg der Angaben in Tabellenform (26 %) bzw. Abfall der Angaben in Textform (74 %) beobachten.

670 Einzelabschluss 2009 der Berlin-Chemie AG, Berlin.

671 Vgl. Bundestag, Drucksache 16/10067, 30.07.2008, S. 70.

672 Vgl. *Zimmermann*, Gestaltungsspielräume, 2006, S. 273 ff.

673 Vgl. *Petersen, Zwirner*, Angabepflicht der Honoraraufwendungen, 2008, S. 288.

674 Vgl. *Petersen, Zwirner*, Angabepflicht der Honoraraufwendungen, 2008, S. 288.

niedrigen Niveau und zeigt, dass bei den meisten Unternehmen nur die minimalen Pflichtanforderungen an die Publizität erfüllt werden.

Tabelle 10 fasst die eben behandelten Ergebnisse zu den Punkten Ausweisort, Darstellungsform und Vorjahreszahlen anschaulich zusammen.

Tabelle 10: Qualitative Analyse

		Einzelabschlüsse		**Konzernabschlüsse**	
		2009	2010	2009	2010
Ausweisort	Anhang- Sonstige Angaben	79,3 %	80 %	83,8 %	87 %
	Anhang- Erläuterungen zur GuV/sbA	11,3 %	12,8 %	6,4 %	4,6 %
	Anhang- Honorar des Abschlussprüfers	9,4 %	7,2 %	7 %	5,4 %
	Anhang- Sonstige[675]	-	-	2,8 %	3 %
Darstellungsform	Tabelle	25,4 %	26,4 %	49,3 %	51,9 %
	Text	74,6 %	73,6 %	50,7 %	48,1 %
Vorjahreszahlen	Vorhanden	4 %	2,4 %	2,1 %	14,5 %
	Nicht vorhanden	96 %	97,6 %	97,9 %	85,5 %

5.4.4 Formulierung der Angaben

Der Großteil der Unternehmen publiziert die geforderten Angaben in Text- oder Tabellenform ohne die Angabe von Vorjahreshonoraren oder anderer Informationen, die über die gesetzlich geforderten Inhalte hinausgehen. Sämtliche Unternehmen legen die Angaben im Anhang dar, wenn auch innerhalb unterschiedlicher Gliederungspunkte.

Betrachtet man die Formulierung der Angaben, so lassen sich auch hier einige Kritikpunkte herausstellen. Sechs Unternehmen geben außer dem Gesamthonorar, das der Abschlussprüfer erhalten hat, keine weitere Aufschlüsselung in die vier von § 285 Nr. 17 HGB geforderten Kategorien an und erfüllen damit nicht die gesetzlichen Vorschriften.[676]

> „Im Geschäftsjahr 2009 beliefen sich die Leistungen des Abschlussprüfers auf TEUR 43."[677]

Dieser Mangel ließ sich allerdings nur im Geschäftsjahr 2009, dem Jahr der Erstangabe, in Einzelabschlüssen beobachten.

675 Dieser Posten enthält die Ausweisorte *Angaben zur Bilanz*, *Aufsichtsrat* und *Organe der Gesellschaft*. Diese werden allerdings nur in Konzernabschlüssen benannt.

676 Vgl. IDW, RS HFA 36, Rn. 11.

677 Jahresabschluss 2009 der Harro Höfliger Verpackungsmaschinen GmbH, Allmersbach im Tal. In ähnlicher Formulierung auch Jahresabschlüsse 2009 der Ortlinghaus-Werke GmbH, Wermelskirchen; Noell Mobile Systems GmbH, Würzburg; Wilkinson Sword GmbH, Solingen; Breyer GmbH Maschinenfabrik, Singen; Müller Präzision GmbH, Cham.

Bei der Formulierung des Textes zu den Honorarangaben erfolgt oftmals folgende weitverbreitete Formulierung (oder in ähnlicher Form):

> „Die <u>als Aufwand erfassten Honorare</u> des Konzernabschlussprüfers, Ernst & Young GmbH Wirtschaftsprüfungsgesellschaft, Stuttgart, betragen TEUR 48 für Abschlussprüfungsleistungen sowie TEUR 10 für Steuerberatungsleistungen."[678]

Mit Änderung des Wortlautes des BilReG durch das BilMoG sind nicht mehr die im Geschäftsjahr erfassten Aufwendungen für den Abschlussprüfer als Honorar angabepflichtig, sondern das für das Geschäftsjahr berechnete Gesamthonorar des Abschlussprüfers, das diesem Geschäftsjahr auch zeitlich zurechenbar ist. Die Häufigkeit dieser fehlerhaften Angabe lässt vermuten, dass den Unternehmen der Unterschied, den diese Formulierung impliziert, nicht bewusst ist. Allerdings gab die vor dem BilMoG gängige Formulierung Anlass zur Kritik, da die aufwandsbezogene Honorarangabe größeren Spielraum zur Gestaltung und Manipulation ermöglichte, indem vor allem Beratungshonorare leichter über einen größeren Zeitraum gestückelt werden konnten, um so das Honorarverhältnis der Leistungskategorien zu beeinflussen.[679] Zudem findet sich diese Formulierung nicht nur sowohl in Einzel- als auch Konzernabschlüssen des Geschäftsjahres 2009, sondern in nicht wesentlich geringerem Ausmaß auch noch in den Abschlüssen des Geschäftsjahres 2010. Eine bewusste Formulierung, die statt des Gesamthonorars auf den Aufwand abstellt, um beispielsweise Beratungsaufwand in ein anderes Geschäftsjahr zu verlagern und so das Verhältnis von Prüfungsleistungen und Beratungsleistungen zu verändern, kann deshalb nicht ausgeschlossen werden.

Auch bei der Benennung der Kategorien folgen einige Unternehmen nicht den Vorgaben des Gesetzgebers, wie die folgenden Beispiele zeigen.

> „Im Berichtsjahr sind TEUR 68 Honorare der Abschlussprüfung sowie TEUR 222 für sonstige Leistungen von Rechtsanwalts- und Beratungskosten angefallen."[680]

> „Für die Abschlussprüfungsleistung des Abschlussprüfers wurde ein Honorar von TEUR 20 bezahlt; für weitere Leistungen fielen TEUR 10 an."[681]

Stellenweise wird durch die individuelle Benennung von Leistungskategorien nicht klar, ob die bezeichneten Leistungen durch den Abschlussprüfer erbracht wurden oder von Dritten ausgeführt wurden und für welche Art von Leistungen die Honorare gezahlt wurden. Der Gesetzgeber lässt mit der genauen Bezeichnung der einzelnen Honorarkategorien eigentlich keinen Gestaltungsspielraum. Eine einheitliche Angabe entsprechend den gesetzlichen Vorgaben ist daher wünschenswert und zum Zwecke einer Vergleichbarkeit und Interpretationsfähigkeit der Angaben ohne Alternative.

---

678 Konzernabschluss 2009 der Ziegler Beteiligungsgesellschaft mit beschränkter Haftung, Giengen an der Brenz. Unterstreichung durch Verfasser.

679 Vgl. *Zimmermann*, Gestaltungsspielräume, 2006, S. 273 ff.

680 Einzelabschluss 2009 der Albis Plastic GmbH, Hamburg. Ähnliche Formulierung auch im Abschluss 2010.

681 Autohaus Bruno Widmann GmbH & Co. KG, Aalen.

Auch wenn mit der Angabe des Gesamthonorars und einer Aufgliederung in die vier Kategorien den gesetzlichen Vorschriften Genüge getan wäre, sind weitere Informationen begrüßenswert, um für den Abschlussleser eine bestmögliche Transparenz der Honorarangaben zu bewirken.[682] In diesem Zusammenhang könnte von Seiten der Abschlussersteller einer potentiellen Besorgnis der Befangenheit des Prüfers entgegengewirkt werden. Beispielsweise könnte eine Angabe, welche konkreten Leistungen des Abschlussprüfers welcher Kategorie zugeordnet wurden, weitere Klarheit schaffen und den Verdacht auf eine manipulative Gestaltung der Honoraraufteilung schmälern. Ein positives Beispiel dafür bietet der Konzernabschluss 2010 der Gebrüder Lödige Maschinenbau GmbH, Paderborn, der nicht nur zusätzlich die Vorjahreszahlen und die Prüfungsgesellschaft angibt, sondern auch eine Erklärung der hinter den Leistungskategorien tatsächlich angefallenen Leistungen ausführt:

> „Für die im Geschäftsjahr 2010 erbrachten Dienstleistungen des Abschlussprüfers des Konzernabschlusses, BDO AG Wirtschaftsprüfungsgesellschaft, sind folgende Honorare als Aufwand erfasst worden:

	2010 TEUR	2009 TEUR
Abschlussprüfungsleistungen	38	38
Steuerberatungsleistungen	16	17
Andere Bestätigungsleistungen	64	0
Gesamt	118	55

> Die Honorare für Abschlussprüfungsleistungen beinhalten die Honorare für die gesetzlich vorgeschriebene Abschlussprüfung des Einzel- und Konzernabschlusses der Gebrüder Lödige Maschinenbau Gesellschaft mit beschränkter Haftung. In den Honoraren für Steuerberatungsleistungen sind insbesondere Honorare für die Beratung im Zusammenhang mit der Erstellung von Steuererklärungen und der Prüfung von Steuerbescheiden sowie der Beratung im Rahmen der steuerlichen Behandlung von Altersteilzeitverträgen enthalten. Andere Bestätigungsleistungen betreffen Honorare für betriebswirtschaftliche Beratung.“[683]

Im gleichen Beispiel zeigt sich allerdings auch die Gestaltungsfreiheit der Unternehmen bei der Zuordnung der Leistungen zu den Kategorien, die aufgrund fehlender genauer gesetzlicher Vorgaben verbleibt.[684] Die Leistungskategorie „andere Bestätigungsleistungen“ soll prüfungsverwandte Leistungen wie beispielsweise freiwillige Gründungs-, Verschmelzungs- und Spaltungsprüfungen umfassen.[685] Honorare für betriebswirtschaftliche Beratung sind mithin der Kategorie „Honorare für sonstige Leistungen“ zuzuordnen.[686] Für Unternehmen könnte es erstrebenswert sein, Nichtprüfungsleistungen eher den prüfungsnahen Kategorien „andere Bestätigungsleistungen“ oder „Steuerberatungsleistungen“ als der

682 Vgl. *Petersen, Zwirner*, Angabepflicht der Honoraraufwendungen, 2008, S. 288.
683 Konzernabschluss 2010 der Gebrüder Lödige Maschinenbau GmbH, Paderborn.
684 Vgl. auch *Zimmermann*, Gestaltungsspielräume, 2006, S. 275.
685 Vgl. *Grottel*, Sonstige Pflichtangaben, 2014, § 285 HGB, Rn. 302.
686 Vgl. *Petersen, Zwirner*, Angabepflicht der Honoraraufwendungen, 2008, S. 283.

Kategorie „sonstige Leistungen" zuzuordnen, da letztere möglicherweise in stärkerem Maß als unabhängigkeitsbeeinträchtigend wahrgenommen werden.[687] Ein Ausweis innerhalb prüfungsnaher Leistungskategorien könnte daher bewusst gewählt werden.

5.4.5 Netzwerkangaben

Die Organisation von Prüferpraxen in Netzwerkstrukturen gewinnt immer stärker an Bedeutung. Insbesondere auch mittelständische Prüfungsgesellschaften nehmen diese Organisationsform wahr.[688] So waren Ende 2010 260 Praxen in 95 Netzwerken bei der WPK registriert, außerdem waren neben den großen Prüfungsgesellschaften mit ihren Tochterunternehmen 623 mittelständische Prüfungspraxen in 142 nationalen und internationalen Kooperationen eingebunden.[689]

Honorare, die verbundene Unternehmen oder Netzwerkmitglieder des Abschlussprüfers für an das von diesem geprüfte Unternehmen erbrachte Leistungen erhalten haben, sind laut der Begründung zum Regierungsentwurf des BilMoG nicht angabepflichtig.[690] Das IDW erachtet eine Einbeziehung der Honorare verbundener Unternehmen des Abschlussprüfers jedoch für sachgerecht.[691] Auch LENZ/MÖLLER/HÖHN (2006) und WOLLMERT/OSER/GRAUPE (2010) sprechen sich für eine Berücksichtigung der Honorare (inländischer) verbundener Unternehmen des Abschlussprüfers aus, da ansonsten eine Einschätzung der Abhängigkeit des Prüfers vom Mandanten nicht möglich sei.[692] Ein positives Beispiel in diesem Zusammenhang bietet die Rethmann AG & Co. KG, Selm, die von der Wirtschaftsprüfungsgesellschaft Vestische Treuhand GmbH geprüft wurde. Die Vestische Treuhand GmbH ist eine 100%ige Tochtergesellschaft der PricewaterhouseCoopers Aktiengesellschaft Wirtschaftsprüfungsgesellschaft. Die Rethmann AG & Co. KG gibt in ihrem Konzernabschluss folgende Informationen:

> **„5. Gesamthonorar des Abschlussprüfers**
> Für die im Geschäftsjahr 2009 erbrachten Dienstleistungen des Abschlussprüfers des Konzernabschlusses, Vestische Treuhand GmbH Wirtschaftsprüfungsgesellschaft (Tochterunternehmen der PricewaterhouseCoopers AG Wirtschaftsprüfungsgesellschaft), von Gesellschaften des internationalen PwC-Netzwerks sowie von anderen Abschlussprüfern außerhalb des PwC-Netzwerks sind folgende Honorare als Aufwand erfasst worden.

---

[687] Vgl. *Quick, Sattler*, Beratungsleistungen, 2011, S. 310; *Umlauf*, Prüfungs- und Beratungshonorare von Konzernabschlussprüfern, 2013, S. 319.

[688] Vgl. *Lenz*, § 319b HGB, 2010, S. 119; WPK, Immer mehr Wirtschaftsprüfer in Netzwerken, 2015, S. 16.

[689] Vgl. WPK, Marktstrukturanalyse 2010, 2011, S. 22. Ende 2014 registrierte die WPK 603 Praxen in 286 Netzwerken, zudem waren 940 Prüfungspraxen in 339 nationalen und internationalen Kooperationen organisiert, vgl. WPK, Marktstrukturanalyse 2014, S. 4 f.

[690] Vgl. Bundestag, Drucksache 16/10067, 30.07.2008, S. 70.

[691] Vgl. IDW, RS HFA 36, Tz. 7.

[692] Vgl. *Lenz, Möller, Höhn*, Offenlegung der Honorare für Abschlussprüferleistungen, 2006, S. 1788 f.; *Wollmert, Oser, Graupe*, Anhangangaben zu den Abschlussprüferhonoraren, 2010, S. 125 f.

Honorar in T€ für	PwC-Verbund Deutschland	PwC-Verbund International	Andere Abschlussprüfer	Gesamt
Abschlussprüfungsleistungen	3.072	717	1.666	5.455
Andere Bestätigungsleistungen	182	34	47	263
Steuerberatungsleistungen	1.565	107	390	2.062
Sonstige Leistungen	429	222	341	992
Gesamt	5.248	1.080	2.444	8.772

Das berechnete Gesamthonorar des Abschlussprüfers für das abgeschlossene Geschäftsjahr 2009 umfasst neben dem Honorar für den Einzel- und Konzernabschluss der Gesellschaft auch die Honorare für die vom Abschlussprüfer geprüften Tochterunternehmen."[693]

In den restlichen untersuchten Einzel- und Konzernabschlüssen finden sich jedoch kaum Angaben zu Netzwerkunternehmen oder verbundenen Unternehmen des Abschlussprüfers, so dass nicht ersichtlich ist, ob Honorare an verbundene Unternehmen des Abschlussprüfers geleistet wurden, was angesichts der aufgezeigten Bedeutung von Netzwerkstrukturen nicht unwahrscheinlich sein dürfte. Eine tatsächliche Honorartransparenz für den Abschlussleser ist in diesen Fällen fraglich.[694] Sollten keine Leistungen erfolgt sein, könnte dies mit einem Hinweis darauf, dass an verbundene Unternehmen oder Netzwerkmitglieder keine Honorare gezahlt wurden, benannt werden.

5.4.6 Zwischenfazit zur Berichtsqualität

Die Ergebnisse der Untersuchung der Einzel- und Konzernabschlüsse nicht kapitalmarktorientierter Unternehmen im Hinblick auf formale Gesichtspunkte gehen weitgehend einher mit den Resultaten von LENZ/MÖLLER/HÖHN (2006) und PETERSEN/ZWIRNER (2008), die für kapitalmarktorientierte Unternehmen eine schlechte Berichtsqualität der Honorarangaben bescheinigen.[695]

Alle untersuchten Einzel- und Konzernunternehmen berichten über die Abschlussprüferhonorare im Anhang, jedoch an unterschiedlichen Stellen. Die Berichterstattung erfolgt bei den Einzelunternehmen überwiegend in Textform, bei Konzernunternehmen ungefähr zu gleichen Teilen in Text- oder Tabellendarstellung. Eine anschauliche Tabellendarstellung mit Angabe aller Leistungskategorien, auch wenn für diese keine Honorare angefallen sind, wäre im Rahmen einer klaren und übersichtlichen Darstellung zu begrüßen.

---

693 Rethmann AG & Co. KG, Konzernabschluss 2009.

694 Vgl. *Kirsch, Ewelt-Knauer, Gallasch*, Stärkung der wahrgenommenen Unabhängigkeit, 2013, S. 658 f.

695 Vgl. *Lenz, Möller Höhn*, Offenlegung der Honorare für Abschlussprüferleistungen, 2006, S. 1793; *Petersen, Zwirner*, Angabepflicht der Honoraraufwendungen, 2008, S. 288.

Die meisten Unternehmen geben nur die gesetzlich geforderten Angaben an. Stellenweise genügen die Angaben nicht den gesetzlichen Vorschriften, da eine Aufgliederung des an den Abschlussprüfer gezahlten Honorars in die vorgeschriebenen Leistungskategorien unterbleibt oder zumindest aus der Formulierung nicht ersichtlich ist. Außerdem benennen einige Unternehmen die Kategorien nicht nach den gesetzlichen Vorgaben, sondern führen eigene Begrifflichkeiten ein. Das führt zu Unklarheiten bezüglich der Leistungszuordnung. Zudem orientieren sich mehrere Unternehmen an der überholten Formulierung des Gesetzestextes vor der Einführung des BilMoG und geben das als Aufwand erfasste Honorar des Abschlussprüfers an. Auch das verstärkt die Unklarheit bezüglich der Aussagefähigkeit der Angaben.

Einige Konzernunternehmen geben ohne ersichtlichen Grund keinerlei Angaben über die Abschlussprüferhonorare an. Dies führte in zwei Fällen zur Einschränkung des Bestätigungsvermerks. Es erscheint merkwürdig, warum ein Unternehmen die negative Ausstrahlkraft eines eingeschränkten Bestätigungsvermerks nur wegen eines Unterlassens der Honorarangaben in Kauf nimmt. Möglicherweise deutet dies darauf hin, dass von Seiten des Unternehmens dem Bestätigungsvermerk bei nicht kapitalmarktorientierten Unternehmen eine wesentlich geringere Bedeutung als bei kapitalmarktorientierten Unternehmen beigemessen wird.

Bei den Einzelunternehmen, die von dem Wahlrecht Gebrauch machen, die Honorare in einem Konzernabschluss anzugeben, wäre ein Verweis auf den Konzernabschluss wünschenswert. Dieser lässt sich allerdings nur vereinzelt finden.

Darüber hinaus wäre die Angabe von Vorjahreszahlen und zusätzlichen Informationen wie beispielsweise Erläuterungen über die sich hinter den Leistungskategorien verbergenden tatsächlichen Leistungen des Prüfers oder den Leistungsumfang sinnvoll. Hier lässt sich eine geringfügig bessere Qualität der Angaben bei den Konzernabschlüssen im Vergleich zu den Einzelabschlüssen feststellen. Die Angabe von Vorjahreszahlen bewegt sich bei Einzelabschlüssen im unteren einstelligen Prozentanteil und ist damit nicht zufriedenstellend. Bei den Konzernabschlüssen lässt sich zumindest eine Zunahme der Vorjahresangaben feststellen, die sich allerdings auch im Geschäftsjahr 2010 im unbefriedigenden Bereich befindet.

Eine Einbeziehung der an verbundene Unternehmen des Abschlussprüfers gezahlten Honorare, wie sie IDW RS HFA 36 empfiehlt und auch in der Literatur gefordert wird, findet nur vereinzelt statt. In der überwiegenden Mehrzahl ist aus den Angaben nicht ersichtlich, ob Honorare an verbundene Unternehmen des Abschlussprüfers geleistet wurden, was eine tatsächliche Honorartransparenz behindert.

5.5 Analyse der Anzahl der Honorarangaben

Nach dem Einblick in die Qualität der Honorarangaben soll nun eine quantitative Analyse der Angaben erfolgen. Um zu beurteilen, welche Rolle die Erbringung von Nichtprüfungsleistungen durch den Abschlussprüfer bei nicht kapitalmarktorientierten Unternehmen spielt, wird untersucht, wie viele Unternehmen überhaupt Nichtprüfungsleistungen des Prüfers in Anspruch nehmen. Die folgende Analyse erstreckt sich auf die Jahre 2009 bis 2012.

Einzelabschlüsse

PETERSEN/ZWIRNER (2008) berichten in ihrer Untersuchung der Honorarangaben kapitalmarktorientierter (Konzern-)Unternehmen von einem Anteil über 97 % von Unternehmen, die Nichtprüfungsleistungen in Anspruch nehmen.[696] Zu den Nichtprüfungsleistungen gehören die Leistungen, die unter den Leistungskategorien der anderen Bestätigungsleistungen, Steuerberatungsleistungen und als Auffangposten der sonstigen Leistungen auszuweisen sind. DOBLER (2014) berichtet für Konzernabschlüsse überwiegend nicht börsennotierter Unternehmen, dass 85,33 % der Unternehmen über die Abschlussprüfung hinausgehende Leistungen von ihrem Prüfer beziehen.[697]

Für die in dieser Arbeit untersuchten Einzelabschlüsse liegt dieser Wert in allen vier Geschäftsjahren bei ca. 58 % und damit in ähnlicher Höhe der von der WPK in ihren Marktstrukturanalysen 2007-2009, in denen zwischen (kapitalmarktorientierten) Einzel- und Konzernabschlussmandaten getrennt wird, berichteten Werte im Bereich der Jahresabschlüsse.[698] Die Diskrepanz zu den Werten von PETERSEN/ZWIRNER (2008) und DOBLER (2014) ist wohl zum Teil auf die Tatsache zurückzuführen, dass in den Konzernabschlüssen die Honorare für mehrere Unternehmen aggregiert ausgewiesen werden, so dass bereits ein Tochterunternehmen, das Nichtprüfungsleistungen ausweist, ausreicht, dass der Konzernabschluss als Abschluss mit Nichtprüfungshonoraren klassifiziert wird. Dennoch zeigt sich auch bei den Einzelabschlüssen, dass mehr als jedes zweite Unternehmen durch den Abschlussprüfer erbrachte Nichtprüfungsleistungen in Anspruch nimmt.

Tabelle 11 zeigt eine Übersicht über die absoluten (bzw. relativen) Anzahlen der in den Einzelabschlüssen 2009 bis 2012 ausgewiesenen Honorarangaben in den einzelnen Leistungskategorien.

Insgesamt erfolgt eine ca. hälftige Aufteilung der Prüfungsmandate in Mandate, die von BIG-4 Gesellschaften betreut werden, und solche, bei denen ein kleinerer Prüfer (Non-BIG-4) die Abschlussprüfung durchführt. Die BIG-4-Gesellschaften prüfen ca. 54 % der untersuchten Mandate, während ca. 46 % von Non-BIG-4 Prüfern betreut werden. Innerhalb der BIG-4-Gesellschaften werden 68,8 % der Mandate von den Prüfungsgesellschaften PwC und KPMG übernommen. Dies spiegelt die Erkenntnisse empirischer Arbeiten, die auf dem Prüfungsmarkt für kapitalmarktorientierte Unternehmen Duopolisierungstendenzen auf diese beiden Prüfungsgesellschaften feststellen, wider.[699] Auch wenn die alleinige Betrachtung der Mandatsanzahl keine hinreichende Aussage über die Marktkonzentration erlaubt, lässt sich die ca. hälftige Mandatsverteilung bereits als erstes Indiz für eine geringere Dominanz der BIG-4 Gesellschaften in diesem Prüfungsmarktsegment werten.[700]

---

696 Vgl. *Petersen, Zwirner*, Angabepflicht der Honoraraufwendungen, 2008, S. 285.

697 Vgl. *Dobler*, Auditor-provided non audit-services, 2014, S. 437.

698 Vgl. WPK, Marktstrukturanalyse 2007, 2008, S. 21; WPK, Marktstrukturanalyse 2008, 2009, S. 18; WPK, Marktstrukturanalyse 2009, 2010, S. 23.

699 Vgl. *Köhler, Marten, Ratzinger, Wagner*, Prüfungshonorare, 2010, S. 12-13; *Fischkin*, Determinanten der Prüferwahl, 2011, S. 195.

700 Vgl. *Hope, Langli, Thomas*, Agency conflicts and auditing in private companies, 2012, S. 501.

Tabelle 11: Anzahl der Honorarangaben in Einzelabschlüssen

Anzahl der Angaben	Jahr	Prüfungs-leistungen	Andere Bestäti-gungsleistungen	Steuerberatungs-leistungen	Sonstige Leistungen
BIG-4	2009	77	22 (28,5 %)	28 (36 %)	17 (22 %)
	2010	64	18 (28 %)	22 (34,4 %)	11 (17 %)
	2011	64	17 (26,5 %)	21 (32,8 %)	12 (18,7 %)
	2012	52	14 (26,9 %)	20 (38,4 %)	11 (21,1 %)
Non-BIG-4	2009	66	8 (12 %)	29 (44 %)	20 (30 %)
	2010	58	7 (12 %)	24 (41 %)	21 (36 %)
	2011	54	5 (9,2 %)	21 (38,8 %)	22 (40,7 %)
	2012	43	5 (11,6 %)	17 (39,5 %)	20 (46,5 %)
Gesamt	2009	143	30 (20,9 %)	57 (39,8 %)	37 (25,8 %)
	2010	122	25 (20,4 %)	46 (37,7 %)	32 (26,2 %)
	2011	118	22 (18,6 %)	42 (35,5 %)	34 (28,8 %)
	2012	95	19 (20 %)	37 (38,9 %)	31 (32,6 %)

Unter den Honorarangaben für Nichtprüfungsleistungen finden sich am häufigsten Angaben über Honorare für Steuerberatungsleistungen. So werden im Geschäftsjahr 2009 in 39,8 % aller untersuchten Einzelabschlüsse Honorarangaben in der Kategorie Steuerberatungsleistungen gemacht. Vor allem Unternehmen, die von kleinen Prüfern geprüft werden, nehmen in ungefähr 40 % der Fälle gleichzeitige Steuerberatungsleistungen ihres Abschlussprüfers in Anspruch. Diese Ergebnisse bestätigen die Beobachtung von DOBLER (2014), dass Steuerberatungsleistungen des Abschlussprüfers bei nicht börsennotierten Unternehmen häufig nachfragt werden.[701] Am zweithäufigsten finden sich Angaben über Honorare für sonstige Leistungen des Abschlussprüfers. In dieser Kategorie lässt sich ein leichtes Ansteigen der Angaben über die Jahre beobachten. Jedes fünfte Unternehmen berichtet über Honorare für Bestätigungsleistungen des Abschlussprüfers.

Hinsichtlich der beiden Prüfergruppen und der Erbringung von Nichtprüfungsleistungen lässt sich folgendes beobachten: Angaben über andere Bestätigungsleistungen finden sich häufiger in von BIG-4 Gesellschaften geprüften Abschlüssen, während von kleinen Prüfern betreute Mandate im Vergleich zu BIG-4 Mandaten häufiger über sonstige Leistungen berichten.[702] Steuerberatungsleistungen werden von beiden Prüfergruppen ungefähr gleich häufig erbracht. Es bestehen auch keine Unterschiede in der Häufigkeit der Angaben über Nichtprüfungsleistungen generell zwischen den beiden Prüfergruppen.

Die Vermutung, dass die Pflicht zur Veröffentlichung von Prüfungs- und Nichtprüfungshonoraren die Unternehmen dazu veranlassen könnte, in geringerem Umfang Nichtprüfungsleistungen durch den Abschlussprüfer in Anspruch zu nehmen, da der Abschluss-

701 Vgl. *Dobler*, Auditor-provided non audit-services, 2014, S. 440.

702 Die Überprüfung auf Unterschiede in der Verteilung der Anzahl der Honorarangaben zwischen den beiden Prüfergruppen erfolgt anhand von χ^2-Tests. Diese belegen signifikante Unterschiede zwischen der Erbringung von anderen Bestätigungsleistungen sowie sonstigen Leistungen und den beiden Prüfergruppen. Für die Erbringung von Steuerberatungsleistungen und der Durchführung von Nichtprüfungsleistungen insgesamt lassen sich keine signifikanten Unterschiede zwischen den großen und kleineren Prüfungsgesellschaften nachweisen.

leser die Erbringung von Nichtprüfungsleistungen als Beeinträchtigung der Unabhängigkeit des Abschlussprüfers wahrnehmen könnte, kann anhand der Anzahl der Angaben nicht bekräftigt werden. Die Anzahl und die Verhältnisse der Angaben in den einzelnen Nichtprüfungskategorien ändern sich im Zeitraum von 2009 bis 2012 nur unwesentlich.[703] Dies kann als mögliches Indiz gegen eine Rückläufigkeit der Angaben über Nichtprüfungsleistungen bei den betrachteten Unternehmen gewertet werden.

Konzernabschlüsse

Der Anteil der Konzernabschlüsse, die Angaben zu Nichtprüfungsleistungen des Abschlussprüfers ausweisen, bewegt sich in den vier Geschäftsjahren zwischen ca. 77 % und 82 % und liegt damit im Bereich des von DOBLER (2014) ermittelten Wertes für Konzernabschlüsse.[704]

Tabelle 12 veranschaulicht die Anzahl und die Verhältnisse der Angaben in den einzelnen Kategorien bei den Konzernabschlüssen in den Geschäftsjahren 2009 bis 2012.

Tabelle 12: Anzahl der Honorarangaben in Konzernabschlüssen

Anzahl der Angaben	Jahr	Prüfungsleistungen	Andere Bestätigungsleistungen	Steuerberatungsleistungen	Sonstige Leistungen
BIG-4	2009	62	12 (19,3 %)	47 (75,8 %)	33 (53,2 %)
	2010	58	18 (31 %)	44 (75,8 %)	38 (65,5 %)
	2011	46	10 (21,7 %)	34 (73,9 %)	23 (50 %)
	2012	40	8 (20 %)	28 (70 %)	23 (57,5 %)
Non-BIG-4	2009	80	16 (20 %)	47 (58,7 %)	36 (45 %)
	2010	72	14 (19,4 %)	42 (58,3 %)	36 (50 %)
	2011	83	16 (19,2 %)	46 (55,4 %)	42 (50,6 %)
	2012	62	10 (16,1 %)	33 (53,2 %)	27 (43,5 %)
Gesamt	2009	142	28 (19,7 %)	94 (66,1 %)	69 (48,2 %)
	2010	130	32 (24,6 %)	86 (66,1 %)	74 (56,9 %)
	2011	129	26 (20,1 %)	80 (62 %)	65 (50,3 %)
	2012	102	18 (17,6 %)	61 (59,8 %)	50 (49 %)

Bei den untersuchten Konzernabschlüssen überwiegt die Anzahl der von Non-BIG-4-Prüfern geprüften Abschlüsse die von großen Prüfungsgesellschaften betreuten Mandate in allen Geschäftsjahren. Der Anteil der von BIG-4-geprüften Abschlüsse bewegt sich zwischen ca. 44 % und ca. 35 % in den einzelnen Geschäftsjahren.[705]

Analog zur Auswertung der Honorarangaben in den Einzelabschlüssen nimmt die Kategorie „Steuerberatungsleistungen" den überwiegenden Raum innerhalb der Nichtprüfungsleistungen ein, gefolgt von den sonstigen Leistungen und den anderen Bestätigungsleistungen. Allerdings lassen sich im Vergleich zu den Einzelabschlüssen erhöhte Prozent-

[703] Ein χ^2-Test zeigt, dass zwischen der Erbringung von Nichtprüfungsleistungen und dem Geschäftsjahr keine signifikante Beziehung besteht.

[704] Vgl. *Dobler,* Auditor-provided non audit-services, 2014, S. 437.

[705] In der Gruppe der BIG-4-Prüfer betreuen PwC und KPMG ca. 49 % der BIG-4-Mandate.

werte beobachten. So werden bei zwei Dritteln der Konzernabschlüsse Honorare für Steuerberatungsleistungen des Abschlussprüfers ausgewiesen. Fast jeder zweite Konzernabschluss enthält Angaben zu sonstigen Leistungen. Jeder fünfte Konzernabschluss gibt Angaben zu anderen Bestätigungsleistungen, was dem Wert bei den Einzelabschlüssen entspricht.

Bei einer Betrachtung der unterschiedlichen Prüfergruppen lassen sich in drei Viertel der von BIG-4-Prüfern geprüften Abschlüsse Angaben zu Steuerberatungsleistungen finden, bei den Non-BIG-4-Prüfern fällt dieser Wert mit 58,8 % ebenfalls hoch aus. Innerhalb der Kategorien „andere Bestätigungsleistungen“ und „sonstige Leistungen“ liegen die Verhältniswerte in ähnlichen Bereichen.[706]

Im Zeitablauf lässt sich kein einschlägiger Trend zu einer Verringerung oder Steigerung der Angaben über Nichtprüfungsleistungen erkennen. Allenfalls in der Kategorie „Steuerberatungsleistungen“ sinkt der Anteil der Honorarangaben bei beiden Prüfergruppen leicht.[707]

Die Ergebnisse zeigen, dass mehr als zwei Drittel der betrachteten nicht börsennotierten Unternehmen Nichtprüfungsleistungen ihres Abschlussprüfers in Anspruch nehmen. Die Häufigkeit der Angaben für diese Leistungen belegt im Einklang mit bisherigen Forschungsergebnissen die Vermutung, dass der Abschlussprüfer von diesen Unternehmen als häufig zu Rate gezogener Berater geschätzt wird.[708] Insbesondere Steuerberatungsleistungen des Prüfers werden von den Unternehmen wahrgenommen.

5.6 Analyse der Honorarwerte

Im weiteren Verlauf erfolgt nun eine Untersuchung der in den Abschlüssen enthaltenen Honorarwerte. Dazu wird zunächst anhand einer ausführlichen, deskriptiven Analyse der Honorarwerte der Frage nachgegangen, welchen Anteil die Honorare für Prüfungs- und Nichtprüfungsleistungen am Gesamthonorar einnehmen. In einem zweiten Schritt wird mittels Hypothesentests untersucht, ob bei den betrachteten nicht kapitalmarktorientierten Unternehmen der Honoraranteil von Nichtprüfungsleistungen eine potentielle Besorgnis der Befangenheit bedingt und ob hierbei Unterschiede zwischen den Prüfungsgesellschaften bestehen.

[706] χ^2-Tests weisen auf signifikante Verteilungsunterschiede in Bezug auf die Erbringung von Steuerberatungsleistungen, sonstigen Leistungen sowie die generelle Durchführung von Nichtprüfungsleistungen bei den beiden Prüfergruppen hin.

[707] Ein χ^2-Test deutet nicht auf signifikante Zusammenhänge zwischen der generellen Erbringung von Nichtprüfungsleistungen und den einzelnen Jahren hin.

[708] Vgl. *Chrisman, Chua, Sharma, Yoder*, Guiding family businesses through the succession process, 2009, S. 49; *Svanström, Sundgren*, The demand for non-audit services and auditor-client relationships, 2012, S. 63; *Dobler*, Auditor-provided non audit-services, 2014, S. 437.

5.6.1 Deskriptive Analyse der Honorare

5.6.1.1 Absolute Honorarwerte

In Tabelle 13 finden sich deskriptive Merkmale der in den untersuchten Einzel- bzw. Konzernabschlüssen ausgewiesenen Honorare für Abschlussprüfungsleistungen (AP), andere Bestätigungsleistungen (aBL), Steuerberatungsleistungen (StBL) und sonstige Leistungen (sL). Zudem werden deskriptive Informationen zu dem sich aus der Summe der Honorare der einzelnen Leistungskategorien ergebenden Gesamthonorar (GH) gegeben.

Auffällig ist, dass die an BIG-4 Prüfer gezahlten Honorare wesentlich höher ausfallen als von kleineren Prüfern bezogene Vergütungen. So übersteigen die Honorare für Abschlussprüfungsleistungen der BIG-4 die an Non-BIG-4 Prüfer gezahlten Honorare im Schnitt um mehr als das Doppelte. Auch im Bereich der Nichtprüfungsleistungen treten teilweise erhebliche Honorarunterschiede zwischen den beiden Prüfergruppen auf. Dies dürfte unter anderem dadurch bedingt sein, dass große Unternehmen in der Regel häufiger von großen Prüfungsgesellschaften betreut werden.[709] Die Honorarunterschiede könnten zudem ein erstes Indiz auf mögliche Honorarprämien für große Prüfungsgesellschaften bieten, die möglicherweise auf eine höhere Prüfungsqualität dieser Gesellschaften zurückzuführen sind.[710] Zudem könnten große Prüfer aufgrund ihrer Reputation oder auch einer stärkeren Verhandlungsmacht in der Lage sein, höhere Honorare zu verlangen.

An den Konzernabschlussprüfer gezahlte Honorare fallen in der Regel ebenso höher aus als im Einzelabschluss ausgewiesene Honorare. Die Hauptursache dafür dürfte in den Größenunterschieden zwischen Einzel- und Konzernabschlussmandaten liegen. Möglicherweise werden in Konzernabschlüssen aber auch häufiger Honorare, die an verbundene Unternehmen oder Netzwerkmitglieder gezahlt wurden, eingerechnet, wenn diese für Mitglieder des Konzerns Leistungen erbracht haben.

Die großen Bandbreiten zwischen den Minimal- und Maximalwerten weisen auf erhebliche Unterschiede zwischen den einzelnen Mandaten in Bezug auf die berechneten Honorare hin.

Nach den Honoraren für Abschlussprüfungsleistungen fallen bei beiden Prüfergruppen die für Steuerberatungsleistungen gezahlten Honorare am höchsten aus, gefolgt von den Honoraren für sonstige Leistungen. Am wenigsten wird im Median für andere Bestätigungsleistungen gezahlt.

Im Zeitverlauf betrachtet deuten die Medianhonorare für Abschlussprüfungsleistungen bei den BIG-4-Prüfern auf ein Absinken der Prüfungshonorare hin. So sinkt bei dieser Prüfergruppe der Medianwert bei den Einzelabschlüssen von 74.000 € im Jahr 2009 auf 61.500 € im Jahr 2012. Bei den Konzernabschlüssen reduziert sich der Wert von 163.500 € in 2009 auf 157.500 € in 2012. Die Prüfungshonorare der Non-BIG-4 Prüfer steigen im Median dagegen vor allem bei den Konzernabschlüssen von 89.000 € in 2009 auf 108.200 € in 2012 an. Innerhalb der einzelnen Honorarkategorien für Nichtprüfungsleistungen lässt sich kein

[709] Vgl. *Lenz*, Wahl des handelsrechtlichen Abschlussprüfers, 1993, S. 475; *Fischkin*, Determinanten der Prüferwahl, 2011, S. 213.

[710] Siehe dazu Kapitel 6.

Tabelle 13: Absolute Honorare in Einzel- und Konzernabschlüssen

			Einzelabschlüsse							**Konzernabschlüsse**						
Prüfer	Honorar (T€) für	Jahr	Mittelwert	Std. Abw.	25 %	Median	75 %	Min	Max	Mittelwert	Std. Abw.	25 %	Median	75 %	Min	Max
BIG-4	*APL*	2009	87,8	61	47	74	104,2	13	397	280,9	408,8	116	163,5	274	46	3.072
		2010	90,6	67,6	45,5	76	117,5	12	399	269,6	421,7	108,6	151	246	56	2.983
		2011	86,4	74,2	41,5	58,5	108	12	487	355	882,6	105	152,5	260	57	5.996
		2012	88,4	86,2	43	61,5	101	12	560	409,1	109,5	116	157,5	265,3	54	6.978
	aBL	2009	28,4	91,5	3	6,3	12,6	1	437	58,4	71,6	4,8	25	82,5	4	214
		2010	25,4	76,4	3	6	12,2	1	331	52	87,6	4	10	64	5	274
		2011	24,3	53,6	4	8	17,5	1	225	212,5	407,2	4,1	40,5	129	3	1.276
		2012	24,7	61,2	3	7	13	1	236	277,3	532,4	3,5	7,5	366,5	2	1.462
	StBL	2009	40	45,9	10	18	51,5	3	170	160,5	255,4	31	112	167	2	1.565
		2010	29	26,9	9	19	45	1	99	154,2	259	28,5	84	164,5	2	1.616
		2011	38,7	32,3	8	29	60	4	101	188,2	342,5	26	96,5	201	1	1.965
		2012	39,3	34,1	12,5	32	54	5	120	229,2	527,6	28	72,5	173,5	6	2.779
	sL	2009	24,8	31,5	4	9	28	2	94	108	143,2	19,7	49	133	4	580
		2010	40,5	37,8	11	34	60	2	125	114,5	250	5	28,6	91	1	1.293
		2011	21,9	21,8	6,5	11,5	39,5	2	60	97,6	147,3	7	30	138	1	639
		2012	31	28,1	6	25	50	2	91	109,9	164,2	12	59	89	4	668
	GH	2009	116	99,6	54	85	141	13	591	471,5	718	170,3	240,5	573	46	5.248
		2010	114,7	94,7	56,3	90,5	144,9	120	567	477,8	830,5	162	232,5	459	57	5.717
		2011	109,7	107,3	45,5	84,5	133	12	599	589,1	1.369	141	242,5	522	59	9.137
		2012	116,7	117,1	47,5	76,5	133,5	12	580	688,2	1.763	165,5	247,5	465,5	54	11.100

			Einzelabschlüsse							Konzernabschlüsse						
Prüfer	Honorar (T€) für	Jahr	Mittelwert	Std. Abw.	25 %	Median	75 %	Min	Max	Mittelwert	Std. Abw.	25 %	Median	75 %	Min	Max
Non-BIG-4	*APL*	2009	37,7	20,8	24	31,2	47	5	94,6	124,9	112,1	54,5	89	158,5	14	778
		2010	36,8	19,8	22,6	31,2	46,8	7,5	101	131,2	122,9	54,7	91	173	7	852
		2011	42	23,5	24	35,5	62	5	99	145,5	130,2	60	115	189	19	943
		2012	41	25,2	23,6	34	49	11	122,8	147,4	125,3	60	108,2	195	38	771
	aBL	2009	10,5	10,3	3	4,1	21,5	2	25	7,3	7,6	2,5	4,1	9,6	1	30
		2010	11,9	9,6	3	7	24	2,8	26	7,7	7,6	3	5,5	9,1	1	30
		2011	8,7	8,3	3	6	9	2,8	23	26	53,5	3	10,9	25,5	1	222
		2012	12,8	8,6	4	17,3	18	3,1	22	39	49,1	2	23	47	1	150
	StBL	2009	21,4	21,9	6,8	14	29,8	3	113	52,2	69,8	13	30	69	1,6	377
		2010	21,9	25,2	5,6	12,4	33,1	2	112	52,8	69	16	25	59	3	377
		2011	26,7	26,6	8	17	34	2	106	68,4	98,9	13	32	72,5	2	466
		2012	25	28,2	6	13,1	47,6	2	106	55,5	63,3	15	29	69	2	270
	sL	2009	20,2	23,4	2,9	12,7	31,9	0,15	91	53,4	123,6	3	11	32,9	0,2	539
		2010	16,6	24,8	2	10,1	14	0,15	100,6	31,8	58,2	4	11	38,5	0,2	323
		2011	20,5	27,2	2	9,5	25	0,15	90	32,5	71	7	14	24	0,2	435
		2012	17,7	19	3,5	10,5	28,9	0,15	69	25,2	49,3	7	12	24	0,3	259
	GH	2009	54,5	41,5	27	41,5	71	7,5	270	181,1	211,7	70	116	188,5	14	1.258
		2010	53,3	44	25	41	66	7,5	285	179,5	181,5	75,2	122	209,5	7	1.153
		2011	61,6	50,7	28	49,5	76,4	8,5	295	204,9	223,1	81	135	231	25	1.381
		2012	60,6	52,6	27	48	70	11	280	194,3	180,2	89	130	250	38	1.053

Erläuterungen:
AP = Abschlussprüfungsleistungen; aBL = andere Bestätigungsleistungen; StBL = Steuerberatungsleistungen; sL = sonstige Leistungen; GH = Gesamthonorar

klarer Trend erkennen. In der Gesamtbetrachtung scheinen die Gesamthonorare jedoch vor allem ab dem Jahr 2011 tendenziell zu steigen, was möglicherweise durch die Überwindung der Finanz- und Wirtschaftskrise der vorangegangen Jahre, welche zu geringeren Prüfungshonoraren und weniger Beratungsaufträgen geführt haben dürfte, begründet sein könnte.

Da die empirische Prüferhonorarforschung gezeigt hat, dass das Honorar für Abschlussprüfungsleistungen in der Regel stark mit der Mandantengröße korreliert[711], empfiehlt sich eine größenbereinigte Betrachtung des Prüfungshonorars.[712] Zu diesem Zweck wird das Prüfungshonorar je 1 Mio. € Bilanzsumme und 1 Mio. € Umsatzerlöse (Medianwerte) ermittelt[713] und im Zeitverlauf in Abbildung 2 dargestellt.[714]

Überwiegend ergeben sich im Zeitverlauf bei beiden Kennzahlen sinkende Werte, was auf einen tendenziellen Rückgang der größenbereinigten Prüfungshonorare schließen lässt.[715] Diese Beobachtung steht in Einklang mit Ergebnissen bei börsennotierten Unternehmen[716] und spricht für einen stattfindenden Preiswettbewerb auch im Marktsegment

Abbildung 2: Verlauf des größenbereinigten Prüfungshonorars

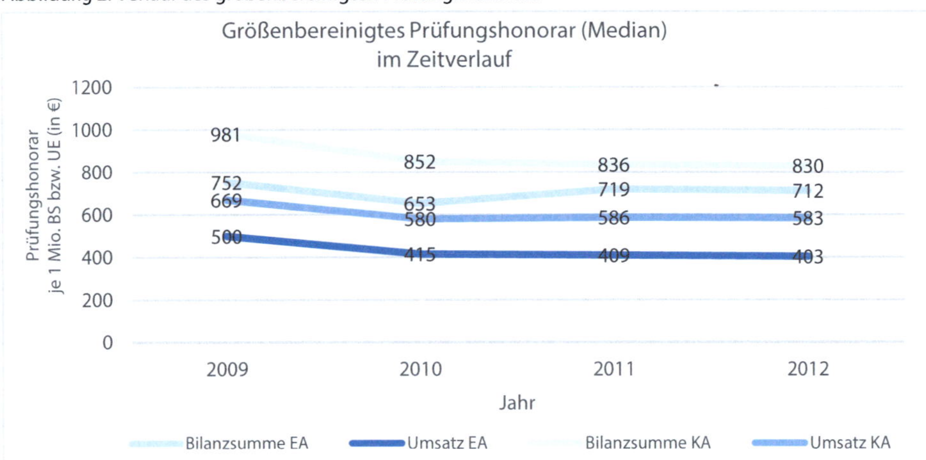

711 Vgl. *Hay, Knechel, Wong*, Meta-analysis, 2006, S. 169. Es existieren jedoch weitere Faktoren, die das Prüfungshonorar beeinflussen. Diese werden im folgenden Kapitel untersucht.

712 Für die Honorare für Nichtprüfungsleistungen ist eine Größenbereinigung nicht sinnvoll, da diese nicht zwangsläufig mit der Unternehmensgröße korrelieren.

713 Vgl. zu diesem Vorgehen *Lenz, Möller, Höhn*, Offenlegung der Honorare für Abschlussprüferleistungen, 2006, S. 1792; *Zülch, Krauß, Pronobis*, Die Entwicklung von Abschlussprüferhonoraren, 2010, S. 401.

714 Abbildung 2 zeigt den Verlauf der gegenüber Ausreißern robusteren Medianwerte. Die Mittelwerte verhalten sich überwiegend ähnlich.

715 Die Tendenz zu sinkenden Honoraren spiegelt sich sowohl bei BIG-4-Prüfern als auch bei kleineren Prüfern wider.

716 Vgl. *Zülch, Krauß, Pronobis*, Die Entwicklung von Abschlussprüferhonoraren, 2010, S. 401. Die Autoren beobachten für deutsche kapitalmarktorientierte Unternehmen in den Jahren 2004 – 2008 ein rückläufiges größenbereinigtes Prüfungshonorar. Die WPK berichtet in ihren Marktstrukturanalysen ab 2011 ein sinkendes Prüfungshonorar je § 319a-Mandat, vgl. WPK, Marktstrukturanalyse 2013, S. 11.

der nicht kapitalmarktorientierten Unternehmen.[717] Insbesondere vom Jahr 2009 auf 2010 fallen die Honorare relativ stark ab. Möglicherweise resultiert dies aus den Auswirkungen der Finanz- und Wirtschaftskrise, welche die Unternehmen vermehrt dazu veranlasst haben könnte, niedrigere Honorare auszuhandeln. Im Anschluss daran lässt sich keine Erholung der Honorarwerte beobachten, vielmehr pendeln sich diese auf einem niedrigeren Niveau ein.

5.6.1.2 Relative Honorarwerte

Im Folgenden werden die Relationen der einzelnen Honorarkategorien zueinander betrachtet. Analog zu der Vorgehensweise von ZÜLCH/KRAUSS/PRONOBIS (2010) werden zunächst die Anteile der kumulierten Honorarwerte in den Einzelkategorien ins Verhältnis zu der kumulierten Gesamthonorarsumme gesetzt.[718] Abbildung 3 zeigt für die Geschäftsjahre 2009 bis 2012 getrennt nach BIG-4 und Non-BIG-4 Prüfern die Verhältniswerte, die aus den Angaben in den untersuchten Einzelabschlüssen ermittelt wurden.

Abbildung 3: Honorarrelationen Einzelabschlüsse

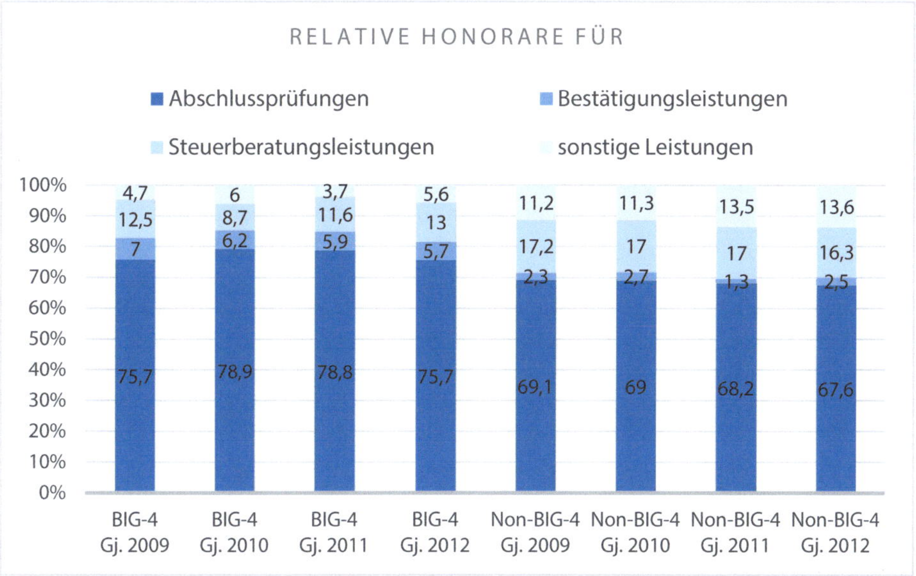

Abbildung 4 stellt die entsprechenden Verhältnisse für die Angaben aus den Konzernabschlüssen dar.

Sowohl bei den Einzel- als auch Konzernabschlüssen nimmt bei beiden Prüfergruppen das Prüfungshonorar den überwiegenden Anteil am Gesamthonorar ein. Während bei den

[717] Vgl. *Köhler, Marten, Ratzinger, Wagner*, Prüfungshonorare, 2010, S. 22; *Zülch, Krauß, Pronobis*, Die Entwicklung von Abschlussprüferhonoraren, 2010, S. 402. Beide Autoren schließen anhand ihrer Ergebnisse auf einen entsprechenden Preisdruck bei Honoraren für Prüfungsmandate im Marktsegment der kapitalmarktorientierten Unternehmen.

[718] Vgl. *Zülch, Krauß, Pronobis*, Die Entwicklung von Abschlussprüferhonoraren, 2010, S. 401.

Abbildung 4: Honorarrelationen Konzernabschlüsse

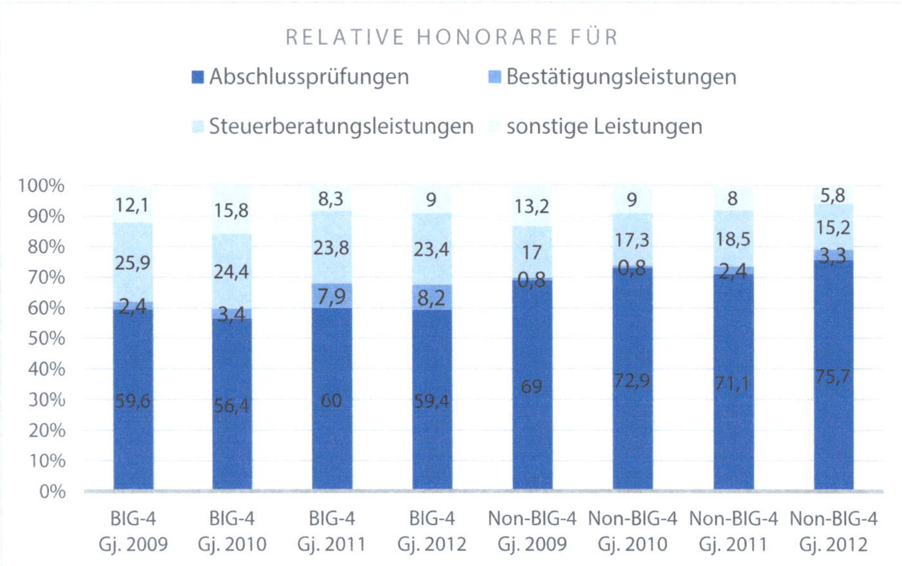

Non-BIG-4 Prüfern die Anteilswerte bei beiden Abschlusstypen relativ homogen sind, unterscheiden sich die Verhältniswerte bei den BIG-4-Prüfern im Vergleich zwischen Einzel- und Konzernabschlüssen. So beträgt bei den Einzelabschlüssen der Anteil des Prüfungshonorars über drei Viertel des Gesamthonorars, im Bereich der Konzernabschlüsse allerdings nur knapp 60 %. Ähnliche Ergebnisse berichten ZÜLCH/KRAUSS/PRONOBIS (2010).[719] Ein Trend zur Zunahme des Anteils der Honorare für Abschlussprüfungsleistungen am Gesamthonorar lässt sich nur bei den von kleinen Prüfern betreuten Konzernabschlussmandaten erkennen. Hier steigt der Anteilswert von 69 % in 2009 bis auf ca. 75,7 % in 2012.

Analog zu den Ergebnissen der Analyse der Honorarangabenanzahl kommt innerhalb der Nichtprüfungsleistungen der Kategorie der Steuerberatungsleistungen die gewichtigste Rolle zu. Bei den Konzernabschlüssen nehmen Honorare für Steuerberatungsleistungen vor allem bei den BIG-4 Mandaten bis zu einem Viertel des kumulierten Gesamthonorars ein. Diese Ergebnisse stehen in Einklang mit bisherigen Resultaten bei nicht börsennotierten Unternehmen.[720] Untersuchungen börsennotierter Unternehmen dagegen belegen, dass bei diesen Unternehmen Steuerberatungsleistungen des Prüfers eine nebensächliche Rolle spielen.[721] Dieser Unterschied ist wahrscheinlich auf das Verbot des § 319a Abs. 1 Nr. 2 HGB zurückzuführen, der kapitalmarktorientierten Unternehmen die Inanspruchnahme von Steuerberatungsleistungen des Prüfers zumindest teilweise untersagt. Zu beachten ist bei der Interpretation der Werte, dass bei den Einzelabschlüssen in ca. 60 % bzw. ca. 44 % bei

---

719 Vgl. *Zülch, Krauß, Pronobis*, Die Entwicklung von Abschlussprüferhonoraren, 2010, S. 401.

720 Vgl. *Dobler*, Auditor-provided non audit-services, 2014, S. 439.

721 Vgl. *Lenz, Möller, Höhn*, Offenlegung der Honorare für Abschlussprüferleistungen, 2006, S. 1792; *Petersen, Zwirner*, Angabepflicht der Honoraraufwendungen, 2008, S. 287; *Zülch, Krauß, Pronobis*, Die Entwicklung von Abschlussprüferhonoraren, 2010, S. 401.

den Konzernabschlüssen keine Angaben über Steuerberatungsleistungen gemacht werden.[722] Den zweiten Rang innerhalb der Nichtprüfungsleistungen nehmen die sonstigen Leistungen ein mit einem Maximalwert von 15,8 %. In ca. 74 % der Einzelabschlüsse und ca. 47 % der Konzernabschlüsse sind keine Honorare für sonstige Leistungen angegeben. Der Anteil der Honorare für andere Bestätigungsleistungen bewegt sich zwischen 0,8 % und 8,2 % und fällt damit kaum ins Gewicht.

5.6.2 Anteil von Nichtprüfungshonoraren am Gesamthonorar und Besorgnis der Befangenheit

Neben der Transparenz über die Höhe der Vergütungen des Abschlussprüfers sollen die Honorarangaben ein Beurteilungsmaß für die Unabhängigkeit des Abschlussprüfers vermitteln. Insbesondere das Verhältnis zwischen den Honoraren für Prüfungsleistungen und Nichtprüfungsleistungen soll als Indikator für eine mögliche Besorgnis der Befangenheit des Abschlussprüfers dienen.[723] Der folgende Abschnitt widmet sich daher der Frage, ob die ausgewiesenen Nichtprüfungsleistungen eine Besorgnis der Befangenheit des Prüfers bei den untersuchten nicht börsennotierten Unternehmen erzeugen könnten.

Bisherige Arbeiten, welche die Relationen von Prüfungs- und Nichtprüfungshonoraren untersuchen, verwenden verschiedene Kennzahlen, um eine mögliche Unabhängigkeitsbedrohung zu analysieren. So ermitteln LENZ/MÖLLER/HÖHN (2006) neben der Kennzahl $\frac{\textit{Prüfungshonorar}}{\textit{Gesamthonorar}}$ auch die Kennziffer $\frac{\textit{Gesamthonorar des Prüfers aus Mandat i}}{\textit{Gesamte Umsatzerlöse des Prüfers}}$.[724] Im Rahmen der ersten Kennziffer wird ein hoher (niedriger) Wert als Indikator für eine hohe (niedrige) Unabhängigkeit des Prüfers interpretiert, da bei einem hohen Anteil des Prüfungshonorars am Gesamthonorar der potentiell unabhängigkeitsbeeinträchtigende Beratungshonoraranteil aus dem jeweiligen Mandat nur gering ausfällt. Im Rahmen dieser Kennzahl wird kritisiert, dass sie nur bedingt zur Messung der möglichen Abhängigkeit des Abschlussprüfers geeignet ist, da sie nur mäßig die wirtschaftliche Abhängigkeit des Prüfers von einem bestimmten Mandat abbildet.[725] Der im Rahmen der zweiten Kennziffer ermittelte Anteil des Honorars aus dem einzelnen Mandat i an den gesamten Umsatzerlösen des Abschlussprüfers erscheint zwar besser zur Messung der wirtschaftlichen Abhängigkeit des Prüfers geeignet, allerdings sind für kleine oder mittlere Prüfungsgesellschaften in der Regel die Umsatzerlöse nicht öffentlich einsehbar.[726]

---

[722] Vgl. hierzu auch Tabellen 11 und 12.

[723] Vgl. *Bischof*, Anhangangaben zu den Honoraren für Leistungen des Abschlussprüfers, 2006, S. 706.

[724] Die zweite Kennzahl wird auch von CHUNG/KALLAPUR (2004) zur Messung der Bedeutung eines Mandats für den Prüfer verwendet, vgl. *Chung, Kallapur*, Client importance, 2003, S. 932. FRANKEL/JOHNSON/NELSON (2002) benutzen das Verhältnis Prüfungshonorar zu Gesamthonorar zur Abbildung von Mandantenabhängigkeit, vgl. *Frankel, Johnson, Nelson*, The Relation between auditors' Fees for nonaudit Services and earnings management, 2002, S. 72.

[725] Vgl. *Niehus*, Das Honorar und der Abschlussprüfer, 2002, S. 624; *Lenz, Möller, Höhn*, Offenlegung der Honorare für Abschlussprüferleistungen, 2006, S. 1790.

[726] Vgl. *Lenz, Möller, Höhn*, Offenlegung der Honorare für Abschlussprüferleistungen, 2006, S. 1791. Auf eine Ermittlung dieser Kennzahl wird verzichtet, da für die überwiegende Mehrheit der kleinen und mittleren Prüfer keine Informationen über Umsatzerlöse verfügbar sind. LENZ/MÖLLER/HÖHN (2006) ermitteln für diese

ZÜLCH/KRAUSS/PRONOBIS (2010) berechnen die Honorarrelation anhand des Verhältnisses von $\frac{\textit{Honorar für Nichtprüfungsleistungen}}{\textit{Prüfungshonorar}}$,wobei ein Verhältniswert $\geq$ 1 eine mögliche Befangenheit des Prüfers induziert.[727] Insofern betrachten die Autoren einen Anteilswert von Nichtprüfungshonoraren am Gesamthonorar $\geq$ 50 % als kritisch. PETERSEN/ZWIRNER (2008) geben neben den durchschnittlichen Honorarrelationen der einzelnen Kategorien die zehn niedrigsten Anteilswerte des Prüfungshonorars am Gesamthonorar an.[728] Im Rahmen dieser Arbeit wird dem Vorgehen von DOBLER (2014) gefolgt, der eine potentielle Unabhängigkeitsgefährdung anhand von Hypothesentests prüft.[729]

5.6.2.1 Bestimmung eines kritischen Schwellenwerts

Die EU-Kommission betont als Zweck der Honorarveröffentlichung zwar die Offenlegung eines möglichen Missverhältnisses zwischen Prüfungs- und Beratungshonoraren, lässt aber weitgehend offen, was darunter zu verstehen ist.[730] Auch der Gesetzgeber lässt die Angabe eines genauen Anteilswert vermissen, ab dem eine Befangenheit vermutet wird. Ursprünglich wurde jedoch im Zuge des BilReG offenbar über einen Schwellenwert diskutiert. So wird im Referentenentwurf des BilReG noch ausgeführt, dass ein die Hälfte übersteigender Anteil der Beratungshonorare am Gesamthonorar als so kritisch betrachtet wurde, dass der Arbeitskreis Abschlussprüfung diesen Sachverhalt in die Ausschlussursachen für eine Prüfungsdurchführung aufnehmen wollte.[731] Auf diese Regelung wurde zwar verzichtet, es wird jedoch angemerkt, dass „*der Umstand, dass das für Beratungsdienstleistungen gezahlte Honorar das für die Abschlussprüfung gezahlte Entgelt übersteigt, Anlass geben [kann], die Frage möglicher Befangenheit im Einzelfall (...) gesondert zu prüfen.*“[732] In der Begründung des BilReG wird allerdings nur mehr ausgeführt, dass die Honorarveröffentlichung Informationen zur Höhe der Vergütung für Prüfungsleistungen und darüber hinausgehende Leistungen zur Verfügung stelle.[733] Auf die Quantifizierung eines kritischen Wertes wird verzichtet.

Um festzustellen, ab welchem Anteilswert eine Besorgnis der Befangenheit von Bilanzadressaten ausgelöst wird, befragen QUICK/WARMING-RASMUSSEN (2009) Mitglieder eines Investoren-Clubs und ermitteln dabei einen kritischen Wert von 25 %, da ein höherer Honoraranteil für Nichtprüfungsleistungen von den Befragten als unabhängigkeitsbeeinträch-

Kennzahl bei kapitalmarktorientierten BIG-4 Mandaten einen maximalen Verhältniswert von 2,08 %, vgl. *Lenz, Möller, Höhn,* Offenlegung der Honorare für Abschlussprüferleistungen, 2006, S. 1793. Die von den Autoren untersuchten Prüferhonorare fallen wesentlich höher aus als die in dieser Arbeit zugrundeliegenden von nicht kapitalmarktorientierten Unternehmen gezahlten Honorare. Insofern ist nicht davon auszugehen, dass einzelne Mandate der untersuchten Unternehmen einen wesentlichen Anteil an den Umsatzerlösen einer BIG-4 Gesellschaft generieren.

727 Vgl. *Zülch, Krauß, Pronobis,* Die Entwicklung von Abschlussprüferhonoraren, 2010, S. 402.

728 Vgl. *Petersen, Zwirner,* Angabepflicht der Honoraraufwendungen, 2008, S. 287.

729 Vgl. *Dobler,* Auditor-provided non audit-services, 2014, S. 433 ff.

730 Vgl. EU, Empfehlung 2002/590, L 191/41, 19.07.2002.

731 Vgl. BMJ, Begründung Referentenentwurf BilReG, 2003, S. 23.

732 BMJ, Begründung Referentenentwurf BilReG, 2003, S. 23.

733 Vgl. Bundestag, Drucksache 15/3419, 24.06.2004, S. 29.

tigend wahrgenommen wird.[734] DAVIS/HOLLIE (2008) zeigen in einer Experimentalstudie, dass trotz einer tatsächlichen Prüferunabhängigkeit die wahrgenommene Unabhängigkeit ab einem Beratungshonoraranteil von mehr als 25 % beeinträchtigt wird und ab einem Ausmaß von mehr als 50 % der Prüfer überwiegend als nicht mehr unabhängig wahrgenommen wird. Ein noch höherer Anteilswert erzielt keine weitere Verschlechterung der wahrgenommenen Unabhängigkeit, so dass ab einem Schwellenwert von 50 % offenbar das maximale Ausmaß einer Beeinträchtigung erreicht ist.[735]

Für die folgende Untersuchung wird daher ein Schwellenwert von 25 % und 50 % als kritisch in Bezug auf eine mögliche Befangenheit des Prüfers analysiert. Errechnet man den kritischen Anteilswert, der sich bei Anwendung der in der EU-Verordnung 537/2014/EU enthaltenen 70 %-Cap für Nichtprüfungsleistungen ergeben würde, so ergibt sich ein kritischer Wert in Höhe von ca. 41,2 %[736], der innerhalb des Intervalls von 25 % und 50 % liegt.[737]

5.6.2.2 Hypothesenbildung

Die Vergabe von Beratungsaufträgen unterliegt bei nicht börsennotierten Unternehmen weniger strengen gesetzlichen Vorgaben als bei börsennotierten Unternehmen.[738] Gleichzeitig stehen diese Unternehmen weniger im Fokus der Öffentlichkeit und die Interessenten an den Abschlussinformationen sind im Vergleich zu börsennotierten Gesellschaften auf einen kleineren Kreis von Personen beschränkt.[739] Oftmals besteht bei nicht börsennotierten (Familien-)Unternehmen eine Identität zwischen den Prüfer wählenden Gesellschaftern und der Beratungsaufträge vergebenden Geschäftsleitung. Diese Argumente sprechen dafür, dass dem Einhalten eines ausgewogenen Verhältnisses von Prüfungs- und Nichtprüfungsleistungen bei nicht börsennotierten Unternehmen ein schwächeres Gewicht zugemessen werden könnte. DOBLER (2014) stellt für nicht börsennotierte, deutsche Unternehmen fest, dass deren Beratungshonoraranteil des Prüfers im Gegensatz zu börsennotierten Unternehmen signifikant einen kritischen Wert von 25 % übersteigt.[740]

Aufgrund dessen wird die erste Hypothese wie folgt formuliert:

Hypothese 1
Der Anteil der für Nichtprüfungsleistungen des Prüfers berechneten Honorare am Gesamthonorar übersteigt einen kritischen Wert von 25 % (bzw. 50 %).

---

734 Vgl. *Quick, Warming-Rasmussen,* Auditor independence and the provision of non-audit services, 2009, S. 156.

735 Vgl. *Davis, Hollie,* The impact of nonaudit service fee levels, 2008, S. 37-41.

736 Die 70 %-Cap begrenzt das Beratungshonorar auf max. 70 % des innerhalb der letzten drei aufeinanderfolgenden Geschäftsjahre angefallenen durchschnittlichen Prüfungshonorars. Beträgt das durchschnittliche Prüfungshonorar 100 Geldeinheiten, ergibt sich ein max. Beratungshonorar in Höhe von 70 Geldeinheiten. Der Anteil des Beratungshonorars am Gesamthonorar beträgt somit $\frac{70}{100+70} = 41{,}2\ \%$.

737 Zur 70 % Cap vgl. Kapitel 4.

738 Vgl. § 319 Abs. 3 Nr. 3 HGB. Für kapitalmarktorientierte Unternehmen gelten zusätzlich die Ausschlussgründe des § 319a Abs. 1 Nr. 2 und 3 HGB.

739 Vgl. *Dobler,* Auditor-provided non audit-services, 2014, S. 433.

740 Vgl. *Dobler,* Auditor-provided non audit-services, 2014, S. 439.

Die Ausführungen von DEANGELO (1981) zeigen, dass große Abschlussprüfer stärkere Anreize zu einem unabhängigen Verhalten haben, da ihnen bei Beschädigung ihrer Reputation der Verlust einer Vielzahl von Quasi-Renten aus anderen Mandaten droht.[741] ANTLE (1984) hält fest, dass *„reputation effects are such that short-term gains to recontracting are offset by losses in clients due to reduced auditors' reputations.*"[742] Die BIG-4 Gesellschaften, die als Prüfungsgesellschaften mit hoher Reputation gelten, stehen im Vergleich zu kleineren Prüfungsgesellschaften verstärkt im Licht der Medien und der Öffentlichkeit.[743] In diesem Zusammenhang kann vermutet werden, dass die BIG-4 Prüfungsgesellschaften potentielle reputationsbeeinträchtigende Faktoren vermeiden wollen und somit stärker als kleinere Prüfer daran interessiert sind, dass der Honoraranteil für Nichtprüfungsleistungen nicht zu einer Befangenheitsbesorgnis führt.[744] Gleichzeitig unterhalten die BIG-4 Gesellschaften große Beratungsabteilungen, die ein umfangreiches Angebot an Nichtprüfungsleistungen bereitstellen können, und beschäftigen hochqualifizierte Spezialisten. Kleinere Prüfer verfügen dagegen über geringere Kapazitäten, so dass vermutet werden kann, dass diese Prüfer nur eingeschränkt in der Lage sind, große Beratungsaufträge zu bewältigen. Zudem könnte die Reputation der BIG-4 die Nachfrage nach Beratungsleistungen dieser Prüfungsgesellschaften befördern.[745] SVANSTRÖM/SUNDGREN (2012) zeigen, dass schwedische, nicht börsennotierte Unternehmen mit signifikant höherer Wahrscheinlichkeit Beratungsaufträge an BIG-4 Gesellschaften vergeben – selbst wenn diese nicht der amtierende Prüfer sind. Außerdem vereinnahmen diese Prüfungsgesellschaften höhere Honorare für Nichtprüfungsleistungen.[746] Die WPK berichtet für kapitalmarktorientierte Mandate, dass große Prüfungsgesellschaften einen höheren Anteil von Beratungshonoraren am Gesamthonorar ausweisen als sonstige Prüfungsgesellschaften.[747]

Diese Überlegungen führen zu der zweiten Hypothese:

Hypothese 2
Der Anteil der für Nichtprüfungsleistungen des Prüfers berechneten Honorare am Gesamthonorar bei BIG-4 Mandaten unterscheidet sich von dem Anteilswert bei Non-BIG-4 Mandaten.

---

741 Vgl. *DeAngelo*, Auditor size, 1981, S. 189 f.

742 *Antle*, Auditor independence, 1984, S. 18.

743 Vgl. *Francis, Wilson*, Auditor changes, 1988, S. 665; *Lenz*, Wahl des handelsrechtlichen Abschlussprüfers, 1993, S. 252.

744 Vgl. *Petersen, Zwirner*, Angabepflicht der Honoraraufwendungen, 2008, S. 287.

745 Vgl. *Svanström, Sundgren*, The demand for non-audit services and auditor-client relationships, 2012, S. 62.

746 Vgl. *Svanström, Sundgren*, The demand for non-audit services and auditor-client relationships, 2012, S. 71-73.

747 Vgl. WPK, Marktstrukturanalyse 2014, S. 10 f.

5.6.2.3 Hypothesentests

Die zuvor aufgestellten Hypothesen werden anhand von WILCOXON-Tests und MANN-WHITNEY-Tests untersucht.[748] Da im Rahmen der Untersuchung einer möglichen Befangenheit nur Werte größer als der kritische Wert interessant sind, wird im Rahmen des WILCOXON-Tests die Nullhypothese, dass der Anteil der Beratungshonorare am Gesamthonorar kleiner oder gleich einem kritischen Wert (25 % bzw. 50 %) ausfällt, getestet.[749]

Der MANN-WHITNEY-Test testet auf Unterschiede im Median der jeweiligen Anteilswerte in den Subsamples für BIG-4 und Non-BIG-4 Mandate.[750]

Als Datengrundlage dienen die über die Jahre 2009 bis 2012 gepoolten Honorarwerte der Einzel- und Konzernabschlüsse, anhand derer die Verhältnisse der einzelnen Leistungskategorien zum Gesamthonorar berechnet werden.[751] Die Beobachtungszahl liegt für das komplette Sample bei 981 Honorarangaben (478 Einzelabschlüsse und 503 Konzernabschlüsse). Da die Verhältniswerte durch Unternehmen, die keine Beratungshonorare ausweisen, getrieben werden könnten, werden die Tests ebenfalls für eine reduzierte Stichprobe von Unternehmen, bei denen ein Beratungshonorar größer als Null ausgewiesen wird (n = 678), durchgeführt.[752]

Tabelle 14 zeigt deskriptive Merkmale der Honoraranteile der einzelnen Leistungskategorien am Gesamthonorar und die Ergebnisse der durchgeführten Tests.

Im kompletten Sample nehmen die Prüfungshonorare im Median ca. 83,7 % ($\text{Mittelwert}_{PH/GH}$ = 78,5 %) des Gesamthonorars ein, während der Anteil der Beratungshonorare ca. 16,3 % ($\text{Mittelwert}_{BH/GH}$ = 21,5 %) beträgt.

Im reduzierten Sample, das nur Honorarangaben mit einem Ausweis von Nichtprüfungshonoraren einbezieht (vgl. Tabelle 15), liegt der Prüfungshonoraranteil mit ca. 71 % ($\text{Mittelwert}_{PH/GH}$ = 69 %) etwas niedriger und der Beratungshonoraranteil beläuft sich auf ca. 29 % ($\text{Mittelwert}_{BH/GH}$ = ca. 31 %).

Bei Aufteilung des Samples in BIG-4 Mandate und Non-BIG-4 Mandate weist der MANN-WHITNEY-Test sowohl im vollen als auch im reduzierten Sample auf keine signifikanten Unterschiede in den Anteilen für Prüfungs- und Nichtprüfungshonorare hin, so dass die im Rahmen von Hypothese 2 formulierte Vermutung, dass der Honoraranteil für Nichtprüfungsleistungen bei BIG-4 Mandaten unterschiedlich ausfällt als bei von kleineren Prüfern betreuten Mandanten, nicht unterstützt werden kann. Signifikante Unterschiede zwischen den Medianwerten der beiden Subsamples bestehen nur bei dem Honoraranteil von anderen Bestätigungsleistungen und sonstigen Leistungen, die allerdings angesichts von Anteilswerten unter fünf Prozent kaum ins Gewicht fallen. Der Medianwert des Honoraranteils für Steuerberatungsleistungen als stärkste Kategorie innerhalb der Nichtprü-

[748] Zur Vorgehensweise vgl. *Dobler,* Auditor-provided non audit-services, 2014, S. 437-440.

[749] Auch als WILCOXON-*Signed-Rank*-Test bezeichet, vgl. *Wilcoxon,* Ranking methods, 1945, S. 80-83.

[750] Auch als WILCOXON-MANN-WHITNEY-Test oder MANN-WHITNEY-U-Test bezeichnet, vgl. *Wilcoxon,* Ranking methods, 1945, S. 80-83; *Mann, Whitney,* On a test of whether one of two random variables is stochastically larger than the other, 1947, S. 50-60.

[751] Zur deskriptiven Statistik der absoluten Honorarwerte vgl. Tabelle 13. Bei Durchführung der Tests getrennt nach Einzel- und Konzernabschlüsse ergeben sich keine wesentlich anderen Ergebnisse.

[752] Vgl. *Dobler,* Auditor-provided non audit-services, 2014, S. 440.

fungsleistungen unterscheidet sich nicht signifikant zwischen den beiden Prüfergruppen und bewegt sich zwischen 15,4 % und 17,2 %.

In ca. 39,5 % (13,86 %) der Beobachtungen wird im kompletten Sample ein kritischer Nichtprüfungshonoraranteil von 25 % (50 %) überschritten. Im Teilsample liegt der Anteilswert aufgrund der niedrigeren Gesamtbeobachtungszahl bei ca. 57,2 % (20 %).

Der WILCOXON-Test testet die Nullhypothese, dass der Median des Beratungshonoraranteils kleiner oder gleich einem in der Literatur als kritisch wahrgenommenen Wert von 25 % (bzw. 50 %) ausfällt. Im kompletten Sample kann die Nullhypothese für beide kritische Werte sowohl bei BIG-4- als auch bei Non-BIG-4 Mandaten nicht abgelehnt werden. Im Teilsample von Unternehmensabschlüssen, in denen ein positives Beratungshonorar ausgewiesen wird, wird die Nullhypothese für BH/GH $\leq$ 0,25 abgelehnt ($Median_{BH/GH}$ = 29 %; p-Wert < 0,001), nicht jedoch für BH/GH $\leq$ 0,5. Dies spricht für Hypothese 1 insoweit, dass die Beratungshonoraranteile der untersuchten nicht börsennotierten Unternehmen, die Nichtprüfungsleistungen ihres Abschlussprüfers in Anspruch nehmen, einen kritischen Wert von 25 % überschreiten.[753] Dieser Wert wird sowohl von BIG-4 Mandaten ($Median_{BH/GH}$ = 29,9 %; p-Wert < 0,001) als auch von Non-BIG-4 Mandaten ($Median_{BH/GH}$ = 28,1 %; p-Wert < 0,001) signifikant überschritten. Dies spricht ebenfalls gegen Hypothese 2. Ein signifikantes Übersteigen eines als kritisch beurteilten Wertes von 50 %, den der Gesetzgeber offenbar anfangs im Sinn hatte, kann jedoch nicht bestätigt werden.[754]

Dennoch ist bei Betrachtung der Minimal- und Maximalwerte auffällig, dass in einigen Abschlüssen die Anteilswerte für Prüfungshonorare bei weniger als 25 % liegen, das heißt das Gesamthonorar des Prüfers rekrutiert sich in diesen Fällen zu nicht einmal einem Viertel aus Abschlussprüfungsleistungen. Bei beiden Prüfergruppen treten zudem in fast jeder Kategorie für Nichtprüfungsleistungen Maximalwerte höher als 50 % auf. Das bedeutet, es finden sich Unternehmen, deren für Nichtprüfungsleistungen gezahlte Honorare den Großteil des Gesamthonorars des Abschlussprüfers stellen. So rekrutiert sich im Fall der H.C. Stark GmbH, Goslar, das an die Prüfungsgesellschaft PwC gezahlte Gesamthonorar im Jahr 2009 zu fast drei Vierteln (73,9 %) aus Honoraren für andere Bestätigungsleistungen. Welche konkreten Leistungen des Prüfers damit in Verbindung stehen, ist wie in der überwiegenden Mehrzahl derartiger Fälle aus den Angaben nicht ersichtlich. Weiterführende Erklärungen könnten an dieser Stelle zu einer Entkräftung der Befangenheitsbesorgnis beitragen. Im Jahr 2010 nimmt das für Bestätigungsleistungen an den Prüfer gezahlte Honorar bei diesem Unternehmen immerhin noch 58,3 % des Gesamthonorars ein. Auch in den Jahren 2011 und 2012 überwiegt das Honorar für Nichtprüfungsleistungen das Prüfungshonorar. Übersteigt das Honorar für Nichtprüfungsleistungen das Prüfungshonorar über mehrere Jahre, kann sich die Besorgnis einer Befangenheit des Prüfers verstärken.

---

753 Dies bestätigt sich auch bei Wiederholung des WILCOXON-Tests für die einzelnen Jahre, was darauf schließen lässt, dass die Honorarveröffentlichung im Zeitverlauf nicht zu einer Reduktion des Beratungshonoraranteils geführt hat.

754 Auch der Anteilswert von 41,2 %, den die mittlerweile aktuelle 70 %-Cap für Unternehmen öffentlichen Interesses vorsieht, wird nicht signifikant überschritten.

Tabelle 14: Hypothesentests Komplettes Sample

Komplettes Sample (n = 981)

	BIG-4 und Non-BIG-4 Mandate						*BIG-4 Mandate*						*Non-BIG-4 Mandate*						*Mann-Whitney-Test*	
	n (H>0)	MW	Std. Abw.	Me-dian	Min	Max	n (H>0)	MW	Std. Abw.	Me-dian	Min	Max	n (H>0)	MW	Std. Abw.	Me-dian	Min	Max	|Z|	p-Wert[a]
PH/GH	981	0,785	0,217	0,837	0,236	1,000	463	0,775	0,226	0,846	0,236	1,000	518	0,794	0,208	0,836	0,244	1,000	1,259	0,208
BH/GH	678	0,215	0,217	0,163	0	0,763	328	0,225	0,226	0,154	0	0,763	350	0,206	0,208	0,164	0	0,755	1,235	0,217
aBL/GH	200	0,021	0,073	0	0	0,739	119	0,024	0,073	0	0	0,739	81	0,019	0,072	0	0	0,545	3,746***	<0,001
StBL/GH	503	0,132	0,170	0,027	0	0,686	244	0,142	0,179	0,039	0	0,671	259	0,124	0,162	0,003	0	0,686	1,339	0,180
sL/GH	392	0,060	0,113	0	0	0,715	168	0,058	0,117	0	0	0,715	224	0,061	0,110	0	0	0,687	1,878*	0,060
BH/GH > 25 % (50 %) [in %]	388 [39,5 %] (136 [13,86 %])						187 [40,3 %] (76 [16,4 %])						201 [38,8 %] (60 [11,5 %])							
Wilcoxon-Test																				
	H_0: BH/GH ≤ 0,25 (H_0: BH/GH ≤ 0,5)						H_0: BH/GH ≤ 0,25 (H_0: BH/GH ≤ 0,5)						H_0: BH/GH ≤ 0,25 (H_0: BH/GH ≤ 0,5)							
	Z	p-Wert[b]					Z	p-Wert[b]					Z	p-Wert[b]						
	-5,803	>0,999					-2,865	0,997					-5,293	>0,999						
	(-24,684)	(>0,999)					(-16,461)	(>0,999)					(-18,386)	(>0,999)						

Erläuterungen: PH [BH; aBL; StBL; sL]/GH = Honorar für Prüfungsleistungen [Nichtprüfungsleistungen; andere Bestätigungsleistungen; Steuerberatungsleistungen; sonstige Leistungen]/Gesamthonorar;
[a] p-Wert auf zweiseitigem Testniveau; [b] p-Wert auf einseitigem Testniveau; ***/**/* = Signifikant auf 1%/5%/10%-Niveau.

Tabelle 15: Hypothesentests Teilsample: Abschlüsse mit BH > 0

Teilsample: Abschlüsse mit BH > 0 (n = 678)

	BIG-4 und Non-BIG-4 Mandate						*BIG-4 Mandate*						*Non-BIG-4 Mandate*						*Mann-Whitney-Test*	
	n (H>0)	MW	Std. Abw.	Medi-an	Min	Max	n (H>0)	MW	Std. Abw.	Medi-an	Min	Max	n (H>0)	MW	Std. Abw.	Medi-an	Min	Max	|Z|	p-Wert[a]
PH/GH	678	0,690	0,196	0,710	0,236	0,997	328	0,682	0,206	0,701	0,236	0,997	350	0,695	0,185	0,719	0,244	0,997	0,572	0,567
BH/GH	678	0,310	0,196	0,290	0,002	0,763	328	0,318	0,206	0,299	0,002	0,763	350	0,305	0,185	0,281	0,002	0,755	0,573	0,566
aBL/GH	200	0,031	0,086	0	0	0,739	119	0,034	0,085	0	0	0,739	81	0,028	0,086	0	0	0,545	3,482***	<0,001
StBL/GH	503	0,191	0,175	0,162	0	0,686	244	0,200	0,183	0,172	0	0,671	259	0,183	0,168	0,154	0	0,686	1,014	0,310
sL/GH	392	0,087	0,127	0,021	0	0,715	168	0,082	0,131	0,006	0	0,715	224	0,091	0,124	0,032	0	0,687	2,594***	0,009
BH/GH > 25 % (50 %) [%]	388 [57,2 %] (136 [20,0 %])						187 [57,0 %] (76 [23,1 %])						201 [57,4 %] (60 [17,1 %])							

WILCOXON-Test

H₀-Test	BIG-4 und Non-BIG-4 Mandate		BIG-4 Mandate		Non-BIG-4 Mandate	
	$H_0: BH/GH \leq 0,25$ ($H_0: BH/GH \leq 0,5$)		$H_0: BH/GH \leq 0,25$ ($H_0: BH/GH \leq 0,5$)		$H_0: BH/GH \leq 0,25$ ($H_0: BH/GH \leq 0,5$)	
	Z	p-Wert[b]	Z	p-Wert[b]	Z	p-Wert[b]
	6,453	<0,001	4,797	<0,001	4,376	<0,001
	(-18.142)	(>0,999)	(-11,951)	(>0,999)	(-13,673)	(>0,999)

Erläuterungen: PH [BH; aBL; StBL; sL]/GH = Honorar für Prüfungsleistungen [Nichtprüfungsleistungen; andere Bestätigungsleistungen; Steuerberatungsleistungen; sonstige Leistungen]/Gesamthonorar;
[a] p-Wert auf zweiseitigem Testniveau; [b] p-Wert auf einseitigem Testniveau; ***/**/* = Signifikant auf 1%/5%/10%-Niveau.

5.7 Honorarveröffentlichung als Indikator für Prüferunabhängigkeit?

Letztlich verbleibt die Frage, ob die Honorarveröffentlichung dazu geeignet ist, ihren ursprünglich zugedachten Zweck als Vergleichsmaßstab und Unabhängigkeitsindikator – insbesondere bei nicht börsennotierten Unternehmen – zu erfüllen.

Während aus Sicht des Forschers eine Angabe zu begrüßen ist, da ansonsten eine Honorarforschung in diesem Bereich nicht möglich wäre, erscheint aus der Perspektive der Abschlussersteller und der Abschlussadressaten der Informationsgehalt der bestehenden Honorarangabepflicht diskussionswürdig. Jeder regulatorische Eingriff in die freie Berufsausübung des Berufsstandes der Wirtschaftsprüfer ist verbunden mit wohlfahrtseinschränkenden Kosten, die vom Unternehmen und seinen Eignern, vom Prüfer und von der Öffentlichkeit zu tragen sind.[755] In diesem Zusammenhang kritisieren PFITZER/ORTH/HETTICH (2004) eine Ausdehnung der Pflicht zur Honorarveröffentlichung auf nicht kapitalmarktorientierte Unternehmen als unverhältnismäßig, da hierbei eine Offenlegung von Geschäftsbeziehungen zwischen Mandant und Prüfer gefordert wird, obwohl es an einem öffentlichen Interesse mangelt.[756] Insbesondere von Seiten des Berufsstandes wird gefürchtet, dass große Prüfungsgesellschaften die Informationen aus den veröffentlichten Honoraren kleinerer Prüfer dazu nutzen könnten, diese kurzfristig zu unterbieten, um ihren Marktanteil auszudehnen. Dies würde den Konzentrationsprozess auch im Segment der nicht kapitalmarktorientierten Mandate befördern.[757]

In Bezug auf den Zusammenhang zwischen Beratungsleistungen des Prüfers und dessen Unabhängigkeit betont SHARMA (2014), dass Nichtprüfungsleistungen „*are not a proxy for auditor independence as claimed by some; they are a potential source of economic bonding between an auditor and client which may influence an auditor's independence.*“[758]

Der Nutzen einer Honoraroffenlegung zur transparenten Gestaltung ökonomischer Beziehungen zwischen Prüfer und Mandant und einer damit bezweckten Beurteilung der Prüferunabhängigkeit, ist in der aktuellen Form der Angabepflicht im Allgemeinen und für nicht kapitalmarktorientierte Unternehmen im Besonderen in Frage zu stellen.

Im Allgemeinen ist der Nutzen der Angaben zur Honorartransparenz und Unabhängigkeitsbeurteilung aus den bereits am Anfang des Kapitels genannten Kritikpunkten in Zweifel zu ziehen. So sind die Honorarverhältnisses eines einzelnen Mandats nur bedingt aussagekräftig über die finanzielle Abhängigkeit des Prüfers von diesem Mandat.[759] Das zu diesem Zweck geeigneter erscheinende Verhältnis des Honorars aus einem Mandat zu den gesamten Erlösen des Prüfers lässt sich bei nicht börsennotierten Unternehmen, die häufig auch von kleineren Prüfungsgesellschaften geprüft werden, oftmals nicht ermitteln, da diese Prüfer selbst keine Informationen über ihre Erlöse veröffentlichen. Der vom Gesetzgeber nur

755 Vgl. *Pfitzer, Orth, Hettich*, Stärkung der Unabhängigkeit des Abschlussprüfers, 2004, S. 331.
756 Vgl. *Pfitzer, Orth, Hettich*, Stärkung der Unabhängigkeit des Abschlussprüfers, 2004, S. 332.
757 Vgl. *Zilch*, Motivationale Wirkung der Regulierung, 2010, S. 100.
758 *Sharma*, Non-audit services and auditor independence, 2014, S. 84 f.
759 Vgl. *Niehus*, Das Honorar und der Abschlussprüfer, 2002, S. 624; *Lenz, Möller, Höhn*, Offenlegung der Honorare für Abschlussprüferleistungen, 2006, S. 1790 f.

ungenau bestimmte Empfängerkreis und Leistungsumfang erschweren zusätzlich eine Vergleichbarkeit und Transparenz der Honorarangaben und damit eine Beurteilung der Prüferunabhängigkeit.[760] Die in dieser Untersuchung festgestellten Mängel in Bezug auf Formulierung der Angaben, Zuordnung zu den Leistungskategorien, fehlende zusätzliche Informationen über erbrachte Leistungen und kaum feststellbare Angaben über an verbundene Unternehmen des Prüfers gezahlte Honorare vertiefen dieses Bild einer de facto stark eingeschränkten Transparenz der Honorarangaben.

Da die Honorarpublizität als Unabhängigkeitsindikator in Bezug auf die Erbringung von Nichtprüfungsleistungen dienen soll, ist die Sinnhaftigkeit einer Honorarpublizität eng verknüpft mit der intensiv geführten Diskussion über eine gesetzliche Einschränkung der Erbringung von Beratungsleistungen des Prüfers.[761] Während von den Regulierungsbehörden befürchtet wird, dass mit zunehmenden Beratungsleistungen die Möglichkeit einer Selbstprüfung und ein steigendes finanzielles Eigeninteresse des Prüfers dessen Unabhängigkeit beeinträchtigen könnten, argumentiert vor allem der Berufsstand, dass die Prüfungsqualität aufgrund von Wissenstransfers durch die Erbringung von Beratungsleistungen profitiert.[762] Wenngleich beide Seiten ihre Thesen bisher nicht überzeugend belegen konnten[763], sprechen einige Forschungsbelege – vor allem aus dem Segment der kapitalmarktorientierten Unternehmen – gegen eine Einschränkung der *tatsächlichen* Unabhängigkeit durch die Erbringung von Beratungsleistungen.[764] Der bisher noch beschränkte Befund für nicht börsennotierte Unternehmen tendiert dazu, dass auch bei diesen Mandaten die tatsächliche Prüfungsqualität durch Beratungsleistungen nicht beeinträchtigt wird oder sogar profitieren kann.[765] So können HOPE/LANGLI (2010) bei einer Untersuchung norwegischer, nicht börsennotierter Unternehmen keine Aufgabe der Prüferunabhängigkeit aufgrund außergewöhnlich hoher Prüfungs- und Nichtprüfungshonorare feststellen.[766] SVANSTRÖM (2013) belegt für schwedische, nicht kapitalmarktorientierte Firmen eine verbesserte Prüfungsqualität vor allem durch das gleichzeitige Angebot von Unterstützungsleistungen bei der Buchführung und Steuerberatung des Prüfers.[767]

Eine negative Auswirkung von Beratungsleistungen auf die Prüfungsqualität im börsennotierten Segment lässt sich durch Forschungsbefunde tendenziell eher im Bereich der *wahrgenommenen* Unabhängigkeit feststellen.[768] Fraglich ist jedoch, welches Gewicht nicht

---

760 Vgl. *Kirsch, Ewelt-Knauer, Gallasch*, Stärkung der wahrgenommenen Unabhängigkeit, 2013, S. 666.

761 Vgl. zur Diskussion u.a. *Böcking, Orth*, Vereinbarkeit von Prüfung und Beratung, 2002, Sp.257-267; *Pfitzer, Orth, Hettich*, Stärkung der Unabhängigkeit des Abschlussprüfers, 2004, S. 334 f.; *Bauer*, Abschlussprüfung und Beratung, 2004, S. 178-185.

762 Vgl. *Pfitzer, Orth, Hettich*, Stärkung der Unabhängigkeit des Abschlussprüfers, 2004, S. 331.

763 Vgl. *Sharma*, Non-audit services and auditor independence, 2014, S. 84 f.

764 Vgl. u.a. *Craswell*, Does the provision of non-audit services impair auditor independence, 1999, S. 29; *Ashbaugh, LaFond, Mayhew*, Do nonaudit services compromise auditor independence, 2003, S. 611; *Hay, Knechel, Li*, Non-audit services and auditor independence, 2006, S. 715; *Bauer*, Unabhängigkeit des Abschlussprüfers, 2004, S. 375; *Sattler*, Abschlussprüfung und Beratung, 2011, S. 435. Für einen Überblick vgl. *Sharma*, Non-audit services and auditor independence, 2014, S. 69-77.

765 Vgl. *Langli, Svanström*, Audits of private companies, 2014, S. 155.

766 Vgl. *Hope, Langli*, Auditor independence, 2010, S. 574.

767 Vgl. *Svanström*, Non-audit services and audit quality, 2013, S. 360 f.

768 Vgl. *Quick, Warming-Rasmussen*, Auditor independence and the provision of non-audit services, 2009, S. 156; *Davis, Hollie*, The impact of nonaudit service fee levels, 2008, S. 37-41; *Sharma*, Non-audit services and auditor independence, 2014, S. 82 f.

börsennotierte Unternehmen diesem Qualitätsaspekt beimessen. Die in der vorliegenden Untersuchung festgestellte niedrige Qualität der Honorarangaben, das Überschreiten eines kritischen Anteilswerts von Beratungshonoraren über mehrere Jahre und die von den Abschlusserstellern unterlassene Möglichkeit, eine Befangenheitsvermutung bei einem hohen Nichtprüfungshonoraranteil durch zusätzliche Informationen zu entkräften, bieten Hinweise darauf, dass die untersuchten nicht börsennotierten Unternehmen der Honorarpublizität bzw. einer daraus möglicherweise entstehenden Besorgnis der Befangenheit keine allzu große Bedeutung zuschreiben.[769] SVANSTRÖM/SUNDGREN (2012) zeigen anhand einer Befragung von schwedischen, nicht kapitalmarktorientierten Unternehmen, dass die Inanspruchnahme von Beratungsleistungen die wahrgenommene Prüfungsqualität bei diesen Unternehmen sogar befördert.[770] Begründet könnte dies in dem im Vergleich zu börsennotierten Unternehmen wesentlich geringeren Adressatenkreis sein, der aufgrund seiner Nähe zum Unternehmen oftmals über Art, Umfang sowie Inhalt von Nichtprüfungsleistungen und die damit einhergehenden ökonomischen Beziehungen zum Prüfer informiert sein dürfte und so in der Lage ist, eine mögliche Unabhängigkeitsbeeinträchtigung besser zu beurteilen.[771] Der zusätzliche Informationsgehalt einer Honorarpublizität und damit der Nutzen als Beurteilungsmaß für die Prüferunabhängigkeit dürften aus Sicht dieser Adressaten eher gering ausfallen. Für nicht börsennotierte Unternehmen ist die Sinnhaftigkeit der Honoraroffenlegungspflicht als Indikator für die Unabhängigkeit des Abschlussprüfers daher nicht nur im Allgemeinen, sondern auch im Besonderen fraglich.

5.8 Kapitelzusammenfassung

Das vorliegende Kapitel widmete sich einer detaillierten Untersuchung der Honorarangaben nicht kapitalmarktorientierter Unternehmen, um zu untersuchen, welche Berichtsqualität die Angaben aufweisen, welche Rolle Nichtprüfungsleistungen bei diesen Unternehmen spielen, in welchem Verhältnis Honorare für Prüfungs- und Nichtprüfungsleistungen stehen und ob sich daraus möglicherweise Aussagen über eine Beeinträchtigung der wahrgenommenen Unabhängigkeit des Prüfers ableiten lassen.

Die zentralen Erkenntnisse des Kapitels lassen sich folgendermaßen zusammenfassen:

- Eine Pflicht zur Honorarveröffentlichung lässt sich unter anderem anhand modelltheoretischer Erklärungsansätze begründen, da der Abschlussprüfer als eigennutzenmaximierender Agent unter dem Deckmantel von Beratungsaufträgen Seitenzahlungen vom Management erhalten könnte, die ihn zu einer positiven Berichterstattung motivieren sollten. Eine Offenlegung der finanziellen Leistungsbeziehungen zwischen Prüfer und Mandant soll dem entgegenwirken. Gleichzeitig implizieren finanzielle Beziehungen durch Beratungsaufträge nicht zwangsläufig eine Beeinträchtigung der Unabhängigkeit des Prüfers, wes-

[769] Für eine ähnliche Schlussfolgerung vgl. *Kirsch, Ewelt-Knauer, Gallasch*, Stärkung der wahrgenommenen Unabhängigkeit, 2013, S. 665.

[770] Vgl. *Svanström, Sundgren*, The demand for non-audit services and auditor-client relationships, 2012, S. 73 f.

[771] Vgl. *Sharma*, Non-audit services and auditor independence, 2014, S. 84.

wegen vor allem von Seiten des Berufsstandes Kritik an einer Publikationspflicht geäußert wird.

- Die Qualität der untersuchten Honorarangaben kann angesichts fehlender zusätzlicher Informationen, mangelnder Vorjahreszahlenangaben und teilweise uneinheitlicher bzw. nicht gesetzeskonformer Bezeichnung der Leistungskategorien nur als verbesserungswürdig beurteilt werden. Der Zweck der Honorarveröffentlichung, dem Abschlussleser ein Beurteilungsmaß für die Unabhängigkeit des Prüfers zu bieten, lässt sich so nur schwer erfüllen. Zudem deuten die Häufigkeit rechtlich überholter Formulierungen oder das Unterlassen von Angaben darauf hin, dass eine Mehrzahl der Unternehmen der Angabe nur eine geringe Bedeutung beimisst.

- Weiterhin wurde festgestellt, dass Beratungsleistungen des Abschlussprüfers von einem großen Anteil der Unternehmen in Anspruch genommen werden. Dies spricht dafür, dass der Abschlussprüfer bei nicht börsennotierten Unternehmen als externer Berater geschätzt wird. Die Untersuchung der Häufigkeit der Angaben und der Honoraranteile der einzelnen Leistungskategorien zeigen, dass die Unternehmen die Kompetenz des Prüfers zusätzlich zur Abschlussprüfung vor allem im Bereich der Steuerberatung nachfragen. Deutlich wird in diesem Zusammenhang gleichzeitig die Wirksamkeit der Regulierung von Beratungsleistungen bei kapitalmarktorientierten Unternehmen durch § 319a Abs. 1 Nr. 2 HGB, der die Erbringung von Steuerberatungsleistungen durch den Prüfer einschränkt und so dafür sorgt, dass kapitalmarktorientierte Unternehmen weitgehend auf steuerliche Beratungsleistungen ihres Prüfers verzichten. Ob die verschärften Regelungen der EU-Verordnung in Bezug auf Steuerberatungsleistungen bei Unternehmen von öffentlichem Interesse auch auf das Segment der nicht kapitalmarktorientierten Unternehmen ausstrahlen und bei diesen zu einer Reduktion der Nachfrage nach Steuerberatungsleistungen des Prüfers führen, bleibt abzuwarten.

- Eine Untersuchung der Prüferhonorare deutet zwar auf einen leicht ansteigenden Trend in Bezug auf das Gesamthonorar der Prüfer hin, der womöglich dem Abklingen der Finanz- und Wirtschaftskrise zuzuschreiben ist, allerdings kann im Einklang mit bisherigen Erkenntnissen bei kapitalmarktorientierten Unternehmen bestätigt werden, dass die (größenbereinigten) Honorare für Abschlussprüfungsleistungen im Zeitverlauf eher sinken.

- Die Mehrzahl der Unternehmen weist ein Prüfungshonorar aus, welches über dem Beratungshonorar liegt. Dennoch konnte anhand von Hypothesentests nachgewiesen werden, dass der Beratungshonoraranteil bei Unternehmen, die Nichtprüfungsleistungen ihres Prüfers in Anspruch nehmen, einen von Investoren als kritisch betrachteten Wert von 25 % signifikant übersteigt. Ein signifikantes Überschreiten eines Anteilswertes von 50 %, der anfangs vom Gesetzgeber als kritisch betrachtet wurde, lässt sich nicht erkennen. In einigen Fällen konnte jedoch beobachtet werden, dass der Anteil des Prüfungshonorars – teilweise über einen längeren Zeitraum – weniger als ein Viertel des Gesamthonorars beträgt. Da zumeist aus den Angaben nicht ersichtlich ist, für welche Leistungen des Prüfers die Beratungshonorare gezahlt werden, kann nicht ausgeschlossen werden, dass bei einem externen Bilanzleser eine Besorgnis der Befangenheit des Prüfers entsteht. Dass große Prüfungsgesellschaften stärker auf einen niedrigeren Beratungshonoraranteil bedacht sind als kleine und mittlere Prüfer, um mögliche Reputationsbeeinträchtigungen zu vermeiden, lässt sich nicht bestätigen.

- Fraglich ist, welchen Nutzen die Honorarpublizität in ihrer jetzigen Form insbesondere bei nicht börsennotierten Unternehmen stiftet. Zu beachten ist, dass die Honorarrelationen alleine keine Aussage über die tatsächliche Unabhängigkeit des Prüfers erlauben, sondern lediglich finanzielle Beziehungen zwischen Prüfer und Mandant darlegen. Damit ermöglichen sie dem Abschlussleser letztlich nur eine subjektive Wahrnehmung einer potentiellen Unabhängigkeitsbeeinträchtigung. Angesichts einer eingeschränkten Vergleichbarkeit und Transparenz der Angaben aufgrund ungenauer gesetzlicher Vorschriften ist die Zweckerfüllung der Angabe als Unabhängigkeitsindikator im Allgemeinen anzuzweifeln. Bei nicht börsennotierten Unternehmen, bei denen die Abschlussadressaten regelmäßig auf anderweitige und detailliertere Informationsmöglichkeiten über finanzielle Beziehungen zwischen Prüfer und Mandant zugreifen können, dürfte der Nutzen einer Honorarveröffentlichung als Beurteilungshilfe für die Unabhängigkeit des Prüfers auch im Besonderen begrenzt sein.

Das folgende Kapitel widmet sich nun einer vertieften Untersuchung des Honorars für Abschlussprüfungsleistungen bei nicht börsennotierten Unternehmen. Um Aussagen über den Bedarf und das Angebot an Prüfungsqualität in diesem Segment treffen zu können, wird versucht, anhand multivariater Analysen festzustellen, welche Wirkung die Erbringung von Beratungsleistungen auf das Prüfungshonorar ausübt und welche weiteren Faktoren das Prüfungshonorar dieser Unternehmen beeinflussen.

6 Analyse der Prüfungshonorare

Dieses Kapitel widmet sich der Untersuchung von möglichen Einflussgrößen auf die Höhe des Prüfungshonorars bei nicht börsennotierten Unternehmen. Prüfungshonorare bilden Eigenschaften der vertraglichen Beziehung zwischen Mandant und Prüfer ab und stellen damit eine inputbezogene Maßgröße für Prüfungsqualität dar. Die Höhe der Prüfungshonorare ergibt sich aus den Verhandlungen zwischen Prüfer und Mandant, so dass sie letztendlich sowohl von Angebots- als auch Nachfragefaktoren beeinflusst werden.[772] Die Vorteile bei der Analyse von Prüfungshonoraren liegen darin, dass sie als kontinuierliche Größe auch subtile Qualitätsunterschiede erfassen und für eine Vielzahl von Unternehmen erhoben werden können. Zudem hat die bisherige Forschung etablierte Honorarmodelle mit hohem Erklärungsgehalt entwickelt.[773] Der zentrale Gedanke bei der Verwendung von Prüfungshonoraren als Maßgröße für Prüfungsqualität liegt darin, dass Prüfungshonorare den Aufwand des Prüfers (*Auditor Effort*) für die Abschlussprüfung abbilden sollten, da sich das Prüfungshonorar üblicherweise anhand des Zeiteinsatzes des Prüfers und seines qualifikationsabhängigen Stundensatzes bemisst.[774] Ein steigendes Honorar ließe sich demnach als einen höheren Prüfungsaufwand und damit als höhere Prüfungsqualität interpretieren. Allerdings kann der Abschlussprüfer in sein Honorar auch Risikoprämien für mögliche Haftungs- und Reputationsschäden einpreisen oder eine marktbeherrschende Stellung erlaubt dem Prüfer ein höheres Honorar zu verlangen, was einen Rückschluss auf eine Qualitätsdifferenzierung erschwert.[775] Diese Problematik betrifft vor allem die Untersuchung von Prüfungshonoraren börsennotierter Unternehmen, da diese Unternehmen höhere Haftungs- und Reputationsrisiken für den Prüfer mit sich bringen und der Prüfungsmarkt für diese Mandate hoch konzentriert ist. Neben einer geringeren Marktkonzentration beinhaltet die Prüfung nicht börsennotierter Unternehmen für den Prüfer in wesentlich geringerem Ausmaß Risiken möglicher Haftungs- und Reputationsschäden.[776] Die Untersuchung von Prüfungshonoraren nicht börsennotierter Unternehmen bietet daher den Vorteil, dass diese möglicherweise weniger durch alternative Einflüsse begründet werden und so verstärkt Rückschlüsse auf Qualitätseffekte zulassen.[777]

Im Folgenden wird zunächst das zu untersuchende Prüfungshonorarmodell aufgestellt. In diesem Zusammenhang werden sowohl die abhängige Variable als auch die potentiellen

---

772 Vgl. *DeFond, Zhang*, A review of archival auditing research, 2014, S. 286.

773 Vgl. *DeFond, Zhang*, A review of archival auditing research, 2014, S. 289.

774 Vgl. *Hope, Langli, Thomas*, Agency conflicts and auditing in private firms, 2012, S. 503 f.; *DeFond, Zhang*, A review of archival auditing research, 2014, S. 289. Direkte Informationen über den Prüferaufwand (z. B. Anzahl der Prüfungsstunden, Einsatz von Spezialisten oder Prüfungspartnern) sind in der Regel nicht öffentlich verfügbar, vgl. *Joha, Lenz*, Mindestzeitaufwand statt Honorarordnung, 2014, S. 515. Für einen Überblick über *Auditor Effort*-Studien vgl. *Causholli, De Martinis, Hay, Knechel*, Audit markets, fees and production, 2010, S. 167; *Koch, Wüstemann*, Explaining and evaluating the production of audits, 2012, S. 508.

775 Vgl. *DeFond, Zhang*, A review of archival auditing research, 2014, S. 290.

776 Vgl. *Chaney, Jeter, Shivakumar*, Self-selection of auditors, 2004, S. 52; *Hope, Langli, Thomas*, Agency conflicts and auditing in private firms, 2012, S. 504.

777 Vgl. *Langli, Svanström*, Audits of private companies, 2014, S. 153.

Einflussfaktoren auf das Honorar erläutert. In diesem Rahmen werden die Prüfungshonorarhypothesen aufgestellt.

Im Anschluss daran werden die Ergebnisse der Untersuchung besprochen und diskutiert.

6.1 Abhängige Variable

Untersuchungsgegenstand der Prüfungshonoraranalyse ist das von den Unternehmen gemäß § 285 Nr. 17 Buchstabe a) HGB bzw. § 314 Abs. 1 Nr. 9 Buchstabe a) HGB ausgewiesene Honorar für Abschlussprüfungsleistungen.[778] Ihren Ursprung finden Prüferhonorarstudien in der grundlegenden Arbeit von SIMUNIC (1980). Während SIMUNIC (1980) als abhängige Variable die Prüfungshonorare dividiert durch die Bilanzsumme verwendete[779], hat sich in den folgenden Arbeiten überwiegend die logarithmierte Summe des Prüfungshonorars als abhängige Variable etabliert.[780] Dies ermöglicht eine einfachere Interpretation der Koeffizienten, deren Auswirkung auf das Prüfungshonorar als prozentuale Veränderung des Honorars interpretiert werden kann.

6.2 Unabhängige Variablen

Als wesentliche Determinanten des Prüfungshonorars wurden durch die bisherige Honorarforschung Einflussgrößen identifiziert, die sich in mandantenspezifische Faktoren sowie prüferspezifische Charakteristiken unterscheiden lassen.[781] Die mandantenspezifischen Einflussgrößen lassen sich unterteilen in nachfrage- und angebotsorientierte Faktoren.[782] Nachfrageorientierte Faktoren liegen vor allem in Agency-Konflikten begründet und wirken sich dahingehend auf das Prüfungshonorar aus, dass verschiedene Unternehmen unterschiedliche Eigentümer- oder Finanzierungsstrukturen aufweisen, die wiederum in verschiedenartigen Ausprägungen von Agency-Konflikten resultieren und damit zu einer unterschiedlichen Nachfrage nach Abschlussprüfung als *Monitoring*-Instrument führen sollten. Angebotsorientierte Faktoren beziehen sich auf individuelle Gegebenheiten des zu prüfenden Unternehmens und umfassen die Mandatsgröße und Komplexität sowie in der Literatur als Risikofaktoren bezeichnete Charakteristiken des Mandanten.[783] Eine trennscharfe Abgrenzung zwischen nachfrage- und angebotsorientierten Faktoren ist nicht immer möglich, da verschiedene Einflussgrößen sowohl angebots- als auch nachfragegetrieben sind.[784] So verpflichten Prüfungsstandards den Prüfer bei der Prüfungsplanung das Ausmaß von Agency-Konflikten zu berücksichtigen, gleichzeitig wird er einen über den

---

778 Zum Umfang der Honorarkategorie „Abschlussprüfungsleistungen" siehe Abschnitt 4.4.1.

779 Vgl. *Simunic*, The pricing of audit services, 1980, S. 178.

780 Vgl. u.a. *Francis*, The effect of audit firm size on audit prices, 1984, S. 141; *Francis, Stokes*, Audit prices, 1986, S. 389; *Palmrose*, Audit fees and auditor size, 1986, S. 101; *Hay, Knechel, Wong*, Meta-analysis, 2006, S. 146.

781 Vgl. *Hay, Knechel, Wong*, Meta-analysis, 2006, S. 146.

782 Vgl. *Umlauf*, Prüfungs- und Beratungshonorare von Konzernabschlussprüfern, 2013, S. 143.

783 Vgl. *Hay, Knechel, Wong*, Meta-analysis, 2006, S. 146; IDW, PS 240, Rn. 12.

784 So auch UMLAUF (2013), der mehrmals die enge Verknüpfung zwischen den beiden Ansätzen betont, vgl. *Umlauf*, Prüfungs- und Beratungshonorare von Konzernabschlussprüfern, 2013, S. 143-146.

Mandantenbedarf hinausgehenden Prüfungseinsatz gegenüber dem Klienten nur schwer rechtfertigen können.[785] Nachfrageorientierte und angebotsorientierte Faktoren reflektieren letztendlich beide den Arbeitsaufwand des Abschlussprüfers und die damit einhergehenden Kosten des Prüfers, die sich schließlich im Prüfungshonorar widerspiegeln sollten.[786] Prüferspezifische Faktoren beziehen sich auf individuelle Eigenschaften des Abschlussprüfers und dienen zumeist der Untersuchung von Prüfungsmarktcharakteristiken wie Produktdifferenzierung und Wettbewerb.[787]

6.2.1 Mandantenspezifische Determinanten

Mandantenspezifische Determinanten erklären einen Teil des Prüfungshonorars mit Hilfe der Kosten, die dem Prüfer durch den Einsatz von Ressourcen im Rahmen der Erstellung seiner Dienstleistung „Abschlussprüfung" entstehen. So stellen CAUSHOLLI/DE MARTINIS/HAY/KNECHEL (2010) fest: *„Most researchers have found that measures of auditor effort are highly correlated with audit fees."*[788]

Der Ressourceneinsatz des Abschlussprüfers setzt sich regelmäßig aus einer zeitlichen und einer personellen, die Qualifikation der eingesetzten Mitarbeiter widerspiegelnden Komponente zusammen. Um als Marktteilnehmer langfristig bestehen zu können, muss der Abschlussprüfer auf lange Frist ein kostendeckendes Honorar berechnen.[789] Das Prüfungshonorar müsste sich demnach zumindest zu einem Teil aus dem Produkt des für die Prüfung benötigten Zeitaufwands und eines qualifikationsabhängigen Stundensatzes für die eingesetzten Mitarbeiter ergeben.

Der Prüfungsaufwand ergibt sich aus dem Ziel der Abschlussprüfung, unter Beachtung von wirtschaftlichen Gesichtspunkten hinreichend sichere Aussagen über das Prüfungsergebnis zu treffen.[790] Eine Abschlussprüfung soll gemäß dieser Zielvorgabe des IDW PS 200 eine möglichst hohe Effektivität aufweisen, d. h. eine ausreichend sichere Urteilswahrscheinlichkeit über die Normenkonformität des Abschlusses bieten, bei gleichzeitiger Minimierung der zur Erlangung dieser hinreichend sicheren Urteilswahrscheinlichkeit entstehenden Kosten (Effizienz).[791] Die Ausrichtung an den beiden Zielgrößen Effektivität und Effizienz führt zu einem *Trade-Off*, so dass durch den Prüfer eine Beschränkung auf diejenigen Prüfungsobjekte, die er für die Einschätzung des Prüfungsurteils entscheidend hält, erfolgen muss.[792] In diesem Sinne ist der Prüfer gemäß IDW PS 210.14 und IDW PS 261 dazu angehalten, seine Abschlussprüfung nach einem risikoorientierten Prüfungsansatz auszugestalten.

---

785 Vgl. IDW, PS 230, Anhang; *Hope, Langli, Thomas*, Agency conflicts and auditing in private firms, 2012, S. 503; *DeFond, Zhang*, A review of archival auditing research, 2014, S. 289.

786 Vgl. *Umlauf*, Prüfungs- und Beratungshonorare von Konzernabschlussprüfern, 2013, S. 119.

787 Vgl. *Umlauf*, Prüfungs- und Beratungshonorare von Konzernabschlussprüfern, 2013, S. 120.

788 *Causholli, De Martinis, Hay, Knechel*, Audit markets, fees and production, 2010, S. 173; Vgl. auch *Koch, Wüstemann*, Explaining and evaluating the production of audits, 2012, S. 519, die auf eine weitgehende Identität der *Audit Fee* und *Audit Production* Determinanten hinweisen.

789 Vgl. *Umlauf*, Prüfungs- und Beratungshonorare von Konzernabschlussprüfern, 2013, S. 121.

790 Vgl. IDW, PS 200, Rn. 9.

791 Vgl. *Marten, Quick, Ruhnke*, Wirtschaftsprüfung, 2011, S. 207.

792 Vgl. *Umlauf*, Prüfungs- und Beratungshonorare von Konzernabschlussprüfern, 2013, S. 122.

Im Zentrum des risikoorientierten Prüfungsansatzes steht das Prüfungsrisiko (PR) als Wahrscheinlichkeit, dass der Prüfer Normenkonformität testiert, obwohl wesentliche Falschaussagen vorliegen.[793] Das Prüfungsrisiko wird als multiplikative Verknüpfung aus dem inhärenten Risiko (IR), dem Kontrollrisiko (KR) und dem Entdeckungsrisiko (ER) modelliert:

$$PR = IR \times KR \times ER \qquad \text{(Gleichung 6.1)}$$

Das Prüfungsrisiko wird beeinflusst durch das Kontrollrisiko, dass wesentliche Falschangaben nicht durch interne Kontrollen aufgedeckt wurden, und das inhärente Risiko, welches die Wahrscheinlichkeit für das Vorhandensein wesentlicher falscher Angaben angibt unter der Annahme, dass keine internen Kontrollen vorhanden sind. Diese beiden Risiken können vom Prüfer nicht beeinflusst werden, sondern müssen geschätzt werden. Auf Basis seiner Einschätzung des inhärenten und des Kontrollrisikos muss der Prüfer das Entdeckungsrisiko entsprechend anpassen, um ein akzeptables Prüfungsrisiko zu gewährleisten.[794] Gleichung 6.1 lässt sich daher folgendermaßen umformen:

$$ER = \frac{PR}{IR \times KR} \qquad \text{(Gleichung 6.2)}$$

Um eine hinreichende Urteilssicherheit zu erlauben, muss eine hohe Einschätzung des inhärenten Risikos oder des Kontrollrisikos den Prüfer daher zu einer Ausweitung des Prüfungsumfangs veranlassen. Dies kann durch vermehrte Einzelfallprüfungshandlungen oder den Einsatz von hochqualifizierten Prüfern geschehen.[795] Beide Varianten ziehen eine Erhöhung der Prüfungskosten nach sich, die sich im Prüfungshonorar widerspiegeln sollte.

Das Prüfungsrisikomodell lässt sich in einen weiteren Bezugsrahmen einbetten, der das Geschäftsrisiko des Mandanten und des Prüfers beinhaltet und in Abbildung 5 dargestellt wird.

Der geschäftsrisikoorientierte Prüfungsansatz ist eine Ausgestaltung des risikoorientierten Prüfungsansatzes.[796] In diesem Zusammenhang wird das Geschäftsrisiko des Mandanten als Wahrscheinlichkeit, dass der Mandant seine Geschäftsziele nicht erreicht, verstanden.[797] Steigende Geschäftsrisiken dürften höhere inhärente Risiken und Kontrollrisiken nach sich ziehen und somit zu einer Erhöhung des Prüfungsrisikos führen, das sich wiederum auf das Geschäftsrisiko des Prüfers auswirkt. [798] Der Prüfer hat sich im Rahmen dieses Prüfungsansatzes daher neben internen Gegebenheiten des Mandanten umfassend mit dessen externem Umfeld (z. B. Branche, regulatorische Vorgaben) auseinanderzusetzen.[799]

---

793 Vgl. IDW, PS 261, Rn. 5.

794 Vgl. *Marten, Quick, Ruhnke*, Wirtschaftsprüfung, 2011, S. 208. Zur Kritik an Risikomodellen vgl. *Marten, Quick, Ruhnke*, Wirtschaftsprüfung, 2011, S. 212-216.

795 Vgl. *Marten, Quick, Ruhnke*, Wirtschaftsprüfung, 2011, S. 210.

796 Vgl. *Marten, Quick, Ruhnke*, Wirtschaftsprüfung, 2011, S. 335.

797 Vgl. *Link*, Abschlussprüfung und Geschäftsrisiko, 2006, S. 24 f.

798 Vgl. *Marten, Quick, Ruhnke*, Wirtschaftsprüfung, 2011, S. 337.

799 Vgl. *Marten, Quick, Ruhnke*, Wirtschaftsprüfung, 2011, S. 337; vgl. auch IDW, PS 261, Rn. 13-15.

Abbildung 5: Zusammenhang Geschäftsrisiko und Prüfungsrisiko

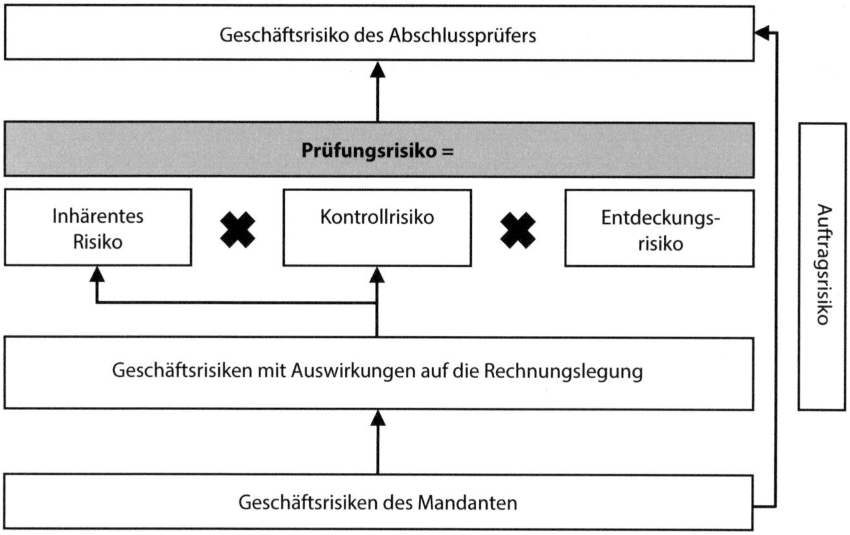

Quelle: Eigene Darstellung[800]

Inwiefern risikoerhöhende Faktoren im Rahmen der Prüfung nicht kapitalmarktorientierter Unternehmen eine Rolle spielen, ist ex ante nicht klar. So erklären BRINN/PEEL/ROBERTS (1994) ihre nicht signifikanten Ergebnisse in Bezug auf Risikovariablen mit der Vermutung *„that auditor risk exposure is a less important factor in determining the audit fees of unquoted, relative to quoted, companies“*[801]. Gleichwohl ist der risikoorientierte Prüfungsansatz i.S.d. IDW PS 210.14 nicht auf die Prüfung börsennotierter Mandate beschränkt, sondern bei nicht kapitalmarktorientierten Mandaten muss ebenso ein Prüfungsurteil mit hinreichender Urteilssicherheit abgegeben werden.[802] Es ist davon auszugehen, dass der Prüfer auch bei der Prüfung nicht kapitalmarktorientierter Mandate im Sinne einer effektiven und effizienten Prüfungsdurchführung sein Vorgehen an risikoorientierten Gesichtspunkten ausrichtet.[803] Zudem findet die überwiegende Mehrheit von Honorarstudien, die nicht kapitalmarktorientierte Unternehmen untersuchen, signifikante Einflüsse von Risikovariablen auf die Höhe des Prüfungshonorars.[804] Gemäß dem risikoorientierten Prüfungsansatz muss der Prüfer dieser Risikozunahme mit einer Ausweitung des Prüfungsumfangs begegnen, um das Entdeckungsrisiko zu reduzieren. Dies dürfte sich in höheren Prüfungskosten niederschlagen, die sich schließlich in höheren Honoraren widerspiegeln.

800 In Anlehnung an *Link*, Abschlussprüfung und Geschäftsrisiko, 2006, S. 117; *Umlauf*, Prüfungs- und Beratungshonorare von Konzernabschlussprüfern, 2013, S. 123.

801 *Brinn, Peel, Roberts*, Audit fee determinants, 1994, S. 118; Vgl. auch *Palmrose*, Audit fees and auditor size, 1986, S. 100.

802 Vgl. *Marten, Quick, Ruhnke*, Wirtschaftsprüfung, 2015, S. 673.

803 Vgl. dazu *Krommes*, Handbuch Jahresabschlussprüfung, 2005, S. 33.

804 Vgl. *Chaney, Jeter, Shivakumar*, Self-selection of auditors, 2004, S. 63 ff.; *Clathworthy, Makepiece, Peel*, Selection bias and the Big Four premium, 2009, S. 149 ff.; *Hope, Langli, Thomas*, Agency conflicts and auditing in private firms, 2012, S. 512 f.

Von den Risikofaktoren, die eine Erhöhung des Prüfungsrisikos nach sich ziehen, sind diejenigen Risiken zu trennen, die darin bestehen, dass ein Mandant trotz ordnungsmäßiger Prüfungsdurchführung und Testatsausstellung den Abschlussprüfer verklagt oder Insolvenz anmelden muss und daraus Haftungs- (*Litigation Risk*) und Reputationsschäden (*Reputation Risk*) für den Prüfer entstehen.[805] Diese Risiken wirken sich im Auftragsrisiko neben dem Prüfungsrisiko auf das Geschäftsrisiko des Abschlussprüfers aus, welches in der Wahrscheinlichkeit besteht, dass seine Berufsausübung zu einem Verlust oder Schaden, bspw. aufgrund der Bestreitung von Gerichtsprozessen, daraus resultierender Schadensersatzforderungen (Haftungsrisiko) und Reputationsverluste oder sonstiger Sanktionen, führt.[806] Insbesondere für den US-amerikanischen Prüfungsmarkt börsennotierter Unternehmen existieren Befunde, dass sich Abschlussprüfer derartige Haftungs- und Reputationsrisiken über eine gesonderte Risikoprämie vergüten lassen.[807] Diese Risikoprämien erschweren die Interpretation von Prüfungshonoraren als Abbildungsmaß für Prüfungsqualität, da sie einen Rückschluss von höheren Honoraren auf einen höheren Prüfereinsatz einschränken.[808]

Die Untersuchung von Prüfungshonoraren nicht börsennotierter Unternehmen bietet den Vorteil, dass sie die Wahrscheinlichkeit solcher Risikoprämien für diese Mandate reduziert, da die Prüfung nicht börsennotierter Mandate dem Prüfer geringere Haftungs- und Reputationsrisiken aufbürdet.[809] Gleichzeitig beinhaltet der deutsche Prüfungsmarkt – bedingt durch die Haftungsbegrenzung von Abschlussprüfern sowie der Konzentration des deutschen *Enforcement*-Systems auf kapitalmarktorientierte Unternehmen – generell ein geringes Haftungsrisiko für den Prüfer.[810]

6.2.1.1 Nachfrageorientierte Faktoren

Wie Kapitel 2 dieser Arbeit aufgezeigt hat, lässt sich der Bedarf nach Abschlussprüfung bzw. Prüfungsqualität von Seiten der Nachfrager nach Prüfungsleistungen aus der Entstehung von Agency-Konflikten ableiten. Wenngleich das Ausmaß von Agency-Konflikten bei nicht börsennotierten Unternehmen im Vergleich zu börsennotierten Firmen weit weniger offensichtlich ist[811], belegen empirische Befunde einen Einfluss von Agency-Konflikten auf das Prüfungshonorar nicht börsennotierter Unternehmen.[812] Zudem weisen nicht börsen-

805 Vgl. *Umlauf*, Prüfungs- und Beratungshonorare von Konzernabschlussprüfern, 2013, S. 127.

806 Vgl. *Quick*, Die Risiken der Jahresabschlussprüfung, 1996, S. 9; *Umlauf*, Prüfungs- und Beratungshonorare von Konzernabschlussprüfern, 2013, S. 127.

807 Vgl. *Simunic*, The pricing of audit services, 1980, S. 173; *Seetharaman, Gul, Lynn*, Litigation risk and audit fees, 2002, S. 91; *Venkataraman, Weber, Willenborg*, Litigation risk, audit quality, and audit fees, 2008, S. 1315.

808 Vgl. *DeFond, Zhang*, A review of archival auditing research, 2014, S. 290.

809 Vgl. *Langli, Svanström*, Audits of private companies, 2014, S. 153; *Chaney, Jeter, Shivakumar*, Self-selection of auditors, 2004, S. 52; *Hope, Langli, Thomas*, Agency conflicts and auditing in private firms, 2012, S. 504. Gleichwohl ist das Haftungsrisiko des Prüfers auch bei der Prüfung nicht börsennotierter Mandate nicht gleich Null und der Abschlussprüfer unterliegt auch hier der Berufsaufsicht.

810 Vgl. *Piot*, Auditor reputation and model of governance, 2005, S. 27; *Weber, Willenborg, Zhang*, Does auditor reputation matter, 2008, S. 942.

811 Vgl. zur Diskussion Kapitel 3.

812 Vgl. *Hope, Langli, Thomas*, Agency conflicts and auditing in private firms, 2012, S. 513 f.; *Langli, Svanström*, Audits of private companies, 2014, S. 155 f.

notierte Unternehmen im Vergleich zu börsennotierten Firmen eine größere Variation in ihren Eigentümer- und Finanzierungsstrukturen auf, so dass der Bedarf der einzelnen Unternehmen nach Prüfungsqualität als *Monitoring*-Instrument weitaus heterogener ausfallen dürfte als im Segment börsennotierter Unternehmen, die regelmäßig durch eine starke Trennung von Eigentum und Kontrolle gekennzeichnet sind.[813]

Schließlich verpflichtet der geschäftsrisikoorientierte Prüfungsansatz den Abschlussprüfer, sich Kenntnisse über die Geschäftstätigkeit sowie das wirtschaftliche und rechtliche Umfeld des zu prüfenden Unternehmens zu verschaffen und diese bei der Prüfungsplanung und -durchführung zu berücksichtigen.[814] Dazu gehören Informationen u.a. über die Eigentümerstruktur (z. B. Mehrheitsbesitz, Streubesitz, ausländische Gesellschafter), über die Geschäftsführung (u.a. Zusammensetzung, Vergütung) sowie über Finanzierungsquellen und -arten (u.a. Eigenkapital vs. Fremdkapitalfinanzierung).[815] Agency-Konflikte dürften daher auch aus angebotsorientierter Sichtweise eine Rolle spielen, da ein höheres Konfliktpotential das Prüfungsrisiko erhöht.

Im Folgenden wird der Einfluss von verschiedenen Sachverhalten, die möglicherweise Agency-Konflikte bedingen, auf das Prüfungshonorar diskutiert und die Prüfungshonorarhypothesen im Hinblick auf mandantenspezifische, nachfrageorientierte Faktoren gebildet.

Trennung von Eigentum und Kontrolle

In der Prinzipal-Agent-Theorie wird die Existenz von (eigenfinanzierungsbedingten) Agency-Konflikten üblicherweise aus einer Trennung von Eigentum und Kontrolle begründet.[816] Ein Großteil der Arbeiten, die den Einfluss von Eigentumsbeteiligungen des Managements (*Management Ownership*) auf die Nachfrage nach Prüfungsqualität, gemessen über die Höhe der Prüfungshonorare oder die Wahl eines großen Prüfers, untersuchen, vermuten in Anlehnung an JENSEN/MECKLING (1976), dass mit abnehmendem Eigentumsanteil der Manager der Anreiz zu opportunistischem Verhalten der Manager steigt und sich Agency-Konflikte verstärken.[817] Im Falle einer Manager-Eigner-Identität (Manager = Alleineigentümer) dürften dagegen keine Agency-Konflikte auftreten, da der persönliche Vermögenszuwachs des Managers stark an die Entwicklung des Unternehmenswertes geknüpft ist und er wertschädigende Handlungen weitgehend selbst zu tragen hätte. Zudem bestehen in diesem Fall keine Informationsasymmetrien, da keine Trennung von Eigentum und Kontrolle stattfindet.[818] Dies sollte zur Folge haben, dass auf Seiten des zu prüfenden Unternehmens der Wert der Abschlussprüfung als *Monitoring*-Instrument nur geringe Be-

[813] Vgl. *Lennox*, Management ownership and audit firm size, 2005, S. 208.

[814] Vgl. IFAC, ISA 315; IDW, PS 230, Rn. 5.

[815] Vgl. IDW, PS 230, Anhang.

[816] Vgl. *Jensen, Meckling*, Theory of the firm, 1976, S. 312 ff.

[817] Vgl. *O'Sullivan*, Board composition and ownership, 2000, S. 409; *Nikkinen, Sahlström*, General framework for audit pricing, 2004, S. 260; *Ali, Lesage*, Audit pricing and nature of controlling shareholders, 2013, S. 23; *Niemi*, Audit effort and fees, 2005, S. 319; *Mitra, Hossain, Dies*, Relationship between ownership characteristics and audit fees, 2007, S. 281.

[818] Vgl. *Jensen, Meckling*, Theory of the firm, 1976, S. 312.

deutung hat.[819] Zudem kann die aktive Beteiligung der Eigentümer in der Unternehmensleitung zu einer effizienteren Organisationsstruktur und damit zu einer Reduktion des Prüfungsaufwandes führen.[820] Manager mit einer hohen Kapitalbeteiligung in einem Unternehmen dürften zudem aufgrund geringer Vermögensdiversifikation risikoaverser veranlagt sein und so einer geringeren Risikoeinschätzung durch den Prüfer unterliegen.[821]

HOPE/LANGLI/THOMAS (2012) stellen einen signifikant negativen Zusammenhang zwischen der Höhe der Kapitalanteile des Managements und den Prüfungshonoraren von schwedischen, nicht börsennotierten Unternehmen fest.[822]

Aufgrund dessen wird in Bezug auf die Trennung von Eigentum und Kontrolle folgende Prüfungshonorarhypothese aufgestellt:

Prüfungshonorarhypothese 1
Mit zunehmendem *Management Ownership* nimmt das Prüfungshonorar ab.

Familienunternehmen

Einen weiteren Aspekt in Bezug auf die Nachfrage nach Prüfungsqualität, zu dem bisher nur wenige empirische Befunde vorliegen, stellt die Rolle von Familienunternehmen dar.[823] Gleichzeitig existiert eine Vielzahl von Studien, die den Zusammenhang zwischen Unternehmenskontrolle durch Familien und Agency-Konflikten untersuchen.[824] Unklar ist jedoch ex ante, ob der Einfluss von Familien Agency-Konflikte verstärkt oder reduziert.[825]

Auf der einen Seite wird argumentiert, dass die gängige Praxis von Familienunternehmen, ihre Leitungsorgane mit Familienmitgliedern zu besetzen, Agency-Konflikte zwischen Leitung und Kontrolle des Unternehmens (Typ 1 Agency-Konflikte) auf ein Minimum reduziert, da faktisch keine Trennung zwischen Eigentum und Kontrolle mehr stattfindet.[826] Zudem führt die große und wenig diversifizierte Investition der Unternehmer-Familie zu einer starken Koppelung des persönlichen Reichtums der Familie an den Unternehmens-

---

819 Vgl. *Niemi*, Audit effort and fees, 2005, S. 308; ABDEL-KHALIK (1993) stellt jedoch in einer Befragung von Eigentümer-Managern fest, dass diese ihr Unternehmen freiwillig prüfen lassen, um die Funktionsfähigkeit von internen Kontrollen und Buchhaltungsabteilungen überprüfen zu lassen, vgl. *Abdel-Khalik*, Why do private companies demand auditing, 1993, S. 37.

820 Vgl. *Abdel-Khalik*, Why do private companies demand auditing, 1993, S. 35; *Niemi*, Audit effort and fees, 2005, S. 308.

821 Vgl. *Jensen*, Agency costs of free cash flow, corporate finance, and takeovers, 1986, S. 323; *Niemi*, Audit effort and fees, 2005, S. 308.

822 Vgl. *Hope, Langli, Thomas*, Agency conflicts and auditing in private firms, 2012, S. 511.

823 Vgl. *Corten, Steijvers, Lybaert*, Audit demand in private firms, 2012, S. 105.

824 Vgl. *Fischkin*, Determinanten der Prüferwahl, 2011, S. 114; Für einen Literaturüberblick vgl. *Andres*, Empirical examination of founding-family ownership, 2008, S. 431-445.

825 Vgl. *Niskanen, Karjalainen, Steijvers*, The role of board structure, 2011, S. 1.

826 Vgl. *Jensen, Meckling*, Theory of the firm, 1976, S. 312; *Chrisman, Chua, Litz*, Comparing the agency costs of family and non-family firms, 2004, S. 338.

erfolg, was eine effiziente Managementüberwachung befördern dürfte.[827] Gleichzeitig reduziert die starke Verknüpfung von finanziellem Wohlstand der Familie und dem Unternehmenserfolg die Wahrscheinlichkeit eines opportunistischen Verhaltens von Familienmitgliedern.[828] DAVIS/SCHOORMAM/DONALDSON (1997) zeigen im Rahmen der *Stewardship*-Theorie auf, dass Familienunternehmen aufgrund vertrauens- und beteiligungsorientierter sowie langfristiger Beziehungen zu ihren Managern eine geeignetere Umgebung dafür bieten könnten, dass Manager weniger als opportunistische Agenten, sondern eher als loyale Stewards agieren.[829] TSAI/HUNG/KUO/KUO (2006) bestätigen für taiwanesische, börsennotierte Unternehmen, dass Manager bei Familienunternehmen seltener wechseln, es sei denn sie liefern eine schlechte Performance. Die Autoren führen dies darauf zurück, dass die Prinzipal-Agent-Theorie bei Familienunternehmen nicht greift.[830]

Das Ziel der langfristigen Sicherung der Existenz des Unternehmens als Einkommensquelle der Familie trägt zu Aufbau und Bewahrung eines guten Rufes der Familie sowie persönlichen Beziehungen zu Fremdkapitalgebern, Lieferanten und anderen Stakeholdern bei.[831] ANDERSON/MANSI/REEB (2003) stellen fest, dass Familienunternehmen niedrigere Fremdkapitalkosten zu tragen haben und schließen daraus, dass Fremdkapitalgeber ihre Interessen in Familienunternehmen besser gewahrt sehen.[832]

CHEN/CHEN/CHENG/SHEVLIN (2010) und STEIJVERS/NISKANEN (2014) weisen für amerikanische börsennotierte bzw. für finnische private Unternehmen nach, dass Familienunternehmen weniger aggressive Steuervermeidungsstrategien betreiben als Nicht-Familienunternehmen, obwohl sie stärker von Steuerersparnissen profitieren würden.[833] Dies lässt vermuten, dass die bei Aufdeckung zu aggressiver Steuervermeidungsstrategien erwarteten Schäden, wie Vertrauensverluste bei Nicht-Familieninvestoren und Reputationsverluste, potentielle Steuerersparnisse aufwiegen.[834]

Diesen Argumenten, die für eine Reduktion von Agency-Konflikten bei familienkontrollierten Unternehmen sprechen, wird entgegen gehalten, dass Familien ihren starken Einfluss nutzen könnten, um zum Schaden anderer Investoren und Stakeholder private Vorteile realisieren zu können (Typ 2 Agency-Konflikte).[835] So könnten Familienunternehmen vermehrt Transaktionen mit nahe stehenden Personen oder Institutionen vornehmen, die jedoch an einer Wertmaximierung vorbei gehen. Aufgrund dessen könnten interne Kontrollmechanismen in Familienunternehmen nur gering ausgeprägt sein, um eigennüt-

---

827 Vgl. *Shleifer, Vishny*, Large shareholders and corporate control, 1986, S. 462; *Anderson, Mansi, Reeb*, Founding family ownership and the agency cost of debt, 2003, S. 264; *Chen, Chen, Cheng, Shevlin*, Are family firms more tax aggressive than non-family firms, 2010, S. 43.

828 Vgl. *Wang*, Founding family ownership, 2006, S. 622.

829 Vgl. *Davis, Schoorman, Donaldson*, Stewardship theory of management, 1997, S. 37; *Tsai, Hung, Kuo, Kuo*, CEO tenure in Taiwanese family and nonfamily firms, 2006, S. 25.

830 Vgl. *Tsai, Hung, Kuo, Kuo*, CEO tenure in Taiwanese family and nonfamily firms, 2006, S. 26.

831 Vgl. *Niskanen, Karjalainen, Steijvers*, The role of board structure, 2011, S. 4; *Chen, Chen, Cheng, Shevlin*, Are family firms more tax aggressive than non-family firms, 2010, S. 60.

832 Vgl. *Anderson, Mansi, Reeb*, Founding family ownership and the agency cost of debt, 2003, S. 263.

833 Vgl. *Chen, Chen, Cheng, Shevlin*, Are family firms more tax aggressive than non-family firms, 2010, S. 60; *Steijvers, Niskanen*, Tax aggressiveness in private family firms, 2014, S. 347 ff.

834 Vgl. *Chen, Chen, Cheng, Shevlin*, Are family firms more tax aggressive than non-family firms, 2010, S. 60.

835 Vgl. *Anderson, Reeb*, Founding family ownership and firm performance, 2003, S. 1303.

ziges Verhalten der kontrollierenden Familie vor anderen Interessensgruppen zu verbergen.[836] CHEN/FENG/LI (2014) bestätigen für US-amerikanische, börsennotierte Unternehmen, dass von Familienmitgliedern geführte Unternehmen häufiger Schwächen bei internen Kontrollen aufweisen. Erhöht sich der Anteil außenstehender Blockholder verringern sich die Kontrollschwächen. Die Autoren interpretieren das als Beleg dafür, dass es in Familienunternehmen an internen Kontrollen mangelt, um eigennutzenmotivierte Aktivitäten der Familien zu verdecken.[837]

SCHULZE/LUBATKIN/DINO/BUCHHOLTZ (2001) führen an, dass in Familienunternehmen altruistische Tendenzen der Eltern dazu führen könnten, dass sich Nachkommen oder Verwandte als *Freerider* verhalten, die Unternehmensressourcen zu persönlicher Verschwendung ausnutzen.[838]

Nach dem Abtreten des engagierten Gründers als Unternehmensleiter wird die Leitung von Familienunternehmen häufig in die Hände von Nachkommen oder Verwandten des Gründers gelegt. Mit zunehmender Splittung der Eigentumsanteile der Familie und einer Beteiligung einer Vielzahl von Familienmitgliedern an dem Unternehmen, erhöht sich die Wahrscheinlichkeit, dass die persönlichen Interessen der einzelnen Familienmitglieder divergieren und verwandtschaftliche Bindungen verblassen.[839] Dies könnte dazu führen, dass die mit Gründerunternehmen verbundenen Vorteile mit der Zeit verloren gehen. VILLALONGA/AMIT (2006) stellen für die größten Familienunternehmen der Welt fest, dass Familienunternehmen nur dann für alle Investoren Wert generieren, wenn sie vom Gründer geführt werden oder der Gründer Vorsitzender des Aufsichtsgremiums ist. Dagegen zerstören von Nachfolgern des Gründers geführte Unternehmen den Wert des Unternehmens.[840]

Dieser Effekt könnte zusätzlich bedingt werden durch die gängige Praxis von Familienunternehmen, führende Positionen des Unternehmens mit Familienmitgliedern unabhängig von deren Kompetenz zu besetzen. Dies reduziert den Pool qualifizierter Managementkräfte für das familienkontrollierte Unternehmen erheblich.[841] STEIJVERS/VOORDECKERS/VANHOOF (2010) vermuten, dass sich in privaten Familienunternehmen die Agency-Konflikte im Vergleich zu großen, börsennotierten Familienunternehmen noch vergrößern, da aufgrund gering ausgeprägter Kontrollen in diesen Unternehmen die Vergabe von Posten an inkompetente oder ungeeignete Familienmitglieder erleichtert wird.[842] MAURY (2006) zeigt, dass eine hohe Eigentümerkonzentration eine Ablösung von Managern mit schlechter Performance erschwert.[843]

---

836 Vgl. *Darmadi*, Ownership concentration, family control, and auditor choice, 2012, S. 1.

837 Vgl. *Chen, Feng, Li*, Family firm and internal control weakness, 2014, S. 29 f.

838 Vgl. *Schulze, Lubatkin, Dino, Buchholtz*, Agency relationships in family firms, 2001, S. 103.

839 Vgl. *Sharma, Chrisman, Chua*, Strategic management of the family business, 1997, S. 6.

840 Vgl. *Villalonga, Amit*, How do family ownership, control and management affect firm value, 2006, S. 388. Allerdings beobachten die Autoren diesen Effekt nur für die zweite Generation, d. h. der dem Gründer direkt nachfolgenden Generation.

841 Vgl. *Schulze, Lubatkin, Dino, Buchholtz*, Agency relationships in family firms, 2001, S. 101; *Andres*, Empirical examination of founding-family ownership, 2008, S. 434.

842 Vgl. *Steijvers, Voordeckers, Vanhoof*, Collateral, relationship lending and family firm, 2010, S. 249; *Niskanen, Karjalainen, Steijvers*, The role of board structure, 2011, S. 232. So auch *Schulze, Lubatkin, Dino, Buchholtz*, Agency relationships in family firms, 2001, S. 100.

843 Vgl. *Maury*, Corporate perfomance, corporate governance and top executive turnover, 2006, S. 244.

Bei börsennotierten Unternehmen beobachten GUL/TSUI/CHEN (1997) einen negativen Zusammenhang zwischen Familienunternehmen und der Höhe der Prüfungshonorare.[844] Ebenso finden HO/KANG (2013) einen negativen Zusammenhang und stellen zusätzlich fest, dass Familienunternehmen, die von einem Familienmitglied geleitet werden, niedrigere Prüfungshonorare aufweisen als Familienunternehmen, die von Nichtfamilienmanagern geführt werden.[845] ALI/LESAGE (2013) können für französische, börsennotierte Unternehmen keinen Einfluss von Familienunternehmen auf die Prüferhonorare erkennen und führen dies auf einen gegenläufigen Effekt sinkender Agency-Konflikte zwischen Eigentümer und Manager und steigender Agency-Konflikte zwischen Mehrheits- und Minderheitseigner zurück.[846]

Für norwegische, nicht börsennotierte Unternehmen stellen HOPE/LANGLI/THOMAS (2012) fest, dass die Prüfungshonorare steigen, wenn verwandtschaftliche Beziehungen zwischen dem vorsitzenden Geschäftsführer und dem stärksten Anteilseigner bestehen oder wenn der Anteil der mit dem Geschäftsführer verwandten Aufsichtsratsmitglieder steigt. Die Autoren schließen daher, dass diese Konstellationen potentiell höhere Agency-Konflikte beinhalten, die ihre Ursache in einer Erleichterung einer privaten Nutzenziehung durch familiäre Strukturen und einer weniger unabhängigen Überwachung des Managements haben könnten.[847] Gleichzeitig belegen die Autoren einen negativen Einfluss auf das Prüfungshonorar, wenn mehr Mitglieder der Eigentümerfamilie im Aufsichtsrat sitzen.[848]

Angesichts der auseinandergehenden Theorien in Bezug auf Familienunternehmen und Agency-Konflikte und den gemischten empirischen Befunden zum Zusammenhang zwischen Familienunternehmen und Prüferhonoraren wird daher eine hinsichtlich der Richtung des Zusammenhangs ungerichtete Hypothese formuliert:

Prüfungshonorarhypothese 2
Der Einfluss von Familien hat eine Auswirkung auf die Höhe des Prüfungshonorars.

Hinsichtlich der Frage, welche Unternehmen als Familienunternehmen anzusehen sind, existiert in der Literatur keine einheitliche Definition.[849] Üblicherweise muss ein bestimmter Anteilswert, der im Eigentum einer Familie steht, überschritten werden. MORCK/YEUNG (2004) gehen von Schwellenwerten von 10 % und 20 % aus.[850] FISCHKIN (2011) geht von einer Unternehmenskontrolle durch Familien aus, wenn mehr als 5 % der Anteile im Eigentum einer Familie stehen.[851] LENZ (1993) betrachtet eine Aktiengesellschaft als Familien-

844 Vgl. *Gul, Tsui, Chen*, Agency costs and audit pricing, 1997, S. 17.
845 Vgl. *Ho, Kang*, Auditor choice and audit fees in family firms, 2013, S. 71.
846 Vgl. *Ali, Lesage*, Audit pricing and nature of controlling shareholders, 2013, S. 32.
847 Vgl. *Hope, Langli, Thomas*, Agency conflicts and auditing in private firms, 2012, S. 508 f.
848 Vgl. *Hope, Langli, Thomas*, Agency conflicts and auditing in private firms, 2012, S. 509.
849 Vgl. *Prencipe, Bar-Yosef, Dekker*, Accounting research in family firms, 2014, S. 367.
850 Vgl. *Morck, Yeung*, Family control and the rent-seeking society, 2004, S. 394.
851 Vgl. *Fischkin*, Determinanten der Prüferwahl, 2011, S. 198.

unternehmen, wenn mehr als 50 % der Anteile von einer kleinen Zahl von natürlichen Personen bzw. einer Familie gehalten werden.[852]

El Gouhl/Guedhami/Lennox/Pittman (2015) und Lenz/Verleysdonk (1998) knüpfen zusätzlich zur Stimmrechtsmehrheit die Klassifikation eines Familienunternehmens an die aktive Beteiligung von Familienmitgliedern im Vorstand des Unternehmens.[853] Niskanen/Karjalainen/Niskanen (2010) sprechen von Familienunternehmen, wenn eine Familie die Anteilsmehrheit hält oder Familienmitglieder in der Unternehmensleitung tätig sind.[854] Morck/Yeung (2004) führen an, dass eine 51 %-ige Stimmrechtsmehrheit zur effektiven Kontrolle nicht notwendig ist, da Eigner mit nur geringem Anteilsbesitz üblicherweise nicht an Gesellschafterversammlungen teilnehmen.[855] Diese Einschätzung dürfte für nicht börsennotierte Unternehmen nicht zutreffen, da bei diesen Unternehmen eine höhere Konzentration in Bezug auf Anzahl und Anteilshöhe der einzelnen Eigner besteht.

Der Einfluss von Familien wird in dieser Arbeit daher über verschiedene Maßgrößen abgebildet. Zum einen wird der kumulierte Kapitalanteil, der von Familienmitgliedern gehalten wird, als Abbildungsgröße für den Familieneinfluss verwendet.[856] Alternativ wird der Familieneinfluss über eine dichotome Variable, die den Wert 1 annimmt, wenn mehr als 50 % der Kapitalanteile des Unternehmens im Besitz einer Familie stehen (passive Familienkontrolle), bzw. eine Indikatorvariable, welche den Wert 1 trägt, wenn mehr als 50 % der Kapitalanteile des Unternehmens im Besitz einer Familie stehen und ein Familienmitglied in der Führung (Geschäftsführung, Vorstand) des Unternehmens tätig ist (aktive Familienkontrolle), untersucht.

Ausländische Eigentümer

Unternehmen, an denen ausländische Eigentümer beteiligt sind, weisen zusätzliche Faktoren auf, die zu einer Erhöhung der Agency-Konflikte zwischen Eigentümern und Unternehmensleitung vor Ort beitragen können. So können die räumliche Entfernung zum Hauptsitz der ausländischen Eigentümer, kulturelle Differenzen, auch in Bezug auf Arbeitsauffassungen, sprachliche Barrieren sowie unterschiedliche Rechnungslegungssysteme zu einer Vertiefung der Konflikte zwischen Eigentümern und Management führen. Ausländische Investoren weisen daher im Vergleich zu inländischen Investoren weitergehende Informationsdefizite auf, so dass sie an wirksamen Kontrollmechanismen, Agency-Probleme zu begrenzen, interessiert sein dürften.[857] Leuz/Linz/Warnock (2009) erkennen, dass ausländische Investoren gegenüber Investitionen in Unternehmen, die von *Governance*-Problemen geprägt sind, eher abgeneigt sind.[858] Im Vergleich zu inländischen Investoren drän-

852 Vgl. *Lenz*, Wahl des handelsrechtlichen Abschlussprüfers, 1993, S. 402.

853 Vgl. *El Gouhl, Guedhami, Lennox, Pittman*, External versus internal monitoring, 2015, S. 14; *Lenz, Verleysdonk*, Analyse der Wahl des Abschlussprüfers, 1998, S. 853.

854 Vgl. *Niskanen, Karjalainen, Niskanen*, The role of auditing, 2010, S. 234.

855 Vgl. *Morck, Yeung*, Family control and the rent-seeking society, 2004, S. 393.

856 Eine familiäre Beziehung wird bei Identität der Nachnamen der einzelnen Gesellschafter angenommen. Zudem wird angenommen, dass die Kapitalanteile den Stimmrechten entsprechen.

857 Vgl. *Choi, Lam, Sami, Zhou*, Foreign ownership and information asymmetry, 2013, S. 142.

858 Vgl. *Leuz, Lins, Warnock*, Do foreigners invest less in poorly governed firms, 2009, S. 3246.

gen ausländische Investoren verstärkt auf eine bessere *Corporate Governance*.[859] Diese typischerweise institutionellen Investoren bedürfen einer hochqualitativen Finanzberichterstattung, um das Management effektiv überwachen zu können, was zu einer Erhöhung des Prüfereinsatzes führen sollte.[860]

NIEMI (2005) untersucht den Einfluss von Tochterunternehmen in ausländischem Eigentum auf den Prüfungsaufwand und die Höhe der Prüfungshonorare und argumentiert, dass inländische Tochterunternehmen, die multinationalen Konzernen angehören, in ihrer Finanzberichterstattung eine höhere Detaildichte aufweisen als Unternehmen, die nur in einem Land operieren. Da auf internationaler Ebene Differenzen in den Rechnungslegungsstandards bestehen und jedes Tochterunternehmen für die zur Konzernkonsolidierung benötigten Informationen verantwortlich ist, müssen häufig mehrere Berichte, die zudem in mehreren Sprachen formuliert werden müssen, erstellt werden. Themen wie Währungsumrechnung und *Transfer-Pricing* erhöhen die Komplexität der Berichte. Zudem könnten die Manager der inländischen Tochterunternehmen deren Interessen über die Interessen des Gesamtunternehmensverbundes stellen. Dieses Risiko wird durch die geographische Trennung in multinationalen Unternehmensverbünden erhöht.[861]

KARIM/MOIZER (1996) weisen für Unternehmen aus Bangladesch nach, dass Tochterunternehmen von multinationalen Konzernen höhere Prüfungsgebühren aufweisen.[862] NIEMI (2005) bestätigt diesen positiven Zusammenhang für finnische Unternehmen und stellt fest, dass Tochterunternehmen von multinationalen Konzernen einen höheren Prüfungsaufwand benötigen.[863]

Ist ein ausländischer Investor am Kapital des inländischen Unternehmens beteiligt, wird daher vermutet, dass dies zu höheren Prüfungshonoraren führt:

> **Prüfungshonorarhypothese 3**
> Die Beteiligung ausländischer Gesellschafter am Eigenkapital führt zu einer Erhöhung des Prüfungshonorars.

Unternehmensverschuldung

Da nicht börsennotierte Unternehmen zur Finanzierung nicht auf den Kapitalmarkt zugreifen können, stellt für diese Unternehmen die Fremdfinanzierung eine wichtige Säule der Kapitalbeschaffung dar.[864] Eine Einbeziehung der Unternehmensverschuldung in das Honorarmodell ist daher unumgänglich, zumal bisherige Honorarstudien einen Einfluss des

---

859 Vgl. *Gillan, Starks*, Corporate governance, corporate ownership, and the role of institutional investors, 2003, S. 5; *Ferreira, Matos*, The colors of investors' money, 2008, S. 523.

860 Vgl. *Boutchkova, Megginson*, Privatization and the rise of global capital markets, 2000, S. 64.

861 Vgl. *Niemi*, Audit effort and fees under concentrated client ownership, 2005, S. 308 f.

862 Vgl. *Karim, Moizer*, Determinants of audit fees, 1996, S. 508.

863 Vgl. *Niemi*, Audit effort and fees under concentrated client ownership, 2005, S. 320.

864 Vgl. *Kaserer, Fey, Kuhn*, Kapitalmarktorientierung und Finanzierung mittelständischer Unternehmen, 2011, S. 37.

Verschuldungsgrads des Mandantenunternehmens auf das Prüfungshonorar belegen.[865] Die Argumentation bezüglich des Einflusses der Unternehmensverschuldung auf das Prüfungshonorar erfolgt zumeist auf Basis der Agency-Theorie, wonach Agency-Kosten nicht nur aufgrund eigenfinanzierungsbedingter Konflikte entstehen können, sondern auch aus der Fremdfinanzierung eines Unternehmens resultieren. Ein weitgehend fremdkapitalfinanziertes Unternehmen kann den Unternehmer zur Aufnahme risikoreicher Investments verleiten, bei deren Erfolg er einen Großteil des Profits vereinnahmt, während ein Misserfolg hauptsächlich zu Lasten der Fremdkapitalgeber geht.[866] Insofern lässt sich der Grad der Unternehmensverschuldung als nachfrageorientierte Determinante des Prüfungshonorars interpretieren.[867]

Die Verwendung des Verschuldungsgrads als Maß für fremdfinanzierte Agency-Konflikte ist jedoch nicht unumstritten.[868] Ein hoher Fremdkapitalanteil wird in Zusammenhang gebracht mit der Existenz von Kreditvertragsklauseln (*Debt Covenants*), die zumeist an die Einhaltung von Finanzkennzahlen geknüpft sind. LENNOX (2005) weist darauf hin, dass der Fremdkapitalanteil nur ein Näherungsmaß für das Vorliegen von derartigen Klauseln darstellt. Da Unternehmen in der Regel das Vorhandensein oder die Bedingungen dieser *Debt Covenants* nicht publizieren, können fremdfinanzierungsbedingte Agency-Konflikte nicht akkurat gemessen werden.[869] Allerdings erscheint es plausibel anzunehmen, dass mit einer steigenden Unternehmensverschuldung die Wahrscheinlichkeit zunimmt, dass Kreditgeber ihr Kapital nur unter Auflagen überlassen. WATTS/ZIMMERMAN (1986) argumentieren, dass Fremdkapitalgeber häufig erwarten, dass der Abschlussprüfer die Einhaltung der auf Rechnungslegungsgrößen basierenden Kreditvertragsklauseln überwacht.[870] Unternehmen mit hoher Verschuldung könnten außerdem zu Bilanzpolitik neigen, um von Kreditgebern vorgegebene Kennzahlenwerte zu erreichen. Dies geht einher mit einem höheren Prüfungsrisiko für den Abschlussprüfer.

Im Bereich deutscher, kapitalmarktorientierter Mandate stellen BIGUS/ZIMMERMANN (2009), KÖHLER/MARTEN/RATZINGER/WAGNER (2010) und UMLAUF (2013) signifikant positive Zusammenhänge zwischen dem Verschuldungsgrad bzw. dem Anteil von Fremdkapital an der Bilanzsumme und dem Prüfungshonorar fest.[871] Die Ergebnisse von WILD (2010) und KÖHLER/RATZINGER-SAKEL (2012) sind jedoch abhängig von verwendetem Modell und Größensegment teilweise nicht signifikant.[872]

---

865 Vgl. *Hay, Knechel, Wong*, Meta-analysis, 2006, S. 171; *Clathworthy, Makepiece, Peel*, Selection bias and the Big Four premium, 2009, S. 149 ff.; *Hope, Langli, Thomas*, Agency conflicts and auditing in private firms, 2012, S. 512.

866 Vgl. *Jensen, Meckling*, Theory of the firm, 1976, S. 334. Siehe auch die Ausführungen in Kapitel 2.

867 Vgl. *Umlauf*, Prüfungs- und Beratungshonorare von Konzernabschlussprüfern, 2013, S. 153.

868 Vgl. *Lenz*, Wahl des handelsrechtlichen Abschlussprüfers, 1993, S. 464; *Lennox*, Management ownership and audit firm size, 2005, S. 216.

869 Vgl. *Lennox*, Management ownership and audit firm size, 2005, S. 216.

870 Vgl. *Watts, Zimmerman*, Positive accounting theory, 1986, S. 196.

871 Vgl. *Bigus, Zimmermann*, Quasirentenmodell, 2009, S. 1299; *Köhler, Marten, Ratzinger, Wagner*, Prüfungshonorare, 2010, S. 19 f.; *Umlauf*, Prüfungs- und Beratungshonorare von Konzernabschlussprüfern, 2013, S. 219 und 241.

872 Vgl. *Wild*, Fee cutting, 2010, S. 523; Vgl. *Köhler, Ratzinger-Sakel*, Audit market characteristics, 2012, S. 294. Vgl. auch *Voeller, Bremert, Zein*, Interdependencies between auditing and corporate governance, 2013, S. 213.

Im Segment nicht börsennotierter Unternehmen können BRINN/PEEL/ROBERTS (1994) und CHANEY/JETER/SHIVAKUMAR (2004) keine signifikanten Zusammenhänge zum Prüfungshonorar beobachten.[873]

CLATHWORTHY/MAKEPEACE/PEEL (2009) und HOPE/LANGLI/THOMAS (2012) zeigen dagegen einen signifikanten, positiven Einfluss der Unternehmensverschuldung auf das Prüfungshonorar.[874] DOBLER (2014) bestätigt eine positive Relation bei den Prüfungshonoraren nicht börsennotierter, deutscher Unternehmen.[875]

Die in Bezug auf die Unternehmensverschuldung und Prüfungshonorare formulierte Prüfungshonorarhypothese lautet daher:

Prüfungshonorarhypothese 4
Das Prüfungshonorar steigt mit zunehmender Unternehmensverschuldung.

Die Unternehmensverschuldung wird üblicherweise über das Verhältnis von Fremdkapital und Bilanzsumme oder das Verhältnis von Fremdkapital zu Eigenkapital (Verschuldungsgrad) gemessen.[876] In dieser Arbeit wird der Anteil von Fremdkapital als Summe aus Verbindlichkeiten und Rückstellungen an der Bilanzsumme als Maßgröße für die Fremdkapitalausstattung des Mandantenunternehmens verwendet.

6.2.1.2 Angebotsorientierte Faktoren

Im Folgenden werden Hypothesen für mandantenspezifische, angebotsorientierte Maßgrößen, die einen Einfluss auf das Prüfungsrisiko ausüben dürften, aufgestellt. Angebotsorientierte Faktoren sind im Rahmen der Prüfungsplanung vom Abschlussprüfer zu berücksichtigen. So bestimmt IDW PS 240, dass der Umfang der Prüfungsplanung abhängig ist von der Größe und Komplexität des Mandanten sowie dem Schwierigkeitsgrad der Prüfung.[877] Weiterhin muss der Prüfer im Rahmen einer Risikobeurteilung Prüffelder identifizieren, die mit höherer Wahrscheinlichkeit wesentliche Fehler oder Verstöße gegen Rechnungslegungsvorschriften beinhalten können.[878] Die Prüfungsschwerpunkte sollten sich an den mit höheren Risiken behafteten Prüfungsgebieten orientieren und demnach einen Einfluss auf das Prüfungshonorar aufweisen.

---

873 Vgl. *Brinn, Peel, Roberts*, Audit fee determinants, 1994, S. 115; *Chaney, Jeter, Shivakumar*, Self-selection of auditors, 2004, S. 65 f.

874 Vgl. *Clathworthy, Makepiece, Peel*, Selection bias and the Big Four premium, 2009, S. 150 f.; *Hope, Langli, Thomas*, Agency conflicts and auditing in private firms, 2012, S. 512 f.

875 Vgl. *Dobler*, Auditor-provided non-audit services, 2014, S. 443 f.

876 Vgl. *Hay, Knechel, Wong*, Meta-analysis, 2006, S. 171.

877 Vgl. IDW, PS 240, Rn. 12.

878 Vgl. IDW, PS 240, Rn. 15.

Größe und Komplexität des Mandats

Das IDW führt an, dass bei der Ermittlung der Vergütung für Abschlussprüfungen oftmals noch auf die grundsätzliche Vorgehensweise der mittlerweile außer Kraft gesetzten Gebührenordnung für Pflichtprüfungen von 1939 abgestellt wird. Demnach ist die Bestimmung des Honorars an der aufgewendeten Prüfungszeit sowie an einer Wertgebühr, in der Regel der Bilanzsumme, auszurichten.[879] Gleichzeitig muss eine zunehmende Unternehmensgröße in den vom Prüfer zu bearbeitenden Stichproben abgebildet werden, um das Prüfungsrisiko auf einem akzeptablen Niveau zu halten.[880] Dies dürfte einhergehen mit einem steigenden zeitlichen prüferischen Aufwand und damit einem höheren Prüfungshonorar.

In der Regel wird aufgrund von Skaleneffekten bei der Prüfung großer Mandate[881] und einem höheren Anteil geringer qualifizierter Mitarbeiter im Prüfungsteam[882] von einem degressiven Zusammenhang der Unternehmensgröße zum Prüfungshonorar ausgegangen, der zumeist über ein Logarithmieren der verwendeten Größenvariable abgebildet wird.[883]

In empirischen Studien hat sich die Mandantengröße als überwiegender Treiber des Prüfungshonorars gezeigt. So berichten HAY/KNECHEL/WONG (2006), dass „*the most dominant determinant of audit fees found across virtually all published studies is size, which is expected to have a positive relationship with fees*"[884].

Auch in den deutschen Studien, die sich überwiegend auf die Prüfungshonorare börsennotierter Mandate beziehen, erhöht die Mandantengröße das Prüfungshonorar signifikant.[885] DOBLER (2014) stellt ebenfalls einen signifikant positiven Einfluss bei deutschen, nicht börsennotierten Unternehmen fest.[886] Auch die Mehrheit der internationalen Studien zu Prüfungshonoraren bei nicht kapitalmarktorientierten Unternehmen erkennt signifikant positive Einflüsse der verwendeten Größenvariablen auf das Prüfungshonorar.[887]

Für den Komplexitätsgrad eines Unternehmens kann ebenfalls ein positiver Zusammenhang mit den Prüfungshonoraren angenommen werden. Je komplexer sich ein Unternehmen darstellt, desto zeit- und kostenaufwendiger ist es für den Prüfer, sich in die entsprechenden Sachverhalte einzuarbeiten.[888] Zudem erhöht sich mit steigender Organisati-

---

879 Vgl. *Naumann*, Der Beruf des Wirtschaftsprüfers, 2012, A.720.

880 Vgl. *Simunic*, The pricing of audit services, 1980, S. 172.

881 Vgl. *Firth*, An analysis of audit fees and their determinants in New Zealand, 1985, S. 26.

882 Vgl. *O'Keefe, Simunic, Stein*, The production of audit services, 1994, S. 260.

883 Vgl. *Craswell, Francis, Taylor*, Auditor brand name reputations, 1995, S. 306; *Ferguson, Francis, Stokes*, What matters in audit pricing, 2006, S. 101; *Umlauf*, Prüfungs- und Beratungshonorare von Konzernabschlussprüfern, 2013, S. 135.

884 *Hay, Knechel, Wong*, Meta-analysis, 2006, S. 169.

885 Vgl. *Bigus, Zimmermann*, Quasirentenmodell, 2009, S. 1298; *Köhler, Marten, Ratzinger, Wagner*, Prüfungshonorare, 2010, S. 19 f.; *Wild*, Fee cutting, 2010, S. 523; *Köhler, Ratzinger-Sakel*, Audit market characteristics, 2012, S. 295-297.

886 Vgl. *Dobler*, Auditor-provided non-audit services, 2014, S. 441.

887 Vgl. *Brinn, Peel, Roberts*, Audit fee determinants, 1994, S. 115; *Willekens, Achmadi*, Pricing and supplier concentration in the private client segment of the audit market, 2003, S. 448; *Chaney, Jeter, Shivakumar*, Self-selection of auditors, 2004, S. 65 f.; *Clathworthy, Makepiece, Peel*, Selection bias and the Big Four premium, 2009, S. 150 f.; *Hope, Langli, Thomas*, Agency conflicts and auditing in private firms, 2012, S. 512 f.; *Sundgren, Svanström*, Audit office size, audit quality and audit pricing, 2013, S. 49 f.

888 Vgl. *Hay, Knechel, Wong*, Meta-analysis, 2006, S. 169; *Hackenbrack, Knechel*, Resource allocation, 1997, S. 484.

ons- und Operationskomplexität das Prüfungsrisiko, da inhärentes und Kontrollrisiko ansteigen.[889]

Auf Basis der dargestellten Überlegungen und empirischen Befunde wird folgende Prüfungshonorarhypothese aufgestellt:

Prüfungshonorarhypothese 5
Die Größe und Komplexität eines Mandats üben einen positiven Einfluss auf die Höhe des Prüfungshonorars auf.

Als Abbildungsmaß für die Mandantengröße wird in der Mehrzahl der Studien die Bilanzsumme verwendet. Daneben finden sich in einzelnen Arbeiten alternative Maßgrößen wie die Umsatzerlöse oder auch die Mitarbeiterzahl.[890] Dem Mainstream folgend bildet diese Arbeit die Mandantengröße mit Hilfe der (logarithmierten) Bilanzsumme ab.

Für die Abbildung der Komplexität des geprüften Unternehmens existieren in empirischen Studien verschiedene Maßgrößen.[891] Dabei können die verwendeten Komplexitätsgrößen nicht immer trennscharf von Größenvariablen abgegrenzt werden, da eine steigende Unternehmensgröße in der Regel mit einer zunehmenden Komplexität einhergeht.[892] Am gebräuchlichsten ist im Rahmen der Untersuchung von Konzernabschlüssen die Anzahl der konsolidierten Tochterunternehmen.[893] Ähnlich wie bei den Größenvariablen wird auch für die Komplexitätsvariablen kein streng linearer, sondern vielmehr ein degressiver Zusammenhang zu den Prüfungshonoraren vermutet, der über eine Transformation der Variablen mittels Logarithmieren oder Wurzelbildung abgebildet wird. In Studien über nicht kapitalmarktorientierte Unternehmen lassen sich für diese Maßgrößen signifikante Einflüsse beobachten, die zu einer Steigerung des Prüfungshonorars führen.[894]

Zudem wird der zeitliche Abstand zwischen dem Bilanzstichtag und dem Datum der Unterzeichnung des Bestätigungsvermerks (*Audit Report Lag*) als Komplexitätsmaß herangezogen. LEVENTIS/WEETMAN/CARAMANIS (2005) geben eine Übersicht über Faktoren, die in bisherigen Studien als statistisch signifikante Einflussgrößen auf den *Audit Report Lag* identifiziert wurden.[895] So bestimmen ASHTON/WILLINGHAM/NEWTON (1987) unter ande-

---

889 Vgl. *Simunic*, The pricing of audit services, 1980, S. 172.

890 Vgl. *Fleischer, Göttsche*, Size effects and audit pricing, 2012, S. 156.

891 HAY/KNECHEL/WONG (2006) identifizieren in ihrer Meta-Analyse 33 Größen um Komplexität abzubilden, vgl. *Hay, Knechel, Wong*, Meta-analysis, 2006, S. 169.

892 Vgl. *Umlauf*, Prüfungs- und Beratungshonorare von Konzernabschlussprüfern, 2013, S. 137.

893 Vgl. *Simunic*, The pricing of audit services, 1980, S. 182; *Francis*, The effect of audit firm size on audit prices, 1984, S. 139; *Hay, Knechel, Wong*, Meta-analysis, 2006, S. 169; *Bigus, Zimmermann*, Quasirentenmodell, 2009, S. 1292; *Wild*, Fee cutting, 2010, S. 523. Ein alternatives Maß bildet die Quadratwurzel über die Anzahl der Business Segments, Vgl. *Köhler, Marten, Ratzinger, Wagner*, Prüfungshonorare, 2010, S. 19 f.; *Köhler, Ratzinger-Sakel*, Audit market characteristics, 2012, S. 295-297.

894 Vgl. *Clathworthy, Makepiece, Peel*, Selection bias and the Big Four premium, 2009, S. 149 ff.; *Hope, Langli, Thomas*, Agency conflicts and auditing in private firms, 2012, S. 512 f.

895 Vgl. *Leventis, Weetman, Caramanis*, Determinants of audit report lag, 2005, S. 48 f.

rem die operationale Komplexität des geprüften Unternehmens als signifikanten Einflussfaktor.[896] Je komplexer sich die Prüfung des Mandanten gestaltet, desto höher ist der vom Prüfer für die Prüfung aufzuwendende Zeitaufwand.[897] Weder in den handelsrechtlichen noch in berufsrechtlichen Vorschriften finden sich genaue Aussagen darüber, wie lange eine Abschlussprüfung dauern darf. § 325 Abs. 1 S. 2 HGB schreibt jedoch für nicht kapitalmarktorientierte Kapitalgesellschaften vor, dass der gemäß § 264 Abs. 1 HGB innerhalb von drei Monaten nach dem Bilanzstichtag aufzustellende Jahresabschluss „*unverzüglich nach seiner Vorlage an die Gesellschafter, jedoch spätestens vor Ablauf des zwölften Monats des dem Abschlussstichtag nachfolgenden Geschäftsjahrs, mit dem Bestätigungsvermerk oder dem Vermerk über dessen Versagung [zur Veröffentlichung im Bundesanzeiger] einzureichen*“[898] ist.[899] Insofern ist davon auszugehen, dass der Prüfer bis spätestens zwölf Monate nach dem Bilanzstichtag des von der Prüfung betroffenen Geschäftsjahres sein Prüfungsurteil bekannt geben muss. Übersteigt der Zeitraum zwischen dem Bilanzstichtag und dem Datum der Unterzeichnung des Bestätigungsvermerks zwölf Monate, so kann vermutet werden, dass besondere Umstände die Testatsausstellung verzögern. Ursache dafür könnten z. B. Verhandlungen des Prüfers mit dem Mandanten im Hinblick auf notwendige Abschlusskorrekturen oder eine Einschränkung des Bestätigungsvermerks sein. Mehrere Studien finden einen signifikant positiven Zusammenhang zwischen der Erteilung eines eingeschränkten Bestätigungsvermerks und der Länge des *Audit Report Lag.*[900] Dies spricht für eine höhere Komplexität der Prüfung bei einer lang dauernden Prüfung, die sich letztendlich in höheren Honoraren niederschlagen sollte.

Abgebildet wird der Einfluss eines länger als zwölf Monate dauernden Zeitraums zwischen Bilanzstichtag und dem Datum der Unterzeichnung des Bestätigungsvermerks über eine Indikator-Variable, die den Wert 1 annimmt, wenn der *Audit Report Lag* über 365 Tage beträgt.

Risikofaktoren

Im Rahmen eines risikoorientierten Prüfungsansatzes muss der Abschlussprüfer Prüffelder identifizieren, die besonders hohe Fehlerrisiken aufweisen. Ein hohes Fehlerrisiko muss den Prüfer dazu veranlassen, seine Prüfungshandlungen auszuweiten, um ein akzeptables Prüfungsrisikoniveau zu erreichen.[901] Auch die bisherige Prüfungshonorarforschung hat Risikofaktoren als Einflussgrößen auf das Prüfungshonorar ermittelt.[902]

896 Vgl. *Ashton, Willingham, Elliott*, Analysis of audit delay, 1987, S. 275-292.

897 Vgl. *Knechel, Payne*, Additional evidence on audit report lag, 2001, S. 137; *Hay, Knechel, Wong*, Meta-analysis, 2006, S. 177.

898 § 325 Abs. 1 S. 2 HGB. Bei einer kapitalmarktorientierten Kapitalgesellschaft verkürzt sich die Veröffentlichungsfrist auf vier Monate, § 325 Abs. 4 HGB.

899 Für börsennotierte Unternehmen empfiehlt der Deutsche Corporate Governance Kodex (DCGK) eine Frist von 90 Tagen zur Veröffentlichung des Konzernabschlusses, vgl. RegKom, DCGK, 2015, S. 14.

900 Vgl. *Witthred*, Audit qualification, 1980, S. 563-577; *Ashton, Graul, Newton*, Audit delay, 1989, S. 657-673; *Schwartz, Soo*, Auditor changes, 1996, S. 353-370; *Soltani*, Timeliness, 2002, S. 215-246.

901 Vgl. *Marten, Quick, Ruhnke*, Wirtschaftsprüfung, 2011, S. 210.

902 Vgl. *Hay*, Further evidence from meta-analysis of audit fee research, 2013, S. 169.

Dies führt zur Aufstellung der Prüfungshonorarhypothese:

Prüfungshonorarhypothese 6
Das Prüfungshonorar steigt mit zunehmenden Fehlerrisiken.

Die folgenden Determinanten werden in der Literatur in der Regel als Risikofaktoren bezeichnet. Üblicherweise fallen darunter Positionen, die ein höheres Risiko für wesentliche Fehler oder Verstöße gegen Rechnungslegungsvorschriften enthalten.[903] Damit können diese Determinanten dem Prüfer Hinweis bieten auf höhere inhärente Risiken und Kontrollrisiken. Gleichzeitig werden diese Faktoren in Zusammenhang mit einem höheren *Litigation Risk* des Prüfers gebracht. Angesichts des niedrigen Haftungsrisikos bei nicht börsennotierten Unternehmen ist es allerdings eher unwahrscheinlich, dass diese Sachverhalte zu einer Risikoprämie führen.

Die am häufigsten in Prüfungshonorarstudien verwendeten Maßgrößen zur Abbildung des Fehlerrisikos sind Variablen, welche die Anteile der Vorräte und Forderungen an der Bilanzsumme des Mandanten messen.[904] Dabei wird davon ausgegangen, dass diese Prüffelder mit einem höheren inhärenten Risiko verknüpft sind.[905] Die Bilanzpositionen Vorräte und Forderungen weisen eine höhere Fehlerwahrscheinlichkeit auf, da sie üblicherweise nur für kurze Zeit im Unternehmen verbleiben und einer hohen Umschlagshäufigkeit unterliegen.[906] Besitzen Unternehmen z. B. aufgrund von Kapitalbedarf den Anreiz zur Darstellung einer besseren wirtschaftlichen Lage, eignen sich diese Positionen zur gezielten Manipulation.[907] Die Wertansätze der Vorräte können durch falsche Mengenansätze und nicht zutreffende Bewertungen bewusst zu hoch angesetzt werden. Im Bereich der Forderungen können durch unterlassene Abschreibungen überhöhte Wertansätze generiert werden oder fiktive Buchungen zur Erhöhung der Erträge führen, denen keine Einzahlungen gegenüberstehen. So hat das Unternehmen ComRoad über mehrere Jahre einen Großteil seiner Umsätze auf Basis fiktiver Erlösbuchungen mit nicht existenten Kunden (schein-)generiert.[908] Cameran (2005) führt an, dass diese Bilanzpositionen schwerer zu prüfen sind und spezielle Prüftechniken benötigen.[909]

Im Bereich deutscher kapitalmarktorientierter Unternehmen ergeben sich für diese Variablen gemischte Ergebnisse: So erzielt Wild (2010) durchweg signifikante Ergebnisse[910], während Köhler/Marten/Ratzinger/Wagner (2010) nur in einem Jahr signifikante Resultate[911] berichten und Köhler/Ratzinger-Sakel (2012) nur bei großen Unternehmen

[903] Vgl. IDW, PS 240, Rn. 15.

[904] Vgl. *Hay, Knechel, Wong*, Meta-analysis, 2006, S. 170.

[905] Vgl. *Simunic*, The pricing of audit services, 1980, S. 173.

[906] Vgl. *Healy*, The effect of bonus schemes on accounting decisions, 1984, S. 99; *Umlauf*, Prüfungs- und Beratungshonorare von Konzernabschlussprüfern, 2013, S. 138.

[907] Vgl. *Umlauf*, Prüfungs- und Beratungshonorare von Konzernabschlussprüfern, 2013, S. 138.

[908] Vgl. *Weber, Willenborg, Zhang*, Does auditor reputation matter, 2008, S. 943.

[909] Vgl. *Cameran*, Audit fees and the large auditor premium in the Italian market, 2005, S. 134.

[910] Vgl. *Wild*, Fee cutting, 2010, S. 523.

[911] Vgl. *Köhler, Marten, Ratzinger, Wagner*, Prüfungshonorare, 2010, S. 19 f.

einen signifikanten Einfluss[912] feststellen können. UMLAUF (2013) findet keinen signifikanten Zusammenhang.[913]

WILLEKENS/ACHMADI (2003) und SUNDGREN/SVANSTRÖM (2013) können für belgische bzw. schwedische, nicht börsennotierte Unternehmen keinen signifikanten Einfluss beobachten.[914] HOPE/LANGLI/THOMAS (2012) dagegen ermitteln bei norwegischen, nicht börsennotierten Unternehmen einen signifikanten Einfluss auf das Prüfungshonorar.[915]

In der Regel werden diese Bilanzpositionen entweder getrennt oder zusammengefasst ins Verhältnis zur Bilanzsumme gesetzt. In dieser Arbeit wird der erste Ansatz verwendet und die Anteile der Vorräte und Forderungen aus Lieferungen und Leistungen an der Bilanzsumme jeweils getrennt ermittelt.

Die wirtschaftliche Lage des Unternehmens spiegelt sich in dessen Ertragslage wider. Die Ertragslage lässt sich abbilden über die Rentabilität, welche die Rendite auf das eingesetzte Kapital misst.[916] Eine hohe Rentabilität erleichtert die für nicht kapitalmarktorientierte Unternehmen wichtige Aufnahme von Fremdkapital. In Ermangelung marktbasierter Bezugsmaße wie Aktienkurse dürfte insbesondere bei nicht börsennotierten Unternehmen bilanziellen Renditekennzahlen eine bedeutende Rolle bei der Bemessung erfolgsabhängiger Vergütungen des Managements zukommen.[917] Das erhöht den Anreiz der Unternehmensleitung von Unternehmen mit schlechter Profitabilität zu bilanzpolitischen Maßnahmen oder Manipulationen.[918] Damit erhöht sich das Risiko des Prüfers, wesentliche Falschaussagen nicht aufzudecken. Nicht profitable Unternehmen weisen zudem ein höheres Insolvenzrisiko auf, was Lieferanten dazu veranlassen könnte, Zahlungsziele kürzer zu stecken. Bei Unternehmenszusammenbrüchen steigt weiterhin die Gefahr, dass die Arbeit des Prüfers einer genaueren Nachuntersuchung unterzogen wird und so übersehene Bilanzierungs- und Prüfungsfehler ans Licht kommen.[919] Die Rentabilität des geprüften Unternehmens wird zumeist über die Renditekennzahl *Return on Assets* (RoA) als Verhältnis des Unternehmensergebnisses zur Bilanzsumme abgebildet, wobei vermutet wird, dass ein negativer Zusammenhang zwischen dieser Kennzahl und dem Prüfungshonorar besteht, d. h. eine zunehmende Profitabilität bzw. ein steigender RoA sollte die Wahrscheinlichkeit von Fehlerrisiken reduzieren und somit zu einem niedrigeren Prüfungshonorar führen.[920]

In den deutschen Studien über kapitalmarktorientierte Unternehmen ist die Evidenz über einen signifikanten Einfluss der Mandantenprofitabilität auf das Prüfungshonorar ge-

---

912 Vgl. *Köhler, Ratzinger-Sakel*, Audit market characteristics, 2012, S. 295-297.

913 Vgl. *Umlauf*, Prüfungs- und Beratungshonorare von Konzernabschlussprüfern, 2013, S. 221.

914 Vgl. *Willekens, Achmadi*, Pricing and supplier concentration in the private client segment of the audit market, 2003, S. 448; *Sundgren, Svanström*, Audit office size, audit quality and audit pricing, 2013, S. 49.

915 Vgl. *Hope, Langli, Thomas*, Agency conflicts and auditing in private firms, 2012, S. 512 f.

916 Vgl. *Umlauf*, Prüfungs- und Beratungshonorare von Konzernabschlussprüfern, 2013, S. 139.

917 Vgl. *Lennox*, Management ownership and audit firm size, 2005, S. 208.

918 Vgl. *Marten, Quick, Ruhnke*, Wirtschaftsprüfung, 2011, S. 257.

919 Vgl. *Zimmermann*, Abschlussprüfer und Bilanzpolitik, 2008, S. 145.

920 Vgl. *Hay, Knechel, Wong*, Meta-analysis, 2006, S. 170. Alternativ wird in einigen Studien eine Indikatorvariable verwendet, die bei einem Verlust den Wert 1 annimmt, ansonsten 0.

mischter Natur.[921] Einen signifikanten Einfluss belegen BIGUS/ZIMMERMANN (2009), KÖHLER/MARTEN/RATZINGER/WAGNER (2010) und UMLAUF (2013).[922] FLEISCHER/GOETTSCHE (2012) und VOELLER/BREMERT/ZEIN (2013) stellen dagegen keine signifikanten Beziehungen zur Höhe der Prüfungshonorare fest.[923]

Ein Großteil der Studien bei nicht börsennotierten Unternehmen bestätigt dagegen einen signifikant negativen Einfluss der Variable RoA auf das Prüfungshonorar.[924] Für deutsche, nicht börsennotierte Unternehmen erkennt DOBLER (2014) einen (schwach) signifikant negativen Zusammenhang zu den Prüfungshonoraren.[925]

In Übereinstimmung mit der Mehrzahl bisheriger Arbeiten wird der RoA als Verhältnis zwischen Jahresüberschuss und Bilanzsumme zur Abbildung der Mandantenprofitabilität verwendet.[926]

6.2.2 Prüferspezifische Determinanten

Im vorhergehenden Abschnitt wurden mandantenspezifische angebots- und nachfrageorientierte Eigenschaften erläutert, für die ein Zusammenhang zu den Prüfungshonoraren vermutet wird. Der Prüfer muss diese Charakteristika bei der Prüfungsplanung berücksichtigen, d. h. diese Faktoren beeinflussen vor allem die mandatspezifischen Kosten des Prüfers, die sich wiederum in den Prüfungshonoraren widerspiegeln sollten. Neben diesen Faktoren hat die bisherige Honorarforschung weitere Einflussgrößen auf das Prüfungshonorar identifiziert, die vor allem in den individuellen Eigenschaften des bestellten Abschlussprüfers begründet sein können oder durch Charakteristiken des Marktes für Abschlussprüfungsleistungen bedingt werden.

Prüfereigenschaften

Neben mandantenspezifischen Determinanten des Prüfungshonorars werden in Honoraranalysen regelmäßig auch prüferspezifische Faktoren einbezogen.[927] Der Grund dafür liegt

---

921 Einige Arbeiten verwenden statt des RoA andere Abbildungsmaße für die Profitabilität, z. B. eine Dummy-Variable, die einen Verlust anzeigt, oder die Eigenkapitalrendite (*Return on Equity* RoE), vgl. u.a. *Wild*, Fee cutting, 2010, S. 523; *Krauß, Pronobis, Zülch*, Abnormal audit fees and audit quality, 2014, S. 56.

922 Vgl. *Bigus, Zimmermann*, Quasirentenmodell, 2009, S. 1295; *Köhler, Marten, Ratzinger, Wagner*, Prüfungshonorare, 2010, S. 19 f.; *Umlauf*, Prüfungs- und Beratungshonorare von Konzernabschlussprüfern, 2013, S. 241.

923 Vgl. *Fleischer, Göttsche*, Size effects and audit pricing, 2012, S. 162-168; *Voeller, Bremert, Zein*, Interdependencies between auditing and corporate governance, 2013, S. 213.

924 Vgl. *Chaney, Jeter, Shivakumar*, Self-selection of auditors, 2004, S. 65 f.; *Clathworthy, Makepiece, Peel*, Selection bias and the Big Four premium, 2009, S. 150 f.; *Hope, Langli, Thomas*, Agency conflicts and auditing in private firms, 2012, S. 512 f.; *Sundgren, Svanström*, Audit office size, audit quality and audit pricing, 2013, S. 49 f. WILLEKENS/ACHMADI (2003) finden keinen signifikanten Einfluss der Dummy-Variable *LOSS*, vgl. *Willekens, Achmadi*, Pricing and supplier concentration in the private client segment of the audit market, 2003, S. 448.

925 Vgl. *Dobler*, Auditor-provided non-audit services, 2014, S. 443 f.

926 Bei den Einzelabschlüssen wurde in einzelnen Fällen ein Wert von Null als Jahresüberschuss ausgewiesen, da Gewinnabführungs- oder Verlustübernahmeverträge mit anderen Unternehmen bestanden. In diesen Fällen wurde als Erfolgsgröße auf die Erträge bzw. Aufwendungen aus Verlustübernahme bzw. Gewinnabführung abgestellt, die im Wesentlichen dem Jahresüberschuss oder Jahresfehlbetrag entsprechen sollten.

927 Vgl. *Hay, Knechel, Wong*, Meta-analysis, 2006, S. 176 f.; *Umlauf*, Prüfungs- und Beratungshonorare von Konzernabschlussprüfern, 2013, S. 138; *Hay*, Further evidence from meta-analysis of audit fee research, 2013, S. 172.

in der Vermutung, dass einige Prüfungsgesellschaften in der Lage sind, von ihren Mandanten generell höhere Honorare als andere Prüfer zu verlangen. Dies könnte im Wesentlichen auf zwei unterschiedliche Ursachen zurückzuführen sein[928]: Zum einen kann eine marktbeherrschende Stellung einiger weniger Prüfungsgesellschaften zu einer Kartellbildung führen. Kartelle können mittels Preisabsprachen höhere Preise für ihre Güter festlegen. Gleichzeitig kann eine marktdominierende Stellung weniger Anbieter negative Folgen für den Wettbewerb unter den Prüfungsgesellschaften nach sich ziehen. Diese können in einer schlechteren Effizienz und Qualität der Prüfungsdurchführung, höheren Barrieren in Bezug auf den Markteintritt möglicher Wettbewerber, eingeschränkten Wahlmöglichkeiten für die Nachfrager nach Prüfungsleistungen sowie stärkeren Lobbyeinflüssen der marktbeherrschenden Prüfungsgesellschaften auf Gesetzgeber und Standardsetter bestehen.[929]

Als alternativer Erklärungsansatz lassen sich höhere Honorare bestimmter Prüfungsgesellschaften über eine unterschiedliche Qualität des angebotenen Gutes „Abschlussprüfung" begründen (Produktdifferenzierung). Der deutsche Berufsstand der Wirtschaftsprüfer geht von einer homogenen Qualität der Abschlussprüfung aus in dem Sinne, dass jeder Abschlussprüfer die gleiche Prüfungsqualität bietet (*An Audit [Opinion] is an Audit [Opinion]*).[930] Eine Produktdifferenzierung des Gutes „Abschlussprüfung" lässt sich jedoch sowohl über prüfungstheoretische Modellansätze als auch über einen allgemeinen betriebswirtschaftlichen Erklärungsversuch begründen. In den vorangegangenen Kapiteln dieser Arbeit wurden bereits die prüfungsbezogenen Modelltheorien des Quasi-Renten Modells nach DEANGELO (1981) und der Prinzipal-Agent Ansatz von ANTLE (1984) vorgestellt. Beide Ansätze kommen zu dem Schluss, dass große Prüfungsgesellschaften aufgrund einer stärkeren Unabhängigkeit eine höhere Prüfungsqualität bieten. Im Rahmen des Quasi-Renten Modells wird dies bedingt über die Existenz von Quasi-Renten, die als Pfand gegen eine Einschränkung der Unabhängigkeit des Prüfers wirken. Ein großer Prüfer, der viele Mandate innehat, riskiert bei einer Aufdeckung niedriger Prüfungsqualität den Verlust des Barwertes aller Quasirenten.[931] Auch im Modell von ANTLE (1984) lässt sich eine höhere Prüfungsqualität großer Prüfungsgesellschaften über schwerer wiegende Reputations- und Mandatsverluste erklären.[932]

Ein allgemeinerer Ansatz zur Erklärung von höheren Preisen im Rahmen von Produktdifferenzierung findet sich bei KLEIN/LEFFLER (1981).[933] Demnach tätigen Unternehmen aktiv Investitionen, um zunächst einen Markennamen, ihre Reputation, aufzubauen und künftige Quasi-Renten zu erhalten.[934] Die Marke signalisiert dem Kunden eine hohe Produktqualität und ermöglicht gleichzeitig dem Unternehmen einen qualitätssichernden, hö-

---

928 Vgl. *Simunic*, The pricing of audit services, 1980, S. 161.

929 Vgl. *Stefani*, Anbieterkonzentration bei Prüfungsmandaten, 2006, S. 121; *Möller, Höllbacher*, Die deutsche Börsen- und Indexlandschaft und der Markt für Abschlussprüfungen, 2009, S. 648; *Umlauf*, Prüfungs- und Beratungshonorare von Konzernabschlussprüfern, 2013, S. 155.

930 Vgl. WPK, Stellungnahme der Wirtschaftsprüferkammer, Berlin, 27.01.2012, S. 24; vgl. auch IDW, Stellungnahme zu den Vorschlägen der EU-Kommission, 27.01.2012, S. 2; *Naumann*, Konsequenzen der Reform der Abschlussprüfung für den Wirtschaftsprüferberuf, 2012, S. 29; *Lenz*, Spaltung des Berufsstands der Wirtschaftsprüfer in Deutschland, 2014, S. 323.

931 Vgl. *DeAngelo*, Auditor size, 1981, S. 185.

932 Vgl. *Antle*, Auditor independence, 1984, S. 18.

933 Vgl. *Klein, Leffler*, The role of market forces in assuring contractual performance, 1981, S. 615-641.

934 Vgl. *Klein, Leffler*, The role of market forces in assuring contractual performance, 1981, S. 626.

heren Preis zu verlangen als denjenigen, der für Produkte mit minimaler Qualität gezahlt werden muss.[935] Der Anreiz des Unternehmens, ein qualitativ geringwertiges Produkt zum Preis eines hochwertigen Produktes zu verkaufen, wird dadurch unterbunden, dass dem Unternehmen in diesem Fall Reputationsverluste drohen, die den Barwert der künftigen Quasi-Renten in Gefahr bringen.[936] KLEIN/LEFFLER (1981) sehen aus Nachfragersicht im Preis eines Produktes einen aufschlussreichen Indikator über dessen Qualität.[937]

Der Ansatz von KLEIN/LEFFLER (1981) lässt sich auf den Markt für Abschlussprüfungsleistungen übertragen.[938] Große Prüfungsgesellschaften investieren aktiv in den Aufbau einer Marke und gelten als erfolgreich in Bezug auf die Erstellung einer entsprechenden Reputation.[939] Überdies tätigen diese Prüfungsgesellschaften Investitionen in spezifische Produktionsfaktoren, die sich nicht ohne Wertverlust veräußern lassen. Darunter fallen die Entwicklung standardisierter Prüfungsprozesse sowie die Fortbildung und Spezialisierung von Mitarbeitern.[940] Der hohe Wertverlust dieser Produktionsfaktoren bei Veräußerung trägt zur Sicherung eines hohen Qualitätsniveaus bei.[941] Diese Sichtweise erweitert die Annahme einer höheren Prüfungsqualität großer Prüfungsgesellschaften über die von DEANGELO (1981) beschriebene Dimension einer stärkeren Unabhängigkeit hinaus zu einer auch technologischen Überlegenheit dieser Prüfungsgesellschaften.[942]

Um zu bestimmen, ob Honorarprämien aufgrund einer marktbeherrschenden Stellung der großen Prüfungsgesellschaften und eines befürchteten monopolistischen Preisverhaltens resultieren oder Folge einer höheren Prüfungsqualität der großen Prüfungsgesellschaften sind, hat SIMUNIC (1980) ein Rahmenkonzept entwickelt. Im Zuge dessen vergleicht SIMUNIC (1980) die Preisbildung für große und kleine Prüfungsmandate. Die zentrale Annahme liegt dabei darin, dass das Marktsegment kleiner Mandate weniger konzentriert ist und dort ein Wettbewerb zwischen den Prüfungsgesellschaften herrscht.[943] Wird Produktdifferenzierung als Ursache von Preisprämien im Segment großer Mandate angenommen, sollten sich Honorarprämien auch im Wettbewerbssegment kleiner Mandate erkennen lassen.[944] Können große Prüfungsgesellschaften nur bei großen Mandaten Preisprämien durchsetzen, spricht dies für eine monopolistische Preisbildung im konzentrierten Marktsegment. Zusätzlich zu berücksichtigen sind steigende Skalenerträge für große Prüfungsgesellschaften bei der Prüfung großer Mandate. Diese können bspw. aufgrund standardisierter Prüfungsprozesse oder einer Fixkostenverteilung auf einen umfangreicheren Kreis von

---

935 Vgl. *Klein, Leffler*, The role of market forces in assuring contractual performance, 1981, S. 630; *Lenz*, Wahl des handelsrechtlichen Abschlussprüfers, 1993, S. 252.

936 Vgl. *Lenz*, Wahl des handelsrechtlichen Abschlussprüfers, 1993, S. 252.

937 Vgl. *Klein, Leffler*, The role of market forces in assuring contractual performance, 1981, S. 634.

938 Einen ausführlichen Bezug des Ansatzes von KLEIN/LEFFLER (1981) auf den Prüfungsmarkt bietet LENZ (1993), vgl. *Lenz*, Wahl des handelsrechtlichen Abschlussprüfers, 1993, S. 252-273.

939 Vgl. *Francis, Wilson*, Auditor changes, 1988, S. 665; *Lenz*, Wahl des handelsrechtlichen Abschlussprüfers, 1993, S. 252.

940 Vgl. *Lenz*, Wahl des handelsrechtlichen Abschlussprüfers, 1993, S. 260.

941 Vgl. *Klein, Leffler*, The role of market forces in assuring contractual performance, 1981, S. 628.

942 Vgl. *Umlauf*, Prüfungs- und Beratungshonorare von Konzernabschlussprüfern, 2013, S. 159.

943 Vgl. *Simunic*, The pricing of audit services, 1980, S. 170 f.

944 Vgl. *Francis, Stokes*, Audit prices, 1986, S. 664.

Mandanten entstehen.[945] Gleichzeitig können kleinere Prüfungsgesellschaften bei der Prüfung großer Mandate sinkenden Skalenerträgen ausgesetzt sein. Eine Übersicht über die möglichen Szenarien bietet Tabelle 16, die das von SIMUNIC (1980) entwickelte Rahmenkonzept zeigt.

Für den deutschen Prüfungsmarkt werden im Bereich kapitalmarktorientierter Unternehmen überwiegend Honorarprämien für große Prüfungsgesellschaften bestätigt.[946] Analog zu dem Vorgehen von SIMUNIC (1980) teilen einige Autoren zumeist ihr Sample anhand

Tabelle 16: Rahmenkonzept zur Interpretation von Honorarprämien[947]

Konzentriertes Marktsegment („Große" Mandate)	Wettbewerbsmarktsegment („Kleine" Mandate)		
	BN > $\overline{BN}$	BN = $\overline{BN}$	BN < $\overline{BN}$
BN > $\overline{BN}$	Szenario 1 Wettbewerbspreisbildung für große Mandate Produktdifferenzierung	Szenario 2 Monopolistisches Preisverhalten für große Mandate	Szenario 3 Monopolistisches Preisverhalten für große Mandate Steigende Skalenerträge für große Prüfungsgesellschaften
BN = $\overline{BN}$	Szenario 4 Wettbewerbspreisbildung für große Mandate Produktdifferenzierung sinkende Skalenerträge der nicht großen Prüfungsgesellschaften	Szenario 5 Wettbewerbspreisbildung für große Mandate	Szenario 6 Monopolistisches Preisverhalten für große Mandate Steigende Skalenerträge für große Prüfungsgesellschaften
BN < $\overline{BN}$	Szenario 7 Wettbewerbspreisbildung für große Mandate Produktdifferenzierung sinkende Skalenerträge der nicht großen Prüfungsgesellschaften	Szenario 8 Wettbewerbspreisbildung für große Mandate sinkende Skalenerträge der nicht großen Prüfungsgesellschaften	Szenario 9 Wettbewerbspreisbildung für große Mandate Steigende Skalenerträge für große Prüfungsgesellschaften

Erklärung:
BN = Prüfungshonorare großer Prüfungsgesellschaften
$\overline{BN}$ = Prüfungshonorare der nicht großen Prüfungsgesellschaften

[945] Vgl. *Anderson, Zhégal,* The pricing of audit services: further evidence from the Canadian market, 1994, S. 197; *Umlauf,* Prüfungs- und Beratungshonorare von Konzernabschlussprüfern, 2013, S. 160.

[946] Vgl. *Bigus, Zimmermann,* Quasirentenmodell, 2009, S. 1295 ff.; *Köhler, Marten, Ratzinger, Wagner,* Prüfungshonorare, 2010, S. 19 f.; *Wild,* Fee cutting, 2010, S. 523; *Fleischer, Göttsche,* Size effects and audit pricing, 2012, S. 162.

[947] Vgl. *Simunic,* The pricing of audit services, 1980, S. 171.

des Medianwertes der Größenvariablen (in der Regel natürlicher Logarithmus der Bilanzsumme) in kleine und große Unternehmen.[948] Aufgrund seiner in den jeweiligen Subsamples beobachteten Ergebnisse schließt UMLAUF (2013) als Ursache für eine Preisprämie auf Produktdifferenzierung sowie eine Wettwerbspreisbildung auf dem Prüfungsmarkt für große börsennotierte Mandate und sinkende Skalenerträge für Non-Big-4 Gesellschaften, was Szenario 7 entsprechen würde.[949] Diesen Schlussfolgerungen liegt die Annahme zugrunde, dass die Hälfte der kleineren untersuchten börsennotierten Unternehmen einen Wettbewerbsmarkt bildet. Sollte der Markt für kleine börsennotierte Mandate jedoch auch einer hohen Konzentration der großen Prüfungsgesellschaften unterliegen, könnten die in diesem Segment beobachteten Preisprämien auch durch ein monopolistisches Preisverhalten bedingt sein.[950] So untersuchen LENZ/OSTROWSKI (1999) die Prüferkonzentration für deutsche, börsennotierte Aktiengesellschaften im Jahr 1996 und stellen im gesamten DAX100 Segment eine hohe Prüferkonzentration auf die damals sechs großen Prüfungsgesellschaften fest. Mit abnehmender Unternehmensgröße beobachten die Autoren zwar einen deutlichen Rückgang der Dominanz der großen Prüfungsgesellschaften, in der Gruppe der kleinsten Aktiengesellschaften liegt der Mandatsanteil der großen Prüfungsgesellschaften allerdings immer noch bei 65 %.[951] Für das Jahr 2012 stellt LENZ (2014) fest, dass nur *„ein Bruchteil“*[952] aller Abschlussprüfer auf dem Markt für § 319a-Mandate tätig sind und dieses Segment von den großen Prüfungsgesellschaften dominiert wird.[953]

Neben einer starken Prüferkonzentration können bei börsennotierten Unternehmen weitere verzerrende Faktoren auftreten, die die Interpretation einer Honorarprämie als Indiz für Prüfungsqualität erschweren. Die Prüfung börsennotierter Unternehmen beinhaltet für den Prüfer erhöhte Haftungs- und Reputationsrisiken.[954] Vor allem große Prüfungsgesellschaften weisen ein höheres Risiko auf, verklagt zu werden, da sie in stärkerem Maß zum Schadensersatz fähig und verpflichtet sind (*Deep Pockets*).[955] Diese Prüfungsgesellschaften könnten höhere Honorare daher als Kompensation für diese Risiken verlangen.

Die Untersuchung des Preisverhaltens auf dem Markt für nicht kapitalmarktorientierte Mandate bietet zwei Vorteile. Zunächst kann der Unterschied in der tatsächlichen Größe eines Prüfungsmandats umfassender erfasst werden. Börsennotierte Unternehmen sind oftmals nicht nur größer im Sinne üblicher Größenmerkmale wie Bilanzsumme, sondern erfordern einen höheren Prüfungsumfang aufgrund der Verpflichtung zur Veröffentlichung zusätzlicher Informationen, die geprüft werden müssen, sowie der Aufstellung von Finanz-

---

948 Vgl. *Fleischer, Göttsche*, Size effects and audit pricing, 2012, S. 163; *Köhler, Ratzinger-Sakel*, Audit market characteristics, 2012, S. 298; *Umlauf*, Prüfungs- und Beratungshonorare von Konzernabschlussprüfern, 2013, S. 219.

949 Vgl. *Umlauf*, Prüfungs- und Beratungshonorare von Konzernabschlussprüfern, 2013, S. 228.

950 Einige Autoren führen eine Honorarprämie sogar ohne weitere Annahmen oder Differenzierung des Samples auf eine höhere Produktqualität zurück, vgl. *Krauß, Pronobis, Zülch*, Abnormal audit fees and audit quality, 2014, S. 67.

951 Vgl. *Lenz, Ostrowski*, Der Markt für Abschlußprüfungen bei börsennotierten Aktiengesellschaften, 1999, S. 404-406.

952 *Lenz*, Spaltung des Berufsstands der Wirtschaftsprüfer in Deutschland, 2014, S. 314.

953 Vgl. *Lenz*, Spaltung des Berufsstands der Wirtschaftsprüfer in Deutschland, 2014, S. 313 f.

954 Vgl. *Chaney, Jeter, Shivakumar*, Self-selection of auditors, 2004, S. 51; *Langli, Svanström*, Audits of private companies, 2014, S. 153.

955 Vgl. *Lennox*, Are large auditors more accurate than small auditors, 1999, S. 217.

berichten gemäß internationaler Rechnungslegungsvorschriften, die vom Prüfer ein erhöhtes Spezialisierungswissen[956] erfordern. Die gleichen Faktoren befördern wiederum eine hohe Anbieterkonzentration für dieses Marktsegment, da nur einige große Prüfer zur effizienten Prüfungsdurchführung für diese Mandate fähig sind. Zudem verlangen Erwartungen des Kapitalmarkts oftmals die Bestellung einer bekannten Prüfungsgesellschaft. Nicht kapitalmarktorientierte Unternehmen haben dagegen größere Wahlmöglichkeiten bei der Bestellung eines Prüfers, da sie in der Regel kleiner sind, weniger Informationen veröffentlichen müssen und nicht dem Druck von Kapitalmärkten ausgesetzt sind. Das erhöht die Wahrscheinlichkeit, dass dieses Marktsegment von einem stärkeren Wettbewerb unter den Prüfungsgesellschaften geprägt ist. Konzentrationsstudien zu diesem Marktsegment sind kaum verfügbar, jedoch beobachtet DOBLER (2014) bei deutschen, nicht börsennotierten Unternehmen einen Mandatsanteil der großen Prüfungsgesellschaften in Höhe von ca. 50 %.[957] Für ein großes Sample nicht börsennotierter, deutscher Unternehmen berichtet LOY (2013) einen Anteilswert von nur 40,8 %.[958] Diese Befunde sprechen für eine wesentlich geringere Dominanz der großen Prüfungsgesellschaften im Segment der nicht börsennotierten Unternehmen.

Gleichzeitig stellt sich die Frage, ob große Prüfungsgesellschaften in der Lage sind Honorarprämien im Segment nicht kapitalmarktorientierter Unternehmen zu verlangen. Eine geringere Marktmacht der großen Prüfungsgesellschaften und ein stärkerer Wettbewerb in diesem Markt sollten ein monopolistisches Preisverhalten unterbinden. Zudem sprechen neben dem geringeren Prüfungsumfang und nicht existierenden Kapitalmarkterwartungen möglicherweise niedrigere Agency-Konflikte bei diesen Unternehmen, die häufig von Familien kontrolliert werden, dafür, dass nicht kapitalmarktorientierte Unternehmen nicht gewillt sein könnten, Preisprämien für eine höhere Prüfungsqualität zu zahlen.[959] Wie in Kapitel 3 diskutiert, ist die Rolle von Agency-Konflikten bei nicht börsennotierten Unternehmen ex ante nicht klar. Zudem könnten andere Faktoren die Wahl einer großen Prüfungsgesellschaft befördern, was Unternehmen dazu veranlassen könnte, Preisprämien für eine höhere Prüfungsqualität zu zahlen. So könnten Agency-Konflikte bei Familienunternehmen sogar stärker ausfallen als bei börsennotierten Unternehmen in Streubesitz, was die Nachfrage nach einer überdurchschnittlichen Prüfungsqualität erhöhen dürfte.[960] Weiterhin könnte aufgrund der Abwesenheit marktbasierter Maßgrößen aus Sicht des Unternehmens die Bedeutung von Abschlussinformationen steigen, da diese als Grundlage für variable Managementvergütungen dienen, was eine hochqualitative Prüfung notwendig macht.[961] Unternehmen, die nicht den Kapitalmarkt in Anspruch nehmen und deren Eigenkapitalquellen daher begrenzt sein dürften, sollten zur Finanzierung verstärkt auf Fremdkapital angewiesen sein. Empirische Befunde legen nahe, dass die Prüfung durch eine BIG-4 Prüfungsgesellschaft die Aufnahme von Fremdkapital erleichtern und Kapitalkosten

956 Vgl. *Küting*, Zum Schwierigkeitsgrad einer HGB- und IFRS-Abschlussprüfung, 2012, S. 1521-1528.
957 Vgl. *Dobler*, Auditor-provided non-audit services, 2014, S. 437. In dem Sample sind auch ca. 19 % börsennotierte Unternehmen enthalten, was zur Erhöhung des Anteilswertes beigetragen haben dürfte.
958 Vgl. *Loy*, An audit is an audit, 2013, S. 335.
959 Vgl. *Chaney, Jeter, Shivakumar*, Self-selection of auditors, 2004, S. 52.
960 Vgl. *Schulze, Lubatkin, Dino, Buchholtz*, Agency relationships in family firms, 2001, S. 99.
961 Vgl. *Lennox*, Management ownership and audit firm size, 2005, S. 208.

reduzieren kann.[962] Außerdem könnten Unternehmen daran interessiert sein, durch die Wahl eines renommierten Prüfers Glaubwürdigkeit an Finanzbehörden, Lieferanten, Kunden und Arbeitnehmer zu signalisieren.[963] Nicht börsennotierte Unternehmen könnten daher durchaus bereit sein, höhere Honorare zu zahlen, um eine höhere Prüfungsqualität zu beziehen oder zu signalisieren.

DOBLER (2014) kann zwar bei deutschen, nicht börsennotierten Unternehmen keine Honorarprämie für große Prüfungsgesellschaften beobachten.[964] Auf internationaler Ebene spricht die begrenzte Anzahl an Befunden jedoch dafür, dass große Prüfungsgesellschaften auch bei nicht börsennotierten Unternehmen höhere Honorare verlangen können.[965] Die Existenz von Honorarprämien bei nicht börsennotierten Unternehmen wird insbesondere von CHANEY/JETER/SHIVAKUMAR (2004) diskutiert. Die Autoren folgern für britische Unternehmen nach Anwendung eines Selection-Modells nach HECKMAN (1978) zur Berücksichtigung potentieller Selbstselektionsprobleme, dass die Honorarprämie für große Prüfungsgesellschaften verschwindet und Klienten höhere Honorare gezahlt hätten, wenn sie keine große Prüfungsgesellschaft gewählt hätten.[966]

Diesen statistischen Ansatz kritisieren CLATHWORTHY/MAKEPEACE/PEEL (2009) und LENNOX/FRANCIS/WANG (2012) jedoch als instabil.[967] LENNOX/FRANCIS/WANG (2012) merken in Bezug auf die Arbeit von CHANEY/JETER/SHIVAKUMAR (2004) an, dass die Autoren den notwendigen Ausschluss von Variablen auf der zweiten Stufe des Schätzmodells unterlassen *„even though the econometric literature advises against this practice."*[968] CLATHWORTHY/MAKEPEACE/PEEL (2009) weisen zudem nach, dass auch bei nicht börsennotierten Unternehmen, die nach Größen-, Risiko- und Komplexitätsaspekten ähnlich sind, große Prüfungsgesellschaften eine Honorarprämie erzielen, die in ihrer Höhe bisherigen Ergebnissen aus Kleinst-Quadrate-Schätzungen entspricht.[969]

Die Trennung zwischen Prüfungsgesellschaften mit höherer und niedrigerer Prüfungsqualität erfolgt üblicherweise anhand einer dichotomen Unterscheidung zwischen den BIG-N Prüfungsgesellschaften und den restlichen Abschlussprüfern.[970] Dieser Ansatz ist vor allem bei börsennotierten Unternehmen etabliert, da in diesem Segment im Wesentlichen

---

962 Vgl. *Blackwell, Noland, Winters*, The value of auditor assurance, 1998, S. 57-70; *Hope, Thomas, Vyas*, Financial credibility, ownership, and financing constraints in private firms, 2011, S. 935-957; *Lennox, Pittman*, Voluntary audits vs. mandatory audits, 2011, S. 1655-1678.

963 Vgl. *Van Tendeloo, Vanstraelen*, Earnings management and audit quality in Europe, 2008, S. 450.

964 Vgl. *Dobler*, Auditor-provided non-audit services, 2014, S. 441 f.

965 Vgl. *Langli, Svanström*, Audits of private companies, 2014, S. 153. Honorarprämien finden: *Cameran*, Audit fees and the large auditor premium in the Italian market, 2005, S. 141-143; *Willekens, Achmadi*, Pricing and supplier concentration in the private client segment of the audit market, 2003, S. 450; *Hope, Langli, Thomas*, Agency conflicts and auditing in private firms, 2012, S. 512; *Sundgren, Svanström*, Audit office size, audit quality and audit pricing, 2013, S. 49 ff.

966 Vgl. *Chaney, Jeter, Shivakumar*, Self-selection of auditors, 2004, S. 51-72.

967 Vgl. *Clathworthy, Makepiece, Peel*, Selection bias and the Big Four premium, 2009, S. 139-166; *Lennox, Francis, Wang*, Selection models, 2012, S. 589-616.

968 *Lennox, Francis, Wang*, Selection models, 2012, S. 597.

969 Vgl. *Clathworthy, Makepiece, Peel*, Selection bias and the Big Four premium, 2009, S. 139-166.

970 Vgl. *Lenz*, Empirische Forschung in der Prüfung, 2002, Sp. 630; *DeFond, Zhang*, A review of archival auditing research, 2014, S. 289.

nur die BIG-N Prüfungsgesellschaften und einige größere Second-Tier Gesellschaften tätig sind, so dass nur eine geringe Variation unter den Typen von Abschlussprüfern herrscht.[971] Der Nachteil dieses dichotomen Ansatzes ist, dass subtile Unterschiede in der Prüfungsqualität nicht erfasst werden.[972] Gleichzeitig ist davon auszugehen, dass im Vergleich zu börsennotierten Mandaten im Segment nicht börsennotierter Unternehmen die Prüfungsqualität weitaus heterogener ausfällt, da hier eine größere Anzahl von Abschlussprüfern, die sich in ihrer Organisation vom Kleinstprüfer bis zum internationalen Prüfungsnetzwerk unterscheiden, anzutreffen ist. So erkennt LOY (2013) bei einem großen Sample nicht börsennotierter deutscher Unternehmen, dass BIG-4 Gesellschaften eine höhere Prüfungsqualität im Sinne einer stärkeren Einschränkung von Bilanzpolitik als mittelgroße Prüfungsgesellschaften bieten. Letztere übertreffen wiederum kleine Abschlussprüfer.[973] NIEMI (2004) argumentiert, dass nicht nur zwischen BIG-N und Non-BIG-N Prüfern Preis- und Produktdifferenzierung bestehen, sondern diese auch innerhalb der Gruppe der Non-BIG-N Prüfer auftreten können.[974] Der Autor belegt für nicht börsennotierte, finnische Unternehmen, dass zwischen kleinen Abschlussprüfern Preisunterschiede existieren, was für eine Qualitätsdifferenzierung innerhalb dieser Prüfergruppe spricht.[975] SUNDGREN/SVANSTRÖM (2013) zeigen für schwedische, nicht börsennotierte Unternehmen, dass neben den BIG-4 Prüfungsgesellschaften auch die zwei nächst größeren Prüfungsgesellschaften Honorarprämien erzielen können.[976]

Diese Überlegungen führen zur siebten Prüfungshonorarhypothese:

Prüfungshonorarhypothese 7
Die Prüfung durch eine große/mittelgroße Prüfungsgesellschaft führt zu einem höheren Prüfungshonorar.

Als große Prüfungsgesellschaften werden in Einklang mit der bisherigen Literatur die BIG-4 Prüfungsgesellschaften, PwC, EY, KPMG und Deloitte, angesehen, deren Einfluss sowohl über eine aggregierte Indikatorvariable *BIG-4* als auch in einer separaten Betrachtung der einzelnen Prüfungsgesellschaften abgebildet wird. Der Einfluss einer Prüfung durch eine mittelgroße Prüfungsgesellschaft wird anhand der Indikatorvariablen *MIDTIER* untersucht. Als mittelgroße Abschlussprüfer werden die Prüfungsgesellschaften einbezogen, die laut der Lünendonk-Liste „Führende Wirtschaftsprüfungs- und Steuerberatungs-Gesellschaften in Deutschland" außerhalb der BIG-4 Gesellschaften zu den 25 führenden Wirtschaftsprüfungsgesellschaften in Deutschland gehören.[977]

971 Vgl. *Lenz*, Spaltung des Berufsstands der Wirtschaftsprüfer in Deutschland, 2014, S. 314.
972 Vgl. *DeFond, Zhang*, A review of archival auditing research, 2014, S. 289.
973 Vgl. *Loy*, An audit is an audit, 2013, S. 350.
974 Vgl. *Niemi*, Auditor size and audit pricing, 2004, S. 541-545.
975 Vgl. *Niemi*, Auditor size and audit pricing, 2004, S. 556.
976 Vgl. *Sundgren, Svanström*, Audit office size, audit quality and audit pricing, 2013, S. 52.
977 Zu dieser Vorgehensweise vgl. *Loy*, An audit is an audit, 2013, S. 330. Der Kreis der Mid-Tier Prüfungsgesellschaften ist jedoch nicht einheitlich definiert. So verstehen einige Arbeiten, die vorwiegend börsennotierte

Prüfungsmarkt

Ein weiteres Indiz für das Vorliegen eines Wettbewerbsmarkts kann das Preisverhalten im Fall eines externen Prüferwechsels bieten. Anreize eines Unternehmens zum Wechsel seines Abschlussprüfers können in veränderten Charakteristiken (Eigentümerstrukturen, Komplexitätsgrad) des Mandanten und damit einhergehenden neuen Anforderungen an den Prüfer begründet liegen. Außerdem wird vermutet, dass die Wahrscheinlichkeit eines Prüferwechsels steigt, wenn der Prüfer keinen uneingeschränkten Bestätigungsvermerk erteilt.[978] Schließlich kann das Unternehmen einen Prüferwechsel anstreben, um ein geringeres Prüfungshonorar zahlen zu müssen.[979] Gemäß dem Modell von DeAngelo (1981) setzen Abschlussprüfer in einem Wettbewerbsmarkt den Barwert der zukünftigen Quasi-Renten als Abschlag auf das Prüfungshonorar der ersten Periode ein, um Erstmandate zu erringen. Liegt das Prüfungshonorar unter den Prüfungskosten des Prüfers wird dieser Effekt als *Low Balling* bezeichnet. Das Vorliegen eines *Low Balling* Verhaltens kann in der empirischen Prüfungsforschung allerdings nur schwer überprüft werden, da in der Regel keine Informationen zu den Kosten des Prüfers vorliegen. Stattdessen wird versucht, die Existenz eines *Fee Cutting* Effekts nachzuweisen. *Fee Cutting* liegt dann vor, wenn ein Prüfer in der Erstprüfungsperiode ein niedrigeres Honorar verlangt als in den Folgeperioden.[980] Wagenhofer/Ewert (2015) betonen, dass Low Balling und Fee Cutting – trotz modellhafter Verbindung untereinander – empirisch betrachtet zwei unterschiedliche Phänomene darstellen. Weder kann ein eindeutiger Rückschluss auf die Existenz eines *Low Balling* Effekts durch die Beobachtung eines *Fee Cuttings* getroffen werden, da eine höhere Gebührensetzung in der Folgeperiode auch ohne *Low Balling* möglich ist, noch bedingt ein *Low Balling* Verhalten zwingend ein *Fee Cutting*, da auch bei konstanten Prüfungshonoraren das Erstprüfungshonorar unter den Kosten einer Erstprüfung liegen kann.[981] Da jedoch beide Effekte im Modell von DeAngelo (1981) auf eine optimale Honorargestaltung in der Folgeperiode schließen lassen, dient ein beobachtbarer *Fee Cutting* Effekt als Indiz für einen Wettbewerb um neue Mandate.[982]

In empirischen Arbeiten wird die Existenz eines *Fee Cuttings* üblicherweise anhand einer Indikatorvariable gemessen, die anzeigt, dass eine Prüfungsgesellschaft in der Regel in

---

Unternehmen untersuchen, darunter auch nur die den BIG-4 Gesellschaften in ihrer Größe direkt nachfolgenden Gesellschaften BDO und Grant Thornton, vgl. *Boone, Khurana, Raman*, Do the Big 4 and the second-tier firms provide audits of similar quality, 2010, S. 332; *Eshleman, Guo*, Do Big 4 auditors provide higher audit quality, 2014, S. 198. Diese beiden Prüfungsgesellschaften prüfen jedoch mit insgesamt 38 Abschlüssen nur einen sehr geringen Prozentsatz von ca. 4,4 % der hier untersuchten Mandate.

978 Vgl. *Lennox*, Do companies successfully engage in opinion-shopping, 2000, S. 322.

979 Detaillierte Ausführungen zu Prüferwechselgründen finden sich bei Fischkin (2011), vgl. *Fischkin*, Determinanten der Prüferwahl, 2011, S. 127-140.

980 Vgl. *Francis*, The effect of audit firm size on audit prices, 1984, S. 138. So auch Wagenhofer/Ewert (2015) die von *Fee* (oder *Price) Cutting* sprechen, wenn die Gebühr für die Folgeprüfung die Erstprüfungsgebühr übersteigt, vgl. *Wagenhofer, Ewert*, Externe Unternehmensrechnung, 2015, S. 514.

981 Vgl. *Wagenhofer, Ewert*, Externe Unternehmensrechnung, 2015, S. 514; *Francis*, The effect of audit firm size on audit prices, 1984, S. 138.

982 Vgl. *Wagenhofer, Ewert*, Externe Unternehmensrechnung, 2015, S. 514; *Umlauf*, Prüfungs- und Beratungshonorare von Konzernabschlussprüfern, 2013, S. 174 f.

Folge eines Wechsels ein Mandat erstmals prüft.[983] Die Honorarforschung im Bereich deutscher, börsennotierter Unternehmen bestätigt weitgehend ein sinkendes Prüfungshonorar im Falle eines Prüferwechsels.[984] Da aus den genannten Gründen zu erwarten ist, dass das Prüfungsmarktsegment der nicht kapitalmarktorientierten Mandate in stärkerem Ausmaß einen Wettbewerbsmarkt darstellt, ist zu vermuten, dass auch hier ein Prüferwechsel zu einem niedrigeren Prüfungshonorar führt.

Die Prüfungshonorarhypothese lautet daher wie folgt:

Prüfungshonorarhypothese 8
Ein Prüferwechsel führt zu einem niedrigeren Prüfungshonorar in der Wechselperiode.

6.2.3 Abschlussart

Die vorliegende Arbeit untersucht die Prüfungshonorare sowohl von Einzel- als auch von Konzernabschlüssen. Dabei ist zu vermuten, dass sich für den Abschlussprüfer die Prüfung eines Konzernabschlusses aufwendiger gestaltet als die Jahresabschlussprüfung. Der Prüfer muss die mitunter nicht simple Abgrenzung des Konsolidierungskreises sowie die Konsolidierungsmaßnahmen kontrollieren. Dabei hat er die im Konzernabschluss zusammengefassten Jahresabschlüsse zu überprüfen.[985] Zudem muss er unter Umständen auf Prüfungsunterlagen und Daten zurückgreifen, die nicht von ihm erstellt wurden, sondern von fremden Abschlussprüfern, die Teilbereiche des Konzerns geprüft haben. In diesem Fall muss der Konzernabschlussprüfer auch dessen Arbeit überprüfen und dokumentieren.[986] Das Prüfungsrisiko im Rahmen der Konzernabschlussprüfung umfasst daher zusätzlich das Risiko, dass sich Rechnungslegungsfehler aus Teilbereichen des Konzerns auf der Konzernabschlussebene wesentlich auswirken und weder vom Prüfer des Teilbereichs noch vom Konzernabschlussprüfer entdeckt werden.[987] Weiterhin umfasst der Konzernabschluss mehr gesetzlich vorgeschriebene Bestandteile als der Einzelabschluss. So sind neben der Konzernbilanz, der Konzern-Gewinn- und Verlustrechnung und dem Konzernanhang eine Kapitalflussrechnung und ein Eigenkapitalspiegel sowie optional eine Segmentberichterstattung zu erstellen, die im Rahmen der Konzernabschlussprüfung zu prüfen sind.[988]

983 Vgl. *Craswell, Francis*, Pricing initial audit engagements, 1999, S. 204; *Ghosh, Lustgarten*, Pricing of initial audit engagements, 2006, S. 344; *Wild*, Fee cutting, 2010, S. 520; *Desir, Casterella, Kokina*, A reexamination of audit fees, 2014, S. 64.

984 Vgl. *Bigus, Zimmermann*, Quasirentenmodell, 2009, S. 1295 ff.; *Köhler, Marten, Ratzinger, Wagner*, Prüfungshonorare, 2010, S. 19 f.; *Wild*, Fee cutting, 2010, S. 523; *Umlauf*, Prüfungs- und Beratungshonorare von Konzernabschlussprüfern, 2013, S. 232.

985 Vgl. § 317 Abs. 3 HGB.

986 Vgl. § 317 Abs. 3 HGB; IDW PS.

987 Vgl. IDW, PS 320 n. F., Rn. 2.

988 Vgl. § 297 Abs. 1 HGB i.V.m. § 317 Abs. 1 und 2 HGB.

Angesichts dessen wird folgende Prüfungshonorarhypothese aufgestellt:

Prüfungshonorarhypothese 9
Die Prüfung eines Konzernabschlusses führt zu einem höheren Prüfungshonorar als eine Einzelabschlussprüfung.

6.2.4 Prüfung und Beratung

In den vorangegangenen Kapiteln wurde bereits ausgeführt, dass dem Angebot von Beratungsleistungen des Abschlussprüfers bei nicht börsennotierten Unternehmen eine bedeutende Rolle zukommen dürfte, da diese Unternehmen weniger strengen gesetzlichen Einschränkungen in Bezug auf die gleichzeitige Inanspruchnahme von Nichtprüfungsleistungen unterliegen. Zudem belegen empirische Befunde, dass der Abschlussprüfer von diesen Unternehmen als externer Berater geschätzt wird.[989] Kapitel 5 hat gezeigt, dass auch die in dieser Arbeit untersuchten Unternehmen in nicht geringem Maß Beratungsleistungen des Prüfers nachfragen.

Das gleichzeitige Angebot von Beratungsleistungen des Prüfers steht immer wieder im Fokus von Diskussionen über die Unabhängigkeit des Abschlussprüfers, da befürchtet wird, dass lukrative Beratungsaufträge ein zu starkes finanzielles Eigeninteresse des Prüfers und die Gefahr einer Selbstprüfung befördern.[990] Gleichzeitig wird in der Prüfungsforschung regelmäßig vermutet, dass die gleichzeitige Erbringung von Prüfungs- und Beratungsleistungen Synergieeffekte mit sich bringt.[991] Begründen lässt sich diese Vermutung mit der möglichen Existenz von Wissenstransfers, sog. *Knowledge Spillovers*, zwischen den Leistungsarten. *Knowledge Spillovers* können dabei sowohl einseitig zwischen Prüfungs- und Beratungstätigkeit (und vice versa) auftreten als auch in beide Richtungen fließen.[992] Die mögliche Folge von Wissenstransfer liegt in einer Kostenersparnis des Prüfers, die abhängig von der Wettbewerbsstärke auf dem Prüfungsmarkt zumindest zum Teil an den Mandanten weitergereicht werden dürfte und damit Auswirkungen auf das Prüfungshonorar zeigen sollte.[993]

SIMUNIC (1984) zeigt, dass eine Kostenersparnis dabei zum einen aus einer Reduktion der Fixkosten der Abschlussprüfungsleistung, unter denen vor allem die Einarbeitungskosten (z. B. Kenntnis der Geschäftstätigkeit und des wirtschaftlichen Umfelds des Mandanten) in das Prüfungsmandat zu verstehen sind, resultieren kann.[994] Bei einem einseitigen Wissenstransfer von der Beratungstätigkeit zur Prüfungstätigkeit sollte dies zu einem sinkenden

[989] Vgl. *Svanström, Sundgren*, The demand for non-audit services and auditor-client relationships, 2012, S. 73; *Dobler*, Auditor-provided non-audit services, 2014, S. 433.

[990] Vgl. EU, Statement/14/104, 03.04.2014, S. 2.

[991] Vgl. *Simunic*, Auditing, consulting, and auditor independence, 1984, S. 679-702; *Palmrose*, Nonaudit services, 1986, S. 405; *Whisenant, Sankaraguruswamy, Raghunandan*, Evidence on the joint determination of audit and non-audit fees, 2003, S. 723-725; *Köhler, Ratzinger-Sakel*, Audit market characteristics, 2012, S. 283 f.; *Dobler*, Auditor-provided non-audit services, 2014, S. 434.

[992] Vgl. *Simunic*, Auditing, consulting, and auditor independence, 1984, S. 681.

[993] Vgl. *Simunic*, Auditing, consulting, and auditor independence, 1984, S. 685 f.

[994] Vgl. *Simunic*, Auditing, consulting, and auditor independence, 1984, S. 685 f.

Prüfungshonorar führen. Gleichzeitig sollte das Honorar für Beratungsleistungen steigen, da der Mandant auf eine Reduktion des Prüfungshonorars mit einer steigenden Nachfrage nach Nichtprüfungsleistungen reagiert.[995] Weiterhin können Wissenstransfers von Beratung auf Prüfung die Prüfungstätigkeit aufgrund einer Verringerung der Grenzkosten effizienter gestalten, die an den Mandanten im Zuge eines geringeren Stundensatzes weitergegeben wird. In diesem Fall hängt die Auswirkung auf das Prüfungshonorar letztendlich von der Preiselastizität der Nachfrage nach Prüfungsleistungen ab, deren Ausprägung jedoch a priori unbekannt ist. In diesem Zusammenhang ist sowohl eine Verringerung, aber auch ein Ansteigen oder keine Veränderung des Prüfungshonorars denkbar.[996] Das Beratungshonorar kann dementsprechend ebenfalls sinken oder steigen.

Fließen die Wissenstransfers einseitig von der Prüfungs- zur Beratungstätigkeit und führt dies zu einer Reduktion der Einarbeitungskosten bzw. Grenzkosten der Beratungsleistung, kehren sich die Auswirkungen auf das Prüfungshonorar und Beratungshonorar um. In diesem Fall würde das Prüfungshonorar vorwiegend steigen, während beim Beratungshonorar eine Reduktion, eine Erhöhung oder keine Veränderung möglich sind.[997]

Treten wechselseitige *Knowledge Spillovers* auf, kann dies zu gegenläufigen Effekten in Bezug auf das Prüfungshonorar führen und eine Interpretation der Ergebnisse erschweren.[998]

FIRTH (1997) argumentiert jedoch, dass es wahrscheinlicher sei, dass Abschlussprüfer eine Kostenersparnis aufgrund von Wissenstransfers verstärkt über niedrigere Prüfungshonorare als über niedrigere Beratungshonorare weitergegeben, da der Prüfungsmarkt wesentlich wettbewerbsintensiver sei. Weiterhin könnten Abschlussprüfer die Abschlussprüfungsleistung als „*Loss Leader*“[999] betrachten, d. h. der Prüfer verlangt nur ein geringes Prüfungshonorar, um lukrative Beratungsaufträge des Mandanten zu erlangen.[1000] In diesem Zusammenhang erscheint ein negativer Zusammenhang zwischen Beratungs- und Prüfungshonoraren plausibel. Die Mehrheit der empirischen Arbeiten zu dieser Thematik stellt bei einer Untersuchung des Zusammenhangs zwischen Honoraren für Nichtprüfungsleistungen und Abschlussprüfungshonoraren im Rahmen eines einstufigen Regressionsmodells jedoch einen positiven Einfluss der Beratungshonorare auf das Prüfungshonorar fest.[1001] Dieses Ergebnis ist angesichts der genannten Argumente im Zusammenhang mit Wissenstransfers und Kostenersparnissen nur schwer zu interpretieren.[1002] PALMROSE (1986) äußert daher Zweifel an einer Existenz von *Knowledge Spillovers* bei gleichzei-

---

995 Vgl. *Simunic*, Auditing, consulting, and auditor independence, 1984, S. 686 f.

996 Vgl. *Simunic*, Auditing, consulting, and auditor independence, 1984, S. 687 f.

997 Vgl. *Simunic*, Auditing, consulting, and auditor independence, 1984, S. 688.

998 Vgl. *Umlauf*, Prüfungs- und Beratungshonorare von Konzernabschlussprüfern, 2013, S. 184.

999 *Firth*, The provision of non-audit services and the pricing of audit fees, 1997, S. 514.

1000 Vgl. *Firth*, The provision of non-audit services and the pricing of audit fees, 1997, S. 514.

1001 Vgl. *Simunic*, Auditing, consulting, and auditor independence, 1984, S. 694; *Palmrose*, Nonaudit services, 1986, S. 405; *Firth*, The provision of non-audit services and the pricing of audit fees, 1997, S. 524; *Hay, Knechel, Li*, Non-audit services and auditor independence, 2006, S. 725; *Köhler, Ratzinger-Sakel*, Audit market characteristics, 2012, S. 295; *Dobler*, Auditor-provided non-audit services, 2014, S. 443.

1002 Vgl. *Simunic*, Auditing, consulting, and auditor independence, 1984, S. 698-700; *Firth*, The provision of non-audit services and the pricing of audit fees, 1997, S. 524; *Umlauf*, Prüfungs- und Beratungshonorare von Kon-

tiger Prüfung und Beratung. Vielmehr könnten Beratungsaufträge, auch wenn sie von einem anderen Anbieter als dem Prüfer erbracht werden, Veränderungen im Rechnungslegungs- und Kontrollsystems des Unternehmens anstoßen. Im Rahmen der Abschlussprüfung benötigt der Prüfer dann einen höheren Aufwand, um sich in die veränderten Gegebenheiten einzuarbeiten.[1003]

Eine alternative Erklärung für den schwer zu interpretierenden positiven Zusammenhang bieten WHISENANT/SANKARGURUSWAMY/RAGHUNANDAN (2003). Die Autoren argumentieren, dass die bisherigen Ergebnisse weniger an einer komplexen Interpretierbarkeit als vielmehr an Problemen bei der statistischen Modellierung leiden. So begründen die Autoren, dass sowohl Prüfungs- als auch Beratungshonorare weitgehend von den gleichen Faktoren determiniert werden.[1004] In diesem Fall führt eine Aufnahme der Honorare für Nichtprüfungsleistungen als erklärende Variable in das Prüfungshonorarmodell zu verzerrten und inkonsistenten Schätzern, da somit die Annahme keiner Korrelation aller erklärenden Variablen mit dem Störterm (Exogenität) als Voraussetzung für eine Kleinst-Quadrate-Schätzung (*Ordinary Least Square OLS*) nicht mehr gegeben ist.[1005] Um dieser Endogenitätsproblematik zu begegnen, verwenden die Autoren einen Instrumentenvariablenansatz *(Instrumented Variable IV)* im Rahmen eines zweistufigen Regressionsverfahrens (*2 Stage Least Squares 2SLS*).[1006] WHISENANT/SANKARGURUSWAMY/RAGHUNANDAN (2003) zeigen, dass der ursprünglich signifikant positive Einfluss des Beratungshonorars, der sich in einem einstufigen *OLS* Modell ergibt, bei Anwendung eines zweistufigen Modells verschwindet und kein signifikanter Zusammenhang zwischen Beratungs- und Prüfungshonorar mehr festgestellt werden kann.[1007]

Für deutsche börsennotierte Unternehmen stellen KÖHLER/RATZINGER-SAKEL (2012) und UMLAUF (2013) mit Hilfe dieses Ansatzes keinen signifikanten Einfluss fest.[1008] DOBLER (2014) beobachtet vorwiegend für nicht börsennotierte, deutsche Familienunternehmen einen positiven Zusammenhang auf signifikantem Niveau und erklärt dies damit, dass Wissenstransfers vor allem bei nicht börsennotierten Unternehmen stattfinden.[1009] Diese Unternehmen werden häufiger von kleineren Prüfern betreut, die aufgrund ihrer kleineren

---

zernabschlussprüfern, 2013, S. 190. Ein steigendes Prüfungshonorar ist jedoch prinzipiell im Rahmen der Ausführungen von SIMUNIC (1984) als Folge von Wissenstransfers denkbar, vgl. *Simunic*, Auditing, consulting, and auditor independence, 1984, S. 687 f.

[1003] Vgl. *Palmrose*, Nonaudit services, 1986, S. 410.

[1004] Vgl. *Whisenant, Sankaraguruswamy, Raghunandan*, Evidence on the joint determination of audit and nonaudit fees, 2003, S. 723-725.

[1005] Vgl. *Whisenant, Sankaraguruswamy, Raghunandan*, Evidence on the joint determination of audit and nonaudit fees, 2003, S. 725.

[1006] Vgl. *Whisenant, Sankaraguruswamy, Raghunandan*, Evidence on the joint determination of audit and nonaudit fees, 2003, S. 727-728. Zur konkreten statistischen Modellierung siehe Abschnitt 6.5.4.2 dieser Arbeit. Statt eines zweistufigen Instrumentalvariablenverfahrens werden in der Forschung teilweise auch Schätzmodelle verwendet, die mit simultanen Gleichungen arbeiten, vgl. *Antle, Gordon, Narayanamoorthy, Zhou*, The joint determination of audit fees, non-audit fees, and abnormal accruals, 2006, S. 235-266. Die Autoren zeigen dabei einen positiven Zusammenhang zwischen Prüfungs- und Nichtprüfungshonoraren.

[1007] Vgl. *Whisenant, Sankaraguruswamy, Raghunandan*, Evidence on the joint determination of audit and nonaudit fees, 2003, S. 730-740.

[1008] Vgl. *Köhler, Ratzinger-Sakel*, Audit market characteristics, 2012, S. 297; *Umlauf*, Prüfungs- und Beratungshonorare von Konzernabschlussprüfern, 2013, S. 241.

[1009] Vgl. *Dobler*, Auditor-provided non-audit services, 2014, S. 446.

Kapazitäten im Vergleich zu großen Prüfungsgesellschaften eine weniger strenge Trennung zwischen Prüfungs- und Beratungsabteilungen vornehmen können oder bei denen sogar Personenidentität zwischen Prüfer und Berater herrscht. Dies könnte die Wahrscheinlichkeit von *Knowledge Spillovers* bei diesen Unternehmen befördern.[1010]

Angesichts der potentiellen positiven oder auch negativen Auswirkungen wird in Bezug auf den Zusammenhang zwischen Prüfungs- und Beratungsleistungen eine ungerichtete Hypothese formuliert:

Prüfungshonorarhypothese 10
Eine gleichzeitige Beratungstätigkeit des Prüfers hat eine Auswirkung auf das Prüfungshonorar zur Folge.

[1010] Vgl. *Langli, Svanström*, Audits of private companies, 2014, S. 149.

6.3 Übersicht über Prüfungshonorarhypothesen

Die folgende Übersicht in Tabelle 17 fasst die in den vorangegangenen Abschnitten erläuterten Prüfungshonorarhypothesen zusammen.

Tabelle 17: Übersicht über Prüfungshonorarhypothesen

<table>
<tr><td rowspan="6">Mandantenspezifische Determinanten</td><td rowspan="4">Nachfrageorientierte Faktoren</td><td rowspan="4">Agency-Konflikte</td><td>Prüfungshonorarhypothese 1
Mit zunehmendem Management Ownership nimmt das Prüfungshonorar ab.</td></tr>
<tr><td>Prüfungshonorarhypothese 2
Der Einfluss von Familien hat eine Auswirkung auf die Höhe des Prüfungshonorars.</td></tr>
<tr><td>Prüfungshonorarhypothese 3
Die Beteiligung ausländischer Gesellschafter am Eigenkapital führt zu einer Erhöhung des Prüfungshonorars.</td></tr>
<tr><td>Prüfungshonorarhypothese 4
Das Prüfungshonorar steigt mit zunehmender Unternehmensverschuldung.</td></tr>
<tr><td rowspan="2">Angebotsorientierte Faktoren</td><td>Größe und Komplexität des Mandats</td><td>Prüfungshonorarhypothese 5
Die Größe und Komplexität eines Mandats üben einen positiven Einfluss auf die Höhe des Prüfungshonorars aus.</td></tr>
<tr><td>Risikofaktoren</td><td>Prüfungshonorarhypothese 6
Das Prüfungshonorar steigt mit zunehmenden Fehlerrisiken.</td></tr>
<tr><td colspan="2" rowspan="2">Prüferspezifische Determinanten</td><td>Prüfereigenschaften</td><td>Prüfungshonorarhypothese 7
Die Prüfung durch eine große/mittelgroße Prüfungsgesellschaft führt zu einem höheren Prüfungshonorar.</td></tr>
<tr><td>Prüfungsmarkt</td><td>Prüfungshonorarhypothese 8
Ein Prüferwechsel führt zu einem niedrigeren Prüfungshonorar in der Wechselperiode.</td></tr>
<tr><td colspan="3">Abschlussart</td><td>Prüfungshonorarhypothese 9
Die Prüfung eines Konzernabschlusses führt zu einem höheren Prüfungshonorar als eine Einzelabschlussprüfung.</td></tr>
<tr><td colspan="3">Prüfung und Beratung</td><td>Prüfungshonorarhypothese 10
Eine gleichzeitige Beratungstätigkeit des Prüfers hat eine Auswirkung auf das Prüfungshonorar zur Folge.</td></tr>
</table>

6.4 Regressionsmodell

Ausgehend von den vorangegangenen Ausführungen wird zunächst folgendes Prüfungshonorarmodell im Rahmen einer gepoolten *OLS* Regression geschätzt.

$$\begin{aligned} LN\_AUF_{i,t} = \; & \beta_0 + \beta_1\, MANSHARE_{i,t} + \beta_2 FAMSHARE_{i,t} \\ & + \beta_3\, FOREIGN_{i,t} + \beta_4\, LEV_{i,t} + \beta_5\, SIZE_{i,t} + \beta_6\, LN\_SUBS_{i,t} \\ & + \beta_7\, ARL_{i,t} + \beta_8\, INV_{i,t} + \beta_9 RECV_{i,t} + \beta_{10} RENT_{i,t} \\ & + \beta_{11}\, BIG\text{-}4_{i,t} + \beta_{12} MIDTIER_{i,t} + \beta_{13} CHANGE_{i,t} \\ & + \beta_{14} KONZERN_{i,t} + \beta_{15} NAF_{i,t} + \mathit{fixe\ Effekte} + \varepsilon_{i,t} \end{aligned}$$

(Gleichung 6.3)

Die zur Abbildung der Hypothesen verwendeten Variablen werden in Tabelle 18 beschrieben und das jeweils erwartete Vorzeichen des Koeffizienten angeben.

Tabelle 18: Variablenübersicht Prüfungshonoraranalyse

	Variable	Beschreibung	Erwartetes Vorzeichen
Abhängige Variable			
	LN_AUF	natürlicher Logarithmus des Prüfungshonorars	
Unabhängige Variablen			
Agency-Variablen	*MANSHARE*	Kapitalanteil der Manager, die gleichzeitig auch (Teil-)Eigentümer des Unternehmens sind	-
	FAMSHARE	Kapitalanteil von Familien	?
	FOREIGN	Indikatorvariable belegt mit 1, wenn an dem geprüften Unternehmen ein ausländischer Gesellschafter beteiligt ist; ansonsten 0	+
	LEV	Verhältnis von Fremdkapital und Bilanzsumme	+
Größe und Komplexität des Mandats	*SIZE*	natürlicher Logarithmus der Bilanzsumme	+
	LN_SUBS	natürlicher Logarithmus der Anzahl der vollkonsolidierten Tochterunternehmen	+
	ARL	Indikatorvariable belegt mit 1, wenn der Zeitraum zwischen Abschlussstichtag und Bestätigungsvermerk (ARL) länger als 365 Tage dauert; ansonsten 0	+

Risikofaktoren	*INV*	Anteil der Vorräte an der Bilanzsumme	+
	RECV	Anteil der Forderungen aus Lieferungen und Leistungen an der Bilanzsumme	+
	RENT	Verhältnis von Jahresüberschuss und Bilanzsumme	-
Prüfereigenschaften	*BIG-4*	Indikatorvariable belegt mit 1, wenn das Unternehmen von einer BIG-4-Prüfungsgesellschaft geprüft wurde; ansonsten 0	+
	MIDTIER	Indikatorvariable belegt mit 1, wenn das Unternehmen von einer mittelgroßen Prüfungsgesellschaft geprüft wurde; ansonsten 0	+
Prüfungsmarkt	*CHANGE*	Indikatorvariable belegt mit 1, wenn im Geschäftsjahr t ein Prüferwechsel stattgefunden hat; ansonsten 0	-
Abschlussart	*KONZERN*	Indikatorvariable belegt mit 1, wenn es sich um einen Konzernabschluss handelt; ansonsten 0	+
Beratung und Prüfung	*NAF*	Summe der Nichtprüfungshonorare aus dem jeweiligen Mandat	?
	fixe Effekte	Kontrolle für fixe Branchen- und Jahreseffekte	
	ε	Fehlerterm	

6.5 Analysen

In diesem Abschnitt werden zunächst deskriptive Merkmale der in dem Regressionsmodell enthaltenen Variablen vorgestellt sowie eine Korrelationsanalyse durchgeführt, bevor die Ergebnisse der multivariaten Analyse der Prüferhonorardeterminanten diskutiert werden.

6.5.1 Datenbasis

Die Grundlage der Untersuchung bilden die in Abschnitt 5.3.1 beschriebenen jeweils 150 Einzel- und 150 Konzernabschlüsse aus den Branchen Maschinenbau, Chemie und Handel für die Geschäftsjahre 2009 bis 2012.

Die finanziellen Daten wurden für die Jahre 2009 und 2010 manuell aus den von den Unternehmen im elektronischen Bundesanzeiger veröffentlichten Abschlüssen entnommen. Für die Jahre 2011 und 2012 wurden die finanziellen Daten aus der Dafne Datenbank erhoben. Die Informationen zu den Eigentümerverhältnissen wurden zunächst für die Jahre 2009 und 2010 aus der Hoppenstedt Datenbank Großunternehmen 2011, Auskunfts-CD

Ausgabe 2/2011, entnommen.[1011] Für die Jahre 2011 und 2012 wurden die Eigentümerverhältnisse aus der Dafne Datenbank erhoben.[1012] Die Daten zu den Eigentümerverhältnissen werden in beiden Datenbanken nur komprimiert, d. h. nicht zeitveränderlich und mit keiner Zuordnung zu den einzelnen Jahren, dargestellt. Die aus der Dafne Datenbank erhobenen Eigentümerdaten der Jahre 2011 und 2012 wurden mit den aus der Hoppenstedt Datenbank gewonnen Daten der Jahre 2009 und 2010 verglichen. Dabei fielen keine Unterschiede auf, so dass für alle Unternehmen über alle vier Jahre konstante Eigentümerdaten zugrunde liegen und daher die Variablen *MANSHARE*, *FAMSHARE* und *FOREIGN* zeitinvariant sind.

Die Prüferhonorare wurden manuell aus den im elektronischen Bundesanzeiger veröffentlichten Unternehmensabschlüssen entnommen.

Die Anzahl von 1.200 Einzel- und Konzernabschlüssen, die ursprünglich in die Untersuchung einbezogen werden sollten, reduziert sich aufgrund fehlender Honorarangaben, noch nicht oder bspw. aufgrund von Insolvenzen nicht mehr veröffentlichter Abschlüsse sowie fehlender, für die Regression benötigter Angaben auf 855 (vgl. Tabelle 19).

Tabelle 19: Datenbasis Prüfungshonoraranalyse

Abschluss	Für die Regression verwertbare Beobachtungen
Einzelabschlüsse	421
Konzernabschlüsse	434
Gesamt	855

Um den Einfluss potentieller Ausreißer auf die Ergebnisse zu mindern, werden alle stetigen Variablen auf dem 1- und 99-Perzentil-Niveau windsorisiert.

6.5.2 Deskriptive Statistik

Tabelle 20 zeigt deskriptive Merkmale der in das Schätzmodell eingehenden Variablen.

Im Mittel fallen bei den untersuchten Abschlüssen nicht kapitalmarktorientierter Unternehmen Prüfungshonorare in Höhe von ca. 82.207 € (Mittelwert$_{LN_AF}$ = 11,317; Median$_{LN_AF}$ = 11,302) an. Der durchschnittliche Unternehmensabschluss umfasst eine Bilanzsumme von ca. 106 Mio. € (Mittelwert$_{SIZE}$ = 18,483; Median$_{SIZE}$ = 18,369). Damit fallen die Prüfungsmandate der untersuchten nicht kapitalmarktorientierten Unternehmen im Durchschnitt wesentlich kleiner aus als die Mandate bisher untersuchter deutscher kapitalmarktorientierter Unternehmen, die in der Regel über Prüfungshonorare im Mio. €- und

[1011] Diese Daten wurden im Zeitraum 2011 bis 2012 erhoben.

[1012] Diese Daten wurden im Jahr 2013 erhoben.

Tabelle 20: Deskriptive Merkmale Prüfungshonoraranalyse

Variable		Mittelwert	Std.Abw.	25%	50%	75%	Min	Max
LN_AUF		11,317	0,868	10,714	11,302	11,894	9,393	13,785
MANSHARE		0,321	0,415	0	0	0,8	0	1
FAMSHARE		0,468	0,440	0	0,497	1	0	1
FOREIGN		0,368						
LEV		0,623	0,211	0,489	0,639	0,769	0,118	1
SIZE		18,483	1,007	17,688	18,369	19,132	16,813	21,392
LN_SUBS		1,110	1,230	0	0,693	2,197	0	4,007
ARL		0,022						
INV		0,218	0,124	0,132	0,210	0,292	0	0,572
RECV		0,167	0,109	0,089	0,150	0,227	<0,001	0,525
RENT		0,052	0,096	0,011	0,045	0,092	-0,276	0,424
BIG-4		0,469						
	PWC	0,139						
	EY	0,118						
	KPMG	0,132						
	DELOITTE	0,079						
MIDTIER		0,134						
CHANGE		0,043						
KONZERN		0,507						
NAF (in €)		61.079	136.307	0	13.000	55.000	0	858.000

Bilanzsummen im Mrd. €-Bereich berichten.[1013] Die Min-Max-Werte für *LN_AUF* und *SIZE* deuten zudem auf eine hohe Variation innerhalb der untersuchten Unternehmen hin.

In Bezug auf die Agency-Variable *MANSHARE* reicht die Min-Max Spanne von 0, das heißt das Management hält keine Kapitalanteile, bis 1, was bedeutet, dass das Management über sämtliche Kapitalanteile verfügt. Im Mittel ist das Management mit 32,1 % am Unternehmenskapital beteiligt, der Median-Wert liegt allerdings bei 0. Einen starken Einfluss von Familien bei den untersuchten Unternehmen bestätigt die Variable *FAMSHARE*. Im Mittel halten Mitglieder einer Familie 46,8 % der Kapitalanteile ($\text{Median}_{FAMSHARE} = 0{,}497$). Ausländische Gesellschafter (*FOREIGN*) sind in 36,8 % der Fälle am Unternehmenskapital beteiligt.

[1013] Vgl. die deskriptiven Statistiken u.a. bei *Wild*, Fee cutting, 2010, S. 520; *Köhler, Ratzinger-Sakel*, Audit market characteristics, 2012, S. 291.

Die Variable *LEV* spiegelt die starke Bedeutung der Fremdfinanzierung bei nicht kapitalmarktorientierten Unternehmen wider. Der durchschnittliche Abschluss weist einen Fremdkapitalanteil von 62,3 % ($Median_{LEV}$ = 0,639) an der Bilanzsumme auf.

Im Rahmen der Komplexitätsvariablen konnte die Anzahl der konsolidierten Tochterunternehmen nur für die Konzernabschlüsse erhoben werden. Im Rahmen der Einzelabschlüsse wird der Wert für die Variable *LN_SUBS* auf null gesetzt. Im Mittel werden ca. drei Tochterunternehmen konsolidiert ($Mittelwert_{LN\_SUBS}$ = 1,110; $Median_{LN\_SUBS}$ = 0,693). Ein *Audit Report Lag* (*ARL*) Zeitraum, der über ein Jahr hinausgeht, findet sich relativ selten in nur 2,2 % der Beobachtungen. Dies indiziert, dass für die Masse der Beobachtungen der Bestätigungsvermerk innerhalb eines Jahres nach dem Abschlussstichtag unterzeichnet wird.

Für die als Risikomaße verwendeten Variablen ergeben sich folgende Sachverhalte: Der Anteil der Vorräte an der Bilanzsumme beträgt im Mittel 21,8 % ($Median_{INV}$ = 0,210), der Anteil der Forderungen aus Lieferungen und Leistungen (*RECV*) 16,7 % ($Median_{RECV}$ = 0,150). Der *Return on Assets* (*RENT*) liegt bei durchschnittlich 5,2 % ($Median_{RENT}$ = 0,045). Ein negativer Wert der Variablen *RENT* wird bedingt durch einen Verlust bzw. negativen Jahresüberschuss des Unternehmens.

Insgesamt werden 46,9 % der untersuchten Abschlüsse von BIG-4 Prüfern geprüft. Spaltet man die Variable *BIG-4* in die einzelnen Prüfungsgesellschaften auf, zeigt sich, dass die Prüfungsgesellschaft PwC mit 13,9 % am meisten Mandate betreut, gefolgt von KPMG mit 13,2 %, EY mit 11,8 % und Deloitte mit 7,9 %. Eine sehr ähnliche Mandatsverteilung zeigt Loy (2013) für ein großes Sample deutscher, nicht kapitalmarktorientierter Unternehmen.[1014] Zusätzlich zur Betrachtung der Mandatsanzahl eignet sich im Hinblick auf die Frage einer Dominanz dieser Prüfungsgesellschaft ein Blick auf die Anbieterkonzentration. Ein gebräuchliches Maß zur Bestimmung der absoluten Konzentration bietet die Konzentrationsrate gemessen als

$$CR(m) = \sum_{i=1}^{m} \frac{x_i}{x} = \sum_{i=1}^{m} s_i, \text{ mit:} \qquad \text{(Gleichung 6.4)}$$

x_i = Ausprägung des Merkmalträgers i,
x = Summe aller Merkmalsausprägungen,
m = Anzahl der größten Merkmalsträger,
s_i = Anteil des Merkmalträgers i.[1015]

Die auf Basis der Prüfungshonorare für die untersuchten Unternehmen berechnete Konzentrationsrate CR(4) beträgt 0,605, d. h. die vier großen Prüfungsgesellschaften vereinen 60,5 % der Prüfungshonorare auf sich. Die Konzentration auf die BIG-4 Gesellschaften

[1014] Vgl. *Loy*, An audit is an audit, 2013, S. 330.
[1015] Für einen ausführlichen Überblick über die Schwächen dieses Konzentrationsmaßes und weitere Maße vgl. *Fischkin*, Determinanten der Prüferwahl, 2011, S. 152.

fällt damit deutlich geringer aus als im Segment börsennotierter Unternehmen, für die regelmäßig Konzentrationsraten von größer 0,9 ermittelt werden.[1016] Dies dürfte auf eine tendenziell geringere Anbieterkonzentration und einen höheren Wettbewerb im Markt für nicht kapitalmarktorientierte Prüfungsmandate hinweisen.

Mittelgroße Prüfungsgesellschaften (*MIDTIER*) betreuen 13,4 % der Mandate. Im Umkehrschluss ergibt sich, dass ein nicht unbedeutender Anteil der Unternehmen (39,9 %) von kleineren Abschlussprüfern geprüft wird.

Ein Prüferwechsel (*CHANGE*) findet nur in 4,32 % der Fälle statt und ist damit unter den untersuchten Unternehmen selten zu beobachten. Circa die Hälfte der untersuchten Abschlüsse stellen Konzernabschlüsse dar ($\text{Mittelwert}_{KONZERN} = 0{,}507$).

Weiterhin berichten die Unternehmen im Median über 13.000 € an Honoraren für Nichtprüfungsleistungen ($\text{Mittelwert}_{NAF} = 61.079$ €). Die Min-Max Werte weisen auch hier auf eine große Bandbreite der Variablen hin. Wurden keine Beratungsleistungen des Prüfers in Anspruch genommen, beträgt der Wert der Variable *NAF* Null.

6.5.3 Korrelationsanalyse

Aufgabe der Korrelationsanalyse ist es, Zusammenhänge zwischen einzelnen Variablen aufzuzeigen.[1017] Signifikante Korrelationen zwischen zwei Variablen können Anzeichen für kausale Zusammenhänge zwischen den untersuchten Variablen bieten und erste Hinweise auf möglich signifikante Zusammenhänge bieten, die dann im Rahmen multivariater Modelle weiter zu untersuchen sind.

Zudem kann die Korrelationsanalyse Hinweise auf Multikollinearität liefern. Besteht zwischen zwei oder mehr erklärenden Variablen eine starke Korrelation, spricht man von Multikollinearität. Multikollinearität zwischen Regressoren kann zu einer Verschlechterung der Effizienz der *OLS* Schätzer führen.[1018]

Die ermittelten paarweisen Korrelationskoeffzienten finden sich in Tabelle 21. Besonderes Augenmerk bei der Analyse der Korrelationskoeffizienten liegt auf den Zusammenhängen zwischen der abhängigen Variable, *LN_AUF*, und den erklärenden Variablen.

In Bezug auf die Agency-Variablen ergeben sich folgende Korrelationen: Die Variable *MANSHARE* weist keine signifikante Korrelation zur Variable *LN_AUF* auf. Die Variable *FAMSHARE* korreliert signifikant und mit negativem Vorzeichen ($\text{Korrelation}_{\text{Pearson}} = -0{,}137$; $\text{Korrelation}_{\text{Spearman}} = -0{,}128$) mit den logarithmierten Prüfungshonoraren. Dies könnte andeuten, dass ein zunehmender Einfluss von Familien einen geringeren Prüfungsaufwand induziert. Bei der Variable *FOREIGN* kann wie vermutet ein signifikanter, schwach positiver Zusammenhang zu den Prüfungshonoraren erkannt werden ($\text{Korrelation}_{\text{Pearson}} = 0{,}083$; $\text{Korrelation}_{\text{Spearman}} = 0{,}080$). Außerdem korreliert *LEV* ($\text{Korrelation}_{\text{Pearson}} = 0{,}161$; $\text{Korrelation}_{\text{Spearman}} = 0{,}148$) signifikant mit *LN_AUF*, was darauf hinweisen könnte, dass Prüfer stärker verschuldeter Unternehmen höhere Prüfungshonorare in Rechnung stellen.

[1016] Vgl. *Velte, Stieglbauer*, Audit market concentration and its influence on audit quality, 2012, S. 150 f.
[1017] Vgl. *Bamberg, Baur, Krapp*, Statistik, 2008, S. 35.
[1018] Vgl. *Wooldridge*, Econometrics, 2016, S. 83 ff.

Tabelle 21: Korrelationsmatrix Prüfungshonoraranalyse

		1	2	3	4	5	6	7	8	9	10	11	12	13	14	15	16	VIF
		Korrelationen nach PEARSON (n = 855)																
1	*LN_AUF*		-0,023	**-0,137**	**0,083**	**0,161**	**0,706**	**0,575**	**-0,075**	-0,045	**0,124**	**-0,098**	**0,299**	-0,016	**-0,065**	**0,502**	**0,542**	
2	*MANSHARE*	-0,014		**0,673**	**-0,545**	**-0,071**	**-0,138**	**0,291**	**-0,066**	**0,100**	**0,172**	0,008	**-0,390**	0,016	-0,062	**0,318**	-0,042	2,02
3	*FAMSHARE*	**-0,128**	**0,694**		**-0,674**	**-0,195**	**-0,181**	**0,262**	-0,036	**0,165**	**0,152**	0,005	**-0,468**	0,027	0,003	**0,277**	-0,007	2,56
4	*FOREIGN*	**0,080**	**-0,600**	**-0,668**		**0,184**	**0,154**	**-0,391**	**0,082**	**-0,198**	**-0,197**	0,006	**0,535**	**-0,095**	-0,007	**-0,416**	0,005	2,50
5	*LEV*	**0,148**	**-0,117**	**-0,195**	**0,194**		**0,065**	0,005	0,003	**0,086**	-0,013	**-0,100**	**0,237**	-0,034	-0,024	-0,025	**0,058**	1,12
6	*SIZE*	**0,697**	**-0,139**	**-0,174**	**0,148**	**0,060**		**0,445**	0,050	**-0,178**	-0,009	-0,013	**0,283**	-0,049	-0,010	**0,346**	**0,510**	1,92
7	*LN_SUBS*	**0,581**	**0,334**	**0,273**	**-0,401**	-0,023	**0,437**		**-0,066**	**0,058**	**0,211**	**-0,145**	**-0,106**	**0,063**	-0,014	**0,889**	**0,364**	5,75
8	*ARL*	**-0,075**	**-0,072**	-0,032	**0,082**	0,039	**0,063**	**-0,066**		-0,022	**-0,090**	**-0,077**	0,017	0,010	0,006	**-0,057**	-0,045	1,04
9	*INV*	-0,024	**0,140**	**0,176**	**-0,219**	0,041	**-0,182**	**0,093**	-0,035		**0,158**	-0,033	**-0,063**	-0,042	0,005	0,041	-0,055	1,13
10	*RECV*	**0,132**	**0,229**	**0,198**	**-0,235**	-0,047	-0,054	**0,248**	**-0,096**	**0,240**		-0,016	-0,035	0,006	-0,010	**0,224**	0,009	1,11
11	*RENT*	**-0,150**	**0,046**	0,045	-0,034	**-0,207**	-0,036	**-0,152**	**-0,081**	-0,047	**0,057**		0,044	-0,042	0,028	**-0,151**	**-0,082**	1,07
12	*BIG-4*	**0,299**	**-0,430**	**-0,464**	**0,535**	**0,236**	**0,274**	**-0,111**	0,017	**-0,073**	**-0,072**	-0,034		**-0,370**	-0,015	**-0,129**	**0,144**	1,91
13	*MIDTIER*	-0,014	0,030	0,013	**-0,095**	-0,045	-0,050	**0,064**	0,010	-0,016	0,006	0,005	**-0,370**		**0,067**	**0,079**	-0,042	1,23
14	*CHANGE*	**-0,060**	**-0,057**	0,001	-0,007	-0,030	-0,014	-0,015	0,006	0,006	-0,003	**0,063**	-0,015	**0,067**		-0,020	-0,054	1,02
15	*KONZERN*	**0,511**	**0,351**	**0,280**	**-0,416**	-0,042	**0,357**	**0,923**	**-0,057**	**0,082**	**0,246**	**-0,151**	**-0,129**	**0,079**	-0,020		**0,279**	5,09
16	*NAF*	**0,476**	**0,066**	-0,007	**-0,075**	-0,012	**0,410**	**0,371**	**-0,058**	-0,010	**0,070**	**-0,098**	**0,124**	-0,036	**-0,089**	**0,342**		1,44
		Korrelationen nach SPEARMAN (n = 855)																

Signifikante Korrelationen (p-Wert < 0,10; 2-seitig) sind fett hervorgehoben.

Die stärkste Korrelation zu *LN_AUF* ergibt sich wie erwartet für die Größenvariable *SIZE* ($Korrelation_{Pearson}$ = 0,706; $Korrelation_{Spearman}$ = 0,697), welche die logarithmierte Bilanzsumme angibt. Starke positive Korrelation lassen sich auch für die als Komplexitätsmaß verwendete Variablen *LN_SUBS* ($Korrelation_{Pearson}$ = 0,575; $Korrelation_{Spearman}$ = 0,581) erkennen. Die Variable *ARL*, die den Wert 1 annimmt, wenn der *Audit Report Lag* über ein Jahr beträgt, weist entgegen der Erwartung eines positiven Zusammenhangs eine signifikante, schwach negative Korrelation mit *LN_AUF* auf ($Korrelation_{Pearson}$ = -0,075; $Korrelation_{Spearman}$ = -0,075), was darauf hindeuten könnte, dass ein über ein Jahr hinausgehender *Report Lag* eher zu niedrigeren Prüfungshonoraren führt.

Unter den Risikovariablen korrelieren *RECV* ($Korrelation_{Pearson}$ = 0,124; $Korrelation_{Spearman}$ = 0,132) und *RENT* ($Korrelation_{Pearson}$ = -0,098; $Korrelation_{Spearman}$ = -0,150) entsprechend den Erwartungen signifikant mit *LN_AUF*. Der Anteil der Vorräte an der Bilanzsumme (*INV*) weist keine signifikante Korrelation mit den Prüfungshonoraren auf.

Die Variable *BIG-4*, die den Wert 1 annimmt, wenn das Unternehmen von einer BIG-4-Gesellschaft geprüft wurde, korreliert signifikant positiv mit *LN_AUF* ($Korrelation_{Pearson}$ = 0,299; $Korrelation_{Spearman}$ = 0,299). Die Variable *MIDTIER*, die angibt, ob ein Unternehmen durch eine mittelgroße Prüfungsgesellschaft geprüft wurde oder nicht, zeigt jedoch keine signifikante Korrelation.

Ein schwacher, negativer Zusammenhang ergibt sich zu den logarithmierten Prüfungshonoraren, wenn ein Prüferwechsel (*CHANGE*) stattfindet ($Korrelation_{Pearson}$ = -0,065; $Korrelation_{Spearman}$ = -0,060).

Weiterhin korreliert die Prüfung eines Konzernabschlusses, die durch die Variable *KONZERN* abgebildet wird, signifikant und stark positiv mit *LN_AUF* ($Korrelation_{Pearson}$ = 0,502; $Korrelation_{Spearman}$ = 0,511). Auch die Höhe der Nichtprüfungshonorare (*NAF*) korreliert signifikant und stark mit den logarithmierten Prüfungshonoraren ($Korrelation_{Pearson}$ = 0,542; $Korrelation_{Spearman}$ = 0,476).

Multikollinearität

Eine Betrachtung der Korrelationen zwischen unabhängigen Variablen kann als einfaches, erstes Indiz auf Multikollinearitätsprobleme hindeuten. Als Daumenregel gelten Korrelationskoeffizienten ab ca. 0,8 als potentielle Hinweise.[1019]

Die Variablen *LN_SUBS* und *KONZERN* weisen eine hohe Korrelation untereinander auf ($Korrelation_{Pearson}$ = 0,889; $Korrelation_{Spearman}$ = 0,923). Diese ergibt sich daraus, dass nur Konzernabschlüsse Tochterunternehmen konsolidieren.

Als weiterer, besserer Indikator für Korrelationsprobleme gilt der *Variance Inflation Factor* (VIF). Nach herrschender Meinung induzieren erst VIF Werte größer als zehn ernsthafte Multikollinearitätsprobleme.[1020] Die VIF Werte für die angesprochenen Variablen liegen unter sechs, sodass die VIF keine ernsthaften Multikollinearitätsprobleme erkennen lassen.

[1019] Vgl. *Tabachnik, Fidell*, Using multivariate statistics, 2007, S. 88 f.; *Merkl*, Anmerkungen, 2011, S. 1014.

[1020] Vgl. *Menard*, Applied logistic regression analysis, 1995, S. 66; *O'Brien*, Variance inflation factors, 2007, S. 673.

6.5.4 Multivariate Analysen

Im Folgenden werden die Ergebnisse der multivariaten Analysen diskutiert. Dabei werden unterschiedliche statistische Schätzverfahren verwendet, um möglichst konsistente Schätzer zu erzielen.

6.5.4.1 *Pooled Ordinary Least Squares*

Die Schätzung des Prüfungshonorarmodells mittels (*Pooled*) *OLS* stellt die in der bisherigen Honorarforschung überwiegend verwendete Methode dar.

Tabelle 22 zeigt die Regressionsergebnisse, die sich in den gepoolten *OLS* Schätzungen[1021] für das Ausgangsmodell ergeben.

In Variation 1 des Ausgangsmodells wird die aggregierte Variable *BIG-4* aufgespalten in die einzelnen vier großen Prüfungsgesellschaften, um deren Einfluss auf das Prüfungshonorar separat zu untersuchen. Zu diesem Zweck werden anstatt der Variablen BIG-4 die vier Indikatorvariablen *PWC, EY, KPMG* und *DELOITTE* aufgenommen, die den Wert 1 annehmen, wenn der Abschluss von der jeweiligen Prüfungsgesellschaft geprüft wurde, ansonsten 0.

Variation 2 enthält zusätzlich die Variable $MANSHARE^2$, um auf mögliche Nichtlinearität der Variablen *MANSHARE* zu testen.

Zunächst ist festzuhalten, dass das Ausgangsmodell einen R^2-Wert von 0,6802 aufweist, d. h. das Modell erklärt über zwei Drittel der Variation der abhängigen Variablen *LN_AUF*. Im Rahmen der Variation 2 ergibt sich sogar ein leicht höherer Erklärungsgehalt in Höhe von 0,6859.

Der Erklärungsgehalt ist niedriger als in Modellen, welche die Prüfungshonorare börsennotierter Unternehmen untersuchen. Diese erzielen üblicherweise Werte größer als 0,8.[1022] Im Vergleich zu bisherigen Honorarmodellen für kleine börsennotierte und nicht kapitalmarktorientierte Unternehmen fällt der adjustierte R^2-Wert jedoch mit 0,6725 bzw. 0,6768etwas höher aus.[1023] HOPE/LANGLI/THOMAS (2012) bspw. berichten für ein großes Sample nicht börsennotierter, norwegischer Unternehmen einen adjustierten R^2-Wert von 0,529.[1024]

1021 Ein *BREUSCH-PAGAN*-Test auf Heteroskedastizität führt nicht zur Ablehnung der Nullhypothese (p-Wert = 0,404), so dass Homoskedastizität angenommen werden kann, vgl. *Breusch, Pagan*, Simple test for heteroscedasticity, 1979, S. 1287-1294. Ein *WOOLDRIDGE*-Test auf Autokorrelation führt jedoch zur Ablehnung der Nullhypothese (p-Wert = 0,000), was auf Autokorrelation schließen lässt, vgl. *Wooldridge*, Econometric analysis of cross section and panel data, 2010, S. 198 f. Aus diesem Grund werden die gepoolten *OLS* Modelle mit Cluster-robusten Standardfehlern geschätzt, vgl. *Cameron, Trivedi*, Microeconometrics using Stata, 2010, S. 250.

1022 Vgl. *Bigus, Zimmermann*, Quasirentenmodell, 2009, S. 1295; *Köhler, Marten, Ratzinger, Wagner*, Prüfungshonorare, 2010, S. 19 f.; *Voeller, Bremert, Zein*, Interdependencies between auditing and corporate governance, 2013, S. 213.

1023 Vgl. *Francis, Simon*, A test of audit pricing in the small-client segment, 1987, S. 152; *Brinn, Peel, Roberts*, Audit fee determinants, 1994, S. 112.

1024 Vgl. *Hope, Langli, Thomas*, Agency conflicts and auditing in private firms, 2012, S. 513.

Tabelle 22: Ergebnisse Prüfungshonoraranalyse *Pooled OLS*

Ausgangs-modell	$LN\_AUF_{i,t}$ =	$\beta_0 + \beta_1 MANSHARE_{i,t} + \beta_2 FAMSHARE_{i,t} + \beta_3 FOREIGN_{i,t} + \beta_4 LEV_{i,t} + \beta_5 SIZE_{i,t} + \beta_6 LN\_SUBS_{i,t} + \beta_7 ARL_{i,t} + \beta_8 INV_{i,t} + \beta_9 RECV_{i,t} + \beta_{10} RENT_{i,t} + \beta_{11} BIG\text{-}4_{i,t} + \beta_{12} MIDTIER_{i,t} + \beta_{13} CHANGE_{i,t} + \beta_{14} KONZERN_{i,t} + \beta_{15} NAF_{i,t} + fixe\ Effekte + \varepsilon_{i,t}$
Variation 1	$LN\_AUF_{i,t}$ =	$\beta_0 + \beta_1 MANSHARE_{i,t} + \beta_2 FAMSHARE_{i,t} + \beta_3 FOREIGN_{i,t} + \beta_4 LEV_{i,t} + \beta_5 SIZE_{i,t} + \beta_6 LN\_SUBS_{i,t} + \beta_7 ARL_{i,t} + \beta_8 INV_{i,t} + \beta_9 RECV_{i,t} + \beta_{10} RENT_{i,t} + \beta_{11} PWC_{i,t} + \beta_{12} EY_{i,t} + \beta_{13} KPMG_{i,t} + \beta_{14} DELOITTE_{i,t} + \beta_{15} MIDTIER_{i,t} + \beta_{16} CHANGE_{i,t} + \beta_{17} KONZERN_{i,t} + \beta_{18} NAF_{i,t} + fixe\ Effekte + \varepsilon_{i,t}$
Variation 2	$LN\_AUF_{i,t}$ =	$\beta_0 + \beta_1 MANSHARE_{i,t} + \beta_2 (MANSHARE_{i,t})^2 + \beta_3 FAMSHARE_{i,t} + \beta_4 FOREIGN_{i,t} + \beta_5 LEV_{i,t} + \beta_6 SIZE_{i,t} + \beta_7 LN\_SUBS_{i,t} + \beta_8 ARL_{i,t} + \beta_9 INV_{i,t} + \beta_{10} RECV_{i,t} + \beta_{11} RENT_{i,t} + \beta_{12} PWC_{i,t} + \beta_{13} EY_{i,t} + \beta_{14} KPMG_{i,t} + \beta_{15} DELOITTE_{i,t} + \beta_{16} MIDTIER_{i,t} + \beta_{17} CHANGE_{i,t} + \beta_{18} KONZERN_{i,t} + \beta_{19} NAF_{i,t} + fixe\ Effekte + \varepsilon_{i,t}$

		Ausgangsmodell (n=855)			Variation 1 (n=855)			Variation 2 (n=855)		
	Erwartetes Vorzeichen	Koeffizient	Std.-fehler	p-Wert	Koeffizient	Std.-fehler	p-Wert	Koeffizient	Std.-fehler	p-Wert
MANSHARE	-/?	0,166	0,107	0,938	0,168	0,106	0,942	0,971	0,392	0,014**
MANSHARE²	?							-0,792	0,362	0,030**
FAMSHARE	?	-0,182	0,099	0,067*	-0,180	0,099	0,072*	-0,222	0,102	0,031**
FOREIGN	+	0,145	0,077	0,031**	0,136	0,078	0,041**	0,163	0,078	0,019**
LEV	+	0,246	0,144	0,044**	0,243	0,143	0,045**	0,246	0,141	0,041**
SIZE	+	0,347	0,041	0,000***	0,344	0,041	0,000***	0,347	0,041	0,000***
LN_SUBS	+	0,169	0,046	0,000***	0,171	0,045	0,000***	0,170	0,044	0,000***
ARL	+	-0,409	0,148	0,997	-0,395	0,149	0,995	-0,387	0,140	0,997
INV	+	0,252	0,249	0,157	0,226	0,254	0,186	0,204	0,247	0,204
RECV	+	0,474	0,233	0,021**	0,476	0,233	0,021**	0,506	0,236	0,016**
RENT	-	-0,281	0,213	0,094*	-0,315	0,216	0,073*	-0,339	0,217	0,060*
BIG-4	+	0,270	0,074	0,000***						
PWC	+				0,339	0,107	0,001***	0,346	0,106	0,000***
EY	+				0,231	0,091	0,006***	0,235	0,093	0,006***
KPMG	+				0,298	0,089	0,000***	0,296	0,092	0,001***
DELOITTE	+				0,213	0,123	0,042**	0,226	0,121	0,031**
MIDTIER	+	0,146	0,079	0,034**	0,148	0,079	0,031**	0,155	0,079	0,026**
CHANGE	-	-0,161	0,069	0,010**	-0,168	0,069	0,008***	-0,156	0,070	0,013**
KONZERN	+	0,213	0,106	0,022**	0,213	0,103	0,020**	0,207	0,100	0,020**
NAF	?	<0,001	<0,001	0,000***	<0,001	<0,001	0,000***	<0,001	<0,001	0,000***
ε (Constant)		4,013	0,440	0,000***	4,075	0,763	0,000***	3,986	0,751	0,000***
Kontrolle für fixe Jahres-/Brancheneffekte			Ja			Ja			Ja	
R^2			0,6802			0,6816			0,6859	
Adj. R^2			0,6725			0,6728			0,6768	
Prob > F			0,000			0,000			0,000	

Für Variablen mit Vorzeichenerwartung werden die p-Werte auf Basis einseitiger Tests angegeben, andernfalls auf zweiseitigem Testniveau. */**/*** = Signifikant auf dem 10%/5%/1%-Niveau. In Variation 2 wird für die Variable *MANSHARE* keine Vorzeichenerwartung mehr gegeben, da kein linearer Zusammenhang unterstellt wird.

Agency-Variablen

In Bezug auf die Eigentumsbeteiligung von Managern wurde für die Variable *MANSHARE* ein negativer Zusammenhang zu den Prüfungshonoraren erwartet, da die klassische Agency-Theorie ein abnehmendes Ausmaß an Agency-Konflikten annimmt, wenn sich Eigentümer- und Managerinteressen angleichen. Die Koeffizienten der Variable *MANSHARE* weisen ein positives Vorzeichen auf und ergeben sich auf statistisch nicht signifikantem Niveau. Eine mögliche Erklärung dafür könnte sein, dass in nicht börsennotierten Unternehmen regelmäßig hohe Eigentümerkonzentrationen vorherrschen, die aufgrund der starken Eigentümerposition zu einer Milderung oder Eliminierung des Agency-Konflikts zwischen Managern und Eignern beitragen können.[1025] Eine alternative Erklärung wäre, dass der Zusammenhang zwischen *Management Ownership* und den Prüfungshonoraren nicht linear verläuft.[1026]

LENNOX (2005) argumentiert, dass eine zunehmende Managementbeteiligung zu einem Auseinanderklaffen von Eigentümer- und Managerinteressen (*Entrenchment*-Effekt) führen könne, wenn eine höhere Anteilsquote die Stellung der Manager im Unternehmen, zum Beispiel durch ein geringeres Kündigungsrisiko, festigt. In diesem Fall könnten Manager den Anreiz besitzen, unternehmenswertschädigende Handlungen zu ihren Gunsten auszuführen, um durch den Konsum nicht pekuniärer Vorteile ihren individuellen Nutzen zu erhöhen.[1027] Ein einem Interessen-*Alignment* entgegenlaufender *Entrechment*-Effekt könnte daher den nicht signifikanten Koeffizienten der Variable *MANSHARE* erklären. Um auf mögliche Nicht-Linearität der Variablen *MANSHARE* zu testen, wird zusätzlich der quadrierte Manageranteil $MANSHARE^2$ als Variable in das Modell aufgenommen.[1028] Die Variable *MANSHARE* trägt nun einen signifikant positiven Koeffizienten ($\beta_{MANSHARE}$ = 0,971; p-Wert = 0,014), während der Koeffizient der Variable $MANSHARE^2$ ein negatives Vorzeichen ($\beta_{MANSHARE}$ = -0,792; p-Wert = 0,030) aufweist. Dies deutet in der Tat auf einen nichtlinearen, konkaven Zusammenhang zwischen *Management Ownership* und den Prüfungshonoraren hin.[1029] Der konkave Verlauf weist darauf hin, dass Unternehmen mit niedrigen und hohen Managementbeteiligungen relativ niedrige Prüfungshonorare aufweisen, während Unternehmen, bei denen das Management über ca. 60 %[1030] der Kapitalanteile verfügt, relativ hohe Prüfungshonorare zahlen. Möglicherweise lässt sich dies folgendermaßen

---

[1025] Vgl. *Ali, Lesage*, Ownership concentration, 2011, S. 8. Die Autoren bestätigen für (börsennotierte) Unternehmen mit relativ hohen Eigentümerkonzentrationen in *Code Law Countries* (Frankreich und Deutschland) keinen Zusammenhang zwischen *Management Ownership* und den Prüfungshonoraren. Für deutsche Unternehmen können ALI/LESAGE (2011) jedoch einen signifikant negativen Einfluss des Anteils von Cash-Flow-Rechten der Manager an den gesamten Cash-Flow-Rechten auf die Prüfungshonorare feststellen.

[1026] Vgl. *Hope, Langli, Thomas*, Agency conflicts and auditing in private firms, 2012, S. 511.

[1027] Vgl. *Lennox*, Management ownership and audit firm size, 2005, S. 209-211.

[1028] Vgl. *Hope, Langli, Thomas*, Agency conflicts and auditing in private firms, 2012, S. 511. Für die Variablen *MANSHARE* und $MANSHARE^2$ wird nunmehr keine Vorzeichenerwartung angegeben, da in Variation 2 nicht mehr von einem linearen Zusammenhang ausgegangen wird.

[1029] Vgl. Anhang A.2.

[1030] Die in Variation 2 geschätzte Regressionsfunktion ergibt sich als $LN\_AUF = \beta_0 + 0{,}971 \times MANSHARE - 0{,}792 \times MANSHARE^2 + \sum \beta_j x_j + \varepsilon$, wobei $\sum \beta_j x_j$ die Summe der Produkte der restlichen Variablen und ihrer Koeffizienten angibt. Um den Scheitelpunkt des nicht-linearen Zusammenhangs zwischen *LN_AUF* und dem *Management Ownership* zu ermitteln, wird die Regressionsfunktion nach *MANSHARE* abgeleitet und

begründen: Manager mit geringen Anteilsquoten tragen ein hohes Arbeitsplatzverlustrisiko, wenn unternehmenswertschädigende Tätigkeiten aufgedeckt werden, so dass für diese Manager der Anreiz zu kollusiven Handlungen gering sein dürfte. Zudem könnte hier eine stärkere unternehmensinterne Managementkontrolle stattfinden, da die Eigentümer ein hohes Potential an Agency-Konflikten vermuten. Wirksame unternehmensinterne Kontrollen können zu einer Reduktion des Prüfungsaufwandes führen. Die Interessen von Managern mit hohen Anteilsquoten liegen verstärkt in einer Steigerung des Unternehmenswertes, so dass hier von einem starken Interessengleichklang zwischen Manager- und Eigentümern auszugehen ist. Der Anreiz zu unternehmenswertschädigenden Handlungen dürfte für diese Manager gering sein, da eine persönliche Nutzenmaximierung über eine Unternehmenswertmaximierung erfolgt.[1031] Der Bedarf nach umfangreicher Abschlussprüfung dürfte daher eher gering sein.

Im Bereich mittlerer Anteilsquoten verfügen Manager jedoch über ausreichend Einfluss im Unternehmen, um ihren Arbeitsplatz sichern zu können. Gleichzeitig können sie einen Großteil der Kosten wertschädigender Handlungen den restlichen Eigentümern aufbürden, während ihnen der volle Nutzen aus diesen Handlungen zu Gute kommt. Der Anreiz zu kollusivem Verhalten dürfte für diese Manager daher besonders hoch sein und eine höhere Nachfrage nach Abschlussprüfung sowie eine stärkere Risikoeinschätzung durch den Prüfer bedingen.[1032]

Die Ergebnisse der übrigen Variablen, die sich in Variation 2 ergeben, sind weitgehend identisch zu denen des Ausgangsmodells und Variation 1.

Hinsichtlich des Einflusses von Familien und dem Zusammenhang zu den Prüfungshonoraren wurde ein unbekannter Zusammenhang vermutet. Familienunternehmen könnten bspw. aufgrund geringer Vermögensdiversifikation und Reputationsbestrebungen der Familie geringere Agency-Konflikte aufweisen. Gleichzeitig könnten Familiengesellschafter aufgrund weitgehender Einfluss- und Kontrollmöglichkeiten zu kollusivem Handeln gegenüber anderen Investoren oder Stakeholdern neigen.

Für die Variable *FAMSHARE* ergibt sich im Ausgangsmodell ein signifikanter, negativer Koeffizient ($\beta_{FAMSHARE} = -0{,}182$; p-Wert = 0,067), der auch in den beiden Variationen Bestand hat. Dies deutet darauf hin, dass ein zunehmender Kapitalanteil von Familien zunächst zu geringeren Prüfungshonoraren führt. Konkret würde eine Erhöhung des Kapitalanteils der Unternehmerfamilie um eine Standardabweichung (44,0 Prozentpunkte) im Ausgangsmodell eine Absenkung des Prüfungshonorars um ca. 8,0 % nach sich ziehen.[1033]

$\frac{\partial\, LN\_AUF\ (MANSHARE)}{\partial\, MANSHARE} = 0$ gesetzt. Der Scheitelpunkt des Zusammenhangs ergibt sich dann bei *MANSHARE* = 0,613.

SHORT/KEASY (1999) belegen einen *Entrenchment*- Effekt bei britischen börsennotierten Unternehmen, der bis zu einem *Management Ownership*-Anteil von ca. 41 % verläuft, vgl. *Short, Keasy*, Managerial ownership and the performance of firms, 1999, S. 95. MCCONNELL/SERVAES (1995) zeigen, dass der Firmenwert mit steigender Managerbeteiligung zunächst zunimmt und ab einem Anteilswert zwischen 40 % und 50 % abnimmt, vgl. *McConnell, Servaes*, Equity ownership and the two faces of debt, 1995, S. 141 f.

1031 Vgl. *Jensen, Meckling*, Theory of the firm, 1976, S. 320.

1032 Vgl. *Lennox*, Management ownership and audit firm size, 2005, S. 209-211.

1033 Gemäß WOOLDRIDGE (2016) lässt sich die Auswirkung eines Koeffizienten β_i im Fall einer logarithmierten abhängigen Variable y und einer nicht logarithmierten erklärenden Variable x_i auf die erklärende Variable als $\%\Delta y = (100\ \beta_i)\ \Delta x_i$ interpretieren, vgl. *Wooldridge*, Econometrics, 2016, S. 39. Dies würde bedeuten, dass das

In Variation 2 deutet der Koeffizient der Variable *FAMSHARE* auf eine Abnahme des Prüfungshonorars um ca. 9,8 % hin, wenn der Familienanteil um eine Standardabweichung steigt. Ein geringerer Prüfungsaufwand bei Familienunternehmen, der sich in niedrigeren Honoraren widerspiegelt, kann damit erklärt werden, dass diese Unternehmen einerseits geringeren Agency-Konflikten ausgesetzt sind und ein zunehmender Einfluss der Eigentümerfamilie zugleich eine effektive Kontrolle der Unternehmensleitung substitutiert.[1034] Gleichzeitig könnte ein starker Familieneinfluss den Bedarf nach Abschlussprüfung auch deswegen reduzieren, da zunehmende Einflussmöglichkeiten den Anreiz erhöhen, möglichst wenige Informationen über unternehmensinterne Praktiken an unternehmens- oder familienfremde Parteien preiszugeben.

Der Einfluss von Familien wird weiterhin über zwei alternative Variablen abgebildet. Zunächst wird *FAMSHARE* durch eine Indikator-Variable *FAM* ersetzt, die den Wert 1 annimmt, wenn eine Familie über mehr als die Hälfte des Kapitals des Unternehmens verfügt, ansonsten 0.[1035] Außerdem wird der Einfluss von aktiver Familienkontrolle über die Variable *OWNFAM* erfasst, die den Wert 1 trägt, wenn eine Familie neben der Kontrolle der Mehrheit des Unternehmenskapitals über Familienmitglieder in der Führungsebene (Vorstand oder Geschäftsführung) des Unternehmens vertreten ist und somit aktiv an der Leitung des Unternehmens mitwirkt, ansonsten 0.[1036] Beide Variablen weisen zwar weiterhin einen negativen, aber keinen statistisch signifikanten Koeffizienten mehr auf.[1037]

Dies könnte darin begründet liegen, dass diese Konstellationen auch für außenstehende Parteien offensichtlich eine private Nutzenziehung der Familie durch eine Kontrollmehrheit und familiäre Verflechtungen zwischen Leitung und Eigentümerfamilie erleichtern und somit das Risiko einer Erhöhung von Agency-Konflikten zwischen Mehrheits- und Minderheitseigentümern (Typ 2 Agency-Konflikt) wächst. In diesen Fällen sollte der Prüfer einen höheren Prüfungsaufwand walten lassen.[1038]

Für die Indikatorvariable *FOREIGN* wurde vermutet, dass mit einer Beteiligung ausländischer Gesellschafter an einem Unternehmen Agency-Konflikte aufgrund kultureller Differenzen steigen und komplexere Rechnungslegungsanforderungen auftreten, was konsequenterweise zu einer Erhöhung des Prüfungshonorars führen sollte. Die Variable trägt dementsprechend in allen Modellspezifikationen ein positives Vorzeichen und weist einen signifikanten Koeffizienten auf. Im Ausgangsmodell beträgt der Koeffizient $\beta_{FOREIGN} = 0{,}145$ (p-Wert = 0,031), d. h. die Beteiligung eines ausländischen Gesellschafters zieht ein um ca.

Prüfungshonorar bei einer Erhöhung des Kapitalanteils einer Familie um 100 Prozentpunkte (= eine Einheit) um 18,2 % sinken würde, jedoch erscheint die Angabe kleinerer Sprünge in diesem Zusammenhang sinnvoller. Ein Anstieg des Anteils um eine Standardabweichung (44 Prozentpunkte) führt zu einer Erhöhung des Prüfungshonorars um $\frac{-0{,}182}{100} \times 44 = -0{,}080$.

1034 Vgl. *Hope, Langli, Thomas*, Agency conflicts and auditing in private firms, 2012, S. 508.

1035 In 49,9 % der Beobachtungen verfügt eine Unternehmerfamilie über mehr als 50 % der Kapitalanteile.

1036 Eine aktive Unternehmenskontrolle ist in 37,3 % der Fälle zu beobachten.

1037 Die Aufnahme einer quadrierten Variable $FAMSHARE^2$ zeigt jedoch keine statistische Signifikanz, was nicht auf Nicht-Linearität der Variablen *FAMSHARE* schließen lässt.

1038 Vgl. *Hope, Langli, Thomas*, Agency conflicts and auditing in private firms, 2012, S. 509.

15,6 % wesentlich höheres Prüfungshonorar nach sich.[1039] In Variation 2 fällt der wirtschaftliche Einfluss mit einer ca. 17,7-prozentigen Erhöhung des Prüfungshonorars noch stärker aus. Diese Ergebnisse spiegeln den Bedarf ausländischer Gesellschafter nach hoher Prüfungsqualität wider.

Für die Variable *LEV* wurde angenommen, dass ein steigender Anteil von Fremdkapital an der Bilanzsumme die Wahrscheinlichkeit von Kreditvertragsklauseln und den Bedarf nach zusätzlichen Informationen, die vom Prüfer zu kontrollieren sind, erhöht. Gleichzeitig dürfte ein hoher Fremdkapitalanteil den Anreiz zu Bilanzpolitik erhöhen, um bestehende Kreditlinien zu erhalten oder neues Fremdkapital aufnehmen zu können. Damit einhergehende höhere inhärente Risiken und Kontrollrisiken sollten zu einer Erhöhung des Prüfungsaufwands und einer Steigerung des Prüfungshonorars führen. Ein signifikant positiver Koeffizient ergibt sich in allen Modellen. Im Ausgangsmodell beträgt der Koeffizient $\beta_{LEV} = 0{,}246$ (p-Wert = 0,044), d. h. eine Erhöhung des Fremdkapitalanteils um eine Standardabweichung (21,1 Prozentpunkte) würde zu einer Steigerung des Prüfungshonorars um ca. 5,2 % führen. Der wirtschaftliche Effekt ergibt sich in Variation 2 in ähnlicher Höhe.

Größe und Komplexität des Mandats

Zwischen der Größenvariable *SIZE*, welche die logarithmierte Bilanzsumme angibt, und der Höhe des Prüfungshonorars besteht in allen Modellen wie erwartet ein hochsignifikanter und positiver Zusammenhang. Unter Interpretation des sich im Ausgangsmodell ergebenden Koeffizienten $\beta_{SIZE} = 0{,}347$ (p-Wert = 0,000) würde ein 1-prozentiger Anstieg der Bilanzsumme zu einer 0,347-prozentigen Erhöhung des Prüfungshonorars führen. In Variation 2 resultiert ebenfalls eine 0,347-prozentige Honorarsteigerung.

Auch für die Größen- und Komplexitätsvariable *LN_SUBS* ergibt sich in allen Modellen ein hochsignifikanter, positiver Zusammenhang zu *LN_AUF*. Der Koeffizient β_{LN_SUBS} beträgt 0,169 im Ausgangsmodell und 0,170 in Variation 2, das heißt ein 1-prozentiger Anstieg der Anzahl der Tochterunternehmen erhöht das Prüfungshonorar um einen Honorarzuschlag von ca. 0,17 %.

Für die Variable *ARL* wurde vermutet, dass ein Zeitraum zwischen Abschlussstichtag und Bestätigungsvermerkerteilung, der über zwölf Monate dauert und damit über die gesetzliche Offenlegungsfrist gem. § 325 HGB hinausgeht, eine komplexere Prüfung und damit ein höheres Prüfungshonorar indiziert. Der Koeffizient der Variable *ARL* ergibt sich jedoch auf einseitigem Testniveau nicht statistisch signifikant. Auch die Aufnahme einer kontinuierlichen Variable, die den Zeitraum zwischen Bilanzstichtag und Datum des Bestätigungsvermerks in Tagen misst, führt zu keinem anderen Ergebnis.[1040]

[1039] Die exakte Interpretation des Koeffizienten β_i einer Dummyvariablen als prozentuale Veränderung der abhängigen logarithmierten Variablen Prüfungshonorar ergibt sich als $100 \times (exp^{\beta_i} - 1)$, vgl. *Wooldridge*, Econometrics, 2016, S. 212.

[1040] Im Durchschnitt beträgt der *Audit Report Lag* Zeitraum ca. 162 Tage (Median = 145 Tage).

Risikofaktoren

Die Variablen *INV* und *RECV* bilden Bilanzpositionen ab, die besonders manipulationsanfällig und schwer zu prüfen sind. Für die Variable *INV* kann kein statistisch signifikanter Koeffizient beobachtet werden. Die Nichtsignifikanz muss jedoch nicht zwangsläufig darauf schließen lassen, dass dieses Prüffeld keine höheren inhärenten Risiken beinhaltet. Möglicherweise gelingt es dem Prüfer durch den Einsatz effizienter Prüfungstechniken einen höheren Zeitaufwand aufzufangen, so dass sich keine Auswirkung auf das Prüfungshonorar ergibt.[1041] Allerdings können auch andere Prüffelder, bspw. Rückstellungen, immaterielle Vermögensgegenstände oder Abschreibungen, ebenfalls hohe inhärente Risiken beinhalten, so dass der Vorratsanteil nur einen mäßigen Indikator für höhere Fehlerrisiken darstellen könnte.

Für die Variable *RECV* ergibt sich im Ausgangsmodell und in den Variationen ein signifikanter, positiver Koeffizient. Der Koeffizient β_{RECV} = 0,474 (p-Wert = 0,021) im Ausgangsmodell bedeutet, dass eine Erhöhung des Anteils der Forderungen an der Bilanzsumme um eine Standardabweichung (10,9 Prozentpunkte) eine Steigerung des Prüfungshonorars um ca. 5,2 % nach sich ziehen würde. In Variation 2 beträgt der Effekt ca. 5,5 %. Dieses Ergebnis lässt sich dahingehend interpretieren, dass der Abschlussprüfer dem Forderungsanteil besondere Beachtung schenkt, da sich diese Position gut zur Ergebnismanipulation eignet, indem (fiktive) Forderungsbuchungen durchgeführt werden. Im Rahmen eines risikoorientierten Prüfungsansatzes induziert die mit der Forderungsbuchung korrespondierende Umsatzrealisierung stets ein bedeutsames Risiko, dem durch umfangreiche Prüfungshandlungen zu begegnen ist.[1042]

Hinsichtlich der Rentabilität des geprüften Unternehmens wurde vermutet, dass profitablere Unternehmen ein geringeres Prüfungsrisiko beinhalten und dies den Prüfungsaufwand bzw. konsequenterweise das Prüfungshonorar reduzieren sollte. Entsprechend dieser Erwartung ergibt sich im Ausgangsmodell (β_{RENT} = -0,281; p-Wert = 0,094) und den beiden Variationen der Koeffizient der Variable *RENT* mit negativem Vorzeichen auf (schwach) signifikantem Niveau und induziert im Ausgangsmodell bzw. in Variation 2 eine wirtschaftlich eher geringfügige Verringerung des Prüfungshonorars um ca. 2,7 % bzw. ca. 3,2 %, wenn der RoA um eine Standardabweichung (9,6 Prozentpunkte) steigt.

Prüferspezifische Eigenschaften

In Bezug auf prüferspezifische Eigenschaften wurde vermutet, dass unterschiedliche Prüfergrößen unterschiedliche Niveaus an Prüfungsqualität induzieren, die schließlich das Prüfungshonorar beeinflussen sollten. Zu diesem Zweck wurden die Indikatorvariablen *BIG-4* und *MIDTIER* in das Honorarmodell aufgenommen, um zu überprüfen, ob die großen vier Prüfungsgesellschaften und auch mittelgroße Abschlussprüfer in der Lage sind höhere Prüfungshonorare im Vergleich zur Referenzgruppe der kleinen Prüfer zu erzielen. Der hoch signifikante Koeffizient im Ausgangsmodell $\beta_{BIG\text{-}4}$= 0,270 (p-Wert = 0,000) spricht

[1041] Vgl. *Umlauf*, Prüfungs- und Beratungshonorare von Konzernabschlussprüfern, 2013, S. 221.
[1042] Vgl. IDW, Praxishandbuch zur Qualitätssicherung, 2011, S. 178 f.

für eine Honorarprämie in Höhe von ca. 31 % für die BIG-4 Gesellschaften gegenüber der Referenzkategorie der kleinen Abschlussprüfer.

Eine Preisprämie für diese Prüfungsgesellschaften in ähnlicher Höhe bestätigen auch CLATHWORTHY/MAKEPEACE/PEEL (2009) für ein großes Sample britischer, nicht börsennotierter Unternehmen.[1043]

Gleichzeitig ergibt sich ebenfalls ein signifikant positiver Einfluss der Variablen *MIDTIER* ($\beta_{MIDTIER}$ = 0,146; p-Wert = 0,034) auf das Prüfungshonorar, welche sich als eine Preisprämie in Höhe von ca. 15,7 % mittelgroßer Prüfungsgesellschaften gegenüber den kleineren Abschlussprüfern interpretieren lässt. Der Koeffizient fällt im Vergleich zur *BIG-4* Variablen jedoch kleiner aus, was darauf schließen lässt, dass mittelgroße Prüfungsgesellschaften eine weniger ausgeprägte Reputation als die großen vier Prüfungsgesellschaften genießen und daher nur einen geringeren Honoraraufschlag vornehmen können. Der Honoraraufschlag einer BIG-4 Gesellschaft gegenüber einem mittelgroßen Prüfer ergibt sich als Differenz zwischen den Koeffizienten $\beta_{BIG\text{-}4}$ und $\beta_{MIDTIER}$ in Höhe von ca. 13,2 %.[1044]

In Variation 1 und 2 wird die Variable *BIG-4* ersetzt durch die vier Indikatorvariablen *PWC, EY, KPMG* und *DELOITTE*, um den Einfluss der großen Prüfungsgesellschaften einzeln zu untersuchen. Die Koeffizienten ergeben sich in beiden Modellen in ungefähr gleicher Höhe und zeigen, dass alle vier Variablen jeweils einen signifikanten positiven Einfluss auf das Prüfungshonorar ausüben. Die Prüfungsgesellschaft PwC kann mit ca. 41 % (β_{PWC}= 0,346; p-Wert = 0,000) die höchste Prämie verlangen, gefolgt von KPMG, deren Honorar um ca. 34,4 % (β_{KPMG}= 0,296; p-Wert = 0,001) höher ausfällt als das der Referenzkategorie. EY und Deloitte erzielen um ca. 26,5 % (β_{EY}= 0,235; p-Wert = 0,006) bzw. um ca. 25 % ($\beta_{DELOITTE}$ = 0,226; p-Wert = 0,031) höhere Honorare. Mittelgroße Prüfungsgesellschaften erzielen gegenüber der Referenzkategorie einen Honorarzuschlag von ca. 16,8 % ($\beta_{MIDTIER}$ = 0,155; p-Wert = 0,026).

Interpretiert man den Markt für Prüfungsmandate nicht kapitalmarktorientierter Unternehmen als Wettbewerbsmarkt, so sprechen die Honorarprämien für eine Produktdifferenzierung und höhere Prüfungsqualität dieser Prüfungsgesellschaften. Gleichzeitig lassen sich vor diesem Hintergrund eventuelle Honorarprämien, die für konzentrierte Segmente des deutschen Prüfungsmarkts beobachtet werden, weniger als Folge einer monopolistischen Preisbildung interpretieren, sondern im Rahmen einer wettbewerbsgeprägten Preissetzung verstehen.[1045]

Weiterhin induzieren die Ergebnisse eine vielschichtigere Qualitätsdifferenzierung innerhalb der Prüfungsgesellschaften als die bisher übliche Aufspaltung in BIG-4 und Non-BIG-4 Gesellschaften.

Prüfungsmarkt

Im Rahmen der Prüfungshonorarhypothese 8 wurde vermutet, dass in der Periode, in der ein Prüferwechsel stattfindet, ein niedrigeres Prüfungshonorar ausgewiesen wird. Der Koeffizient der Indikatorvariable *CHANGE* weist einen signifikant negativen Koeffizienten

[1043] Vgl. *Clathworthy, Makepiece, Peel*, Selection bias and the Big Four premium, 2009, S. 162 f. Die Autoren verwenden als Referenzkategorie jedoch Non-BIG-4 Gesellschaften.

[1044] $\beta_{BIG\text{-}4} - \beta_{MIDTIER} = 0{,}270 - 0{,}146 = 0{,}124$.

[1045] Vgl. *Simunic*, The pricing of audit services, 1980, S. 171.

(β_{CHANGE} = -0,161; p-Wert = 0,010) auf und induziert sowohl im Ausgangsmodell als auch in Variation 2 einen wirtschaftlich relevanten Honorarabschlag in Höhe von ca. 15 % in der Wechselperiode.

Der beobachtete Honorarabschlag in der Erstprüfungsperiode, der tendenziell auch in Studien über deutsche, kapitalmarktorientierte Unternehmen festgestellt wird[1046], spricht für einen funktionierenden Preiswettbewerb unter den Prüfungsgesellschaften im Kampf um Erstprüfungsmandate und steht in Einklang mit dem für das Prüfungsmarktsegment nicht börsennotierter Unternehmen unterstellten Wettbewerbsmarkt.[1047] Ein direkter Rückschluss auf das potentielle Vorliegen eines *Low Balling* Effekts ist allerdings nicht möglich.

Abschlussart

Da sich die Prüfung eines Konzernabschlusses umfangreicher und oftmals auch komplexer als die Einzelabschlussprüfung gestalten dürfte, wurde ein höheres Prüfungshonorar für die Prüfung eines Konzernabschlusses vermutet. Der Koeffizient der Variable *KONZERN* trägt sowohl im Ausgangsmodell als auch in den beiden Variationen ein signifikantes, positives Vorzeichen ($\beta_{KONZERN}$ = 0,213; p-Wert = 0,022) und induziert in allen Modellen ein um ca. 24 % höheres Prüfungshonorar bei einer Konzernabschlussprüfung.

Prüfung und Beratung

Weiterhin wurde in das Honorarmodell die Summe der Beratungshonorare, die der Abschlussprüfer aus der gleichzeitigen Erbringung von Nichtprüfungsleistungen von dem Mandanten bezieht, aufgenommen. Für die Variable *NAF* wurde von einem ungewissen Einfluss auf das Prüfungshonorar ausgegangen, da einerseits ein negativer Zusammenhang plausibel erscheint, andererseits aber theoretisch auch ein positiver Einfluss denkbar wäre.[1048] Der Koeffizient der Variable ergibt sich im Ausgangsmodell und den beiden Variationen statistisch hoch signifikant (β_{NAF} = 1,19 × 10^{-6}; p-Wert = 0,000)[1049] und weist ein

---

[1046] Vgl. *Köhler, Marten, Ratzinger, Wagner*, Prüfungshonorare, 2010, S. 19 f.; WILD (2010) hält fest, dass *Fee Cutting* vor allem auftritt, wenn zu einer BIG-4 Gesellschaft gewechselt wird, vgl. *Wild*, Fee cutting, 2010, S. 523. Auf unterschiedliche Richtungen des Prüferwechsels kann hier aufgrund des geringen Anteils von Prüferwechseln nicht getestet werden.

[1047] Vgl. *Köhler, Marten, Ratzinger, Wagner*, Prüfungshonorare, 2010, S. 17.

[1048] Ähnlich wie bei den Größenvariablen wird vor allem bei börsennotierten Unternehmen für die Beziehung zwischen Prüfungs- und Beratungshonoraren in der Regel ein degressiver Verlauf angenommen. Einige Autoren verwenden daher die logarithmierte Summe der Nichtprüfungshonorare, vgl. *Whisenant, Sankaraguruswamy, Raghunandan*, Evidence on the joint determination of audit and non-audit fees, 2003, S. 729. In der vorliegenden Untersuchung führt die Verwendung der untransformierten Beratungshonorare zu einem höheren Erklärungsgehalt des Beratungshonorarmodells der ersten Stufe des *2SLS* Vorgehens, so dass der Einbezug der Nichtprüfungshonorare ohne Transformation erfolgt. Das adjustierte R^2 des Beratungshonorarmodells liegt mit 0,3387 leicht unter den von KÖHLER/RATZINGER-SAKEL (2012) und UMLAUF (2013) berichteten Werten in Höhe von 0,441 bzw. 0,526, aber deutlich über dem Wert, der sich bei Verwendung der logarithmierten Beratungshonorare ergeben würde (adj. R^2 = 0,1628), vgl. *Köhler, Ratzinger-Sakel*, Audit market characteristics, 2012, S. 296; *Umlauf*, Prüfungs- und Beratungshonorare von Konzernabschlussprüfern, 2013, S. 237.

[1049] Der Koeffizient und auch der Standardfehler der Variable *NAF* werden in den in Tabelle 22 dargestellten Tabellen angesichts ihrer geringen Beträge und aufgrund von Platzgründen mit <0,001 ausgewiesen.

positives Vorzeichen auf. Dies steht in Einklang mit bisherigen Studien, die den Einfluss des Beratungshonorars auf das Prüfungshonorar im Rahmen (gepoolter) *OLS* Regressionen untersuchen.[1050] In den vorherigen Ausführungen ist jedoch bereits angeklungen, dass eine Analyse des Zusammenhangs zwischen Beratungs- und Prüfungshonorar möglicherweise eine Grundannahme der *OLS* Regression verletzt und aus diesem Grund eine andere statistische Methode erfordert, die im Folgenden ausgeführt wird.

6.5.4.2 *Two Stage Least Squares*

Ein multiples Regressionsmodell stellt sich prinzipiell wie folgt dar:

$$y = \beta_0 + \sum_{j=1}^{n} \beta_j x_j + \varepsilon \qquad \text{(Gleichung 6.5)}$$

mit: y = abhängige Variable,
x_j = erklärende Variable j,
β_j = Koeffizient der erklärenden Variablen j,
ε = Störterm.

Die zentrale Annahme einer *OLS* Schätzung liegt in der Unterstellung, dass alle erklärenden Variablen exogen sind.[1051] Das bedeutet, sie korrelieren nicht mit dem Störterm $\varepsilon_{i,t}$, so dass folglich gelten muss

$$E\left(\varepsilon \middle| x_j\right) = 0. \qquad \text{(Gleichung 6.6)}$$

In Bezug auf das Prüfungshonorarmodell vermuten nun WHISENANT/SANKARAGURUSWAMY/RAGHUNANDAN (2003), dass diese Annahme in Zusammenhang mit der das Beratungshonorar abbildenden Variablen verletzt ist, da Prüfungs- und Beratungshonorare „*jointly determined*"[1052] sind, das heißt beide Honorararten werden weitgehend durch die gleichen Faktoren determiniert.[1053] Sollte dies der Fall sein, kann keine Exogenität der Beratungshonorarvariablen mehr angenommen werden. Die Variable wäre stattdessen endogen. Eine Verletzung der Exogenitätsannahme würde dazu führen, dass die mittels *OLS* erzielten Schätzer aller Variablen nicht mehr konsistent wären.[1054]

WHISENANT/SANKARAGURUSWAMY/RAGHUNANDAN (2003) schlagen daher einen Instrumentalvariablen (IV) Ansatz im Rahmen eines zweistufigen Schätzverfahrens (2SLS) vor, um diesem Endogenitätsproblem zu begegnen. Der IV-Schätzer kann einen konsisten-

---

[1050] Vgl. *Simunic*, Auditing, consulting, and auditor independence, 1984, S. 694; *Palmrose*, Nonaudit services, 1986, S. 405; *Firth*, The provision of non-audit services and the pricing of audit fees, 1997, S. 524; *Hay, Knechel, Li*, Non-audit services and auditor independence, 2006, S. 725; *Köhler, Ratzinger-Sakel*, Audit market characteristics, 2012, S. 295; *Dobler*, Auditor-provided non-audit services, 2014, S. 443.

[1051] Vgl. *Cameron, Trivedi*, Microeconometrics using Stata, 2010, S. 177.

[1052] *Whisenant, Sankaraguruswamy, Raghunandan*, Evidence on the joint determination of audit and non-audit fees, 2003, S. 743.

[1053] Vgl. *Whisenant, Sankaraguruswamy, Raghunandan*, Evidence on the joint determination of audit and non-audit fees, 2003, S. 723-725.

[1054] Vgl. *Cameron, Trivedi*, Microeconometrics using Stata, 2010, S. 177.

ten Schätzer bieten, allerdings unter der Annahme, dass ein valides Instrument existiert.[1055] Die Vorgehensweise gestaltet sich dabei folgendermaßen: auf der ersten Stufe werden die Regressoren auf die als abhängige Variable verwendete Beratungshonorarvariable geschätzt. Diese Werte stellen dann die Ausprägungen der Instrumentalvariablen dar. Auf Stufe zwei werden nun diese Ausprägungen in das Prüfungshonorarmodell integriert.[1056] Die Instrumentalvariable z muss dabei zwei Voraussetzungen erfüllen, um ein valides und relevantes Instrument darzustellen. Sie muss exogen sein (Validität), d. h. es muss gelten:

$$E(\varepsilon|z) = 0 \qquad \text{(Gleichung 6.7)}$$

Wichtig ist außerdem, dass das Instrument eine Korrelation zu der mit Endogenität belasteten Variablen aufweist.[1057]

Die Schwierigkeit liegt nun darin, eine Variable, die einerseits mit dem Beratungshonorar korreliert, andererseits aber berechtigterweise aus dem Prüfungshonorarmodell entlassen werden kann, als zusätzliches Instrument zu identifizieren.[1058] Diese Variable muss dann im Beratungshonorarmodell enthalten sein, darf aber nicht in das Prüfungshonorarmodell aufgenommen werden, um eine perfekte Multikollinearität zwischen der Instrumentalvariablen und den restlichen Regressoren des Prüfungshonorarmodells zu vermeiden.[1059]

Die Identifikation einer solchen Variablen ist mitunter mit Problemen behaftet, vor allem wenn nur eine begrenzte Menge an Daten zur Verfügung steht.[1060] WHISENANT/SANKARAGURUSWAMY/RAGHUNANDAN (2003) argumentieren, dass die Kapitalaufnahme einen erhöhten Beratungsbedarf induziert, aber keine Auswirkung auf das Prüfungshonorar haben sollte, und fügen deswegen eine Indikatorvariable in das Beratungshonorarmodell ein, die anzeigt, ob ein Unternehmen Eigen- oder Fremdkapitaltitel in der aktuellen Periode oder der Vorperiode ausgegeben hat oder nicht.[1061] Solche oder ähnliche Daten liegen für diese Untersuchung jedoch nicht vor. Außerdem lässt sich darüber diskutieren, warum die Kapitalaufnahme keine Auswirkungen auf das Prüfungshonorar haben sollte, da der Kapitalbedarf auch einen Anreiz zur bilanzpolitischen Gestaltung der Finanzinformationen bietet.

Um eine zusätzliche Instrumentenvariable zu identifizieren, schätzen HAY/KNECHEL/LI (2006) mittels *OLS* zunächst das Prüfungshonorarmodell, welches auch die Beratungshonorare als Regressor enthält.[1062] Die Autoren beobachten in der *OLS* Schätzung einen nicht signifikanten Koeffizienten der Indikatorvariablen *BIG5*, die den Einfluss von großen Prüfungsgesellschaften abbilden soll, und nutzen diese als zusätzliches Instrument. Diese Vorgehensweise ist jedoch nicht unproblematisch, da die Schätzer und auch die t-Statistiken aller Variablen im *OLS* Modell verzerrt sein dürften, wenn die Beratungshonorarvariable

[1055] Vgl. *Cameron, Trivedi*, Microeconometrics using Stata, 2010, S. 177 ff.

[1056] Vgl. *Umlauf*, Prüfungs- und Beratungshonorare von Konzernabschlussprüfern, 2013, S. 235.

[1057] Vgl. *Cameron, Trivedi*, Microeconometrics using Stata, 2010, S. 181.

[1058] Vgl. *Cameron, Trivedi*, Microeconometrics using Stata, 2010, S. 179.

[1059] Vgl. *Umlauf*, Prüfungs- und Beratungshonorare von Konzernabschlussprüfern, 2013, S. 235.

[1060] Vgl. *Cameron, Trivedi*, Microeconometrics using Stata, 2010, S. 178.

[1061] Vgl. *Whisenant, Sankaraguruswamy, Raghunandan*, Evidence on the joint determination of audit and non-audit fees, 2003, S. 729.

[1062] Vgl. *Hay, Knechel, Li*, Non-audit services and auditor independence, 2006, S. 720.

tatsächlich endogen ist.[1063] Der Ausschluss einer Variablen würde in diesem Fall auf Basis verzerrter Ergebnisse erfolgen. KÖHLER/RATZINGER-SAKEL (2012) berufen sich auf HAY/KNECHEL/LI (2006) und verwenden die Indikatorvariablen *Deloitte, E&Y, KPMG* und *PwC* als zusätzliche Instrumente, obwohl diese Variablen im gepoolten *OLS* Modell einen (hoch-)signifikanten Einfluss auf das Prüfungshonorar ausüben.[1064] Es ist daher nicht nachvollziehbar, warum diese Variablen aus dem Prüfungshonorarmodell entlassen werden können. Die Begründung, „*BIG5 (...) appears to be significantly related to non-audit fees but not audit fees*“[1065], mit denen in beiden Arbeiten die Auswahl der Instrumentalvariablen erläutert wird, erscheint daher schwach.[1066]

CAMERON/TRIVEDI (2010) argumentieren im Rahmen eines Beispiels, dass angenommen werden kann, dass eine Variable berechtigterweise aus der Strukturgleichung des Regressionsmodells ausgelassen werden kann, wenn der Einfluss, den sie abbildet, direkt über einen anderen in der Strukturgleichung enthaltenen Regressor erfasst wird.[1067] Gleichzeitig muss diese ausgelassene Variable eine Korrelation mit der endogenen Variablen aufweisen. Überträgt man diese Argumente auf das vorliegende Problem, lässt sich die logarithmierte Mitarbeiterzahl (Variable *LN_EMP*) als zusätzliches Instrument begründen. Die Mitarbeiterzahl stellt ein alternatives Maß für die Unternehmensgröße dar. Im vorliegenden Prüfungshonorarmodell wird der Einfluss der Unternehmensgröße auf das Prüfungshonorar in Übereinstimmung mit der Mehrheit bisheriger Arbeiten bereits über die logarithmierte Bilanzsumme (Variable *SIZE*) abgebildet. Die (logarithmierte) Bilanzsumme erklärt üblicherweise einen großen Teil der Variation der abhängigen Variablen, so dass davon ausgegangen werden kann, dass sie den Einfluss der Unternehmensgröße auf das Prüfungshonorar adäquat und direkt abbildet.[1068]

Dem Argument von CAMERON/TRIVEDI (2010) folgend, kann im Prüfungshonorarmodell auf die Variable *LN_EMP* verzichtet werden, da der Einfluss der Unternehmensgröße bereits direkt über die Variable *SIZE* abgebildet wird.[1069] Gleichzeitig lässt sich vermuten, dass die Variable *LN_EMP* einen signifikanten, positiven Einfluss auf die Beratungshonorarvariable ausübt, da eine steigende Mitarbeiterzahl einen erhöhten Beratungsbedarf

1063 Vgl. *Wooldridge*, Econometrics, 2016, S. 471.

1064 Vgl. *Köhler, Ratzinger-Sakel*, Audit market characteristics, 2012, S. 289, 295.

1065 *Hay, Knechel, Li*, Non-audit services and auditor independence, 2006, S. 724. Mit fast identischer Formulierung, vgl. *Köhler, Ratzinger-Sakel*, Audit market characteristics, 2012, S. 289.

1066 Vgl. *Hay, Knechel, Li*, Non-audit services and auditor independence, 2006, S. 724.
UMLAUF (2013) schätzt zunächst ein Prüfungshonorarmodell und fügt in dieses statt der kontinuierlichen Beratungshonorare zunächst eine Indikatorvariable *NAS* ein, die den Wert 1 annimmt, wenn ein Beratungshonorar > 0 ausgewiesen wird, ansonsten 0, und entnimmt aus dieser Schätzung eine nicht signifikante Variable (Börsengang) als zusätzliches Instrument, vgl. *Umlauf*, Prüfungs- und Beratungshonorare von Konzernabschlussprüfern, 2013, S. 235. DOBLER (2014) fügt Branchendummies in das Beratungshonorarmodell ein, vgl. *Dobler*, Auditor-provided non-audit services, 2014, S. 436. Branchendummies werden jedoch auch regelmäßig in Prüfungshonorarmodelle integriert. Zudem erweisen sich in der vorliegenden Arbeit die Branchendummies sowohl im Prüfungs- als auch im Beratungshonorarmodell nicht signifikant.

1067 Vgl. *Cameron, Trivedi*, Microeconometrics using Stata, 2010, S. 185.

1068 Vgl. *Hay, Knechel, Wong*, Meta-analysis, 2006, S. 169.

1069 Die Variablen *SIZE* und *LN_EMP* weisen einen hohen Korrelationskoeffizienten von 0,772 auf, was der Erwartung entspricht, dass beide Variable den gleichen Sachverhalt abbilden.

(bspw. in Bezug auf komplexere Unternehmensorganisationsformen, Pensionsverpflichtungen, steuerliche Fragen) mit sich bringen dürfte.

Die Variable *LN_EMP* erscheint somit als Instrument geeignet und wird daher als zusätzliches Instrument in das Beratungshonorarmodell integriert.

Im Folgenden werden im Rahmen des zweistufigen Instrumentalvariablenansatzes folgende Regressionsmodelle geschätzt.[1070]

$$\begin{aligned} \hat{NAF}_{i,t} \quad = \quad & \beta_0 + \beta_1 LN\_EMP_{i,t} + \beta_2 MANSHARE_{i,t} + \beta_3 (MANSHARE_{i,t})^2 \\ & + \beta_4 FAMSHARE_{i,t} + \beta_5 FOREIGN_{i,t} + \beta_6 LEV_{i,t} + \beta_7 SIZE_{,t} \\ & + \beta_8 LN\_SUBS_{i,t} + \beta_9 ARL_{i,t} + \beta_{10} INV_{i,t} + \beta_{11} RECV_{i,t} + \beta_{12} RENT_{i,t} \\ & + \beta_{13} PWC_{i,t} + \beta_{14} EY_{i,t} + \beta_{15} KPMG_{i,t} + \beta_{16} DELOITTE_{,t} \\ & + \beta_{17} MIDTIER_{i,t} + \beta_{18} CHANGE_{i,t} + \beta_{19} KONZERN_{i,t} \\ & + fixe\ Effekte + \varepsilon_{N\hat{A}F}, \end{aligned}$$

(Gleichung 6.8)

$$\begin{aligned} LN\_AUF_{i,t} \quad = \quad & \beta_0 + \beta_1 MANSHARE_{i,t} + \beta_2 (MANSHARE_{i,t})^2 + \beta_3 FAMSHARE_{i,t} \\ & + \beta_4 FOREIGN_{i,t} + \beta_5 LEV_{i,t} + \beta_6 SIZE_{,t} + \beta_7 LN\_SUBS_{i,t} + \beta_8 ARL_{i,t} \\ & + \beta_9 \mathrm{INV}_{,t} + \beta_{10} \mathrm{RECV}_{,t} + \beta_{11} \mathrm{RENT}_{,t} + \beta_{12} \mathrm{PWC}_{i,t} + \beta_{13} \mathrm{EY}_{i,t} \\ & + \beta_{14} KPMG_{,t} + \beta_{15} DELOITTE_{,t} + \beta_{16} MIDTIER_{i,t} + \beta_{17} CHANGE_{i,t} \\ & + \beta_{18} KONZERN_{i,t} + \beta_{19} N\hat{A}F_{i,t} + fixe\ Effekte + \varepsilon_{LN\_AUF}. \end{aligned}$$

(Gleichung 6.9)

Die Variable $N\hat{A}F$ gibt die geschätzten Werte der Nichtprüfungshonorare an, die Variable *LN_EMP* stellt die logarithmierte Anzahl der Mitarbeiter dar. Die restlichen Variablen wurden bereits in Tabelle 18 und Abschnitt 6.5.4.1 erläutert.

Die Ergebnisse der Schätzungen werden in Tabelle 23 dargestellt.

Auf der ersten Stufe des zweistufigen Modells ergibt sich, wie vermutet, ein hochsignifikanter Einfluss der Variable *LN_EMP* (β_{LN_EMP} = 57.867; p-Wert = 0,000) auf das Nichtprüfungshonorar, was dafür spricht, dass eine steigende Mitarbeiteranzahl einen erhöhten Beratungsbedarf bedingt.

Weiterhin lassen die Variablen *SIZE* (β_{SIZE}= 28.503; p-Wert = 0,000) und *LN_SUBS* (β_{LN_SUBS} = 15.410; p-Wert = 0,075) erkennen, dass das Beratungshonorar signifikant durch die Unternehmensgröße und Komplexität getrieben wird. Zudem kann die Prüfungsgesellschaft EY (β_{EY} = 30.495; p-Wert = 0,037) als einzige BIG-4 Gesellschaft ein höheres Beratungshonorar als kleinere Abschlussprüfer erzielen. EY erzielt mit ca. 25,7 % den größten Anteil an den von den untersuchten Unternehmen insgesamt gezahlten Honoraren für

[1070] Da die Aufteilung der Variable *BIG-4* in Indikatorvariablen für die einzelnen BIG-4 Gesellschaften sowie die Aufnahme der Variablen *MANSHARE*² in Variation 2 bei robust bleibenden Ergebnissen der restlichen Variablen einen höheren Erklärungsgehalt als im Ausgangsmodell gezeigt haben, wird diese Spezifikation beibehalten, um einen besseren Fit des Prüfungshonorarmodells zu erzielen.

Tabelle 23: Ergebnisse Prüfungshonoraranalyse *2SLS*

First Stage	$\widehat{NAF}_{i,t}$	=	$\beta_0 + \beta_1 LN\_EMP_{i,t} + \beta_2 MANSHARE_{i,t} + \beta_3 (MANSHARE_{i,t})^2 + \beta_4 FAMSHARE_{i,t} + \beta_5 FOREIGN_{i,t} + \beta_6 LEV_{i,t} + \beta_7 SIZE_{i,t} + \beta_8 LN\_SUBS_{i,t} + \beta_9 ARL_t + \beta_{10} INV_{,t} + \beta_{11} RECV_{,t} + \beta_{12} RENT_{,t} + \beta_{13} PWC_{i,t} + \beta_{14} EY_{i,t} + \beta_{15} KPMG_{i,t} + \beta_{16} DELOITTE_{i,t} + \beta_{17} MIDTIER_{i,t} + \beta_{18} CHANGE_{i,t} + \beta_{19} KONZERN_{i,t} + \text{fixe Effekte} + \varepsilon_{\widehat{NAF}}$,
Second Stage	$LN\_AUF_{i,t}$	=	$\beta_0 + \beta_1 MANSHARE_{i,t} + \beta_2 (MANSHARE_{i,t})^2 + \beta_3 FAMSHARE_{i,t} + \beta_4 FOREIGN_{i,t} + \beta_5 LEV_{,t} + \beta_6 SIZE_{i,t} + \beta_7 LN\_SUBS_{i,t} + \beta_8 ARL_{i,t} + \beta_9 INV_{i,t} + \beta_{10} RECV_{i,t} + \beta_{11} RENT_{i,t} + \beta_{12} PWC_{i,t} + \beta_{13} EY_{i,t} + \beta_{14} KPMG_{i,t} + \beta_{15} DELOITTE_{i,t} + \beta_{16} MIDTIER_{i,t} + \beta_{17} CHANGE_{i,t} + \beta_{18} KONZERN_{i,t} + \beta_{19} \widehat{NAF}_{i,t} + \text{fixe Effekte} + \varepsilon_{LN\_AUF}$

	Erwartetes Vorzeichen	First Stage (abhängige Variable $\widehat{NAF}$) (n=855)			Second Stage (abhängige Variable *LN_AUF*) (n=855)		
		Koeffizient	Std.-fehler	p-Wert	Koeffizient	Std.-fehler	p-Wert
LN_EMP	+	57.867	12.869	0,000***			
MANSHARE	?	3.803	74.441	0,959	0,995	0,467	0,033**
MANSHARE²	?	-30.800	66.872	0,645	-0,765	0,437	0,080*
FAMSHARE	?	28.885	19.576	0,140	-0,289	0,120	0,017**
FOREIGN	+	9.112	14.518	0,265	0,150	0,085	0,039**
LEV	+	7.012	16.271	0,335	0,215	0,142	0,065*
SIZE	+	28.503	7.506	0,000***	0,240	0,074	0,000***
LN_SUBS	+	15.410	10.705	0,075*	0,117	0,061	0,027**
ARL	+	-51.664	14.760	>0,999	-0,260	0,150	0,958
INV	+	-18.604	32.008	0,719	0,190	0,246	0,220
RECV	+	-34.695	33.885	0,847	0,554	0,247	0,012**
RENT	-	-26.728	28.919	0,178	-0,254	0,229	0,133
PWC	+	-27.491	16.721	0,949	0,383	0,112	0,000***
EY	+	30.495	17.040	0,037**	0,150	0,122	0,110
KPMG	+	2.633	12.601	0,417	0,280	0,096	0,002***
DELOITTE	+	15.560	17.248	0,183	0,187	0,133	0,080*
MIDTIER	+	-6.886	12.236	0,713	0,160	0,082	0,025**
CHANGE	-	-27.966	14.199	0,024**	-0,103	0,085	0,113
KONZERN	+	-24.619	20.128	0,889	0,269	0,111	0,008***
$\widehat{NAF}$	?				<0,001	<0,001	0,015**
ε (Constant)		-849.251	124.672	0,000***	5,909	1,343	0,000***
Kontrolle für fixe Jahres-/Brancheneffekte			Ja			Ja	
R^2			0,3573			0,6315	
Adj. R^2			0,3387				
(Prob > F) Prob > chi²			(0,000)			0,000	

Für Variablen mit Vorzeichenerwartung werden die p-Werte auf Basis einseitiger Tests angegeben, andernfalls auf zweiseitigem Testniveau.
*/**/*** = Signifikant auf dem 10%/5%/1%-Niveau.

Nichtprüfungsleistungen, was auf eine Profilierung dieser Prüfungsgesellschaft im Beratungssegment bei den untersuchten Unternehmen hindeutet und als mögliche Erklärung für die Beratungshonorarprämie dieser Prüfungsgesellschaft dienen könnte.[1071]

Auffällig ist weiterhin, dass das Beratungshonorar statistisch signifikant sinkt, wenn der Prüfer gewechselt wird (β_{CHANGE}= -27.966; p-Wert = 0,024). Dies spricht dafür, dass sich der neue Prüfer erst unter Beweis stellen muss, bevor Beratungsaufträge an ihn vergeben werden.

Auf Ebene der zweiten Stufe zeigen sich nun die Einflussfaktoren des Prüfungshonorars.[1072] Diese stimmen weitgehend mit denen im gepoolten *OLS* Verfahren ermittelten Determinanten überein. Die signifikant positive Variable *MANSHARE* und der signifikant negative Koeffizient der Variablen *MANSHARE*^{2} deuten weiterhin auf einen nichtlinearen Zusammenhang zwischen *Management Ownership* und den Prüfungshonoraren hin. Die Zunahme des Kapitalanteils einer Familie um eine Standardabweichung führt zu einem Sinken des Prüfungshonorars ($\beta_{FAMSHARE}$= -0,289; p-Wert = 0,017) um ca. 12,7 %, während die Beteiligung eines ausländischen Gesellschafters das Prüfungshonorar um ca. 16,2 % steigen lässt ($\beta_{FOREIGN}$= 0,150; p-Wert = 0,039). Eine um eine Standardabweichung zunehmende Unternehmensverschuldung führt zu einem um ca. 4,5 % steigenden Prüfungshonorar (β_{LEV} = 0,215; p-Wert = 0,065). Dieser eher geringe wirtschaftliche Effekt liegt möglicherweise darin begründet, dass mit einer höheren Unternehmensverschuldung gleichzeitig auch zunehmende Einfluss- und Kontrollmöglichkeiten der Fremdkapitalgeber zu erwarten sind.[1073]

Das Prüfungshonorar steigt zudem mit zunehmender Unternehmensgröße (β_{SIZE} = 0,240; p-Wert = 0,000) und Mandatskomplexität (β_{LN_SUBS} = 0,117; p-Wert = 0,027) sowie mit steigendem Forderungsanteil (β_{RECV}= 0,554; p-Wert = 0,012). Der schon in der *Pooled OLS* Schätzung nur schwach signifikante Koeffizient der Profitabilitätsvariable *RENT* erreicht nun keine statistische Signifikanz mehr.

Bezüglich der Variablen für die Prüfungsgesellschaften ergeben sich leichte Änderungen im Vergleich zur *Pooled OLS* Schätzung. So weisen nunmehr nur noch die Variablen *PWC* (β_{PWC}= 0,383; p-Wert = 0,000) und *KPMG* (β_{KPMG}= 0,280; p-Wert = 0,002) einen hochsignifikanten, positiven Koeffizienten auf. Für *DELOITTE* fällt der Zusammenhang nur noch schwach signifikant aus und der Koeffizient induziert einen geringeren Honorarzuschlag als im *Pooled OLS* Modell ($\beta_{DELOITTE}$ = 0,187; p-Wert = 0,080). Für *EY* lässt sich kein statistisch signifikanter Einfluss auf *LN_AUF* erkennen. Möglicherweise verlangt diese Prüfungsgesellschaft bewusst keine höheren Honorare für Abschlussprüfungsleistungen, um stattdessen Zuschläge für Beratungshonorare erzielen zu können. Weiterhin signifikant zeigt sich jedoch der Einfluss von mittelgroßen Prüfungsgesellschaften auf die logarithmierten Prüfungshonorare. Der Koeffizient $\beta_{MIDTIER}$ = 0,160 (p-Wert = 0,025) induziert einen Honoraraufschlag von ca. 17,3 % gegenüber kleinen Prüfern.

[1071] PwC vereinnahmt ca. 18 % der in diesem Sample insgesamt gezahlten Beratungshonorare, auf KPMG bzw. Deloitte entfallen jeweils ca. 10 %. Mittelgroße Prüfungsgesellschaften erzielen ca. 8,4 % der Beratungshonorare und die restlichen 27,9 % entfallen auf kleine Abschlussprüfer.

[1072] Auf die Angabe eines R^2 der *2SLS IV* Schätzung wird verzichtet, da dieses nun keine natürliche Interpretation mehr aufweist, vgl. *Wooldridge*, Econometrics, 2016, S. 471.

[1073] Vgl. *Fischkin*, Determinanten der Prüferwahl, 2011, S. 211.

Die Prüferwechselvariable *CHANGE* zeigt zwar weiterhin einen negativen Koeffizienten, weist aber keine statistische Signifikanz mehr auf. Möglicherweise liegt dies in der geringen Anzahl von Prüferwechseln begründet.

Die Prüfung eines Konzernabschlusses führt wie auch im *Pooled OLS* Modell zu einem signifikant höheren Prüfungshonorar ($\beta_{KONZERN}$ = 0,269; p-Wert = 0,008).

Für die mit potentiellen Endogenitätsproblemen belastete Variable *NAF* hatte sich im *Pooled OLS* Modell ein hochsignifikanter, positiver Koeffizient ergeben.

Der signifikant positive Einfluss der Beratungshonorarvariablen, nunmehr $\hat{NAF}$ ($\beta_{\hat{NAF}}= 3{,}03 \times 10^{-6}$; p-Wert = 0,015)[1074], bleibt auch bei Anwendung des zweistufigen *IV* Ansatzes bestehen. Im Fall der nicht transformierten Beratungshonorare und der logarithmus-transformierten abhängigen Variablen *LN_AUF* lässt sich der Koeffizient der Variablen $\hat{NAF}$ als Erhöhung des Prüfungshonorars um ca. 41,3 % interpretieren, wenn das Beratungshonorar um eine Standardabweichung (136.307 €) steigt.[1075] Während einige Studien über börsennotierte Unternehmen nach Anwendung eines zweistufigen Regressionsmodells keinen signifikanten Koeffizienten der Beratungshonorarvariablen feststellen[1076], beobachtet DOBLER (2014) für nicht börsennotierte Unternehmen auch im *2SLS IV* Modell einen signifikant positiven Einfluss des Beratungshonorars auf das Prüfungshonorar.[1077] Wie bereits angeklungen, ist ein positiver Einfluss der Beratungshonorare auf das Prüfungshonorar mitunter nicht einfach zu interpretieren. In Bezug auf *Knowledge Spillovers* ist theoretisch ein steigendes Prüfungshonorar denkbar, wenn Wissenstransfers von der Prüfungs- zur Beratungstätigkeit stattfinden und/oder Wissenstransfers von der Beratung zur Prüfung fließen.[1078] Letzteres setzt eine preiselastische Nachfrage nach Prüfungsleistungen voraus, die jedoch von einigen Autoren bezweifelt wird.[1079] Von der Prüfungstätigkeit zur Beratungstätigkeit fließende Wissenstransfers erscheinen möglich, insbesondere da in der Regel zunächst Prüfungsaufträge und dann Beratungsaufträge vergeben werden.[1080]

ANTLE/GORDON/NARAYANAMOORTHY/ZHOU (2006) und DOBLER (2014) interpretieren einen positiven Koeffizienten als Evidenz für *Knowledge Spillovers* bei gleichzeitiger Prüfungs- und Beratungstätigkeit. Diese könnten bei der Prüfung nicht börsennotierter Unter-

---

[1074] Der Koeffizient und der Standardfehler der Variable $\hat{NAF}$ werden in Tabelle 23 aufgrund ihres geringen Betrages und aus Platzgründen mit dem Wert <0,001 angegeben.

[1075] Gemäß WOOLDRIDGE (2016) lässt sich in diesem Fall die Veränderung der logarithmus-transformierten, abhängigen Variablen y als $\%\Delta y = (100\ \beta_i)\ \Delta x_i$ interpretieren, vgl. *Wooldridge*, Econometrics, 2016, S. 39. Dementsprechend ergibt sich die Veränderung des Prüfungshonorars bei Änderung des Beratungshonorars um eine Standardabweichung als $100 \times 3{,}07 \times 10^{-6} \times 136.307{,}5\ € = 41{,}3\ \%$.

[1076] Vgl. *Whisenant, Sankaraguruswamy, Raghunandan*, Evidence on the joint determination of audit and non-audit fees, 2003, S. 735; *Hay, Knechel, Li*, Non-audit services and auditor independence, 2006, S. 725; *Köhler, Ratzinger-Sakel*, Audit market characteristics, 2012, S. 297.

[1077] Vgl. *Dobler*, Auditor-provided non-audit services, 2014, S. 444. Ebenfalls eine positive Beziehung belegen *Antle, Gordon, Narayanamoorthy, Zhou*, The joint determination of audit fees, non-audit fees, and abnormal accruals, 2006, S. 251.

[1078] Vgl. *Simunic*, Auditing, consulting, and auditor independence, 1984, S. 689.

[1079] Vgl. *Palmrose*, Nonaudit services, 1986, S. 405; *Pong, Witthington*, The determinants of audit fees, 1994, S. 1073 f.; *Umlauf*, Prüfungs- und Beratungshonorare von Konzernabschlussprüfern, 2013, S. 184 f.

[1080] Vgl. *Svanström, Sundgren*, The demand for non-audit services and auditor-client relationships, 2012, S. 73. Auch das in der ersten Stufe des *2SLS* Schätzung beobachtete rückläufige Beratungshonorar bei Prüferwechsel deutet darauf hin, dass Beratungsaufträge erst auf Prüfungsaufträge folgen.

nehmen wahrscheinlicher sein als bei börsennotierten Unternehmen, da hier geringere Restriktionen in Bezug auf die Erbringung von Beratungsleistungen bestehen und kleinere Prüfungsgesellschaften durchlässiger für einen Wissensaustausch sein dürften.[1081] Als alternative Erklärung lässt sich anführen, dass eine intensive Beratungstätigkeit zu stärkeren Umstrukturierungen innerhalb des Unternehmens führt, die den Prüfer zu einer umfangreicheren Prüfungstätigkeit veranlassen.[1082]

Schließlich ist zu kontrollieren, ob die Variable *NAF* tatsächlich als endogen betrachtet werden muss. Der zu diesem Zweck üblicherweise verwendete *DURBIN-WU-HAUSMAN*-Test überprüft die Nullhypothese, dass die als endogen vermutete Variable exogen ist.[1083] Der Test liefert einen statistisch signifikanten p-Wert = 0,088, d. h. die Nullhypothese kann unter Akzeptanz eines zehn-prozentigen Signifikanzniveaus abgelehnt werden und es kann angenommen werden, dass die Variable *NAF* mit Endogenität belastet ist. In diesem Fall ist davon auszugehen, dass der *2SLS IV* Ansatz konsistentere Schätzer liefert als die *OLS* Methodik, allerdings unter der Voraussetzung, dass die Variable *LN_EMP* ein valides Instrument darstellt.[1084] Im Fall eines Modells mit nur einem Instrument (*Just-identified Model*) kann die Validität statistisch nicht überprüft werden.[1085] Die Validität des Instruments beruht vielmehr auf der Annahme, dass *LN_EMP* exogen ist.

6.5.4.3 Paneldaten Modelle

In den vorangegangenen Ausführungen wurde zunächst die Schätzung des Prüfungshonorarmodells in Übereinstimmung mit der in der bisherigen Prüfungshonorarforschung überwiegenden statistischen Methodik mittels der (gepoolten) *OLS* Methode durchgeführt. In Bezug auf den Zusammenhang zwischen Prüfungs- und Beratungshonoraren wurde zudem das Problem adressiert, dass eine erklärende Variable des Regressionsmodells die für eine *OLS* Schätzung zentrale Voraussetzung der Exogenität nicht erfüllt.

Gleichzeitig merken jüngere Forschungsarbeiten an, dass die Annahme der Exogenität für eine Mehrzahl der Regressoren wenig zutreffend sein dürfte.[1086]

So argumentiert WILD (2010), dass die Qualität der ungeprüften Rechnungslegung einen Einfluss auf die Höhe des Prüfungshonorars ausübt, da der Prüfer bei einer hohen Ex-Ante-Rechnungslegungsqualität einem niedrigerem inhärenten Risiko und Kontrollrisiko gegenübersteht und somit seinen Prüfungsumfang reduzieren kann.[1087] Die Qualität der nicht geprüften Rechnungslegung stellt jedoch eine unbeobachtbare Größe dar, die mit der Unternehmensgröße sowohl positiv als auch negativ korrelieren kann, da das inhärente Ri-

---

[1081] Vgl. *Dobler*, Auditor-provided non-audit services, 2014, S. 446; *Antle, Gordon, Narayanamoorthy, Zhou*, The joint determination of audit fees, non-audit fees, and abnormal accruals, 2006, S. 258.

[1082] Vgl. *Palmrose*, Nonaudit services, 1986, S. 410.

[1083] Vgl. *Köhler, Ratzinger-Sakel*, Audit market characteristics, 2012, S. 288; *Umlauf*, Prüfungs- und Beratungshonorare von Konzernabschlussprüfern, 2013, S. 235; *Dobler*, Auditor-provided non-audit services, 2014, S. 442.

[1084] Vgl. *Cameron, Trivedi*, Microeconometrics using Stata, 2010, S. 177.

[1085] Vgl. *Cameron, Trivedi*, Microeconometrics using Stata, 2010, S. 191.

[1086] Vgl. *Bigus*, Erwiderung, 2011, S. 1027; *Wild*, Fee cutting, 2010, S. 514 f.; *Leidner, Lenz*, Pricing bank audit engagements, 2014, S. 30-34.

[1087] Für eine ähnliche Argumentation vgl. *DeFond, Zhang*, A review of archival auditing research, 2014, S. 281-283.

siko mit der Mandantengröße und -komplexität zunimmt, gleichzeitig aber große Unternehmen in der Regel mehr Ressourcen für interne Kontrollen und ausgebildetes Personal zur Verfügung stellen können.[1088]

Diese Arbeiten rücken alternative statistische Methoden in den Fokus, welche die Struktur zeitlich geordneter Daten (*Paneldaten*) berücksichtigen.[1089] Paneldaten Analysen können sich gegenüber Querschnittsdaten als vorteilhaft erweisen, da sie in der Lage sind, das Problem unbeobachtbarer Heterogenität bzw. Endogenität abzumildern.[1090]

Die übliche Abbildung linearer Regressionsmodelle ist in Abschnitt 6.5.4.2 angeklungen als

$$y = \beta_0 + \sum_{j=1}^{n} \beta_j x_j + \varepsilon, \qquad \text{(Gleichung 6.10)}$$

wobei x_j die einzelnen Regressoren darstellen, β_j den jeweiligen Regressionskoeffizienten des Regressors x_j und ε den Fehlerterm, welcher die Effekte aller unbeobachteten Faktoren, die y beeinflussen, beinhaltet.[1091]

Implizit unterstellen alle Forschungsarbeiten, die Zeitreihendaten anhand *OLS* Schätzungen analysieren, dass die unabhängigen Variablen nicht mit dem Störterm korreliert (exogen) sind, das heißt

$$E\{\varepsilon \,|x_j\} = 0. \qquad \text{(Gleichung 6.11)}$$

Ist diese Annahme aber in der Realität verletzt, führt die Analyse mit der *OLS* Methodik zu irreführenden oder falschen Aussagen.[1092]

Der Fehlerterm ε lässt sich nun aufteilen in einen zeitkonstanten, individualspezifischen Fehlerterm α_i und einen idiosynkratischen Fehlerterm $u_{i,t}$, der die übrigen unbeobachteten Größen, die über Individuen i (Unternehmen) und Zeit t variieren, enthält.[1093]

$$\varepsilon = \alpha_i + u_{i,t} \qquad \text{(Gleichung 6.12)}$$

Im Folgenden kann das Regressionsmodell nun formuliert werden als[1094]

$$y = \beta_0 + \sum_{j=1}^{n} \beta_j x_{j,t} + \alpha_i + u_{i,t}. \qquad \text{(Gleichung 6.13)}$$

Während sich mit Querschnittsdaten die beiden Fehlerkomponenten nicht identifizieren lassen, bieten Paneldaten den Vorteil, dass sich die beobachtungsspezifischen Fehler schätzen lassen.[1095] Die Variation lässt sich damit in den Teil der Variation zwischen meh-

---

[1088] Vgl. *Wild*, Fee cutting, 2010, S. 522.

[1089] Vgl. *Wild*, Fee cutting, 2010, S. 524-525; *Köhler, Ratzinger-Sakel*, Audit market characteristics, 2012, S. 299-301; *Leidner, Lenz*, Pricing bank audit engagements, 2014, S. 30-34.

[1090] Vgl. *Brüderl*, Kausalanalyse mit Paneldaten, 2010, S. 963 f.

[1091] Zur Notation auch im Folgenden vgl. *Leidner, Lenz*, Pricing bank audit engagements, 2014, S. 31 f.

[1092] Vgl. *Brüderl*, Kausalanalyse mit Paneldaten, 2010, S. 96.

[1093] Vgl. *Brüderl*, Kausalanalyse mit Paneldaten, 2010, S. 967.

[1094] Vgl. *Leidner, Lenz*, Pricing bank audit engagements, 2014, S. 31.

[1095] Vgl. *Brüderl*, Kausalanalyse mit Paneldaten, 2010, S. 967.

reren Individuen (*Between-Variation*) und einen Teil der Variation innerhalb eines Individuums (*Within-Variation*) dividieren.[1096] BRÜDERL (2010) hält fest: „*Genau dies ist der große Vorteil von Paneldaten gegenüber Querschnittsdaten: Während eine Querschnittsregression einen Between-Schätzer liefert, der von personenspezifischer unbeobachtbarer Heterogenität verzerrt wird, liefert eine Panelregression (nach der Within-Transformation) einen Within-Schätzer, der von personenspezifischer unbeobachtbarer Heterogenität nicht verzerrt wird.*“[1097]

Korreliert nun die Fehlerkomponente α_i mit den erklärenden Variablen, ist die Anwendung eines *Fixed Effects* Modells (*FE* Modell), welches einen *Within*-Schätzer ermittelt, folgerichtig.[1098] Wird dagegen von der Annahme ausgegangen, dass α_i rein zufällig ist und mit keiner erklärenden Variablen korreliert ist, erscheint ein *Random Effects* Modell (*RE* Modell) geeigneter.[1099] Allerdings lassen sich die Annahmen des *RE* Modells für einen Großteil empirischer Forschung kaum halten, so dass das *FE* Modell in der Regel vorzuziehen ist.[1100]

Problematisch sind jedoch die „*all or nothing*“[1101] Annahmen beider Modelle, die entweder von einer kompletten Exogenität aller erklärenden Variablen im *RE* Modell oder einer gänzlichen Endogenität der Variablen im *FE* Modell ausgehen. Ein weiterer Nachteil des *FE* Modells besteht darin, dass eine Schätzung zeitkonstanter Variablen nicht möglich ist, da mit konstanten Größen kein *Within*[1102]-Vergleich angestellt werden kann. Dieses Problem betrifft im Allgemeinen auch die Prüfungshonorarforschung, die oftmals am Einfluss zeitkonstanter Faktoren auf y interessiert ist.[1103] Im Besonderen stehen auch in dieser Arbeit die Einflüsse als zeitinvariant angenommener Maßgrößen auf das Prüfungshonorar im Fokus der Untersuchung, da alle Agency-Variablen als konstant über die Periode 2009 bis 2010 unterstellt werden (müssen).

Einen Ausweg bietet der *HAUSMAN-TAYLOR Instrumental Variable* (*H-T IV*) Schätzer.[1104] Im Rahmen des *H-T IV* Schätzers wird unterstellt, dass nur ein Teil der erklärenden Variablen mit α_i korreliert.[1105] Zudem können mit *H-T IV* auch die Einflüsse zeitkonstanter Variablen auf y geschätzt werden. Dazu wird das Regressionsmodell in vier Gruppen erklärender Variablen getrennt und folgendermaßen formuliert:

$$y = \beta_0 + \sum \beta_{1,j} x_{1,j,t} + \sum \beta_{2,j} x_{2,j,t} + \sum \gamma_{1,j} w_{1,j} + \sum \gamma_{2,j} w_{2,j} + \alpha_i + u_{i,t}$$

(Gleichung 6.14)

1096 Vgl. *Brüderl*, Kausalanalyse mit Paneldaten, 2010, S. 965.

1097 *Brüderl*, Kausalanalyse mit Paneldaten, 2010, S. 968.

1098 Vgl. *Cameron, Trivedi*, Microeconometrics using Stata, 2010, S. 237.

1099 Vgl. *Cameron, Trivedi*, Microeconometrics using Stata, 2010, S. 238; *Leidner, Lenz*, Pricing bank audit engagements, 2014, S. 31.

1100 Vgl. *Wooldridge*, Econometrics, 2016, S. 444; *Leidner, Lenz*, Pricing bank audit engagements, 2014, S. 31; vgl. auch *Wild*, Fee cutting, 2010, S. 526 und *Köhler, Ratzinger-Sakel*, Audit market characteristics, 2012, S. 300, die aufgrund der Ergebnisse eines HAUSMAN-Tests dem *FE* Modell den Vorzug geben.

1101 *Baltagi, Bresson, Pirotte*, Fixed effects, random effects or Hausman-Taylor, 2003, S. 361.

1102 Vgl. *Brüderl*, Kausalanalyse mit Paneldaten, 2010, S. 973.

1103 Vgl. *Leidner, Lenz*, Pricing bank audit engagements, 2014, S. 32.

1104 Vgl. *Baltagi, Bresson, Pirotte*, Fixed effects, random effects or Hausman-Taylor, 2003, S. 361 f.

1105 Vgl. *Cameron, Trivedi*, Microeconometrics using Stata, 2010, S. 292.

Dabei werden x-Regressoren als zeitvariant und w-Regressoren als zeitkonstant definiert. Bei Variablen, die den Index 1 tragen, wird angenommen, dass diese exogen, d. h. unkorreliert mit α_i und $u_{i,t}$ sind. Variablen mit Index 2 wird unterstellt, dass sie mit α_i, aber nicht mit $u_{i,t}$ korrelieren.[1106] $\beta_{1,j}$, $\beta_{2,j}$ stellen die Regressionskoeffizienten der zeitvarianten exogenen bzw. endogenen Regressoren dar, $\gamma_{1,j}$, $\gamma_{2,j}$ die Regressionskoeffizienten der zeitinvarianten exogenen bzw. endogenen Regressoren. Gleichzeitig ist es für konsistente Schätzergebnisse nötig, dass die Anzahl der $x_{1,j,t}$ mindestens so hoch ist wie die der $w_{2,j}$, da der Zeitdurchschnitt der zeitveränderlichen exogenen Variablen als Instrument für die zeitinvariaten endogenen Variablen verwendet wird.[1107] Anzumerken ist außerdem, dass bei Variablen, die nur einer geringen Zeitveränderlichkeit unterliegen, eine *Within*-Schätzung zu einem Effizienzverlust der Schätzer aufgrund der geringen *Within*-Variation dieser Variablen führen kann.[1108]

Im Folgenden werden die Ergebnisse präsentiert, welche sich bei einer Schätzung der Regressionsgleichungen mit dem *H-T IV* Schätzer ergeben.

In Anlehnung an WILD (2010) und LEIDNER/LENZ (2014) wird argumentiert, dass die ungeprüfte Rechnungslegung einen Einfluss auf den Prüfungsumfang (und damit auf die Prüfungshonorare) hat und mit der Unternehmensgröße und –komplexität korreliert ist. Infolgedessen werden die Größen- und Komplexitätsvariablen *SIZE* und *ARL* als endogen betrachtet.[1109] Zudem dürften ebenso die Agency-Variablen *MANSHARE*, *MANSHARE²*, *FAMSHARE*, *FOREIGN* und *LEV* mit Endogenitätsproblemen belastet sein. Empirische Befunde bieten Hinweis, dass sowohl die Kapitalanteile des Managements, der Einfluss von Familien und auch ausländische Investoren die Qualität der Rechnungslegung beeinflussen.[1110] Die Kapitalstrukturvariable *LEV* könnte deswegen endogen sein, weil eine hohe Unternehmensverschuldung den Anreiz setzt, die ungeprüfte Rechnungslegung im Hinblick auf Kapitalaufnahme und –erhalt zu beeinflussen. Geiches dürfte für die Profitabilität eines Unternehmens gelten: weniger profitable Unternehmen dürften ein erhöhtes Manipulationsrisiko beinhalten, so dass die Qualität der ungeprüften Rechnungslegung mit der Variable *RENT* sowie den Prüfungshonoraren korreliert sein dürfte. LEIDNER/LENZ (2014) führen weiterhin an, dass Honorarprämien für Prüfungsgesellschaften nicht allein von Branchenspezialisierung und höherer Prüfungsqualität beeinflusst werden, sondern auch von der Verhandlungsmacht der Anbieter und Nachfrager von Prüfungsleistungen.[1111] Aufgrund dessen werden auch die Variablen für die BIG-4-Gesellschaften (*PWC, EY, KPMG* und *DELOITTE*) und die mittelgroßen Prüfungsgesellschaften (*MIDTIER*) als endogen klassifiziert. Auch im Rahmen eines Prüferwechsels ist davon auszugehen, dass unbeobachtbare Faktoren einen Wechsel des Prüfers beeinflussen und gleichzeitig Auswirkungen

---

1106 Vgl. *Leidner, Lenz*, Pricing bank audit engagements, 2014, S. 32.

1107 Vgl. *Leidner, Lenz*, Pricing bank audit engagements, 2014, S. 32.

1108 Vgl. *Cameron, Trivedi*, Microeconometrics using Stata, 2010, S. 245.

1109 Vgl. *Wild*, Fee cutting, 2010, S. 522; *Leidner, Lenz*, Pricing bank audit engagements, 2014, S. 33.

1110 Vgl. *Warfield, Wild, Wild*, Managerial ownership, accounting choices, and informativeness of earnings, 1995, S. 86; *Gul, Lynn, Tsui*, Audit quality, management ownership, and the informativeness of accounting earnings, 2002, S. 46 f.; *Wang*, Founding family ownership, 2006, S. 653; *Jaggi, Leung, Gul*, Family control, board independence and earnings management, 2009, S. 281; *Guo, Huang, Zhang, Zhou*, Foreign ownership and real earnings management, 2014, S. 25.

1111 Vgl. *Leidner, Lenz*, Pricing bank audit engagements, 2014, S. 33.

auf das Prüfungshonorar haben.[1112] So könnten Unzufriedenheit mit dem Prüfer oder eine gesunkene Zahlungsbereitschaft des Mandanten für die Prüfungsleistung einen Prüferwechsel bedingen und gleichzeitig mit dem Prüfungshonorar in Verbindung stehen. Deswegen wird auch die Variable *CHANGE* als endogen klassifiziert. Wenn der Konzernabschlussprüfer auch die Jahresabschlüsse der Konzernunternehmen prüft, können im Rahmen der Prüfung eines Konzernabschlusses Synergieeffekte auftreten, die das Prüfungshonorar beeinflussen. Außerdem kann sich die Frage, ob ein Einzel- oder Konzernabschluss zu prüfen ist, auf die Verhandlungsstärke des Mandanten und des Prüfers auswirken. Daher wird auch die Variable *KONZERN* als endogen betrachtet. Die Endogenitätsproblematik in Bezug auf die Variable *NAF* wurde bereits diskutiert.

Die zeitvarianten Variablen *LN_SUBS*, *INV* und *RECV*, die die logarithmierte Anzahl der Tochterunternehmen bzw. die Anteile von Vorräten oder Forderungen aus Lieferungen und Leistungen an der Bilanzsumme messen, werden nicht als endogen klassifiziert, um eine ausreichende Anzahl zeitveränderlicher exogener Variablen, deren Zeitdurchschnitt als Instrument für die zeitinvarianten endogenen Variablen dient, aufzunehmen.[1113]

Tabelle 24 zeigt die *H-T IV* Schätzer für das Prüfungshonorarmodell.

Die Ergebnisse des *H-T IV* Schätzers bleiben im Vergleich zu den gepoolten *OLS* und *2SLS* Schätzungen überwiegend robust, allerdings ergeben sich bei einigen Variablen Veränderungen in Bezug auf statistische Signifikanz und wirtschaftliche Relevanz.

Alle zeitkonstanten Agency-Variablen tragen zwar die gleichen Koeffizientenvorzeichen wie in den bisherigen Schätzungen, ergeben sich nun im Gegensatz zu den bisherigen Ergebnissen aber nicht mehr statistisch signifikant. All diesen Variablen ist gemeinsam, dass es sich um zeitinvariante, endogene Variablen handelt. Zur Schätzung der zeitinvarianten, endogenen Variablen wird der Zeitdurchschnitt der zeitveränderlichen, exogenen Variablen (hier: *LN_SUBS*, *INV*, *RECV* und die Jahresdummy-Variablen) als Instrument verwendet. Weisen die zeitvarianten, exogenen Variablen jedoch nur eine schwache Korrelation zu den zeitkonstanten, endogenen Variablen auf, stellen die zeitveränderlichen, exogenen Variablen nur schwache Instrumente dar. Schwache Instrumente führen zu ernsthaften Verzerrungen der Schätzungen. Die schwachen Korrelationen der Variablen[1114] *MANSHARE*, *MANSHARE*^{2}, *FAMSHARE* und *FOREIGN* mit den exogenen, zeitveränderlichen Variablen sowie die relativ hohen Standardfehler dieser Variablen sind Indizien für aufgrund

[1112] Vgl. *Leidner, Lenz*, Pricing bank audit engagements, 2014, S. 33.

[1113] Gleichwohl ließen sich auch Gründe für eine potentielle Endogenität dieser Variablen finden. So bietet insbesondere der Forderungsanteil ein erhebliches Gestaltungspotential für Bilanzpolitik oder Manipulation und auch die Variablen *LN_SUBS* und *INV* könnten mit der Qualität der ungeprüften Rechnungslegung in Korrelation stehen. Aus diesem Grund werden in Robustheitstests der *H-T IV* Schätzung auch diese Variablen als endogen klassifiziert. Die Ergebnisse sowohl dieser Variablen als auch der restlichen Variablen bleiben im Vergleich zur dargestellten Schätzung überwiegend stabil.

[1114] Die Korrelationskoeffizienten der Variablen *MANSHARE*, *MANSHARE*^{2}, *FAMSHARE* und *FOREIGN* mit den zeitveränderlichen exogenen Variablen bewegen sich im Betrag nicht über 0,4. In der Regel werden betragsmäßige Korrelationen unter 0,5 als schwache Korrelationen bezeichnet.

Tabelle 24: Ergebnisse Prüfungshonoraranalyse *H-T IV*

Modell	$LN\_AUF_{i,t} =$	$\beta_0 + \beta_1 MANSHARE_{i,t} + \beta_2 (MANSHARE_{i,t})^2 + \beta_3 FAMSHARE_{i,t} + \beta_4 FOREIGN_{i,t} + \beta_5 LEV_{i,t} + \beta_6 SIZE_{i,t} + \beta_7 LN\_SUBS_{i,t} + \beta_8 ARL_{i,t} + \beta_9 INV_{i,t} + \beta_{10} RECV_{i,t} + \beta_{11} RENT_{i,t} + \beta_{12} PWC_{i,t} + \beta_{13} EY_{i,t} + \beta_{14} KPMG_{i,t} + \beta_{15} DELOITTE_{i,t} + \beta_{16} MIDTIER_{i,t} + \beta_{17} CHANGE_{i,t} + \beta_{18} KONZERN_{i,t} + \beta_{19} NAF_{i,t} + \textit{fixe Effekte} + \varepsilon_{i,t}$		
		H-T IV (n=855)		
	Erwartetes Vorzeichen	Koeffizient	Std.-Fehler	p-Wert
MANSHARE[d]	?	10,661	40,803	0,794
MANSHARE[2d]	?	-12,413	35,699	0,728
FAMSHARE[d]	?	-1,725	9,508	0,856
FOREIGN[d]	+	0,039	3,529	0,495
LEV[b]	+	0,305	0,109	0,002***
SIZE[b]	+	0,135	0,075	0,036**
LN_SUBS[a]	+	-0,038	0,028	0,913
ARL[b]	+	0,127	0,084	0,066*
INV[a]	+	-0,043	0,187	0,591
RECV[a]	+	1,299	0,230	0,000***
RENT[b]	-	-0,076	0,140	0,293
PWC[b]	+	0,274	0,078	0,000***
EY[b]	+	0,044	0,143	0,378
KPMG[b]	+	0,222	0,079	0,002***
DELOITTE[b]	+	0,169	0,091	0,031**
MIDTIER[b]	+	0,134	0,096	0,082*
CHANGE[b]	-	-0,129	0,043	0,001***
KONZERN[d]	+	1,558	1,182	0,094*
NAF[b]	?	<0,001	<0,001	0,009***
ε (Constant)		8,197	3,719	0,028**
Kontrolle für fixe Jahres-/Brancheneffekte		Ja		
Anzahl an Gruppen		276		
n pro Gruppe im Durchschnitt		3,1		
Wald Chi²		157,42		
Prob > Chi²		0,000		

[a]/[b] zeitvariante exogene/endogene Variable; [c]/[d] zeitinvariante exogene/endogene Variable
*/**/*** = Signifikant auf dem 10%/5%/1%-Niveau; für Variablen mit Vorzeichenerwartung werden die p-Werte auf Basis einseitiger Tests angegeben, andernfalls auf zweiseitigem Testniveau.

schwacher Instrumentalvariablen verzerrte Schätzergebnisse.[1115] Auffällig ist in diesem Zusammenhang, dass die Variable *KONZERN*, die ebenfalls zeitinvariant ist und als endogen eingestuft wurde, wie in der *Pooled OLS* und der *2SLS IV* Schätzung weiterhin einen (schwach) signifikanten Einfluss ($\beta_{KONZERN}$ = 1,558; p-Wert = 0,094) auf die Prüfungshonorare ausübt. Dies ist möglicherweise bedingt durch die starke Korrelation mit *LN_SUBS*, die zu den zeitveränderlichen exogenen Instrumentvariablen zählt. Der im Vergleich zu den bisherigen Schätzungen wesentlich stärkere Koeffizient $\beta_{KONZERN}$ = 1,558 und der relativ

[1115] Vgl. StataCorp, xthtaylor, S. 7 f., abrufbar unter: http://www.stata.com/manuals13/xtxthtaylor.pdf, Informationsabruf: 02.11.2014; *Stock, Wright, Yogo*, A survey of weak instruments, 2002, S. 518-529.

hohe Standardfehler dieser Variable dürfte allerdings ebenfalls auf eine Verzerrung des Koeffizienten hindeuten. Die Variable ergibt sich zudem nicht mehr statistisch signifikant, wenn *LN_SUBS* ebenfalls als endogen bestimmt wird. Die zeitveränderliche Agency-Variable *LEV*, die das Ausmaß fremdfinanzierungsbedingter Agency-Problematiken abbilden soll, zeigt weiterhin einen signifikanten Einfluss auf das Prüfungshonorar. Eine Zunahme des Fremdkapitalanteils um eine Standardabweichung (21,1 Prozentpunkte) würde zu einer 6,7-prozentigen Erhöhung des Prüfungshonorars führen. Der wirtschaftliche Einfluss ergibt sich damit in ähnlicher Höhe wie in den bisherigen Schätzungen.

Die Größe des Mandanten übt auch im Rahmen einer *H-T IV* Schätzung einen signifikanten positiven Einfluss auf das Prüfungshonorar auf. Der Koeffizient der Variable *SIZE* fällt mit β_{SIZE} = 0,135 (p-Wert = 0,036) jedoch geringer aus als in den vorangegangenen Modellen. Ein Anstieg der Bilanzsumme um ein Prozent hätte nunmehr nur noch eine 0,135-prozentige Steigerung des Prüfungshonorars zur Folge.

Die Einflüsse der Komplexitätsvariablen *LN_SUBS* und *ARL* ändern sich im Rahmen der *H-T IV* Schätzung. Im Gegensatz zu den bisherigen Schätzungen trägt der Koeffizient der exogenen Variablen *LN_SUBS* ein negatives Vorzeichen und weist keine statistische Signifikanz mehr auf.[1116] Auch wenn die Variable *LN_SUBS* als endogen bestimmt wird, ergibt sich ein negativer Koeffizient auf nicht signifikantem Niveau. Dies mag darin begründet liegen, dass die Koeffizienten bei endogenen Regressoren, die nur eine geringe interne Variation aufweisen oder sich nur langsam über die Zeit ändern, unpräzise ausfallen können.[1117] Die Anzahl der Tochterunternehmen ist oftmals relativ konstant über einen kurzfristigen Zeitraum.

Die Variable *ARL* trug in den vorangegangen Schätzungen jeweils ein negatives Vorzeichen. Nunmehr ergibt sich auf einem schwachen Signifikanzniveau ein positiver Koeffizient (β_{ARL} = 0,127; p-Wert = 0,066), welcher der Erwartung eines höheren Prüfungshonorars bei einem *Audit Report Lag* Zeitraum von mehr als 12 Monaten entspricht und ein um ca. 13,5 % höheres Prüfungshonorar bei Überschreiten der Jahresfrist induziert.

In Bezug auf die Risikovariablen *INV*, *RECV* und *RENT* sind die Ergebnisse des *H-T IV* Schätzers im Vergleich zu den bisherigen Schätzungen im Wesentlichen unverändert. Weiterhin erweist sich der Forderungsanteil (β_{RECV} = 1,299; p-Wert = 0,000) als signifikanter Treiber des Prüfungshonorars. So steigert eine Erhöhung des Forderungsanteils um eine Standardabweichung (10,9 Prozentpunkte) das Prüfungshonorar um nunmehr 14,2 % und damit in stärkerem Ausmaß als in den bisherigen Schätzungen. Dies spricht dafür, dass ein hoher Anteil der Forderungen aus Lieferungen und Leistungen ein höheres inhärentes Risiko und Kontrollrisiko beinhaltet und im Rahmen eines risikoorientierten Prüfungsansatzes einen höheren Prüfungsaufwand zur Folge hat. Die Variablen *INV* und *RENT* verbleiben wie auch bisher insignifikant. Diese Ergebnisse zeigen sich stabil, auch wenn die zunächst als exogen angenommenen Variablen *INV* und *RECV* als endogen klassifiziert werden.

[1116] Eine Änderung der Richtung des Vorzeichens bei einigen Variablen im Rahmen einer *H-T IV* Schätzung im Vergleich zu *OLS* beobachten auch *Leidner, Lenz*, Pricing bank audit engagements, 2014, S. 54-56.

[1117] Vgl. *Köhler, Ratzinger-Sakel*, Audit market characteristics, 2012, S. 300.

Wurden in der *Pooled OLS* Schätzung noch Honorarprämien für alle BIG-4 Gesellschaften beobachtet, konnten diese in der *2SLS IV* Schätzung nur noch für die Prüfungsgesellschaften PwC, KPMG und Deloitte bestätigt werden. Auch die *H-T IV* Schätzung zeigt signifikant positive Koeffizienten für die Variablen *PWC* (β_{PWC} = 0,274; p-Wert = 0,000), *KPMG* (β_{KPMG} = 0,222; p-Wert = 0,002) und *DELOITTE* ($\beta_{DELOITTE}$ = 0,169; p-Wert = 0,031). Die Höhe der Honorarprämien gegenüber der Referenzgruppe der kleinen Prüfer betragen bei PwC ca. 31,5 %, bei KPMG ca. 24,8 % sowie bei Deloitte ca. 18,4 % und liegen damit leicht unter den in den bisherigen Schätzungen erzielten Werten.[1118] In allen drei Schätzungen wird zudem ein statistisch signifikanter Honoraraufschlag für mittelgroße Prüfungsgesellschaften belegt. Gegenüber der Referenzkategorie der kleinen Prüfer können mittelgroße Abschlussprüfer ein um ca. 14,3 % höheres Honorar ($\beta_{MIDTIER}$ = 0,134; p-Wert = 0,082) verlangen. Diese Ergebnisse sprechen weiterhin für eine mehrstufige Untergliederung zumindest der wahrgenommenen Prüfungsqualität innerhalb der Gruppe der Abschlussprüfer.

Die Prüferwechselvariable *CHANGE* wies in der *OLS* Schätzung wie erwartet einen signifikant negativen Koeffizienten auf, verfehlte in der *2SLS* Schätzung jedoch knapp ein statistisches Signifikanzniveau. Die *H-T IV* Schätzung zeigt einen hochsignifikanten, negativen Einfluss eines Prüferwechsels (β_{CHANGE} = -0,129; p-Wert = 0,001) auf das Prüfungshonorar an. In der Prüferwechselperiode fällt das Honorar in ähnlicher Höhe wie beim *OLS* Schätzer um ca. 12 % geringer aus.

Auch in der *H-T IV* Schätzung ergibt sich wie in den vorangegangenen Schätzungen ein signifikant positiver Einfluss des Honorars für Nichtprüfungsleistungen ($\beta_{NAF} = 4{,}41 \times 10^{-7}$; p-Wert = 0,007)[1119] auf das Prüfungshonorar. Der wirtschaftliche Effekt fällt jedoch im Vergleich zur *2SLS* Schätzung wesentlich geringer aus. So führt nunmehr eine Erhöhung des Beratungshonorars um eine Standardabweichung von 136.307 € nur noch zu einer Steigerung des Prüfungshonorars um ca. 6 %.

Neben den theoretischen Überlegungen zu den angesprochenen Endogenitätsproblemen wird anhand statistischer Tests überprüft, ob der *H-T IV* Schätzer bessere Schätzer als eine gepoolte *OLS* Regression liefert.[1120] Ein BREUSCH-PAGAN-Test, ob ein gepooltes *OLS* Modell oder ein *RE* Modell passend ist, führt zu einer Ablehnung der Nullhypothese (p-Wert = 0,000), was sich als Hinweis deuten lässt, dass ein *RE* Modell besser geeignet ist. Im Anschluss wird mittels des üblicherweise verwendeten[1121] HAUSMAN-Tests geprüft, ob sich *RE* und *FE* Schätzer signifikant voneinander unterscheiden. Die Ablehnung von H_0 (p-Wert

[1118] KÖHLER/RATZINGER-SAKEL (2012) beobachten in einem *Fixed-Effects* Modell Honorarprämien für Deloitte, KPMG und Ernst & Young im Segment kleiner kapitalmarktorientierter Mandate. Die Koeffizienten rangieren in ähnlicher Höhe wie in der vorliegenden Arbeit von 0,179 bis 0,265, vgl. *Köhler, Ratzinger-Sakel*, Audit market characteristics, 2012, S. 305. Die Referenzgruppe besteht allerdings aus Non-BIG-4 Gesellschaften.

[1119] Der Koeffizient und der Standardfehler der Variable *NAF* werden in Tabelle 24 aufgrund ihres geringen Betrages und aus Platzgründen mit dem Wert <0,001 angegeben.

[1120] Zur Vorgehensweise vgl. *Höhn, Schubert, Steiner*, Dealing with heteroskedasticity, autocorrelation and endogeneity, 2014, S. 14.

[1121] Vgl. *Wild*, Fee cutting, 2010, S. 525; *Köhler/Ratzinger-Sakel*, Audit market characteristics, 2012, S. 300.

= 0,000) erweist sich als Indiz gegen die Verwendung eines *RE* Modells.[1122] Um festzustellen, ob ein *FE* Modell geeigneter erscheint, wird ein Test nach MUNDLAK (1978) durchgeführt, dessen Ergebnis auf eine Korrelation zwischen den unbeobachteten unternehmensspezifischen Effekten und den erklärenden Variablen hindeutet (p-Wert = 0,000).[1123] Infolgedessen wird ein *FE* Modell als passend betrachtet. Da ein *FE* Modell zur Schätzung von Koeffizienten zeitinvarianter Variablen ungeeignet ist, werden die Koeffizienten mit einem *H-T IV* Modell geschätzt. Zum Abschluss werden entsprechend dem Vorgehen von BALTAGI/BRESSON/PIROTTE (2003) die *FE* und die *H-T IV* Schätzer mittels eines weiteren HAUSMAN-Tests verglichen.[1124] Die Nullhypothese kann in diesem Fall nicht abgelehnt werden (p-Wert = 0,996), was darauf schließen lässt, dass die richtige Spezifikation für die exogenen Variablen gefunden wurde. In diesem Fall dürfte das *H-T IV* Modell effizientere Schätzer als ein *FE* Modell bieten und konsistentere Schätzer als ein gepooltes *OLS* oder *RE* Modell liefern.[1125] Allerdings stellen sich die zeitvarianten, exogenen Variablen offenbar als schwache Instrumente für die zeitinvarianten, endogenen Variablen dar, so dass deren Schätzer mit hoher Wahrscheinlichkeit verzerrt sind.

6.6 Kapitelzusammenfassung

Das vorliegende Kapitel diente der Identifizierung von potentiellen Einflussfaktoren auf das Prüfungshonorar bei nicht kapitalmarktorientierten Unternehmen.

In diesem Zusammenhang wurden mandantenspezifische, angebotsorientierte Faktoren wie die Unternehmensgröße, Komplexität und bestimmte Risikofaktoren des Mandanten, berücksichtigt, von denen vermutet wurde, dass sie sich im Rahmen eines risikoorientierten Prüfungsansatzes auf den Umfang der Prüfung und damit schließlich auf die Höhe der Prüfungshonorare nicht kapitalmarktorientierter Unternehmen auswirken. Weiterhin wurden mandantenspezifische Faktoren, die von der Seite der Nachfrager nach Prüfungsleistungen den Bedarf an Abschlussprüfung beeinflussen sollten, einbezogen und im Rahmen mehrerer potentieller Agency-Konfliktszenarien untersucht.

Prüferspezifische Eigenschaften wurden in das Honorarmodell integriert, um der Frage nachzugehen, ob unterschiedliche Preisstrukturen innerhalb der Gruppe der Wirtschaftsprüfer Hinweis auf eine Qualitätsdifferenzierung bieten. Zudem wurde der Einfluss eines Prüferwechsels auf das Prüfungshonorar untersucht, um weitere Informationen über die Preisgestaltung im Prüfungsmarktsegment für nicht börsennotierte Unternehmen zu erlangen.

Da Indizien darauf hindeuten, dass der Erbringung von Nichtprüfungsleistungen durch den Abschlussprüfer bei nicht börsennotierten Unternehmen eine andere Rolle zukommt als bei börsennotierten Firmen, wurde der mögliche Einfluss von Beratungsleistungen auf das Prüfungshonorar in die Untersuchung einbezogen.

Um potentiellen Endogenitätsproblemen zu begegnen, wurden verschiedene statistische Methoden angewandt, um möglichst konsistente Schätzer zu erzielen. Gleichzeitig wurde

[1122] Vgl. *Baltagi, Bresson, Pirotte*, Fixed effects, random effects or Hausman-Taylor, 2003, S. 362.
[1123] Vgl. *Mundlak*, On the pooling of time series and cross section data, 1978, S. 69-85.
[1124] Vgl. *Hausman*, Specification tests in econometrics, 1978, S. 1251-1271.
[1125] Vgl. *Baltagi, Bresson, Pirotte*, Fixed effects, random effects or Hausman-Taylor, 2003, S. 363.

neben der statistischen Signifikanz auch der wirtschaftliche Einfluss der Regressoren berücksichtigt.

Die wesentlichen Ergebnisse lassen sich wie folgt zusammenfassen:

- Ähnlich wie bei börsennotierten Unternehmen wird das Prüfungshonorar bei den untersuchten nicht börsennotierten Unternehmen durch die Größe- und Komplexität des Mandats beeinflusst. Mit höheren Fehlerrisiken verknüpfte Prüffelder, insbesondere der Anteil der Forderungen aus Lieferungen und Leistungen an der Bilanzsumme, wirken sich ebenfalls erhöhend auf das Prüfungshonorar aus, was dafür spricht, dass die Abschlussprüfer auch bei nicht börsennotierten Unternehmen einem risikoorientierten Prüfungsansatz folgen.

- Die Ergebnisse bezüglich des Einflusses von Agency-Problemen sind nicht in allen statistischen Schätzungen einheitlich. So können sowohl in der *Pooled OLS* Schätzung als auch in der *2SLS* Schätzung statistisch signifikante und auch wirtschaftlich relevante Auswirkungen von Variablen, die Agency-Konflikte abbilden sollen, festgestellt werden. Demnach führt eine Zunahme des Einflusses von Familien zu einem niedrigeren Prüfungshonorar, was dafür sprechen könnte, dass eine zunehmende Eigentümerkonzentration zu einer Abmilderung von Agency-Konflikten zwischen Unternehmensleitung und Eigentümern führt. Der Effekt eines niedrigeren Prüfungshonorars lässt sich jedoch nicht beobachten, wenn Familien die Mehrheit des Unternehmens kontrollieren oder aktiv in die Leitung des Unternehmens eingebunden sind. In diesen Fällen könnte das Risiko steigen, dass Familien ihre Mehrheitskontrolle und familiäre Verflechtungen mit der Geschäftsleitung zu ihren Gunsten nutzen und somit Interessenskonflikte zwischen Mehrheits- und Minderheitseigentümern zu einer Steigerung des Agency-Konfliktpotentials führen.
  Außerdem führt die Beteiligung eines ausländischen Gesellschafters zu einer wirtschaftlich relevanten Erhöhung des Prüfungshonorars um ca. 15 %. Das spricht dafür, dass ausländische Gesellschafter verstärkt an einem Monitoring interessiert sind und zusätzlichen Prüfungsaufwand verlangen.
  Für die im Rahmen der klassischen Agency-Theorie vermutete lineare Abnahme des Prüfungshonorars bei einer steigenden Beteiligung des Managements am Unternehmenseigentum kann keine Unterstützung gefunden werden. Stattdessen scheint der Zusammenhang zwischen *Management Ownership* und Prüfungshonoraren eher nichtlinear zu verlaufen.
  In der *H-T IV* Schätzung können jedoch für alle zeitkonstanten Variablen keine statistisch signifikanten Einflüsse bestätigt werden. Dies könnte allerdings durch statistische Probleme im Rahmen dieses Schätzverfahrens bedingt sein.
  Der Grad der Unternehmensverschuldung, der über die zeitvariante Variable *LEV* gemessen wird, wirkt sich erhöhend auf das Prüfungshonorar aus, was dafür spricht, dass hoch verschuldete Unternehmen eines zusätzlichen Prüfungsaufwands bedürfen, was möglicherweise darin begründet liegt, dass die Einhaltung von auf Rechnungslegungsgrößen basierenden Kreditvertragsklau-

seln zu prüfen ist und hochverschuldete Unternehmen ein höheres Fehlerrisiko aufweisen.

- Für die Mehrheit der großen vier Prüfungsgesellschaften können in allen Schätzungen höhere Honorare gegenüber der Referenzgruppe der kleinen Abschlussprüfer beobachtet werden. Lediglich die Prüfungsgesellschaft EY scheint keine signifikant höheren Prüfungshonorare zu verlangen, kann aber offenbar eine Honorarprämie bei Beratungsleistungen erzielen. Auffällig ist eine Art dreischichtiger Abstufung des Prüfungshonorars. So erzielen die Prüfungsgesellschaften PwC und KPMG gegenüber der Gruppe der kleinen Prüfer einen Honorarzuschlag von ca. 25 % bis 31 %, die BIG-4 Gesellschaft Deloitte berechnet um ca. 18 % höhere Honorare. Mittelgroße Prüfungsgesellschaften können einen etwas geringeren Honorarzuschlag von ca. 14,3 % erzielen.
  Die Interpretation von Honorarprämien im Segment nicht börsennotierter Mandate bietet den Vorteil, dass diese weniger auf andere Ursachen wie eine marktbeherrschende Stellung von Prüfungsgesellschaften oder Risikoprämien zurückzuführen sind, sondern vielmehr Hinweis auf eine Prüfungsqualitätsdifferenzierung bieten können.[1126] Auch wenn die Prüfungshonorare nicht direkt als Maßstab für die tatsächliche Prüfungsqualität dienen können, lassen sich die Ergebnisse als Indiz für eine mehrschichtige Differenzierung zumindest der wahrgenommenen Prüfungsqualität zwischen den Prüfungsgesellschaften auslegen. Zudem gehen die Resultate einher mit den Ergebnissen von Loy (2013), der eine weitgehend identische Schichtung der tatsächlichen Prüfungsqualität bei deutschen, nicht börsennotierten Unternehmen belegt.[1127] Vor dem Hintergrund der Annahme, dass das Marktsegment für private Mandate verstärkt einen Wettbewerbsmarkt darstellt, lassen sich zudem Honorarprämien, die andere Studien für konzentriertere Segmente des deutschen Prüfungsmarkts beobachten, eher als Resultat einer Produktdifferenzierung als einer Kartellpreisbildung verstehen.[1128]

- Die Annahme eines Wettbewerbsmarktes wird unterstützt durch einen *Fee Cutting* Effekt, der sowohl in der *Pooled OLS* Schätzung als auch im *H-T IV* Ansatz Bestand hat. Wechselt ein Unternehmen seinen Abschlussprüfer, so fällt das Prüfungshonorar in der Wechselperiode um ca. 12 % niedriger aus als in den übrigen Perioden. Der *Fee Cutting* Effekt bietet zwar kein hinreichendes Indiz für ein *Low Balling* Verhalten der Prüfungsgesellschaften, jedoch deutet ein niedrigeres Prüfungshonorar bei einem Prüferwechsel auf einen funktionierenden Preiswettbewerb um Erstprüfungsmandate hin.

- Die Prüfung eines Konzernabschlusses bedingt in der *Pooled OLS* und der *2SLS* Schätzung wie erwartet ein höheres Prüfungshonorar, was für eine umfangreichere und komplexere Prüfungstätigkeit als bei einer Jahresabschlussprüfung

---

[1126] Vgl. *Langli, Svanström*, Audits of private companies, 2014, S. 153.

[1127] Vgl. *Loy*, An audit is an audit, 2013, S. 327.

[1128] Vgl. *Simunic*, The pricing of audit services, 1980, S. 171.

sprícht. In der *H-T IV* Schätzung kann für die zeitinvariante, endogene Variable *KONZERN* nur eine schwache bzw. keine statistische Signifikanz beobachtet werden. Ursache dafür dürfte ebenso wie bei den Agency-Variablen schwache Instrumente sein, die zu einer Verzerrung der Schätzer dieser Variablen führen.

- Ein signifikant positiver Einfluss der Honorare für Nichtprüfungsleistungen lässt sich sowohl in der *Pooled OLS* Schätzung als auch in der *2SLS* Schätzung, in der für eine potentielle Endogenität dieser Variablen kontrolliert wird, beobachten. Auch die Schätzung im Rahmen des *H-T IV* Ansatzes zeigt einen statistisch signifikant positiven Koeffizienten. Der wirtschaftliche Effekt der Beratungshonorare ist jedoch je nach Schätzverfahren unterschiedlich. So induziert der Koeffizient der *2SLS* Schätzung eine fast 42-prozentige Erhöhung des Prüfungshonorars, wenn das Beratungshonorar um eine Standardabweichung steigt. Der *H-T IV* Schätzer zeigt dagegen einen wesentlich geringeren wirtschaftlichen Effekt in Höhe von ca. 6 % bei Erhöhung der Nichtprüfungshonorare um eine Standardabweichung. Während Studien über börsennotierte Unternehmen häufig keine statistische Signifikanz der Beratungshonorarvariablen bei einer *2SLS* Schätzung feststellen, deuten die vorliegenden Ergebnisse auf einen Zusammenhang zwischen Prüfungs- und Beratungsleistungen bei den untersuchten privaten Unternehmen hin.[1129] Im Hinblick auf das Vorliegen von Wissenstransfers ist ein positiver Zusammenhang zwischen Prüfungs- und Beratungshonoraren mitunter schwierig zu interpretieren, da Kostenersparnisse des Prüfers eher ein sinkendes Prüfungshonorar plausibel erscheinen lassen.[1130] Dennoch ist theoretisch auch ein positiver Zusammenhang denkbar, insbesondere wenn Wissenstransfers von der Prüfungs- zur Beratungstätigkeit stattfinden.[1131] Das Auftreten von Wissenstransfers zwischen den beiden Leistungsarten könnte bei nicht börsennotierten Unternehmen dadurch begünstigt werden, dass die Abschlussprüfer ein breiteres Spektrum an Nichtprüfungsleistungen erbringen dürfen oder kleinere Prüfungsgesellschaften eine weniger strenge Trennung zwischen Prüfungs- und Beratungsteams vornehmen.[1132] Eine alternative Erklärung für den positiven Koeffizienten könnte sein, dass umfangreiche Beratungsleistungen Umstrukturierungen innerhalb des Mandantenunternehmens veranlassen, die wiederum einen höheren Prüfungsaufwand verursachen.[1133] Gleichzeitig widerspricht das positive Koeffizientenvorzeichen der Befürchtung, dass Abschlussprüfer Abschlussprüfungsleistungen

---

[1129] Vgl. *Hay, Knechel, Li,* Non-audit services and auditor independence, 2006, S. 725; *Köhler, Ratzinger-Sakel,* Audit market characteristics, 2012, S. 297.

[1130] Vgl. *Firth,* The provision of non-audit services and the pricing of audit fees, 1997, S. 514.

[1131] Vgl. *Simunic,* Auditing, consulting, and auditor independence, 1984, S. 688.

[1132] Vgl. *Antle, Gordon, Narayanamoorthy, Zhou,* The joint determination of audit fees, non-audit fees, and abnormal accruals, 2006, S. 251; *Dobler,* Auditor-provided non-audit services, 2014, S. 446.

[1133] Vgl. *Palmrose,* Nonaudit services, 1986, S. 410.

als „*loss leaders that might impair auditor independence*"[1134] nutzen, um Beratungsaufträge zu erhalten.

Im folgenden Kapitel soll nun untersucht werden, welche Determinanten von Seiten der Nachfrager nach Prüfungsleistungen die Wahl einer bestimmten Prüfungsqualität beeinflussen. Dieser Fragestellung widmet sich die Prüferwahlanalyse.

[1134] *Köhler, Ratzinger-Sakel*, Audit market characteristics, 2012, S. 294.

7 Analyse der Prüferwahl

Im Folgenden wird mittels logistischer Regressionsmodelle versucht, Determinanten zu identifizieren, die aus Sicht der Nachfrager nach Prüfungsleistungen die Wahl einer bestimmten Art von Prüfungsgesellschaft beeinflussen. Die Prüferwahluntersuchung stellt ebenfalls eine inputbezogene Maßgröße für Prüfungsqualität dar.[1135] Hintergrund dieser Vorgehensweise ist die bereits angeklungene Vermutung, dass – entgegen der vom Berufsstand der Wirtschaftsprüfer vertretenen Auffassung einer homogenen Prüfungsqualität für alle Abschlussprüfungen – die auf dem Markt für Abschlussprüfungen angebotenen Leistungen Qualitätsunterschiede aufweisen. Der internationale und nationale empirische Befund der Prüfungsforschung, der sich vor allem aus dem Segment der börsennotierten Unternehmen rekrutiert, legt nahe, dass die Qualität einer Abschlussprüfung kein homogenes Gut darstellt, sondern dass große Prüfungsgesellschaften ein höheres Qualitätsniveau bieten als nicht große Gesellschaften.[1136] Die Abbildung von Prüfungsqualität über die Wahl einer großen Prüfungsgesellschaft weist daher eine hohe Konstruktvalidität auf.[1137]

Der Befund über eine derartige Differenzierung im nationalen Segment der nicht börsennotierten Unternehmen ist noch sehr beschränkt. Loy (2013) belegt jedoch für ein großes Sample deutscher, nicht kapitalmarktorientierter Unternehmen, dass die großen vier Prüfungsgesellschaften eine höhere Prüfungsqualität im Vergleich zu mittelgroßen und kleinen Abschlussprüfern bieten.[1138] Die im vorhergehenden Kapitel zur Bestimmung von Prüfungshonorardeterminanten erzielten Ergebnisse in Bezug auf eine Honorarprämie für große Prüfungsgesellschaften sprechen dafür, dass diese Gesellschaften als Anbieter einer höheren Prüfungsqualität wahrgenommen werden und daher in der Lage sind höhere Honorare als andere Prüfer zu erzielen. Insofern scheint die Annahme einer höheren Prüfungsqualität großer Abschlussprüfer auch im Segment der nicht börsennotierten Unternehmen gerechtfertigt.

Eine weitere Eigenschaft der Prüferwahluntersuchung ist, dass das Abbildungsmaß für Prüfungsqualität – im Gegensatz zur Untersuchung von Prüfungshonoraren bspw. – nicht mandatsspezifisch ist, da die Gruppen von Abschlussprüfern zumindest über kurze Frist konstant sind. So kann eine mittlere Prüfungsgesellschaft kurzfristig nicht in die Gruppe großer Prüfungsgesellschaften aufsteigen und somit ihr Qualitätsniveau verbessern. Auf der anderen Seite kann sich der Mandant für ein anderes Prüfungsqualitätsniveau entscheiden, indem er einen anderen Prüfertyp wählt.[1139] In diesem Zusammenhang ist davon auszugehen, dass sich die Nachfrager nach Prüfungsleistungen bei ihrer Prüferwahlentscheidung nach Kosten-Nutzen-Überlegungen richten werden, d. h. es wird ein Prüfer gewählt, der

---

[1135] Vgl. *DeFond, Zhang*, A review of archival auditing research, 2014, S. 285.

[1136] Vgl. *Watkins, Hillison, Morecroft*, Audit quality, 2004, S. 153; *Francis*, What do we know about audit quality, 2004, S. 345; *DeFond, Francis*, Audit research after Sarbanes-Oxley, 2005, S. 5; *Stefaniak, Robertson, Houston*, The causes and consequences of auditor switching, 2009, S. 47; *Lin, Hwang*, Audit quality, corporate governance, and earnings management, 2010, S. 57; *Fischkin, Gassen*, Ökonomie des Abschlussprüferwechsels, 2011, S. 855; *Fischkin*, Determinanten der Prüferwahl, 2011, S. 223; *Lenz*, EU-Grünbuch zur Abschlussprüfung, 2011, S. 198.

[1137] Vgl. *DeFond, Zhang*, A review of archival auditing research, 2014, S. 289.

[1138] Vgl. *Loy*, An audit is an audit, 2013, S. 327.

[1139] Vgl. *DeFond, Zhang*, A review of archival auditing research, 2014, S. 289.

den unternehmensspezifischen Bedürfnissen an Prüfungsqualität entspricht.[1140] Diese Überlegung dürfte für das Segment nicht kapitalmarktorientierter Unternehmen noch verstärkt zutreffen, da diese Unternehmen im Durchschnitt einen geringeren Prüfungsumfang aufgrund geringerer Veröffentlichungs- und Prüfungspflichten[1141] als börsennotierte Unternehmen beinhalten, weniger komplexe Bilanzierungsstandards anwenden[1142] und keinem Druck des Kapitalmarkts zur Bestellung renommierter Prüfungsgesellschaften unterliegen. Im Vergleich zu börsennotierten Unternehmen erweitern diese Faktoren die Wahlmöglichkeiten von nicht kapitalmarktorientierten Unternehmen in Bezug auf die Bestellung eines bestimmten Abschlussprüfers und damit letztendlich auch in Bezug auf die Entscheidung für eine bestimmte Prüfungsqualität.

Gleichzeitig dürften Unternehmenseigentums- und Finanzierungsstrukturen, die sich sowohl innerhalb des Kreises der nicht börsennotierten Unternehmen selbst als auch im Vergleich zu börsennotierten Unternehmen wesentlich voneinander unterscheiden können, eine weitaus heterogenere Nachfrage nach Prüfungsqualität nach sich ziehen.

Die Untersuchung von Prüferwahldeterminanten nicht kapitalmarktorientierter Unternehmen bietet daher ein interessantes Setting zur Untersuchung von Faktoren, welche die Nachfrage des Mandanten nach Prüfungsqualität determinieren.[1143]

Im Folgenden wird das zu untersuchende Prüferwahlmodell aufgestellt. In diesem Zusammenhang werden sowohl die abhängigen Variablen als auch die potentiellen Einflussfaktoren erläutert. In diesem Rahmen werden die Prüferwahlhypothesen aufgestellt.

Im Anschluss daran werden die Ergebnisse der Untersuchung besprochen und diskutiert.

7.1 Abhängige Variablen

Im Rahmen von Prüferwahluntersuchungen lassen sich im Wesentlichen zwei Szenarien unterscheiden. Bei Unternehmen, die nicht aufgrund gesetzlicher Vorschriften zur Durchführung einer Abschlussprüfung verpflichtet sind, wird die Nachfrage nach Abschlussprüfung in der Regel über die freiwillige Durchführung einer Prüfung abgebildet.[1144] Diese Un-

---

[1140] Vgl. *Fischkin*, Determinanten der Prüferwahl, 2011, S. 99; *Lenz*, Spaltung des Berufsstands der Wirtschaftsprüfer in Deutschland, 2014, S. 323.

[1141] Börsennotierte Unternehmen gelten stets als große Kapitalgesellschaften i.S. d. § 267 Abs. 3 und 4 HGB und können daher keine Erleichterungen in Bezug auf Abschluss- und Lageberichterstellung in Anspruch nehmen. Im Rahmen der Prüfung börsennotierter Unternehmen i.S. d. § 3 AktG sind gem. § 317 Abs. 4 HGB vom Abschlussprüfer zusätzlich die vom Vorstand getroffenen Sicherungsmaßnahmen i.S.d. § 91 Abs. 2 AktG auf ihre Wirksamkeit zu beurteilen.

[1142] Vgl. *Küting*, Zum Schwierigkeitsgrad einer HGB- und IFRS-Abschlussprüfung, 2012, S. 1521-1528.

[1143] Vgl. *DeFond, Zhang*, A review of archival auditing research, 2014, S. 289.

[1144] In den USA bspw. unterliegen lediglich Unternehmen mit mehr 10 Mio. € Bilanzsumme und großem Streubesitz einer Prüfungspflicht, vgl. *Dedman, Kausar, Lennox*, The demand for audit in private firms, 2014, S. 2. In Deutschland sind Kapitalgesellschaften und Mischgesellschaften i.S.d. § 264a HGB, die nicht mittelgroße oder große Gesellschaften sind, von der gesetzlichen Prüfungspflicht des § 316 Abs. 1 HGB ausgenommen. Generell unterliegen keiner Prüfungspflicht Nicht-Kapitalgesellschaften, insbesondere Einzelunternehmer und reine Personenhandelsgesellschaften, soweit sie nicht von der Prüfungspflicht der §§ 6 und 14 PublG erfasst werden.

ternehmen unterliegen jedoch in der Regel auch keiner Pflicht zur Veröffentlichung ihrer Finanzberichte, so dass empirische Untersuchungen in diesem Kontext selten anzutreffen sind.[1145] Üblicherweise wird daher ein Szenario untersucht, in dem eine gesetzliche Prüfungspflicht gilt. In diesem können die Unternehmen sich einer Prüfung nicht entziehen, allerdings haben sie die Möglichkeit durch die Wahl einer bestimmten Prüfungsgesellschaft ein ihren Anforderungen entsprechendes Niveau an Prüfungsqualität zu wählen. In diesem Zusammenhang wird vermutet, dass große Prüfungsgesellschaften eine höhere Prüfungsqualität bieten, da sie stärker unter der Aufdeckung von unabhängigkeitsbeeinträchtigendem Verhalten und einem damit einhergehenden Verlust von Quasirenten leiden würden.[1146]

Die BIG-4 Gesellschaften gelten mit breiter Akzeptanz als Anbieter einer überdurchschnittlichen Prüfungsqualität.[1147] Dem in bisherigen Prüferwahluntersuchungen üblichen *modus operandi* folgend wird daher als abhängige Variable die binäre Variable *BIG-4* eingeführt, die den Wert 1 annimmt, wenn das Prüfungsmandat von einer der vier großen Prüfungsgesellschaft betreut wurde und ansonsten den Wert 0 trägt.[1148]

Im Vergleich zum Marktsegment börsennotierter Unternehmen, das überwiegend von den BIG-4 Gesellschaften dominiert wird, treten auf dem Markt für nicht börsennotierte Mandate eine Vielzahl unterschiedlicher Abschlussprüfertypen auf, die von der BIG-4 Gesellschaft bis hin zur Klein- und Einzelpraxis reichen.[1149] Eine dichotome Trennung in BIG-4 und Non-BIG-4 Gesellschaften zur Abbildung einer höheren Prüfungsqualität erscheint daher nicht ausreichend. Vielmehr ist in diesem Marktsegment von einer vielschichtigeren Differenzierung von Prüfungsqualität auszugehen. So sprechen die Ergebnisse von LOY (2013) für eine mindestens dreistufige Qualitätsdifferenzierung zwischen großen, mittelgroßen und kleinen Prüfungsgesellschaften im Segment nicht börsennotierter Unternehmen.[1150] Auch ESHLEMAN/GUO (2014), die Prüfungsqualität über die Wahrscheinlichkeit von *Accounting Restatements* abbilden, schließen aus ihren Ergebnissen: „*Taken together, the evidence suggests a hierarchy of audit firms, with Big 4 auditors providing the highest audit quality, small auditors providing the lowest level of audit quality, and Mid-tier auditors providing audit quality in between the Big 4 and the small auditors.*“[1151] Die Resultate der Prüferhonoraranalyse des vorangegangenen Kapitels belegen einen im Vergleich zu den BIG-4 Gesellschaften etwas geringer ausfallenden Honorarzuschlag mittelgroßer Prüfungsgesellschaften gegenüber kleinen Abschlussprüfern, der ebenfalls als Indiz für eine Art dreistufige Qualitätsabstufung dienen kann. Daher wird auch die Variable *MIDTIER* als abhängige Variable verwendet, um zu untersuchen, welche Faktoren die Wahl einer mittelgroßen Prüfungsgesellschaft im Vergleich zu einem kleinen Abschlussprüfer beeinflussen. In Einklang mit Kapitel 6 werden unter mittelgroßen Prüfungsgesellschaften die Prüfungsgesellschaften verstanden, die laut der Lünendonk-Liste „Führende Wirtschaftsprüfungs- und

[1145] Vgl. *Dedman, Kausar, Lennox*, The demand for audit in private firms, 2014, S. 2.

[1146] Vgl. *DeAngelo*, Auditor size, 1981, S. 184 f.

[1147] Vgl. *DeFond, Zhang*, A review of archival auditing research, 2014, S. 289.

[1148] Vgl. *Lenz*, Wahl des handelsrechtlichen Abschlussprüfers, 1993, S. 401; *Fischkin*, Determinanten der Prüferwahl, 2011, S. 196.

[1149] Für eine Differenzierung der unterschiedlichen Prüfertypen innerhalb des Berufsstandes der Wirtschaftsprüfer vgl. *Lenz*, Spaltung des Berufsstandes der Wirtschaftsprüfer in Deutschland, 2014, S. 314-316.

[1150] Vgl. *Loy*, An audit is an audit, 2013, S. 327.

[1151] *Eshleman, Guo*, Do Big 4 auditors provide higher audit quality, 2014, S. 199.

Steuerberatungs-Gesellschaften in Deutschland" außerhalb der BIG-4 Gesellschaften zu den 25 führenden Wirtschaftsprüfungsgesellschaften in Deutschland gehören.[1152]

7.2 Unabhängige Variablen

BEATTIE/FEARNLEY (1995) führen an, dass die Prüferwahlentscheidung hauptsächlich dominiert wird von mandantenspezifischen Charakteristiken.[1153] Den theoretischen Hintergrund hierzu bildet üblicherweise die Prinzipal-Agent Theorie. Im Rahmen fremd- und eigenfinanzierungsbedingter Agency-Konflikte dient die Abschlussprüfung als Versicherung der Ordnungsmäßigkeit der vom Management erstellten Finanzberichte.[1154] Dabei können sowohl von Seiten des Prinzipals als auch auf Seiten des Agenten Anreize bestehen, eine hohe Prüfungsqualität nachzufragen. Während der Prinzipal die Wahl einer hochqualitativen Abschlussprüfung als wirksames Instrument zur Überwachung des Agenten (*Monitoring*) ansehen könnte, kann der Agent selbst daran interessiert sein, durch entsprechende Maßnahmen seine Vertrauenswürdigkeit zu signalisieren (*Bonding*).[1155] Da der Einsatz eines Abschlussprüfers mit Kosten verbunden ist, erfolgt gemäß der Prinzipal-Agent Theorie der Einsatz einer (hochqualitativen) Prüfung nur, wenn dadurch eine Marktwertsteigerung erzielt werden kann, die höher ausfällt als die Kosten der zur Reduktion von Agency-Konflikten eingesetzten Instrumente.[1156] DEFOND/ZHANG (2014) halten daher fest: „*Since agency conflicts are the primary source of the client's incentives to demand high audit quality, it is natural to examine the link between audit quality and agency conflicts.*"[1157] Die Ungewissheit über den Grad an Agency-Konflikten in nicht börsennotierten Unternehmen wurde in Kapitel 3 diskutiert. LENNOX (2005) und HOPE/LANGLI/THOMAS (2012) weisen jedoch nach, dass auch bei nicht börsennotierten Unternehmen die Wahl einer großen Prüfungsgesellschaft durch Agency-Konflikte beeinflusst wird.[1158] Aus kontrolltheoretischer und organisationstheoretischer Sichtweise lassen sich zudem die Unternehmensgröße und Komplexität als weitere wichtige mandantenspezifische Einflussfaktoren auf die Wahrscheinlichkeit der Bestellung einer großen Prüfungsgesellschaft begründen. Ebenso dürften die Profitabilität des Mandanten und die Art des zu prüfenden Abschlusses in diesem Zusammenhang von Bedeutung sein.

Als zweiten wichtigen Einflussfaktor auf die Prüferwahlentscheidung sehen BEATTIE/FEARNLEY (1995) die Eigenschaften eines potentiellen Prüfers (prüferspezifische Charakte-

[1152] Vgl. Abschnitt 6.2.2.

[1153] Vgl. *Beattie, Fearnley*, The importance of audit firm characteristics, 1995, S. 228.

[1154] Vgl. *Lenz*, Wahl des handelsrechtlichen Abschlussprüfers, 1993, S. 1-199; *Fischkin*, Determinanten der Prüferwahl, 2011, S. 97-99; *Hope, Langli, Thomas*, Agency conflicts and auditing in private firms, 2012, S. 502-506.

[1155] Vgl. *Jensen, Meckling*, Theory of the firm, 1976, S. 308.

[1156] Vgl. *Ewert*, Wirtschaftsprüfung und asymmetrische Information, 1990, S. 34; *Fischkin*, Determinanten der Prüferwahl, 2011, S. 99.

[1157] *DeFond, Zhang*, A review of archival accounting research, 2014, S. 294.

[1158] Vgl. *Lennox*, Management ownership and audit firm size, 2005, S. 225; *Hope, Langli, Thomas*, Agency conflicts and auditing in private companies, 2012, S. 513 f.

ristiken).[1159] So führen die Autoren an, dass hierbei unter anderem die Fähigkeit des Prüfers zur Erbringung von Nichtprüfungsleistungen eine wichtige Rolle bei der Entscheidung für eine bestimmte Prüfungsgesellschaft spielt.[1160]

Im nächsten Abschnitt werden die Einflussfaktoren auf die Bestellung einer großen Prüfungsgesellschaft theoretisch begründet und in diesem Zusammenhang die Prüferwahlhypothesen aufgestellt.

7.2.1 Mandantenspezifische Charakteristiken

7.2.1.1 Agency-Konflikte

Die grundsätzliche Argumentation hinsichtlich der Nachfrage nach hochqualitativer Prüfungsleistung und Agency-Problematiken folgt dem Leitfaden, wonach ein steigendes Ausmaß an Agency-Konflikten einen höheren Bedarf nach geeigneten *Monitoring*- und *Bonding*-Maßnahmen nach sich zieht. Im Folgenden wird der Zusammenhang zwischen unterschiedlichen Konstellationen, die Agency-Konflikte auslösen können, und der Nachfrage nach Prüfungsqualität diskutiert und Hypothesen abgeleitet.

Trennung von Eigentum und Kontrolle

Im Argumentationsrahmen der klassischen Agency-Theorie bedingt eine zunehmende Trennung von Eigentum und Kontrolle steigende Agency-Konflikte zwischen Eigentümern und Managern.[1161] In diesem Fall dürfte von Seiten der Eigentümer ein stärkeres Interesse an einer wirksamen Überwachung der Geschäftsführung bestehen. Insbesondere im Zuge erfolgsorientierter Vergütungsverträge, die auf von der Unternehmensleitung erstellten Rechnungslegungsgrößen basieren, erscheint die Verifizierung dieser Informationen durch eine hochqualitative Abschlussprüfung sinnvoll.[1162] GUL/LYNN/TSUI (2002) erkennen, dass die Prüfung durch BIG-N Prüfer zu einer Reduktion mit niedrigen Managerbeteiligungen

---

1159 Vgl. *Beattie, Fearnley*, The importance of audit firm characteristics, 1995, S. 228. Die Autoren führen als dritten Faktor das Prüfungsumfeld an, welches bei Änderungen einen Prüferwechsel auslösen kann. Unter Prüfungsumfeld verstehen die Autoren u. a. den regulatorischen und wirtschaftlichen Rahmen, in dem sich die Prüfer-Mandanten Beziehung vollzieht. Veränderungen dessen sehen die Autoren bspw. in „*The relaxation of ethical guidelines concerning advertising and solicitation, the introduction of auditor registration and monitoring (...). Observed behavioural changes by market participants include tendering, aggressive fee renegotiation and opinion shopping by auditees, and low-balling (i,e, predatory pricing), response to auditees' opinion shopping behaviour and merger activity by auditors.*“, *Beattie, Fearnley*, The importance of audit firm characteristics, 1995, S. 227. Solche Faktoren lassen sich nur schwer beobachten und in empirische Abbildungsgrößen umsetzen. Zudem sind derartige, tiefgreifende Änderungen des Prüferumfelds über einen nur vierjährigen Beobachtungszeitraum lediglich in geringem Ausmaß zu erwarten. Die vorliegende Prüferwahluntersuchung enthält daher keine derartigen Variablen.

1160 Vgl. *Beattie, Fearnley*, The importance of audit firm characteristics, 1995, S. 238.

1161 Vgl. *Jensen, Meckling*, Theory of the firm, 1976, S. 312 ff.

1162 WATTS/ZIMMERMAN (1986) argumentieren, dass die Erstellung von Finanzberichten und deren Prüfung durch einen Abschlussprüfer den kosteneffektivsten Weg darstellt, vgl. *Watts, Zimmerman*, Positive accounting theory, 1986, S. 312.

verbundener Konflikte, wie z. B. geringer Informationsgehalt über Erträge und hohe Ermessensrückstellungen, führt.[1163]

Bei einer abnehmenden Trennung zwischen Eigentum und Kontrolle, d. h. bei einer Zunahme des Eigentumsanteils des Managements (*Management Ownership*), erscheint ein negativer Zusammenhang zum Bedarf nach hochqualitativer Abschlussprüfung plausibel, da Abschlussprüfung nicht kostenlos verfügbar ist und die Bestellung einer größeren Prüfungsgesellschaft in der Regel mit höheren Kosten verbunden ist. HOPE/LANGLI/THOMAS (2012) stellen für ein Sample norwegischer, nicht börsennotierter Unternehmen fest, dass ein zunehmendes *Management Ownership* zu einem Rückgang der Prüfungshonorare führt, was darauf schließen lässt, dass eine zunehmende Interessenangleichung (*Alignment*) einen geringeren Prüfungsaufwand nach sich zieht.[1164] Ebenso erkennen die Autoren in Sensitivitätstests einen signifikant negativen Einfluss der Managerbeteiligung auf die Wahrscheinlichkeit der Wahl einer BIG-N Gesellschaft.[1165]

NISKANEN/KARJALAINEN/STEIJVERS (2011) bekräftigen in einem Sample privater, finnischer Familienunternehmen, dass die Wahrscheinlichkeit der Bestellung einer BIG-N Gesellschaft mit zunehmendem Eigentumsanteil des Managements abnimmt.[1166] Zudem stellen die Autoren fest, dass mit steigenden Anteilsquoten des Managements die Bedeutung externer Aufsichtsgremien sinkt, was auf eine Reduktion von Agency-Konflikten schließen lässt.[1167]

Die Prüferwahlhypothese für den Zusammenhang zwischen der Trennung von Eigentum und Kontrolle und der Nachfrage nach hochqualitativer Prüfungsleistung wird daher wie folgt formuliert:

> **Prüferwahlhypothese 1**
> Eine zunehmende Beteiligung des Managements am Unternehmenskapital reduziert die Wahrscheinlichkeit der Bestellung einer größeren Prüfungsgesellschaft.

Familieneinfluss

Der empirische Befund, welche Rolle der Einfluss von Familien auf die Nachfrage nach Prüfungsqualität spielt, ist vor allem bei nicht börsennotierten Unternehmen sehr begrenzt.[1168]

Die Ausprägung von Agency-Konflikten in Unternehmen, die unter dem Einfluss von Familien stehen, ist ex ante unklar.[1169] So lassen sich geringere Typ-1 Agency-Konflikte mit

---

[1163] Vgl. *Gul, Lynn, Tsui*, Audit quality, management ownership, and the informativeness of accounting earnings, 2002, S. 25.

[1164] Vgl. *Hope, Langli, Thomas*, Agency conflicts and auditing in private firms, 2012, S. 513.

[1165] Vgl. *Hope, Langli, Thomas*, Agency conflicts and auditing in private firms, 2012, S. 509.

[1166] Vgl. *Niskanen, Karjalainen, Steijvers*, The role of board structure, 2011, S. 16.

[1167] Vgl. *Niskanen, Karjalainen, Steijvers*, The role of board structure, 2011, S. 8.

[1168] Vgl. *Corten, Steijvers, Lybaert*, Audit demand in private firms, 2012, S. 105.

[1169] Vgl. *Niskanen, Karjalainen, Niskanen*, The role of auditing, 2010, S. 242. Siehe auch die Ausführungen in Abschnitt 6.2.1.1.

weniger stark ausgeprägten Informationsasymmetrien innerhalb von Familienunternehmen und einer stärkeren Kongruenz von Eigentümer- und Managerinteressen begründen.[1170] Zudem wird vermutet, dass eine starke interne Kontrolle des Managements durch die Familie zu einer geringeren Nachfrage nach äußeren Überwachungsmechanismen führt und somit die Wahrscheinlichkeit der Bestellung einer großen Prüfungsgesellschaft sinkt.[1171]

Diese Vermutung wird unterstützt durch einen umfangreichen empirischen Befund. So erkennen LENZ (1993), LENZ/VERLEYSDONG (1998), ASHBAUGH/WARFIELD (2003), EL GHOUL/GUEDHAMI/LENNOX/PITTMAN (2015), FISCHKIN (2011) und NISKANEN/KARJALAINEN/STEIJVERS (2011) einen negativen Zusammenhang zwischen Familienunternehmen und der Wahrscheinlichkeit der Wahl einer großen Prüfungsgesellschaft.[1172]

HO/KANG (2013) stellen zudem fest, dass Familienunternehmen mit aktiver Partizipation von Familienmitgliedern in der Unternehmensleitung mit geringerer Wahrscheinlichkeit einen großen Prüfer berufen als solche mit Nichtfamilienmanagern.[1173]

Demgegenüber wird argumentiert, dass die Unternehmenskontrolle durch Familien zu einem *Entrenchment*-Problem führt, in dem Sinne, dass Familien ihre starke Position im Unternehmen nutzen, um zu Lasten anderer Investoren und Stakeholder Nutzen zu ziehen (Typ-2 Agency Konflikte). Wird dieses opportunistische Verhalten der Familie durch Investoren und Stakeholder antizipiert, könnten Familienunternehmen dazu tendieren, große Prüfungsgesellschaften zu bestellen, um eine glaubwürdige Finanzberichterstattung zu signalisieren.[1174] HO/KANG (2013) argumentieren, dass Familienunternehmen „*resort to external instead of internal monitoring mechanisms to assure minority shareholders and external parties of the firm's financial reporting quality*“[1175]. FAN/WONG (2005) berichten, dass ostasiatische börsennotierte Unternehmen mit großen *Entrenchment*-Problemen häufiger BIG-N-Gesellschaften bestellen.[1176]

KHAN/SUBRAMANIAM (2012) stellen für australische börsennotierte Unternehmen fest, dass Familienunternehmen mit höherer Wahrscheinlichkeit eine große Prüfungsgesellschaft berufen und sehen dieses Ergebnis als Signalsetzung für bessere Glaubwürdigkeit.[1177]

1170 Vgl. *Ho, Kang*, Auditor choice and audit fees in family firms, 2013, S. 72.

1171 Vgl. *El Gouhl, Guedhami, Lennox, Pittman*, External versus internal monitoring, 2015, S. 2.

1172 Vgl. *Lenz*, Wahl des handelsrechtlichen Abschlussprüfers, 1993, S. 468; *Lenz, Verleysdonk*, Analyse der Wahl des Abschlussprüfers, 1998, S. 851; *Ashbaugh, Warfield*, Audits as a corporate governance mechanism, 2003, S. 2; *El Gouhl, Guedhami, Lennox, Pittman*, External vs. internal monitoring, 2015, S. 2; *Fischkin*, Determinanten der Prüferwahl, 2011, S. 117; *Niskanen, Karjalainen, Steijvers*, The role of board structure in Family Firms, 2011, S. 15.

1173 Vgl. *Ho, Kang*, Auditor choice and audit fees in family firms, 2013, S. 89.

1174 Vgl. *Anderson, Reeb*, Founding-family ownership and firm performance, 2003, S. 1303.

1175 *Ho, Kang*, Auditor choice and audit fees in family firms, 2013, S. 74.

1176 Vgl. *Fan, Wong*, Do external auditors perform a corporate governance role in emerging markets, 2005, S. 37.

1177 Vgl. *Khan, Subramaniam*, Family firm, audit fee and auditor choice, 2012, S. 16. Angesichts eines steigenden *Entrenchments* könnten Familienunternehmen jedoch auch dazu neigen, nur eine geringe Prüfungsqualität nachzufragen, um ihre eigennützige Ausbeutung des Unternehmens gegenüber anderen Investoren oder Stakeholdern im Verborgenen zu halten, vgl. *Darmadi*, Ownership concentration, family control, and auditor choice, 2012, S. 29.

Die dargestellten empirischen Befunde lassen sowohl einen negativen als auch einen positiven Zusammenhang zwischen Familienunternehmen und deren Nachfrage nach hochqualitativer Prüfung möglich erscheinen.

Demzufolge wird die Prüferwahlhypothese in Bezug auf den Einfluss von Familien wie folgt formuliert:

Prüferwahlhypothese 2
Der Einfluss von Familien hat eine Auswirkung auf die Wahrscheinlichkeit der Wahl einer größeren Prüfungsgesellschaft.

Ausländische Eigentümer

Unternehmen mit ausländischen Eigentümern dürften aufgrund räumlicher Entfernung, kultureller Differenzen, sprachlicher Barrieren sowie unterschiedlicher Rechnungslegungssysteme und -anforderungen ein höheres Maß an Agency-Konflikten aufweisen, welches eine stärkere Nachfrage ausländischer Eigentümer nach glaubwürdiger Finanzberichterstattung befördern sollte.[1178]

So erkennen DEFOND/WONG/LI (2000), dass eine Beteiligung ausländischer Investoren an IPO-Unternehmen die Wahrscheinlichkeit der Bestellung einer großen Prüfungsgesellschaft signifikant erhöht, und begründen dies damit, dass die Prüfungsanfordernisse dieser Unternehmen aufgrund des Komplexitätsniveaus und der geographischen Streuung nur von großen Prüfern zu bewältigen sind.[1179] Einen positiven Zusammenhang zwischen der Beteiligung ausländischer Investoren und der Wahl einer großen Prüfungsgesellschaft bei IPO-Unternehmen stellen auch KARIM/VAN ZIJL/MOLLAH (2013) fest und notieren, dass die Wahl hochqualitativer Prüfer ein wichtiges Überwachungsinstrument für ausländische Eigentümer darstellt.[1180] CHOU/ZAIATS/ZHANG (2014) stellen fest, dass von BIG-4-Gesellschaften geprüfte Unternehmen eher in der Lage sind, ausländisches Kapital anzuziehen als von Nicht-BIG-4-Gesellschaften geprüfte Unternehmen.[1181]

GUEDHAMI/PITTMAN/SAFFAR (2009) weisen im Rahmen einer 32 Länder einschließenden Studie für ehemalige Staatsunternehmen, die privatisiert wurden, nach, dass die Wahrscheinlichkeit einer Bestellung einer BIG-4-Gesellschaft mit steigendem Stimmrechtsanteil ausländischer Investoren signifikant steigt, und führen dieses Ergebnis auf höhere Transparenzanforderungen dieser Investoren an die Rechnungslegung zurück.[1182] FISCHKIN (2011) kann jedoch für deutsche börsennotierte Unternehmen einen positiven Zusammen-

[1178] Vgl. *Fischkin*, Determinanten der Prüferwahl, 2011, S. 110. Siehe auch die Ausführungen in Abschnitt 6.2.1.1.

[1179] Vgl. *DeFond, Wong, Li*, The impact of improved auditor independence, 2000, S. 272.

[1180] Vgl. *Karim, Van Zijl, Mollah*, Impact of board ownership, CEO-chair duality and foreign equity participation, 2013, S. 165.

[1181] Vgl. *Chou, Zaiats, Zhang*, Does auditor quality matter to foreign investors, 2014, S. 16 f.

[1182] Vgl. *Guedhami, Pittman, Saffar*, Auditor choice in privatized firms, 2009, S. 168.

hang zwischen dem Stimmrechtsanteil ausländischer Paketaktionäre und der Nachfrage nach BIG-4-Prüfungsleistungen nur in einem Teilmodell bestätigen.[1183]

Für den Bereich privater Unternehmen existieren kaum Befunde, allerdings ist auch hier zu vermuten, dass eine stärkere Nachfrage ausländischer Eigentümer nach hochqualitativer Abschlussprüfung als effizienten Überwachungsmechanismus besteht.

Die Prüferwahlhypothese lautet daher wie folgt:

Prüferwahlhypothese 3
Unternehmen mit Beteiligung ausländischer Gesellschafter bestellen mit höherer Wahrscheinlichkeit eine größere Prüfungsgesellschaft.

Unternehmensverschuldung

Im Rahmen der klassischen Agency-Theorie lässt sich im Rahmen fremdfinanzierter Agency-Konflikte ein positiver Zusammenhang zwischen dem Grad der Unternehmensverschuldung und der Nachfrage nach Prüfungsqualität begründen. So könnten Unternehmer nach der Kapitalbereitstellung durch Fremdkapitalgeber versucht sein, aufgrund einer ungleichen Gewinn- bzw. Risikoaufteilung risikoreichere Projekte zu realisieren bzw. auf wertsteigernde Projekte zu verzichten, die bereitgestellten Mittel an sich selbst auszuschütten oder zugunsten einer Ausschüttung Vermögensgegenstände trotz höherer Zukunftserfolgswerte zu liquidieren, um künftige Überschüsse nicht mit Fremdkapitalgebern teilen zu müssen.[1184] Bei Antizipation dieser Schädigungsmöglichkeiten werden die Fremdkapitalgeber diese Umstände zu Lasten der Schuldner einpreisen, so dass der Anreiz der Eigentümer zur Einrichtung entsprechender *Monitoring-* und *Bondingmaßnahmen* mit zunehmendem Fremdkapitalbedarf steigt.[1185] So finden sich in Kreditverträgen regelmäßig Klauseln, welche die Prüfung der Abschlussunterlagen und eventuell zusätzlicher Informationen durch eine Prüfungsgesellschaft mit hoher Reputation vorschreiben.[1186] Insbesondere für nicht börsennotierte Unternehmen, deren Mittel zur Eigenkapitalaufnahme begrenzt sind, dürfte die Aufnahme von Fremdkapital als Mittel zur Unternehmensfinanzierung bedeutsam sein. BLACKWELL/NOLAND/WINTERS (1998), HOPE/THOMAS/VYAS (2011), LENNOX/PITTMAN (2011), KARJALAINEN (2011) und CANO RODRIGUEZ/ SÁNCHEZ ALEGRIA (2012) belegen, dass nicht börsennotierte Unternehmen, die sich einer freiwilligen Prüfung oder einer Prüfung durch große Prüfungsgesellschaften unterziehen, niedrigere Fremdkapitalzinsen zahlen.[1187]

[1183] Vgl. *Fischkin*, Determinanten der Prüferwahl, 2011, S. 220.

[1184] Vgl. *Jensen, Meckling*, Theory of the firm, 1986, S. 62 ff.; *Ewert*, Wirtschaftsprüfung und asymmetrische Information, 1990, S. 25; *Lenz*, Wahl des handelsrechtlichen Abschlussprüfers, 1993, S. 8-15; *Fischkin*, Determinanten der Prüferwahl, 2011, S. 100.

[1185] Vgl. *Jensen, Meckling*, Theory of the firm, 1986, S. 318.

[1186] Vgl. *Baylis, Burnap, Clathworthy, Gad, Pong*, Private lenders' demand for audit, 2015, S. 2-3.

[1187] Vgl. *Blackwell, Noland, Winters*, The value of auditor assurance, 1998, S. 58; *Hope, Thomas, Vyas*, Financial credibility, ownership, and financing constraints in private firms, 2011, S. 935-957; *Lennox, Pittman*, Voluntary audits vs. mandatory audits, 2011, S. 1655-1678; *Karjalainen*, Audit quality and cost of debt capital for

Einen positiven Zusammenhang zwischen der Verschuldung und der Nachfrage nach hochqualitativer Abschlussprüfung unterstellt auch LENZ (1993), erkennt aber, dass hochverschuldete Unternehmen signifikant öfter von kleinen Prüfern geprüft werden.[1188] LENZ (1993) vermutet deshalb, dass hochverschuldete Unternehmen mit der Wahl eines „milderen" Prüfers *Opinion Shopping* betreiben, um bilanzpolitische Gestaltungräume gegenüber Gläubigern verstärkt nutzen zu können, oder dass große Prüfer aus Reputationsüberlegungen die Mandatsübernahmen bei risikoreichen, hochverschuldeten Unternehmen meiden.[1189] Eine andere Perspektive bieten GASSEN/SKAIFE (2009), die ebenfalls einen negativen Zusammenhang zwischen Unternehmensverschuldung und Wahl einer großen Prüfungsgesellschaft finden. Deren Argumentation zufolge stehen Unternehmen, die mehr Fremd- als Eigenkapital benötigen, unter der Kontrolle von Banken als Hauptgruppe der Fremdkapitalgeber, so dass sich bei diesen Unternehmen der Anreiz zur Wahl eines hochqualitativen Prüfers reduziert.[1190]

Die bisherigen Ergebnisse lassen einen Zusammenhang zwischen der Unternehmensverschuldung und der Nachfrage nach hochqualitativer Abschlussprüfung vermuten, über dessen Richtung jedoch keine Vorhersage vorab getroffen werden kann.

Die Prüferwahlhypothese lautet daher wie folgt:

Prüferwahlhypothese 4
Eine zunehmende Unternehmensverschuldung beeinflusst die Wahrscheinlichkeit der Bestellung einer größeren Prüfungsgesellschaft.

Gemessen wird die Unternehmensverschuldung über das Verhältnis von Fremdkapital zur Bilanzsumme.

7.2.1.2 Unternehmensgröße und Komplexität

Analog zu dem vermuteten und bestätigten positiven Zusammenhang zwischen Unternehmensgröße und Prüferhonoraren gilt auch im Rahmen der Prüferwahlanalyse die Erwartung, dass mit wachsender Größe des Mandanten die qualitativen Anforderungen an die Prüfung steigen und somit die Wahl einer großen Prüfungsgesellschaft wahrscheinlicher wird. Die Mandantengröße zählt zu den „*gängigsten Prüferwahldeterminanten*"[1191]. Der als

private firms, 2011, S. 88-108. FORTIN/PITTMAN (2007) können jedoch für nicht-börsennotierte US-amerikanische Unternehmen nicht nachweisen, dass die Prüfung durch eine BIG-N Gesellschaft das Vertrauen von Ratingagenturen und Gläubigern verbessert, vgl. *Fortin, Pittman*, Auditor choice in debt pricing, 2007, S. 860.

1188 Vgl. *Lenz*, Wahl des handelsrechtlichen Abschlussprüfers, 1993, S. 402.

1189 Vgl. *Lenz*, Wahl des handelsrechtlichen Abschlussprüfers, 1993, S. 427.

1190 Vgl. *Gassen, Skaife*, Audit reforms, 2009, S. 888. Für eine ähnliche Argumentation vgl. *Ashaugh, Warfield*, Audits as a coporate governance mechanism, 2003, S. 14.

1191 *Fischkin*, Determinanten der Prüferwahl, 2011, S. 122; Vgl. auch *Chow*, The demand for external auditing, 1982, S. 276; *Lenz*, Wahl des handelsrechtlichen Abschlussprüfers, 1993, S. 403; *Ashbaugh, Warfield*, Audits as a corporate governance mechanism, 2003, S. 10; *El Ghoul, Guedhami, Lennox, Pittmann*, External versus internal monitoring, 2015, S. 15; *Gassen, Skaife*, Audit reforms, 2009, S. 874.

positiv angenommene Zusammenhang wird aus kontrollorientierter Sichtweise damit begründet, dass in größeren Unternehmen eine Vielzahl von Angestellten, Orten, Aktivitäten und Prozessen die Organisationseffizienz beeinträchtigen können und dies zu einem Ansteigen des *Moral Hazard* Risikos führt.[1192] Organisationstheoretisch begründet LENZ (1993) den Einsatz großer Prüfungsgesellschaften bei größeren Mandaten damit, dass aufgrund hoher Investitionsanforderungen zur Entwicklung standardisierter Prüfungstechnologien und vielseitiger Spezialisierungserfordernisse nur große Prüfer in der Lage sind, Standardisierungs- und Spezialisierungsvorteile zu erzielen. Eine Großmandantenprüfung durch mehrere spezialisierte Kleinprüfer wäre nur zu prohibitiven Koordinationskosten möglich.[1193] Die Frage nach dem Zusammenhang zwischen Mandantengröße und der Wahl einer höherwertigen Prüfungsqualität ist eng verknüpft mit der Diskussion um den Einfluss von Mandantenkomplexität auf die Nachfrage nach hoher Prüfungsqualität.[1194] Mit zunehmender Unternehmensgröße steigt gleichzeitig auch die Komplexität der Abschlussprüfung, da größere Unternehmen anspruchsvollere Prüfungshandlungen (z. B. Rückstellungsprüfung, Prüfung ausländischer Geschäftsbeziehungen, Prüfung risikoanfälliger Bilanzpositionen) benötigen.[1195] Anspruchsvollere und umfangreiche Prüfungshandlungen können effizienter von größeren Prüfungsgesellschaften durchgeführt werden.

Die Prüferwahlhypothese lautet daher:

Prüferwahlhypothese 5
Die Wahrscheinlichkeit der Bestellung einer großen Prüfungsgesellschaft steigt mit zunehmender Unternehmensgröße und Komplexität.

Die Mandantengröße wird in Übereinstimmung mit bisherigen Studien über die logarithmierte Bilanzsumme gemessen.[1196]

Die Unternehmenskomplexität wird abgebildet über die jeweiligen Anteile der Bilanzpositionen Vorräte und Forderungen aus Lieferungen und Leistungen an der Bilanzsumme, die in bisherigen Arbeiten aufgrund ihrer Anfälligkeit für Risiken als Komplexitätsmaße verwendet werden. FISCHKIN (2011) argumentiert zwar, dass die Position Forderungen aus Lieferungen und Leistungen häufig Möglichkeiten zur Bilanzmanipulation eröffne und demnach ein hoher Forderungsanteil zur Nachfrage nach minderwertiger Prüfungsqualität führen könne.[1197] DEFOND/WONG/LI (2000), KNECHEL/NIEMI/SUNDGREN (2008) und GASSEN/SKAIFE (2009) gehen dagegen von einem positiven Zusammenhang aus.[1198] In Überein-

[1192] Vgl. *Knechel, Niemi, Sundgren,* Determinants of auditor choice, 2008, S. 70.
[1193] Vgl. *Lenz,* Wahl des handelsrechtlichen Abschlussprüfers, 1993, S. 385.
[1194] Vgl. *Fischkin,* Determinanten der Prüferwahl, 2011, S. 123.
[1195] Vgl. *Lenz,* Wahl des handelsrechtlichen Abschlussprüfers, 1993, S. 385.
[1196] Vgl. *Knechel, Niemi, Sundgren,* Determinants of auditor choice, 2008, S. 70; *Fischkin,* Determinanten der Prüferwahl, 2011, S. 123.
[1197] Vgl. *Fischkin,* Determinanten der Prüferwahl, 2011, S. 199.
[1198] Vgl. *DeFond, Wong, Li,* The impact of improved auditor independence, 2000, S. 286; *Knechel, Niemi, Sundgren,* Determinants of auditor choice, 2008, S. 70; *Gassen, Skaife,* Audit reforms, 2009, S. 887; *Fischkin,* Determinanten der Prüferwahl, 2011, S. 123.

stimmung mit der mehrheitlichen Argumentation wird für beide Variablen ein positiver Zusammenhang zur Bestellung einer größeren Prüfungsgesellschaft unterstellt.

Zudem wird die logarithmierte Anzahl der Tochterunternehmen als Größen- und Komplexitätsmaß einbezogen, da eine Vielzahl von Tochterunternehmen einhergehen dürfte mit zunehmenden Organisations- und Kontrollproblematiken.[1199] Es wird daher ein positiver Zusammenhang zwischen der Anzahl der Tochterunternehmen und der Nachfrage nach qualitativ hochwertiger Abschlussprüfung angenommen.

7.2.1.3 Unternehmensprofitablität

JOHNSON/LYS (1990) gehen von einem Zusammenhang zwischen der Mandantenprofitabilität und der Wahrscheinlichkeit eines Prüferwechsels aus.[1200] ABBOTT/PARKER (2000) vermuten, dass die Wahrscheinlichkeit der Bestellung eines spezialisierten Prüfers höher ist bei Unternehmen mit besserer Profitabilität, da diese Unternehmen eher bereit sind etwaige Honorarprämien für spezialisierte Prüfer zu zahlen.[1201] GASSEN/SKAIFE (2009) erwarten ebenfalls, dass profitabilitätsstarke Unternehmen eher große Prüfungsgesellschaften bestellen, erkennen jedoch einen signifikant negativen Zusammenhang.[1202] Dies unterstützt die Argumentation von FISCHKIN (2011), der anführt, dass weniger profitable Unternehmen geneigt sein könnten, über die Wahl eines großen Prüfers das Nichtvorhandensein von Unternehmensfortführungsrisiken signalisieren zu wollen.[1203]

Es wird daher ein Zusammenhang zwischen der Profitabilität und der Wahl des Abschlussprüfers angenommen, die genaue Ausrichtung bleibt angesichts der teilweise gegenläufigen Theorien und der gemischten Ergebnisse jedoch im Unklaren:

Prüferwahlhypothese 6
Die Unternehmensprofitabilität übt einen Einfluss auf die Wahrscheinlichkeit der Bestellung einer größeren Prüfungsgesellschaft aus.

In Einklang mit GASSEN/SKAIFE (2009) und FISCHKIN (2011) wird die Mandantenprofitabilität abgebildet über das Verhältnis von Jahresüberschuss zu Bilanzsumme (*Return on Assets*).

7.2.1.4 Abschlussart

Die Prüfung eines Konzernabschlusses dürfte in der Regel einen höheren prüferischen Aufwand bedingen, da der Konzernabschlussprüfer nicht nur die Normenkonformität des Konzernabschlusses zu verantworten hat, sondern auch für die Ordnungsmäßigkeit der ge-

[1199] Vgl. *Knechel, Niemi, Sundgren*, Determinants of auditor choice, 2008, S. 70.
[1200] Vgl. *Johnson, Lys*, The market for audit services, 1990, S. 296.
[1201] Vgl. *Abbott, Parker*, Auditor selection and audit committee characteristics, 2000, S. 54.
[1202] Vgl. *Gassen, Skaife*, Audit reforms, 2009, S. 887.
[1203] Vgl. *Fischkin*, Determinanten der Prüferwahl, 2011, S. 124. Der Autor kann jedoch keinen signifikanten Einfluss der Profitabilität erkennen.

prüften konsolidierten Einzelabschlüsse Sorge zu tragen hat.[1204] Gleichzeitig weisen Konzernunternehmen oftmals ausländische Tochterunternehmen auf, die einen internationalen Einsatz des Prüfers bedingen. Größere Prüfungsgesellschaften sind im Vergleich zu kleinen Prüfern oftmals in länderübergreifenden Netzwerken organisiert, so dass sie internationale Prüfungsaufträge effizienter bewältigen können. Die Prüfung ausländischer Tochterunternehmen birgt zudem eine höhere Komplexität, da die Einzelabschlüsse dieser Gesellschaften oftmals nach jeweils national geltendem Recht und in Landessprache erstellt werden. Außerdem erfordert die Abschlussprüfung internationaler Konzernverbünde ein hohes Spezialwissen, da Themen wie *Transfer-Pricing* und Währungsumrechnung eine wichtige Rolle spielen dürften.

Diese Überlegungen führen zur Prüferwahlhypothese:

Prüferwahlhypothese 7
Die Prüfung eines Konzernabschlusses erhöht die Wahrscheinlichkeit der Bestellung einer größeren Prüfungsgesellschaft.

7.2.2 Prüferspezifische Charakteristiken

Angebot von Beratungsleistungen

Der Zusammenhang zwischen der Inanspruchnahme von Beratungsleistungen und der Wahl einer großen Prüfungsgesellschaft lässt sich über zwei Argumente begründen.

Empirische Befunde sprechen dafür, dass der Abschlussprüfer vor allem bei privaten Unternehmen als externer Berater geschätzt wird.[1205] DOBLER (2014) argumentiert, dass Wissenstransfers zwischen Prüfungs- und Beratungsleistungen vor allem bei nicht börsennotierten Unternehmen auftreten.[1206] Dies könnte zur Folge haben, dass diese Unternehmen bei einer Weitergabe von Kostenersparnissen durch den Prüfer dessen Prüfungs- und/oder Beratungsleistungen günstiger als bei anderen Beratungsunternehmen einkaufen können. SVANSTRÖM/SUNDGREN (2012) beobachten, dass kleinere, nicht börsennotierte Unternehmen Beratungsleistungen kaum an externe Berater, die nicht Abschlussprüfer des Unternehmens sind, vergeben.[1207] Auch die bisherigen Ergebnisse der vorliegenden Arbeit lassen darauf schließen, dass die untersuchten Unternehmen häufig Nichtprüfungsleistungen des Abschlussprüfers in Anspruch nehmen und ein Zusammenhang zwischen Prüfungs- und Beratungsleistungen besteht.[1208] Gleichzeitig können größere Prüfungsgesellschaften aufgrund eines größeren Personalstamms und besser geschulter Mitarbeiter ein umfangreicheres und spezialisiertes Angebot an Beratungsleistungen anbieten als kleine Abschlussprüfer. Insofern lässt sich vermuten, dass Unternehmen, die Beratungsleistungen

[1204] Vgl. § 317 Abs. 3 HGB; IDW, PS 320 n. F., Rn. 2.
[1205] Vgl. *Svanström, Sundgren*, The demand for non-audit services and auditor-client relationships, 2012, S. 73.
[1206] Vgl. *Dobler*, Auditor-provided non-audit services, 2014, S. 446 f.
[1207] Vgl. *Svanström, Sundgren*, The demand for non-audit services and auditor-client relationships, 2012, S. 65.
[1208] Vgl. Kapitel 5 und Kapitel 6.

des Prüfers in Anspruch nehmen wollen, mit höherer Wahrscheinlichkeit eine größere Prüfungsgesellschaft bestellen.

Auf der anderen Seite ist die Erbringung von Nichtprüfungsleistungen durch den Prüfer stets mit Bedenken hinsichtlich einer möglichen Unabhängigkeitsbeeinträchtigung belastet. Ein positiver Zusammenhang zwischen der Inanspruchnahme von Beratungsleistungen und der Bestellung einer größeren Prüfungsgesellschaft lässt sich auch angesichts möglicher Unabhängigkeitsüberlegungen begründen. Größere Prüfungsgesellschaften gelten als unabhängigere Abschlussprüfer, da sie eine Vielzahl von Mandaten betreuen und ihnen bei Aufdeckung einer eingeschränkten Unabhängigkeit der Verlust der Quasi-Renten aus diesen Mandaten droht.[1209] Unternehmen, die Beratungsleistungen des Prüfers in Anspruch nehmen wollen, könnten daher mit der Wahl einer größeren Prüfungsgesellschaft die Abwesenheit von Unabhängigkeitsbeeinträchtigungen signalisieren wollen.

Nicht börsennotierte Unternehmen stehen jedoch weniger im Fokus der Öffentlichkeit und unterliegen einer weniger strengen Regulierung als börsennotierte Unternehmen, so dass Unabhängigkeitsüberlegungen für diese Unternehmen möglicherweise eine geringere Rolle spielen.[1210]

BEATTIE/FEARNLEY (1995) belegen, dass britische, börsennotierte Unternehmen die Fähigkeit des Prüfers, Beratungsleistungen anzubieten, als einen wichtigen Faktor bei der Wahl ihres Abschlussprüfers betrachten.[1211] DEDMAN/KAUSAR/LENNOX (2014) zeigen, dass britische, nicht börsennotierte Unternehmen, für die eine gesetzliche Prüfungspflicht abgeschafft wurde, mit höherer Wahrscheinlichkeit eine freiwillige Abschlussprüfung beibehalten, wenn sie in den Vorperioden Beratungsleistungen des Prüfers in Anspruch genommen hatten.[1212]

Diese Ausführungen führen zur folgenden Prüferwahlhypothese:

Prüferwahlhypothese 8
Unternehmen mit Beratungsbedarf beauftragen mit höherer Wahrscheinlichkeit eine größere Prüfungsgesellschaft.

[1209] Vgl. *DeAngelo*, Auditor size, 1981, S. 184.

[1210] Vgl. *Dedman, Kausar, Lennox*, The demand for audit in private firms, 2014, S. 9.

[1211] Vgl. *Beattie, Fearnley*, The importance of audit firm characteristics, 1995, S. 238; vgl. auch *Addams, Davis*, Privately held companies, 1994, S. 38 ff.

[1212] Vgl. *Dedman, Kausar, Lennox*, The demand for audit in private firms, 2014, S. 21.

7.3 Übersicht über Prüferwahlhypothesen

Tabelle 25 fasst die in der Prüferwahlanalyse verwendeten Variablen und die vermuteten Zusammenhänge anschaulich zusammen.

Tabelle 25: Übersicht über Prüferwahlhypothesen

Mandantenspezifische Charakteristiken	Agency-Konflikte	**Prüferwahlhypothese 1** Eine zunehmende Beteiligung des Managements am Unternehmenskapital reduziert die Wahrscheinlichkeit der Bestellung einer größeren Prüfungsgesellschaft.
		Prüferwahlhypothese 2 Der Einfluss von Familien hat eine Auswirkung auf die Wahrscheinlichkeit der Wahl einer größeren Prüfungsgesellschaft.
		Prüferwahlhypothese 3 Unternehmen mit Beteiligung ausländischer Gesellschafter bestellen mit höherer Wahrscheinlichkeit eine größere Prüfungsgesellschaft.
		Prüferwahlhypothese 4 Eine zunehmende Unternehmensverschuldung beeinflusst die Wahrscheinlichkeit der Bestellung einer größeren Prüfungsgesellschaft.
	Unternehmensgröße und Komplexität	**Prüferwahlhypothese 5** Die Wahrscheinlichkeit der Bestellung einer großen Prüfungsgesellschaft steigt mit zunehmender Unternehmensgröße und Komplexität.
	Unternehmensprofitabilität	**Prüferwahlhypothese 6** Die Unternehmensprofitabilität übt einen Einfluss auf die Wahrscheinlichkeit der Bestellung einer größeren Prüfungsgesellschaft aus.
	Abschlussart	**Prüferwahlhypothese 7** Die Prüfung eines Konzernabschlusses erhöht die Wahrscheinlichkeit der Bestellung einer größeren Prüfungsgesellschaft.
Prüferspezifische Charakteristiken	Angebot von Beratungsleistungen	**Prüferwahlhypothese 8** Unternehmen mit Beratungsbedarf beauftragen mit höherer Wahrscheinlichkeit eine größere Prüfungsgesellschaft.

7.4 Regressionsmodell

Ausgehend von den vorangegangenen Ausführungen wird folgendes, logistisches Prüferwahlmodell geschätzt.

$$BIG\text{-}4_{i,t}\ [MIDTIER_{i,t}] = \beta_0 + \beta_1\, MANSHARE_{i,t} + \beta_2 FAMSHARE_{i,t} + \beta_3\, FOREIGN_{i,t} + \beta_4 LEV_{i,t} + \beta_5 SIZE_{i,t} + \beta_6\, LN\_SUBS_{i,t} + \beta_7\, INV_{i,t} + \beta_8\, RECV_{i,t} + \beta_9 RENT_{i,t} + \beta_{10} KONZERN_{i,t} + \beta_{11} NAS_{i,t} + fixe\ Effekte + \varepsilon_{i,t} \quad \text{(Gleichung 7.1)}$$

Die zur Abbildung der Hypothesen verwendeten Variablen werden in Tabelle 26 beschrieben und das jeweils erwartete Vorzeichen des Koeffizienten angeben.

Tabelle 26: Variablen Prüferwahlanalyse

	Variable	Beschreibung	Erwartetes Vorzeichen
Abhängige Variablen			
	BIG-4	Indikatorvariable belegt mit 1, wenn das Unternehmen von einer BIG4-Prüfungsgesellschaft geprüft wurde; ansonsten 0	
	MIDTIER	Indikatorvariable belegt mit 1, wenn das Unternehmen von einer mittelgroßen Prüfungsgesellschaft geprüft wurde; ansonsten 0	
Unabhängige Variablen			
Agency-Variablen	*MANSHARE*	Kapitalanteil der Manager, die gleichzeitig auch (Teil-)Eigentümer des Unternehmens sind	-
	FAMSHARE	Kapitalanteil von Familien	?
	FOREIGN	Indikatorvariable belegt mit 1, wenn an dem geprüften Unternehmen ein ausländischer Gesellschafter beteiligt ist; ansonsten 0	+
	LEV	Verhältnis von Fremdkapital und Bilanzsumme	?

Unternehmensgröße und Komplexität	*SIZE*	natürlicher Logarithmus der Bilanzsumme	+
	LN_SUBS	natürlicher Logarithmus der Anzahl der vollkonsolidierten Tochterunternehmen	+
	INV	Anteil der Vorräte an der Bilanzsumme	+
	RECV	Anteil der Forderungen aus Lieferungen und Leistungen an der Bilanzsumme	+
Unternehmensprofitabilität	*RENT*	Verhältnis von Jahresüberschuss und Bilanzsumme	?
Abschlussart	*KONZERN*	Indikatorvariable belegt mit 1, wenn es sich um einen Konzernabschluss handelt; ansonsten 0	+
Angebot von Beratungsleistungen	*NAS*	Indikatorvariable belegt mit 1, wenn das Unternehmen in der aktuellen Periode Nichtprüfungshonorare > 0 ausweist; ansonsten 0	+
	fixe Effekte	Kontrolle für fixe Branchen- und Jahreseffekte	
	ε	Fehlerterm	

7.5 Analysen

7.5.1 Datenbasis

Die für die Schätzung der Prüferwahldeterminanten verwendete Datengrundlage entspricht der im Rahmen der Prüfungshonoraranalyse verwendeten Datenbasis. Für eine nähere Beschreibung wird auf die Abschnitte 5.3.1 und 6.5.1 verwiesen.

Die Datenbasis setzt sich analog zur Prüfungshonoraranalyse wie folgt zusammen: für die Einzelabschlüsse werden 421 Beobachtungen über die Geschäftsjahre 2009 bis 2012 einbezogen, für die Konzernabschlüsse ergeben sich 434 Beobachtungen über die vier Geschäftsjahre. Im Rahmen des Gesamtmodells gehen 855 Beobachtungen in die Analyse ein.

7.5.2 Deskriptive Statistik

Im Folgenden werden deskriptive Merkmale der untersuchten Variablen beschrieben. Tabelle 27 stellt die deskriptive Statistik dar.

In diesem Zusammenhang wird in die von mittelgroßen Abschlussprüfern (*MIDTIER*) geprüften Mandate sowie von BIG-4 Gesellschaften betreuten Mandate (*BIG-4*) unterschieden. Diese Gesellschaften prüfen mit 401 Mandaten ca. 46,9 % der gesamten Beobachtungen, mittelgroße Prüfungsgesellschaften wurden in 115 Fällen (13,5 %) bestellt. Die dritte

Tabelle 27: Deskriptive Merkmale Prüferwahlanalyse

	Mandate kleiner Prüfer n = 339					Mandate mittelgroßer Prüfer (*MIDTIER*) n = 115					Mandate großer Prüfer (*BIG-4*) n = 401						
Variable	MW	Std. Abw.	25%	50%	75%	MW	Std. Abw.	25%	50%	75%	MW	Std. Abw.	25%	50%	75%	MW-Test	Median-test
MANSHARE	0,519	0,422	0	0,545	1	0,338	0,422	0	0	0,806	0,148	0,321	0	0	0	0,000***	0,000***
FAMSHARE	0,717	0,367	0,497	0,980	1	0,499	0,420	0	0,625	0,929	0,249	0,385	0	0	0,594	0,000***	0,000***
FOREIGN	0,082					0,252					0,643					0,000***	
LEV	0,566	0,213	0,393	0,591	0,728	0,604	0,210	0,466	0,578	0,774	0,676	0,197	0,557	0,692	0,814	0,000***	0,000***
SIZE	18,166	0,826	17,590	18,081	18,677	18,358	0,965	17,582	18,086	19,203	18,787	1,068	17,991	18,683	19,528	0,000***	0,000***
LN_SUBS	1,208	1,220	0	1,098	2,302	1,308	1,200	0	1,386	2,302	0,971	1,234	0	0	2,079	0,005***	0,000***
INV	0,233	0,124	0,146	0,220	0,304	0,205	0,110	0,147	0,214	0,280	0,210	0,127	0,112	0,198	0,286	0,016**	0,134
RECV	0,171	0,095	0,098	0,160	0,229	0,168	0,106	0,090	0,158	0,211	0,162	0,120	0,075	0,142	0,225	0,563	0,112
RENT	0,050	0,068	0,018	0,049	0,086	0,041	0,098	0,012	0,053	0,087	0,056	0,115	0,005	0,042	0,100	0,366	0,026**
KONZERN	0,554					0,608					0,438					0,000***	
NAS	0,651					0,669					0,720					0,120	

Erläuterungen: MW = Mittelwert. */**/*** = Signifikant auf dem 10%/5%/1%-Niveau (zweiseitiges Testniveau).

Kategorie bildet die Gruppe der kleinen Abschlussprüfer, die 339 Mandate bzw. 39,6 % der Beobachtungen betreuen.

Auffällig ist, dass im Durchschnitt Unternehmen, die von kleinen Abschlussprüfern geprüft werden, höhere Beteiligungsquoten des Managements (*MANSHARE*: $\text{Mittelwert}_{\text{kleine Prüfer}} = 0{,}519$/$\text{Median}_{\text{kleine Prüfer}} = 0{,}545$) aufweisen und stärker von Familien dominiert werden (*FAMSHARE*: $\text{Mittelwert}_{\text{kleine Prüfer}} = 0{,}717$/$\text{Median}_{\text{kleine Prüfer}} = 0{,}980$) als Unternehmen, die von mittelgroßen Prüfern betreut werden (*MANSHARE*: $\text{Mittelwert}_{MIDTIER} = 0{,}338$/ $\text{Median}_{MIDTIER} = 0$; *FAMSHARE*: $\text{Mittelwert}_{MIDTIER}= 0{,}499$/$\text{Median}_{MIDTIER}= 0{,}625$). Letztere wiederum zeigen im Mittel höhere Anteilsquoten als von BIG-4 Prüfern betreute Mandate (*MANSHARE*: $\text{Mittelwert}_{BIG\text{-}4} = 0{,}148$/$\text{Median}_{BIG\text{-}4} = 0$; *FAMSHARE*: $\text{Mittelwert}_{BIG\text{-}4} = 0{,}249$/$\text{Median}_{BIG\text{-}4}= 0$). Ein Mittelwert- und Mediantest bestätigen statistisch signifikante Mittelwert- und Medianunterschiede zwischen den drei Gruppen (p-Wert = 0,000).[1213] Diese Beobachtung könnte bereits darauf hinweisen, dass management- und familienkontrollierte Unternehmen einer geringeren Prüfungsqualität bedürfen, da Agency-Konflikte möglicherweise geringer ausfallen bzw. eine starke Eigentümerkonzentration ein *Monitoring* durch einen Abschlussprüfer substituiert.

In Bezug auf die Agency-Variablen *FOREIGN* und *LEV* gestaltet sich die Beziehung umgekehrt. So sind Unternehmen, an denen ausländische Gesellschafter beteiligt sind, vorwiegend in der Gruppe der BIG-4 Mandate anzutreffen (*FOREIGN*: $\text{Mittelwert}_{BIG\text{-}4} = 0{,}643$), während innerhalb der Mandate von mittelgroßen Prüfern nur in ca. 25 % der Fälle ausländische Gesellschafter an Bord sind (*FOREIGN*: $\text{Mittelwert}_{MIDTIER} = 0{,}252$) und bei von kleinen Prüfern betreuten Mandaten in weniger als zehn Prozent der Fälle beteiligt sind (*FOREIGN*: $\text{Mittelwert}_{\text{kleine Prüfer}}= 0{,}082$). Auch hier bestehen signifikante Mittelwertunterschiede (p-Wert = 0,000).[1214] Innerhalb der Gruppe der BIG-4 Mandate fällt der durchschnittliche Fremdkapitalanteil der Unternehmen (*LEV*: $\text{Mittelwert}_{BIG\text{-}4} = 0{,}676$/$\text{Median}_{BIG\text{-}4} = 0{,}692$) zudem höher aus als bei *MIDTIER* Mandaten (*LEV*: $\text{Mittelwert}_{MIDTIER} = 0{,}604$/$\text{Median}_{MIDTIER} = 0{,}578$) und Mandaten kleiner Prüfer (*LEV*: $\text{Mittelwert}_{\text{kleine Prüfer}} = 0{,}566$/$\text{Median}_{\text{kleine Prüfer}}= 0{,}591$). Die Mittelwerte und Mediane zwischen den drei Gruppen unterscheiden sich signifikant (p-Wert = 0,000).[1215] Dies bietet möglicherweise erste Hinweise, dass ausländische Gesellschafter verstärkt auf eine hohe Prüfungsqualität als *Monitoring*-Instrument setzen und auch eine zunehmende Verschuldung die Bestellung einer großen Prüfungsgesellschaft notwendig macht.

1213 Der angegebene Mittelwert- und Mediantest testet auf Unterschiede in den Mittel- bzw. Medianwerten der jeweiligen Variable zwischen den drei Subsamples der Kategorien kleine, mittelgroße und große Prüfer insgesamt, nicht aber, ob Unterschiede zwischen den Mittel- bzw. Medianwerten einzelner Subsamples (z. B. Vergleich Mittelwert Kleine Prüfer und Mittelwert Mittelgroße Prüfer) bestehen. Letzteres lässt sich mit t-Tests bzw. K-Sample Tests prüfen, deren Ergebnisse in Tabelle 27 nicht dargestellt sind. Für die Variablen *MANSHARE* und *FAMSHARE* belegen diese Tests, dass auch im Vergleich der einzelnen Subsamples untereinander die Mittelwerte und Mediane signifikant unterschiedlich ausfallen.

1214 Auch zwischen den einzelnen Subsamples zeigen t-Tests für die Variable *FOREIGN* signifikante Mittelwertunterschiede.

1215 Für die Variable *LEV* belegen t-Tests und K-Sample Tests Mittelwert- und Medianunterschiede zwischen den einzelnen Subsamples. Nur im Vergleich Kleine und mittelgroße Prüfer lässt sich kein signifikanter Medianunterschied beobachten.

Hinsichtlich der Unternehmensgröße liegen die Mandate kleiner und mittelgroßer Prüfer im Median mit ca. 72 Mio. € Bilanzsumme in ähnlichen Bereichen (*SIZE*: $\text{Mittelwert}_{\text{kleine Prüfer}}$ = 18,166/$\text{Median}_{\text{kleine Prüfer}}$ = 18,081; $\text{Mittelwert}_{MIDTIER}$ = 18,358/$\text{Median}_{MIDTIER}$ = 18,086). BIG-4 Mandate fallen jedoch deutlich größer aus (*SIZE*: $\text{Mittelwert}_{BIG\text{-}4}$= 18,787/$\text{Median}_{BIG\text{-}4}$= 18,683) und bewegen sich im Median um ca. 144 Mio. € Bilanzsumme. Die Variable *SIZE* weist signifikante Mittelwert- und Medianunterschiede zwischen den drei Gruppen auf (p-Wert = 0,000).[1216]

Signifikante Mittelwert- und Medianunterschiede (p-Wert = 0,005 bzw. 0,000) zwischen den Gruppen bestehen auch für die Variable *LN_SUBS*.[1217] Im Schnitt weisen die Mandate kleiner und mittelgroßer Prüfer ca. vier Tochterunternehmen auf (*LN_SUBS*: $\text{Mittelwert}_{\text{kleine Prüfer}}$ = 1,208/$\text{Median}_{\text{kleine Prüfer}}$ = 1,098; $\text{Mittelwert}_{MIDTIER}$ = 1,308/$\text{Median}_{MIDTIER}$ = 1,386), BIG-4 Mandate konsolidieren ca. drei Tochterunternehmen ($\text{Mittelwert}_{BIG\text{-}4}$ = 0,971/$\text{Median}_{BIG\text{-}4}$= 0).[1218]

Die Variable *INV* lässt einen signifikant unterschiedlichen Mittelwert zwischen den drei Gruppen erkennen (p-Wert = 0,016), hinsichtlich der Medianwerte bestehen allerdings für die Komplexitätsvariablen *INV* und *RECV* keine signifikanten Unterschiede.[1219] In allen drei Gruppen bewegen sich die Anteilswerte des Vorratsvermögens bei ca. 20 % (*INV*: $\text{Mittelwert}_{\text{kleine Prüfer}}$ = 0,233/$\text{Median}_{\text{kleine Prüfer}}$ = 0,220; $\text{Mittelwert}_{MIDTIER}$ = 0,205/$\text{Median}_{MIDTIER}$ = 0,214; $\text{Mittelwert}_{BIG\text{-}4}$ = 0,210/$\text{Median}_{BIG\text{-}4}$ = 0,198) und der Anteil der Forderungen aus Lieferungen und Leistungen bei ca. 16 % (*RECV*: $\text{Mittelwert}_{\text{kleine Prüfer}}$ = 0,171/$\text{Median}_{\text{kleine Prüfer}}$ = 0,160; $\text{Mittelwert}_{MIDTIER}$ = 0,168/$\text{Median}_{MIDTIER}$ = 0,158; $\text{Mittelwert}_{BIG\text{-}4}$ = 0,162/$\text{Median}_{BIG\text{-}4}$ = 0,142).

Für die Profitabilitätsvariable *RENT* lassen sich signifikant unterschiedliche Medianwerte zwischen den drei Gruppen beobachten (*RENT*: $\text{Mittelwert}_{\text{kleine Prüfer}}$ = 0,050/$\text{Median}_{\text{kleine Prüfer}}$ = 0,049; $\text{Mittelwert}_{MIDTIER}$ = 0,041/$\text{Median}_{MIDTIER}$ = 0,053; $\text{Mittelwert}_{BIG\text{-}4}$ = 0,056/$\text{Median}_{BIG\text{-}4}$ = 0,042).[1220]

Konzernabschlussmandate sind vor allem in der Gruppe der Mandate mittelgroßer Prüfer anzutreffen, die dort ca. 60,8 % der Beobachtungen ausmachen (*KONZERN*: $\text{Mittelwert}_{MIDTIER}$ = 0,608). In den Gruppen der Mandate kleiner Prüfer (*KONZERN*: $\text{Mittelwert}_{\text{kleine Prüfer}}$ = 0,554) bzw. der BIG-4 Gesellschaften (*KONZERN*: $\text{Mittelwert}_{BIG\text{-}4}$ = 0,438) liegen

1216 Mittelwert- und Medianunterschiede zwischen den einzelnen Subsamples für die Variable *SIZE* belegen auch t-Tests und K-Sample Tests. Nur im Vergleich Kleine und mittelgroße Prüfer lässt sich kein signifikanter Medianunterschied beobachten.

1217 Im Vergleich Kleine und mittelgroße Prüfer treten für die Variable *LN_SUBS* jedoch keine signifikanten Unterschiede im Mittelwert und Median auf.

1218 Für Einzelabschlüsse, die keine konsolidierten Tochterunternehmen aufweisen, wurde die Anzahl der Tochterunternehmen gleich Null gesetzt. *LN_SUBS* wurde als LN (1 + Anzahl der Tochterunternehmen) ermittelt.

1219 Für die Variable *INV* lassen sich nur in den Vergleichen BIG-4 und Kleine Prüfer sowie Kleine und mittelgroße Prüfer signifikante Mittelwertunterschiede in t-Tests bestätigen, K-Sample Tests zeigen Medianunterschiede nur um Vergleich Kleine Prüfer und BIG-4. Für *RECV* ergeben sich keine signifikanten Mittelwertunterschiede. Medianunterschiede treten nur im Vergleich Kleine Prüfer und BIG-4 auf.

1220 Auch in t-Tests ergeben sich für die Variable *RENT* keine signifikanten Mittelwertunterschiede, K-Sample Tests belegen signifikante Medianunterschiede für die Vergleiche BIG-4 und Mid-Tier sowie BIG-4 und Kleine Prüfer.

die Anteilswerte etwas niedriger. Ein Mittelwerttest weist auf signifikante Unterschiede im Mittelwert zwischen den drei Gruppen hin (p-Wert = 0,000).[1221]

Kein signifikanter Unterschied besteht zwischen den Mittelwerten der Variable *NAS*, auch wenn der Anteil der Beobachtungen, in denen der Prüfer Nichtprüfungsleistungen erbringt, mit ca. 72 % (*NAS*: $\text{Mittelwert}_{\text{BIG-4}} = 0{,}720$) in der Gruppe der BIG-4 Mandate höher ist als in den anderen beiden Gruppen (*NAS*: $\text{Mittelwert}_{\text{kleine Prüfer}} = 0{,}651$; $\text{Mittelwert}_{MIDTIER} = 0{,}669$).[1222]

7.5.3 Korrelationsanalyse

Die Korrelationsanalyse lässt bereits univariate Zusammenhänge zwischen der abhängigen Variable und den unabhängigen Variablen erkennen und dient zur Aufdeckung hoher Korrelationen innerhalb der erklärenden Variablen, die mögliche Multikorrelationsprobleme induzieren könnten.

Tabelle 28 zeigt die Korrelationskoeffizienten der dem logistischen Schätzmodell für die Prüferwahldeterminanten zugrundeliegenden Variablen.

Von besonderem Interesse sind die Korrelationskoeffizienten zwischen den abhängigen Variablen *BIG-4* und *MIDTIER* und den verschiedenen erklärenden Variablen.

Zwischen der abhängigen Variable *BIG-4* und allen Agency-Variablen ergeben sich signifikante Korrelationen. So korreliert die Variable zum Eigentumsanteil des Managements signifikant negativ mit der Indikatorvariable *BIG-4* (*MANSHARE*: $\text{Korrelation}_{\text{Pearson}} = -0{,}390$; $\text{Korrelation}_{\text{Spearman}} = -0{,}430$). Auch die Variable *FAMSHARE* weist einen signifikant negativen Korrelationszusammenhang zur Bestellung einer BIG-4 Gesellschaft auf (*FAMSHARE*: $\text{Korrelation}_{\text{Pearson}} = -0{,}468$; $\text{Korrelation}_{\text{Spearman}} = -0{,}464$).

Die Beteiligung eines ausländischen Gesellschafters (*FOREIGN*: $\text{Korrelation}_{\text{Pearson}} = 0{,}535$; $\text{Korrelation}_{\text{Spearman}} = 0{,}535$) und ein zunehmender Fremdkapitalanteil (*LEV*: $\text{Korrelation}_{\text{Pearson}} = 0{,}237$; $\text{Korrelation}_{\text{Spearman}} = 0{,}236$) korrelieren beide signifikant positiv mit *BIG-4*. Diese Zusammenhänge spiegeln weitgehend das Bild der deskriptiven Statistik wider, wonach Unternehmen mit einer hohen Kapitalbeteiligung des Managements oder starker Familienkontrolle mehrheitlich von kleinen und mittleren Prüfern geprüft werden, während eine Prüfung durch BIG-4-Prüfer vor allem bei Unternehmen mit ausländischen Gesellschaftern und mit zunehmender Unternehmensverschuldung zu beobachten ist. Zwischen der abhängigen Variablen *MIDTIER* und den Agency-Variablen bestehen überwiegend keine signifikanten Zusammenhänge, lediglich die Variable *FOREIGN* weist eine signifikant negative, jedoch schwache Korrelation auf (*FOREIGN*: $\text{Korrelation}_{\text{Pearson}} = -0{,}095$; $\text{Korrelation}_{\text{Spearman}} = -0{,}095$).

[1221] Keine signifikanten Mittelwertunterschiede für *KONZERN* zeigen jedoch t-Tests im Vergleich Kleine Prüfer und Mid-Tier.

[1222] Ein signifikanter Mittelwertunterschied ergibt sich in t-Tests allerdings im Vergleich BIG-4 und Kleine Prüfer.

Tabelle 28: Korrelationsmatrix Prüferwahlanalyse

		1	2	3	4	5	6	7	8	9	10	11	12	13	VIF
								Korrelationen nach PEARSON (n = 855)							
1	*BIG-4*		**-0,370**	**-0,390**	**-0,468**	**0,535**	**0,237**	**0,283**	**-0,106**	**-0,063**	-0,035	0,044	**-0,129**	**0,069**	
2	*MIDTIER*	**-0,370**		0,016	0,027	**-0,095**	-0,034	-0,049	**0,063**	-0,042	0,061	-0,042	**0,079**	-0,014	
3	*MANSHARE*	**-0,430**	0,030		**0,673**	**-0,545**	**-0,071**	**-0,138**	**0,291**	**0,100**	**0,172**	0,008	**0,318**	0,043	1,98
4	*FAMSHARE*	**-0,464**	0,013	**0,694**		**-0,674**	**-0,195**	**-0,181**	**0,262**	**0,165**	**0,152**	0,005	**0,277**	-0,027	2,53
5	*FOREIGN*	**0,535**	**-0,095**	**-0,600**	**-0,668**		**0,184**	**0,154**	**-0,391**	**-0,198**	**-0,197**	0,006	**-0,416**	**-0,064**	2,26
6	*LEV*	**0,236**	-0,045	**-0,117**	**-0,195**	**0,194**		**0,065**	0,005	**0,086**	-0,013	**-0,100**	-0,025	-0,023	1,09
7	*SIZE*	**0,274**	-0,050	**-0,139**	**-0,174**	**0,148**	**0,060**		**0,445**	**-0,178**	-0,009	-0,013	**0,346**	**0,221**	1,63
8	*LN_SUBS*	**-0,111**	**0,064**	**0,334**	**0,273**	**-0,401**	-0,023	**0,437**		**0,058**	**0,211**	**-0,145**	**0,889**	**0,208**	5,63
9	*INV*	**-0,073**	-0,016	**0,140**	**0,176**	**-0,219**	0,041	**-0,182**	**0,093**		**0,158**	-0,033	0,041	-0,029	1,12
10	*RECV*	**-0,072**	0,006	**0,229**	**0,198**	**-0,235**	-0,047	-0,054	**0,248**	**0,240**		-0,016	**0,224**	-0,038	1,10
11	*RENT*	-0,034	0,005	0,046	0,045	-0,034	**-0,207**	-0,036	**-0,152**	-0,047	0,057		**-0,151**	-0,052	1,05
12	*KONZERN*	**-0,129**	**0,079**	**0,351**	**0,280**	**-0,416**	-0,042	**0,357**	**0,923**	**0,082**	**0,246**	**-0,154**		**0,212**	5,05
13	*NAS*	**0,069**	-0,014	**0,057**	-0,037	**-0,064**	-0,026	**0,218**	**0,207**	-0,007	-0,008	-0,049	**0,212**		1,10
								Korrelationen nach SPEARMAN (n = 855)							

Signifikante Korrelationen (p-Wert < 0,10; 2-seitig) sind fett hervorgehoben.

Weiterhin weist die Größenvariable *SIZE* einen signifikanten, positiven Zusammenhang zur Bestellung einer BIG-4-Gesellschaft auf (*SIZE*: $\text{Korrelation}_{\text{Pearson}}$ = 0,283; $\text{Korrelation}_{\text{Spearman}}$ = 0,274).

Die Komplexitätsvariablen *LN_SUBS* (*LN_SUBS*: $\text{Korrelation}_{\text{Pearson}}$ = -0,106; $\text{Korrelation}_{\text{Spearman}}$ = -0,111), *INV* (*INV*: $\text{Korrelation}_{\text{Pearson}}$ = -0,063; $\text{Korrelation}_{\text{Spearman}}$ = -0,073) und *RECV* (*RECV*: $\text{Korrelation}_{\text{Pearson}}$ = -0,035; $\text{Korrelation}_{\text{Spearman}}$ = -0,072) weisen überraschenderweise signifikant negative, jedoch eher schwache Korrelationen zu *BIG-4* auf. Die Profitabilitätsvariable *RENT* zeigt keine signifikante Korrelation. Außerdem korreliert diePrüfung eines Konzernabschlussmandats signifikant negativ mit *BIG-4* (*KONZERN*: $\text{Korrelation}_{\text{Pearson}}$ = -0,129; $\text{Korrelation}_{\text{Spearman}}$ = -0,129), jedoch positiv mit *MIDTIER* (*KONZERN*: $\text{Korrelation}_{\text{Pearson}}$ = 0,079; $\text{Korrelation}_{\text{Spearman}}$ = 0,079). Die Inanspruchnahme von Nichtprüfungsleistungen weist einen signifikant positiven, jedoch schwachen Zusammenhang zur Bestellung einer BIG-4 Gesellschaft auf (*NAS*: $\text{Korrelation}_{\text{Pearson}}$ = 0,069; $\text{Korrelation}_{\text{Spearman}}$ = 0,069).

Zwischen der Bestellung einer mittelgroßen Prüfungsgesellschaft und den erklärenden Variablen bestehen überwiegend keine signifikanten Zusammenhänge. Die Variable *MIDTIER* wird jedoch vorwiegend in einem Teilsample untersucht.

Multikollinearität

Die Korrelationskoeffizienten innerhalb der unabhängigen Variablen können Hinweise auf Multikollinearitätsprobleme geben.

Die Korrelationskoeffizienten zwischen den Variablen *LN_SUBS* und *KONZERN* fallen relativ hoch aus ($\text{Korrelation}_{\text{Pearson}}$ = 0,889; $\text{Korrelation}_{\text{Spearman}}$ = 0,923), da konsolidierte Tochterunternehmen nur bei Konzernabschlüssen anzutreffen sind.

Die ebenfalls in Tabelle 28 angegebenen VIF-Werte lassen jedoch keine Multikollinearitätsprobleme erkennen, da für alle Variablen Werte unter zehn ermittelt wurden.

7.5.4 Multivariate Analysen

7.5.4.1 Gepoolte *Logit* Modelle und multinomiales Modell

Im Folgenden erfolgt eine Diskussion der in den Modellen zur Schätzung der Prüferwahldeterminanten erzielten Ergebnisse. Da die abhängige Variable jeweils eine binomiale Variable mit zwei möglichen Ausprägungen (0 oder 1) darstellt, werden die Modelle mit einer nicht-linearen Regressionstechnik geschätzt. Üblicherweise werden als nicht-lineare Regressionstechniken *Probit*- oder *Logit*-Modelle verwendet. Der Vorteil einer *Logit*-Schätzung liegt in der einfacheren Interpretation der Koeffizienten. Außerdem setzt *Logit* keine Normalverteilung der Parameter voraus.[1223] Im Folgenden werden daher logistische Regressionsschätzungen präsentiert.[1224] Die Resultate der binomialen, logistischen Regressionsmodelle finden sich in Tabelle 29.

1223 Vgl. *Niskanen, Karjalainen, Niskanen*, The role of auditing, 2010, S. 235.

1224 Alle gepoolten *Logit* Modelle werden mit auf Unternehmensebene clusterrobusten Standardfehlern geschätzt, vgl. *Cameron, Trivedi*, Microeconometrics using Stata, 2010, S. 462 und S. 623.

Tabelle 29: Ergebnisse Prüferwahlanalyse *Pooled Logit*

BIG-4 und Non-BIG-4	$BIG\text{-}4_{i,t}$	=	$\beta_0 + \beta_1 MANSHARE_{i,t} + \beta_2 FAMSHARE_{i,t} + \beta_3 FOREIGN_{i,t} + \beta_4 LEV_{i,t} + \beta_5 SIZE_{i,t} + \beta_6 LN\_SUBS_{i,t} + \beta_7 INV_{i,t} + \beta_8 RECV_{i,t} + \beta_9 RENT_{i,t} + \beta_{10} KONZERN_{i,t} + \beta_{11} NAS_{i,t} + fixe\ Effekte + \varepsilon_{i,t}$
BIG-4 und Mid-Tier	$BIG\text{-}4_{i,t}$	=	$\beta_0 + \beta_1 MANSHARE_{i,t} + \beta_2 FAMSHARE_{i,t} + \beta_3 FOREIGN_{i,t} + \beta_4 LEV_{i,t} + \beta_5 SIZE_{i,t} + \beta_6 LN\_SUBS_{i,t} + \beta_7 INV_{i,t} + \beta_8 RECV_{i,t} + \beta_9 RENT_{i,t} + \beta_{10} KONZERN_{i,t} + \beta_{11} NAS_{i,t} + fixe\ Effekte + \varepsilon_{i,t}$
BIG-4 und Small Auditors	$BIG\text{-}4_{i,t}$	=	$\beta_0 + \beta_1 MANSHARE_{i,t} + \beta_2 FAMSHARE_{i,t} + \beta_3 FOREIGN_{i,t} + \beta_4 LEV_{i,t} + \beta_5 SIZE_{i,t} + \beta_6 LN\_SUBS_{i,t} + \beta_7 INV_{i,t} + \beta_8 RECV_{i,t} + \beta_9 RENT_{i,t} + \beta_{10} KONZERN_{i,t} + \beta_{11} NAS_{i,t} + fixe\ Effekte + \varepsilon_{i,t}$
Mid-Tier und Small Auditors	$MIDTIER_{i,t}$	=	$\beta_0 + \beta_1 MANSHARE_{i,t} + \beta_2 FAMSHARE_{i,t} + \beta_3 FOREIGN_{i,t} + \beta_4 LEV_{i,t} + \beta_5 SIZE_{i,t} + \beta_6 LN\_SUBS_{i,t} + \beta_7 INV_{i,t} + \beta_8 RECV_{i,t} + \beta_9 RENT_{i,t} + \beta_{10} KONZERN_{i,t} + \beta_{11} NAS_{i,t} + fixe\ Effekte + \varepsilon_{i,t}$

		BIG-4 (n = 401) und Non-BIG-4 (n = 454)			BIG-4 (n = 401) und Mid-Tier (n = 115)			BIG-4 (n = 401) und Small Auditors (n = 339)			Mid-Tier (n = 115) und Small Auditors (n = 339)		
	Erwartetes Vorzeichen	Koeffizient	Std.-fehler	p-Wert	Koeffizient	Std.-fehler	p-Wert	Koeffizient	Std.-fehler	p-Wert	Koeffizient	Std.-fehler	p-Wert
MANSHARE	-	-0,669	0,555	0,114	-0,357	0,799	0,327	-0,930	0,611	0,064*	-0,635	0,646	0,163
FAMSHARE	?	-0,604	0,526	0,250	-0,205	0,720	0,776	-0,740	0,593	0,212	-0,608	0,645	0,346
FOREIGN	+	2,162	0,424	0,000***	1,555	0,555	0,002***	2,775	0,535	0,000***	1,054	0,657	0,054*
LEV	?	2,080	0,709	0,003***	1,365	0,910	0,134	2,978	0,856	0,001***	1,034	0,886	0,243
SIZE	+	0,599	0,182	0,000***	0,540	0,229	0,009***	0,652	0,236	0,003***	0,026	0,313	0,466
LN_SUBS	+	-0,350	0,269	0,903	-0,293	0,293	0,841	-0,399	0,299	0,909	-0,190	0,349	0,707
INV	+	1,792	1,235	0,073*	2,506	1,677	0,067*	1,963	1,411	0,082*	-1,676	1,535	0,862
RECV	+	2,066	1,540	0,090*	1,928	1,819	0,144	2,855	1,848	0,093*	0,398	2,174	0,427
RENT	?	2,418	1,506	0,108	2,148	1,654	0,194	2,355	1,785	0,187	0,656	1,891	0,728
KONZERN	+	0,869	0,661	0,094*	0,275	0,775	0,361	1,035	0,715	0,074*	1,172	0,869	0,089*
NAS	+	0,412	0,285	0,074*	0,498	0,411	0,112	0,610	0,358	0,044**	-0,055	0,417	0,553
ε (Constant)		-14,006	3,476	0,000***	-11,118	4,212	0,008***	-15,492	4,517	0,001***	-2,094	5,731	0,715
Kontrolle für fixe Jahres-/Brancheneffekte			Ja			Ja			Ja			Ja	
Pseudo-R^2			0,3267			0,1757			0,4100			0,0970	
Prob > Chi^2			0,000			0,006			0,000			0,058	
Anzahl Beobachtungen			855			516			740			454	

*/**/*** = Signifikant auf dem 10%/5%/1%-Niveau; für Variablen mit Vorzeichenerwartung werden die p-Werte auf Basis einseitiger Tests angegeben, andernfalls auf zweiseitigem Testniveau.

Tabelle 30: Ergebnisse Prüferwahlanalyse Multinomiales Modell

BIG-4/Mid-Tier und Small Auditors: $BIG\text{-}4_{i,t} = \beta_0 + \beta_1\, MANSHARE_{i,t} + \beta_2\, FAMSHARE_{i,t} + \beta_3\, FOREIGN_{i,t} + \beta_4\, LEV_{i,t} + \beta_5\, SIZE_{i,t} + \beta_6\, LN\_SUBS_{i,t} + \beta_7\, INV_{i,t} + \beta_8\, RECV_{i,t} + \beta_9\, RENT_{i,t} + \beta_{10}\, KONZERN_{i,t} + \beta_{11}\, NAS_{i,t} + \textit{fixe Effekte} + \varepsilon_{i,t}$

		BIG-4 und Small Auditors				Mid-Tier und Small Auditors		
	Erwartetes Vorzeichen	Koeffizient	Std.-fehler	p-Wert		Koeffizient	Std.-fehler	p-Wert
MANSHARE	-	-0,845	0,581	0,073*		-0,588	0,637	0,178
FAMSHARE	?	-0,812	0,584	0,165		-0,645	0,630	0,306
FOREIGN	+	2,574	0,514	0,000***		1,028	0,626	0,050*
LEV	?	2,517	0,782	0,001***		1,074	0,872	0,218
SIZE	+	0,624	0,213	0,002***		0,052	0,278	0,425
LN_SUBS	+	-0,412	0,293	0,920		-0,119	0,286	0,661
INV	+	1,292	1,378	0,174		-1,427	1,530	0,824
RECV	+	2,432	1,813	0,090*		0,916	1,991	0,322
RENT	?	2,588	1,609	0,108		0,304	1,681	0,856
KONZERN	+	1,207	0,705	0,043**		0,923	0,757	0,111
NAS	+	0,436	0,332	0,095*		0,038	0,426	0,464
ε (Constant)		-14,408	3,993	0,000***		-2,670	5,101	0,601
Kontrolle für fixe Jahres-/Brancheneffekte					Ja			
Pseudo-R^2					0,2571			
Prob > Chi^2					0,000			
Anzahl Beobachtungen					855			

Das Modell „BIG-4 und Non-BIG-4" enthält das gesamte Sample, die abhängige Variable *BIG-4* nimmt den Wert 1 an, wenn der Abschluss von einer BIG-4 Gesellschaft geprüft, oder 0, falls eine Non-BIG-4 Gesellschaft (Kleine Prüfer und mittelgroße Prüfungsgesellschaften) den Abschluss geprüft hat.

Die Modelle „BIG-4 und Mid-Tier" bzw. „BIG-4 und Small Auditors" untersuchen Teilsamples, die nur von BIG-4 Gesellschaften und mittelgroßen bzw. kleinen Prüfern geprüfte Abschlüsse enthalten.

Das Modell „Mid-Tier und Small Auditors" enthält nur von mittelgroßen und kleinen Abschlussprüfern geprüfte Mandate. Die Variable *MIDTIER* trägt den Wert 1, wenn eine mittelgroße Prüfungsgesellschaft den Abschluss geprüft hat, im Fall einer Prüfung durch einen kleinen Abschlussprüfer den Wert 0.

Als Robustheitscheck werden in Tabelle 30 die Ergebnisse eines multinomialen *Logit*-Modells angegeben.[1225]

BIG-4 und Non-BIG-4/Mid-Tier/Small Auditors

In Bezug auf die Beteiligung des Managements am Unternehmenskapital wurde ein negativer Zusammenhang zur Bestellung einer dominanten Prüfungsgesellschaft vermutet, da im Rahmen der klassischen Agency-Theorie ein zunehmender Anteil zu einer Interessenangleichung von Managern und Eigner führt und somit einen geringeren Bedarf an hochqualitativer Abschlussprüfung mit sich bringen sollte.

Die Koeffizienten der Variable *MANSHARE* tragen das erwartete negative Vorzeichen, die Variable weist jedoch lediglich im Modell „BIG-4 und Small Auditors" einen schwach signifikanten, negativen Koeffizienten ($\beta_{MANSHARE}$ = -0,930, p-Wert = 0,064)[1226] auf, der darauf hindeuten könnte, dass eine zunehmende Managerbeteiligung eine hochqualitative Abschlussprüfung obsolet macht. Im Modell „BIG-4 und Non-BIG-4" wird ein Signifikanzniveau knapp verfehlt, für die übrigen Modelle kann ebenfalls kein signifikanter Einfluss der Managerbeteiligung auf die Nachfrage nach höherer Prüfungsqualität nachgewiesen werden. LENNOX (2005) vermutet anstatt eines linearen Zusammenhangs zwischen dem Eigentumsanteil des Managements und dem Ausmaß an Agency-Konflikten einen nicht linearen Verlauf, da einer zunehmenden Interessenangleichung ab einem bestimmten Anteilsbesitz ein *Entrenchment*-Effekt entgegenwirken könnte. So könnte eine Anteilszunahme ab diesem Schwellenwert Managern einen Anreiz bieten, ihre nunmehr gefestigte Position im Unternehmen zu kollusivem Verhalten zum Schaden der restlichen Eigner zu nutzen.[1227] Um auf eine mögliche Nichtlinearität der Variable *MANSHARE* zu kontrollieren, wird daher der quadrierte Kapitalanteil des Managements ($MANSHARE^2$) in das Modell aufgenommen. Während die restlichen Ergebnisse überwiegend robust bleiben, ergeben sich die Koeffizienten der Variable $MANSHARE^2$ jedoch allesamt nicht statistisch signifikant, so dass nicht von einer Nichtlinearität auszugehen ist.

1225 Zur Vorgehensweise vgl. *Niskanen, Karjalainen, Niskanen*, The role of auditing, 2010, S. 235.

1226 Im multinomialen Modell ergibt sich ein ähnlicher Koeffizient $\beta_{MANSHARE}$ = -0,845, p-Wert = 0,073.

1227 Vgl. *Morck, Shleifer, Vishny*, Management ownership and market valuation, 1988, S. 294; *Lennox*, Management ownership and audit firm size, 2005, S. 209.

Steht ein Unternehmen im Familienbesitz, kann dies, beispielsweise aufgrund geringerer Management-Eigentümer Divergenzen oder geringer Vermögensdiversifikation der Familie und damit einhergehenden Reputationsbestrebungen, zu einer Verringerung von Agency-Konflikten führen. Gleichzeitig kann die Kontrolle durch eine Familie eine Erhöhung von Agency-Konflikten bedingen, wenn Leitungsposten mit nicht ausreichend kompetenten Familienmitgliedern besetzt werden oder schädigendes Verhalten der Familie gegenüber anderen Share- oder Stakeholdern zu befürchten ist. Familienunternehmen könnten sich daher bewusst zur Prüfung durch eine Prüfungsgesellschaft mit hoher Reputation als Signal für Glaubwürdigkeit entscheiden.

Die Kontrolle durch Familien wird mittels der Variablen *FAMSHARE,* welche den kumulierten Kapitalanteil von Familienmitgliedern misst, abgebildet. Der Koeffizient der Variable *FAMSHARE* trägt ein negatives Vorzeichen, zeigt sich jedoch in den berichteten Modellen nicht statistisch signifikant.

Alternativ werden verschiedene Spezifikationen von Familienunternehmen untersucht. Zum einen wird der Einfluss von Familien über die Variable *FAM*, die den Wert 1 annimmt, wenn eine Familie mehr als 50 % der Kapitalanteile hält, abgebildet. Als alternative Spezifikation wird die Variable *OWNFAM* aufgenommen, die den Wert 1 annimmt, wenn eine Familie über die Mehrheit der Kapitalanteile verfügt und gleichzeitig ein Familiengesellschafter aktiv in der Leitung des Unternehmens (Vorstands- oder Geschäftsführungsposition) tätig ist. Die Koeffizienten verfehlen in den Modellen zumeist ebenfalls ein statistisches Signifikanzniveau. Möglicherweise lassen sich die nicht signifikanten Koeffizienten mit einem gegenläufigen Effekt geringerer Typ-1 Agency-Konflikte und höherer Typ-2 Agency-Konflikte erklären. So könnten Familienunternehmen tendenziell geringere Agency-Konflikte zwischen Managern und Eigentümern aufweisen, da in Familienunternehmen das Management aus Familienmitgliedern besteht oder eine starke Eigentümerkonzentration eine effektivere Kontrolle des Managements ermöglicht. In diesem Zusammenhang erscheint der Bedarf nach hochqualitativer Prüfung als *Monitoring*-Instrument in Familienunternehmen geringer. Gleichzeitig könnte ein starker Familieneinfluss Interessenskonflikte zwischen der kontrollierenden Unternehmerfamilie und Minderheitseignern sowie Stakeholdern hervorrufen. Familienunternehmen könnten daher bewusst eine hohe Prüfungsqualität wählen, um die Glaubwürdigkeit ihrer Finanzberichterstattung zu signalisieren.

Für die Variable *FOREIGN* wurde vermutet, dass die Beteiligung ausländischer Gesellschafter aufgrund kultureller und sprachlicher Differenzen sowie erhöhtem Rechnungslegungsaufwand höhere Agency-Kosten nach sich zieht und somit die Wahl einer international tätigen Prüfungsgesellschaft begünstigt. Zudem dürfte in diesem Zusammenhang der Bekanntheitsgrad international tätiger Prüfungsgesellschaften einen positiven Einfluss auf die Bestellung ausüben. Ein positiver und signifikanter Koeffizient für die Variable *FOREIGN* wird in allen Modellen ausgegeben. Nimmt die Dummy-Variable *FOREIGN* den Wert 1 statt 0 an und entsprechen alle anderen unabhängigen Variablen ihrem Durchschnittswert, erhöht sich die vorhergesagte Wahrscheinlichkeit der Bestellung einer BIG-4-

Gesellschaft im Modell BIG-4 und Non-BIG-4 um 49 Prozentpunkte.[1228] Der Marginaleffekt fällt in der Spezifikation „BIG-4 und Small Auditors“ mit 0,538 am stärksten aus und ergibt sich bei „BIG-4 und Mid-Tier“ mit 0,231 etwas geringer, was dafür spricht, dass vor allem kleine Abschlussprüfer mit begrenztem Bekanntheitsgrad nur selten von Unternehmen mit ausländischer Beteiligung bestellt werden.

Einen positiven Einfluss ausländischer Eigentümer auf die Wahl einer großen Prüfungsgesellschaft bestätigen auch DeFond/Wong/Li (2000), Karim/Van Zijl/Mollah (2013) und Guedhami/Pittman/Saffar (2009).[1229]

Einen signifikant positiven Einfluss auf die Nachfrage nach hoher Prüfungsqualität in Form einer BIG-4 Gesellschaft übt zudem der Verschuldungsgrad eines Unternehmens aus. So erhöht sich die vorhergesagte Wahrscheinlichkeit der Wahl einer BIG-4 Gesellschaft im Modell „BIG-4 und Non-BIG-4“ um 10,9 Prozentpunkte, wenn der Fremdkapitalanteil an der Bilanzsumme um eine Standardabweichung (21,1 Prozentpunkte) zunimmt und alle anderen unabhängigen Variablen ihren Mittelwert aufweisen.[1230] Das positive Vorzeichen unterstützt die Agency-Hypothese, wonach eine steigende Unternehmensverschuldung eine Überwachung mit überdurchschnittlicher Prüfungsqualität nötig macht.[1231] Eine zunehmende Verschuldung dürfte den Fremdkapitalgebern Einflussmöglichkeiten bspw. in Form der Implementierung von Kreditvertragsklauseln, welche die Bestellung einer größeren Prüfungsgesellschaft vorschreiben, gewähren.[1232] Der Effekt ist mit einer Erhöhung der vorhergesagten Wahrscheinlichkeit um 14,7 Prozentpunkte bei einer Fremdkapitalzunahme um 21,1 Prozentpunkte am stärksten im Teilmodell „BIG-4 und Small Auditors“. Im Teilmodell „BIG-4 und Mid-Tier“ verfehlt der Koeffizient der Variable *LEV* ein statistisches Signifikanzniveau. Dies lässt darauf schließen, dass ein zunehmender Verschuldungsanteil nicht zwangsläufig die Bestellung einer BIG-4 Gesellschaft bedingen muss, sondern weitgehend auch mittelgroße Prüfungsgesellschaften von Fremdkapitalgebern als Abschlussprüfer in ihrem Sinne akzeptiert werden.

1228 Die Interpretation erfolgt anhand sog. Marginaleffekte. Der Marginaleffekt gibt die Steigung der Regressionslinie an einem bestimmten Punkt wieder. Während bei linearen Regressionsmodellen der Marginaleffekt dem Koeffizienten entspricht, ist die Interpretation der Koeffizienten in nicht-linearen Modellen komplexer, da der Marginaleffekt nicht an jeder Stelle der Regressionslinie identisch ist. Der hier zur Interpretation verwendete Marginaleffekt gibt die Steigung der Regressionslinie an, wenn alle Regressoren ihren Mittelwert tragen (*Marginal effect at the mean*), vgl. *Kohler, Kreuter*, Datenanalyse mit Stata, 2012, S. 344 f; *Cameron, Trivedi*, Microeconometrics using Stata, 2010, S. 477 f.

1229 Vgl. *DeFond, Wong, Li*, The impact of improved auditor independence, 2000, S. 272; *Karim, Van Zijl, Mollah*, Impact of retained ownership, CEO-chair duality, and foreign equity participation, 2013, S. 165; *Guedhami, Pittman, Saffar*, Auditor choice in privatized firms, 2009, S. 168.

1230 Der Marginaleffekt der Variable *LEV* im Modell „BIG-4 und Non-BIG-4“ beträgt ca. 0,518, d. h. eine Erhöhung des Fremdkapitalanteils an der Bilanzsumme um eine Einheit von 0 auf 100 % würde zu einer Steigerung der vorhergesagten Wahrscheinlichkeit um 51,8 Prozentpunkte führen. Ein Sprung von *LEV* um eine Standardabweichung erscheint jedoch plausibler, so dass sich in diesem Fall die Erhöhung der vorhergesagten Wahrscheinlichkeit ergibt als $0{,}518 \times 0{,}211 = 0{,}109$.

1231 Vgl. *Jensen, Meckling*, Theory of the firm, 1986, S. 318.

1232 Vgl. *Watts, Zimmerman*, Positive accounting theory, 1986, S. 196.

Von einer steigenden Unternehmensgröße wurde angenommen, dass diese zu einer Erweiterung der mandanteninternen Organisations- und Hierarchieebenen führt und damit eine Erhöhung des *Moral Hazard* Risikos bedingt, was zu einem gestiegenen Bedarf an Prüfungsqualität führen sollte. Gleichzeitig dürften große Prüfer eher in der Lage sein, die Prüfung großer Unternehmen kosteneffizient durchzuführen. Die Größenvariable *SIZE* erweist sich in allen Modellen, in denen *BIG-4* als abhängige Variable verwendet wird, als hochsignifikant und bestätigt einen positiven Zusammenhang zwischen der Unternehmensgröße und der Wahrscheinlichkeit der Bestellung einer BIG-4 Gesellschaft.

Erhöht sich die Bilanzsumme um ein Prozent und nehmen alle anderen Regressoren ihren Mittelwert an, nimmt die vorhergesagte Wahrscheinlichkeit für die Bestellung einer BIG-4 Gesellschaft im Modell „BIG-4 und Non-BIG-4" um 14,9 Prozentpunkte zu. Der Effekt ist mit 0,152 auch hier am stärksten im Modell „BIG-4 und Small Auditors", das Modell „BIG-4 und Mid-Tier" zeigt jedoch ebenfalls einen signifikanten Effekt von 0,075, was dafür spricht, dass sich die größten Unternehmen tendenziell eher von BIG-4 Gesellschaften prüfen lassen.

Zudem wurde vermutet, dass die Unternehmenskomplexität eine stärkere Nachfrage nach hoher Prüfungsqualität bedingt, da komplexere Unternehmensstrukturen und Prüffelder international ausgerichteter Prüfungsgesellschaften bedürfen sollten und den Einsatz von Spezialisten notwendig machen dürften.

Die Unternehmenskomplexität wird abgebildet über die Variablen *LN_SUBS*, *INV* und *RECV*. Für die Variable *LN_SUBS* ergeben sich keine signifikanten Koeffizienten.[1233] Die Variablen *INV* und *RECV* weisen im Modell „BIG-4 und Non-BIG-4" schwach signifikant positive Zusammenhänge zur Bestellung einer BIG-4 Prüfungsgesellschaft auf, die sich weitgehend auch in den Teilmodellen „BIG-4 und Mid-Tier" und „BIG-4 und Small Auditors" wiederfinden. So erhöht im Modell „BIG-4 und Non-BIG-4" eine Steigerung des Vorratsvermögensanteils um eine Standardabweichung (0,124) die vorhergesagte Wahrscheinlichkeit auf Bestellung einer BIG-4 Gesellschaft um 5,5 Prozentpunkte und eine Zunahme des Anteils der Forderungen aus Lieferungen und Leistungen um eine Standardabweichung (0,109) führt zu einer Wahrscheinlichkeitssteigerung um 5,6 Prozentpunkte, wenn alle anderen Regressoren ihren Mittelwert annehmen. Das spricht dafür, dass komplexe und risikoreiche Prüffelder den Einsatz einer BIG-4 Gesellschaft begünstigen.

Für die Profitabilität eines Mandanten wurde ein Zusammenhang zur Nachfrage nach hochqualitativer Abschlussprüfung vermutet, jedoch keine Vorhersage über die Richtung dieses Einflusses getroffen. Die Koeffizienten der Variable *RENT* tragen zwar ein positives Vorzeichen, verfehlen jedoch in allen Modellen ein statistisches Signifikanzniveau. Möglicherweise lässt sich dies dadurch erklären, dass profitablere Unternehmen tendenziell eher in der Lage und gewillt sind, höhere Honorare für große Abschlussprüfer zu zahlen.[1234]

[1233] Die Variablen *LN_SUBS* und *KONZERN* weisen hohe Korrelationskoeffizienten ($Korrelation_{Pearson}$ = 0,889; $Korrelation_{Spearman}$ = 0,923) auf. Um auf eine mögliche Verzerrung aufgrund potentieller Multikollinearität zu testen, wurden die Modelle daher jeweils nur mit einer der beiden Variablen geschätzt. Die Ergebnisse sind jedoch unverändert.

[1234] Vgl. *Gassen, Skaife*, Audit reforms, 2009, S. 887.

Gleichzeitig könnten weniger profitable Unternehmen durch die Wahl einer renommierten Prüfungsgesellschaft die Abwesenheit von Problemen signalisieren wollen.[1235]

Die Variable *KONZERN* weist auf schwachem Signifikanzniveau einen positiven Koeffizienten auf, was dafür spricht, dass Konzernabschlussmandate mit höherer Wahrscheinlichkeit von einer großen Prüfungsgesellschaft betreut werden.[1236] Dies erscheint plausibel, da Konzernabschlussmandate in der Regel eine internationalere Ausrichtung der Prüfungsgesellschaft und aufgrund komplexerer Themen den Einsatz spezialisierter Prüfer bedingen.[1237] Im Modell „BIG-4 und Non-BIG-4“ induziert der marginale Effekt eine Steigerung der vorhergesagten BIG-4 Wahrscheinlichkeit um 21,3 Prozentpunkte, wenn die Indikatorvariable *KONZERN* von 0 auf 1 springt und alle restlichen erklärenden Variablen ihren Mittelwert annehmen. Der marginale Effekt ergibt sich am stärksten im Modell „BIG-4 und Small Auditors“ mit 0,237, was schließen lässt, dass kleine Prüfer eher in geringerem Maß mit Konzernabschlussmandaten betraut werden. Der Einfluss ist auch im multinomialen Modell robust. Im Teilsample „BIG-4 und Mid-Tier“ zeigt sich ein nicht signifikanter Koeffizient. Offenbar bedingt eine Konzernabschlussprüfung bei den untersuchten Unternehmen nicht zwangsläufig den Einsatz einer BIG-4 Gesellschaft, sondern wird häufig auch von mittelgroßen Prüfungsgesellschaften durchgeführt.

Weiterhin wurde vermutet, dass Unternehmen, die einen Bedarf an Beratungsleistungen des Prüfers aufweisen, mit höherer Wahrscheinlichkeit eine größere Prüfungsgesellschaft bestellen, da diese ein breiteres Spektrum an Beratungsleistungen anbieten dürften. Für die Variable *NAS* wird im Modell „BIG-4 und Non-BIG-4“ ein schwach signifikant positiver Koeffizient ausgegeben, der sich vor allem im Teilsample „BIG-4 und Small Auditors“ auf stärkerem Signifikanzniveau widerspiegelt. So steigt die Wahrscheinlichkeit der Bestellung einer BIG-4 Gesellschaft um 10,2 Prozentpunkte („BIG-4 und Non-BIG-4) bzw. 14,5 Prozentpunkte („BIG-4 und Small Auditors“), wenn die Indikatorvariable den Wert 1 statt 0 annimmt und alle übrigen Regressoren ihren Mittelwert tragen. Kein signifikanter Einfluss kann im Teilsample „BIG-4 und Mid-Tier“ festgestellt werden, was möglicherweise damit erklärt werden kann, dass mittelgroße Prüfungsgesellschaften ein vor allem auf mittelständische Unternehmen zugeschnittenes Beratungsportfolio aufweisen. Als alternative Variable wird statt des Dummies *NAS* die kontinuierliche Variable *NAF* aufgenommen, die die Höhe des Nichtprüfungshonorars abbildet. Überraschenderweise ergeben sich die Koeffizienten der Variable *NAF* in allen Modellen nicht signifikant. Dies spricht dafür, dass eher die generelle Bereitschaft zur Inanspruchnahme von Beratungsleistungen (gemessen durch *NAS*) als das Beratungsvolumen (gemessen durch *NAF*) die Wahl einer großen Prüfungsgesellschaft beeinflusst.

[1235] Vgl. *Fischkin*, Determinanten der Prüferwahl, 2011, S. 124.

[1236] Allerdings ist darauf hinzuweisen, dass es sich bei den Unternehmen, deren Einzelabschlüsse untersucht wurden, nicht zwangsläufig um unabhängige Einzelunternehmen handeln muss, sondern dass auch diese Unternehmen in Konzernstrukturen eingebettet sein können. Da in einem Konzernverbund der Abschluss der Tochterunternehmen häufig vom Konzernabschlussprüfer geprüft wird, könnte es sein, dass untersuchte Unternehmen mit Einzelabschluss aufgrund ihrer tatsächlichen Zugehörigkeit zu einem Konzernverbund eine große Prüfungsgesellschaft bestellen, vgl. *Knechel, Niemi, Sundgren*, Determinants of auditor choice, 2008, S. 70.

[1237] Vgl. *Knechel, Niemi, Sundgren*, Determinants of auditor choice, 2008, S. 70.

Die vorliegende Modellierung des Regressionsmodells unterstellt allerdings, dass die Inanspruchnahme von Beratungsleistungen in Periode t die Prüferwahlentscheidung in Periode t beeinflusst, d. h. es wird angenommen, dass der Mandant zunächst über die Inanspruchnahme von Beratungsleistungen in t entscheidet und sich im Anschluss für einen bestimmten Abschlussprüfer entscheidet. Allerdings lässt sich auch eine andere zeitliche Abfolge begründen: SVANSTRÖM/SUNDGREN (2012) führen an, dass erst eine vertrauensvolle Prüfungstätigkeit einen zunehmenden Erwerb von Beratungsleistungen des Abschlussprüfers durch den Mandanten nach sich zieht.[1238] Die Ergebnisse der ersten Stufe des *2SLS* Modells aus Kapitel 6 zeigen ein rückläufiges Nichtprüfungshonorar bei einem Prüferwechsel, was ebenfalls dafür spricht, dass sich ein neuer Prüfer erst bewähren muss, bevor das an ihn vergebene Beratungsvolumen zunimmt. Insofern lässt sich argumentieren, dass zuerst die Prüferwahlentscheidung erfolgt und erst im Anschluss Nichtprüfungsleistungen an den Mandanten verkauft werden.[1239] In diesem Falle würde sich ein umgekehrter Zusammenhang ergeben in dem Sinne, dass die Prüferwahlentscheidung in t die Inanspruchnahme von Beratungsleistungen in t beeinflusst. Die Exogenitätsannahme der Variable *NAS* wäre damit aufgrund des wechselseitigen Zusammenhanges zwischen der abhängigen Variablen und der unabhängigen Variable verletzt und mit Endogenität belastet, was zu einer Inkonsistenz der Schätzer führen würde.[1240]

Grundsätzlich lässt sich der Problematik eines endogenen Regressors durch einen Instrumentalvariablenansatz begegnen.[1241] Die Schätzung eines Modells mit binärer abhängiger Variable und einem binären endogenen Regressor beinhaltet jedoch neben der Voraussetzung der Existenz eines geeigneten Instruments komplexere ökonometrische Probleme.[1242] Einige Autoren empfehlen daher zur Approximation die Schätzung mittels eines linearen *2SLS* Verfahrens.[1243] Wird, ähnlich wie in Abschnitt 6.5.4.2, die Variable *LN_EMP*, welche die logarithmierte Mitarbeiterzahl angibt, unter der Annahme, dass die Mitarbeiterzahl als Größenvariable aufgrund der Abbildung der Unternehmensgröße durch *SIZE* im Prüferwahlmodell nicht benötigt wird, gleichzeitig aber einen Einfluss auf die Inanspruchnahme von Beratungsleistungen (bspw. aufgrund mit einer höheren Mitarbeiterzahl auftretenden Beratungsfragen in Hinblick auf steuerliche und organisatorische Fragestellungen) ausübt, als Instrument für *NAS* verwendet,[1244] ergibt sich in einer linearen *2SLS* Schätzung im Teilmodell „BIG-4 und Small Auditors" weiterhin ein schwach signifikant positiver Zusammenhang der Variable. Der Erklärungsgehalt dieser Schätzung fällt allerdings sehr gering aus, was dafür spricht, dass ein schwaches Instrument vorliegt.[1245] Betont sei zudem

---

[1238] Vgl. *Svanström, Sundgren*, The demand for non-audit services and auditor-client relationships, 2012, S. 73.

[1239] Vgl. *Svanström, Sundgren*, The demand for non-audit services and auditor-client relationships, 2012, S. 71.

[1240] Vgl. *Cameron, Trivedi*, Microeconometrics using Stata, 2010, S. 479.

[1241] Vgl. *Cameron, Trivedi*, Microeconometrics using Stata, 2010, S. 480. Siehe auch Abschnitt 6.5.4.2.

[1242] Vgl. *Angrist*, Estimation of limited dependent variable models with dummy endogenous regressors, 2001, S. 2.

[1243] Vgl. *Angrist*, Estimation of limited dependent variable models with dummy endogenous regressors, 2001, S. 3; zumindest für Modelle mit abhängiger binärer und kontinuierlichem endogenem Regressor: vgl. *Cameron, Trivedi*, Microeconometrics using Stata, 2010, S. 481 und 485.

[1244] Vgl. zur Begründung des Instruments und zur Technik des *2SLS* Schätzverfahrens Abschnitt 6.5.4.2.

[1245] Zur Problematik der Existenz eines geeigneten Instruments vgl. *Cameron, Trivedi*, Microeconometrics using Stata, 2010, S. 177 und S. 181 f. Siehe auch Abschnitt 6.5.4.2.

der lediglich approximative Charakter einer linearen *2SLS* Schätzung bei einem Modell mit binären Variablen.[1246]

Die Endogenitätsproblematik lässt sich in diesem Zusammenhang jedoch entschärfen, wenn in die Modelle anstatt der Variable *NAS* im Zeitpunkt t die Variable NAS_{t-1} aufgenommen wird. Das bedeutet, die Prüferwahlentscheidung der Periode t wird zu erklären versucht mit der Inanspruchnahme von Beratungsleistungen in der Vorperiode t-1 in der Annahme, dass Mandanten, die in der Vorperiode Beratungsleistungen des Prüfers bezogen haben, sich auch in der aktuellen Periode für einen größeren Prüfer entscheiden werden.[1247] Die Prüferwahlentscheidung in t sollte nunmehr keinen Einfluss auf die Inanspruchnahme von Beratungsleistungen in t-1 aufweisen, so dass von einer Exogenität der Variable NAS_{t-1} ausgegangen werden kann. Bei weitgehender Robustheit der restlichen Variablen zeigen die Ergebnisse einen positiven Koeffizienten der Variable NAS_{t-1}, der sich in allen drei BIG-4 Modellen signifikant ergibt.[1248] Dies spricht dafür, dass Unternehmen mit Beratungsbedarf tendenziell die Bestellung einer BIG-4 Gesellschaft bevorzugen.

Die tatsächliche Endogenität zumindest der Variable *NAS* lässt sich schließlich kontrovers diskutieren. Die Ergebnisse von BEATTIE/FEARNLEY (1995) sprechen dafür, dass die Fähigkeit des Prüfers zur Erbringung von Beratungsleistungen eine bedeutende Rolle bereits bei der Auswahl des Prüfers durch den Mandanten spielt.[1249] SVANSTRÖM/SUNDGREN (2012) betonen, dass insbesondere nicht börsennotierte Unternehmen Prüfungs- und Beratungsleistungen oftmals aus einer Hand wünschen.[1250] Vor allem prüfungsnahe Beratung und

---

1246 WOOLDRIDGE (2010) weist in diesem Zusammenhang auf die Schätzung eines bivariaten *Probit*-Modells hin, vgl. *Wooldridge*, Econometric analysis of cross section and panel data, 2010, S. 594-597. Allerdings benötigt auch dieses Modell eine Variable, die einerseits nicht die Prüferwahl beeinflusst, andererseits aber Einfluss auf die Inanspruchnahme von Beratungsleistungen ausübt. Die Schätzung eines solchen Modells mit der Variable *LN_EMP* zeigt im Vergleich „BIG-4 und Non-BIG-4" einen signifikanten Koeffizienten, nicht jedoch in den anderen Teilmodellen. Die insignifikanten Koeffizienten der Variable *LN_EMP* in den Schätzgleichungen zur Bestimmung der Determinanten, welche die Inanspruchnahme von Beratungsleistungen beeinflussen, deuten in diesen Teilmodellen jedoch darauf hin, dass *LN_EMP* keinen Einfluss auf die Inanspruchnahme von Nichtprüfungsleistungen ausübt.

1247 Vgl. ähnlich *Dedman, Kausar, Lennox*, The demand for audit in private firms, 2014, S. 8 f.

1248 Die Schätzung mit NAS_{t-1} führt allerdings zu einer Reduktion der Stichproben, da Beobachtungen, für die keine Vorjahreswerte vorhanden sind, ausgelassen werden. Die Ergebnisse werden in Anhang A.3 berichtet.

1249 Vgl. *Beattie, Fearnley*, The importance of audit firm characteristics, 1995, S. 238.

1250 Vgl. *Svanström, Sundgren*, The demand for non-audit services and auditor-client relationships, 2012, S. 56. Die Autoren stellen allerdings auch fest, dass die Wahrscheinlichkeit der Inanspruchnahme mit zunehmender Prüfer-Mandantenbeziehung und mit der Qualität der Prüfungsleistungen signifikant steigt, und folgern daraus, *„that the length of the audit firm relationship and the perceived audit quality indicators not only determine whether or not NAS are purchased, but also have an impact on the range of services purchased"*, *Svanström, Sundgren*, The demand for non-audit services and auditor-client relationships, 2012, S. 71. Gleichzeitig beobachten die Autoren, dass vor allem kleine Unternehmen weniger Beratungsleistungen beanspruchen und kaum externe Berater beauftragen, die nicht Prüfer sind. Mögliche Erklärung dafür könnte sein, dass kleine Unternehmen aufgrund geringer Komplexität zunächst weniger Beratungsbedarf beinhalten und die Beratungsnachfrage erst im Laufe der Zeit durch den Prüfer generiert wird. So wird mehr als ein Fünftel dieser Beratungsleistungen für private, finanzielle Bereiche des Unternehmers erbracht. Größere Unternehmen könnten dagegen angesichts einer höheren operationalen Komplexität (z. B. in Hinblick auf Unternehmenskäufe, Umstrukturierungen oder steuerliche Fragen) ex ante einen stärkeren Beratungsbedarf aufweisen, der ihre Prüferwahl beeinflusst, da *„larger companies demand tax planning consulting and other kinds of complex consulting services for which specialist services are required."* *Svanström, Sundgren*, The demand for non-audit

Steuerberatung stehen dabei im Vordergrund, wie die Ergebnisse von DOBLER (2014) und die Ergebnisse dieser Arbeit in Kapitel 5 zeigen. Insofern erscheint es durchaus plausibel, dass Unternehmen, die grundsätzlich solcher in der Regel wiederkehrender Beratungsleistungen bedürfen, dies bereits bei der Prüferwahlentscheidung antizipieren und die Fähigkeit und Qualität des potentiellen Prüfers in Bezug auf Nichtprüfungsleistungen bereits bei der Prüferwahlentscheidung berücksichtigen. Mit stärkeren Endogenitätsproblemen dürfte vielmehr das Volumen an Beratungsleistungen, das üblicherweise über die Höhe der Beratungshonorare gemessen wird, belastet sein, da im Gegensatz zur generellen Inanspruchnahme von Beratungsleistungen der Umfang an Nichtprüfungsleistungen wahrscheinlich stark beeinflusst wird durch die Wahl eines bestimmten Prüfers.[1251]

Im Rahmen des Vergleichs der linearen Regressionsmodelle zu Prüferhonoraren wurde auf das adjustierte R^2 als Maß für den Erklärungsgehalt verwiesen, welches den Anteil der erklärten Varianz der Prüfungshonorare aufdeckt. Die logistische Regression kennt keine dementsprechende allgemein anerkannte Maßgröße.[1252] Üblicherweise wird in logistischen Regressionsmodellen ein sogenanntes Pseudo-R^2 angegeben, das allerdings auf verschiedene Weise ermittelt werden kann. In der vorliegenden Arbeit wird der Pseudo-R^2-Wert nach MCFADDEN (1974)[1253] ausgewiesen.

Die Interpretation des Pseudo-R^2 ist der des adjustierten R^2 im linearen Regressionsmodell nur insofern ähnlich, als dass es umso besser ist, je höher der Pseudo-R^2-Wert ausfällt.[1254] Eine genaue Aussage zu dem Prozentsatz der aufgeklärten Varianz der abhängigen Variablen kann durch das Pseudo-R^2 nicht getroffen werden.

Die in den Modellen, welche die Wahl eines BIG-4 Prüfers mit anderen Prüfertypen vergleichen, erzielten Pseudo-R^2-Werte reichen von 0,1757 („BIG-4 und Mid-Tier") bis 0,4100 („BIG-4 und Small Auditors"). Im Modell „BIG-4 und Non-BIG-4" wird ein Wert von 0,3267 erzielt. Damit liegen die Pseudo-R^2-Werte im Rahmen bzw. leicht über den Werten, die in anderen Prüferwahlstudien berichtet werden.[1255] Insofern kann von einem guten Fit der in dieser Arbeit verwendeten Modelle gesprochen werden.

Die Modelle „BIG-4 und Non-BIG-4", „BIG-4 und Mid-Tier" sowie „BIG-4 und Small Auditors" zeigen, dass BIG-4 Prüfer vor allem angesichts höherer Agency-Problematiken und von größeren und komplexeren Unternehmen bestellt werden. Die Unterschiede treten

services and auditor-client relationships, 2012, S. 63. Die von SVANSTRÖM/SUNDGREN (2012) untersuchten Unternehmen fallen mit Bilanzsummen unter 10 Mio. € (93,335 Mio. Schwedische Kronen) wesentlich kleiner aus als die in dieser Arbeit untersuchten Unternehmen, vgl. *Svanström, Sundgren*, The demand for non-audit services and auditor-client relationships, 2012, S. 63.

1251 So dürfte das Beratungsvolumen abhängen von einer guten Prüfer-Mandanten-Beziehung und von der Fähigkeit des gewählten Prüfers, dem Mandanten weitere Leistungen zu verkaufen. Die Wahl großer Prüfungsgesellschaften könnte ebenfalls das Beratungshonorar beeinflussen, da diese Gesellschaften eventuell höhere Honorare verlangen könnten.

1252 Vgl. *Kohler, Kreuter*, Datenanalyse mit Stata, 2012, S. 347.

1253 Vgl. *McFadden*, Conditional logit analysis of qualitative choice behavior, 1974, S. 105-142.

1254 Vgl. *Kohler, Kreuter*, Datenanalyse mit Stata, 2012, S. 347.

1255 Vgl. *Ashbaugh, Warfield*, Audits as a corporate governance mechanism, 2003, S. 15; *Lennox*, Management ownership and audit firm size, 2005, S. 222; *Niskanen, Karjalainen, Niskanen*, The role of auditing, 2010, S. 239; *Fischkin*, Determinanten der Prüferwahl, 2011, S. 215.

dabei vor allem zwischen BIG-4 Prüfern und kleinen Abschlussprüfern zutage und sind weniger ausgeprägt im Teilmodell „BIG-4 und Mid-Tier".

Mid-Tier und Small Auditors

Während sich der Großteil der Prüferwahlforschung auf die Unterscheidung zwischen Big-N und Non-BIG-N Gesellschaften konzentriert, ist eine mehrstufige Differenzierung innerhalb der Gruppe der Prüfungsgesellschaften selten anzutreffen. Ursache dafür dürfte der Fokus der Forschung sein, der sich weitgehend auf die Prüferwahl börsennotierter Unternehmen zentriert, die zu einem Großteil von BIG-N Gesellschaften und einigen mittelgroßen Prüfungsgesellschaften, jedoch kaum von kleinen Abschlussprüfern geprüft werden. Der Bereich der nicht börsennotierten Unternehmen bietet den Vorteil, dass hier ein größeres Spektrum an Abschlussprüfertypen tätig ist, so dass untersucht werden kann, welche Faktoren die Wahl einer mittelgroßen Prüfungsgesellschaft als Proxy für eine mittlere Prüfungsqualitätsstufe im Vergleich zu kleinen Abschlussprüfern beeinflussen.

Bisherige Studien in diesem Bereich sind selten, es existiert jedoch ein kleiner Befund, der sich vor allem auf finnische Unternehmen konzentriert. In Finnland herrscht eine weitgehende Prüfungspflicht für alle Unternehmen. Zudem existieren vier verschiedene Arten von Abschlussprüfern: die BIG-N Prüfungsgesellschaften, zertifizierte Prüfer, die von der zentralen oder einer lokalen Handelskammer zur Abschlussprüfung zugelassen werden, und nicht zertifizierte Prüfer, die keine Zulassung, sondern nur berufliche Erfahrung im Bereich der Abschlussprüfung aufweisen müssen und nur Kleinstunternehmen prüfen dürfen.[1256] Die prüfungspflichtigen Unternehmen können je nach Unternehmensgröße zwischen verschiedenen Prüfern wählen, wobei Kleinstunternehmen aus allen vier Prüfergruppen wählen können, während große Unternehmen aus den zertifizierten Prüfern und BIG-N Gesellschaften wählen müssen.[1257]

KNECHEL/NIEMI/SUNDGREN (2008) stellen fest, dass im Bereich der Kleinstunternehmen vor allem die Unternehmenskomplexität, gemessen über Unternehmensgröße und Gehaltsaufwand, die Wahl eines zertifizierten Prüfers bestimmt. Unternehmen, die zur Bestellung eines zertifizierten Prüfers verpflichtet sind, bestellen mit höherer Wahrscheinlichkeit einen höher zertifizierten Prüfer, wenn sie größer sind, einen höheren Fremdfinanzierungsgrad aufweisen und Teil eines Unternehmensverbundes sind. Für die Wahl einer BIG-N Gesellschaft sind vor allem der Finanzierungsbedarf und die Unternehmenskomplexität mit ausschlaggebend.[1258] NISKANEN/KARJALAINEN/NISKANEN (2010) beobachten, dass vor allem die Unternehmensgröße, die rechtliche Verpflichtung zur Bestellung eines zertifizierten Prüfers und die Zugehörigkeit des Unternehmens zu einem Konzernverbund die Wahrscheinlichkeit erhöhen, dass im Vergleich zu einem nicht zertifizierten Prüfer ein zertifizierter Abschlussprüfer gewählt wird.[1259]

1256 Vgl. *Niemi*, Auditor size and audit pricing, 2004, S. 547; *Knechel, Niemi, Sundgren*, Determinants of auditor choice, 2008, S. 67 f.; *Niskanen, Karjalainen, Niskanen*, The role of auditing, 2010, S. 233.

1257 Vgl. *Knechel, Niemi, Sundgren*, Determinants of auditor choice, 2008, S. 67 f.

1258 Vgl. *Knechel, Niemi, Sundgren*, Determinants of auditor choice, 2008, S. 82 f.

1259 Vgl. *Niskanen, Karjalainen, Niskanen*, The role of auditing, 2010, S. 239.

Diese Ergebnisse können jedoch nicht direkt auf den deutschen Kontext übertragen werden. Zum einen weist der Beruf des Wirtschaftsprüfers in Deutschland keine Qualifikationsdifferenzierung bei der Zulassung zum Wirtschaftsprüfer auf. Zum anderen sind nicht alle deutschen Unternehmen gesetzlich zur Abschlussprüfung verpflichtet, sondern kleine Unternehmen und Kleinstunternehmen sind von der Prüfung ausgenommen. Die prüfungspflichtigen Unternehmen müssen sich von einem Wirtschaftsprüfer prüfen lassen, es bestehen – außer für mittelgroße GmbHs und Personenhandelsgesellschaften i. S. d. § 264a Abs. 1 HGB, die gem. § 317 Abs. 1 HGB einen vereidigten Buchprüfer oder eine Buchprüfungsgesellschaft zur Abschlussprüfung bestellen können – keine Ausweichmöglichkeiten auf andere Formen von Abschlussprüfern. Eine Qualitätsdifferenzierung innerhalb des deutschen Berufsstandes ist daher im Vergleich zum finnischen Kontext weit weniger offensichtlich.

Die in der vorliegenden Arbeit erzielten Ergebnisse im Modell „Mid-Tier und Small Auditors" deuten darauf hin, dass die untersuchten Variablen nur geringfügig die Wahl zwischen einer mittelgroßen oder kleinen Prüfungsgesellschaft beeinflussen. Lediglich für die Variable *FOREIGN* wird im logistischen Regressionsmodell auf schwachem Signifikanzniveau ein positiver Koeffizient ausgewiesen, was dafür spricht, dass tendenziell Unternehmen mit ausländischen Gesellschaftern kleine Abschlussprüfer meiden. Der Marginaleffekt von 0,220 induziert eine Erhöhung der vorhergesagten Wahrscheinlichkeit der Bestellung einer mittelgroßen Prüfungsgesellschaft um 22 Prozentpunkte, wenn die Indikatorvariable *FOREIGN* den Wert 1 statt 0 annimmt und alle anderen Regressoren ihren Mittelwert tragen. Die Prüfung eines Konzernabschlusses weist im gepoolten *Logit*-Gesamtmodell einen schwach signifikanten Koeffizienten auf. Die Variable *KONZERN* verfehlt jedoch im multinomialen Modell eine statistische Signifikanz. In Bezug auf die möglicherweise mit Endogenität belastete Variable *NAS* ergibt sich auch bei Schätzung mit NAS_{t-1} ein nicht signifikanter Koeffizient, was möglicherweise darauf hindeutet, dass sich das Beratungsportfolio dieser Prüfungsgesellschaften nicht wesentlich unterscheidet. Die Modellspezifikation weist zudem mit einem Wert von 0,0970 im Vergleich zu den BIG-4 Modellen ein wesentlich geringeres Pseudo-R^2 auf.

Dies dürfte dafür sprechen, dass bei der Prüferwahlentscheidung zwischen mittelgroßen und kleinen Abschlussprüfern weniger die untersuchten Agency- und Größenproblematiken eine Rolle spielen als vielmehr andere Faktoren. So könnten bei diesen Mandaten persönliche Beziehungen zwischen Prüfer und Unternehmensverantwortlichen, der lokale Bekanntheitsgrad des Prüfers, die räumliche Nähe des Prüfers zum Mandanten und ähnliche Faktoren von höherer Bedeutung bei der Prüferwahlentscheidung sein.[1260]

7.5.4.2 Paneldaten Methoden

Paneldaten Methoden sind in der empirischen Prüfungsforschung bisher selten anzutreffen, obwohl sie im Vergleich zu Querschnittsregressionen einige Vorteile bieten.[1261] So sind Paneldaten Methoden in der Lage, das Problem unbeobachtbarer Heterogenität zu mildern, d. h. diese Methoden berücksichtigen das Auftreten nicht beobachtbarer Einflussgrößen

1260 Vgl. *Addams, Davis*, Privately held companies, 1994, S. 38 ff.

1261 Vgl. *Baltagi*, Econometrics, 2002, S. 307.

und reduzieren daher die Wahrscheinlichkeit aufgrund nicht berücksichtigter Effekte verzerrter Schätzer (*Omitted Variable Bias*).[1262]

NISKANEN/KARJALAINEN/NISKANEN (2010) verweisen auf eine *Fixed Effects* Schätzung, die aber nicht berichtet wird, da ein HAUSMAN-Test im Vergleich zur gepoolten *Logit* Schätzung keine Unterschiede in den Koeffizienten induziert.[1263] DEDMAN/KAUSAR/LENNOX (2014), die mittels eines *Probit* Modells den Bedarf britischer Unternehmen nach freiwilliger Abschlussprüfung untersuchen, verweisen in einer Fußnote auf die Schätzung eines *Random Effects* Modells als Robustheitstest.[1264] *Fixed Effects* Schätzer sind im Rahmen nicht linearer Modelle nicht für alle Methoden ermittelbar, so auch im *Probit* Modell.[1265]

In *Logit* Modellen können *Fixed Effects* Schätzer zwar berechnet werden, allerdings muss die abhängige Variable dazu eine gewisse Variation aufweisen. In kurzen Zeitpanels kann daher auch für *Logit* Modelle eine *Fixed Effects* Schätzung problematisch sein, da die abhängige Variable über einen kurzen Zeitraum oftmals nur eine geringe Variation aufweist und alle Beobachtungen, die über die Zeit keine Variation haben, in der Schätzung nicht berücksichtigt werden können.[1266] Die abhängigen Variablen *BIG-4* und *MIDTIER* weisen über den kurzen Zeitraum von vier Jahren nur eine geringe Variation auf. Absehbar ist dies bereits an der geringen Anzahl an Prüferwechseln.[1267] Eine *Fixed Effects* Schätzung würde daher den Großteil der Beobachtungen unberücksichtigt lassen und die Beobachtungszahl stark reduzieren. Insofern erscheint die Anwendung einer *Fixed Effects* Schätzung für die untersuchten Modelle nicht zweckmäßig. Stattdessen werden die Modelle mit einem *Random Effects* Modell geschätzt. *Random Effects* Modelle sind allerdings weniger zur Beseitigung von *Omitted Variable Bias* geeignet, da eine *Random Effects* Schätzung effiziente und konsistente Schätzer unter der Annahme bietet, dass der unbeobachtbare Effekt nicht mit den erklärenden Variablen korreliert ist.[1268] Die *Random Effects* Schätzung dient daher lediglich als Robustheitstest der Ergebnisse der gepoolten *Logit* Schätzung.[1269]

Neben den in Tabelle 31 dargestellten Ergebnissen für die Ausgangsmodelle, die die Variable *NAS* enthalten, werden in Anhang A.3 auch die Schätzungen der Modelle, welche statt *NAS* die Variable NAS_{t-1} enthalten, berichtet, um eine potentielle Endogenitätsproblematik in diesem Zusammenhang zu entschärfen.

Die Ergebnisse in den Modellen „BIG-4 und Non-BIG-4", „BIG-4 und Mid-Tier" und „BIG-4 und Small Auditors" entsprechen in Bezug auf ihre Vorzeichenrichtung und statistische Signifikanz bis auf wenige, kleinere Abweichungen weitgehend den in den gepoolten *Logit* Schätzungen erzielten Resultaten. Die Resultate bestätigen den bisherigen Eindruck, dass Agency-Probleme sowie Größen- und Komplexitätsmaße die Bestellung einer BIG-4

[1262] Zu den Vorteilen von Paneldaten Methoden vgl. Abschnitt 6.5.4.3.

[1263] Vgl. *Niskanen, Karjalainen, Niskanen*, The role of auditing, 2010, S. 239.

[1264] Vgl. *Dedman, Kausar, Lennox*, The demand for audit in private firms, 2014, S. 10.

[1265] Vgl. *Cameron, Trivedi*, Microeconometrics using Stata, 2010, S. 616.

[1266] Vgl. *Cameron, Trivedi*, Microeconometrics using Stata, 2010, S. 628.

[1267] Vgl. Abschnitt 6.5.2.

[1268] Vgl. *Wooldridge*, Econometric analysis of cross section and panel data, 2010, S. 619.

[1269] Die Koeffizienten der gepoolten *Logit* Schätzung und der *Random Effects* Schätzung sind nicht direkt miteinander vergleichbar, vgl. *Cameron, Trivedi*, Microeconometrics using Stata, 2010, S. 626.

Gesellschaft gegenüber einer Non-BIG-4 Gesellschaft beeinflussen.[1270] Getrieben werden diese Ergebnisse, wie auch in den gepoolten *Logit* Schätzungen, vor allem durch den Vergleich von BIG-4 Prüfern und kleinen Prüfern, was dafür spricht, dass die großen Prüfungsgesellschaften in diesen Punkten als fähiger und kompetenter als Kleinprüfer wahrgenommen werden. Das hohe, internationale Renommee der BIG-4 Gesellschaften wird durch die Variable *FOREIGN* deutlich, die sich auch im Modell „BIG-4 und Mid-Tier" signifikant zeigt. Betrachtet man die Ergebnisse dieses Teilmodells in Kombination mit den gepoolten *Logit* Schätzungen, scheinen weiterhin Größen- und Komplexitätsaspekte tendenziell die Wahl einer BIG-4 Gesellschaft zu befördern. Die Einflüsse ergeben sich jedoch wesentlich weniger ausgeprägt als im Teilmodell „BIG-4 und Small Auditors", was darauf hindeuten könnte, dass Mid-Tier Gesellschaften zumindest in einzelnen Prüfungsaspekten den großen Prüfungsgesellschaften ebenbürtig sind. Insgesamt deuten die Ergebnisse der BIG-4 Teilmodelle jedoch darauf hin, dass *„first-tier auditors audit the most demanding clients, whereas mid-tier auditors serve the segment of slightly less demanding clients."*[1271]

Weniger offensichtlich ist weiterhin, welche Faktoren die Bestellung eines Mid-Tier Prüfers gegenüber einem kleinen Prüfer bedingen. Einzig die Variable *FOREIGN* zeigt sich hier überzeugend robust signifikant und weist darauf hin, dass Unternehmen mit internationaler Investorenbeteiligung eine Abschlussprüfung durch kleine Prüfer mit wahrscheinlich nur lokalem Bekanntheitsgrad vermeiden.

Da die restlichen Variablen keinen oder keinen robusten Einfluss zeigen, lässt sich vermuten, dass diese Faktoren in der Wahlentscheidung zwischen Mid-Tier oder kleinem Prüfer nur eine untergeordnete Rolle spielen. Ausschlaggebend für die Prüferwahlentscheidung in diesen Fällen dürften wohl anstelle der untersuchten Faktoren andere Determinanten sein. ADDAMS/DAVIS (1994) führen aus, dass bei nicht börsennotierten Unternehmen vor allem persönlichen Beziehungen zwischen Prüfungs- und Unternehmensverantwortlichen eine entscheidende Rolle bei der Wahl des Prüfers zukommen.[1272] Weiterhin dürfte die Wahlentscheidung in diesen Situationen geprägt sein vom regionalen Bekanntheitsgrad des Prüfers oder auch dem Sitz des Mandanten. Im ländlichen Raum angesiedelte Unternehmen könnten beispielsweise lokal ansässige Abschlussprüfer gegenüber Abschlussprüfern der zumeist in größeren Städten angesiedelten großen Prüfungsgesellschaften bevorzugen, da sie so nicht für Unterkunftskosten der Prüfungsteams aufkommen müssen.

[1270] Im Gegensatz zur gepoolten *Logit* Schätzung ergibt sich im Teilmodell „BIG-4 und Small Auditors" ein signifikant negativer Einfluss der Variable *FAMSHARE*, der darauf hindeutet, dass Familienunternehmen kleinere Prüfungsgesellschaften bevorzugen. Begründet werden kann dies mit geringeren Agency-Konflikten in Familienunternehmen. Der nunmehr ebenfalls signifikante Koeffizient der Variablen *RENT* kann so interpretiert werden, dass profitablere Unternehmen sich eher eine BIG-4 Gesellschaft leisten bzw. weniger profitable Unternehmen die Bestellung einer großen Prüfungsgesellschaft meiden.

[1271] *Simons, Zein*, Audit market segmentation, 2014, S. 11. Die Autoren vergleichen in einer formalen Analyse das Setting eines Prüfungsmarktes, in dem drei Qualitätsklassen von Prüfern auftreten, gegenüber einem Setting, in dem nur Qualitätsklassen herrschen, und kommen zu dem Schluss, dass die Existenz von Mid-Tier Prüfern sowohl positive als auch negative Auswirkungen auf die gesamte Prüfungsqualität des Marktes haben kann. Abhängig ist dies von der Flexibilität der großen Prüfungsgesellschaften auf Qualitätsanforderungen der Mandanten zu reagieren, vgl. *Simons, Zein*, Audit market segmentation, 2014, S. 5-10.

[1272] Vgl. *Addams, Davis*, Privately held companies, 1994, S. 38 ff.

Tabelle 31: Ergebnisse Prüferwahlanalyse *RE* Modell

BIG-4 und Non-BIG-4	$BIG\text{-}4_{i,t}$ =	$\beta_0 + \beta_1 MANSHARE_{i,t} + \beta_2 FAMSHARE_{i,t} + \beta_3 FOREIGN_{i,t} + \beta_4 LEV_{i,t} + \beta_5 SIZE_{i,t} + \beta_6 LN\_SUBS_{i,t} + \beta_7 INV_{i,t} + \beta_8 RECV_{i,t} + \beta_9 RENT_{i,t} + \beta_{10} KONZERN_{i,t} + \beta_{11} NAS_{i,t} + \text{fixe Effekte} + \varepsilon_{i,t},$
BIG-4 und Mid-Tier	$BIG\text{-}4_{i,t}$ =	$\beta_0 + \beta_1 MANSHARE_{i,t} + \beta_2 FAMSHARE_{i,t} + \beta_3 FOREIGN_{i,t} + \beta_4 LEV_{i,t} + \beta_5 SIZE_{i,t} + \beta_6 LN\_SUBS_{i,t} + \beta_7 INV_{i,t} + \beta_8 RECV_{i,t} + \beta_9 RENT_{i,t} + \beta_{10} KONZERN_{i,t} + \beta_{11} NAS_{i,t} + \text{fixe Effekte} + \varepsilon_{i,t},$
BIG-4 und Small Auditors	$BIG\text{-}4_{i,t}$ =	$\beta_0 + \beta_1 MANSHARE_{i,t} + \beta_2 FAMSHARE_{i,t} + \beta_3 FOREIGN_{i,t} + \beta_4 LEV_{i,t} + \beta_5 SIZE_{i,t} - \beta_6 LN\_SUBS_{i,t} + \beta_7 INV_{i,t} + \beta_8 RECV_{i,t} + \beta_9 RENT_{i,t} + \beta_{10} KONZERN_{i,t} + \beta_{11} NAS_{i,t} + \text{fixe Effekte} + \varepsilon_{i,t},$
Mid-Tier und Small Auditors	$MIDTIER_{i,t}$=	$\beta_0 + \beta_1 MANSHARE_{i,t} + \beta_2 FAMSHARE_{i,t} + \beta_3 FOREIGN_{i,t} + \beta_4 LEV_{i,t} + \beta_5 SIZE_{i,t} + \beta_6 LN\_SUBS_{i,t} + \beta_7 INV_{i,t} + \beta_8 RECV_{i,t} + \beta_9 RENT_{i,t} + \beta_{10} KONZERN_{i,t} + \beta_{11} NAS_{i,t} + \text{fixe Effekte} + \varepsilon_{i,t},$

		BIG-4 (n = 401) und Non-BIG-4 (n = 454)			BIG-4 (n = 401) und Mid-Tier (n = 115)			BIG-4 (n = 401) und Small Auditors (n = 339)			Mid-Tier (n = 115) und Small Auditors (n = 339)		
	Erwartetes Vorzeichen	Koeffizient	Std.-fehler	p-Wert	Koeffizient	Std.-fehler	p-Wert	Koeffizient	Std.-fehler	p-Wert	Koeffizient	Std.-fehler	p-Wert
MANSHARE	-	-3,565	1,797	0,023**	-0,377	2,719	0,444	-4,664	2,324	0,022**	-2,795	2,131	0,095*
FAMSHARE	?	-3,003	2,195	0,171	-0,163	2,444	0,947	-4,134	2,016	0,040**	-2,074	2,574	0,420
FOREIGN	+	17,217	1,940	0,000***	5,072	2,044	0,006***	18,154	2,242	0,000***	13,655	2,227	0,000***
LEV	?	11,014	2,513	0,000***	4,802	3,907	0,219	15,477	3,345	0,000***	2,145	3,331	0,520
SIZE	+	2,287	0,729	0,001***	1,208	0,989	0,111	3,431	0,880	0,000***	0,496	1,015	0,312
LN_SUBS	+	-2,472	0,942	0,995	0,272	1,265	0,414	-2,889	1,122	0,995	-1,594	1,127	0,921
INV	+	-0,462	3,579	0,551	7,951	6,250	0,101	1,392	4,251	0,371	-6,770	6,047	0,868
RECV	+	9,568	4,315	0,013**	11,882	7,362	0,053*	12,270	4,822	0,005***	3,318	8,870	0,354
RENT	?	12,551	4,785	0,009***	6,610	6,138	0,281	16,141	5,449	0,003***	-10,615	7,814	0,174
KONZERN	+	5,625	2,767	0,021**	-0,922	2,955	0,622	7,337	3,232	0,011***	4,464	2,901	0,062*
NAS	+	0,401	0,833	0,315	2,335	1,512	0,061*	0,072	1,053	0,472	-1,899	1,331	0,923
ε (Constant)		-58,164	13,428	0,000***	-15,341	18,010	0,394	-79,966	16,568	0,000***	-40,965	50,162	0,414
Kontrolle für fixe Jahre-/Brancheneffekte		Ja			Ja			Ja			Ja		
Anzahl Beobachtungen (n)		855			516			740			454		
Anzahl an Gruppen		276			174			241			158		
n pro Gruppe im Durchschnitt		3,1			3,0			3,1			2,9		
Wald Chi²		286,39			26,12			173,63			136,60		
Prob > Chi²		0,000			0,052			0,000			0,000		

*/**/*** = Signifikant auf dem 10%/5%/1%-Niveau; für Variablen mit Vorzeichenerwartung werden die p-Werte auf Basis einseitiger Tests angegeben, andernfalls auf zweiseitigem Testniveau.

Die potentiell mit Endogenität belastete Variable *NAS* ergibt sich in der *Random Effects* Schätzung kaum signifikant. Auch die Schätzung mit der Variable NAS_{t-1} zeigt kein wesentlich anderes Ergebnis. Dies spricht dafür, dass bei den untersuchten nicht börsennotierten Unternehmen ein Beratungsbedarf nicht zwangsläufig zur Bestellung einer großen Prüfungsgesellschaft führen muss. Stattdessen könnten in dem Marktsegment für mittelständische Mandate kleinere Abschlussprüfer ein speziell auf diese Unternehmensklientel ausgerichtetes Beratungsangebot aufweisen und so den Kapazitätsnachteil gegenüber großen Prüfungsgesellschaften wettmachen. Dieses Ergebnis steht allerdings im Widerspruch zu den Resultaten der gepoolten *Logit* Schätzungen, die einen signifikant positiven Koeffizienten ermitteln.

7.6 Kapitelzusammenfassung

Im vorliegenden Kapitel wurde mit Hilfe logistischer Regressionsanalysen versucht, herauszufinden, welche Determinanten die Nachfrage nach Prüfungsqualität bei den untersuchten, nicht börsennotierten Unternehmen bestimmen.

Neben dem Beitrag zu dem bisher gering ausgeprägten empirischen Befund in diesem Marktsegment, beinhaltet die Untersuchung der Prüferwahldeterminanten nicht börsennotierter Unternehmen mehrere interessante Aspekte. So weisen diese Unternehmen im Vergleich zu börsennotierten Unternehmen unterschiedlich ausgeprägte Eigentümerstrukturen auf, was aussagekräftigere Tests in Bezug auf den Einfluss von Agency-Konflikten ermöglicht.[1273] Geringere Erwartungen des Kapitalmarkts und ein geringerer, genereller Bedarf an Spezialisten und Kapazität des Abschlussprüfers beschränken nicht börsennotierte Unternehmen weniger bei der Wahl ihres Abschlussprüfers, so dass sie ein ihren Bedürfnissen entsprechendes Prüfungsqualitätsniveau wählen können. Gleichzeitig tritt auf dem Prüfungsmarkt für nicht börsennotierte Mandate im Vergleich zu börsennotierten Unternehmen eine Mehrzahl an Prüfertypen auf, die ein differenziertes Angebot an Prüfungsqualität offerieren dürften.

In Anlehnung an DeAngelo (1981), die argumentiert, dass größere Abschlussprüfer eine höhere Prüfungsqualität bieten, wurden die BIG-4 Gesellschaften und mittelgroße Prüfungsgesellschaften als Anbieter einer höheren Prüfungsqualität im Vergleich zu kleinen Abschlussprüfern assoziiert. Mit Hilfe logistischer Regressionsmodelle wurde untersucht, welche Faktoren Einfluss auf die Wahl einer großen oder mittelgroßen Prüfungsgesellschaft nehmen. Als Robustheitstests wurden eine multinomiale Analyse sowie eine *Random Effects* Schätzung durchgeführt.

Die Ergebnisse werden im Folgenden zusammengefasst:

- DeFond/Zhang (2014) argumentieren, dass sich die Nachfrage nach Prüfungsqualität vor allem durch das Ausmaß von Agency-Konflikten auf Seiten des Mandanten determiniert. Der Bedarf an hochqualitativer Abschlussprüfung ergibt sich aus einem gesteigerten Bedürfnis nach Glaubwürdigkeitsversi-

[1273] Vgl. *Lennox*, Management ownership and audit firm size, 2005, S. 208.

cherung durch den Abschlussprüfer als dritte Partei.[1274] Das verwendete Regressionsmodell enthält daher eine Mehrzahl von Variablen, die verschiedene Agency-Konflikte abbilden sollen. Insbesondere wird der Einfluss von *Management Ownership*, von Familien und ausländischen Gesellschaftern sowie der Unternehmensverschuldung als Proxy für fremdfinanzierungsbedingte Agency-Konflikte untersucht. Die Ergebnisse zeigen, dass ein steigendes Agency-Konfliktpotential die Wahl einer BIG-4-Gesellschaft begünstigt. So bringt die Beteiligung ausländischer Gesellschafter und ein zunehmender Fremdfinanzierungsanteil eine steigende Nachfrage nach Prüfungsqualität mit sich. Dies erscheint plausibel vor dem Hintergrund, dass Unternehmen mit Beteiligung ausländischer Gesellschafter ein höheres Maß an Agency-Konflikten inhärent sein dürfte und ausländische Investoren daher zusätzliche Informations- und Versicherungsbedürfnisse aufweisen dürften. In diesem Zusammenhang wird zudem der internationale Bekanntheitsgrad der BIG-4 Gesellschaften wahrscheinlich eine wichtige Rolle spielen. Eine zunehmende Fremdfinanzierung wird das Interesse der Fremdkapitalgeber an einer glaubwürdigen Prüfung der Rechnungslegungsinformationen, welche in der Regel die Basis für Kreditvertragsbedingungen bilden, befördern.

Weiterhin zeigen die Schätzungen, dass Unternehmen mit einer zunehmenden Konvergenz von Eigentum und Kontrolle im Rahmen eines steigenden *Management Ownerships* dazu tendieren, kleinere Abschlussprüfer zu bestellen, was der Agency-Hypothese geringerer Informationsasymmetrien und demzufolge eines reduzierten Bedarfs an Prüfungsqualität dieser Unternehmen entspricht. Der negative Koeffizient der Variable *FAMSHARE* weist darauf hin, dass Familienunternehmen ebenfalls eher zur Wahl kleinerer Prüfer neigen. Allerdings kann für den Einfluss von Familien nur in einzelnen Teilmodellen ein statistisch signifikanter Zusammenhang zur Bestellung einer größeren Prüfungsgesellschaft belegt werden. Der insignifikante Koeffizient in den restlichen Schätzungen kann möglicherweise damit erklärt werden, dass Familienunternehmen eine hochqualitative Abschlussprüfung zwar weniger als *Monitoring*-Instrument zur Überwachung des Managements, in einigen Fällen gleichzeitig aber verstärkt als Signal gegenüber Minderheitseignern und Stakeholdern zur Versicherung gegenüber ausbeuterischem Verhalten der kontrollierenden Familie nutzen.

- Weiterhin wurde vermutet, dass die Unternehmensgröße und Komplexität wichtige Einflussfaktoren auf die Nachfrage nach einer höheren Prüfungsqualität sind, da aus kontrollorientierter Sichtweise größere und komplexere Unternehmen ein höheres *Moral Hazard* Risiko aufweisen sollten.[1275] Aus organisationstheoretischer Perspektive dürften größere Prüfungsgesellschaften eher in der Lage sein, den Prüfungsaufwand großer und komplexer Unternehmen

[1274] Vgl. *DeFond, Zhang*, A review of archival accounting research, 2014, S. 294.

[1275] Vgl. *Knechel, Niemi, Sundgren*, Determinants of auditor choice, 2008, S. 70.

effizient zu bewältigen.[1276] Die Ergebnisse zeigen, dass größere Unternehmen mit höherer Wahrscheinlichkeit eine große Prüfungsgesellschaft bestellen. Überdies scheinen risikoreiche und komplexe Prüffelder die Wahrscheinlichkeit der Bestellung einer großen Prüfungsgesellschaft zu erhöhen.

- Neben Agency-Konflikten, Größe und Komplexität des Unternehmens können weitere Faktoren einen Einfluss auf die Bestellung einer größeren Prüfungsgesellschaft ausüben. So wurde vermutet, dass die Profitabilität eines Unternehmens die Prüferwahlentscheidung beeinflusst, da profitablere Unternehmen eher in der Lage sind höhere Honorare größerer Prüfungsgesellschaften zu zahlen. Der Koeffizient der Profitabilitätsvariablen zeigt in der gepoolten *Logit* Schätzung keine statistische Signifikanz, was möglicherweise daran liegt, dass weniger profitable Unternehmen mit der Bestellung einer größeren Prüfungsgesellschaft die Abwesenheit von Risiken signalisieren wollen oder einige Unternehmen mit hoher Profitabilität ein höheres Risiko für Manipulation aufweisen und deshalb nicht an einer hohen Prüfungsqualität interessiert sind. Die Gegenläufigkeit dieser Effekte könnte den nicht signifikanten Koeffizienten erklären. In der *Random Effects* Schätzung zeigt sich jedoch ein positiver, signifikanter Einfluss, der sich dahingehend interpretieren lässt, dass sich weniger profitable Unternehmen seltener BIG-4 Prüfer leisten. Aufgrund der gemischten Ergebnisse in den beiden Schätzungen ist der Einfluss jedoch vorsichtig zu beurteilen.
  Außerdem wurde erwartet, dass die Prüfung eines Konzernabschlussmandats mit höherer Wahrscheinlichkeit durch eine größere Prüfungsgesellschaft durchgeführt wird, da diese Mandate in der Regel eine höhere Komplexität beinhalten. Der robust signifikante Koeffizient der Variable *KONZERN* zeigt an, dass die Prüfung eines Konzernmandats tendenziell die Wahrscheinlichkeit der Wahl einer größeren Prüfungsgesellschaft erhöht.

- Außerdem wurde vermutet, dass prüferspezifische Charakteristiken, insbesondere die Fähigkeit des Prüfers zur Erbringung von Beratungsleistungen bzw. der Bedarf des Mandanten nach Beratungsleistungen, die Wahlentscheidung des Mandanten beeinflussen. In diesem Zusammenhang wurden mögliche Endogenitätsprobleme einer diesen Zusammenhang abbildenden Variable diskutiert und verschiedene Maßnahmen unternommen, um einer potentiellen Endogenität zu begegnen. Die gepoolten *Logit* Schätzungen zeigen den erwarteten signifikant positiven Zusammenhang zwischen der Inanspruchnahme von Beratungsleistungen und der Wahl einer großen Prüfungsgesellschaft, der sich damit erklären ließe, dass diese Abschlussprüfer eine größere Kapazität und ein breiteres Spektrum an Beratungsleistungen aufweisen dürften. Die *Random Effects* Schätzungen können jedoch überwiegend keinen signifikanten Einfluss bestätigen, was damit begründet werden könnte, dass die drei Typen von Abschlussprüfern für die betroffenen Unternehmen ein ähnliches Portfolio an

[1276] Vgl. *Lenz*, Wahl des handelsrechtlichen Abschlussprüfers, 1993, S. 385.

Beratungsleistungen bieten oder dass kleinere und mittelgroße Prüfer den Kapazitätsnachteil gegenüber großen Prüfungsgesellschaften mit einem auf mittelständische Unternehmen spezialisiertem Beratungsangebot ausgleichen. Aufgrund der unterschiedlichen Ergebnisse in den gepoolten *Logit* und den *Random Effects* Schätzungen sind diese Resultate jedoch mit Vorsicht zu interpretieren.

- Die einzelnen Teilmodelle zeigen, dass die vorstehend beschriebenen Einflüsse der Agency-, Größen- und Komplexitätsvariablen sowie der restlichen Variablen überwiegend im Modell zu Tage treten. Dies spricht dafür, dass die BIG-4 Gesellschaften in diesen Aspekten ein besonders hohes Maß an Reputation genießen und in Bezug auf die untersuchten Sachverhalte augenscheinlich vor allem gegenüber kleinen Prüfern als fähiger wahrgenommen werden. Die im Vergleich zum Teilmodell „BIG-4 und Small Auditors" schwächer ausgeprägten oder nicht signifikanten Zusammenhänge könnten darauf hindeuten, dass im untersuchten Segment mittelgroße Prüfungsgesellschaften zumindest in einzelnen Aspekten nicht als wesentlich geringer qualifiziert im Vergleich zu großen Prüfungsgesellschaften wahrgenommen werden. Gegenüber mittelgroßen Prüfungsgesellschaften werden BIG-4 Gesellschaften vor allem von Unternehmen mit internationalen Gesellschaftern bevorzugt. Geringere Einflüsse lassen sich in diesem Teilmodell außerdem für Größen- und Komplexitätsfaktoren beobachten.
  Im Teilmodell „Mid-Tier und Small Auditors" bieten die untersuchten Faktoren im Vergleich zu den restlichen Modellen nur eine geringe Erklärungskraft. Eine Erklärung dafür könnte sein, dass Qualitätsunterschiede zwischen mittelgroßen und kleinen Prüfern in Bezug auf die untersuchten Agency-, Größen- und Komplexitätsaspekte bei dieser Wahlentscheidung von geringerer Bedeutung sind, da diese (kleineren) Unternehmen bspw. relativ hohe Eigentümerkonzentrationen aufweisen.[1277] Stattdessen könnten hier andere Faktoren den Ausschlag für die Wahl eines bestimmten Prüfers geben. Da bei diesen Unternehmen oftmals die den Prüfer wählenden Eigentümer auch in der Führung des Unternehmens tätig sind, dürfte eine gute Prüfer-Mandant Beziehung von wesentlicher Bedeutung sein. Ebenso dürften der regionale oder lokale Bekanntheitsgrad des Abschlussprüfers und dessen räumliche Nähe zum Sitz des Mandantenunternehmens eine zentrale Rolle spielen.
  Die bisherige Forschung im Bereich dieser „soften" und oftmals nur schwer messbaren Einflussgrößen auf die Prüferwahl ist jedoch nur wenig ausgeprägt. Hier bieten sich für die künftige Forschung als wissenschaftliche Instrumente vor allem Befragungen an.

[1277] Im Vergleich zu den untersuchten BIG-4 Mandaten, vgl. Tabelle 27.

8 Zusammenfassung und Limitationen

Der empirische Befund zur Rolle der Abschlussprüfung bei nicht börsennotierten Unternehmen steckt im Vergleich zur Untersuchung börsennotierter Unternehmen noch in seinen Anfängen. Gleichzeitig ist zu vermuten, dass Erkenntnisse aus der Prüfungsforschung über börsennotierte Unternehmen nicht zwangsläufig auf das Segment der nicht börsennotierten Unternehmen übertragen werden können. Vielmehr können sich diese Unternehmen in ihrem Bedarf nach und Anspruch an Abschlussprüfung in zentralen Punkten von börsennotierten Gesellschaften unterscheiden, da sie oftmals in Eigentümerstrukturen und rechtlichem Umfeld unterschiedlich geprägt sind. Auch der Prüfungsmarkt für diese Mandate dürfte eine andersartige Struktur aufweisen als der Markt für börsennotierte Mandate.

Die vorliegende Arbeit versucht, den Befund zur Rolle der Abschlussprüfung bei nicht börsennotierten, deutschen Unternehmen zu erweitern.

Die zentralen Erkenntnisse lassen sich wie folgt darstellen:

- Der Bedarf an Abschlussprüfung lässt sich grundsätzlich aus der positiven Prinzipal-Agent-Theorie begründen. Demnach dient die Abschlussprüfung grundsätzlich als Instrument zur Reduzierung aufgrund von Interessensdivergenzen entstehender Agency-Kosten, indem sie Informationen verifiziert und somit Informationsasymmetrien zwischen den betroffenen Parteien abmildert. Die vorwiegend von nicht börsennotierten Unternehmen angewendete handelsrechtliche Rechnungslegung und Abschlussprüfung können als Grundlage zur Milderung von Agency-Konflikten angesehen werden. Prüfungsqualität lässt sich in diesem Zusammenhang als Teil der Rechnungslegungsqualität verstehen, indem sie den Rechnungslegungsinformationen Glaubwürdigkeit verleiht. Die Qualität einer Abschlussprüfung wird im Wesentlichen durch die Kompetenz des Prüfers zur Fehleraufdeckung und seine Bereitschaft zur wahrheitsgemäßen Berichterstattung determiniert. Der Abschlussprüfer selbst stellt einen rational handelnden Akteur dar, so dass die Prüfungsqualität vor allem durch Anreize des Prüfers zu einer verfälschten Berichterstattung über das Prüfungsergebnis bedroht wird.
  Zur Messung von Prüfungsqualität werden in der Forschung verschiedene Maßgrößen verwendet, die jeweils unterschiedliche Stärken und Schwächen aufweisen. Die deutsche Prüfungsforschung ist bisher weitgehend auf börsennotierte Unternehmen fokussiert. Einige wenige Befunde sprechen jedoch dafür, dass die bisherigen Forschungsergebnisse aus diesem Bereich nicht einfach auf das Segment der nicht börsennotierten Mandate übertragen werden können.

- Nicht börsennotierte Unternehmen bilden in den meisten Ländern die überwiegende Mehrzahl der Unternehmen und tragen einen großen Teil zur wirtschaftlichen Leistung bei. Paradoxerweise hinkt die nationale und internationale Prüfungsforschung in diesem Bereich dem Befund über börsennotierte Unternehmen weit hinterher, obwohl die Frage nach der Rolle der Abschlussprüfung bei diesen Unternehmen weit weniger offensichtlich ist. So weisen nicht börsennotierte Unternehmen einige im Vergleich zu börsennotierten Unternehmen grundlegend unterschiedliche Charakteristiken auf, die Auswirkungen auf den Bedarf nach Abschlussprüfung und das Angebot von Prüfungsqualität haben dürften.

- Der Gesetzgeber hat zahlreiche Vorschriften erlassen, um die Prüfungsqualität zu sichern. Die Europäische Kommission hat mit der Verordnung Nr. 537/2014 und der Richtlinie 2014/56/EU diese Vorgaben für Unternehmen öffentlichen Interesses vor allem auch in Bezug auf die Erbringung von Nichtprüfungsleistungen verschärft. Diese Vorgaben werden zurzeit im Rahmen des APAReG und des AReG in nationales Recht umgesetzt. Abzuwarten bleibt, wie diese verschärften Regelungen auf das Segment der Non-PIE-Unternehmen, die vor allem aus nicht kapitalmarktorientierten Unternehmen bestehen, ausstrahlen werden.
  Neben bereits implementierten Vorschriften zur Erbringung von Nichtprüfungsleistungen durch den Abschlussprüfer hat der nationale Gesetzgeber mit dem Bilanzrechtsmodernisierungsgesetz die bisher für kapitalmarktorientierte Unternehmen geltende Pflicht zur Honorarpublizität ab dem Jahr 2009 auch auf nicht kapitalmarktorientierte Unternehmen ausgedehnt.

- Eine Analyse der Qualität der Angaben über Prüfungs- und Nichtprüfungshonorare deutscher, nicht börsennotierter Unternehmen zeigt, dass die Berichtsqualität der Honorarangaben verbesserungswürdig ist, um dem vom Gesetzgeber ausgegebenen Ziel einer transparenten Honorargestaltung und einer Unabhängigkeitsbeurteilung durch den Abschlussadressaten gerecht zu werden.
  Weiterhin wurde den Fragen nachgegangen, welche Rolle die Erbringung von Nichtprüfungsleistungen bei nicht börsennotierten Unternehmen spielt und ob sich aus der Erbringung von Beratungsleistungen des Prüfers eine Unabhängigkeitsbeeinträchtigung ableiten lässt.
  Die Häufigkeit, mit der über Nichtprüfungsleistungen berichtet wird, deutet darauf hin, dass der Abschlussprüfer bei den untersuchten, nicht börsennotierten Unternehmen nicht nur als Prüfer fungiert, sondern auch als fähiger Berater geschätzt wird. Den Schwerpunkt der Beratungstätigkeit bilden dabei Steuerberatungsleistungen, deren Erbringung im Gegensatz zur Regulierung bei börsennotierten Unternehmen vom Gesetzgeber (noch) weitgehend zugelassen wird.
  Gleichzeitig lässt sich bestätigen, dass Unternehmen, die Beratungsleistungen des Prüfers beanspruchen, einen von Investoren als kritisch gesehenen Schwellenwert des Anteils der Honorare für Nichtprüfungsleistungen am Gesamthonorar in Höhe von 25 % (nicht jedoch i.H.v. 50 %) überschreiten, was bei einem Abschlussleser eine Besorgnis der Befangenheit des Prüfers auslösen könnte. In diesem Zusammenhang ist allerdings fraglich, ob bei nicht börsennotierten Unternehmen der Honorarangabe als Indikator für eine Unabhängigkeitsbe-

urteilung eine ähnliche Bedeutung zukommen kann wie bei börsennotierten Unternehmen. So dürften die Adressaten des Abschlusses nicht börsennotierter Unternehmen über einen einfacheren Zugang zu weiteren Unternehmens-informationen verfügen, anhand derer eine treffendere Unabhängigkeitsbeurteilung des Prüfers möglich ist. Der Informationsgewinn aus einer Honorarpublizität ist für diese Adressaten daher in Frage zu stellen. Angesichts weiterer Kritikpunkte an der Honorarveröffentlichungspflicht ist auch im Allgemeinen anzuzweifeln, ob diese in ihrer aktuellen Form und Umsetzung in der Lage ist, den ihr zugedachten Zweck als Vergleichsmaßstab und Unabhängigkeitsindikator zu erfüllen.

- Die Rolle der Institution „Abschlussprüfung" bei nicht börsennotierten Unternehmen wurde im Rahmen dieser Arbeit anhand zweier Näherungsgrößen untersucht: Die Pflicht zur Offenlegung der Prüfungshonorare ermöglicht eine Untersuchung der Determinanten, welche die Prüfungshonorare nicht börsennotierter Unternehmen beeinflussen. Prüfungshonorare gelten als inputbezogene Maßgröße für Prüfungsqualität, da sie Faktoren der Prüfer-Mandant-Beziehung abbilden und somit die Untersuchung sowohl von Nachfrage- als auch Angebotsdeterminanten erlauben. Die Prüfungshonorare nicht börsennotierter Unternehmen dürften in verstärktem Maß vom prüferischen Aufwand bestimmt werden und im Gegensatz zu börsennotierten Mandaten weniger durch andere Faktoren wie Risikoprämien oder Marktmacht des Prüfers getrieben werden, was einen direkteren Rückschluss auf den Bedarf und das Angebot an Prüfungsqualität ermöglicht.[1278]
Die untersuchten Unternehmen sind gesetzlich zur Durchführung einer Abschlussprüfung verpflichtet. Die Prüferwahlanalyse untersucht, welche Faktoren die Bestellung eines bestimmten Typs von Abschlussprüfern beeinflussen. Dabei wird unterschieden in BIG-4 Prüfungsgesellschaften, mittelgroße Prüfungsgesellschaften und als Referenzkategorie kleinere Prüfungsgesellschaften und Abschlussprüfer. Hintergrund dieser Vorgehensweise ist die Argumentation, dass größere Prüfungsgesellschaften eine höhere Prüfungsqualität bieten. Im Gegensatz zu Prüferwahlstudien bei börsennotierten Unternehmen, bei denen zumeist eine dichotome Trennung zwischen BIG-N und Non-BIG-N Gesellschaften erfolgt, erscheint im Segment der nicht börsennotierten Unternehmen eine vielschichtigere Differenzierung der Prüfungsqualität wahrscheinlicher. Die Prüferwahlanalyse untersucht aus Sicht der Nachfrager, welche Faktoren den Bedarf nach Prüfungsqualität beeinflussen, und geht davon aus, dass ein Unternehmen sich für ein zu seinen Bedürfnissen passendes Prüfungsqualitätsniveau entscheidet.

- Die Ergebnisse der Prüfungshonorar- und Prüferwahlanalyse zeigen, dass Agency-Konflikte in Bezug auf den Bedarf an Prüfungsqualität bei untersuch-

[1278] Vgl. *Langli, Svanström*, Audits of private companies, 2014, S. 153; *DeFond, Zhang*, A review of archival auditing research, 2014, S. 290.

ten Unternehmen eine bedeutende Rolle spielen. Vor allem ausländische Investoren und Fremdkapitalgeber zeigen Interesse an einer hohen Prüfungsqualität, offenbar um Informationsasymmetrien zu überwinden. Weiterhin belegt die Prüfungshonoraranalyse einen negativen Einfluss von Familien auf das Prüfungshonorar, was darin begründet sein könnte, dass diese Unternehmen aufgrund geringerer Agency-Konflikte vom Abschlussprüfer als weniger risikoträchtig eingeschätzt werden oder eine zunehmende Familienkontrolle ein externes *Monitoring* substituiert. In der Prüferwahlanalyse kann nur in Teilmodellen ein signifikanter, negativer Einfluss der Familienvariablen auf die Bestellung einer größeren Prüfungsgesellschaft erkannt werden, der für eine geringere Nachfrage nach Prüfungsqualität dieser Unternehmen spricht. Die teilweise Insignifikanz der Familienvariablen in den restlichen Modellen könnte darauf zurückzuführen sein, dass einige Familienunternehmen bewusst eine große Prüfungsgesellschaft als Signal wählen, um Vertrauen bei Investoren, Fremdkapitalgebern und anderen Parteien zu wecken. Uneinheitlich zeigt sich der Einfluss von *Management Ownership* in den beiden Untersuchungen. In der Prüfungshonoraranalyse sprechen die Ergebnisse für einen nichtlinearen Verlauf von *Management Ownership* und Prüfungshonoraren, was darauf hindeutet, dass ein geringes und hohes *Management Ownership* niedrige Prüfungshonorare bedingt, während mittlere Anteilsquoten des Managements zu hohen Prüfungshonoraren führen. Erklärt werden könnte dies durch einen *Entrenchment*-Effekt, der Manager mit gesicherter Position im Unternehmen dazu verleitet, unternehmenswertschädigende Handlungen zu ihren Gunsten und zum Schaden der restlichen Anteilseigner durchzuführen, und somit das Risiko wesentlicher Fehler in der Rechnungslegung erhöht.[1279] Die Prüferwahlanalyse zeigt jedoch, dass ein zunehmendes *Management Ownership* tendenziell die Nachfrage nach einer höheren Prüfungsqualität, abgebildet durch die Bestellung einer BIG-4 Gesellschaft, reduziert.
Die Prüferwahlanalyse zeigt, dass vor allem die BIG-4 Gesellschaften in Bezug auf die untersuchten Agency-Konflikte als besonders kompetent wahrgenommen werden. Dies spricht dafür, dass die BIG-4 Gesellschaften in Bezug auf die untersuchten Faktoren eine besonders hohe Reputation als Abschlussprüfer genießen.

- Weiterhin zeigt sich, dass der Bedarf an Prüfungsqualität durch Größen- und Komplexitätsfaktoren beeinflusst wird. Prüffelder, die mit höheren Fehlerrisiken belastet sein dürften, wirken sich honorarerhöhend aus, was dafür spricht, dass die Abschlussprüfer der untersuchten, nicht börsennotierten Unternehmen einem risikoorientierten Prüfungsansatz folgen.

- Die bereits in der deskriptiven Analyse angeklungene Bedeutung von Nichtprüfungsleistungen für die untersuchten nicht börsennotierten Unternehmen zeigt auch in der Prüfungshonoraranalyse Wirkung. So lässt sich ein positiver

[1279] Vgl. *Lennox*, Management ownership and audit firm size, 2005, S. 209-211.

Zusammenhang zwischen Prüfungs- und Beratungshonoraren erkennen, der sich auch in verschiedenen statistischen Modellierungen robust erweist. Ein positiver Zusammenhang steht zwar in Einklang mit der Mehrheit der bisherigen Forschung, ist mitunter jedoch nicht einfach zu deuten. So könnte unter bestimmten Annahmen ein positiver Einfluss der Beratungshonorare auf das Prüfungshonorar als Indiz für das Vorliegen von Wissenstransfers zwischen Prüfungs- und Beratungsleistungen interpretiert werden. Eine geringer ausgeprägte Trennung zwischen Prüfungs- und Beratungsteams und eine weniger strenge Regulierung der Erbringung von Nichtprüfungsleistungen im Vergleich zu börsennotierten Unternehmen könnten Gründe dafür sein, dass bei nicht börsennotierten Unternehmen Prüfungs- und Beratungsleistungen stärker voneinander profitieren. Alternativ könnten umfangreiche Beratungsleistungen zu Umstrukturierungen innerhalb des Mandantenunternehmens führen und somit einen erhöhten Prüfungsaufwand auslösen. Der positive Zusammenhang spricht jedoch dagegen, dass Prüfungsleistungen vom Prüfer unter Beeinträchtigung der Prüfungsqualität als *Loss Leader* zur Erringung lukrativer Beratungsmandate eingesetzt werden.
Die Prüferwahlanalyse liefert in Bezug auf die Inanspruchnahme von Beratungsleistungen des Prüfers unterschiedliche Ergebnisse. In gepoolten *Logit* Schätzungen lässt sich ein positiver Zusammenhang erkennen, der dafür spricht, dass Unternehmen mit Beratungsbedarf eher BIG-4 Gesellschaften bestellen. In den *Random Effects* Schätzungen lässt sich jedoch kein signifikanter Einfluss dieser Variablen erkennen. Als mögliche Begründung dafür ließe sich anführen, dass mittlere und kleinere Prüfer ein auf mittelständische Unternehmen spezialisiertes Beratungsangebot offerieren oder Beratungsleistungen günstiger als große Prüfungsgesellschaften anbieten. Diskutiert wurde in diesem Zusammenhang eine potentielle Endogenität der erklärenden Beratungsvariablen. Die unterschiedlichen Ergebnisse in den beiden Schätzverfahren zeigen sich jedoch auch bei Berücksichtigung potentieller Endogenität robust.

- In Bezug auf eine Qualitätsdifferenzierung innerhalb der Gruppe der Abschlussprüfer deuten die Ergebnisse beider Analysen daraufhin, dass auch im Bereich der nicht börsennotierten Unternehmen vor allem die BIG-4 Prüfungsgesellschaften als Anbieter einer höheren Prüfungsqualität wahrgenommen werden. So zeigen die in den Prüfungshonorarmodellen enthaltenen Indikatorvariablen, welche die Prüfung durch eine große Prüfungsgesellschaft abbilden, dass insbesondere die Prüfungsgesellschaften PwC, KPMG und Deloitte höhere Prüfungshonorare als mittelgroße und kleinere Abschlussprüfer erzielen können. Das Vorliegen von Honorarprämien wird oftmals als Indiz für eine höhere Prüfungsqualität der betroffenen Prüfungsgesellschaften interpretiert. Honorarprämien könnten allerdings auch durch andere Faktoren bewirkt werden. Eine hohe Marktmacht der großen Prüfungsgesellschaften oder ein erhöhtes Haftungsrisiko (*Deep Pockets*) großer Prüfungsgesellschaften können weitere Erklärungsfaktoren sein. Die Interpretation einer Honorarprämie als Hinweis auf Prüfungsqualität ist daher an die Annahme geknüpft, dass der Prüfungsmarkt einen Wettbewerbsmarkt darstellt.[1280] Diese Annahme dürfte tendenziell eher im Prüfungsmarktsegment der nicht börsennotierten Mandate haltbar sein, da hier eine geringere Marktdominanz der BIG-4 Gesellschaften und ein reduziertes Haftungsrisiko des Abschlussprüfers vermutet werden kann.[1281] Dies erleichtert die Interpretation der beobachteten Honorarprämien als Hinweise auf Produktdifferenzierung innerhalb der Gruppe der Abschlussprüfer. Gleichzeitig spricht ein beobachteter *Fee Cutting* Effekt für einen funktionierenden Preiswettbewerb unter den Abschlussprüfern im Kampf um Erstprüfungsmandate.

- Interessant ist die bisher wenig erforschte Bedeutung von mittelgroßen Prüfungsgesellschaften, die eine Zwischenposition zwischen BIG-4 Gesellschaften und kleinen Prüfern einnehmen. Die Rolle der Mid-Tier Prüfer in Bezug auf Prüfungsqualitätist ist – insbesondere für das Segment nicht börsennotierter Unternehmen – bisher wenig erforscht und die existierenden Befunde sind teilweise widersprüchlich.[1282] LOY (2013) zeigt für deutsche nicht börsennotierte Unternehmen, dass BIG-4 Gesellschaften Bilanzpolitik stärker einschränken als Mid-Tier Prüfer, die wiederum stärker Bilanzpolitik begrenzen als kleine Abschlussprüfer, und schließt daher auf eine dreistufige Qualitätsabstufung unter den Prüfungsgesellschaften,[1283] Auch ESHLEMAN/GUO (2014) formulieren eine ähnliche Qualitätsdifferenzierung zwischen diesen drei Prüfertypen, können jedoch nicht erkennen, dass die von mittelgroßen Prüfungsgesellschaften geprüften Abschlüsse seltener von *Accounting Restatements* betroffen sind als diejenigen kleiner Prüfer.[1284]
  BOONE/KHURANA/RAMAN (2010) kommen anhand ihrer Ergebnisse für börsennotierte Unternehmen zu dem Schluss, dass der Unterschied zwischen Mid-Tier und BIG-4 Prüfungsgesellschaften weniger in der tatsächlichen als vielmehr in der wahrgenommenen Prüfungsqualität liege, da mittelgroße Prüfer ein den BIG-4 Gesellschaften ähnliches Niveau an tatsächlicher Prüfungsqualität bieten.[1285]
  Die in der vorliegenden Prüfungshonoraranalyse beobachtete Honorarprämie für mittelgroße Prüfungsgesellschaften zeigt an, dass diese Gesellschaften ebenfalls in der Lage sind, höhere Prüfungshonorare als kleinere Abschlussprüfer zu verlangen, und kann als Hinweis auf eine höhere Prüfungsqualität interpretiert werden. Die Honorarprämie mittelgroßer Prüfungsgesellschaften fällt jedoch geringer aus als die von BIG-4 Prüfern erzielte Preisprämie, was für eine Art dreistufiger Honorarabstufung zwischen großen, mittelgroßen und

---

1280 Vgl. *Simunic*, The pricing of audit services, 1980, S. 170 f.
1281 Vgl. *Langli, Svanström*, Audits of private companies, 2014, S. 153.
1282 Vgl. *Simons, Zein*, Audit market segmentation, 2014, S. 10.
1283 Vgl. *Loy*, An audit is an audit, 2013, S. 327.
1284 Vgl. *Eshleman, Guo*, Do Big 4 auditors provide higher audit quality, 2014, S. 199.
1285 Vgl. *Boone, Khurana, Raman*, Do the Big 4 and the second-tier firms provide audits of similar quality, 2010, S. 330.

kleinen Abschlussprüfern spricht, die unter der Annahme eines Wettbewerbmarktes als eine hierarchische Qualitätsdifferenzierung interpretiert werden kann.
Gleichzeitig zeigt die Prüferwahlanalyse ihren Einfluss überwiegend in der Unterscheidung zwischen BIG-4 Gesellschaften und kleinen Abschlussprüfern und weniger im gepoolten Sample aus mittelgroßen und großen Prüfungsgesellschaften, was möglicherweise dahingehend interpretiert werden kann, dass die Qualitätsunterschiede zwischen BIG-4 und Mid-Tier Prüfern im untersuchten Prüfungsmarktsegment weniger ausgeprägt wahrgenommen werden. Unterschiede bestehen hier vor allem in den Qualitätsanforderungen internationaler Gesellschafter und Größen- und Komplexitätsaspekten.
Insbesondere für die Wahlentscheidung zwischen mittelgroßen Prüfungsgesellschaften und kleinen Abschlussprüfern weisen die untersuchten Faktoren einen wesentlich geringeren Erklärungsgehalt als die restlichen Modelle auf. Zu vermuten ist, dass bei diesen Wahlentscheidungen weniger die einbezogenen Agency-, Größen- und Komplexitätssachverhalte als vielmehr andere Einflussfaktoren von ausschlaggebender Bedeutung für die Prüferwahl sind. Persönliche Kontakte und Beziehungen zwischen Abschlussprüfer und Unternehmenseigentümern, der lokale Bekanntheitsgrad der Prüfungsgesellschaften oder auch die räumliche Entfernung zwischen Sitz des Mandantenunternehmens und der Ansässigkeit der Prüfungsgesellschaft könnten hier eine wichtige Rolle spielen. Die bisherige Forschung liefert in diesem Zusammenhang bisher jedoch zu wenige Belege abseits der üblichen BIG-4 und Non-BIG-4 Differenzierung. Vor allem im Bereich der mittelgroßen und kleinen Abschlussprüfer ist kaum erforscht, welche Merkmale diese Prüfertypen unterscheiden und welche Anforderungen Mandanten an diese Prüfer stellen.
Insgesamt deuten die Ergebnisse der Prüferwahlmodelle ebenfalls auf eine dreistufige Qualitätshierarchie hin, in dem Sinne, dass die anspruchsvollsten Mandate von BIG-4 Gesellschaften geprüft werden, während kleine Prüfer Mandate mit geringeren Anforderungen hinsichtlich Prüfungsqualität betreuen. Mittelgroße Prüfungsgesellschaften prüfen offenbar ein dazwischen liegendes Segment von Unternehmen.

Im gleichen Zuge müssen jedoch auch Limitationen der vorliegenden Arbeit genannt werden. So erfordert die Interpretation empirischer Resultate Vorsicht und ist an gewisse Kriterien geknüpft, um gültige Aussagen treffen zu können.[1286] Folgende Gültigkeitskriterien sind dabei insbesondere zu beachten[1287]:

1. **Interne Validität**

   BORTZ/DÖRING (2016) führen aus: *„Das Kriterium der internen Validität bezieht sich auf die Gültigkeit der Kausalerklärungen, die aus einer Studie abgeleitet werden. Hohe interne Validität liegt vor, wenn die Ausprägungen bzw. Veränderungen in den abhängigen Variablen eindeutig auf den Einfluss der unabhängigen Variablen zurückzuführen sind."*[1288]

   Ein Beispiel für eine kritische interne Validität sieht LENZ (2002) in der Interpretation von in Prüfungshonorarstudien regelmäßig beobachteten Preisprämien bestimmter Prüfer.[1289] Oftmals wird von einer Honorarprämie auf eine höhere Prüfungsqualität geschlossen, obwohl verschiedene Ursachen für eine Preisprämie verantwortlich sein können. Die Interpretation solcher beobachteten Effekte kann daher nur unter Annahmen erfolgen. Aus bereits genannten Gründen lässt sich vermuten, dass diese Annahmen für das untersuchte Segment nicht börsennotierter Unternehmen tendenziell erfüllt sind. Auch die Interpretation des positiven Einflusses der Beratungshonorare auf das Prüfungshonorar ist unter der Vorgabe einer hohen internen Validität mitunter nicht einfach, da nicht eindeutig gesagt werden kann, ob dieser Einfluss tatsächlich auf Wissenstransfers zwischen Prüfungs- und Beratungsleistungen zurückzuführen ist oder ob Beratungsmaßnahmen einen höheren Prüfungsumfang anstoßen. Im Zuge der wissenschaftlichen Kausalität muss zudem die Ursache der Wirkung zeitlich vorausgehen.[1290] Im Rahmen der Inanspruchnahme von Beratungsleistungen des Prüfers als Ursache für die Prüferwahl wurde dies kritisch diskutiert.

   Weiterhin bedeutet interne Validität für die untersuchten Schätzmodelle zu Prüfungshonorar- und Prüferwahldeterminanten, dass die Modelle die wesentlichen Einflussgrößen beinhalten sollten.[1291] Die in die Schätzmodelle einbezogenen Variablen dieser Arbeit sind messbar und auch wesentlich. Dies belegen die erzielten adjustierten R^2- bzw. Pseudo-R^2-Werte. So erklärt das gepoolte *OLS* Modell zur Schätzung der Prüfungshonorardeterminanten zwei Drittel der Varianz der abhängigen Variablen. Damit liegt der Erklärungsgehalt in ähnlicher Höhe bzw. sogar leicht höher als bei Studien, die vergleichbare Unternehmen untersuchen. Das in der Prüferwahlanalyse erzielte Pseudo-R^2 liegt ebenfalls überwiegend innerhalb

[1286] Vgl. *Lenz*, Empirische Forschung in der Prüfung, 2002, Sp. 629 ff.

[1287] Zu den Validitätskriterien vgl. v. a. *Cook, Campbell*, Quasi-experimentation, 1979. Vgl. auch *Cook, Campbell*, The design and conduct of quasi-experiments, 1976, S. 223-326; *Lenz*, Empirische Forschung in der Prüfung, 2002, Sp. 629.

[1288] *Bortz, Döring*, Forschungsmethoden und Evaluation, 2016, S. 99.

[1289] Vgl. *Lenz*, Empirische Forschung in der Prüfung, 2002, Sp. 630.

[1290] Vgl. *Bortz, Döring*, Forschungsmethoden und Evaluation, 2016, S. 99.

[1291] Vgl. *Fischkin*, Determinanten der Prüferwahl, 2011, S. 224.

bzw. über den in anderen Prüferwahlstudien erzielten Werten. Dies spricht für eine gute Erklärungskraft der Modelle.
Dennoch ist es wahrscheinlich, dass weitere Einflussfaktoren existieren, die nicht in den Modellen enthalten sind. So dürfte u.a. die Qualität der ungeprüften Rechnungslegung den Prüfungsaufwand und damit die Höhe der Prüfungshonorare beeinflussen. Im Rahmen der Prüferwahlentscheidung könnten Faktoren wie bspw. die Zufriedenheit mit dem Prüfer, die persönliche Beziehung zu dem Prüfer oder die örtliche Präsenz des Prüfers eine Rolle spielen. Diese Aspekte sind nicht oder nur schwer messbar und können daher nicht in die Modelle aufgenommen werden, was zu einer Verzerrung der Schätzer für die untersuchen Variablen führen kann. Die Statistik spricht in diesem Zusammenhang vom Problem unbeobachtbarer Heterogenität oder *Omitted Variable Bias.*[1292] Aus diesem Grund wurden die Modelle soweit möglich neben der in der bisherigen Prüfungsforschung verbreiteten gepoolten *OLS* bzw. *Logit* Methodik auch mit Paneldatenmethoden geschätzt. Paneldatenmethoden, insbesondere *Fixed Effects* Schätzungen wie in der verwendeten *H-T IV* Schätzung, sind in der Lage, das Problem unbeobachtbarer Heterogenität abzumildern.[1293]

2. Konstrukt-Validität

Konstrukt-Validität erfordert die Übersetzung der in der Hypothese formulierten theoretischen Begriffe in geeignete Messgrößen.[1294]
Im Rahmen der Prüfungshonoraranalyse wird das Prüfungshonorar als Maßgröße für Prüfungsqualität verwendet, da die Höhe der Prüfungshonorare den Prüfungsaufwand widerspiegeln sollte. Allerdings kann die Höhe der Prüfungshonorare auch durch Risikoprämien oder eine bessere Prüfungseffizienz beeinflusst werden, so dass ein zunehmendes Prüfungshonorar nicht zwangsläufig Rückschluss auf eine höhere Prüfungsqualität zulässt.[1295] Da das untersuchte Prüfungsmarktsegment dem Prüfer ein geringes Haftungsrisiko aufbürdet, erscheint eine Verzerrung der Honorare durch Risikoprämien eher unwahrscheinlich.
Im Rahmen der Prüferwahlanalyse erfolgt die Übersetzung des theoretischen Begriffs Prüfungsqualität in den abhängigen Variablen *BIG-4* bzw. *MIDTIER*. Diese Operationalisierung ist in der Literatur nicht unumstritten. BAR-YOSEF/LIVNAT (1984) halten im Gegensatz zur Auffassung DEANGELOS (1981), größere Prüfungsgesellschaften bieten eine höhere Prüfungsqualität, fest, dass „*classifying audit quality according to the size of the auditor (…) is theoretically unsatisfactory*“[1296]. Zudem können auch kleinere Prüfungsgesellschaften eine höhere Prüfungsqualität bieten,

---

1292 Vgl. *Brüderl*, Kausalanalyse mit Paneldaten, 2010, S. 965.
1293 Vgl. *Brüderl*, Kausalanalyse mit Paneldaten, 2010, S. 964.
1294 Vgl. *Lenz*, Empirische Forschung in der Prüfung, 2002, Sp. 630.
1295 Vgl. *DeFond, Zhang*, A review of archival auditing research, 2014, S. 290.
1296 *Bar-Yosef, Livnat*, Auditor Selection, 1984, S. 301. ASHBAUGH/WARFIELD (2003) kritisieren die Übertragung der Annahme, dass die dominierenden US-amerikanischen Prüfungsfirmen Anbieter höherer Prüfungsqualität seien, auf den deutschen Markt, vgl. *Ashbaugh, Warfield*, Audits as a corporate governance mechanism, 2003, S. 3 f.

indem sie z. B. bestimmte Branchenspezialisierungen aufweisen.[1297] LANGLI/SVANSTRÖM (2014) argumentieren jedoch, dass Prüfer kleinerer, nicht börsennotierter Unternehmen jedoch seltener besondere Branchenkenntnisse aufweisen, da sie eine Vielzahl unterschiedlicher Mandate betreuen.[1298] Überdies existiert ein umfangreicher Befund, der belegt, dass vor allem BIG-N Prüfer höhere Prüfungsqualität unter anderem in Hinblick auf geringere Betrugswahrscheinlichkeit[1299], höhere Wahrscheinlichkeit von *Going-Concern* Vermerken[1300], geringere Ermessensrückstellungen[1301] und bessere Management Prognosen[1302] bieten. Zudem indizieren empirische Befunde, dass BIG-N Prüfer auch vom Markt als Anbieter höherer Prüfungsqualität wahrgenommen werden.[1303] DEFOND/ERKENS/ZHANG (2014) halten fest, diese Forschungsergebnisse bieten "*broad-based and consistent evidence that Big N auditors deliver higher quality audits than non-Big N auditors*"[1304]. Vor diesem Hintergrund erscheint die Annahme einer höheren Prüfungsqualität durch die BIG-4 Gesellschaften akzeptabel. In Bezug auf die Prüfungsqualität mittelgroßer Prüfungsgesellschaften ist der Befund weit weniger ausgeprägt, jedoch lassen sich auch hier Belege für eine höhere Prüfungsqualität gegenüber kleineren Prüfern finden.[1305]

Auch in Bezug auf die unabhängigen Variablen muss Konstrukt-Validität gegeben sein, das heißt, auch hier müssen geeignete Operationalisierungen gefunden werden. In beiden Analysen wird versucht, nicht direkt bzw. nur schwer messbare vertragliche sowie unternehmensumfeldbezogene Faktoren über stellvertretende messbare Größen abzubilden. So wird u.a. versucht, den Einfluss von Familien über die von Familienmitgliedern gehaltenen Kapitalanteile zu messen. Dies setzt voraus, dass die einzelnen Familiengesellschafter gemeinsame Interessen verfolgen und so als konzentrierte Eigentümerfamilie agieren. Gleichzeitig erlauben die zur Verfügung stehenden Daten nur zu einem gewissen Grad eine Aufdeckung der tatsächlichen Eigentümerstrukturen. So könnte bspw. bei Unternehmen, an denen andere Unternehmen, für die keine Eigentümerinformationen zur Verfügung ste-

---

1297 Vgl. *Lenz*, Wahl des handelsrechtlichen Abschlussprüfers, 1993, S. 272.

1298 Vgl. *Langli, Svanström*, Audits of private companies, 2014, S. 150. Allerdings betonen die Autoren auch, dass die Forschung hier bisher kaum Belege liefert.

1299 Vgl. u.a. *Lennox, Pittman*, Big Five audits and accounting fraud, 2010, S. 589-616.

1300 Vgl. u.a. *Chan, Wu*, Aggregate quasi rents and auditor independence, 2011, S. 175-213.

1301 Vgl. u.a. *Becker, DeFond, Jiambalvo, Subramanyam*, The effect of audit quality on earnings management, 1998, S. 1-24; *Francis, Maydew, Sparks*, The role of Big 6 auditors in the credible reporting of accruals, 1999, S. 17-34; *Kim, Chung, Firth*, Auditor conservatism, asymmetric monitoring, and earnings management, 2003, S. 323-359.

1302 Vgl. u.a. *Ball, Jayaraman, Shivakumar*, Audited financial reporting and voluntary disclosure as complements, 2012, S. 136-166.

1303 Vgl. *Teoh, Wong*, Perceived auditor quality and the earnings response coefficient, 1993, S. 346; *Pittman, Fortin*, Auditor choice and the cost of debt capital, 2004, S. 113; *Mansi, Maxwell, Miller*, Does auditor quality and tenure matter to investors, 2004, S. 755-793.

1304 *DeFond, Erkens, Zhang*, Do client characteristics really drive Big N quality differentiation, 2014, S. 9.

1305 Vgl. *Loy*, An audit is an audit, 2013, S. 327; *Niemi*, Auditor size and audit pricing, 2004, S. 541-545; *Boone, Khurana, Raman*, Do the Big 4 and the second-tier firms provide audits of similar quality, 2010, S. 330; *Sundgren, Svanström*, Audit office size, audit quality and audit pricing, 2013, S. 52.

hen, beteiligt sind, der Einfluss von Familien stärker ausfallen, wenn Familienmitglieder auch das Beteiligungsunternehmen kontrollieren. Weiterhin kann eine falsche Zuordnung der Gesellschafter anhand ihres Nachnamens zu einer Familie zur Verzerrung führen. Eine weitere Einschränkung ist in der Tatsache zu sehen, dass die Agency-Variablen in Bezug auf *Management Ownership*, Familieneinfluss und der Beteiligung ausländischer Gesellschafter aufgrund beschränkter Datenverfügbarkeit als zeitkonstant angenommen werden müssen.

Als unabhängige Variable wurde das Verhältnis von Fremdkapital zur Bilanzsumme einbezogen, um – wie in vielen Studien üblich – das Ausmaß fremdfinanzierungsbedingter Agency-Konflikte zwischen Eignern und Gläubigern abzubilden. LENZ (1993) und LENNOX (2005) weisen jedoch auf die diesbezüglich begrenzte Aussagekraft des Verschuldungsgrades hin.[1306] FISCHKIN (2011) deutet auf die Ambiguität der Variable hin, die sowohl das Finanzierungsrisiko erfassen kann, jedoch auch als Indikator für den Einfluss von Fremdkapitalgebern ausgelegt werden kann.[1307] Insofern wird auf diese Einschränkungen verwiesen.

3. Externe Gültigkeit

Unter externer Gültigkeit ist zu verstehen, dass die in der Untersuchung beobachteten Effekte nicht nur für diese gültig sind, sondern auch in einer realen Situation Bestand haben können.[1308]

In diesem Zusammenhang muss vor allem die Stichprobenwahl und -größe berücksichtigt werden. Das Segment nicht börsennotierter Unternehmen umfasst eine weite Bandbreite von Unternehmensgrößen. Während kapitalmarktorientierte Unternehmen stets als große Kapitalgesellschaften mit den dazugehörigen Prüfungs- und Offenlegungspflichten gelten, ist die Prüfungspflicht nicht börsennotierter Unternehmen weitgehend auf mittelgroße und große Unternehmen beschränkt. Zur Angabe der Abschlussprüferhonorare im Unternehmensabschluss sind lediglich große Unternehmen verpflichtet. Eine Untersuchung der Prüfungshonorare kann daher nur für diese Gruppe der nicht börsennotierten Unternehmen durchgeführt werden. Weiterhin beschränkt sich die vorliegende Untersuchung auf Unternehmen aus den Branchen Maschinenbau, Chemie und Handel. Es muss also darauf hingewiesen werden, dass einige der für die untersuchten Unternehmen beobachteten Effekte möglicherweise nicht übertragbar sind auf andere nicht börsennotierte Unternehmen unterschiedlicher Größe oder anderer Branchenzugehörigkeit. So könnten bspw. die Branchenzugehörigkeit und Unternehmensgröße der untersuchten Unternehmen die Beobachtung von Honorarprämien für bestimmte Prüfungsgesellschaften unterstützen, da diese Prüfungsgesellschaften in den untersuchten Branchen Spezialisierungsvorteile gegenüber anderen Abschlussprüfern aufweisen und der Mandatsumfang die Verhandlungsmacht der Prüfungsgesellschaften erhöht. Möglicherweise besitzen diese Prüfungsgesell-

[1306] Vgl. *Lenz*, Wahl des handelsrechtlichen Abschlussprüfers, 1993, S. 463 f.; *Lennox*, Management ownership and audit firm size, 2005, S. 216.

[1307] Vgl. *Fischkin*, Determinanten der Prüferwahl, 2011, S. 224.

[1308] Vgl. *Lenz*, Empirische Forschung in der Prüfung, 2002, Sp. 631.

schaften bei kleineren Unternehmen anderer Branchen eine geringere Verhandlungsstärke, so dass Honorarprämien schwerer durchsetzbar sind. Die vorliegende Arbeit kann daher nur einen begrenzten Einblick in ein Teilsegment des umfassenden Prüfungsmarktes nicht börsennotierter Unternehmen bieten.
Eine weitere Einschränkung ist die geringe Stichprobengröße im Vergleich zur Grundgesamtheit. Im Gegensatz zu dem relativ kleinen Kreis der börsennotierten Unternehmen umfasst das nicht börsennotierte Segment eine Mehrzahl an Unternehmen bei gleichzeitig eingeschränkter Datenverfügbarkeit. So musste für die vorliegende Untersuchung eine Vielzahl an Daten manuell erhoben werden. Es kann daher nur von einer eingeschränkten Repräsentativität der Stichprobe ausgegangen werden. Gleichzeitig zeigt ein Vergleich deskriptiver Merkmale der untersuchten Unternehmen mit dem von LOY (2013) angegebenen großen Sample deutscher, nicht börsennotierter Unternehmen einige Ähnlichkeiten. So ist bspw. u.a. die Mandatsverteilung zwischen BIG-4 Gesellschaften, mittelgroßen Prüfungsgesellschaften und kleinen Abschlussprüfern weitgehend identisch.[1309]
DYCKMAN/ZEFF (2014) fordern im Rahmen empirischer Arbeiten eine Begründung des Untersuchungszeitraums. So befürchten die Autoren, dass Zeiträume, in denen Ereignisse wie bspw. „*the passage of major legislation, the approval of important regulations, the issuance of major amendments to relevant accounting standards, the withdrawal of relevant accounting standards, the occurence of a macro-economic shock*“[1310] auftreten, zu instabilen Ergebnissen führen.
Der in der vorliegenden Arbeit untersuchte Zeitraum beginnt mit dem Geschäftsjahr 2009, dem Jahr der erstmaligen Angabe der Prüfungshonorare, und endet zum Geschäftsjahr 2012. Das Jahr 2009 war geprägt von den Auswirkungen der weltweiten Finanz- und Wirtschaftskrise. Im Rahmen des Inkrafttretens des Bilanzrechtsmodernisierungsgesetzes wurden ab den Geschäftsjahren 2009/2010 einige Änderungen der handelsrechtlichen Rechnungslegungsstandards wirksam. Diese Ereignisse könnten Auswirkungen bspw. auf die Prüfungshonorare zeigen. Eine Schätzung der Modelle unter Ausschluss des Geschäftsjahres 2009 zeigt überwiegend robuste Ergebnisse im Vergleich zum gesamten Zeitraum. Zudem wird in den gepoolten Modellen für fixe Jahreseffekte kontrolliert. Die verwendeten Paneldatenmethoden sind außerdem in der Lage, das Problem unbeobachtbarer Effekte zu mildern.

4. Statistische Gültigkeit

Statistische Gültigkeit ist gegeben, wenn durch die Anwendung geeigneter statistischer Methoden nicht zufällige von zufälligen Einflüssen getrennt werden können.[1311]
Die in empirischen Arbeiten üblicherweise verwendeten Regressionstechniken setzen voraus, dass die der Untersuchung zu Grunde liegenden Daten anhand eines

1309 Vgl. *Loy*, An audit is an audit, 2013, S. 335.
1310 *Dyckman, Zeff*, Some methodological deficiencies in empirical research articles, 2014, S. 697.
1311 Vgl. *Lenz*, Empirische Forschung in der Prüfung, 2002, Sp. 631-632.

Zufallsprozesses gewonnen wurden.[1312] Der Prozess zur Gewinnung der in der vorliegenden Arbeit untersuchten Daten wurde in Kapitel 5 ausführlich beschrieben. Bereits im Rahmen dieser Ausführungen wird deutlich, dass die Datengewinnung keinem reinem Zufallsprozess folgt, in dem Sinne, dass eine Stichprobe aus einer genau definierten Grundgesamtheit im Rahmen eines Prozesses, der sicher stellt, dass jedes Element die gleiche Ziehungswahrscheinlichkeit aufweist, gezogen wird. DYCKMAN/ZEFF (2014) halten in diesem Zusammenhang fest: „*Initally, we need to admit that the data samples we use in accounting and economics in general are not random samples (…). Random samples are simply not possible in our discipline.*“[1313] Die Bewertung von Nullhypothesentests in diesem Rahmen ist daher generell mit Vorsicht vorzunehmen.

Die üblicherweise in der Prüfungs- und Prüferwahlforschung und auch in dieser Arbeit verwendete Methodik der gepoolten *OLS* bzw. *Logit* Schätzung geht von der zentralen Annahme aus, dass die erklärenden Variablen exogen sind, das heißt nicht mit dem Störterm korrelieren. Diese Annahme wird vor allem in der jüngeren Prüfungshonorarforschung in Zweifel gezogen. Die vorliegende Arbeit berücksichtigt daher eine potentielle Endogenität einzelner und mehrerer erklärender Variablen, soweit dies statistisch möglich ist. Im Rahmen der Prüfungshonoraranalyse geschieht dies über die Verwendung des *2SLS IV* und die *H-T IV* Methodik. Im Rahmen der Prüferwahlanalyse wird ein *Random Effects* Schätzer ermittelt, der jedoch weiterhin eine Exogenität der Regressoren unterstellt. Eine *Fixed Effects* Schätzung ist im Rahmen der Prüferwahlanalyse nicht praktikabel, da die abhängige Variable eine zu geringe Variation aufweist.

Der Bereich der nicht börsennotierten Unternehmen bietet für die künftige Prüfungsforschung ein breites, interessantes und bisher weitgehend unerforschtes Feld in Bezug auf die Rolle der Abschlussprüfung bei diesen Unternehmen. Mögliche Forschungsfelder liegen hier bspw. in einer Untersuchung der Bedeutung von Abschlussprüfung bei kleineren, prüfungspflichtigen Unternehmen. Dies könnte darüber Aufschluss geben, ob diese Unternehmen möglicherweise andere Anforderungen an Abschlussprüfung stellen als die in dieser Arbeit betrachteten Unternehmen und ob Unterschiede in der Bepreisung von Prüfungsleistungen unter den Prüfungsgesellschaften bestehen. Ein weiteres Forschungsfeld bietet eine vertiefte Untersuchung des Einflusses von Fremdkapitalgebern auf die Nachfrage nach Prüfungsqualität. Die Fremdkapitalfinanzierung stellt für nicht börsennotierte Unternehmen ein wichtiges Finanzierungsinstrument dar und empirische Befunde belegen, dass Abschlussprüfung in diesem Segment eine wichtige Rolle für Fremdkapitalgeber spielt.[1314] Gleichzeitig könnte sich der Kreis der Fremdkapitalgeber aus verschiedenen Institutionen oder Personen (u.a. Banken, verbundene Unternehmen, nahestehende Personen) zusam-

[1312] Vgl. *Dyckman, Zeff*, Some methodological deficiencies in empirical research articles, 2014, S. 701.

[1313] *Dyckman, Zeff*, Some methodological deficiencies in empirical research articles, 2014, S. 701.

[1314] Vgl. *Blackwell, Noland, Winters*, The value of auditor assurance, 1998, S. 58; *Hope, Thomas, Vyas*, Financial credibility, ownership, and financing constraints in private firms, 2011, S. 935-957; *Lennox, Pittman*, Voluntary audits vs. mandatory audits, 2011, S. 1655-1678; *Karjalainen*, Audit quality and cost of debt capital for private firms, 2011, S. 88-108.

mensetzen, die unterschiedlich enge Beziehungen zu dem Unternehmen aufweisen und dementsprechend verschiedenartige Anforderungen an Prüfungsqualität stellen.

DYCKMAN/ZEFF (2014) betonen schließlich den Wert von Replikationsstudien.[1315] Insbesondere in dem Marktsegment nicht börsennotierter Unternehmen sind aufgrund der dort auftretenden Vielzahl von Unternehmen und der erschwerten Datenlage, die nur eingeschränkte Stichproben zulassen, replizierende Arbeiten von Bedeutung, um Erkenntnisse zu sichern, und bieten sich daher für die weitere Forschung an.

[1315] Vgl. *Dyckman, Zeff*, Some methodological deficiencies in empirical research articles, 2014, S. 699.

Anhang

Anhang A.1

Tabelle 32: Liste der untersuchten Unternehmen

Unternehmen mit Einzelabschlüssen	Branche
Aebi Schmidt Deutschland GmbH, St. Blasien	Maschinenbau D29
August Steinmeyer GmbH & Co. KG, Albstadt	Maschinenbau D29
AXA Entwicklungs- und Maschinenbau GmbH, Schöppingen	Maschinenbau D29
Bauknecht Hausgeräte GmbH, Stuttgart	Maschinenbau D29
BHS Corrugated Maschinen- und Anlagenbau GmbH, Weiherhammer	Maschinenbau D29
Binder GmbH, Tuttlingen	Maschinenbau D29
Breyer GmbH Maschinenfabrik, Singen	Maschinenbau D29
Brita GmbH, Taunusstein	Maschinenbau D29
Coatec Gesellschaft für Oberflächenveredelung mbH, Schlüchtern	Maschinenbau D29
DuPont Performance Coatings GmbH, Wuppertal	Maschinenbau D29
Dynapac GmbH, Wardenburg-Westerholt	Maschinenbau D29
Ecolab Engineering GmbH, Siegsdorf	Maschinenbau D29
Faiveley Transport Witten GmbH, Witten	Maschinenbau D29
Focke & Co. (GmbH & Co. KG), Verden (Aller)	Maschinenbau D29
Gardner Denver Schopfheim GmbH, Schopfheim	Maschinenbau D29
Gontermann-Peipers GmbH, Siegen	Maschinenbau D29
Grundfos Pumpenfabrik GmbH, Wahlstedt	Maschinenbau D29
Harro Höfliger Verpackungsmaschinen GmbH, Allmersbach im Tal	Maschinenbau D29
Hartmetall-Werkzeugfabrik Paul Horn GmbH, Tübingen	Maschinenbau D29
Hugo Miebach GmbH, Dortmund	Maschinenbau D29
Hydac Filtertechnik GmbH, Sulzbach	Maschinenbau D29
Hydac Fluidtechnik GmbH, Sulzbach	Maschinenbau D29
Hydac Technology GmbH, Sulzbach	Maschinenbau D29
J.G. Weisser Söhne GmbH & Co. KG, St. Georgen im Schwarzwald	Maschinenbau D29

Kabelschlepp GmbH, Wenden	Maschinenbau D29
Kendrion Binder Magnete GmbH, Villingen-Schwenningen	Maschinenbau D29
kocher-plastik Maschinenbau-GmbH, Sulzbach - Laufen	Maschinenbau D29
Kverneland Group Soest GmbH, Soest	Maschinenbau D29
Manitowoc Crane Group Germany GmbH, Wilhelmshaven	Maschinenbau D29
Marley Deutschland GmbH, Wunstorf	Maschinenbau D29
Maschinenfabrik Kemper GmbH & Co. KG, Stadtlohn	Maschinenbau D29
MT-Energie GmbH & Co. KG, Zeven	Maschinenbau D29
Müller Präzision GmbH, Cham	Maschinenbau D29
Noell Mobile Systems GmbH, Würzburg	Maschinenbau D29
Ortlinghaus-Werke GmbH, Wermelskirchen	Maschinenbau D29
pester pac automation GmbH, Wolfertschwenden	Maschinenbau D29
Prototyp-Werke GmbH Fabrik für Präzisionswerkzeuge, Zell am Harmersbach	Maschinenbau D29
Rauch Landmaschinenfabrik GmbH, Sinzheim	Maschinenbau D29
Rems-Werk Christian Föll und Söhne GmbH, Waiblingen	Maschinenbau D29
SBS Feintechnik GmbH & Co. KG, Schonach im Schwarzwald	Maschinenbau D29
Sennebogen Maschinenfabrik GmbH, Straubing	Maschinenbau D29
SKF GmbH, Schweinfurt	Maschinenbau D29
Stahlwerk Thüringen GmbH, Unterwellenborn	Maschinenbau D29
Strama - MPS Maschinenbau GmbH & Co. KG, Straubing	Maschinenbau D29
Sumitomo (SHI) Demag Plastics Machinery GmbH, Schwaig	Maschinenbau D29
Terex Demag GmbH, Zweibrücken	Maschinenbau D29
Vemag Maschinenbau GmbH, Verden	Maschinenbau D29
Wilhelmshavener Raffineriegesellschaft mbH, Wilhelmshaven	Maschinenbau D29
Wilkinson Sword GmbH, Solingen	Maschinenbau D29
Willi Elbe Gelenkwellen GmbH & Co. KG, Tamm	Maschinenbau D29
A. Nattermann & Cie. GmbH, Köln	Chemie D24
A. Schulman GmbH, Kerpen	Chemie D24
Air Products GmbH, Hattingen	Chemie D24
Albis Plastic GmbH, Hamburg	Chemie D24

Alcon Pharma GmbH, Freiburg im Breisgau	Chemie D24
Arkema GmbH, Düsseldorf	Chemie D24
Artdeco cosmetic GmbH, Karlsfeld	Chemie D24
Baxter Oncology GmbH, Halle/Westfalen	Chemie D24
BCM Kosmetik GmbH, Dietzenbach	Chemie D24
Beckman Coulter GmbH, Krefeld	Chemie D24
Berlin-Chemie AG, Berlin	Chemie D24
Berlin-Chemie/Menarini Pharma GmbH, Berlin	Chemie D24
Cargill Deutschland GmbH, Krefeld	Chemie D24
Chemtura Organometallics GmbH, Bergkamen	Chemie D24
Clariant Produkte (Deutschland) GmbH, Frankfurt am Main	Chemie D24
Dentsply De Trey GmbH, Konstanz	Chemie D24
Dr. Kade Pharmazeutische Fabrik GmbH, Berlin	Chemie D24
Dr. Paul Lohmann GmbH KG, Emmerthal-Kirchohsen	Chemie D24
Dralon GmbH, Dormagen	Chemie D24
DSM Nutritional Products GmbH, Grenzach-Wyhlen	Chemie D24
Emil Frei GmbH & Co. KG, Bräunlingen	Chemie D24
Fels-Werke GmbH, Goslar	Chemie D24
Ferro GmbH, Frankfurt am Main	Chemie D24
friedola TECH GmbH, Geismar	Chemie D24
G. Pohl-Boskamp GmbH & Co. KG, Hohenlockstedt	Chemie D24
H.C. Starck GmbH, Goslar	Chemie D24
Hermann Otto GmbH, Fridolfing	Chemie D24
Ineos Phenol GmbH, Gladbeck	Chemie D24
Invista Resins & Fibers GmbH, Hattersheim am Main	Chemie D24
Isola GmbH, Düren	Chemie D24
Kelheim Fibres GmbH, Kelheim/Donau	Chemie D24
Krewel Meuselbach GmbH, Eitorf	Chemie D24
Kuraray Europe GmbH, Frankfurt am Main	Chemie D24
Lilly Deutschland GmbH, Gießen	Chemie D24

Martinswerk GmbH, Bergheim/Erft	Chemie D24
Meda Pharma GmbH & Co. KG, Bad Homburg v. d. Höhe	Chemie D24
Menarini - Von Heyden GmbH Dresden	Chemie D24
Molda AG, Dahlenburg	Chemie D24
Montblanc-Simplo GmbH, Hamburg	Chemie D24
Motip Dupli GmbH, Haßmersheim (Neckar)	Chemie D24
Performance Fibers GmbH, Bad Hersfeld	Chemie D24
Peter Kölln KGaA, Elmshorn	Chemie D24
Peter Kwasny GmbH, Gundelsheim	Chemie D24
Rhodia Acetow GmbH, Freiburg im Breisgau	Chemie D24
Ruag Ammotec GmbH, Fürth	Chemie D24
Rudolf GmbH, Geretsried	Chemie D24
Schill + Seilacher GmbH, Böblingen	Chemie D24
Shiseido Deutschland GmbH, Düsseldorf	Chemie D24
Technolit-GmbH Spezialschweißtechnik Fabrikation-Vertrieb-Service, Großenlüder	Chemie D24
Von Roll Deutschland GmbH, Augsburg	Chemie D24
Aachener Printen- und Schokoladenfabrik Henry Lambertz GmbH & Co. KG, Aachen	Handel G
Aldi GmbH & Co. KG, Adelsdorf	Handel G
Amazon Logistik GmbH, Bad Hersfeld	Handel G
Ambau GmbH, Am Mellensee	Handel G
Artland Convenience GmbH, Badbergen	Handel G
Auer Lighting GmbH, Bad Gandersheim	Handel G
Autohaus Bruno Widmann GmbH & Co. KG, Aalen	Handel G
Auto-Scholz GmbH & Co. KG, Bamberg	Handel G
battenfeld-cincinnati Germany GmbH, Bad Oeynhausen	Handel G
Baumit GmbH, Bad Hindelang	Handel G
Bembé Parkett GmbH & Co. KG, Bad Mergentheim	Handel G
Breuer&Wasel GmbH, Bergheim	Handel G
Chocoladefabriken Lindt & Sprüngli GmbH, Aachen	Handel G

Cordier Spezialpapier GmbH, Bad Dürkheim	Handel G
Deutsche Papier Vertriebs GmbH, Augsburg	Handel G
Dr. Vogler GmbH & Co. KG, Bad Homburg	Handel G
Eaton Fluid Power GmbH, Baden-Baden	Handel G
Elégance GmbH GmbH, Aachen	Handel G
Expo-Börse GmbH, Ankum	Handel G
Franz Kessler GmbH, Bad Buchau	Handel G
Gates GmbH, Aachen	Handel G
Gebrüder Götz GmbH & Co. KG, Würzburg	Handel G
Habermaaß GmbH, Bad Rodach	Handel G
Hay Speed Umformtechnik GmbH, Bad Sobernheim	Handel G
Hengstler GmbH, Aldingen	Handel G
Hermann Kirchner Bauunternehmung GmbH, Bad Hersfeld	Handel G
inconso AG, Bad Nauheim	Handel G
Jos. Schneider Optische Werke GmbH, Bad Kreuznach	Handel G
Kaup GmbH & Co. KG Gesellschaft für Maschinenbau, Aschaffenburg	Handel G
Klinikum Aschersleben-Staßfurt GmbH, Aschersleben	Handel G
Knürr Electronics GmbH, Arnstorf	Handel G
Kohl - Automobile GmbH, Aachen	Handel G
KG Ludwig Melosch Vertriebs-GmbH & Co., Ahrensburg	Handel G
Liebherr-Mischtechnik GmbH, Bad Schussenried	Handel G
Lyreco Deutschland GmbH, Barsinghausen	Handel G
MIWE Michael Wenz GmbH, Arnstein	Handel G
NCR GmbH, Augsburg	Handel G
NICI GmbH, Altenkunstadt	Handel G
Ospelt food GmbH, Apolda	Handel G
Otto Christ AG, Memmingen	Handel G
Robert Kunzmann GmbH & Co. KG, Aschaffenburg	Handel G
Rügenwalder Mühle Carl Müller GmbH & Co. KG, Bad Zwischenahn	Handel G
Schade und Sohn GmbH & Co. KG, Bad Hersfeld	Handel G

Scheck, In-Einkaufs-Center Achern GmbH, Achern	Handel G
Schwaba GmbH, Augsburg	Handel G
Selecta Deutschland GmbH, Bad Soden am Taunus	Handel G
Terex Deutschland GmbH, Bad Schönborn	Handel G
UMAREX Sportwaffen GmbH & Co. KG, Arnsberg	Handel G
URACA Pumpenfabrik GmbH + Co. KG, Bad Urach	Handel G
Valeo Klimasysteme GmbH, Rodach	Handel G

Unternehmen mit Konzernabschlüssen	Branche
Aerzener Maschinenfabrik GmbH, Aerzen	Maschinenbau D29
Amazonen-Werke H.Dreyer GmbH & Co. KG, Hasbergen	Maschinenbau D29
Busch-Holding GmbH, Maulburg	Maschinenbau D29
Deutsche Gesellschaft zum Bau und Betrieb von Endlagern für Abfallstoffe mbH, Peine	Maschinenbau D29
Deutsche Plasser Holding GmbH, Freilassing	Maschinenbau D29
Dr. Zwissler Holding AG, Gerstetten	Maschinenbau D29
Eder Familien Holding GmbH & Co. KG, Tuntenhausen	Maschinenbau D29
Eisenmann AG, Böblingen	Maschinenbau D29
Elbe Holding GmbH & Co. KG, Bietigheim-Bissingen	Maschinenbau D29
Essmann Gebäudetechnik GmbH, Bad Salzuflen	Maschinenbau D29
G. Siempelkamp GmbH & Co.KG, Krefeld	Maschinenbau D29
G. Staehle GmbH u. Co. KG, Stuttgart	Maschinenbau D29
Gebrüder Lödige Maschinenbau, GmbH Paderborn	Maschinenbau D29
Gerhard Schubert GmbH, Crailsheim	Maschinenbau D29
Grenzebach GmbH & Co. KG, Asbach-Bäumenheim	Maschinenbau D29
Grohe Holding GmbH, Hemer	Maschinenbau D29
Hans Huber GmbH & Co. KG, Berching	Maschinenbau D29
Hans Lingl Anlagenbau und Verfahrenstechnik GmbH & Co. KG, Krumbach	Maschinenbau D29
Herbert Kannegiesser GmbH, Vlotho	Maschinenbau D29
Herrenknecht AG, Schwanau	Maschinenbau D29
Heyco AG, Remscheid	Maschinenbau D29

Hirschvogel Holding GmbH, Denklingen	Maschinenbau D29
Huber Packaging Holding GmbH + Co. KG, Öhringen	Maschinenbau D29
Hueck Industrie Holding KG, Lippstadt	Maschinenbau D29
IMO Holding GmbH, Gremsdorf	Maschinenbau D29
Johannes Reifenhäuser Holding GmbH & Co. KG, Troisdorf	Maschinenbau D29
Jöst GmbH + Co. KG, Dülmen	Maschinenbau D29
Komet Group GmbH, Besigheim	Maschinenbau D29
Kurtz Holding GmbH & Co. Beteiligungs KG, Kreutzwertheim/Wiebelbach	Maschinenbau D29
Lukad Holding GmbH & Co. KG, Werdohl	Maschinenbau D29
MAFA-Beteiligungsverwaltungsgesellschaft mbH, Aalen	Maschinenbau D29
MAHA Maschinenbau Haldenwang GmbH & Co. KG, Haldenwang	Maschinenbau D29
Modine Holding GmbH, Filderstadt	Maschinenbau D29
Nord Holding KG, Bargteheide	Maschinenbau D29
Putzmeister Holding GmbH, Aichtal	Maschinenbau D29
Rhein-Sieg-AbfallwirtschaftsGmbH, Siegburg	Maschinenbau D29
RUD-Kettenfabrik Gebr. Rieger GmbH, Aalen-Unterkochen	Maschinenbau D29
Suspa GmbH, Altdorf bei Nürnberg	Maschinenbau D29
Taprogge Gesellschaft mbH, Wetter	Maschinenbau D29
Thies Verwaltungs-GmbH, Coesfeld	Maschinenbau D29
Tower Automotive Holding GmbH, Bergisch Gladbach	Maschinenbau D29
Vetter Holding GmbH, Siegen	Maschinenbau D29
Viessmann Werke GmbH & Co KG, Allendorf (Eder)	Maschinenbau D29
Wabco Holding GmbH, Hannover	Maschinenbau D29
Wagner Group GmbH, Langenhagen	Maschinenbau D29
Waldner Holding Verwaltung GmbH, Wangen im Allgäu	Maschinenbau D29
Waldrich Siegen Holding GmbH, Burbach	Maschinenbau D29
Wiebe Holding GmbH & Co. KG, Dörverden	Maschinenbau D29
Zeppelin GmbH, Friedrichshafen	Maschinenbau D29
Ziegler BeteiligungsGmbH, Giengen an der Brenz	Maschinenbau D29
Air Liquide Industriegase GmbH & Co. KG, Düsseldorf	Chemie D24

AllessaHolding GmbH, Bad Soden am Taunus	Chemie D24
AlzChem Trostberg GmbH, Trostberg	Chemie D24
Avo-Werke August Beisse GmbH, Osnabrück	Chemie D24
Chemische Werke Kluthe GmbH, Heidelberg	Chemie D24
Dalli-Werke GmbH & Co. KG, Stolberg	Chemie D24
Dr. R. Pfleger Chemische Fabrik GmbH, Bamberg	Chemie D24
Dr. Schwabe AG, Karlsruhe	Chemie D24
Dr. Theiss Naturwaren GmbH, Homburg	Chemie D24
Ewald Dörken AG, Herdecke	Chemie D24
Gelita AG, Eberbach	Chemie D24
Grillo-Werke AG, Duisburg	Chemie D24
Grünenthal Pharma GmbH & Co. KG, Aachen	Chemie D24
Helm AG, Hamburg	Chemie D24
Herm. G. Dethleffsen AG & Co. KG, Flensburg	Chemie D24
Jowat AG, Detmold	Chemie D24
Karl Wörwag Lack- und Farbenfabrik GmbH & Co. KG, Stuttgart	Chemie D24
KPSS-Kao Professional Salon Services GmbH, Darmstadt	Chemie D24
Kruse Holding GmbH & Co. KG, Balve	Chemie D24
Lehmann & Voss & Co. KG, Hamburg	Chemie D24
LTS Lohmann Therapie-Systeme AG, Andernach	Chemie D24
MB-Holding GmbH & Co. KG, Vestenbergsgreuth	Chemie D24
Medac Gesellschaft für klinische Spezialpräparate m.b.H., Hamburg	Chemie D24
Medice Arzneimittel Pütter GmbH & Co. KG, Iserlohn	Chemie D24
Meffert AG Farbwerke, Bad Kreuznach	Chemie D24
Meteor Gummiwerke K.H. Bädje GmbH & Co. KG, Bockenem/Harz	Chemie D24
MHM Holding GmbH, Kirchheim	Chemie D24
Miltenyi Biotec GmbH, Bergisch Gladbach	Chemie D24
MRF Michael Rosenthal GmbH, Unterschleißheim	Chemie D24
MSD Sharp & Dohme GmbH, Haar	Chemie D24
Nordmark Arzneimittel GmbH & Co. KG, Uetersen	Chemie D24

Ostendorf-Beteiligungs-GmbH, Coesfeld	Chemie D24
Otto Krahn (GmbH & Co.) KG, Hamburg	Chemie D24
Pace Beteiligungsgesellschaft mbH, Stuttgart	Chemie D24
Polymer - Chemie GmbH, Sobernheim	Chemie D24
R.P. Scherer GmbH & Co. KG, Eberbach	Chemie D24
Rethmann AG & Co. KG, Selm	Chemie D24
Riemser Arzneimittel AG, Greifswald	Chemie D24
Sabic Holding Deutschland GmbH, Gelsenkirchen	Chemie D24
Salus Haus Dr. med. Otto Greither Nachf. GmbH & Co. KG, Bruckmühl	Chemie D24
Schwanhäußer Industrie Holding GmbH & Co. KG, Heroldsberg	Chemie D24
Serumwerk Bernburg AG, Bernburg	Chemie D24
Siegwerk GmbH & Co. KG, Siegburg	Chemie D24
Trumpler GmbH & Co. KG, Chemische Fabrik Worms	Chemie D24
Veka AG, Sendenhorst	Chemie D24
Vinnolit Holdings GmbH, Ismaning	Chemie D24
W. Classen GmbH & Co. KG, Kaisersesch	Chemie D24
WALA Stiftung, Bad Boll/Eckwälden	Chemie D24
Wörwag Pharma Beteiligung GmbH, Stuttgart	Chemie D24
Zeller + Gmelin GmbH & Co. KG Eislingen	Chemie D24
ADIB Agrar-, Dienstleistungs-, Industrie- und Baugesellschaft mbH, Bad Langensalza	Handel G
Allit AG Kunststofftechnik, Bad Kreuznach	Handel G
Automobil-Verkaufs-Gesellschaft Joseph Brass GmbH & Co. KG, Aschaffenburg	Handel G
Avag Holding AG, Augsburg	Handel G
Bizerba GmbH & Co. KG, Balingen	Handel G
Bridgestone Deutschland GmbH, Bad Homburg v. d. Höhe	Handel G
Christian Faßbender GmbH, Alfter	Handel G
Coko-Werk GmbH & Co. KG, Bad Salzuflen	Handel G
Denios-AG, Bad Oeynhausen	Handel G
EAE Ewert Holding GmbH, Ahrensburg	Handel G

Ebert & Jacobi GmbH & Co. KG, Würzburg	Handel G
Einkaufsbüro Deutscher Eisenhändler GmbH, Wuppertal	Handel G
Fairway GmbH, Aachen	Handel G
Faurecia Emissions Control Technologies Germany GmbH, Augsburg	Handel G
Flamm AG, Aachen	Handel G
Franke Deutschland Holding GmbH, Bad Säckingen	Handel G
Gewa music GmbH, Adorf/Vogtl.	Handel G
Glas Trösch Euroholding AG & Co. KGaA, Bad Krozingen	Handel G
Grüner Systemtechnik GmbH & Co. KG, Bad Überkingen	Handel G
Hassia Mineralquellen GmbH & Co. KG, Bad Vilbel	Handel G
Haworth GmbH, Ahlen	Handel G
Hela Gewürzwerk Hermann Laue GmbH, Ahrensburg	Handel G
HEWI Heinrich Wilke GmbH, Bad Arolsen	Handel G
Hosokawa Alpine AG, Augsburg	Handel G
Ille Papier-Service GmbH, Altenstadt	Handel G
Ingram Micro Holding GmbH, Aschheim	Handel G
LAC Beteiligungs GmbH, Aachen	Handel G
Lube & Krings GmbH, Aachen	Handel G
Meta-Regalbau GmbH & Co. KG, Arnsberg	Handel G
Mey GmbH & Co. KG, Albstadt	Handel G
Motor-Nützel GmbH, Bayreuth	Handel G
Muhr und Bender KG Attendorn	Handel G
POCO-Domäne Holding GmbH, Bergkamen	Handel G
Rauter BeteiligungsGmbH, Bad Säckingen	Handel G
Saier Holding GmbH, Alpirsbach	Handel G
SEPR Keramik GmbH & Co. KG, Aachen	Handel G
Sumitomo Electric Bordnetze GmbH, Wolfsburg	Handel G
Takata (Europe) GmbH, Aschaffenburg	Handel G
Trilux GmbH & Co. KG, Arnsberg	Handel G
Verlagsgruppe Weltbild, GmbH	Handel G

Wehrfritz GmbH, Bad Rodach	Handel G
WERIT-Kunststoffwerke W. Schneider GmbH & Co. KG, Altenkirchen	Handel G
Wertheimer GmbH & Co. KG, Baden-Baden	Handel G
Wieland Holding GmbH, Bamberg	Handel G
Wilhelm Linnenbecker GmbH & Co. KG, Bad Salzuflen	Handel G
Wilkhahn Wilkening + Hahne GmbH + Co. KG, Bad Münder	Handel G
Wimex Agrarprodukte Import und Export GmbH, Baasdorf	Handel G
Yamaha Music Europe GmbH, Rellingen	Handel G
Zentis GmbH & Co. KG, Aachen	Handel G
Zollner Elektronik AG, Zandt	Handel G

Anhang A.2

Abbildung 6 zeigt den nichtlinearen Verlauf zwischen der erklärenden Variablen *MANSHARE* und der abhängigen Variablen *LN_AUF*, der sich aus der Funktion *LN_AUF*=0,964 × *MANSHARE*-0,787 ×*MANSHARE*^{2} ergibt. Die Prüfungshonorare steigen zunächst mit zunehmendem Manageranteil bis zum Scheitelpunkt *MANSHARE* = 0,613 an und sinken dann ab. In der *2SLS* Schätzung ergibt sich der Scheitelpunkt bei *MANSHARE* = 0,650.

Abbildung 6: Nichlinearer Zusammenhang *MANSHARE* und *LN_AUF*

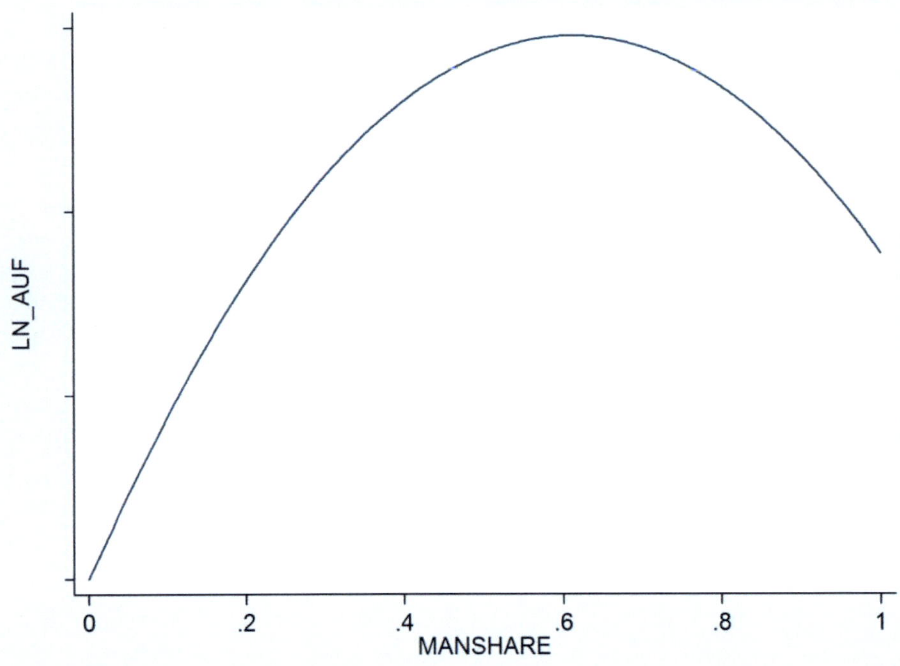

Anhang A.3

Tabelle 33 zeigt die Regressionsergebnisse der gepoolten *Logit* Schätzung bei Verwendung von NAS_{t-1} anstatt NAS.

Tabelle 34 zeigt die Regressionsergebnisse der *Random Effects Logit* Schätzung bei Verwendung von NAS_{t-1} anstatt NAS.

Tabelle 33: Regressionsergebnisse gepooltes *Logit* NAS_{t-1} anstatt *NAS*

BIG-4 und Non-BIG-4	$BIG\text{-}4_{i,t}$ =	$\beta_0 + \beta_1 MANSHARE_{i,t} + \beta_2 FAMSHARE_{i,t} + \beta_3 FOREIGN_{i,t} + \beta_4 LEV_{i,t} + \beta_5 SIZE_{i,t} + \beta_6 LN\_SUBS_{i,t} + \beta_7 INV_{i,t} + \beta_8 RECV_{i,t} + \beta_9 RENT_{i,t} + \beta_{10} KONZERN_{i,t} + \beta_{11} NAS_{i,t-1} + \text{fixe Effekte} + \varepsilon_{i,t}$,
BIG-4 und Mid-Tier	$BIG\text{-}4_{i,t}$ =	$\beta_0 + \beta_1 MANSHARE_{i,t} + \beta_2 FAMSHARE_{i,t} + \beta_3 FOREIGN_{i,t} + \beta_4 LEV_{i,t} + \beta_5 SIZE_{i,t} + \beta_6 LN\_SUBS_{i,t} + \beta_7 INV_{i,t} + \beta_8 RECV_{i,t} + \beta_9 RENT_{i,t} + \beta_{10} KONZERN_{i,t} + \beta_{11} NAS_{i,t-1} + \text{fixe Effekte} + \varepsilon_{i,t}$,
BIG-4 und Small Auditors	$BIG\text{-}4_{i,t}$ =	$\beta_0 + \beta_1 MANSHARE_{i,t} + \beta_2 FAMSHARE_{i,t} + \beta_3 FOREIGN_{i,t} + \beta_4 LEV_{i,t} + \beta_5 SIZE_{i,t} + \beta_6 LN\_SUBS_{i,t} + \beta_7 INV_{i,t} + \beta_8 RECV_{i,t} + \beta_9 RENT_{i,t} + \beta_{10} KONZERN_{i,t} + \beta_{11} NAS_{i,t-1} + \text{fixe Effekte} + \varepsilon_{i,t}$,
Mid-Tier und Small Auditors	$MIDTIER_{i,t}$ =	$\beta_0 + \beta_1 MANSHARE_{i,t} + \beta_2 FAMSHARE_{i,t} + \beta_3 FOREIGN_{i,t} + \beta_4 LEV_{i,t} + \beta_5 SIZE_{i,t} + \beta_6 LN\_SUBS_{i,t} + \beta_7 INV_{i,t} + \beta_8 RECV_{i,t} + \beta_9 RENT_{i,t} + \beta_{10} KONZERN_{i,t} + \beta_{11} NAS_{i,t-1} + \text{fixe Effekte} + \varepsilon_{i,t}$,

		BIG-4 (n = 264) und Non-BIG-4 (n = 291)			BIG-4 (n = 264) und Mid-Tier (n=72)			BIG-4 (n = 264) und Small Auditors (n = 219)			Mid-Tier (n = 72) und Small Auditors (n = 219)		
	Erwartetes Vorzeichen	Koeffizient	Std.-fehler	p-Wert	Koeffizient	Std.-fehler	p-Wert	Koeffizient	Std.-fehler	p-Wert	Koeffizient	Std.-fehler	p-Wert
MANSHARE	-	-0,872	0,611	0,077*	-0,334	0,831	0,343	-1,326	0,684	0,026**	-0,729	0,713	0,153
FAMSHARE	?	-0,573	0,583	0,325	-0,358	0,745	0,631	-0,543	0,657	0,408	-5,281	0,698	0,450
FOREIGN	+	2,498	0,483	0,000***	1,982	0,601	0,000***	3,198	0,672	0,000***	0,914	0,747	0,110
LEV	?	1,877	0,828	0,024**	1,157	1,011	0,252	2,898	0,979	0,001***	1,234	1,071	0,249
SIZE	+	0,577	0,201	0,002***	0,418	0,260	0,054*	0,736	0,262	0,002***	0,128	0,341	0,353
LN_SUBS	+	-0,376	0,290	0,902	-0,258	0,339	0,777	-0,490	0,329	0,931	-0,269	0,373	0,764
INV	+	2,151	1,396	0,061*	2,733	1,811	0,065*	2,278	1,575	0,074*	-1,461	1,763	0,796
RECV	+	2,098	1,701	0,109	2,442	2,093	0,121	2,820	2,013	0,080*	-0,152	2,316	0,526
RENT	?	3,350	2,074	0,106	2,363	2,198	0,282	4,068	2,484	0,102	1,977	3,449	0,566
KONZERN	+	0,937	0,710	0,093*	0,374	0,829	0,326	1,118	0,789	0,078*	1,190	0,908	0,095*
NAS	+	0,962	0,332	0,002***	0,904	0,461	0,025**	1,321	0,458	0,002***	0,154	0,481	0,374
ε (Constant)		-14,166	3,877	0,000***	-9,619	4,836	0,047**	-17,691	5,059	0,000***	-3,996	6,317	0,527
Kontrolle für fixe Jahres-/Brancheneffekte			Ja			Ja			Ja			Ja	
Pseudo-R^2			0,3604			0,2021			0,4471			0,0894	
Prob > Chi^2			0,000			0,026			0,000			0,261	
Anzahl Beobachtungen			555			336			483			291	

*/**/*** = Signifikant auf dem 10%/5%/1%-Niveau; für Variablen mit Vorzeichenerwartung werden die p-Werte auf Basis einseitiger Tests angegeben, andernfalls auf zweiseitigem Testniveau.

Tabelle 34: Regressionsergebnisse *Random Effects Logit* NAS_{t-1} anstatt *NAS*

BIG-4 und Non-BIG-4	$BIG\text{-}4_{i,t}$ =	$\beta_0 + \beta_1 MANSHARE_{i,t} + \beta_2 FAMSHARE_{i,t} + \beta_3 FOREIGN_{i,t} + \beta_4 LEV_{i,t} + \beta_5 SIZE_{i,t} + \beta_6 LN\_SUBS_{i,t} + \beta_7 INV_{i,t} + \beta_8 RECV_{i,t} + \beta_9 RENT_{i,} + \beta_{10} KONZERN_{i,t} + \beta_{11} NAS_{i,t-1} + fixe\ Effekte + \varepsilon_{i,t,}$
BIG-4 und Mid-Tier	$BIG\text{-}4_{i,t}$ =	$\beta_0 + \beta_1 MANSHARE_{i,t} + \beta_2 FAMSHARE_{i,t} + \beta_3 FOREIGN_{i,t} + \beta_4 LEV_{i,t} + \beta_5 SIZE_{i,t} + \beta_6 LN\_SUBS_{i,t} + \beta_7 INV_{i,t} + \beta_8 RECV_{i,t} + \beta_9 RENT_{i,t} + \beta_{10} KONZERN_{i,t} + \beta_{11} NAS_{i,t-1} + fixe\ Effekte + \varepsilon_{i,t,}$
BIG-4 und Small Auditors	$BIG\text{-}4_{i,t}$ =	$\beta_0 + \beta_1 MANSHARE_{i,t} + \beta_2 FAMSHARE_{i,t} + \beta_3 FOREIGN_{i,t} + \beta_4 LEV_{i,t} + \beta_5 SIZE_{i,t} + \beta_6 LN\_SUBS_{i,t} + \beta_7 INV_{i,t} + \beta_8 RECV_{i,t} + \beta_9 RENT_{i,t} + \beta_{10} KONZERN_{i,t} + \beta_{11} NAS_{i,t-1} + fixe\ Effekte + \varepsilon_{i,t,}$
Mid-Tier und Small Auditors	$MIDTIER_{i,t}$ =	$\beta_0 + \beta_1 MANSHARE_{i,t} + \beta_2 FAMSHARE_{i,t} + \beta_3 FOREIGN_{i,t} + \beta_4 LEV_{i,t} + \beta_5 SIZE_{i,t} + \beta_\epsilon LN\_SUBS_{i,t} + \beta_7 INV_{i,t} + \beta_8 RECV_{i,t} + \beta_9 RENT_{i,t} + \beta_{10} KONZERN_{i,t} + \beta_{11} NAS_{i,t-1} + fixe\ Effekte + \varepsilon_{i,t,}$

		BIG-4 (n = 264) und Non-BIG-4 (n = 291)			BIG-4 (n = 264) und Mid-Tier (n = 72)			BIG-4 (n = 264) und Small Auditors (n = 219)			Mid-Tier (n = 72) und Small Auditors (n = 219)		
	Erwartetes Vorzeichen	Koeffizient	Std.-fehler	p-Wert	Koeffizient	Std.-fehler	p-Wert	Koeffizient	Std.-fehler	p-Wert	Koeffizient	Std.-fehler	p-Wert
MANSHARE	-	-6,229	3,067	0,021**	-3,195	2,690	0,117	-10,973	2,189	0,000***	19,474	4,847	>0,999
FAMSHARE	?	-5,153	2,562	0,044**	-2,318	2,737	0,397	-4,698	2,329	0,044**	-27,124	3,099	0,000***
FOREIGN	+	16,086	2,466	0,000***	12,494	3,148	0,000***	22,751	2,930	0,000***	6,735	3,760	0,036**
LEV	?	8,628	3,904	0,027**	5,644	4,752	0,235	19,243	4,278	0,000***	7,541	7,326	0,303
SIZE	+	3,896	0,926	0,000***	3,603	1,295	0,002***	5,347	1,140	0,000***	1,487	2,655	0,287
LN_SUBS	+	-2,514	1,161	0,985	-0,831	1,437	0,718	-3,991	1,087	>0,999	-1,451	2,285	0,952
INV	+	14,599	5,928	0,007***	11,465	10,541	0,138	18,474	6,322	0,001***	13,678	12,820	0,143
RECV	+	20,006	6,158	0,000***	8,490	7,876	0,140	26,659	8,143	0,000***	9,228	9,127	0,156
RENT	?	13,295	5,090	0,079*	15,377	11,254	0,172	9,862	8,985	0,272	42,011	20,002	0,036**
KONZERN	+	6,108	3,201	0,028**	2,902	3,648	0,214	12,124	3,169	0,000***	-0,769	6,038	0,550
NAS	+	1,609	1,334	0,114	2,506	2,392	0,147	3,029	1,844	0,050*	-1,561	3,377	0,678
ε (Constant)		-89,969	17,874	0,000***	-71,868	22,399	0,001***	-125,868	21,626	0,000***	-40,965	50,162	0,414
Kontrolle für fixe Jahres-/Brancheneffekte			Ja			Ja			Ja			Ja	
Anzahl Beobachtungen (n)			555			336			483			291	
Anzahl an Gruppen			237			148			204			133	
n pro Gruppe im Durchschnitt			2,3			2,3			2,4			2,2	
Wald Chi^2			101,91			47,78			159,24			206,06	
Prob > Chi^2			0,000			0,000			0,000			0,000	

*/**/*** = Signifikant auf dem 10%/5%/1%-Niveau; für Variablen mit Vorzeichenerwartung werden die p-Werte auf Basis einseitiger Tests angegeben, andernfalls auf zweiseitigem Testniveau.

Literaturverzeichnis

A

Abbott, Lawrence J./Parker, Susan (Auditor selection and audit committee characteristics): Auditor Selection and Audit Committee Characteristics, in: Auditing: A Journal of Practice and Theory, 2000, Vol. 19 (2), S. 47-66.

Abdel-Khalik, Rashad A. (The jointness of audit fees and demand for MAS): The jointness of audit fees and demand for MAS: A self-selection analysis, in: Contemporary Accounting Research, 1990, Vol. 6 (2) S. 295-322.

Abdel-Khalik, Rashad A. (Why do private companies demand auditing): Why Do Private Companies Demand Auditing? A Case for Organizational Loss of Control, in: Journal of Accounting, Auditing and Finance, 1993, Vol. 8 (1), S. 31-51.

Addams, Lon H./Davis, Brian (Privately held companies): Privately held companies report reasons for selecting and switching auditors, in: The CPA Journal, 1994, S. 38-42.

Ajona, Laura A./Dallo, Fermin L./Sanchez Allegria, Santiago (Discretionary accruals and auditor behaviour in code-law contexts): Discretionary Accruals and Auditor Behaviour in Code-Law Contexts: An Application to Failing Spanish Firms, in: European Accounting Review, 2008, Vol. 17 (4), S. 641-666.

Allee, Kristian D./Yohn, Teri L. (The demand for financial statements): The Demand for Financial Statements in an Unregulated Environment: An Examination of the Production and Use of Financial Statements by Privately Held Small Businesses, in: The Accounting Review, 2009, Vol. 84 (1), S. 1-25.

Ali, Chiraz B./Lesage, Cedric (Ownership concentration): Ownership concentration and audit fees: do auditors matter most when investors are protected least?, Working Paper HEC Paris, 2011.

Ali, Chiraz B./Lesage, Cedric (Audit pricing and nature of controlling shareholders): Audit pricing and nature of controlling shareholders: Evidence from France, in: China Journal of Accounting Research, 2013, Vol. 6 (1), S. 21-34.

Alparslan, Adem (Prinzipal-Agent-Theorie): Strukturalistische Prinzipal-Agent-Theorie – Eine Reformulierung der Hidden-Action-Modelle aus der Perspektive des Struk-turalismus, Dissertation Universität Duisburg-Essen, 2005.

Anderson, Ronald C./Mansi, Sattar A./Reeb, David M. (Founding family ownership and the agency cost of debt): Founding family ownership and the agency cost of debt, in: Journal of Financial Economics, 2003, Vol. 68 (2), S. 263-285.

Anderson, Ronald C./Reeb, David M. (Founding-family ownership and firm performance): Founding-Family Ownership and Firm Performance: Evidence from the S&P 500, in: The Journal of Finance, 2003, Vol. 58 (3), S. 1301-1327.

Anderson, Teresa/Zhégal, Daniel (The pricing of audit services: further evidence from the Canadian market): The Pricing of Audit Services: Further Evidence from the Canadian Market, in: Accounting and Business Research, Vol. 24 (95), 1994, S. 195-207.

Andres, Christian (Empirical examination of founding-family ownership): Large shareholders and firm performance—An empirical examination of founding-family ownership, in: Journal of Corporate Finance, 2008, Vol. 14 (4), S. 431-445.

Ang, James S. /Cole, Rebel A./Lin, James W. (Agency costs and ownership structure): Agency Costs and Ownership Structure, in: The Journal of Finance, 2000, Vol. 55 (1), S. 81-106.

Angrist, Joshua D. (Estimation of limited dependent variable models with dummy endogenous regressors): Estimation of Limited Dependent Variable Models with Dummy Endogenous Regressors: Simple Strategies for Empirical Practice, in: Journal of Business and Economic Statistics, 2001, Vol. 19 (1), S. 2-16.

Antle, Rick (Auditor independence): Auditor Independence, in: Journal of Accounting Research, 1984, Vol. 22 (1), S. 1-20.

Antle, Rick/Gordon, Elizabeth/Narayanamoorthy, Ganapathi/Zhou, Ling (The joint determination of audit fees, non-audit fees, and abnormal accruals): The joint determination of audit fees, non-audit fees, and abnormal accruals, in: Review of Quantitative Finance and Accounting, 2006, Vol. 27 (3), S. 235-266.

Ashbaugh, Hollis/LaFond, Ryan/Mayhew, Brian W. (Do nonaudit services compromise auditor independence): Do Nonaudit Services Compromise Auditor Independence? Further Evidence, in: The Accounting Review, 2003, Vol. 78 (3), S. 611-639.

Ashbaugh, Hollis/Warfield, Terry D. (Audits as a corporate governance mechanism): Audits as a Corporate Governance Mechanism: Evidence from the German Market, in: Journal of International Accounting Research, 2003, Vol. 2 (1), S. 1-21.

Ashton, Robert H./Graul, Paul R./Newton, James D. (Audit delay): Audit delay and the timeliness of corporate reporting, in: Contemporary Accounting Research, 1989, Vol. 5 (2), S. 657-673.

Ashton, Robert H./Willingham, John J./Elliot, Robert K. (Analysis of audit delay): An Empirical Analysis of Audit Delay, in: Journal of Accounting Research, 1987, Vol. 25 (2), S. 275-292.

B

Baetge, Jörg/Thiele, Stefan (Bestellung und Abberufung des Abschlussprüfers): Kommentierung zu § 318 HGB Bestellung und Abberufung des Abschlussprüfers, in: *Küting, Karlheinz/Weber, Claus-P.* (Hrsg.): Handbuch der Rechnungslegung, 5. Auflage, Stuttgart 2010.

Baker, Richard C./Mikol, Alain/Quick, Reiner (Regulation of the statutory auditor in the European Union): Regulation of the statutory auditor in the European Union: a comparative survey of the United Kingdom, France and Germany, in: The European Accounting Review, 2001, Vol. 10 (4), S. 763-786.

Ball, Ray/Jayaraman, Sudarshan/Shivakumar, Lakshmanan (Audited financial reporting and voluntary disclosure as complements): Audited financial reporting and voluntary disclosure as complements: A test of the Confirmation Hypothesis, in: Journal of Accounting and Economics, 2012, Vol. 53 (1-2), S. 136-166.

Ball, Ray/Shivakumar, Lakshmanan (Earnings quality in UK private firms): Earnings quality in UK private firms: comparative loss recognition timeliness, in: Journal of Accounting and Economics, 2005, Vol. 39 (1), S. 83-128.

Ballwieser, Wolfgang (Unabhängigkeit des Wirtschaftsprüfers): Die Unabhängigkeit des Wirtschaftsprüfers: eine Analyse von Beratungsverbot und externer Rotation, in: Der Wirtschaftsprüfer als Element der Corporate Governance: Vorträge des 12. Bonner Europa-Symposiums, 2001, S. 99-115.

Baltagi, Badi H. (Econometrics): Econometrics, 3. Auflage, Berlin Heidelberg 2002.

Baltagi, Badi H./Bresson, Georges/Pirotte, Alain (Fixed effects, random effects or Hausman–Taylor): Fixed effects, random effects or Hausman–Taylor? A pretest estimator, in: Economic Letters, 2003, Vol. 79 (3), S. 361-369.

Bamberg, Günter/Baur, Franz/Krapp, Michael (Statistik): Statistik, 14. Auflage, Berlin 2008.

Barnier, Michael (Statement): Statement by Commissioner Barnier, 17.12.2013, abrufbar unter: http://europa.eu/rapid/press-release_MEMO-13-1171_en.htm?locale=en; Informationsabruf: 27.01.2015.

Bar-Yosef, Sasson/Livnat, Joshua (Auditor-selection): Auditor-Selection: An Incentive Signalling Approach, in: Accounting and Business Research, 1984, Vol. 14 (56), S. 301-309.

Bauer, Michael (Abschlussprüfung und Beratung): Abschlussprüfung und Beratung: Wess' Brot ich ess, dess' Lied ich sing?!, in: Wirtschaftswissenschaftliches Studium, 2004, Vol. 33 (3), S. 175-185.

Bauer, Michael (Unabhängigkeit des Abschlussprüfers): Die Unabhängigkeit des Abschlussprüfers im Zusammenhang mit dem gleichzeitigen Angebot von Beratungsleistungen beim Prüfungsmandanten - Eine empirische Analyse, Dissertation Universität Würzburg, 2004.

Baylis, Richard/Burnap, Pete/Clathworthy, Mark/Gad, Mahmoud/Pong, Christopher K.M. (Private lenders' demand for audit): Private Lenders' Demand for Audit, Working Paper Cardiff Business School, 2015.

Beattie, Vivien/Fearnley, Stella (The importance of audit firm characteristics): The Importance of Audit Firm Characteristics and the Drivers of Auditor Change in UK Listed Companies, in: Accounting and Business Research, 1995, Vol. 25 (100), S. 227-239.

Beck, Paul J./Frecka, Thomas/Solomon, Ira (A model of the market for MAS and audit services): A model of the market for MAS and audit services: Knowledge spillovers and auditor-auditee bonding, in: Journal of Accounting Literature, 1988, Vol. 7, S. 50-64.

Becker, Connie L./DeFond, Mark L./Jiambalvo, James/Subramanyam, K.R. (The effect of audit quality on earnings management): The Effect of Audit Quality on Earnings Management, in: Contemporary Accounting Research, 1998, Vol. 15 (1), S. 1-24.

Berger, Allen/Udell, Gregory (The economics of small business finance): The economics of small business finance: The roles of private equity and debt markets in the financial growth cycle, in: Journal of Banking & Finance, 1998, Vol. 22 (6-8), S. 613-673.

Berger, Axel/Pasch, Lilia (Die kapitalmarktorientierten Unternehmen in Deutschland): Die kapitalmarktorientierten Unternehmen in Deutschland - Eine Analyse der Veränderungen seit Einführung des Enforcement, in: Corporate Finance, 2013, Vol. 4 (6), S. 384-388.

Bigus, Jochen (Erwiderung): Erwiderungen zu den Anmerkungen von Georg Merkl zum Beitrag "Quasirententheorie und Abschlussprüfungshonorare in Deutschland", in: Zeitschrift für Betriebswirtschaft, 2011, Vol. 81 (9), S. 1021-1030.

Bigus, Jochen/Zimmermann, Ruth-Caroline (Quasirentenmodell): Quasirentenmodell und Honorare für Abschlussprüfungen in Deutschland – eine empirische Analyse, in: Zeitschrift für Betriebswirtschaft, 2009, Vol. 79 (11), S. 1283-1308.

Bischof, Stefan (Anhangangaben zu den Honoraren für Leistungen des Abschlussprüfers): Anhangangaben zu den Honoraren für Leistungen des Abschlussprüfers, in: Die Wirtschaftsprüfung, 2006, Vol. 59 (11), S. 705-712.

Blackwell, David W./Noland, Thomas R./Winters, Drew B. (The value of auditor assurance): The Value of Auditor Assurance: Evidence from Loan Pricing, in: Journal of Accounting Research, 1998, Vol. 36 (1), S. 57-70.

Böcking, Hans-Joachim/Orth, Christian (Vereinbarkeit von Prüfung und Beratung): Prüfung und Beratung, Vereinbarkeit von, in: *Ballwieser, Wolfgang/Coenenberg, Adolf/Von Wysocki, Klaus* (Hrsg): Handwörterbuch der Rechnungslegung und Prüfung, 3. Auflage, Stuttgart 2002, Sp. 257-267.

Boone, Jeff P./Khurana, Inder K./Raman, K.K. (Do the Big 4 and the second-tier firms provide audits of similar quality): Do the Big 4 and the Second-Tier Firms provide Audits of Similar Quality?, in: Journal of Accounting and Public Policy, 2010, Vol. 29 (4), S. 330-352.

Bortz, Jürgen/Döring, Nicola (Forschungsmethoden und Evaluation): Forschungsmethoden und Evaluation in den Sozial- und Humanwissenschaften, 5. Auflage, Berlin 2016.

Boutchkova, Maria K./Megginson, William L. (Privatization and the rise of global capital markets): Privatization and the Rise of Global Capital Markets, in: Financial Management, 2000, Vol. 29 (4), S. 31-75.

Breusch, T.S./Pagan, A.R. (Simple test for heteroscedasticity): A Simple Test for Heteroscedasticity and Random Coefficient Variation, in: Econometrica, 1979, Vol. 47 (5), S. 1287-1294.

Brinn, Tony/Peel, Michael J./Roberts, Roydon (Audit fee determinants): Audit Fee Determinants of Independent and Subsidiary Unquoted Companies in the UK - An Exploratory Study, in: The British Accounting Review, 1994, Vol. 26 (2), S. 101-121.

Brüderl, Josef (Kausalanalyse mit Paneldaten): Kausalanalyse mit Paneldaten, in: *Wolf, Christof/Best, Henning* (Hrsg.): Handbuch der sozialwissenschaftlichen Datenanalyse, Wiesbaden 2010, S. 963-994.

Bundestag (BT-Drucksache 15/3419), Entwurf eines Gesetzes zur Einführung internationaler Rechnungslegungstandards und zur Sicherung der Qualität der Abschlussprüfung (Bilanzrechtsreformgesetz – BilReG), Drucksache 15/3419, 24.06.2004.

Bundestag (BT-Drucksache 16/10067): Entwurf eines Gesetzes zur Modernisierung des Bilanzrechts (Bilanzrechtsmodernisierungsgesetz – BilMoG), Drucksache 16/10067, 30.07.2008.

Burgstahler, David C./Hail, Luzi/Leuz, Christian (The importance of reporting incentives): The Importance of Reporting Incentives: Earnings Management in European Private and Public Firms, in: The Accounting Review, 2006, Vol. 81 (5), S. 983-1016.

C

Caban-Garcia, Maria T./Cammack, Susan (Audit firm concentration and competition): Audit Firm Concentration and Competition: Effects of Consolidation Since 1997, in: Journal of Theoretical Accounting Research, 2009, Vol. 5 (1), S. 1-24.

Cameran, Mara (Audit fees and the large auditor premium in the Italian market): Audit Fees and the Large Auditor Premium in the Italian Market, in: International Journal of Auditing, 2005, Vol. 9 (2), S. 129-146.

Cameron, Colin A./Trivedi, Pravin K. (Microeconometrics using Stata): Microeconometrics Using Stata, Revised Edition, College Station 2010.

Cano Rodriguez, Manuel/Sánchez Alegria, Santiago (The value of audit quality in public and private companies): The value of audit quality in public and private companies: Evidence from Spain, in: Journal of Management and Governance, 2012, Vol. 16 (4), S. 683-706.

Cano Rodriguez, Manuel (Big auditors, private firms and accounting conservatism): Big Auditors, Private Firms and Accounting Conservatism: Spanish Evidence, in: European Accounting Review, 2010, Vol. 19 (1), S. 131-159.

Causholli, Monika/De Martinis, Michael/Hay, David/Knechel, Robert W. (Audit markets, fees and production): Audit markets, fees and production: towards an integrated view of empirical audit research, in: Journal of Accounting Literature, 2010, Vol. 29, S. 167-215.

Chan, Hung K./Wu, Donghui (Aggregate quasi rents and auditor independence): Aggregate Quasi Rents and Auditor Independence: Evidence from Audit Firm Mergers in China, in: Contemporary Accounting Review, 2011, Vol. 28 (1), S. 175-213.

Chaney, Paul K./Jeter, Debra C./Shivakumar, Lakshmanan (Self-selection of auditors): Self-Selection of Auditors and Audit Pricing in Private Firms, in: The Accounting Review, 2004, Vol. 79 (1), S. 51-72.

Chen, Shuping/Chen, Xia/Cheng, Qiang/Shevlin, Terry (Are family firms more tax aggressive than non-family firms): Are Family Firms more Tax Aggressive than Non-family Firms?, in: Journal of Financial Economics, 2010, Vol. 95 (1), S. 41-61.

Chen, Xia/Fen, Mei/Li, Chan (Family firm and internal control weakness): Family firm and internal control weakness, Working Paper University of Conneticut, 2014.

Choi, Jongmoo Jay/Lam, Kevin C.K./Sami, Heibatollah/Zhou, Haiyan (Foreign ownership and information asymmetry): Foreign Ownership and Information Asymmetry, in: Asia-Pacific Journal of Financial Studies, 2013, Vol. 42 (2), S. 141-166.

Chou, Julia/Zaiats, Nataliya/Zhang, Bohui (Does auditor quality matter to foreign investors): Does auditor choice matter to foreign investors? Evidence from foreign mutual funds worldwide, in: Journal of Banking and Finance, 2014, Vol. 46, S. 1-20.

Chow, Chee W. (The demand for external auditing): The Demand for External Auditing: Size, Debt and Ownership Influences, in: The Accounting Review, 1982, Vol. 57 (2), S. 272-291.

Chung, Hyeesoo/Kallapur, Sanjay (Client importance): Client Importance, Nonaudit Services, and Abnormal Accruals, in: The Accounting Review, 2003, Vol. 78 (4), S. 931-955.

Chrisman, James J./Chua, Jess H./Litz, Reginald A. (Comparing the agency costs of family and non-family firms): Comparing the Agency Costs of Family and Non-Family Firms: Conceptual Issues and Exploratory Evidence, in: Entrepreneurship Theory and Practice, 2004, Vol. 28 (4), S. 335-354.

Chrisman, James J./Chua, Jess H./Sharma, Pramodita/Yoder, Timothy D. (Guiding family businesses through the succession process): Guiding Family Businesses through the Succession Process, in: The CPA Journal, 2009, Vol. 79 (6), S. 48-51.

Claessens, Stijn/Tzioumis, Konstantinos (Ownership and financing structures): Ownership and Financing Structures of Listed and Large Non-listed Corporations, in: Corporate Governance: An international Review, 2006, Vol. 14 (4), S. 266-276.

Clathworthy, Mark A./Makepeace, Gerald H./Peel, Michael J. (Selection bias and the Big Four premium): Selection Bias and the Big Four Premium: New evidence using Heckman and Matching Models, in: Accounting and Business Research, 2009, Vol. 39 (2), S. 139-166.

Collis, Jill/Jarvis, Robin/Skerratt, Len (The demand for audit): The demand for audit in small companies in the UK, in: Accounting and Business Research, 2004, Vol. 34 (2), S. 87-100.

Cook, Thomas D./Campbell, Donald T. (The design and conduct of quasi-experiments): The design and conduct of quasi-experiments and true experiments in field settings, in: *Dunette, Marvin D.* (Hrsg.): Handbook of industrial and organizational psychology, Chicago 1976, S. 223-326.

Cook, Thomas D./Campbell, Donald T. (Quasi-experimentation): Quasi-Experimentation, Chicago 1979.

Corten, Maarten/Steijvers, Tensie/Lybaert, Nadine (Audit demand in private firms): Audit Demand in Private Firms: Coping with complexity, in: *Politis, John* (Hrsg.): Proceedings of the 8th European Conference on Management Leadership and Governance, 2012, S. 103-109.

Craswell, Allen T. (Does the provision of non-audit services impair auditor independence): Does the Provision of Non-Audit Services Impair Auditor Independence?, in: International Journal of Auditing, 1999, Vol. 3 (1), S. 29-40.

Craswell, Allen T./Francis, Jere R. (Pricing initial audit engagements): Pricing Initial Audit Engagements: A Test of Competing Theories, in: The Accounting Review, 1999, Vol. 74 (2), S. 201-216.

Craswell, Allen T./Francis, Jere R./Taylor, Stephen L. (Auditor brand name reputations): Auditor brand name reputations and industry specializations, in: Journal of Accounting and Economics, 1995, Vol. 20 (3), S. 297-322.

D

Darmadi, Salim (Ownership concentration, family control, and auditor choice): Ownership Concentration, Family Control, and Auditor Choice: Evidence from an Emerging Market, Working Paper, 2012.

Davis, James H./Schoorman, David F./Donaldson, Lex (Stewardship theory of management): Toward a Stewardship Theory of Management, in: Academy of Management Review, 1997, Vol. 22 (1), S. 20-47.

Davis, Shawn M./Hollie, Dana (The impact of nonaudit service fee levels): The Impact of Nonaudit Service Fee Levels on Investors' Perception of Auditor Independence, in: Behavioral Research in Accounting, 2008, Vol. 20 (1), S. 31-44.

Dechow, Patricia/Ge, Weili/Schrand, Catherine (Understanding earnings quality): Understanding earnings quality: A review of the proxies, their determinants and their consequences, in: Journal of Accounting and Economics, 2010, Vol. 50 (2-3), S. 344-401.

De Franco, Gus/Gavious, Ilanit/Jin, Justing Y./Richardson, Gordon D. (Do private company targets that hire Big 4 auditors receive higher proceeds): Do Private Company Targets that Hire Big 4 Auditors Receive Higher Proceeds?, in: Contemporary Accounting Research, 2011, Vol. 28 (1), S. 215-262.

DeAngelo, Linda E. (Low balling): Auditor Independence, Low Balling, and Disclosure Regulation, in: Journal of Accounting and Economics, 1981, Vol. 3 (2), S. 113-127.

DeAngelo, Linda E. (Auditor size): Auditor Size and Audit Quality, in: Journal of Accounting and Economics, 1981, Vol. 3 (3), S. 183-199.

Dedman, Elisabeth/Kausar, Asad/Lennox, Clive (The demand for audit in private firms): The Demand for Audit in Private Firms: recent Large-Sample Evidence from the UK, in: European Accounting Review, 2014, Vol. 23 (1), S. 1-23.

DeFond, Mark L./Raghunandan, K./Subramanyam, K.R. (Do non-audit service fees impair auditor independence): Do Non-Audit Service Fees Impair Auditor Independence? Evidence from Going Concern Audit Opinions, in: Journal of Accounting Research, 2002, Vol. 40 (4), S. 1247-1274.

DeFond, Mark L./Erkens, David H./Zhang, Jieying (Do client characteristics really drive Big N quality differentiation): Do Client Characteristics Really Drive Big N Quality Differentiation?, Working Paper University of Southern California, 2014.

DeFond, Mark L./Francis, Jere R. (Audit research after Sarbanes-Oxley): Audit Research after Sarbanes-Oxley, in: Auditing: A Journal of Practice and Theory, 2005, Vol. 24 (S-1), S. 5-30.

DeFond, Mark L./Wong, T.J./Li, Shuhua (The impact of improved auditor independence): The impact of improved auditor independence on audit market concentration in China, in: Journal of Accounting and Economics, 2000, Vol. 28 (3), S. 269-305.

DeFond, Mark/Zhang, Jieying (A review of archival auditing research): A review of archival auditing research, in: Journal of Accounting and Economics, 2014, Vol. 58 (2-3), S. 275-326.

Desir, Rosemond/Casterella, Jeffrey R./Kokina, Julia (A reexamination of audit fees): A Reexamination of Audit Fees for Initial Audit Engagements in the Post-SOX Period, in: Auditing: A Journal of Practice and Theory, 2014, Vol. 33 (2), S. 59-78.

Dobler, Michael (Auditor-provided non-audit services): Auditor-provided non-audit services in listed and private family firms, in: Managerial Auditing Journal, 2014, Vol. 29 (5), S. 427-454.

Donaldson, Lex/Davis, James H. (Stewardship theory): Stewardship Theory or Agency Theory: CEO Governance and Shareholder Returns, in: Australian Journal of Management, 1991, Vol. 16 (1), S. 49-65.

Dopuch, Nicholas/King, Ronald R./Schwartz, Rachel (Independence in appearance and in fact): Independence in Appearance and in Fact: An Experimental Investigation, in: Contemporary Accounting Review, 2003, Vol. 20 (1), S. 79-114.

Dorald, Peter/Diregger, Christoph (Börsennotierung): Kommentierung zu § 3 AktG Formkaufmann; Börsennotierung, in: *Goette, Wulf/Habersack, Mathias/Kalss, Susanne* (Hrsg.): Münchener Kommentar zum Aktiengesetz, 3. Auflage, München 2008.

Dutillieux, Wouter/Willekens, Marleen (The effect of auditor industry specialization): The effect of auditor industry specialization on audit pricing in Belgium, in: Review of business and economics, 2009, Vol. 2 (1), S. 129-146.

Dyckman, Thomas R./Zeff, Stephen A. (Some methodological deficiencies in empirical research articles): Some Methodological Deficiencies in Empirical Research Articles in Accounting, in: Accounting Horizons, 2014, Vol. 28 (3), S. 695-712.

Dye, Ronald A. (Auditor replacement): Informationally motivated auditor replacement, in: Journal of Accounting and Economics, 1991, Vol. 14 (4), S. 347-374.

E

Ebke, Werner (Bestellung und Abberufung des Abschlussprüfers): Kommentierung zu § 318 HGB Bestellung und Abberufung des Abschlußprüfers, in: *Schmidt, Karsten* (Hrsg.): Münchner Kommentar zum Handelsgesetzbuch, 3. Auflage, München 2013.

Ebke, Werner (Vorkommentierung Auswahl der Abschlussprüfer und Ausschlussgründe): Vorkommentierung zu § 319 HGB Auswahl der Abschlussprüfer und Ausschlussgründe, in: *Schmidt, Karsten* (Hrsg.): Münchner Kommentar zum Handelsgesetzbuch, 3. Auflage, München 2013.

EG-Kommission (Grundprinzipien): Empfehlung der Kommission vom 16. Mai 2002 Unabhängigkeit des Abschlussprüfers in der EU - Grundprinzipien, in: Amtsblatt der Europäischen Gemeinschaften, 19.07.2002, L 191/22-L 191/57.

*El Ghoul, Sadok/Guedhami, Omrane/Lennox, Clive S. /Pittman, J*effrey (External versus internal monitoring): External versus Internal Monitoring: The Importance of Multiple Large Shareholders and Families to Auditor Choice in Western European Firms, Working Paper University of Alberta, 2015.

Ellrot, Helmut (Sonstige Pflichtangaben): Kommentierung zu § 285 HGB Sonstige Pflichtangaben: *Förschle, Gerhard/Grottel, Bernd/Schmidt, Stefan/Schubert, Wolfgang J.* (Hrsg.): Beck`scher Bilanzkommentar, 7. Auflage, München 2010.

Erlei, Mathias/Leschke, Martin/Sauerland, Dirk (Neue Institutionenökonomik): Neue Institutionenökonomik, 1. Auflage, Stuttgart 1999.

Eshleman, John D./Guo, Peng (Do Big 4 auditors provide higher audit quality): Do Big 4 Auditors Provide Higher Audit Quality after Controlling for the Endogenous Choice of Auditor?, in: Auditing: A Journal of Practice and Theory, 2014, Vol. 33 (4), S. 197-219.

Esplin, Adam M./Jamal, K./Sunder, Shyam (Auditing and private capital formation): Auditing and Private Capital Formation: A Field Study, Working Paper University of Alberta, 2014.

EU (Statement/14/104): European Commission Statement European Parliament backs Commission proposals on new rules to improve the quality of statutory audit, 03.04.2014.

Ewert, Ralf (Rechnungslegung, Gläubigerschutz und Agency-Probleme): Rechnungslegung, Gläubigerschutz und Agency-Probleme, Dissertation Universität Passau, 1986.

Ewert, Ralf (Wirtschaftsprüfung und asymmetrische Information): Wirtschaftsprüfung und asymmetrische Information, Berlin 1990.

Ewert, Ralf (Wirtschaftsprüfung und ökonomische Theorie): Wirtschaftsprüfung und ökonomische Theorie – Ein selektiver Überblick, in: *Richter, Martin* (Hrsg.): Theorie und Praxis der Wirtschaftsprüfung II – Prüfungsmarkt – Prüfungsmethoden – Urteilsbildung / 2. Symposium der KPMG/Universität Potsdam zur Theorie und Praxis der Wirtschaftsprüfung am 9. und 10. Oktober 1998 in Potsdam, Berlin 1999.

Ewert, Ralf (Unabhängigkeit und Unbefangenheit): Unabhängigkeit und Unbefangenheit, in: *Ballwieser, Wolfgang/Coenenberg, Adolf G./Wysocki, Klaus von* (Hrsg.): Handwörterbuch der Rechnungslegung und Prüfung, 3. Auflage, Stuttgart 2002, Sp. 2386-2395.

Ewert, Ralf/Stefani, Ulrike (Wirtschaftsprüfung): Wirtschaftsprüfung, in: *Jost, Peter-J.* (Hrsg.): Die Prinzipal-Agenten-Theorie in der Betriebswirtschaftslehre, Stuttgart 2001, S. 147-182.

F

Fama, Eugene F. (Agency problems): Agency Problems and the Theory of the Firm, in: Journal of Political Economy, 1980, Vol. 88 (2), S. 288-307.

Fan, Joseph P.H./Wong, T.J. (Do external auditors perform a corporate governance role in emerging markets): Do External Auditors Perform a Corporate Governance Role in Emerging Markets? Evidence from East Asia, in: Journal of Accounting Research, 2005, Vol. 43 (1), S. 35-72.

Ferguson, Andrew C./Francis, Jere R./Stokes, Donald J. (What matters in audit pricing): What matters in audit pricing: industry specialization or overall market leadership?, in: Accounting and Finance, 2006, Vol. 46 (1), S. 97-106.

Ferreira, Miguel A./Matos, Pedro (The colors of investors' money): The colors of investors' money: The role of institutional investors around the world, in: Journal of Financial Economics, 2008, Vol. 88 (3), S. 499-533.

Firth, Michael (An analysis of audit fees and their determinants in New Zealand): An Analysis of Audit Fees and Their Determinants in New Zealand, in: Auditing: A Journal of Practice and Theory, 1985, Vol. 4 (2), S. 23-37.

Firth, Michael (The provision of non-audit services and the pricing of audit fees): The Provision of Non-Audit Services and the Pricing of Audit Fees, in: Journal of Business Finance & Accounting, 1997, Vol. 24 (3), S. 511-525.

Fischkin, Michael (Determinanten der Prüferwahl): Determinanten der Prüferwahl und des Prüferwechsels auf dem deutschen Prüfungsmarkt für börsennotierte Unternehmen, Dissertation Universität Berlin, 2011.

Fischkin, Michael/Gassen, Joachim (Ökonomie des Abschlussprüferwechsels): Ökonomie des Abschlussprüferwechsels, in: Zeitschrift für Betriebswirtschaft, 2011, Vol. 81 (7), S. 855-900.

Flaming, Linda (Audit quality components): Audit Quality Components and the Effect of Non-Audit Services, in: Journal of Business and Behavioral Science, 2008, S. 177-189.

Fleischer, Rouven/Göttsche, Max (Size effects and audit pricing): Size effects and audit pricing: Evidence from Germany, in: Journal of International Accounting and Taxation, 2012, Vol. 21 (2), S. 156-168.

Fortin, Steve/Pittman, Jeffrey A. (Auditor choice in debt pricing): The Role of Auditor Choice in Debt Pricing in Private Firms, in: Contemporary Accounting Research, 2007, Vol. 24 (3), S. 859-896.

Förschle, Gerhart/Hoffmann, Karl (Kapitalmarktorientierte Kapitalgesellschaft): Kommentierung zu § 264d HGB Kapitalmarktorientierte Kapitalgesellschaft, in: *Förschle, Gerhard/Grottel, Bernd/Schmidt, Stefan/Schubert, Wolfgang J.* (Hrsg.): Beck`scher Bilanzkommentar, 9. Auflage, München 2014.

Francis, Jere R. (The effect of audit firm size on audit prices): The Effect of Audit Firm Size on Audit Prices – A Study of the Australian Market, in: Journal of Accounting and Economics, 1984, Vol. 6 (2), S. 133-151.

Francis, Jere R. (What do we know about audit quality): What do we know about audit quality?, in: The British Accounting Review, 2004, Vol. 36 (4), S. 345-368.

Francis, Jere R./Khurana, Inder K./Martin, Xiumin/Pereira, Raynolde (Demand for assurance services by private entities): The Relative Importance of Firm Incentives versus Country Factors in the Demand for Assurance Services by Private Entities, in: Contemporary Accounting Research, 2011, Vol. 28 (2), S. 487-516.

Francis, Jere R./Maydew, Edward L./Sparks, Charles (The role of Big 6 auditors in the credible reporting of accruals): The Role of Big 6 Auditors in the Credible Reporting of Accruals, in: Auditing: A Journal of Practice and Theory, 1999, Vol. 18 (2), S. 17-34.

Francis, Jere R./Simon, Daniel T. (A test of audit pricing in the small-client segment): A Test of Audit Pricing in the Small-Client Segment of the U.S. Audit Market, in: The Accounting Review, 1987, Vol. 62 (1), S. 145-157.

Francis, Jere R./Stokes, Donald J. (Audit prices): Audit Prices, Product Differentiation, and Scale Economics: Further Evidence from the Australian Market, in: Journal of Accounting Research, 1986, Vol. 24 (2), S. 383-393.

Francis, Jere R./Wilson, Earl R. (Auditor changes): Auditor Changes: A Joint Test of Theories Relating to Agency Costs and Auditor Differentiation, in: The Accounting Review, 1988, Vol. 63 (4), S. 663-668.

Frankel, Richard M./Johnson, Marilyn F./Nelson, Karen K. (The relation between auditors' fees for nonaudit services and earnings management): The Relation between Auditors' Fees for Nonaudit Services and Earnings Management, in: The Accounting Review, 2002, Vol. 77 (Supplement), S. 71-105.

G

Gaeremynck, Ann/van der Meulen, Sofie/Willekens, Marleen (Audit-firm portfolio characteristics and client financial reporting quality): Audit-Firm Portfolio Characteristics and Client Financial Reporting Quality, in: European Accounting Review, 2008, Vol. 17 (2), S. 243-270.

Gassen, Joachim/Skaife, Hollis A. (Audit reforms): Can Audit Reforms Affect the Information Role of Audits? Evidence from the German Market, in: Contemporary Accounting Research, 2009, Vol. 26 (3), S. 867-898.

Gillan, Stuart L./Starks, Laura T. (Corporate governance, corporate ownership, and the role of institutional investors): Corporate Governance, Corporate Ownership, and the Role of Institutional Investors: A Global Perspective, in: Journal of Applied Finance, 2003, Vol. 13 (2), S. 4-22.

Gosh, Aloke/Lustgarten, Steven (Pricing of initial audit engagements): Pricing of Initial Audit Engagements by Large and Small Audit Firms, in: Contemporary Accounting Research, 2006, Vol. 23 (2), S. 333-368.

Grottel, Bernd (Sonstige Pflichtangaben): Kommentierung zu § 285 HGB Sonstige Pflichtangaben, in: *Förschle, Gerhard/Grottel, Bernd/Schmidt, Stefan/Schubert, Wolfgang J.* (Hrsg.): Beck`scher Bilanzkommentar, 9. Auflage, München 2014.

Guedhami, Omrane/Pittman, Jeffrey A./Saffar, Walid (Auditor choice in privatized firms): Auditor choice in privatized firms: Empirical evidence on the role of state and foreign owners, in: Journal of Accounting and Economics, 2009, Vol. 48 (2-3), S. 151-171.

Gul, Ferdinand A./Lynn, Stephen G./Tsui, Judy S. L. (Audit quality, management ownership, and the informativeness of accounting earnings): Audit Quality, Management Ownership, and the Informativeness of Accounting Earnings, in: Journal of Accounting, Auditing and Finance, 2002, Vol. 17 (1), S. 25-49.

Gul, Ferdinand A./Tsui, Judy S. L./Chen, Charles J.P. (Agency costs and audit pricing): Agency Costs and Audit Pricing: Evidence on Discretionary Accruals, Working Paper University of Hongkong, 1997.

Guo, Jun/Huang, Pinghsun/Zhang, Yan/Zhou, Nan (Foreign ownership and real earnings management): Foreign Ownership and Real Earnings Management: Evidence from Japan, Working Paper Rutgers University at Camden, 2014.

H

Hackenbrack, Karl/Knechel, Robert W. (Ressource allocation): Resource Allocation Decisions in Audit Engagements, in: Contemporary Accounting Research, 1997, Vol. 14 (3), S. 481-499.

Hausman, Jerry (Specification tests in econometrics): Specification Tests in Econometrics, in: Econometrica, 1978, Vol. 46 (6), S. 1251-1271.

Hay, David (Further evidence from meta-analysis of audit fee research): Further evidence from meta-analysis of audit fee research, in: International Journal of Auditing, 2013, Vol. 17 (2), S. 162-176.

Hay, David C./Knechel, Robert W./Wong, Norman (Meta-analysis): Audit Fees: A Meta-analysis of the Effect of Supply and Demand Attributes, in: Contemporary Accounting Research, 2006, Vol. 23 (1), S. 141-191.

Hay, David/Knechel, Robert W./Li, Vivian (Non-audit services and auditor independence): Non-audit Services and Auditor Independence: New Zealand Evidence, in: Journal of Business Finance & Accounting, 2006, Vol. 33 (5-6), S. 715-734.

Healy, Paul M. (The effect of bonus schemes on accounting decisions): The effect of bonus schemes on accounting decisions, in: Journal of Accounting and Economics, 1984, Vol. 7 (1-3), S. 85-107.

Heckman, James J. (Dummy endogenous variables in a simultaneous equation system): Dummy Endogenous Variables in a Simultaneous Equation System, in: Econometrica, 1978, Vol. 46 (4), S. 931-959.

Ho, Joanna L./Kang, Fei (Auditor choice and audit fees in family firms): Auditor Choice and Audit Fees in Family Firms: Evidence from the S&P 1500, in: Auditing: A Journal of Theory and Practice, 2013, Vol. 32 (4), S. 71-93.

Höhn, Balthasar/Schuberth, Florian/Steiner, Manuel (Dealing with heteroskedasticity, autocorrelation and endogeneity): Dealing with Heteroskedasticity, Autocorrelation and Endogeneity in German Audit Fee Panel Data – Comparing Approaches, Working Paper Universität Würzburg, 2014.

Hope, Ole-Kristian/Langli, John C. (Auditor independence): Auditor Independence in a Private Firm and Low Litigation Risk Setting, in: The Accounting Review, 2010, Vol. 85 (2), S. 573-605.

Hope, Ole-Kristian/Langli, John C./Thomas, Wayne B. (Agency conflicts and auditing in private firms): Agency conflicts and auditing in private firms, in: Accounting, Organizations and Society, 2012, Vol. 37 (7), S. 500-517.

Hope, Ole-Kristian/Thomas, Wayne B./Vyas, Dushyantkumar (Financial credibility, ownership, and financing constraints in private firms): Financial Credibility, Ownership, and Financing Constraints in Private Firms, in: Journal of International Business Studies, 2011, Vol. 42, S. 935-957.

Hope, Ole-Kristian/Thomas, Wayne B./Vyas, Dushyantkumar (Financial reporting quality of U.S. private and public firms): Financial Reporting Quality of U.S. Private and Public Firms, in: The Accounting Review, 2013, Vol. 88 (5), S. 1715-1742.

I

IDW (BilReG): BilReG BilKoG: Bilanzrechtsreformgesetz Bilanzkontrollgesetz IDW Textausgabe, Düsseldorf 2005.

IDW (Praxishandbuch zur Qualitätssicherung): IDW Praxishandbuch zur Qualitätssicherung 2011/2012, 6. Auflage, Düsseldorf 2011.

IDW (Stellungnahme zu den Vorschlägen der EU-Kommission): Stellungnahme zu den Vorschlägen der EU-Kommission vom 30.11.2011 zum Europäischen System der Abschlussprüfungen, Düsseldorf, 27.01.2012.

IDW (Positionspapier zur Begrenzung der Ausstrahlung): EU-Verordnung der Abschlussprüfung – IDW Positionspapier zur Begrenzung der Ausstrahlung der EU-Verordnung für die Prüfung von Unternehmen von öffentlichem Interesse vom 16. April 2014 auf nicht kapitalmarktorientierte Unternehmen, Düsseldorf, 2015.

IDW (Positionspapier zu Inhalten und Zweifelsfragen): EU-Regulierung der Abschlussprüfung – IDW Positionspapier zu Inhalten und Zweifelsfragen der EU-Verordnung und der Abschlussprüferrichtlinie, Düsseldorf, 25.06.2015

IFAC (Code of Ethics): Handbook of the Code of Ethics for Professional Accountants, New York, 2015.

IfM (Mittelständische Unternehmen): Wer gehört zum deutschen Mittelstand, abrufbar unter: http://www.ifm-bonn.org/mittelstandsdefinition/faq-fragen-zum-mittelstand/#accordion=0&tab=0, Informationsabruf: 01.12.2015.

J

Jaggi, Bikki/Leung, Sidney/Gul, Ferdinand (Family control, board independence and earnings management): Family control, board independence and earnings management: Evidence based on Hong Kong firms, in: Journal of Accounting and Public Policy, 2009, Vol. 28 (4), S. 281-300.

Jensen, Michael C. (Organization theory and methodology): Organization Theory and Methodolgy, in: The Accounting Review, 1983, Vol. 58 (2), S. 319-339.

Jensen, Michael C. (Agency costs of free cash flow, corporate finance, and takeovers): Agency Costs of Free Cash Flow, Corporate Finance, and Takeovers, in: The American Economic Review, 1986, Vol. 76 (2), S. 323-329.

Jensen, Michael C./Meckling (Theory of the firm): Theory of the Firm: Managerial Behavior, Agency Costs and Ownership Structure, in: Journal of Financial Economics, 1976, Vol. 3 (4), S. 305-360.

Jensen, Michael C./Smith, Clifford W. (Stockholder, manager, and creditor interests): Stockholder, Manager, and Creditor Interests: Applications of Agency Theory, in: *Altman, Edward I./Subrahmanyam Marti G.* (Hrsg.): Recent Advances in Corporate Finance, 1985, S. 95-131.

Joe, Jennifer R./Vandervelde, Scott D. (Do auditor-provided nonaudit Services improve audit effectiveness): Do Auditor-Provided Nonaudit Services Improve Audit Effectiveness?, in: Contemporary Accounting Research, 2007, Vol. 24 (2), S. 467-487.

Joha, Philipp/Lenz, Hansrudi (Mindestzeitaufwand statt Honorarordnung): Mindestzeitaufwand statt Honorarordnung in der Berufssatzung für Wirtschaftsprüfer, in: Die Wirtschaftsprüfung, 2014, Vol. 67 (10), S. 513-519.

Johnson, Bruce W./Lys, Thomas (The market for audit services): The market for audit services: Evidence from voluntary auditor changes, in: Journal of Accounting and Economics, 1990, Vol. 12 (1-3), S. 281-308.

Jost, Peter-J. (Prinzipal-Agenten-Theorie): Die Prinzipal-Agenten-Theorie in der Betriebswirtschaftslehre, in: *Jost, Peter-J.* (Hrsg.): Die Prinzipal-Agenten-Theorie in der Betriebswirtschaftslehre, Stuttgart 2001.

K

Karim, Waresul A. K. M./Moizer, Peter (Determinants of audit fees): Determinants of audit fees in Bangladesh, in: The International Journal of Accounting, 1996, Vol. 31 (4), S. 497-509.

Karim, Waresul A.K.M./Van Zijl, Tony/Mollah, Sabur (Impact of board ownership, CEO-chair duality and foreign equity participation): Impact of board ownership, CEO-Chair duality and foreign equity participation on auditor quality choice of IPO companies: Evidence from an emerging market, in: International Journal of Accounting and Information Management, 2013, Vol. 21 (2), S. 148-169.

Karjalainen, Jukka (Audit quality and cost of debt capital for private firms): Audit Quality and Cost of Debt Capital for Private Firms: Evidence from Finland, in: International Journal of Auditing, 2011, Vol. 15 (1), S. 88-108.

Kaserer, Christoph/Fey, Gerrit/Kuhn, Norbert (Kapitalmarktorientierung und Finanzierung mittelständischer Unternehmen): Kapitalmarktorientierung und Finanzierung mittelständischer Unternehmen, 2011, abrufbar unter: https://www.dai.de/files/dai_usercontent/dokumente/studien/2011-11%20Studie%20Kapitalmarktorientierung%20Mittelstand.pdf, Informationsabruf: 08.03.2016.

Keasey, Kevin/Watson, Robert/Wynarczyk, Pooran (The small company audit qualification): The Small Company Audit Qualification: A Preliminary Investigation, in: Accounting and Business Research, 1988, Vol. 18 (72), S. 323-334.

Kelm, Daniela/Schneiß, Ulrich/Schmitz-Herkendell, Anja (Abschlussprüferaufsichtsreformgesetz): Abschlussprüferaufsichtsreformgesetz – Neuordnung der Berufsaufsicht, in: Die Wirtschaftsprüfung, 2016, Vol. 69 (2), S. 60-67.

Khan, Arifur/Subramaniam, Nava (Family firm, audit fee and auditor choice): Family firm, audit fee and auditor choice: Australian evidence, Working Paper Deakin University, 2012.

Kim, Jeong-Bon/Chung, Richard/Firth, Michael (Auditor conservatism, asymmetric monitoring, and earnings management): Auditor Conservatism, Asymmetric Monitoring, and Earnings Management, in: Contemporary Accounting Research, 2003, Vol. 20 (2), S. 323-359.

Kirsch, Hans-Jürgen/Ewelt-Knauer, Corinna/Gallasch, Florian (Stärkung der wahrgenommenen Unabhängigkeit): Stärkung der wahrgenommenen Unabhängigkeit des Abschlussprüfers durch Angaben zu den Honoraren im Konzernanhang?, in: Zeitschrift für Unternehmens- und Gesellschaftsrecht, 2013, Vol. 42 (5), S. 647-667.

Klein, Benjamin/Leffler, Keith B. (The role of market forces in assuring contractual performance): The Role of Market Forces in Assuring Contractual Performance, in: Journal of Political Economy, 1981, Vol. 89 (4), S. 615-641.

Knechel, Robert W./Niemi, Lasse/Sundgren, Stefan (Determinants of auditor choice): Determinants of Auditor Choice: Evidence from a Small Client Market, in: International Journal of Auditing, 2008, Vol. 12 (1), S. 65-88.

Knechel, Robert W./Payne, Jeff L. (Additional evidence on audit report lag): Additional Evidence on Audit Report Lag, in: Auditing: A Journal of Practice and Theory, 2001, Vol. 20 (1), S. 137-146.

Knechel, Robert W./Sharma, Divesh S./Sharma, Vineeta D. (Non-audit services and knowledge spillovers): Non-Audit Services and Knowledge Spillovers: Evidence from New Zealand, in: Journal of Business Finance and Accounting, 2012, Vol. 39 (1-2), S. 60-81.

Knechel, Robert W./Shefchik, Lori B. (Audit quality): Audit quality, in: *Hay, David/Knechel, Robert W./Willekens, Marleen* (Hrsg.): The Routledge Companion to Auditing, 2014, S. 130-147.

Koch, Christopher/Wüstemann, Jens (Explaining and evaluating the production of audits): Explaining and Evaluating the Production of Audits — Potentials, Challenges and Findings, in: Betriebswirtschaftliche Forschung und Praxis, 2012, Vol. 64 (5), S. 508-533.

Köhler, Anette G./Marten, Kai-Uwe/Ratzinger, Nicole V.S. /Wagner, Marco (Prüfungshonorare): Prüfungshonorare in Deutschland – Determinanten und Implikationen, in: Zeitschrift für Betriebswirtschaft, 2010, Vol. 80 (1), S. 5-29.

Köhler, Anette G./Ratzinger-Sakel, Nicole V.S. (Audit market characteristics): Audit and Non-Audit Fees in Germany - The Impact of Audit Market Characteristics, in: Schmalenbach Business Review, 2012, Vol. 64 (4), S. 281-307.

Kohler, Ulrich/Kreuter, Frauke (Datenanalyse mit Stata): Datenanalyse mit Stata – Allgemeine Konzepte der Datenanalyse und ihre praktische Anwendung, 4. Auflage, München 2012.

Krauß, Patrick/Pronobis, Paul/Zülch, Henning (Abnormal audit fees and audit quality): Abnormal audit fees and audit quality: initial evidence from the German audit market, in: Journal of Business Economics, 2014, Vol. 85 (1), S. 45-84.

Krommes, Werner (Handbuch Jahresabschlussprüfung): Handbuch Jahresabschlussprüfung – Ziele – Technik – Nachweise - Wegweiser zum sicheren Prüfungsurteil, 1. Auflage, Wiesbaden 2005.

Küting, Karlheinz (Zum Schwierigkeitsgrad einer HGB- und IFRS-Abschlussprüfung): Zum Schwierigkeitsgrad einer HGB- und IFRS-Abschlussprüfung – Ein Systemvergleich, in: Der Betrieb, Heft 28, 2012, S. 1521-1528.

Küting, Karlheinz/Pfitzer, Norbert/Weber, Claus-Peter (Bilanzrecht): Das neue deutsche Bilanzrecht – Handbuch zur Anwendung des Bilanzrechtsmodernisierungsgesetzes (BilMoG), Stuttgart 2009.

L

La Porta, Raffael/Lopez-De-Silanes, Florencio/Shleifer, Andrei (Corporate ownership around the world): Corporate Ownership Around the World, in: The Journal of Finance, 1999, Vol. 65 (2), S. 471-517.

Lange, Werner (Börsennotierung): Kommentierung zu § 3 AktG Formkaufmann; Börsennotierung, in: *Henssler, Martin/Strohn, Lutz* (Hrsg.): Gesellschaftsrecht, 2. Auflage, München 2014.

Langli, John C./Svanström, Tobias (Audits of private companies): Audits of private companies, in: *Hay, David/Knechel, Robert W./Willekens, Marleen* (Hrsg.): The Routledge Companion to Auditing, New York 2014, S. 148-158.

Lee, Chi-Wen Jevons/Gu, Zhaoyang (Low balling): Low Balling, Legal Liablity and Auditor Independence, in: The Accounting Review, 1998, Vol. 73 (4), S. 535-555.

Lee, Lung-Fei (Identification and estimation in binary choice models): Identification and Estimation in Binary Choice Models with Limited (Censored) Dependent Variables, in: Econometrica, 1979, Vol. 47 (4), S. 977-996.

Leffson, Ulrich (Wirtschaftsprüfung): Wirtschaftsprüfung, Wiesbaden 1988.

Leidner, Jacob J./Lenz, Hansrudi (Pricing bank audit engagements): Pricing Bank Audit Engagements - Does Risk Really play a Role?, Working Paper Universität Würzburg, 2014.

Lennox, Clive S. (Are large auditors more accurate than small auditors): Are large auditors more accurate than small auditors?, in: Accounting and Business Research, 1999, Vol. 29 (3), S. 217-227.

Lennox, Clive S. (Do companies successfully engage in opinion-shopping): Do companies successfully engage in opinion-shopping? Evidence from the UK, in: Journal of Accounting and Economics, 2000, Vol. 29 (3), S. 321-337.

Lennox, Clive S. (Management ownership and audit firm size): Management Ownership and Audit Firm Size, in: Contemporary Accounting Review, 2005, Vol. 22 (1), S. 205-227.

Lennox, Clive S./Francis, Jere R./Wang, Zitian (Selection models): Selection Models in Accounting Research, in: The Accounting Review, 2012, Vol. 87 (2), S. 589-616.

Lennox, Clive S./Pittman, Jeffrey A. (Big Five audits and accounting fraud): Big Five Audits and Accounting Fraud, in: Contemporary Accounting Review, 2010, Vol. 27 (1), S. 209-247.

Lennox, Clive S./Pittman, Jeffrey A. (Voluntary audits vs. mandatory audits): Voluntary Audits vs. Mandatory Audits, in: The Accounting Review, 2011, Vol. 86 (5), S. 1655-1678.

Lenz, Hansrudi (Wahl des handelsrechtlichen Abschlussprüfers): Die Wahl des handelsrechtlichen Abschlussprüfers - Eine theoretische und empirische Analyse, Unveröffentlichte Habilitationsschrift Universität Berlin, 1993.

Lenz, Hansrudi (Unabhängigkeit des Abschlussprüfers und Non-Audit Services): Unabhängigkeit des Abschlussprüfers und Non-Audit Services - Neue Vorschriften der SEC, in: Betriebsberater, 2001, Vol. 56 (6), S. 299-304.

Lenz, Hansrudi (Empirische Forschung in der Prüfung): Empirische Forschung in der Prüfung, in: *Ballwieser, Wolfgang/Coenenberg, Adolf G./Wysocki, Klaus von* (Hrsg.): Handwörterbuch der Rechnungslegung und Prüfung, 3. Auflage, Stuttgart 2002, Sp. 628-646.

Lenz, Hansrudi (§ 319b HGB): § 319b HGB Netzwerk, in: *Petersen, Karl/Zwirner, Christian/Brösel, Gerrit* (Hrsg.): Handbuch Bilanzrecht – Abschlussprüfung und Sonderfragen in der Rechnungslegung, Köln 2010, S. 117-131.

Lenz, Hansrudi (EU-Grünbuch zur Abschlussprüfung): EU-Grünbuch zur Abschlussprüfung: Evidenzbasierte Beurteilung ausgewählter Reformvorschläge durch die Prüfungsforschung, in: RWZ Recht & Rechnungswesen, 2011, Vol. 21 (7-8), S. 198-203.

Lenz, Hansrudi (Wissenschaftsethische Anmerkung): Eine wissenschaftsethische Anmerkung zum Beitrag „Beeinträchtigen Beratungsleistungen die Urteilsfreiheit des Abschlussprüfers? Zum Einfluss von Beratungshonoraren auf diskretionäre Periodenabgrenzungen" (erschienen in der zfbf, 63. Jg. (2011), S. 310-343), in: Zeitschrift für betriebswirtschaftliche Forschung, 2012, Vol. 64 (3), S. 262-270.

Lenz, Hansrudi (Spaltung des Berufsstands der Wirtschaftsprüfer in Deutschland): Spaltung des Berufsstands der Wirtschaftsprüfer in Deutschland?, in: Zeitschrift für internationale und kapitalmarktorientierte Rechnungslegung, 2014, Vol. 14 (6), S. 313-323.

Lenz, Hansrudi (Chancen für den Mittelstand): Chancen für den Mittelstand, in: wp.net-Journal, Heft 4, 2015, S. 24-25.

Lenz, Hansrudi (Abschlussprüferaufsichtsstelle): Organisation und Aufgaben der Abschlussprüferaufsichtsstelle beim Bundesamt für Wirtschaft und Ausfuhrkontrolle – Abschied von der Selbstverwaltung in der Wirtschaftsprüfung, in: WP Praxis, Heft 9, 2015, S. 213-218.

Lenz, Hansrudi/Möller, Manuela/Höhn, Balthasar (Offenlegung der Honorare für Abschlussprüferleistungen): Offenlegung der Honorare für Abschlussprüferleistungen im Geschäftsjahr 2005 bei DAX-Unternehmen, in: Betriebsberater, 2006, Vol. 61 (33), S. 1787-1793.

Lenz, Hansrudi/Ostrowski, Markus (Der Markt für Abschlußprüfungen bei börsennotierten Aktiengesellschaften): Der Markt für Abschlußprüfungen bei börsennotierten Aktiengesellschaften, in: Die Betriebswirtschaft, 1999, Vol. 59 (3), S. 397-411.

Lenz, Hansrudi/Ostrowski, Markus (Auditor choice by IPO firms in Germany): Auditor choice by IPO firms in Germany: information or insurance signalling?, in: International Journal of Accounting, Auditing and Performance Evaluation, 2005, Vol. 2 (3), S. 300-320.

Lenz, Hansrudi/Verleysdonk, Jan (Analyse der Wahl des Abschlussprüfers): Eine empirische Analyse der Wahl des Abschlußprüfers bei der kleinen Aktiengesellschaft, in: Journal of Business Economics, 1998, Vol. 68 (8), S. 851-869.

Leuz, Christian/Lins, Karl V./Warnoch, Francis E. (Do foreigners invest less in poorly governed firms): Do Foreigners Invest Less in Poorly Governed Firms?, in: Review of Financial Studies, 2009, Vol. 22 (8), S. 3245-3285.

Leventis, Stergios/Weetman, Pauline/Caramanis, Constantinos (Determinants of audit report lag): Determinants of Audit Report Lag: Some Evidence from the Athens Stock Exchange, in: International Journal of Auditing, 2005, Vol. 9 (1), S. 45-58.

Lin, Jerry W./Hwang, Mark I. (Audit quality, corporate governance, and earnings management): Audit Quality, Corporate Governance, and Earnings Management: A Meta-Analysis, in: International Journal of Auditing, 2010, Vol. 14 (1), S. 57-77.

Link, Robert (Abschlussprüfung und Geschäftsrisiko): Abschlussprüfung und Geschäftsrisiko: normative Anforderungen an die Abschlussprüfung und ihre Erfüllung durch einen geschäftsrisikoorientierten Prüfungsprozess, Dissertation Universität Frankfurt, 2006.

Loy, Thomas (An audit is an audit): An audit is an audit? Evidence from the German private firm sector, in: Die Betriebswirtschaft, 2013, Vol. 73 (4), S. 325-353.

M

Mann, Henry/Whitney, Donald (On a test of whether one of two random variables is stochastically larger than the other): On a test of whether one of two random variables is stochastically larger than the other, in: Annals of mathematical Statistics, 1947, Vol. 18 (1), S. 50-60.

Mansi, Sattar A./Maxwell, William F./Miller, Darius P. (Does auditor quality and tenure matter to investors): Does Auditor Quality and Tenure Matter to Investors? Evidence from the Bond Market, in: Journal of Accounting Research, 2004, Vol. 42 (4), S. 755-793.

Marten, Kai-Uwe (Wechsel des Abschlussprüfers): Der Wechsel des Abschlussprüfers – Ergebnisse einer empirischen Untersuchung des Prüfungsmarktes, Dissertation Universität Augsburg, 1993.

Marten, Kai-Uwe/Quick, Reiner/Ruhnke, Klaus (Wirtschaftsprüfung): Wirtschaftsprüfung: Grundlagen des betriebswirtschaftlichen Prüfungswesens nach nationalen und internationalen Normen, 4. Auflage, Stuttgart 2011.

Marten, Kai-Uwe/Quick, Reiner/Ruhnke, Klaus (Wirtschaftsprüfung): Wirtschaftsprüfung: Grundlagen des betriebswirtschaftlichen Prüfungswesens nach nationalen und internationalen Normen, 5. Auflage, Stuttgart 2015.

Maury, Benjamin (Corporate perfomance, corporate governance and top executive turnover): Corporate Performance, Corporate Governance and Top Executive Turnover in Finland, in: European Financial Management, 2006, Vol. 12 (2), S. 221-248.

McConnell, John J./Servaes, Henri (Equity ownership and the two faces of debt): Equity ownership and the two faces of debt, in: Journal of Financial Economics, 1995, Vol. 39 (1), S. 131-157.

McFadden, Daniel (Conditional logit analysis of qualitative choice behavior): Conditional logit analysis of qualitative choice behavior, in: *Zarembka, Paul* (Hrsg.): Frontiers in Econometrics, New York 1974, S. 105-142.

Menard, Scott (Applied logistic regression analysis): Applied Logistic Regression Analysis, 1. Auflage, Thousand Oaks 1995.

Merkl, Georg (Anmerkungen): Einflussfaktoren der Prüfungshonorare – Anmerkungen zu den Beiträgen „Quasirentenmodell und Honorare für Abschlussprüfungen in Deutschland – eine empirische Analyse" und „Prüfungshonorare in Deutschland – Determinanten und Implikationen", in: Zeitschrift für Betriebswirtschaft, 2011, Vol. 81 (9), S. 1003-1019.

Minnis, Michael (The value of financial statement verification in debt financing): The Value of Financial Statement Verification in Debt Financing: Evidence from Private U.S. Firms, in: Journal of Accounting Research, 2011, Vol. 49 (2), S. 457-506.

Mitra, Santanu/Hossain, Mahmud/Dies, Donald (Relationship between ownership characteristics and audit fees): The empirical relationship between ownership characteristics and audit fees, in: Review of Quantitative Finance and Accounting, 2007, Vol. 28 (3), S. 257-285.

Möller, Manuela/Höllbacher, Alexander (Die deutsche Börsen- und Indexlandschaft und der Markt für Abschlussprüfungen): Die deutsche Börsen- und Indexlandschaft und der Markt für Abschlussprüfungen: eine empirische Studie zu langfristigen Konzentrationstendenzen auf dem Wirtschaftsprüfermarkt, in: Die Betriebswirtschaft, 2009, Vol. 69 (6), S. 647-678.

Morck, Randall/Shleifer, Andrei/Vishny, Robert W. (Management ownership and market valuation): Management Ownership and Market Valuation – An Empirical Analysis, in: Journal of Financial Economics, 1988, Vol. 20 (Jan-March), S. 293-315.

Morck, Randall/Yeung, Bernard (Family control and the rent-seeking society): Family Control and the Rent-Seeking Society, in: Entrepreneurship Theory and Practice, 2004, Vol. 28 (4), S. 391-409.

Mundlak, Yair (On the pooling of time series and cross section data): On the Pooling of Time Series and Cross Section Data, in: Econometrica, 1978, Vol. 46 (1), S. 69-85.

N

Naumann, Klaus-Peter (Der Beruf des Wirtschaftsprüfers): Der Beruf des Wirtschaftsprüfers, in: IDW (Hrsg.): WP Handbuch 2012, 14. Auflage, Düsseldorf 2012.

Naumann, Klaus-Peter (Konsequenzen der Reform der Abschlussprüfung für den Wirtschaftsprüferberuf): Konsequenzen der Reform der Abschlussprüfung für den Wirtschaftsprüferberuf, in: Der Betrieb, 2012, Vol. 65 (14), S. 29.

Naumann, Klaus-Peter/Herkendell, Anja (Regulierung der Abschlussprüfung): Regulierung der Abschlussprüfung : Update zum aktuellen Stand der Diskussion in Brüssel, in: Die Wirtschaftsprüfung, 2014, Vol. 67 (4), S. 177-182.

Niehus, Rudolf J. (Das Honorar und der Abschlussprüfer): Corporate Governance: Das Honorar und der Abschlussprüfer : Stärkung der Unabhängigkeit durch Offenlegung?, in: Die Wirtschaftsprüfung, 2002, Vol. 55 (12), S. 616-625.

Niemi, Lasse (Auditor size and audit pricing): Auditor Size and Audit Pricing: Evidence from Small Audit Firms, in: European Accounting Review, 2004, Vol. 13 (3), S. 541-560.

Niemi, Lasse (Audit effort and fees): Audit effort and fees under concentrated client ownership: Evidence from four international audit firms, in: The International Journal of Accounting, 2005, Vol. 40 (4), S. 303-323.

Nikkinen, Jussi/Sahlström, Petri (General framework for audit pricing): Does Agency Theory Provide a General Framework for Audit Pricing?, in: International Journal of Auditing, 2004, Vol. 8 (3), S. 253-262.

Niskanen, Mervi/Karjalainen, Jukka/Niskanen, Jyrki (The role of auditing): The Role of Auditing in Small, Private Family Firms: Is It About Quality and Credibility?, in: Family Business Review, 2010, Vol. 23 (3), S. 230-245.

Niskanen, Mervi/Karjalainen, Jukka/Steijvers, Tensie (The role of board structure): Audit Quality: The Role of Board Structure in Family Firms, Working Paper University of Eastern Finland, 2011.

Nobes, Christopher (On researching into the use of IFRS by private entities in europe): On researching into the Use of IFRS by Private Entities in Europe, in: Accounting in Europe, 2014, Vol. 7 (2), S. 213-226.

O

O'Brien, Robert M. (Variance inflation factors): A Caution Regarding Rules of Thumb for Variance Inflation Factors, in: Quality & Quantity, 2007, Vol. 41 (5), S. 673-690.

O'Keefe, Terrence B./Simunic, Dan A./Stein, Michael T. (The production of audit services): The production of audit services: Evidence from a major public accounting firm, in: Journal of Accounting Research, 1994, Vol. 32 (2), S. 241-261.

Ostrowski, Markus/Söder, Björn (Unabhängigkeit): Der Einfluss von Beratungsaufträgen auf die Unabhängigkeit des Jahresabschlussprüfers, in: BFuP - Betriebswirtschaftliche Forschung und Praxis, 1999, Vol. 51 (5), S. 554-564.

O'Sullivan, Noel (Board composition and ownership): The impact of board composition and ownership on audit quality: Evidence from large UK companies, in: The British Accounting Review, 2000, Vol. 32 (4), S. 397-414.

P

Palmrose, Zoe-Vonna (Audit fees and auditor size): Audit Fees and Auditor Size: Further Evidence, in: Journal of Accounting Research, 1986, Vol. 24 (1), S. 97-110.

Palmrose, Zoe-Vonna (Nonaudit services): The Effect of Nonaudit Services on the Pricing of Audit Services: Further Evidence, in: Journal of Accounting Research, 1986, Vol. 24 (2), S. 405-411.

Peecher, Mark (Discussion of "Pricing and Supplier Concentration in the Private Client Segment of the Audit Market: Market Power or Competition?"): Discussion of "Pricing and Supplier Concentration in the Private Client Segment of the Audit Market: Market Power or Competition?", in: International Journal of Accounting, 2003, Vol. 38 (4), S. 457-460.

Petersen, Karl/Zwirner, Christian (Angabepflicht der Honoraraufwendungen): Angabepflicht der Honoraraufwendungen für den Abschlussprüfer - Theoretische und empirische Betrachtung der Offenlegungserfordernisse zur Stärkung der Prüferunabhängigkeit, in: Die Wirtschaftsprüfung, 2008, Vol. 61 (7), S. 279-290.

Pfaff, Dieter (Gewinnverwendungsregelungen): Gewinnverwendungsregelungen als Instrument zur Lösung von Agency-Problemen Ein Beitrag zur Diskussion um die Reformierung der Ausschüttungskompetenz in Aktiengesellschaften, Frankfurt am Main/Bern/New York 1989.

Pfitzer, Norbert/Orth, Christian/Hettich, Natalie (Stärkung der Unabhängigkeit des Abschlussprüfers): Stärkung der Unabhängigkeit des Abschlussprüfers? Kritische Würdigung des Referentenentwurfs zum Bilanzrechtsreformgesetz, in: Deutsches Steuerrecht, 2004, Vol. 42 (8), S. 328-336.

Pfitzer, Norbert/Oser, Peter/Orth, Christian (BilReG): Offene Fragen und Systemwidrigkeiten des Bilanzrechtsreformgesetzes (BilReG): Erste Handlungsempfehlungen für eine normkonforme Umsetzung, in: Der Betrieb, 2004, Vol. 57 (49), S. 2593-2602.

Picot, Arnold/Dietl, Helmut/Franck, Egon (Organisation): Organisation – Eine ökonomische Perspektive, 4. Auflage, Stuttgart 2008.

Piot, Charles (Auditor reputation and model of governance): Auditor Reputation and Model of Governance: A Comparison of France, Germany and Canada, in: International Journal of Auditing, 2005, Vol. 9 (1), S. 21-44.

Pittman, Jeffrey A./Fortin, Steve (Auditor choice and the cost of debt capital): Auditor Choice and the Cost of Debt Capital for Newly Public Firms, in: Journal of Accounting and Economics, 2004, Vol. 37 (1), S. 113-136.

Pong, C.M./Wittington, G. (The determinants of audit fees): The Determinants of Audit Fees: Some Empirical Models, in: Journal of Business Finance and Accounting, 1994, Vol. 21 (8), S. 1071-1095.

Pott, Christiane/Mock, Theodore J./Watrin, Christoph (Auditor independence in fact vs. appearance): Review of empirical research on rotation and non-audit services: auditor independence in fact vs. appearance, in: Journal für Betriebswirtschaft, 2009, Vol. 58 (4), S. 209-239.

Prencipe, Annalisa/Bar-Yosef, Sasson/Dekker, Henri C. (Accounting research in family firms): Accounting Research in Family Firms: Theoretical and Empirical Challenges, in: European Accounting Review, 2014, Vol. 23 (3), S. 361-385.

Q

Quick, Reiner (Die Risiken der Jahresabschlussprüfung): Die Risiken der Jahresabschlussprüfung, Düsseldorf 1996.

Quick, Reiner/Sattler, Matthias (Beratungsleistungen): Beeinträchtigen Beratungsleistungen die Urteilsfreiheit des Abschlussprüfers?: Zum Einfluss von Beratungshonoraren auf diskretionäre Periodenabgrenzungen, in: Schmalenbachs Zeitschrift für betriebswirtschaftliche Forschung, 2011, Vol. 63 (4), S. 310-343.

Quick, Reiner/Warming-Rasmussen, Bent (The impact of MAS on perceived auditor independence): The impact of MAS on perceived auditor independence – some evidence from Denmark, in: Accounting Forum, 2005, Vol. 29 (2), S. 137-168.

Quick, Reiner/Warming-Rasmussen, Bent (Auditor independence and the provision of non-audit services): Auditor Independence and the Provision of Non-Audit Services: Perceptions by German Investors, in: International Journal of Auditing, 2009, Vol. 14 (2), S. 141-162.

R

Ratzinger-Sakel, Nicole V. S. (Auditor fees and auditor independence): Auditor Fees and Auditor Independence — Evidence from Going Concern Reporting Decisions in Germany, in: Auditing: A Journal of Practice and Theory, 2013, Vol. 32 (4), S. 129-168.

Reichelt, Kenneth J./Wang, Dechun (National and office-specific measures of auditor industry expertise): National and Office-Specific Measures of Auditor Industry Expertise and Effects on Audit Quality, in: Journal of Accounting Research, 2010, Vol. 48 (3), S. 647-686.

Richter, Rudolf/Bindseil, Ulrich (Neue Institutionenökonomik): Neue Institutionenökonomik, in: Wirtschaftswissenschaftliches Studium, 1995, Vol. 24 (3), S. 132-140.

Ruhnke, Klaus (Empirische Forschung im Prüfungswesen): Empirische Forschung im Prüfungswesen, in: Schmalenbachs Zeitschrift für betriebswirtschaftliche Forschung, 1997, Vol. 49 (4), S. 311-344.

Ruhnke, Klaus (Reformvorschläge zur Abschlussprüfung): Reformvorschläge zur Abschlussprüfung - Quo vadis?, in: Die Wirtschaftsprüfung, 2012, Vol. 65 (14), S. 749-754.

S

Sattler, Matthias (Abschlussprüfung und Beratung): Vereinbarkeit von Abschlussprüfung und Beratung, Dissertation Universität Darmstadt, 2011.

Schäfer, Peter (Prüfung durch die Abschlussprüfer): Kommentierung zu § 6 PublG Prüfung durch die Abschlussprüfer, in: *Schäfer, Peter*: Publizitätsgesetz, Baden-Baden 2012.

Schmidt, Stefan (Auswahl der Abschlussprüfer und Ausschlussgründe): Kommentierung zu § 319 HGB Auswahl der Abschlussprüfer und Ausschlussgründe, in: *Förschle, Gerhard/Grottel, Bernd/Schmidt, Stefan/Schubert, Wolfgang J.* (Hrsg.): Beck`scher Bilanzkommentar, 9. Auflage, München 2014.

Schmidt, Stefan (Vorkommentierung Auswahl der Abschlussprüfer und Ausschlussgründe): Vorkommentierung zu § 319 HGB Auswahl der Abschlussprüfer und Ausschlussgründe, in: *Förschle, Gerhard/Grottel, Bernd/Schmidt, Stefan/Schubert, Wolfgang J.* (Hrsg.): Beck`scher Bilanzkommentar, 9. Auflage, München 2014.

Schmidt, Stefan/Heinz, Stefan (Bestellung und Abberufung des Abschlussprüfers): Kommentierung zu § 318 HGB Bestellung und Abberufung des Abschlussprüfers, in: *Förschle, Gerhard/Grottel, Bernd/Schmidt, Stefan/Schubert, Wolfgang J.* (Hrsg.): Beck`scher Bilanzkommentar, 9. Auflage, München 2014.

Schmidt, Stefan/Küster, Thomas (Pflicht zur Prüfung): Kommentierung zu § 316 HGB Pflicht zur Prüfung, in: *Förschle, Gerhard/Grottel, Bernd/Schmidt, Stefan/Schubert, Wolfgang J.* (Hrsg.): Beck`scher Bilanzkommentar, 9. Auflage, München 2014.

Schotter, Andrew (The evolution of rules): "The Evolution of Rules", in: *Langlois, Richard N.* (Hrsg.): Economics as a process: Essays in the new institutional economics, Cambridge 1986, S. 117-133.

Schulze, William S. /Lubatkin, Michael H./Dino, Richard N./Buchholtz, Ann K. (Agency relationships in family firms): Agency Relationships in Family Firms: Theory and Evidence, in: Organization Science, 2001, Vol. 12 (2), S. 99-116.

Schwartz, Kenneth B./Soo, Billy S. (Auditor changes): The Association Between Auditor Changes and Reporting Lags, in: Contemporary Accounting Research, 1996, Vol. 13 (1), S. 353-370.

Seetharaman, Ananth/Gul, Ferdinand/Lynn, Stephen G. (Litigation risk and audit fees): Litigation risk and audit fees: evidence from UK firms cross-listed on US markets, in: Journal of Accounting and Economics, 2002, Vol. 33 (1), S. 91-115.

Seow, Jean-Lin (The demand for the UK small company audit): The Demand for the UK Small Company Audit – An Agency Perspective, in: International Small Business Journal, 2001, Vol. 19 (2), S. 61-79.

Shanker, Melissa C./Astrachan, Joseph H. (Myths and realities: family businesses' contribution to the US economy): Myths and Realities: Family Businesses' Contribution to the US Economy—A Framework for Assessing Family Business Statistics, in: Family Business Review, 1996, Vol. 9 (2), S. 107-123.

Shapiro, Amy (Who pays the auditor calls the tune): Who Pays the Auditor Calls the Tune?: Auditing Regulation and Clients' Incentives, in: Seton Hall Law Review, 2005, Vol. 35 (3), S. 1029-1095.

Sharma, Divesh S. (Non-audit services and auditor independence): Non-audit services and auditor independence, in: *Hay, David/Knechel, Robert W./Willekens, Marleen* (Hrsg.): The Routledge Companion to Auditing, 2014, S. 67-88.

Sharma, Pramodita/Chrisman, James J./Chua, Jess H. (Strategic management of the family business): Strategic Management of the Family Business: Past Research and Future Challenges, in: Family Business Review, 1997, Vol. 10 (1), S. 1-36.

Shavell, Steven (Risk sharing): Risk sharing and incentives in the principal and agent relationship, in: The Bell Journal of Economics, 1979, Vol. 10 (1), S. 55-73.

Shleifer, Andrei/Vishny, Robert W. (Large shareholders and corporate control): Large Shareholders and Corporate Control, in: The Journal of Political Economy, 1986, Vol. 94 (3), S. 461-488.

Short, Helen/Keasy, Kevin (Managerial ownership and the performance of firms): Managerial ownership and the performance of firms: Evidence from the UK, in: Journal of Corporate Finance, 1999, Vol. 5 (1), S. 79-101.

Simon, Daniel T. (The market for audit services in Germany): The Market for Audit Services in Germany, in: The Journal for Applied Business Research, 2005, Vol. 21 (3), S. 9-15.

Simons, Dirk (Low balling and learning effects): Low balling and learning effects, in: Betriebswirtschaftliche Forschung und Praxis, 2011, Vol. 63 (2), S. 160-179.

Simons, Dirk/Zein, Nicole (Audit market segmentation): Audit Market Segmentation – The Impact of Mid-tier Firms on Competition, in: European Accounting Review, 2014, DOI: 10.1080/09638180.2014.990476.

Simunic, Dan A. (The pricing of audit services): The Pricing of Audit Services: Theory and Evidence, in: Journal of Accounting Research, 1980, Vol. 18 (1), S. 161-190.

Simunic, Dan A. (Auditing, consulting, and auditor independence): Auditing, Consulting, and Auditor Independence, in: Journal of Accounting Research, 1984, Vol. 22 (2), S. 679-702.

Söllner, Rene (Die wirtschaftliche Bedeutung kleiner und mittlerer Unternehmen in Deutschland): Die wirtschaftliche Bedeutung kleiner und mittlerer Unternehmen in Deutschland, in: Statistisches Bundesamt, Wiesbaden (Hrsg.): Wirtschaft und Statistik, Heft 1, 2014, S. 40-51.

Soltani, Bahram (Timeliness): Timeliness of corporate and audit reports: Some empirical evidence in the French context, in: The International Journal of Accounting, 2002, Vol. 37 (2), S. 215-246.

Solveen, Dirk (Börsennotierung): Kommentierung zu § 3 AktG Formkaufmann; Börsennotierung, in: *Hölters, Wolfgang* (Hrsg.): Aktiengesetz Kommentar, 2. Auflage, München 2014.

StataCorp (xthtaylor): xthtaylor — Hausman–Taylor estimator for error components models, abrufbar unter: http://www.stata.com/manuals13/xtxthtaylor.pdf, Informationsabruf: 02.11.2014.

Statistisches Bundesamt (Unternehmen nach zusammengefassten Rechtsformen): Unternehmensregister - Unternehmen nach zusammengefassten Rechtsformen, abrufbar unter: https://www.destatis.de/DE/ZahlenFakten/GesamtwirtschaftUmwelt/UnternehmenHandwerk/Unternehmensregister/Tabellen/Unternehmen RechtsformenWZ2008.html, Informationsabruf: 09.12.2014.

Stefani, Ulrike (Abschlussprüfung): Abschlussprüfung, Unabhängigkeit und strategische Interdependenzen. Eine ökonomische Analyse aktueller Reformen zur Steigerung der Prüfungsqualität, Dissertation Universität Frankfurt, Stuttgart 2002.

Stefani, Ulrike (Anbieterkonzentration bei Prüfungsmandaten): Anbieterkonzentration bei Prüfungsmandaten börsennotierter Schweizer Aktiengesellschaften, in: Die Betriebswirtschaft, 2006, Vol. 66 (2), S. 121-145.

Stefaniak, Chad M./Robertson, Jesse C./Houston, Richard W. (The causes and consequences of auditor switching): The causes and consequences of auditor switching: a review of the literature, in: Journal of Accounting Literature, 2009, Vol. 28, S. 47-121.

Steijvers, Tensie/Niskanen, Mervi (Tax aggressiveness in private family firms): Tax aggressiveness in private family firms: An agency perspective, in: Journal of Family Business Strategy, 2014, Vol. 5 (4), S. 347-357.

Steijvers, Tensie/Voordeckers, Wim/Vanhoof, Koen (Collateral, relationship lending and family firm): Collateral, relationship lending and family firm, in: Small Business Economics, 2010, Vol. 34 (3), S. 243-259.

Stiftung Familienunternehmen (Hrsg.) (Die volkswirtschaftliche Bedeutung der Familienunternehmen): Die volkswirtschaftliche Bedeutung der Familienunternehmen, München 2011.

Stock, James H./Wright, Jonathan H./Yogo, Motohiro (A survey of weak instruments): A Survey of Weak Instruments and Weak Identification in Generalized Method of Moments, in: Journal of Business & Economic Statistics, 2002, Vol. 20 (4), S. 518-529.

Strohmenger, Manuel (Germany's two-tiered enforcement system): Enforcement Releases, Firm Characteristics, and Earnings Quality: Insights from Germany's Two-tiered Enforcement System, in: Journal of International Financial Management & Accounting, 2014, Vol. 25 (3), S. 271-304.

Sundgren, Stefan/Svanström, Tobias (Audit office size, audit quality and audit pricing): Audit office size, audit quality and audit pricing: evidence from small- and medium-sized enterprises, in: Accounting and Business Research, 2013, Vol. 43 (1), S. 31-55.

Svanström, Tobias (Non-audit services and audit quality): Non-audit Services and Audit Quality: Evidence from Private Firms, in: European Accounting Review, 2013, Vol. 22 (2), S. 337-366.

Svanström, Tobias/Sundgren, Stefan (The demand for non-audit services and auditor-client relationships): The Demand for Non-Audit Services and Auditor-Client Relationships: Evidence from Swedish Small and Medium-Sized Enterprises, in: International Journal of Auditing, 2012, Vol. 16 (1), S. 54-78.

T

Tabachnik, Barbara G./Fidell, Linda S. (Using multivariate statistics): Using multivariate statistics, 5. Auflage, Boston 2007.

Teoh, Siew H./Wong, T.J. (Perceived auditor quality and the earnings response coefficient): Perceived Auditor Quality and the Earnings Response Coefficient, in: The Accounting Review, 1993, Vol. 68 (2), S. 346-366.

Theisen, Manuel R. (Zusammenarbeit von Wirtschaftsprüfer und Aufsichtsrat): Notwendigkeit, Chancen und Grenzen der Zusammenarbeit von Wirtschaftsprüfer und Aufsichtsrat, in: Die Wirtschaftsprüfung, 1994, Vol. 47, S. 809-820.

Tsai, Wen-Hsai/Hung, Jung-Hua/Kuo, Yi-Chen/Kuo, Lopin (CEO tenure in Taiwanese family and nonfamily firms): CEO Tenure in Taiwanese Family and Nonfamily Firms: An Agency Theory Perspective, in: Family Business Review, 2006, Vol. 19 (1), S. 11-28.

U

Umlauf, Steffen J. (Prüfungs- und Beratungshonorare von Konzernabschlussprüfern): Prüfungs- und Beratungshonorare von Konzernabschlussprüfern – Honorardeterminanten und Unabhängigkeitswahrnehmungen auf dem deutschen Kapitalmarkt, Dissertation Universität Darmstadt, 2013.

V

Van Tendeloo, Brenda/Vanstraelen, Ann (Earnings management and audit quality in Europe): Earnings Management and Audit Quality in Europe: Evidence from the Private Client Segment Market, in: European Accounting Review, 2008, Vol. 17 (3), S. 447-469.

Vander Bauwhede, Heidi/Willekens, Marleen (Evidence on (the lack of) audit-quality differentiation): Evidence on (the Lack of) Audit-quality Differentiation in the Private Client Segment of the Belgian Audit Market, in: European Accounting Review, 2004, Vol. 13 (3), S. 501-522.

Velte, Patrick (Unabhängigkeit des Abschlussprüfers): Unabhängigkeit des Abschlussprüfers, in: Wirtschaftswissenschaftliches Studium, 2011, Vol. 40 (6), S. 289-294.

Velte, Patrick/Stiglbauer, Markus (Audit market concentration): Audit Market Concentration and its Influence on Audit Quality, in: International Business Research, 2012, Vol. 5 (11), S. 146-161.

Venkataraman, Ramgopal/Weber, Joseph P./Willenborg, Michael (Litigation risk, audit quality, and audit fees): Litigation Risk, Audit Quality, and Audit Fees: Evidence from Initial Public Offerings, in: The Accounting Review, 2008, Vol. 83 (5), S. 1315-1345.

Villalonga, Belen/Amit, Raphael (How do family ownership, control and management affect firm value): How do family ownership, control and management affect firm value?, in: Journal of Financial Economics, 2006, Vol. 80 (2), S. 385-417.

Voeller, Dennis/Bremert, Michael/Zein, Nicole (Interdependencies between auditing and corporate governance): Interdependencies between Auditing and Corporate Governance - Evidence from Germany, in: Auditing and Corporate Governance, 2013, Vol. 65 (3), S. 198-226.

W

Wagenhofer, Alfred/Ewert, Ralf (Externe Unternehmensrechnung): Externe Unternehmensrechnung, 3. Auflage, Berlin Heidelberg 2015.

Wallace, Wanda A. (The economic role of the audit): The Economic Role of the Audit in Free and Regulated Markets, in: The Touche Ross and Co. aid to education program, Reprinted in Auditing Monographs, New York 1980.

Wallace, Wanda A. (A look back and a look forward): The Economic Role of the Audit in Free and Regulated Markets: A Look back and a Look forward, in: Research in Accounting Regulation, 2004, Vol. 17, S. 267-298.

Wang, Dechun (Founding family ownership): Founding Family Ownership and Earnings Quality, in: Journal of Accounting Research, 2006, Vol. 44 (3), S. 619-656.

Warfield, Terry D./Wild, John J./Wild, Kenneth L. (Managerial ownership, accounting choices, and informativeness of earnings): Managerial ownership, accounting choices, and informativeness of earnings, in: Journal of Accounting and Economics, 1995, Vol. 20 (1), S. 61-91.

Watkins, Ann L./Hillison, William/Morecroft, Susan E. (Audit quality): Audit Quality: A Synthesis of Theory and Empirical Evidence, in: Journal of Accounting Literature, 2004, Vol. 23, S. 153-193.

Watts, Ross L./Zimmerman, Jerold L. (Positive accounting theory): Positive Accounting Theory, Edgewood Cliffs 1986.

Weber, Joseph/Willenborg, Michael/Zhang, Jiieying (Does auditor reputation matter): Does Auditor Reputation Matter? The Case of KPMG Germany and ComROAD AG, in: Journal of Accounting Research, 2008, Vol. 46 (4), S. 941-972.

Whisenant, Scott/Sankaraguruswamy, Srinivasan/Raghunandan, Kannan (Evidence on the joint determination of audit and non-audit fees): Evidence on the Joint Determination of Audit and Non-Audit Fees, in: Journal of Accounting Research, 2003, Vol. 41 (4), S. 721-744.

Wilcoxon, Frank (Ranking methods): Individual Comparisons by Ranking Methods, in: Biometrics Bulletin, 1945, Vol. 1 (6), S. 80-83.

Wild, Andreas (Fee cutting): Fee Cutting and Fee Premium of German Auditors, in: Die Betriebswirtschaft, 2010, Vol. 70 (6), S. 513-527.

Willekens, Marleen/Achmadi, Christina (Pricing and supplier concentration in the private client segment of the audit market): Pricing and supplier concentration in the private client segment of the audit market: Market power or competition?, in: The International Journal of Accounting, 2003, Vol. 38 (4), S. 431-455.

Willenborg, Michael (Empirical analysis of the economic demand for auditing): Empirical Analysis of the Economic Demand for Auditing in the Initial Public Offerings Market, in: Journal of Accounting Research, 1999, Vol. 37 (1), S. 225-238.

Witthred, G.P. (Audit qualification): Audit Qualification and the Timeliness of Corporate Annual Reports, in: The Accounting Review, 1980, Vol. 55 (4), S. 563-577.

Wollmert, Peter/Oser, Peter/Graupe, Fabian (Anhangangaben zu den Abschlussprüferhonoraren): Anhangangaben zu den Abschlussprüferhonoraren und zu marktunüblichen Geschäften nach BilMoG: praxisrelevante Anwendungsfragen bei Aufstellung und Prüfung, in: StuB, Heft 4, 2010, S. 123-130.

Wooldridge, Jeffrey M. (Econometric analysis of cross section and panel data): Econometric Analysis of Cross Section and Panel Data, 2. Auflage, Cambridge 2010.

Wooldridge, Jeffrey M. (Econometrics): Introductory Econometrics – A Modern Approach, 6. Auflage, Boston 2016.

Woolf, Emile (Auditing standards): Auditing Standards: Can Small Firms Comply, in: Accountancy, 1994, Vol. 113 (1209), S. 84-85.

Woolf, Emile (Audit profitability): Audit Profitability and Confusing Standards, in: Accountancy, 1994, Vol. 114 (1212), S. 109-110.

WPK (VO 1/2006): Gemeinsame Stellungnahme der WPK und des IDW: Anforderungen an die Qualitätssicherung in der Wirtschaftsprüferpraxis (VO 1/2006), 27.03.2006.

WPK (Stellungnahme der Wirtschaftsprüferkammer): Stellungnahme der Wirtschaftsprüferkammer zum Vorschlag der Europäischen Kommission für eine Richtlinie des Europäischen Parlaments und des Rates zur Änderung der Richtlinie 2006/43/EG über Abschlussprüfungen von Jahresabschlüssen und konsolidierten Abschlüssen [KOM(2011) 778 end.] und zum Vorschlag der Europäischen Kommission für eine Verordnung des Europäischen Parlaments und des Rates über spezifische Anforderungen an die Abschlussprüfung bei Unternehmen von öffentlichem Interesse [KOM(2011) 779 end.], Berlin, 27.01.2012.

WPK (EU-Reform der Abschlussprüfung): EU-Reform der Abschlussprüfung, abrufbar unter: http://www.wpk.de/neu-auf-wpkde/eu-reform-der-abschlusspruefung/, Informationsabruf: 22.06.2015.

WPK (Marktstrukturanalyse 2007): Anbieterstruktur, Mandatsverteilung und Abschlussprüferhonorare im Wirtschaftsprüfungsmarkt 2007, in: WPK Magazin, 2008, S. 14-20.

WPK (Marktstrukturanalyse 2008): Anbieterstruktur, Mandatsverteilung und Abschlussprüferhonorare im Wirtschaftsprüfungsmarkt 2008, in: WPK Magazin, 2009, S. 11-19.

WPK (Marktstrukturanalyse 2009): Anbieterstruktur, Mandatsverteilung und Abschlussprüferhonorare im Wirtschaftsprüfungsmarkt 2009, in: WPK Magazin, 2010, S. 16-24.

WPK (Marktstrukturanalyse 2010): Anbieterstruktur, Mandatsverteilung und Abschlussprüferhonorare im Wirtschaftsprüfungsmarkt 2010, in: WPK Magazin 2011, S. 17-27.

WPK (Marktstrukturanalyse 2011): Marktstrukturanalyse 2011, in: WPK Magazin, 2012, S. 12-22.

WPK (Marktstrukturanalyse 2013): Marktstrukturanalyse 2013, abrufbar unter: http://www.wpk.de/uploads/tx_templavoila/WPK_Martkstrukturanalyse _2013.pdf, Informationsabruf: 02.12.2015.

WPK (Marktstrukturanalyse 2014): Marktstrukturanalyse 2014, abrufbar unter: http://www.wpk.de/uploads/tx_templavoila/WPK_Martkstrukturanalyse _2014.pdf, Informationsabruf: 10.12.2015.

WPK (Tätigkeitsbericht 2013): Tätigkeitsbericht der Kommission für Qualitätskontrolle der Wirtschaftsprüferkammer für 2014, abrufbar unter: http://www.wpk.de/uploads/tx_templavoila/Taetigkeitsbericht-KfQK-2013.pdf, Informationsabruf: 02.12.2015.

Wymenga, Paul/Spanikova, Viera/Barker, Anthony/Konings, Joep/Canton, Erik (EU SMEs in 2012): EU SMEs in 2012 at the crossroads: Annual report on small and medium-sized enterprises in the EU, 2011/12, Rotterdam 2012.

Z

Zilch, Christopher (Motivationale Wirkung der Regulierung): Die motivationale Wirkung der Regulierung der Akteure in der Wirtschaftsprüfung, Dissertation Universität Trier, 2010.

Zimmermann, Ruth-Caroline (Gestaltungsspielräume): Gestaltungsspielräume bei Veröffentlichung von Abschlussprüferhonoaren im Rahmen des BilReG, in: Zeitschrift für internationale und kapitalmarktorientierter Rechnungslegung, 2006, Vol. 6 (4), S. 273-276.

Zimmermann, Ruth-Caroline (Abschlussprüfer und Bilanzpolitik): Abschlussprüfer und Bilanzpolitik der Mandanten - Eine empirische Analyse des deutschen Prüfungsmarktes, Dissertation Universität Osnabrück, 2008.

Zülch, Henning/Krauß, Patrick/Pronobis, Paul (Die Entwicklung von Abschlussprüferhonoraren): Die Entwicklung von Abschlussprüferhonoraren in Deutschland zwischen 2004 und 2008: eine empirische Analyse ausgewählter Börsenindizes (DAX, MDAX, SDAX, TecDAX), in: Die Wirtschaftsprüfung, 2010, Vol. 63 (8), S. 397-404.

Gesetze, Verordnungen, Richtlinien

BGH, Az. II ZR 88/79, 24.03.1980.

BGH, Az. II ZR 317/95, 21.04.1997.

BMJ (Begründung Referentenentwurf BilReG): Referentenentwurf des Bundesministeriums der Justiz und für Verbraucherschutz Gesetz zur Einführung internationaler Rechnungslegungsstandards und zur Sicherung der Qualität der Abschlussprüfung (Bilanzrechtsreformgesetz - BilReG), 2003.

BReg (Gesetzentwurf AReG): Gesetzentwurf der Bundesregierung – Entwurf eines Gesetzes zur Umsetzung der prüfungsbezogenen Regelungen der Richtlinie 2014/56/EU sowie zur Ausführung der entsprechenden Vorgaben der Verordnung (EU) Nr. 537/2014 im Hinblick auf die Abschlussprüfung bei Unternehmen von öffentlichem Interesse (Abschlussprüfungsreformgesetz – AReG), 16.12.2015.

EU (Empfehlung 2002/590): EMPFEHLUNG DER KOMMISSION vom 16. Mai 2002 Unabhängigkeit des Abschlussprüfers in der EU - Grundprinzipien, in: Amtsblatt der Europäischen Gemeinschaften, L 191/22-L 191/57, 19.07.2002.

EU (Grünbuch): Grünbuch – Weiteres Vorgehen im Bereich der Abschlussprüfung: Lehren aus der Krise, KOM(2010) 561 endgültig, Brüssel, 13.10.2010.

EU (Richtlinie 2006/43/EG): RICHTLINIE 2006/43/EG DES EUROPÄISCHEN PARLAMENTS UND DES RATES vom 17. Mai 2006 über Abschlussprüfungen von Jahresabschlüssen und konsolidierten Abschlüssen, zur Änderung der Richtlinien 78/660/EWG und 83/349/EWG des Rates und zur Aufhebung der Richtlinie 84/253/EWG des Rates, in: Amtsblatt der Europäischen Union, L 157/87-L 157/107, 09.06.2006.

EU (Richtlinie 2013/34/EU): RICHTLINIE 2013/34/EU DES EUROPÄISCHEN PARLAMENTS UND DES RATES vom 26. Juni 2013 über den Jahresabschluss, den konsolidierten Abschluss und damit verbundene Berichte von Unternehmen bestimmter Rechtsformen und zur Änderung der Richtlinie 2006/43/EG des Europäischen Parlaments und des Rates und zur Aufhebung der Richtlinien 78/660/EWG und 83/349/EWG des Rates, in: Amtsblatt der Europäischen Union, L 182/19-L 182/76, 29.06.2013.

EU (Richtlinie 2014/56/EU): RICHTLINIE 2014/56/EU DES EUROPÄISCHEN PARLAMENTS UND DES RATES vom 16. April 2014 zur Änderung der Richtlinie 2006/43/EG über Abschlussprüfungen von Jahresabschlüssen und konsolidierten Abschlüssen, in: Amtsblatt der Europäischen Union, L 158/196-L 158/226, 27.05.2014.

EU (Verordnung Nr. 537/2014): VERORDNUNG (EU) Nr. 537/2014 DES EUROPÄISCHEN PARLAMENTS UND DES RATES vom 16. April 2014 über spezifische Anforderungen an die Abschlussprüfung bei Unternehmen von öffentlichem Interesse und zur Aufhebung des Beschlusses 2005/909/EG der Kommission, in: Amtsblatt der Europäischen Union, L 158/77-L 158/112, 27.05.2014.

IDW (PS 200): IDW Prüfungsstandard 200 Ziele und allgemeine Grundsätze der Durchführung von Abschlußprüfungen, 28.06.2000.

IDW (PS 230): IDW Prüfungsstandard 230 Kenntnisse über die Geschäftstätigkeit sowie das wirtschaftliche und rechtliche Umfeld des zu prüfenden Unternehmens im Rahmen der Abschlussprüfung, 08.12.2005.

IDW (PS 240): IDW Prüfungsstandard 240 Grundsätze der Planung von Abschlussprüfungen, 09.09.2010.

IDW (PS 261): IDW Prüfungsstandard 261 Feststellung und Beurteilung von Fehlerrisiken und Reaktionen des Abschlussprüfers auf die beurteilten Fehlerrisiken, 13.03.2013.

IDW (PS 320 n. F.): IDW Prüfungsstandard 320 n. F. Besondere Grundsätze für die Durchführung von Konzernabschlussprüfungen (einschließlich der Verwertung der Tätigkeit von Teilbereichsprüfern), 10.07.2014.

IDW (PS 400): IDW Prüfungsstandard 400 Grundsätze für die ordnungsmäßige Erteilung von Bestätigungsvermerken bei Abschlussprüfungen, 28.11.2014.

IDW (RH HFA 1.006): IDW Rechnungslegungshinweis: Anhangangaben nach § 285 Satz 1 Nr. 17 HGB bzw. § 314 Abs. 1 Nr. 9 HGB über das Abschlussprüferhonorar (IDW RH HFA 1.006), 18.10.2005.

IDW (RS HFA 36): IDW Stellungnahme zur Rechnungslegung: Anhangangaben nach §§ 285 Nr. 17, 314 Abs. 1 Nr. 9 HGB über das Abschlussprüferhonorar (IDW RS HFA 36), 11.03.2010.

IDW (ERS HFA 36 n. F.): Entwurf einer Neufassung der IDW Stellungnahme zur Rechnungslegung: Anhangangaben nach §§ 285 Nr. 17, 314 Abs. 1 Nr. 9 HGB über das Abschlussprüferhonorar (IDW ERS HFA 36 n. F.), 11.09.2015.

IFAC (ISA 315): International Standard on Auditing 315 Identifying and Assessing the Risks of Material Misstatement through Understanding the Entity and its Environment, 12.12.2009.

RegKom (DCGK): Deutscher Corporate Governance Kodex, 05.05.2015.